高等院校文科类各专业使用

大学文科数学解题指南

姚孟臣 编著

图书在版编目(CIP)数据

大学文科数学解题指南/姚孟臣编著. —北京:北京大学出版社,2005.11

ISBN 978-7-301-08597-4

Ⅰ.大… Ⅱ.姚… Ⅲ.高等数学-高等学校-解题 Ⅳ.O13-44

中国版本图书馆 CIP 数据核字(2005)第 120523 号

书　　名:**大学文科数学解题指南**
著作责任者:**姚孟臣　编著**
责 任 编 辑:**曾琬婷**
标 准 书 号:ISBN 978-7-301-08597-4/O·0636
出 版 发 行:北京大学出版社
地　　址:北京市海淀区成府路 205 号　100871
网　　址:http://www.pup.cn
新 浪 微 博:@北京大学出版社
电 子 信 箱:zpup@pup.pku.edu.cn
电　　话:邮购部 62752015　发行部 62750672　编辑部 62752021
出版部 62754962
印 刷 者:河北滦县鑫华书刊印刷厂
经 销 者:新华书店
890mm×1240mm　A5　15.5 印张　475 千字
2005 年 11 月第 1 版　2023 年 9 月第 6 次印刷
定　　价:55.00 元

前　言

20世纪70年代以来，我们为北京大学等院校文科各系各专业讲授"高等数学"课程期间，在课程内容体系上进行了多次改革，先后编写了《大学文科基础数学》、《文科高等数学教程》和《大学文科高等数学》等多部教材，深受广大师生的好评.

文科高等数学(包括微积分、线性代数和概率统计)是文科类各专业的一门基础课. 针对目前全国各高校的不同专业方向对基础数学要求有一定差异，在总学时不多的情况下，编写一套能够科学地阐述高等数学的基本内容、全面系统地介绍有关基本原理和基本方法的简明易懂的教材尤为重要.

根据高等教育面向21世纪教学内容和课程改革总目标的要求，结合作者三十年来讲授文科高等数学课程的实践，我们又编写了这套教材《大学文科数学简明教程》，其中包括主教材《大学文科数学简明教程(上册)》、《大学文科数学简明教程(下册)》以及与之配套的辅导教材《大学文科数学解题指南》共三册. 本套教材包括三部分内容：第一部分"微积分"，第二部分"线性代数"，第三部分"概率统计". 第一部分"微积分"编写在上册，上册共分五章，内容包括函数与极限、一元函数微分学、中值定理和导数的应用、一元函数积分学、多元函数微积分. 在附录中还分别介绍了无穷级数与常微分方程的有关知识. 第二部分"线性代数"和第三部分"概率统计"编写在下册，下册共分为五章，内容包括行列式、矩阵、线性方程组、初等概率论与数理统计基础等. 讲授以上全部内容可以安排在两个学期，按每个学期17周，每周3个学时计算，总共需要 102 个学时. 本套教材按章配备了适量的习题,书末附有答案与提示,供教师和学生参考.

本套教材可作为一般院校文科类各专业的数学基础课教材,其中《指南》一书又可作为自学考试高等数学(一)、(二)课程的辅导书使用. 对于要求较低的理工科各专业也可选用本套教材.

由于编者水平有限,加之时间比较仓促,书中难免有错误和疏漏之处,恳请广大读者批评指正.

编　者

2004 年 6 月 8 日于

北京大学中关园

目　录

第一部分　微　积　分

第二部分　线 性 代 数

第三部分　概率统计

第一部分　微　积　分

第一章　函数与极限

§1　函　　数

内容提要

1. 函数的定义

定义 1.1　设 X 是一个给定的非空数集，f 是一个确定的对应关系. 如果对于 X 中的每一个数 x，通过 f 都有 $\mathbf{R}$ 内的惟一确定的一个数 y 与之对应，那么这个关系 f 就叫做从 X 到 $\mathbf{R}$ 的**函数关系**，简称**函数**，记为

$$f: X \to \mathbf{R} \quad 或 \quad f(x) = y.$$

我们把按照函数 f 与 $x \in X$ 所对应的 $y \in \mathbf{R}$ 叫做 f 在 x 处的**函数值**，记作 $y=f(x)$，并把 X 叫做函数 f 的**定义域**，用 D_f 表示，而 f 的全体函数值的集合

$$\{f(x) \mid x \in D_f\}$$

叫做函数 f 的**值域**，通常用 Y 来表示，即

$$Y = \{f(x) \mid x \in D_f\}.$$

函数定义中的**两个要素**是：确定的对应关系 f 与定义域 D_f.

定义 1.1 中要求与 x 对应的 y 是“惟一确定”的，即对 X 中每一个值 x，都有一个而且只有一个 y 的值与之对应，故也称定义 1.1 定义的函数为**单值函数**. 相应地，若对于 X 中的某个 x 值，通过关系 f，有多于一个 y 的值与之对应，则此关系 f 叫做**多值函数**. 在微积分中我们一般只讨论单值函数.

2. 函数的几个基本性质

2.1 奇偶性

定义 1.2 设函数 $y=f(x)$的定义域 X 为一个对称数集,即任给 $x\in X$ 时,有 $-x\in X$. 若函数 $f(x)$满足

$$f(-x)=-f(x),$$

则称 $f(x)$为**奇函数**;若函数 $f(x)$满足

$$f(-x)=f(x),$$

则称 $f(x)$为**偶函数**.

注意 奇函数的图形是关于原点对称的,偶函数的图形是关于 y 轴对称的.

2.2 单调性

定义 1.3 设函数 $y=f(x)$, $x\in X$, 任给 $x_1,x_2\in(a,b)$且$(a,b)\subset X$. 若 $x_1<x_2$ 时,有

$$f(x_1)<f(x_2)\quad (\text{或 } f(x_1)>f(x_2)),$$

则称 $f(x)$在(a,b)内是**递增**(或**递减**)的;又若 $x_1<x_2$ 时,有

$$f(x_1)\leqslant f(x_2)\quad (\text{或 } f(x_1)\geqslant f(x_2)),$$

则称 $f(x)$在(a,b)内是**不减**(或**不增**)的.

递增函数或递减函数统称为**单调函数**. 同样我们可以定义在无限区间上的单调函数.

2.3 有界性

定义 1.4 设函数 $y=f(x)$在 X 上有定义. 若存在 $M_0>0$,对于任意的 $x\in X$,使得$|f(x)|\leqslant M_0$,则称 $f(x)$在 X 上是**有界的**;否则称 $f(x)$在 X 上是**无界的**.

注意 有界函数是指既有上界,又有下界的函数,这里的

$$M_0=\max\{|M|,|m|\},$$

其中 M,m 分别为函数的上界与下界.

2.4 周期性

定义 1.5 设函数 $y=f(x)$, $x\in\mathbf{R}$. 若存在 $T_0>0$,对于任意的 $x\in\mathbf{R}$,使得 $f(x+T_0)=f(x)$,则称 $f(x)$是**周期函数**,T_0 为其**周期**.

由定义可知,$kT_0(k\in\mathbf{N})$都是它的周期,可见一个周期函数有无穷多个周期. 若在无穷多个周期中,存在最小的正数 T,则称 T 为

$f(x)$的**最小周期**,简称**周期**.

3. 反函数

定义 1.6 给定函数 $y=f(x)(x\in X,y\in Y)$. 如果对于 Y 中的每一个值 $y=y_0$ 都有 X 中惟一的一个值 $x=x_0$,使得 $f(x_0)=y_0$,那么我们就说在 Y 上确定了 $y=f(x)$的**反函数**,记作

$$x=f^{-1}(y)\quad (y\in Y).$$

通常我们称函数 $y=f(x)$为**直接函数**,而用符号"f^{-1}"表示新的函数关系.

习惯上我们用 x 表示自变量,用 y 表示因变量,因而常把函数 $y=f(x)$的反函数写成 $y=f^{-1}(x)$的形式. 从而 $y=f(x)$与 $y=f^{-1}(x)$的图形是关于直线 $y=x$ 对称的,这是因为这两个函数因变量与自变量互换的缘故.

4. 复合函数

定义 1.7 设 $y=f(u)(u\in U)$,$u=g(x)(x\in X,u\in U_1)$. 若 $U_1\subset U$,则称 $y=f[g(x)](x\in X)$为 $y=f(u)$和 $u=g(x)$的**复合函数**,有时记为 $f\circ g$,并称 u 为**中间变量**.

两个以上的函数也可以进行复合运算,并且满足结合律,即

$$f\circ(g\circ h)=(f\circ g)\circ h.$$

需要指出的是,复合运算与四则运算不同,它没有交换律,即若 $f\circ g$ 与 $g\circ f$ 都存在,一般来说

$$f\circ g\neq g\circ f.$$

5. 初等函数

我们所研究的各种函数,特别是一些常见的函数都是由几种最简单的函数构成的,这些最简单的函数就是在初等数学中学过的**基本初等函数**:**常数函数**、**幂函数**、**指数函数**、**对数函数**、**三角函数**和**反三角函数**.

定义 1.8 基本初等函数经过有限次加、减、乘、除、复合运算所得到的函数,称为**初等函数**.

6. 分段函数

定义 1.9 由两个或两个以上的分析表达式表示的函数，称为**分段定义的函数**，简称为**分段函数**.

注意 一般来说分段函数不是初等函数.

典型例题分析

例 1 求函数 $f(x)=\dfrac{5}{x^2-1}+\sqrt{3x-1}-\lg(2-x)$的定义域.

解 要使 $f(x)$有意义，则必须有：根号内非负，即 $3x-1\geqslant 0$；分母不等于 0，即 $x^2-1\neq 0$；对数的真数为正，即 $2-x>0$. 因此要求满足

$$\begin{cases}3x-1\geqslant 0,\\ x^2-1\neq 0,\\ 2-x>0,\end{cases}\quad \text{即}\quad \begin{cases}x\geqslant \dfrac{1}{3},\\ x\neq \pm 1,\\ x<2,\end{cases}$$

所以

$$D_f=\left[\frac{1}{3},1\right)\cup(1,2).$$

注意 求函数的定义域就是找出解析表达式自变量的取值范围，主要有以下几种情况：

(1) 分式的分母取值不为零；

(2) 偶次根的根底式为非负数；

(3) 对数符号下的真数式子只能是正数；

(4) 反正弦函数、反余弦函数符号下的式子在$[-1,1]$上取值；

(5) 分段函数的定义域是各个部分自变量的取值范围的总和；

(6) 由几个函数经过四则运算而构成的函数，其定义域是各个函数定义域的公共部分.

例 2 已知函数

$$f(x)=\begin{cases}2x, & 0<x\leqslant 1,\\ x+1, & 1<x\leqslant 4,\end{cases}$$

$$g(x)=f(x^2)+f(3+x),$$

求 $g(x)$的定义域.

解 分段函数的定义域是各个定义区间的并集，所以函数 $f(x)$ 的定义域 $D_f=(0,1]\cup(1,4]$，它表示函数 $f(x)$的自变量的取值范

围为$(0,4]$.而函数$f(x^2)$的变量是x^2,$f(3+x)$的变量是$(3+x)$,因此,由$0<x^2\leqslant 4$,有$-2\leqslant x<0$或$0<x\leqslant 2$;由$0<3+x\leqslant 4$有$-3<x\leqslant 1$.可见,$f(x^2)$的定义域是$[-2,0)\cup(0,2]$,而$f(3+x)$的定义域是$(-3,1]$.

因为$g(x)$的定义域是上述两个定义域的交集,所以$g(x)$的定义域是$\{[-2,0)\cup(0,2]\}\cap(-3,1]$即$[-2,0)\cup(0,1]$.

注意 这里容易产生的错误是将$f(x^2)$与$f(3+x)$中x的变化范围仍为:$0<x\leqslant 4$,因此$0<x^2\leqslant 16$,而$3<3+x\leqslant 7$.这样错误地导出$f(x^2)$的定义域是$(0,16]$,$f(3+x)$的定义域是$(3,7]$.

例3 讨论下列函数对中的两个函数是否相同:

(1) $y=x\sqrt{1-x}$与$y=\sqrt{x^2(1-x)}$;

(2) $y=\sin^2x+\cos^2x$与$y=1$.

解 (1) $y=x\sqrt{1-x}$与$y=\sqrt{x^2(1-x)}$的定义域均为$(-\infty,1]$.考虑到

$$y=\sqrt{x^2(1-x)}=|x|\sqrt{1-x},$$

可见其对应规则不同,当$x<0$时,$y=x\sqrt{1-x}<0$,但$y=\sqrt{x^2(1-x)}>0$.所以两函数不是相同的.

(2) 由于函数$y=\sin^2x+\cos^2x$与$y=1$的定义域均为$(-\infty,+\infty)$,其对应规则也一样,都是“对任意的x值,y均以1与之对应”,因此函数$y=\sin^2x+\cos^2x$与$y=1$是相同的.

注意 判断两个函数是否相同,主要要看函数的两个要素“定义域”与“对应规则”是否相同,只有当它们都相同时,函数才是相同的;在两要素中只要有一不同,两函数就是不相同的.

例4 判断下列函数的奇偶性:

(1) $f(x)=\begin{cases}1-x, & x\leqslant 0,\\ 1+x, & x>0;\end{cases}$ (2) $f(x)=\ln\dfrac{1-x}{1+x}$;

(3) $f(x)=x^3+\sin x+1$.

解 (1) 函数的定义域为$(-\infty,+\infty)$,且对任意的实数x,有

$$f(-x)=\begin{cases}1+x, & -x\leqslant 0,\\ 1-x, & -x>0\end{cases}=\begin{cases}1+x, & x\geqslant 0,\\ 1-x, & x<0\end{cases}$$

$$=\begin{cases}1-x, & x\leqslant 0,\\ 1+x, & x>0\end{cases}=f(x),$$

所以 $f(x)$为偶函数.

(2) 考虑到函数的定义域是$(-1,1)$,对任意的 $x\in(-1,1)$,由于

$$f(-x)=\ln\frac{1-(-x)}{1+(-x)}=\ln\frac{1+x}{1-x}$$
$$=-\ln\frac{1-x}{1+x}=-f(x),$$

所以 $f(x)$是奇函数.

(3) 函数的定义域是$(-\infty,+\infty)$. 对任意实数的 x,有

$$f(-x)=(-x)^3+\sin(-x)+1=-x^3-\sin x+1.$$

由于

$$f(-x)\neq-f(x),\quad f(-x)\neq f(x),$$

所以该函数既不是奇函数,也不是偶函数.

注意 对于定义在同一个对称数集上的函数,我们有

(1) 一个奇函数与一个偶函数乘积是奇函数;

(2) 两个偶函数或两个奇函数乘积是偶函数;

(3) 两个奇函数的代数和是奇函数,两个偶函数的代数和是偶函数;

(4) 任何函数 $f(x)$可以表示成一个偶函数与一个奇函数之和,即

$$f(x)=h(x)+k(x),$$

其中偶函数 $h(x)=\dfrac{f(x)+f(-x)}{2}$,奇函数 $k(x)=\dfrac{f(x)-f(-x)}{2}$.

例 5 讨论下列函数在指定范围内的单调性:

(1) $y=\sin x$, $-\dfrac{\pi}{2}\leqslant x\leqslant\dfrac{\pi}{2}$;

(2) $y=x^3+x$, $-\infty<x<+\infty$;

(3) $y=\ln x$, $x\in(0,+\infty)$.

解 (1) 令$-\dfrac{\pi}{2}\leqslant x_1<x_2\leqslant\dfrac{\pi}{2}$,我们有

$$y_2-y_1=\sin x_2-\sin x_1=2\cos\frac{x_2+x_1}{2}\sin\frac{x_2-x_1}{2}.$$

考虑到

$$\frac{\pi}{2}>\frac{x_2+x_1}{2}>-\frac{\pi}{2},\quad 0<\frac{x_2-x_1}{2}<\frac{\pi}{2},$$

故 $$y_2-y_1=2\cos\frac{x_2+x_1}{2}\sin\frac{x_2-x_1}{2}>0,$$

因此 $y=\sin x$ 在 $\left[-\frac{\pi}{2},\frac{\pi}{2}\right]$ 上单调增加.

(2) 令 $-\infty<x_1<x_2<+\infty$,我们有

$$\begin{aligned} y_2-y_1 &= x_2^3+x_2-x_1^3-x_1 \\ &= (x_2-x_1)(x_2^2+x_2x_1+x_1^2+1) \\ &= (x_2-x_1)\left[\left(x_1+\frac{x_2}{2}\right)^2+\frac{3}{4}x_2^2+1\right]>0, \end{aligned}$$

故 $f(x)$ 在 $(-\infty,+\infty)$ 内单调增加.

(3) 令 $0<x_1<x_2<+\infty$,我们有

$$y_2-y_1=\ln x_2-\ln x_1=\ln\frac{x_2}{x_1}>0,$$

故 $y=\ln x$ 在 $(0,+\infty)$ 内单调增加.

注意 这里仅给出了用定义来判断一个函数在指定区间上的单调性,这种方法对于较为简单的函数是可行的,但对于有些函数是困难的.我们将在第二章介绍判断函数单调性的一般方法.

例 6 求函数 $f(x)=4\cos\frac{x}{4}+5\sin\frac{x}{5}$ 的周期.

解 由于 $\cos\frac{x}{4}$ 的最小周期为 8π,而 $\sin\frac{x}{5}$ 的最小周期为 10π,故 $f(x)=4\cos\frac{x}{4}+5\sin\frac{x}{5}$ 的最小周期为 40π.

例 7 若 $l>0$ 为常数,$f(x)\neq 0$,且 $f(x+l)=\frac{1}{f(x)}$,证明:$f(x)$ 是以 $2l$ 为周期的周期函数.

证 $f(x+2l)=f[(x+l)+l]=\frac{1}{f(x+l)}=\frac{1}{1/f(x)}=f(x)$.

由函数周期的定义可知,$f(x)$ 是以 $2l$ 为周期的周期函数.

例 8 求下列函数的反函数:

(1) $y=\frac{2x-3}{3x+2}$;　　(2) $y=\begin{cases} x^2-1, & 0\leqslant x\leqslant 1, \\ x^2, & -1\leqslant x<0. \end{cases}$

解 (1) 由 $y=\frac{2x-3}{3x+2}$ 求得

$$x=\frac{3+2y}{2-3y},$$

因此其反函数为

$$y=\frac{3+2x}{2-3x}.$$

(2) 当 $0\leqslant x\leqslant 1$ 时，有 $-1\leqslant x^2-1\leqslant 0$，由 $y=x^2-1$ 求得

$$x=\sqrt{1+y};$$

当 $-1\leqslant x<0$ 时，有 $0<x^2\leqslant 1$，由 $y=x^2$ 求得

$$x=-\sqrt{y}.$$

所以 $x=\begin{cases}\sqrt{1+y}, & -1\leqslant y\leqslant 0,\\ -\sqrt{y}, & 0<y\leqslant 1.\end{cases}$ 因此其反函数为

$$y=\begin{cases}\sqrt{1+x}, & -1\leqslant x\leqslant 0,\\ -\sqrt{x}, & 0<x\leqslant 1.\end{cases}$$

注意 关于反函数我们应掌握以下三个问题：

(1) 给定直接函数 $y=f(x)$，首先求出 x 用 y 表示的关系式，得到 $x=f^{-1}(y)$，然后将 x 与 y 互换，即得到 $y=f(x)$ 的反函数 $y=f^{-1}(x)$；

(2) $f(x)$ 与 $f^{-1}(x)$ 的定义域与值域正好互换；

(3) 单调函数必有单值的反函数存在.

例 9 讨论函数 $y=\sqrt{\ln\sqrt{x}}$ 是由哪些基本初等函数复合而成，并求其定义域.

解 由 $y=\sqrt{\ln\sqrt{x}}$ 可以分解为

$$y=\sqrt{u},\quad u=\ln v,\quad v=\sqrt{x}.$$

为了求出 $y=\sqrt{\ln\sqrt{x}}$ 的定义域，这里要求满足 $\ln\sqrt{x}\geqslant 0$，则要求 $\sqrt{x}\geqslant 1$，即 $x\geqslant 1$. 因此函数 $y=\sqrt{\ln\sqrt{x}}$ 的定义域

$$D_f=[1,+\infty).$$

例 10 求由函数 $y=f(u)=\frac{1}{u}$ 与 $u=\varphi(x)=\ln(4-x^2)$ 所构成的复合函数 $y=f[\varphi(x)]$ 的定义域.

解 由 $y=f[\varphi(x)]=\frac{1}{\ln(4-x^2)}$ 可知，要求满足

$$4-x^2>0\quad 且\quad 4-x^2\neq 1,$$

即

$$|x|<2\quad 且\quad x\neq\pm\sqrt{3},$$

因此 $y=f[\varphi(x)]$ 的定义域

$$D_f=(-2,-\sqrt{3})\cup(-\sqrt{3},\sqrt{3})\cup(\sqrt{3},2).$$

注意　任意的函数 $y=f(u)$, $u=\varphi(x)$,并不一定能构成复合函数 $y=f[\varphi(x)]$. 构成复合函数 $y=f[\varphi(x)]$要求 $Z(\varphi)\cap D_f$ 非空,即 $u=\varphi(x)$的值域 $Z(\varphi)$要全部或部分落在 $y=f(u)$的定义域 D_f 中.

$y=f[\varphi(x)]$的定义域是由 D_φ 中使 $\varphi(x)$的值落在 D_f 中的那些 x 组成.

例 11　设某商店以每件 a 元的价格出售某种商品,可销售 1000 件,若在此基础上降价 10%,最多可再售出 300 件. 又知该商品每件进价为 b 元,写出销售该商品的利润 y(单位: 元)与进货数 x(单位: 件)的函数关系.

分析　按不同销量定价,为分段函数,分段设定.

解　当进货数 x 不超过 1000 件时,利润函数为 $y=(a-b)x$;当超过 1000 件,超过部分以 0.9a 价格出售,即 $1000<x\leqslant 1300$ 时,$y=(0.9a-b)x$;当 $x>1300$ 时,收益为常数,有 $y=1270a-bx$. 所以,有

$$y=\begin{cases}(a-b)x, & 0\leqslant x\leqslant 1000,\\ (a-b)1000+(0.9a-b)(x-1000), & 1000<x\leqslant 1300,\\ 1270a-bx, & x>1300.\end{cases}$$

习　题　1.1

1. 已知 $f\left(x-\dfrac{1}{x}\right)=\dfrac{x^2}{1+x^4}$,则 $f(x)=$ ________,其定义域为 ________.

2. 已知 $f(x^2-1)=\lg\dfrac{x^2}{x^2-2}$,且 $f[\varphi(x)]=\lg x$,则 $\varphi(x)=$ ________.

3. 已知函数 $f(x)$满足等式 $2f(x)+x^2f\left(\dfrac{1}{x}\right)=\dfrac{x^2+2x}{x+1}$,则 $f(x)=$ ________.

4. 设函数 $f(x)=\dfrac{ax}{2x+3}$,且 $f[f(x)]=x$,则 $a=$ ________.

5. 设函数 $f(x)=(2|x+1|-|3-x|)x$,则 $f(x)$可化为分段函数 ________.

6. 设函数 $f(x)$对一切正数 x,y,恒有 $f(xy)=f(x)+f(y)$,则 $f(x)+f\left(\dfrac{1}{x}\right)=$________.

7. 已知曲线 $y=\dfrac{2^x-2^{-x}}{2^x+2^{-x}}$与 $y=g(x)$关于直线 $y=x$ 对称,则 $g(x)=$________.

8. 已知函数 $f(x)=\dfrac{3}{2}ax^2+(4-a)x$ 在区间$(0,1]$上恒正,则 a 的取值范围为________.

9. 设函数 $f^{-1}(x)=\begin{cases}\log_2(x+1), & -1<x<1,\\ \sqrt{x}, & 1\leqslant x\leqslant 16,\\ \log_2 x, & x>16,\end{cases}$ 则 $f(x)$的值域为________.

10. 函数 $y=\arcsin(x^2-2x-3)$的单调减区间为________.

11. 求下列函数的定义域:

(1) $y=\sqrt{\dfrac{1+x}{1-x}}$;　　(2) $y=\sqrt{x-1}+\dfrac{1}{x-2}+\lg(4-x)$;

(3) $y=\dfrac{1}{\sin x-\cos x}$;　　(4) $y=\sqrt{x^2-x-6}+\arcsin\dfrac{2x-1}{7}$.

12. 设 $x-1=f(\sqrt[3]{x}+1)$,求 $f(x)$.

13. 已知函数 $f(x)=\begin{cases}0, & x<0,\\ 1, & x\geqslant 0,\end{cases}$求 $f(x)+f(x+1)$.

14. 证明:$\sin\sqrt{x}$不是周期函数.

15. 证明:单调函数必有反函数存在.

16. 求出函数 $y=\begin{cases}x, & x<1,\\ x^2, & 1\leqslant x<4,\\ 2^x, & x\geqslant 4\end{cases}$的反函数表达式.

17. 拟建一个容积为 V 的长方体水池,设它的底为正方形.如果池底所用材料单位面积的造价是四周单位面积造价的 2 倍,试将总造价表示成底边长的函数,并确定此函数的定义域.

18. 某人从美国到加拿大去度假,他把美元兑换成加拿大元时,币面数值增加 12%,回美国后他发现,把加拿大元兑换成美元时,币面数值减少 12%.

(1) 把这两个函数关系表示出来,并证明这两个函数不互为反函数;

(2) 同一时期,某人从美国到加拿大去旅游,他把 10000 美元兑换成加拿大元,但因故未能去成,于是他又将加拿大元兑换成了美元,问他是否亏损?

§2 极限的概念、性质和极限的计算

内 容 提 要

1. 数列的极限

1.1 数列的定义

定义 1.10 按照一定顺序排列的可列个数:

$$x_1, x_2, \cdots, x_n, \cdots$$

称为**数列**,记为$\{x_n\}$,其中 x_n 称为**第 n 项**或**通项**,n 称为 x_n 的序号.

1.2 数列的极限

定义 1.11 给定数列$\{x_n\}$与常数 A.如果对于任意给定的正数 ε,不论它怎样小,都存在着这样一个非负整数 N,使得当 $n>N$ 时,不等式$|x_n-A|<\varepsilon$ 都成立,那么我们就称 A 为 **n 趋于无穷时$\{x_n\}$的极限**,并称$\{x_n\}$**收敛于** A,记作

$$\lim_{n\to\infty} x_n = A \quad 或 \quad x_n \to A(n \to \infty);$$

如果数列$\{x_n\}$没有极限,那么我们就称$\{x_n\}$是**发散**的.

在数列极限中,我们将 $n\to+\infty$ 简记为 $n\to\infty$.

当 $n\to\infty$ 时,x_n 以 A 为极限的几何意义是:对于任意给定的正数 ε,都存在 N,当 $n>N$ 时,x_n 落入 A 的邻域$(A-\varepsilon, A+\varepsilon)$之中.

2. 函数的极限

2.1 $x\to\infty(\pm\infty)$时函数的极限

定义 1.12($x\to+\infty$时函数的极限) 给定函数 $f(x)$与常数 A.如果对于任意给定的正数 ε,不论它怎样小,都存在着这样一个正数 X,使得当 $x>X$ 时,不等式$|f(x)-A|<\varepsilon$ 都成立,那么我们就称 A 为 **x 趋于正无穷时 $f(x)$的极限**,并称 $f(x)$**收敛于** A,记作

$$\lim_{x\to+\infty} f(x) = A \quad 或 \quad f(x) \to A\ (x \to +\infty).$$

$x\to+\infty$时函数 $f(x)$以 A 为极限的几何意义是：对于任意给定 $\varepsilon>0$，总存在着一个正实数 X，使得横坐标大于 X 的一切点 $(x,f(x))$都落在两条直线 $y=A+\varepsilon$ 与 $y=A-\varepsilon$ 之间.

定义 1.13($x\to-\infty$时的函数极限)　给定函数 $f(x)$与常数 A. 如果对于任意给定的正数 ε，不论它怎样小，都存在着这样一个正数 X，使得当 $x<-X$ 时，不等式$|f(x)-A|<\varepsilon$ 都成立，那么我们就称 A 为 x **趋于负无穷时** $f(x)$**的极限**，记作

$$\lim_{x\to-\infty} f(x)=A \quad \text{或} \quad f(x)\to A\ (x\to-\infty).$$

定义 1.14($x\to\infty$时函数的极限)　给定函数 $f(x)$. 如果对于任意给定的正数 ε，不论它怎样小，都存在着这样一个正数 X，使得当 $|x|>X$ 时，不等式$|f(x)-A|<\varepsilon$ 都成立，那么我们就称 A 为 x **趋于无穷时** $f(x)$**的极限**，记作

$$\lim_{x\to\infty} f(x)=A \quad \text{或} \quad f(x)\to A\ (x\to\infty).$$

在定义 1.12，定义 1.13，定义 1.14 中，如果函数 $f(x)$没有极限，那么我们就称 $f(x)$是**发散**的.

2.2　$x\to a$ 时函数的极限

定义 1.15($x\to a$ 时函数的极限)　给定函数 $f(x)$与常数 A. 如果对于任意给定的正数 ε，不论它怎样小，都存在着这样一个正数 δ，使得$x\in U_\delta(\bar{a})$①时，不等式$|f(x)-A|<\varepsilon$ 都成立，那么我们就称 A 为 x **趋于** a **时**(或在 a 点处)$f(x)$**的极限**，并称 $f(x)$**在** a **点收敛于** A. 如果函数 $f(x)$在 a 点没有极限，那么我们就称 $f(x)$**在** a **点是发散的**.

---

① 设 $a\in\mathbf{R}$，$h\in\mathbf{R}$ 且 $h>0$，称集合

$$\{x\,|\,|x-a|<h\}$$

为 a 的一个**邻域**，记作 $U_h(a)$，其中 h 为**邻域半径**；称集合

$$\{x\,|\,0<|x-a|<h\}$$

为 a 的一个**空心邻域**，记作 $U_h(\bar{a})$. 当不必指明邻域半径时，我们用 $U(a)$，$U(\bar{a})$表示 a 的邻域和 a 的空心邻域. 称集合

$$\{x\,|\,a\leqslant x<a+h\} \quad \text{和} \quad \{x\,|\,a-h<x\leqslant a\}$$

为 a 的**右邻域**和**左邻域**，记作 $U_h^+(a)$和 $U_h^-(a)$. 若上述集合除去 a 点，就称为 a 的**空心右邻域**和**空心左邻域**，记作 $U_h^+(\bar{a})$和 $U_h^-(\bar{a})$. 不必指明邻域半径时，记号中可省略下角标 h.

$x \to a$ 时函数的极限的几何意义是：对于任意给定的一个以 A 为中心的 ε 邻域，总存在着以 a 为中心的 δ 空心邻域，当自变量 x 在 $U_\delta(\bar{a})$ 内变化时，其函数值 $f(x)$ 都落在 $U_\varepsilon(A)$ 内.

2.3　单侧极限

定义 1.16　设函数 $f(x)$ 在 $U^+(\bar{a})$ 上有定义，A 为给定的常数. 如果对于任意给定的正数 ε，不论它怎样小，都存在着这样一个正数 δ，使得 $x \in U_\delta^+(\bar{a})$ 时，不等式 $|f(x)-A|<\varepsilon$ 都成立，那么我们就称 A 为 $f(x)$ 在 a 点的**右极限**，记作

$$\lim_{x \to a+0} f(x) = A \quad \text{或} \quad f(x) \to A(x \to a+0),$$

右极限 A 也可简记为 $f(a+0)$.

同样可以定义函数 $f(x)$ 在 a 点的**左极限** $f(a-0)$.

左、右极限统称为**单侧极限**，因此定义 1.15 中的极限也称为**双侧极限**.

2.4　单侧极限与双侧极限的关系

函数 $f(x)$ 在 a 点处极限存在的充要条件是 $f(x)$ 在 a 点处的两个单侧极限都存在并且相等，即

$$\lim_{x \to a} f(x) = A \Longleftrightarrow f(a-0) = A = f(a+0).$$

3. 极限的性质

性质 1（惟一性）　若 $\lim\limits_{x \to x_0} f(x)$ 存在，则极限值是惟一的.

性质 2（有界性）　若 $\lim\limits_{x \to x_0} f(x)=A$，则在 $U(\bar{x}_0)$ 内 $f(x)$ 是有界的；若 $\lim\limits_{n \to \infty} x_n=A$ 存在，则数列 $\{x_n\}$ 有界.

性质 3（保号性）　若 $\lim\limits_{x \to x_0} f(x)=A$，且 $A>0$（或 $A<0$），则存在 x_0 的某空心邻域，在此空心邻域内有 $f(x)>0$（或 $f(x)<0$）.

推论　若 $\lim\limits_{x \to x_0} f(x)=A$，且在 x_0 的某空心邻域内 $f(x)>0$（或 $f(x)<0$），则必有 $A \geqslant 0$（或 $A \leqslant 0$）.

4. 无穷小量与无穷大量

4.1　无穷小量

定义 1.17　以零为极限的变量称为无穷小量，即若

$$\lim y = 0,$$

则称 y 为一**无穷小量**.

无穷小量的几个性质：

性质 1 两个无穷小量的和是无穷小量.

性质 2 无穷小量与有界变量的积是无穷小量.

性质 3 变量以 A 为极限的充要条件是变量为 A 与无穷小量的和.

4.2 无穷大量

定义 1.18 在某一个变化过程中，绝对值无限增大的变量称为**无穷大量**.

4.3 无穷小量与无穷大量之间的关系

在某一个变化过程中，有

(1) 若 y 是无穷大量，则 $\frac{1}{y}$ 是无穷小量；

(2) 若 y 是无穷小量，且 $y\neq 0$，则 $\frac{1}{y}$ 是无穷大量.

4.4 无穷小量的阶

设 $\lim f=0$，$\lim g=0$，且 l,k 为常数.

(1) 如果

$$\lim \frac{f}{g} = l \neq 0,$$

则称 f 与 g 是**同阶无穷小量**，记作

$$f \sim lg.$$

特别地，当 $l=1$ 时，称 f 与 g 是**等价无穷小量**.

(2) 如果

$$\lim \frac{f}{g} = 0,$$

则称 f 是 g 的**高阶无穷小量**(或称 g 是 f 的**低阶无穷小量**)，记作

$$f = o(g).$$

(3) 如果

$$\lim \frac{f}{g^k} = l \neq 0 \quad (k > 0),$$

则称 f 是关于 g 的 k **阶无穷小量**.

4.5　等价无穷小量的重要性质

设 $f_1 \sim f_2, g_1 \sim g_2$，且 $\lim(f_2/g_2)$ 存在，则

$$\lim \frac{f_1}{g_1} = \lim \frac{f_2}{g_2}.$$

利用这个性质，可以计算一些较为复杂的极限.

5. 求极限的几种常用方法

(1) 利用极限的四则运算法则：

若在同一个极限过程中变量 f 和 g 收敛，且

$$\lim f = A, \quad \lim g = B,$$

则有

① 变量 $f \pm g$ 也收敛，且

$$\lim(f \pm g) = A \pm B = \lim f \pm \lim g;$$

② 变量 kf 也收敛(其中 k 为常数)，且

$$\lim(kf) = kA = k\lim f;$$

③ 变量 $f \cdot g$ 也收敛，且

$$\lim(f \cdot g) = A \cdot B = (\lim f) \cdot (\lim g);$$

④ $B \neq 0$ 时，变量 f/g 也收敛，且

$$\lim \frac{f}{g} = \frac{A}{B} = \frac{\lim f}{\lim g} \quad (B \neq 0).$$

由极限的四则运算不难证明，对于任意有限次多项式

$$P(x) = a_0 x^k + a_1 x^{k-1} + \cdots + a_{k-1} x + a_k,$$

有

$$\begin{aligned}\lim_{x \to a} P(x) &= \lim_{x \to a} a_0 x^k + \lim_{x \to a} a_1 x^{k-1} + \cdots + \lim_{x \to a} a_{k-1} x + \lim_{x \to a} a_k \\ &= P(a).\end{aligned}$$

同理，对于任意有理函数 $R(x) = \dfrac{P(x)}{Q(x)}$ (其中 $P(x), Q(x)$ 为有限次多项式)，只要 $Q(a) \neq 0$，就有

$$\lim_{x \to a} R(x) = \frac{\lim\limits_{x \to a} P(x)}{\lim\limits_{x \to a} Q(x)} = \frac{P(a)}{Q(a)} = R(a).$$

(2) 利用极限的不等式(两边夹定理)：

给定变量 f, g, h. 若 $f \leqslant h \leqslant g$，且 $\lim f = \lim g = A$，则 $\lim h = A$.

(3) 利用两个重要极限：

$$\lim_{x\to 0}\frac{\sin x}{x}=1,\quad \lim_{x\to\infty}\left(1+\frac{1}{x}\right)^{x}=\mathrm{e}.$$

(4) 利用无穷小量的性质，如“无穷小量与有界变量的乘积仍是无穷小量”.

典型例题分析

例 1 设$\{x_n\}$和$\{y_n\}$的极限都不存在，能否断定$\{x_n+y_n\}$，$\{x_ny_n\}$的极限不存在？

答 不能. 例如，$x_n=(-1)^n$，$y_n=(-1)^{n+1}$它们的极限都不存在，但 $\lim\limits_{n\to\infty}(x_n+y_n)=0$，$\lim\limits_{n\to\infty}(x_ny_n)=-1$.

例 2 设$\{x_n\}$的极限不存在，$\{y_n\}$的极限存在，问：$\{x_n+y_n\}$的极限是否存在？为什么？

答 一定不存在. 因为若$\{x_n+y_n\}$的极限存在，则由$\{y_n\}$的极限存在，根据极限的四则运算可以推出$(x_n+y_n)-y_n$的极限存在，即$\{x_n\}$的极限存在. 这与题设是矛盾的.

例 3 求下列各极限：

(1) $\lim\limits_{n\to\infty}\dfrac{n^{10}-7n+1}{4n^{10}-8n^8+4n^2-1}$； (2) $\lim\limits_{x\to\infty}\dfrac{\sqrt[5]{x^3+3x^2+2}}{x+1}$.

解 (1) 分子、分母同除以 n 的最高次幂 n^{10}，就约去了分子、分母中趋于∞的公因子，然后就可以用极限运算法则. 所以

$$\lim_{n\to\infty}\frac{n^{10}-7n+1}{4n^{10}-8n^8+4n^2-1}=\lim_{n\to\infty}\frac{1-\dfrac{7}{n^9}+\dfrac{1}{n^{10}}}{4-\dfrac{8}{n^2}+\dfrac{4}{n^8}-\dfrac{1}{n^{10}}}=\frac{1}{4}.$$

注意 在 $n\to\infty$ 的过程中，若分子、分母为 n 的同次多项式，且它们的最高次幂的系数分别为 a_0 与 b_0，则整个分式的极限为$\dfrac{a_0}{b_0}$，即有

$$\lim_{n\to\infty}\frac{a_0n^k+a_1n^{k-1}+\cdots+a_k}{b_0n^k+b_1n^{k-1}+\cdots+b_k}=\frac{a_0}{b_0}\quad (a_0b_0\neq 0).$$

(2) 分子、分母同除以 x 的最高次幂 x，得到

$$\lim_{x\to\infty}\frac{\sqrt[5]{x^3+3x^2+2}}{x+1}=\lim_{x\to\infty}\frac{\sqrt[5]{\frac{1}{x^2}+\frac{3}{x^3}+\frac{2}{x^5}}}{1+\frac{1}{x}}=0.$$

注意 此题分子最高次幂 $n=\frac{3}{5}$,分母最高次幂 $m=1$,分子最高次幂低于分母最高次幂,所以结果为 0.

一般来说,对于分子、分母同为多项式,求

$$\lim_{x\to\infty}\frac{a_0x^n+a_1x^{n-1}+\cdots+a_{n-1}x+a_n}{b_0x^m+b_1x^{m-1}+\cdots+b_{m-1}x+b_m}$$

时,我们都可以用变量的最高次幂除以分子、分母:

① 若 $n=m$,用 x^n 除以分子、分母,这时分子极限为 a_0,分母极限为 b_0,则结果为 $\frac{a_0}{b_0}$,即分子、分母最高次幂的系数比;

② 若 $n<m$,用 x^m 除以分子、分母,这时分子极限为 0,分母极限为 b_0,则结果为 0;

③ 若 $n>m$,用 x^n 除以分子、分母,这时分子极限为 a_0,分母极限为 0,则结果为∞.

于是我们有下面一般结论:

$$\lim_{x\to\infty}\frac{a_0x^n+a_1x^{n-1}+\cdots+a_{n-1}x+a_n}{b_0x^m+b_1x^{m-1}+\cdots+b_{m-1}x+b_m}=\begin{cases}0, & n<m,\\ \frac{a_0}{b_0}, & n=m,\\ \infty, & n>m.\end{cases}$$

值得注意的是,此结论必须是在 $x\to\infty$ 的过程下才成立,但结论也可以适用于 m,n 不是正整数的情形.

例 4 求下列各极限:

(1) $\lim\limits_{x\to 7}\frac{2-\sqrt{x-3}}{x^2-49}$;　　(2) $\lim\limits_{x\to -8}\frac{\sqrt{1-x}-3}{2+\sqrt[3]{x}}$;

(3) $\lim\limits_{x\to+\infty}x(\sqrt{x^2+1}-x)$.

解 (1) 为了约去极限为零的公因子,分子、分母同乘以 $(2+\sqrt{x-3})$,得到

$$\lim_{x\to 7}\frac{2-\sqrt{x-3}}{x^2-49}=\lim_{x\to 7}\frac{7-x}{(x-7)(x+7)(2+\sqrt{x-3})}$$

$$=\lim_{x\to 7}\frac{-1}{(x+7)(2+\sqrt{x-3})}=-\frac{1}{56}.$$

(2) 为了约去极限为零的公因子,分子、分母同乘以

$$(\sqrt{1-x}+3)(2^2-2\sqrt[3]{x}+\sqrt[3]{x^2}),$$

得到

$$\lim_{x\to -8}\frac{\sqrt{1-x}-3}{2+\sqrt[3]{x}}$$

$$=\lim_{x\to -8}\frac{(\sqrt{1-x}-3)(\sqrt{1-x}+3)(2^2-2\sqrt[3]{x}+\sqrt[3]{x^2})}{(2+\sqrt[3]{x})(2^2-2\sqrt[3]{x}+\sqrt[3]{x^2})(\sqrt{1-x}+3)}$$

$$=\lim_{x\to -8}\frac{-(x+8)(4-2\sqrt[3]{x}+\sqrt[3]{x^2})}{(8+x)(\sqrt{1-x}+3)}$$

$$=\lim_{x\to -8}\frac{-(4-2\sqrt[3]{x}+\sqrt[3]{x^2})}{\sqrt{1-x}+3}=-2.$$

(3) 这里

$$\lim_{x\to +\infty}x\sqrt{x^2+1}=+\infty,\quad \lim_{x\to +\infty}x^2=+\infty,$$

所以不能直接利用极限四则运算法则.现在,将分子、分母同乘以

$$(\sqrt{x^2+1}+x),$$

得到

$$\lim_{x\to +\infty}x(\sqrt{x^2+1}-x)=\lim_{x\to +\infty}\frac{x(\sqrt{x^2+1}-x)(\sqrt{x^2+1}+x)}{\sqrt{x^2+1}+x}$$

$$=\lim_{x\to +\infty}\frac{x}{\sqrt{x^2+1}+x}=\lim_{x\to +\infty}\frac{1}{\sqrt{1+\frac{1}{x^2}}+1}=\frac{1}{2}.$$

注意 本题的方法是:分子、分母同乘一个因子,将无理式从分子转移到分母或从分母转移到分子(简称为**有理化分子**或**有理化分母**),并分解出极限为零或趋于∞的公因子,约去这个公因子就可以利用极限四则运算法则.

例 5 求下列极限:

(1) $\lim\limits_{n\to\infty}\dfrac{n\sin n}{\sqrt{n^3+n+1}}$;

(2) $\lim\limits_{n\to\infty}\left(\dfrac{1}{\sqrt{n^2+1}}+\dfrac{1}{\sqrt{n^2+2}}+\cdots+\dfrac{1}{\sqrt{n^2+n}}\right)$.

解 (1) 由于$-1\leqslant \sin n\leqslant 1$,因此

$$\frac{-n}{\sqrt{n^3+n+1}}\leqslant\frac{n\sin n}{\sqrt{n^3+n+1}}\leqslant\frac{n}{\sqrt{n^3+n+1}}.$$

考虑到

$$\lim_{n\to\infty}\frac{\pm n}{\sqrt{n^3+n+1}}=0.$$

根据两边夹定理,我们有

$$\lim_{n\to\infty}\frac{n\sin n}{\sqrt{n^3+n+1}}=0.$$

(2) 这里和式中的每一项都是无穷小量,但无穷小的个数不是有限的,所以不能利用极限的四则运算法则.

现在我们将所讨论的序列适当放大和缩小得到

$$\frac{n}{\sqrt{n^2+n}}\leqslant\frac{1}{\sqrt{n^2+1}}+\frac{1}{\sqrt{n^2+2}}+\cdots+\frac{1}{\sqrt{n^2+n}}\leqslant\frac{n}{\sqrt{n^2+1}}.$$

考虑到

$$\lim_{n\to\infty}\frac{n}{\sqrt{n^2+n}}=\lim_{n\to\infty}\frac{1}{\sqrt{1+\dfrac{1}{n}}}=1,$$

$$\lim_{n\to\infty}\frac{n}{\sqrt{n^2+1}}=\lim_{n\to\infty}\frac{1}{\sqrt{1+\dfrac{1}{n^2}}}=1,$$

根据两边夹定理,我们有

$$\lim_{n\to\infty}\left(\frac{1}{\sqrt{n^2+1}}+\frac{1}{\sqrt{n^2+2}}+\cdots+\frac{1}{\sqrt{n^2+n}}\right)=1.$$

注意 从第(2)题看出,无穷多个无穷小量相加,其和可为1.可见无限项的和与有限项的和有本质的差别.如果用下面的方法解题,则是错误的:

$$\lim_{n\to\infty}\left(\frac{1}{\sqrt{n^2+1}}+\frac{1}{\sqrt{n^2+2}}+\cdots+\frac{1}{\sqrt{n^2+n}}\right)$$
$$=\lim_{n\to\infty}\frac{1}{\sqrt{n^2+1}}+\lim_{n\to\infty}\frac{1}{\sqrt{n^2+2}}+\cdots+\lim_{n\to\infty}\frac{1}{\sqrt{n^2+n}}$$

$$= 0 + 0 + \cdots + 0 = 0.$$

因为当 $n \to \infty$ 时，括号内是无穷多项的代数和，不能使用极限的代数和的运算法则.

例 6 求下列极限：

(1) $\lim\limits_{x \to 0} \dfrac{\tan x - \sin x}{\sin^3 x}$；　　(2) $\lim\limits_{x \to \infty} \left(\dfrac{2-x}{3-x} \right)^x$.

解 (1) $\lim\limits_{x \to 0} \dfrac{\tan x - \sin x}{\sin^3 x} = \lim\limits_{x \to 0} \dfrac{\sin x - \sin x \cos x}{\cos x \sin^3 x} = \lim\limits_{x \to 0} \dfrac{1 - \cos x}{\cos x \sin^2 x}$

$$= \lim_{x \to 0} \frac{2\sin^2 \dfrac{x}{2}}{\cos x \sin^2 x} = \lim_{x \to 0} \frac{\sin^2 \dfrac{x}{2} \cdot x^2}{2\cos x \left(\dfrac{x}{2} \right)^2 \sin^2 x}$$

$$= \lim_{x \to 0} \frac{1}{2\cos x} \left(\frac{\sin \dfrac{x}{2}}{\dfrac{x}{2}} \right)^2 \left(\frac{x}{\sin x} \right)^2$$

$$= \lim_{x \to 0} \frac{1}{2\cos x} \left(\lim_{\frac{x}{2} \to 0} \frac{\sin \dfrac{x}{2}}{\dfrac{x}{2}} \right)^2 \left(\lim_{x \to 0} \frac{x}{\sin x} \right)^2$$

$$= \frac{1}{2 \times 1} \times 1 \times 1 = \frac{1}{2}.$$

(2) $\lim\limits_{x \to \infty} \left(\dfrac{2-x}{3-x} \right)^x = \lim\limits_{x \to \infty} \left(\dfrac{x-2}{x-3} \right)^x = \lim\limits_{x \to \infty} \left(\dfrac{1 - \dfrac{2}{x}}{1 - \dfrac{3}{x}} \right)^x = \lim\limits_{x \to \infty} \dfrac{\left(1 - \dfrac{2}{x} \right)^x}{\left(1 - \dfrac{3}{x} \right)^x}$

$$= \frac{\lim\limits_{x \to \infty} \left[\left(1 + \dfrac{-2}{x} \right)^{-\frac{x}{2}} \right]^{-2}}{\lim\limits_{x \to \infty} \left[\left(1 + \dfrac{-3}{x} \right)^{-\frac{x}{3}} \right]^{-3}} = \frac{e^{-2}}{e^{-3}} = e.$$

注意 (1) 利用两个重要极限

$$\lim_{x \to 0} \frac{\sin x}{x} = 1 \quad 和 \quad \lim_{x \to \infty} \left(1 + \frac{1}{x} \right)^x = e$$

$$\left(或 \lim_{y \to 0} (1 + y)^{\frac{1}{y}} = e \right)$$

计算其他极限时，首先要注意极限过程分别是 $x \to 0$ 和 $x \to \infty$（或 $y \to 0$）.

（2）利用重要极限也是有多种方法可供选择的.如第(2)题，我们还可以引入变量方法来解题：

令 $\frac{2-x}{3-x}=1+\frac{1}{t}$，得到 $x=t+3$.当 $x\to\infty$ 时，有 $t\to\infty$，因此

$$\lim_{x\to\infty}\left(\frac{2-x}{3-x}\right)^{x}=\lim_{t\to\infty}\left(1+\frac{1}{t}\right)^{t+3}=\lim_{t\to\infty}\left(1+\frac{1}{t}\right)^{t}\cdot\lim_{t\to\infty}\left(1+\frac{1}{t}\right)^{3}$$

$$=\mathrm{e}\cdot 1^{3}=\mathrm{e}.$$

（3）根据两个重要极限，当 $x\to 0$ 时，我们可以导出下面一些结果：

$$x\sim\sin x\sim\tan x\sim\arcsin x\sim\arctan x\sim\ln(1+x)\sim\mathrm{e}^{x}-1;$$

$$1-\cos x\sim\frac{1}{2}x^{2};\quad \tan x-\sin x\sim\frac{1}{2}x^{3}\text{ 等.}$$

这样，我们便可以利用等价无穷小量的性质计算一些较为复杂的极限.如第(1)题，也可以用此种方法解：

$$\lim_{x\to 0}\frac{\tan x-\sin x}{\sin^{3}x}=\lim_{x\to 0}\frac{\frac{1}{2}x^{3}}{x^{3}}=\frac{1}{2}.$$

又如

$$\lim_{x\to 0}\frac{(x-x\mathrm{e}^{x})\arcsin x}{[\ln(1+x)]^{2}\tan x}=\lim_{x\to 0}\frac{x(1-\mathrm{e}^{x})\arcsin x}{[\ln(1+x)]^{2}\tan x}$$

$$=\lim_{x\to 0}\frac{x(-x)\cdot x}{x^{2}\cdot x}=-1.$$

注意 在求极限中，必须是两个无穷小量之比或无穷小量作为求极限的函数表达式中的乘积因子，且代换后的极限存在，才可使用等价无穷小量代换.这种代换会使求极限的步骤简化.

例 7 求下列极限：

（1）$\lim\limits_{x\to 0}x^{2}\sin\frac{1}{x}$；　　（2）$\lim\limits_{n\to\infty}(\sin\sqrt{n^{2}+1}\pi-\sin n\pi)$.

解 （1）当 $x\to 0$ 时，x^{2} 是无穷小量，虽然 $\sin\frac{1}{x}$ 的极限不存在，但因 $\left|\sin\frac{1}{x}\right|\leqslant 1$，即它是有界的，因此根据“无穷小量与有界变量乘积是无穷小量”的性质，我们有

$$\lim_{x\to 0}x^{2}\sin\frac{1}{x}=0.$$

注意 本题易犯的错误是:

$$\lim_{x\to0}x^2\sin\frac{1}{x}=\lim_{x\to0}x^2\cdot\lim_{x\to0}\sin\frac{1}{x}=0.$$

这是因为 $\lim\limits_{x\to0}\sin\dfrac{1}{x}$不存在,所以不能用极限的四则运算法则.

(2) $\lim\limits_{n\to\infty}(\sin\sqrt{n^2+1}\pi-\sin n\pi)$

$$=\lim_{n\to\infty}2\left(\sin\frac{\sqrt{n^2+1}-n}{2}\pi\cdot\cos\frac{\sqrt{n^2+1}+n}{2}\pi\right).$$

考虑到 $n\to\infty$时 $\dfrac{\sqrt{n^2+1}-n}{2}\to0$,并且

$$\left|\cos\frac{\sqrt{n^2+1}+n}{2}\pi\right|\leqslant1,$$

因此根据"无穷小量与有界变量乘积是无穷小量"的性质,我们有

$$\lim_{n\to\infty}(\sin\sqrt{n^2+1}\pi-\sin n\pi)=0.$$

例 8 求下列极限:

(1) $\lim\limits_{x\to1}\dfrac{x^3+x^2+1}{2x-1}$;

(2) $\lim\limits_{x\to0}\left[\ln(2-e^x)+\arctan\dfrac{1-x}{1+x}\right]$.

解 (1) $\lim\limits_{x\to1}\dfrac{x^3+x^2+1}{2x-1}=\dfrac{1^3+1^2+1}{2\times1-1}=3.$

(2) $\lim\limits_{x\to0}\left[\ln(2-e^x)+\arctan\dfrac{1-x}{1+x}\right]=\ln(2-e^0)+\arctan\dfrac{1-0}{1+0}$

$$=\ln1+\arctan1=\frac{\pi}{4}.$$

注意 对于连续函数我们有 $\lim\limits_{x\to x_0}f(x)=f(x_0)$,因此如果函数 $f(x)$在 $x=x_0$ 处连续,求 $\lim\limits_{x\to x_0}f(x)$时,只要将 x_0 代入 $f(x)$中的 x,求出函数值 $f(x_0)$即可.

习 题 1.2

1. 极限 $\lim\limits_{n\to\infty}(\sqrt[n]{2}+\sqrt[n]{4}+\cdots+\sqrt[n]{12})=$________.

2. 设

$$x_n=\begin{cases}(-1)^n, & n>100,\\ n, & n\leqslant 100,\end{cases}\quad y_n=\begin{cases}(-1)^{n+1}, & n>200,\\ 2^n, & n\leqslant 200,\end{cases}$$

则极限 $\lim\limits_{n\to\infty}x_ny_n=$________.

3. 设函数

$$f(x)=\begin{cases}\sqrt[3]{ax+b}, & x>0,\\ 1, & x=0,\\ 2^{\frac{1}{x}}, & x<0.\end{cases}$$

若 $\lim\limits_{x\to 0}f(x)$存在,则 $a=$________,$b=$________.

4. 设函数

$$f(x)=\begin{cases}2^{\frac{1}{x}}, & x<0,\\ 2, & x=0,\\ \lg x, & 0<x\leqslant 1,\\ x-1, & 1<x<3,\\ x\sin x, & 3\leqslant x,\end{cases}$$

则当 $x\to$________时,$f(x)\to 0$;当 $x\to$________时,$f(x)\to\infty$.

5. 设极限 $\lim\limits_{x\to\infty}f(x)$存在,且 $\lim\limits_{x\to\infty}2xf(x)=\lim\limits_{x\to\infty}[4f(x)+5]$,则 $\lim\limits_{x\to\infty}xf(x)=$________.

6. 设极限 $\lim\limits_{x\to 0}\dfrac{\sin 6x+xf(x)}{x^3}=0$,则 $\lim\limits_{x\to 0}f(x)=$________.

7. 当 $x\to+\infty$时,若 $f(x)=\dfrac{px^2-2}{x+1}-3qx+5$ 为无穷大量,则 p,q 满足条件________;若 $f(x)$ 为无穷小量,则 p,q 满足条件________.

8. 已知 $\lim\limits_{x\to\infty}\left(\dfrac{x^2}{1+x}+ax-b\right)=1$,则 $a=$________,$b=$________.

9. 极限 $\lim\limits_{x\to\infty}\dfrac{x^3-1}{x^2+2}\sin\dfrac{x-1}{x^2+1}=$________.

10. 极限 $\lim\limits_{t\to+\infty}\left(\dfrac{xt+1}{xt+2}\right)^t=$________.

11. 极限 $\lim\limits_{n\to\infty}\dfrac{x^n-x^{-n}}{x^n+x^{-n}}=$________.

12. 讨论下列极限：

(1) $\lim\limits_{n\to\infty}\dfrac{n}{2^n}$；

(2) $\lim\limits_{x\to\infty}\dfrac{(x+1)(x+2)(x+3)(x+4)(x+5)}{(4x-1)^5}$；

(3) $\lim\limits_{x\to\infty}(\sqrt[3]{x^3-5x^2+1}-x)$；

(4) $\lim\limits_{x\to+\infty}[\sin\ln(x+1)-\sin\ln x]$.

13. 求下列极限：

(1) $\lim\limits_{x\to\infty}\dfrac{\sin x^2+x}{\cos x^2-x}$；

(2) $\lim\limits_{x\to+\infty}(\sqrt{x^2+x}-\sqrt{x^2-1})$；

(3) $\lim\limits_{x\to-\infty}x(\sqrt{1+x^2}+x)$；

(4) $\lim\limits_{x\to-2}\left(\dfrac{1}{x+2}-\dfrac{12}{x^3+8}\right)$；

(5) $\lim\limits_{x\to\infty}x\sin\dfrac{\pi}{x}$；

(6) $\lim\limits_{x\to1}\dfrac{\sin(x-1)}{x^2-3x+2}$；

(7) $\lim\limits_{x\to+\infty}(\cos\sqrt{x+1}-\cos\sqrt{x})$；

(8) $\lim\limits_{x\to0}\dfrac{\cos x-\cos3x}{x^2}$；

(9) $\lim\limits_{x\to\pi}\dfrac{\sin mx}{\sin nx}$ (n,m 为自然数)；

(10) $\lim\limits_{x\to\infty}\left(\dfrac{x^2+1}{x^2-2}\right)^{x^2}$.

14. 设函数

$$f(x)=\begin{cases}x^2+2x-3, & x\leqslant1,\\ x, & 1<x<2,\\ 2x-2, & x\geqslant2.\end{cases}$$

问：下列极限是否存在？若存在将它求出来.

(1) $\lim\limits_{x\to1}f(x)$； (2) $\lim\limits_{x\to2}f(x)$； (3) $\lim\limits_{x\to3}f(x)$.

15. 当 $x\to0$ 时，下列无穷小量与 x 相比是什么阶的无穷小量？

(1) $x+\sin x^2$；

(2) $\sqrt{x}+\sin x$；

(3) $\dfrac{(x+1)x}{4+\sqrt[3]{x}}$；

(4) $\ln(1+2x)$.

16. 证明：当 $x\to0$ 时，$\sqrt{1+x}-1\sim\dfrac{x}{2}$.

§3 函数的连续性

内容提要

1. 函数在一点处连续与间断

定义 1.19 称函数 $f(x)$在点 x_0 处是**连续**的,如果它满足:

(1) $f(x)$在 x_0 处有定义;

(2) $f(x)$在 x_0 处有极限存在,即

$$\lim_{x \to x_0} f(x) = A;$$

(3) $f(x)$在 x_0 处的极限值等于函数值,即

$$A = f(x_0).$$

并称 x_0 为 $f(x)$的**连续点**.否则就说函数在 x_0 是**间断**的,并称 x_0 为 $f(x)$的**间断点**.

函数在 $x=x_0$ 点处连续的等价定义是:

$$\lim_{\Delta x \to 0} \Delta y = \lim_{\Delta x \to 0} [f(x_0 + \Delta x) - f(x_0)] = 0.$$

定义 1.20 若 $\lim\limits_{x \to x_0+0} f(x) = f(x_0)$,则称 $f(x)$在点 x_0 处**右连续**.

类似地可以定义左连续.左、右连续统称为**单侧连续**.

2. 间断点的分类

定义 1.21 (1) 如果函数 $f(x)$在 x_0 点的左、右极限都存在,但不都等于该点的函数值,那么就称 x_0 为**第Ⅰ类间断点**;

(2) 如果函数 $f(x)$在 x_0 点的左、右极限中至少有一个不存在,那么就称 x_0 为**第Ⅱ类间断点**.

在第Ⅰ类间断中,如果函数在间断点处左、右极限存在并相等,但不等于该点的函数值,那么我们可以补充或重新定义函数在间断点的值,使得函数在该点变成是连续的.这种间断点我们称为**可去间断点**.

间断点的分类如下表:

第Ⅰ类间断点		第Ⅱ类间断点	
$f(x_0-0)$，$f(x_0+0)$均存在		$f(x_0-0)$，$f(x_0+0)$至少有一个不存在	
$f(x_0-0)=$ $f(x_0+0)$	$f(x_0-0)\neq$ $f(x_0+0)$	$f(x_0-0)$,$f(x_0+0)$ 至少有一个为∞	除前面情况以外
可去间断点	跳跃间断点	无穷间断点	振荡间断点

3. 函数在区间上连续的定义

定义 1.22 若函数 $f(x)$在开区间(a,b)内的每一点处都连续，则称 $f(x)$**在开区间**(a,b)**内是连续的**；若函数 $f(x)$在开区间(a,b)内连续，并且在区间的左端点 a 处是右连续的（即 $f(a+0)=f(a)$），在区间的右端点 b 处是左连续的（即 $f(b-0)=f(b)$），则称 $f(x)$**在闭区间**$[a,b]$**上是连续的**；若一个函数 $f(x)$在它的定义域上的每一点都是连续的，则称它是**连续函数**.

4. 连续函数的运算法则

4.1 连续函数的四则运算

若函数 $f(x)$与 $g(x)$在同一点 $x=x_0$ 处是连续的，则函数

$$f(x)\pm g(x),\quad f(x)\cdot g(x),\quad \frac{f(x)}{g(x)}(g(x_0)\neq 0)$$

在点 x_0 处也是连续的.

4.2 复合函数的连续性

设有两个函数 $y=f(u)$与 $u=\varphi(x)$. 若函数 $u=\varphi(x)$在点 $x=x_0$ 处连续，函数 $y=f(u)$在点 $u_0=\varphi(x_0)$处连续，则复合函数

$$y=f[\varphi(x)]$$

在点 $x=x_0$ 处也连续.

4.3 反函数的连续性

单调连续函数的反函数也是单调连续的.

4.4 初等函数的连续性

由于基本初等函数在其定义区间上都是连续的，所以由基本初等函数经过四则运算或复合运算而成的初等函数在其定义区间上也都是连续的.

5. 闭区间上连续函数的两个重要性质

性质1(最大最小值定理) 若函数 $f(x)$在$[a,b]$上连续,则 $f(x)$在$[a,b]$上一定有最大值与最小值,即存在 $x_1,x_2\in[a,b]$,使得对于任意的 $x\in[a,b]$,有

$$m \xlongequal{\text{记为}} f(x_2) \leqslant f(x) \leqslant f(x_1) \xlongequal{\text{记为}} M$$

(x_1,x_2 分别称为 $f(x)$的最大值点与最小值点, m,M 分别称为 $f(x)$在$[a,b]$上的最大值与最小值).

性质2(中间值定理) 若函数 $f(x)$在$[a,b]$上连续,且 $f(a)\neq f(b)$, η 为 $f(a)$与 $f(b)$之间的任意一个值,则至少存在一点 $c\in[a,b]$,使得

$$f(c)=\eta.$$

推论1 若函数 $f(x)$在$[a,b]$上连续,且 $f(a)$与 $f(b)$异号,则至少存在一点 $c\in[a,b]$,使得

$$f(c)=0.$$

推论2 在闭区间上连续的函数一定可以取得最大值与最小值之间的一切值.

6. 利用函数的连续性计算极限

根据初等函数的连续性,我们可以使用代入法来计算初等函数的极限.

(1) 设函数 $f(x)$在 x_0 连续,则求极限 $\lim\limits_{x\to x_0}f(x)$时,只需将 x_0 代入到 $f(x)$的表达式即可;

(2) 对于复合函数 $f[\varphi(x)]$,若 $\lim\limits_{x\to x_0}\varphi(x)=u_0$,并且 $f(u)$在 u_0 连续,则

$$\lim_{x\to x_0}f[\varphi(x)]=f(u_0);$$

(3) 对于幂指函数 $f(x)^{g(x)}$,若 $\lim\limits_{x\to x_0}f(x)=A>0$, $\lim\limits_{x\to x_0}g(x)=B<+\infty$,则

$$\lim_{x\to x_0}f(x)^{g(x)}=A^B.$$

典型例题分析

例1 指出下列函数的间断点及其类型.若是可去间断点时,请补充或修改函数在该点的函数值使之成为连续函数.

(1) $f(x)=\arctan\dfrac{1}{x}$;　　(2) $f(x)=\dfrac{\cos x}{x^2-1}$;

(3) $f(x)=\begin{cases} x^2, & x\neq 1, \\ 1/2, & x=1; \end{cases}$　　(4) $f(x)=\dfrac{1}{x}\ln(1+x)$.

解 (1) 除 $x=0$ 外处处连续.因为

$$\lim_{x\to 0+0}\arctan\frac{1}{x}=\frac{\pi}{2},\quad \lim_{x\to 0-0}\arctan\frac{1}{x}=-\frac{\pi}{2},$$

所以 $x=0$ 是第Ⅰ类间断点,且是跳跃间断点.

(2) 除 $x=\pm 1$ 外处处连续.因为

$$\lim_{x\to\pm 1}\frac{\cos x}{x^2-1}=\infty,$$

所以 $x=\pm 1$ 是第Ⅱ类间断点,且是无穷间断点.

(3) 除 $x=1$ 外处处连续.因为

$$\lim_{x\to 1}f(x)=\lim_{x\to 1}x^2=1\neq f(1),$$

所以 $x=1$ 是第Ⅰ类间断点,且是可去间断点.修改 $x=1$ 处 $f(x)$的函数值:

$$f(x)=\begin{cases} x^2, & x\neq 1, \\ 1, & x=1 \end{cases}=x^2,$$

则 $f(x)$在 $x=1$ 连续.

(4) 定义域是$(-1,0)\cup(0,+\infty)$,在定义域内处处连续.因为

$$\lim_{x\to 0}\frac{\ln(1+x)}{x}=\lim_{x\to 0}\ln(1+x)^{\frac{1}{x}}=\ln e=1,$$

所以 $x=0$ 是第Ⅰ类间断点,且是可去间断点.补充定义 $f(x)$在 $x=0$ 处的函数值:

$$f(x)=\begin{cases} \dfrac{1}{x}\ln(1+x), & x\neq 0, \\ 1, & x=0, \end{cases}$$

则 $f(x)$在 $x=0$ 连续.

例 2 适当选取 a,使得函数

$$f(x)=\begin{cases} e^x, & x<0, \\ a+x, & x\geqslant 0 \end{cases}$$

是连续的.

解 当 $x<0$ 时, $f(x)=e^x$;当 $x\geqslant 0$ 时, $f(x)=a+x$. 由于它们都是初等函数,因而都是连续的. 这里只需讨论分段点 $x=0$ 处的连续性. 由于

$$\lim_{x\to 0-0} f(x)=\lim_{x\to 0-0} e^x=e^0=1,$$

而
$$\lim_{x\to 0+0} f(x)=\lim_{x\to 0+0}(a+x)=a=f(0).$$

因此,取 $a=1$,有

$$\lim_{x\to 0-0} f(x)=\lim_{x\to 0+0} f(x)=f(0)=1.$$

此时 $f(x)$ 在 $x=0$ 处连续,于是 $f(x)$ 处处连续.

由本题看出,对于分段函数,需要考察在分段点处的左、右极限以及函数值是否都相等,以判断在分段点处是否连续.

例 3 指出下列函数的连续区间,如有间断点指出它所属的类型:

(1) $y=x\sin\dfrac{1}{x}$; (2) $y=\dfrac{x^2-1}{x^2-3x+2}$.

解 (1) 由于函数 $x\sin\dfrac{1}{x}$ 在 $x=0$ 点没有定义,并且 $\lim\limits_{x\to 0}x\sin\dfrac{1}{x}=0$,所以其连续区间为 $(-\infty,0)$ 或 $(0,+\infty)$ 且间断点为 $x=0$,它是一个第 I 类间断点. 如果我们补充定义:当 $x=0$ 时, $y=0$,这时函数

$$y=\begin{cases} 0, & x=0, \\ x\sin\dfrac{1}{x}, & x\neq 0 \end{cases}$$

在 $(-\infty,+\infty)$ 上连续. 可见 $x=0$ 点为函数 $x\sin\dfrac{1}{x}$ 的一个可去间断点.

(2) 由于函数

$$y=\frac{x^2-1}{x^2-3x+2}=\frac{(x-1)(x+1)}{(x-1)(x-2)}$$

在 $x=1$, $x=2$ 两个点没有定义,并且

$$\lim_{x\to 1}\frac{x^2-1}{x^2-3x+2}=\lim_{x\to 1}\frac{x+1}{x-2}=-2,$$

$$\lim_{x\to 2}\frac{x^2-1}{x^2-3x+2}=\lim_{x\to 2}\frac{x+1}{x-2}=\infty,$$

所以其连续区间为$(-\infty,1)$或$(1,2)$或$(2,+\infty)$且间断点 $x=1$ 是一个第Ⅰ类间断点，$x=2$ 是一个第Ⅱ类间断点. 如果我们补充定义：当 $x=1$ 时，$y=-2$，这时函数

$$y=\begin{cases}-2, & x=1,\\ \dfrac{x^2-1}{x^2-3x+2}, & x\neq 1\end{cases}$$

在 $x=1$ 点也连续. 可见 $x=1$ 点为函数$\dfrac{x^2-1}{x^2-3x+2}$的一个可去间断点.

例 4 设函数

$$f(x)=\begin{cases}\dfrac{1}{x}\sin x+a, & x<0,\\ b, & x=0,\\ x\sin\dfrac{1}{x}, & x>0,\end{cases}$$

其中 a,b 为常数，问：a,b 为何值时，$f(x)$在 $x=0$ 处连续？

解 考虑到

$$\lim_{x\to 0-0}f(x)=\lim_{x\to 0-0}\left(\frac{1}{x}\sin x+a\right)=1+a,$$

$$\lim_{x\to 0+0}f(x)=\lim_{x\to 0+0}x\sin\frac{1}{x}=0,$$

若要 $f(x)$在 $x=0$ 处连续，必有

$$\lim_{x\to 0-0}f(x)=\lim_{x\to 0+0}f(x)=0,$$

即 $1+a=0$，所以 $a=-1$. 因此 $\lim\limits_{x\to 0}f(x)=0$.

若要 $f(x)$在 $x=0$ 处连续，还要求 $\lim\limits_{x\to 0}f(x)=f(0)=b$，因此，$b=0$.

故当 $a=-1,b=0$ 时，$f(x)$在 $x=0$ 处连续.

例 5 利用函数连续性计算下列极限：

(1) $\lim\limits_{x\to\infty}\cos\dfrac{1-x}{1+x}$；　　　(2) $\lim\limits_{x\to1}\left(\dfrac{1+x}{2+x}\right)^{\frac{1-\sqrt{x}}{1-x}}$.

解　(1) 由初等函数的连续性，有

$$\lim_{x\to\infty}\cos\frac{1-x}{1+x}=\cos\left(\lim_{x\to\infty}\frac{1-x}{1+x}\right)=\cos\left(\lim_{x\to\infty}\frac{\frac{1}{x}-1}{\frac{1}{x}+1}\right)$$

$$=\cos(-1)=\cos1.$$

(2) 先将函数化成指数形式

$$\left(\frac{1+x}{2+x}\right)^{\frac{1-\sqrt{x}}{1-x}}=\mathrm{e}^{\frac{1-\sqrt{x}}{1-x}\ln\left(\frac{1+x}{2+x}\right)},$$

然后由初等函数的连续性，有

$$\lim_{x\to1}\left(\frac{1+x}{2+x}\right)^{\frac{1-\sqrt{x}}{1-x}}=\lim_{x\to1}\mathrm{e}^{\frac{1-\sqrt{x}}{1-x}\ln\left(\frac{1+x}{2+x}\right)}$$

$$=\mathrm{e}^{\lim\limits_{x\to1}\frac{1-\sqrt{x}}{1-x}\ln\left(\frac{1+x}{2+x}\right)}=\mathrm{e}^{\lim\limits_{x\to1}\frac{1}{1+\sqrt{x}}\ln\lim\limits_{x\to1}\frac{1+x}{2+x}}$$

$$=\mathrm{e}^{\frac{1}{2}\ln\frac{2}{3}}=\sqrt{\frac{2}{3}}.$$

习　题　1.3

1. 已知函数 $f(x)=\begin{cases}a+bx^2, & x\leqslant0,\\ \dfrac{\sin bx}{x}, & x>0\end{cases}$ 在 $x=0$ 处连续，则 $a=$ ________，$b=$ ________.

2. 已知函数 $f(x)=\begin{cases}\left(\dfrac{1-2x^2}{1+x^2}\right)^{\cot^2x}, & 0<|x|<\dfrac{\sqrt{2}}{2},\\ 2x-a, & \text{其他}\end{cases}$ 在 $x=0$ 连续，则 $a=$ ________.

3. 设函数 $f(x)=\begin{cases}2x, & x<0,\\ a, & x\geqslant0,\end{cases}$ $g(x)=\begin{cases}b, & x<0,\\ x+3, & x\geqslant0,\end{cases}$ 且 $f(x)+g(x)$ 在 $(-\infty,+\infty)$ 连续，则 $a=$ ________，$b=$ ________.

4. 函数 $f(x)=\dfrac{1}{1-\mathrm{e}^{\frac{x}{x-1}}}$ 的连续区间为________.

5. 求下列极限：

(1) $\lim\limits_{x\to 0}\dfrac{\ln(1+x^2)}{\sin(1+x^2)}$；　　　　(2) $\lim\limits_{x\to 0}\dfrac{\ln(1+2x)}{\sin 3x}$.

6. 设函数

$$f(x)=\begin{cases}\dfrac{1}{x}\sin x, & x<0,\\ k, & x=0,\\ x\sin\dfrac{1}{x}+1, & x>0,\end{cases}$$

问：当 k 为何值时，函数 $f(x)$ 在其定义域内连续？

7. 设函数

$$f(x)=\begin{cases}x+a, & x\leqslant 0,\\ x^2+1, & 0<x\leqslant 1,\\ \dfrac{b}{x}, & 1<x,\end{cases}$$

问：a,b 为何值时，函数 $f(x)$ 在定义区间内连续？

8. 讨论函数 $f(x)=\dfrac{2^{\frac{1}{x}}-1}{2^{\frac{1}{x}}+1}$ 在 $x=0$ 处是否连续. 如不连续，指出间断点的类型.

9. 运用连续的性质，证明：

(1) $x\cdot 5^x=1$ 至少有一个小于1的正根；

(2) 如果 $f(x)$ 在 $[a,b]$ 上连续，且无零点，则 $f(x)>0$，或 $f(x)<0$；

(3) 设 $f(x)=e^x-2$，则在 $(0,2)$ 内，$f(x)$ 至少存在一个不动点，即至少存在一点 x_0，使 $f(x_0)=x_0$.

第二章　导数与微分

§1　导数的概念及其运算

内 容 提 要

1. 导数的概念

1.1　导数的定义

定义 2.1　设函数 $y=f(x)$在$U(x_0)$内有定义.给 x_0 一个改变量 Δx,使得 $x_0+\Delta x\in U(x_0)$,函数 $y=f(x)$相应地有改变量

$$\Delta y = f(x_0+\Delta x) - f(x_0).$$

如果极限

$$\lim_{\Delta x\to 0}\frac{\Delta y}{\Delta x} = \lim_{\Delta x\to 0}\frac{f(x_0+\Delta x)-f(x_0)}{\Delta x}$$

存在,那么就称此极限为函数 $f(x)$在 x_0 点的**导数**(或**微商**),记作

$$f'(x_0)\ \text{或}\ y'|_{x=x_0}\ \text{或}\ \left.\frac{\mathrm{d}y}{\mathrm{d}x}\right|_{x=x_0},$$

并称函数 $y=f(x)$在点 x_0 处是**可导**的.

1.2　单侧导数的定义

定义 2.2　设函数 $y=f(x)$在$U^+(x_0)$内有定义.给 x_0 一个改变量 Δx,使得 $x_0+\Delta x\in U^+(x_0)$,函数 $y=f(x)$相应地有改变量 $\Delta y=f(x_0+\Delta x)-f(x_0)$.如果极限

$$\lim_{\Delta x\to 0+0}\frac{\Delta y}{\Delta x} = \lim_{\Delta x\to 0+0}\frac{f(x_0+\Delta x)-f(x_0)}{\Delta x}$$

存在,那么就称此极限为函数 $f(x)$在 x_0 点的**右导数**,记作 $f'_+(x_0)$,并称函数 $y=f(x)$在点 x_0 处是**右可导**的.

同样,我们也可以定义函数 $f(x)$在点 x_0 处的**左导数** $f'_-(x_0)$.左导数与右导数统称为**单侧导数**.

1.3　导函数的定义

定义 2.3　如果 $f(x)$ 在 (a,b) 内可导，那么对于 (a,b) 内任意一点 x 都有一个导数 $f'(x)$ 与它对应. 也就是说 $f'(x)$ 仍为 x 的函数，我们称之为 $f(x)$ 的**导函数**. 为了方便起见也称导函数为**导数**，记作 $f'(x)$ 或 y'.

1.4　导数的几何意义

函数 $y=f(x)$ 在点 x_0 处的导数 $f'(x_0)$ 在几何上表示曲线 $y=f(x)$ 在点 $P_0(x_0,f(x_0))$ 处的切线 P_0T 的斜率. 若 P_0T 与 x 轴正方向夹角为 α，则

$$\tan\alpha = \lim_{\Delta x \to 0} \frac{\Delta y}{\Delta x} = f'(x_0),$$

见图 2-1.

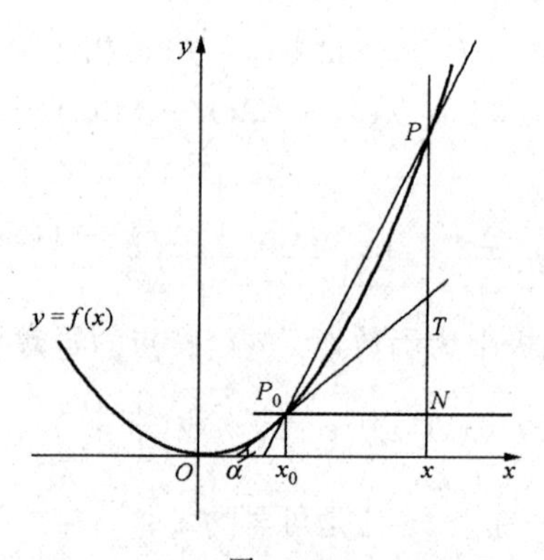

图　2-1

1.5　可导性与连续性的关系

如果函数 $y=f(x)$ 在点 x_0 处是可导的，那么 $y=f(x)$ 在点 x_0 处是连续的；反之不真.

上述结论说明函数在某点连续是函数在该点可导的必要条件，但不是充分条件.

2. 导数的基本公式与运算法则

2.1　基本初等函数的求导公式

(1) $(C)'=0$；　　　　(2) $(x^\alpha)'=\alpha x^{\alpha-1}$；

(3) $(a^x)'=a^x\ln a$，$(\mathrm{e}^x)'=\mathrm{e}^x$；

(4) $(\log_a x)'=\frac{1}{x\ln a}$，$(\ln x)'=\frac{1}{x}$；

(5) $(\sin x)'=\cos x$；　　(6) $(\cos x)'=-\sin x$；

(7) $(\tan x)'=\sec^2 x$；　　(8) $(\cot x)'=-\csc^2 x$；

(9) $(\arcsin x)'=\frac{1}{\sqrt{1-x^2}}$；　　(10) $(\arccos x)'=-\frac{1}{\sqrt{1-x^2}}$；

(11) $(\arctan x)'=\frac{1}{1+x^2}$；　　(12) $(\text{arccot} x)'=-\frac{1}{1+x^2}$.

2.2　导数的四则运算法则

设函数 $u(x)$,$v(x)$在点 x 处可导,则函数

$$u(x)\pm v(x),\quad u(x)\cdot v(x),\quad \frac{u(x)}{v(x)}\quad (v(x)\neq 0)$$

分别在该点处也可导,并且有

(1) $[u(x)\pm v(x)]'=u'(x)\pm v'(x)$；

(2) $[u(x)\cdot v(x)]'=u'(x)v(x)+u(x)v'(x)$；

(3) $[Cu(x)]'=Cu'(x)$ (C 为常数)；

(4) $\left[\frac{u(x)}{v(x)}\right]'=\frac{u'(x)v(x)-u(x)v'(x)}{[v(x)]^2}$.

注意　由(1),(3)两式可知,求有限多个函数的线性组合的导数,可以先求每个函数的导数,然后再线性组合,即

$$\left(\sum_{i=1}^{n}a_if_i(x)\right)'=\sum_{i=1}^{n}a_if_i'(x).$$

2.3　复合函数的导数

设函数 $u=\varphi(x)$在点 x 处有导数 $u_x'=\varphi'(x)$,又函数 $y=f(u)$在对应点 u 处有导数 $y_u'=f_u'$,则复合函数 $y=f[\varphi(x)]$在点 x 处也有导数,并且

$$y_x'=y_u'\cdot u_x'\quad 或\quad \frac{\mathrm{d}y}{\mathrm{d}x}=\frac{\mathrm{d}y}{\mathrm{d}u}\cdot\frac{\mathrm{d}u}{\mathrm{d}x}.$$

利用复合函数的求导公式计算导数的关键是,适当地选取中间变量,将所给的函数拆成两个或几个基本初等函数的复合,然后用一次或几次复合函数求导公式,求出所给函数的导数.需要指出的是,以后在利用复合函数求导公式解题时,不要求写出中间变量 u,只要在心中默记就可以了.

2.4　反函数的求导法则

如果直接函数 $x=\varphi(y)$ 是可导的，且 $\varphi'(y)\neq 0$，那么其反函数 $y=f(x)$ 也可导，且

$$f'(x)=\frac{1}{\varphi'(y)}.$$

这就是说，反函数的导数等于直接函数导数的倒数.

2.5　隐函数的求导法则

若 x,y 之间的函数关系 $y=y(x)$ 是由方程 $F(x,y)=0$ 所确定的，称之为**隐函数**. 将函数 $y=y(x)$ 代入方程后，则方程变成一个恒等式：

$$F[x,y(x)]\equiv 0.$$

这时我们利用复合函数的求导法则对方程两边求导，即可解出 y'_x.

2.6　幂指函数求导法则

对形如 $[f(x)]^{g(x)}$ 的幂指函数可以采取两种方法求导数：一种方法是设 $y=[f(x)]^{g(x)}$，在等式的两边取对数后再求导；另一种方法是化成指数函数 $y=\mathrm{e}^{g(x)\ln f(x)}$ 的形式后再求导数.

对于一般的幂指函数有下面的求导公式：

$$\begin{aligned}\{[f(x)]^{g(x)}\}'=&\,g(x)[f(x)]^{g(x)-1}\cdot f'(x)\\&+[f(x)]^{g(x)}\ln f(x)\cdot g'(x).\end{aligned}$$

3. 高阶导数

3.1　二阶导数的定义

定义 2.4　设函数 $y=f(x)$ 在 $U(x)$ 内是可导的. 如果其导函数 $f'(x)$ 在点 x 处又有导数，即极限

$$[f'(x)]'=\lim_{\Delta x\to 0}\frac{f'(x+\Delta x)-f'(x)}{\Delta x}$$

存在，则称它为函数 $f(x)$ 在点 x 处的**二阶导数**，记作

$$f^{(2)}(x),\ y'',\ \frac{\mathrm{d}^2y}{\mathrm{d}x^2}\ 或\ \frac{\mathrm{d}^2f}{\mathrm{d}x^2},$$

并称函数在点 x 处是**二阶可导**的.

如果函数 $y=f(x)$ 在区间 (a,b) 内的每一点处都二阶可导，那么称 $f(x)$ 在 (a,b) 内**二阶可导**.

3.2　n 阶导数的定义

定义 2.5　设函数 $y=f(x)$ 在 $U(x)$ 内有直到 $n-1$ 阶的导数. 如果它的 $n-1$ 阶导数 $f^{(n-1)}(x)$ 在点 x 处可导，那么就称 $f^{(n-1)}(x)$ 在点 x 处的导数为函数 $f(x)$ 在点 x 处的 n **阶导数**，记作

$$f^{(n)}(x) \text{ 或 } \frac{\mathrm{d}^n y}{\mathrm{d}x^n} \quad (n=1,2,\cdots).$$

为了方便起见，我们把函数本身称为零阶导数，记作

$$f(x)=f^{(0)}(x).$$

同样地，如果函数 $y=f(x)$ 在区间 (a,b) 内的每一点处都是 n 阶可导的，那么就称 $f(x)$ 在 (a,b) 内 n **阶可导**.

典型例题分析

例 1　根据导数的定义，求下列函数的导数：

(1) $y=\ln(1+x^2)$ 在 $x=0$ 处；

(2) $y=\cos(x+2)$ 在 $(-\infty,+\infty)$ 内任意点 x 处.

解　(1) 求增量：

$$\Delta y=\ln(1+\Delta x^2)-\ln 1=\ln(1+\Delta x^2);$$

作比值：

$$\begin{aligned}\frac{\Delta y}{\Delta x}&=\frac{1}{\Delta x}\ln(1+\Delta x^2)=\ln(1+\Delta x^2)^{\frac{1}{\Delta x}}\\&=\ln(1+\Delta x^2)^{\frac{1}{\Delta x^2}\cdot\Delta x};\end{aligned}$$

取极限：

$$\lim_{\Delta x\to 0}\frac{\Delta y}{\Delta x}=\lim_{\Delta x\to 0}\ln(1+\Delta x^2)^{\frac{1}{\Delta x^2}\Delta x}=\ln \mathrm{e}^0=\ln 1=0.$$

因此函数 $y=\ln(1+x^2)$ 在 $x=0$ 处的导数 $y'(0)=0$.

(2) 求增量：

$$\begin{aligned}\Delta y&=\cos(x+\Delta x+2)-\cos(x+2)\\&=-2\sin\left(x+2+\frac{\Delta x}{2}\right)\sin\frac{\Delta x}{2};\end{aligned}$$

作比值：

$$\frac{\Delta y}{\Delta x}=-\sin\left(x+2+\frac{\Delta x}{2}\right)\frac{\sin\frac{\Delta x}{2}}{\frac{\Delta x}{2}};$$

取极限：

$$\lim_{\Delta x\to 0}\frac{\Delta y}{\Delta x}=\lim_{\Delta x\to 0}\left[-\sin\left(x+2+\frac{\Delta x}{2}\right)\frac{\sin\frac{\Delta x}{2}}{\frac{\Delta x}{2}}\right]$$

$$=-\lim_{\Delta x\to 0}\sin\left(x+2+\frac{\Delta x}{2}\right)\lim_{\Delta x\to 0}\frac{\sin\frac{\Delta x}{2}}{\frac{\Delta x}{2}}$$

$$=-\sin(x+2).$$

因此函数 $y=\cos(x+2)$在$(-\infty,+\infty)$上的导数为

$$y'=-\sin(x+2).$$

例 2 讨论函数

$$f(x)=\begin{cases}x, & x<-1,\\ x^2, & |x|\leqslant 1,\\ 3-2x, & x>1\end{cases}$$

在 $x=0$ 及 $x=\pm 1$ 处的连续性与可导性.

解 在 $x=-1$ 处,由于

$$\lim_{x\to -1-0}f(x)=\lim_{x\to -1-0}x=-1,$$

$$\lim_{x\to -1+0}f(x)=\lim_{x\to -1+0}x^2=1,$$

即左、右极限存在但不相等,所以 $f(x)$在 $x=-1$ 处极限不存在,因而不连续,从而也不可导.

在 $x=0$ 处,由于

$$f'_+(0)=\lim_{\Delta x\to 0+0}\frac{\Delta x^2-0^2}{\Delta x}=0,$$

同理 $$f'_-(0)=0,$$

即左、右导数存在,并且相等,因此在 $x=0$ 处可导,当然也一定连续.

在 $x=1$ 处,由于

$$\lim_{x\to 1-0}f(x)=\lim_{x\to 1-0}x^2=1,$$

$$\lim_{x\to 1+0}f(x)=\lim_{x\to 1+0}(3-2x)=1,$$

即左、右极限都存在并且相等，因此在 $x=1$ 处连续. 但是，考虑到

$$f'_+(1)=\lim_{\Delta x\to 0+0}\frac{f(1+\Delta x)-f(1)}{\Delta x}=\lim_{\Delta x\to 0+0}\frac{3-2(1+\Delta x)-1}{\Delta x}=-2,$$

而

$$f'_-(1)=\lim_{\Delta x\to 0-0}\frac{f(1+\Delta x)-f(1)}{\Delta x}=\lim_{\Delta x\to 0-0}\frac{(1+\Delta x)^2-1}{\Delta x}=2,$$

因此在 $x=1$ 处是不可导的.

例 3 求 $f(x)=|x^2-1|$ 的导数 $f'(x)$.

解 将函数 $f(x)$ 用分段函数表示，有

$$f(x)=\begin{cases}x^2-1, & |x|\geqslant 1,\\ -(x^2-1), & |x|<1.\end{cases}$$

(1) 当 $x\in(-\infty,-1)\cup(1,+\infty)$ 时，

$$f(x)=x^2-1,\quad f'(x)=2x.$$

(2) 当 $x\in(-1,1)$ 时，

$$f(x)=1-x^2,\quad f'(x)=-2x.$$

(3) 当 $x=-1$ 时，

$$f'_-(-1)=\lim_{\Delta x\to 0+0}\frac{(-1+\Delta x)^2-1-0}{\Delta x}=\lim_{\Delta x\to 0+0}\frac{-2\Delta x+\Delta x^2}{\Delta x}=\lim_{\Delta x\to 0+0}(-2+\Delta x)=-2,$$

$$f'_+(-1)=\lim_{\Delta x\to 0+0}\frac{1-(-1+\Delta x)^2-0}{\Delta x}=\lim_{\Delta x\to 0+0}\frac{2\Delta x-\Delta x^2}{\Delta x}=\lim_{\Delta x\to 0+0}(2-\Delta x)=2,$$

可见

$$f'_-(-1)\neq f'_+(-1),$$

同理

$$f'_-(1)\neq f'_+(1),$$

所以 $f(x)$ 在 $x=-1$ 及 $x=1$ 处不可导.

根据上面的讨论,有

$$f'(x)=\begin{cases}2x, & |x|>1,\\ -2x, & |x|<1.\end{cases}$$

当 $x=\pm1$ 时 $f'(x)$不存在.

注意 由例 2,例 3 的讨论,我们可以看出求分段函数的导数时,分段点处必须用导数定义求导,如分段点处连续,那么分别计算该点处的左、右导数,由左、右导数是否存在并且相等,决定该分段点处是否可导. 而在每个区间内部,若为初等函数,则可用公式求导.

例 4 证明:奇(偶)函数的导函数是偶(奇)函数,并说明几何意义.

证 设 $f(x)$为奇函数,要证 $f'(x)$为偶函数,即证

$$f'(-x)=f'(x).$$

这里我们用定义证明. 首先

$$\begin{aligned}f'(-x)&=\lim_{\Delta x\to0}\frac{f(-x+\Delta x)-f(-x)}{\Delta x}\\&=\lim_{\Delta x\to0}\frac{f[-(x-\Delta x)]-f(-x)}{\Delta x}.\end{aligned}$$

考虑到 $f(x)$是奇函数,

$$f[-(x-\Delta x)]=-f(x-\Delta x),$$

$$f(-x)=-f(x),$$

所以

$$\begin{aligned}f'(-x)&=\lim_{\Delta x\to0}\frac{f(x-\Delta x)-f(x)}{-\Delta x}\\&=\lim_{-\Delta x\to0}\frac{f(x-\Delta x)-f(x)}{-\Delta x}\\&=f'(x).\end{aligned}$$

本题的几何意义是奇函数的图形关于原点对称,两彼此对称的点处的切线平行,即有相同的斜率,这意味着其导函数是偶函数.

若 $f(x)$是偶函数,则可类似地证明.

注意 本题也可用复合函数求导法则来证明:

因 $f(x)=-f(-x)$,两边对 x 求导,得

$$f'(x)=-f'(-x)(-x)',$$

即

$$f'(x)=f'(-x).$$

例 5 求下列函数的导数：

(1) $y=\arcsin\frac{1}{x^2}$；(2) $y=\ln(1+e^{\sqrt{x}})$；

(3) $y=x+f(\sin x)$；

(4) $y=f(e^x)\cdot e^{f(x)}$，其中 $f(x)$ 为可导函数.

解 (1) 引入中间变量 $u=\frac{1}{x^2}$，则 $y=\arcsin u$. 于是，有

$$y'_x=y'_u\cdot u'_x=\frac{1}{\sqrt{1-u^2}}\cdot\frac{-2}{x^3}$$

$$=\frac{-2}{x^3\sqrt{1-1/x^4}}=\frac{-2}{x\sqrt{x^4-1}}.$$

(2) 引入中间变量 u,v,w，于是

$$y=\ln u,\quad u=1+v,\quad v=e^w,\quad w=\sqrt{x}.$$

因此

$$y'_x=y'_u\cdot u'_v\cdot v'_w\cdot w'_x=\frac{1}{u}\cdot 1\cdot e^w\cdot\frac{1}{2\sqrt{x}}$$

$$=\frac{1}{1+e^{\sqrt{x}}}\cdot e^{\sqrt{x}}\cdot\frac{1}{2\sqrt{x}}=\frac{\sqrt{x}\,e^{\sqrt{x}}}{2x(1+e^{\sqrt{x}})}.$$

(3) $y'_x=1+f'(\sin x)\cdot(\sin x)'=1+\cos x\cdot f'(\sin x)$.

(4) $y'_x=[f(e^x)]'e^{f(x)}+[e^{f(x)}]'f(e^x)$

$=f'(e^x)(e^x)'e^{f(x)}+e^{f(x)}f'(x)f(e^x)$

$=f'(e^x)e^xe^{f(x)}+e^{f(x)}f'(x)f(e^x)$

$=e^{f(x)}[f'(e^x)e^x+f(e^x)f'(x)]$.

注意 (1) 求复合函数的导数时，首先要搞清楚它是由哪些基本初等函数复合而成，特别要分清复合函数的结构层次，然后使用复合函数求导公式由外层开始，一层一层求导，最后化简，关键是不要遗漏.

(2) 题目中含有抽象函数如第(3)，(4)题时，应正确理解记号

$$f'(\sin x)\ 与\ [f(\sin x)]',\quad f'(e^x)\ 与\ [f(e^x)]'$$

的区别：

$f'(\sin x)$是指：函数 $f(u)$先对 u 求导，再用 $\sin x$ 代替 u；

$[f(\sin x)]'$是指：复合函数 $f(\sin x)$对 x 的导数，即

$$[f(\sin x)]' = f'(\sin x) \cdot (\sin x)' \\ = \cos x \cdot f'(\sin x).$$

$f'(e^x)$与$[f(e^x)]'$的区别也类似.

一般来说,除了理解 $f'[h(x)]$与$\{f[h(x)]\}'$区别外,还应知道两者关系是

$$\{f[h(x)]\}' = f'[h(x)] \cdot h'(x).$$

例 6 下列方程确定 y 是 x 的隐函数,求 y'_x:

(1) $e^{xy}=3x^2y$; (2) $\arctan \dfrac{y}{x}=\ln \sqrt{x^2+y^2}$.

解 注意等式中 y 是 x 的函数,利用复合函数求导法则,有

(1) 方程 $e^{xy}=3x^2y$ 两边对 x 求导得到

$$e^{xy}(y'x + y) = 3y'x^2 + 6xy.$$

移项并整理后解得到

$$y' = \frac{6xy - ye^{xy}}{xe^{xy} - 3x^2}.$$

再利用方程式得到

$$y' = \frac{y(2 - xy)}{x(xy - 1)}.$$

(2) 方程 $\arctan \dfrac{y}{x}=\ln \sqrt{x^2+y^2}$两边对 x 求导得到

$$\frac{1}{1 + \frac{y^2}{x^2}} \cdot \frac{y'x - y}{x^2} = \frac{1}{2} \cdot \frac{2x + 2yy'}{x^2 + y^2},$$

即
$$y'x - y = x + yy'.$$

解得
$$y' = \frac{x + y}{x - y}.$$

例 7 设 $y=y(x)$是由方程 $xy+e^y=1$ 所确定的隐函数,求 $y''(0)$.

解 原方程两端对 x 求导,得

$$y + xy' + e^y y' = 0.$$

解出 y',得

$$y' = \frac{-y}{x + e^y}.$$

再将上式两端对 x 求导，得

$$y''=\frac{-(x+e^y)y'+y(1+y'e^y)}{(x+e^y)^2}.$$

将解出的 y' 代入上式，得

$$y''=\frac{2xy+2ye^y-y^2e^y}{(x+e^y)^3}.$$

又当 $x=0$ 时，由原方程得 $y=0$，于是 $y''(0)=0$.

注意 (1) 求隐函数 $y(x)$ 的导数的方法是：在方程两端同时对 x 求导，求导过程中将 y 看成 x 的函数(这里要用到微商的四则运算及复合函数求导法)而得到一个含有 $y'(x)$ 的方程，由此方程即可解得 y' 的表达式.

(2) 在求隐函数二阶导数时，可分别由方程两端求一、二阶导数，然后再导出二阶导数结果有时会更方便一些. 如第(2)题中，由

$$y+xy'+e^yy'=0$$

两端再对求 x 导，得到

$$y'+xy''+y'+e^y(y')^2+e^yy''=0,$$

即

$$2y'+e^y(y')^2+(x+e^y)y''=0.$$

再将解出的 y' 代入即可.

例 8 求函数 $y=(3x+1)^2\sqrt{\frac{x^2+1}{5x-1}}$ 的导数.

解 方程两边取自然对数得

$$\ln y=2\ln(3x+1)+\frac{1}{2}\ln(x^2+1)-\frac{1}{2}\ln(5x-1).$$

上式两端对 x 求导得

$$\frac{1}{y}y'=\frac{6}{3x+1}+\frac{x}{x^2+1}-\frac{5}{2(5x-1)},$$

即 $$y'=(3x+1)^2\sqrt{\frac{x^2+1}{5x-1}}\left[\frac{6}{3x+1}+\frac{x}{x^2+1}-\frac{5}{2(5x-1)}\right].$$

例 9 求函数 $y=(\sin x)^{\tan x}$ 的导数.

解法 1 方程两边取自然对数得

$$\ln y=\tan x\cdot\ln\sin x.$$

上式两端对 x 求导得

$$\frac{1}{y}y' = \tan x\,\frac{1}{\sin x}\cos x + \sec^2 x \cdot \ln\sin x,$$

于是 $$y' = (\sin x)^{\tan x}(1 + \sec^2 x \cdot \ln\sin x).$$

解法 2 先将 y 作恒等变形：

$$y = e^{\tan x \cdot \ln\sin x},$$

然后再求导得

$$\begin{aligned} y' &= e^{\tan x \cdot \ln\sin x}(\tan x \cdot \ln\sin x)' \\ &= e^{\tan x \cdot \ln\sin x}\left(\tan x\,\frac{\cos x}{\sin x} + \sec^2 x \cdot \ln\sin x\right) \\ &= (\sin x)^{\tan x}(1 + \sec^2 x \cdot \ln\sin x). \end{aligned}$$

注意 （1）对数求导法是对给定函数的表达式两边取自然对数，然后按隐函数求导法求导的一种方法. 如果函数是由若干个因子的乘方或开方组成，则用对数求导法比较简便. 另外对于形如 $[u(x)]^{v(x)}$（$u(x)$，$v(x)$ 是 x 的可导函数）的幂指函数，也可用对数求导法求导.

（2）对于幂指函数除了例 8 中介绍的两种方法外，还可直接利用下面公式求出：

$$\begin{aligned} \{[f(x)]^{g(x)}\}' = &\, g(x)[f(x)]^{g(x)-1} \cdot f'(x) \\ &+ [f(x)]^{g(x)}\ln f(x) \cdot g'(x). \end{aligned}$$

例 10 设函数 $f(x)=e^x\sin x$，求 $f''(0)$.

解 由函数 $y=e^x\sin x$ 求得

$$f'(x) = e^x\sin x + e^x\cos x = e^x(\sin x + \cos x),$$

$$f''(x) = e^x(\sin x + \cos x) + e^x(\cos x - \sin x) = 2e^x\cos x,$$

于是有

$$f''(0) = 2e^0\cos 0 = 2.$$

例 11 若 $f(x)$ 存在二阶导数，求函数 $y=f(\ln x)$ 的二阶导数.

解 $y' = f'(\ln x)(\ln x)' = \dfrac{f'(\ln x)}{x}$，

$$\begin{aligned} y'' = \left[\frac{f'(\ln x)}{x}\right]' &= \frac{f''(\ln x)\,\dfrac{1}{x} \cdot x - f'(\ln x) \cdot 1}{x^2} \\ &= \frac{f''(\ln x) - f'(\ln x)}{x^2}. \end{aligned}$$

例 12 设隐函数为 $y=\sin(x+y)$,求 y''.

解 将 $y=\sin(x+y)$两端对 x 求导数得

$$y' = \cos(x+y)(x+y)' = \cos(x+y)(1+y'), \qquad (1)$$

即
$$y' = \frac{\cos(x+y)}{1-\cos(x+y)}. \qquad (2)$$

再将(1)式两端对 x 求导数得

$$y'' = -\sin(x+y)(1+y')^2 + y''\cos(x+y),$$

即
$$y'' = \frac{\sin(x+y)}{\cos(x+y)-1}(1+y')^2. \qquad (3)$$

将(2)式代入(3)式得

$$y'' = \frac{\sin(x+y)}{\cos(x+y)-1}\left[1+\frac{\cos(x+y)}{1-\cos(x+y)}\right]^2 = \frac{\sin(x+y)}{[\cos(x+y)-1]^3}.$$

例 13 已知函数 $y=x\ln x$,求 $y^{(n)}$.

解 $y'=\ln x+1,\quad y''=\dfrac{1}{x},\quad y'''=-\dfrac{1}{x^2},$

$$y^{(4)}=\frac{1\cdot 2}{x^3},\quad \cdots,\quad y^{(n)}=(-1)^n\frac{(n-2)!}{x^{n-1}}.$$

例 14 已知 $\dfrac{\mathrm{d}}{\mathrm{d}x}f\left(\dfrac{1}{x^2}\right)=\dfrac{1}{x}$,求 $f'\left(\dfrac{1}{2}\right)$.

解 由于

$$\frac{\mathrm{d}}{\mathrm{d}x}f\left(\frac{1}{x^2}\right) = f'\left(\frac{1}{x^2}\right)\left(\frac{1}{x^2}\right)' = f'\left(\frac{1}{x^2}\right)\frac{-2}{x^3},$$

根据题意有 $f'\left(\dfrac{1}{x^2}\right)\dfrac{-2}{x^3}=\dfrac{1}{x}$,所以

$$f'\left(\frac{1}{x^2}\right) = -\frac{x^2}{2}.$$

令 $\dfrac{1}{x^2}=t$,则 $x=\dfrac{1}{\sqrt{t}}$,那么有 $f'(t)=-\dfrac{1}{2t}$,因此可得 $f'\left(\dfrac{1}{2}\right)=-1$.

例 15 设 $f(x)=\mathrm{e}^{-\frac{1}{x}}$,求 $\lim\limits_{\Delta x\to 0}\dfrac{f'(2-\Delta x)-f'(2)}{\Delta x}$.

解 由于

$$\lim_{\Delta x\to 0}\frac{f'(2-\Delta x)-f'(2)}{\Delta x}$$

$$=-\lim_{\Delta x\to 0}\frac{f'(2-\Delta x)-f'(2)}{-\Delta x}=-f''(2),$$

考虑到

$$f'(x)=\mathrm{e}^{-\frac{1}{x}}\frac{1}{x^2},$$

$$f''(x)=\mathrm{e}^{-\frac{1}{x}}\frac{-2}{x^3}+\frac{1}{x^2}\cdot\frac{1}{x^2}\mathrm{e}^{-\frac{1}{x}}$$

$$=\mathrm{e}^{-\frac{1}{x}}\left(\frac{-2}{x^3}+\frac{1}{x^4}\right)=\mathrm{e}^{-\frac{1}{x}}\frac{1-2x}{x^4},$$

所以 $$-f''(2)=-\mathrm{e}^{-\frac{1}{2}}\frac{-3}{16}=\frac{3}{16\sqrt{\mathrm{e}}}.$$

例 16 求曲线 $x^2+xy+y^2=4$ 在点 $(2,-2)$ 处的切线方程.

解 这是由隐函数所确定的曲线.根据隐函数求导法则,我们有

$$2x+y+xy'+2yy'=0,$$

即 $$y'=-\frac{2x+y}{x+2y}.$$

由导数的几何意义,在曲线上点 $(2,-2)$ 处的切线斜率为

$$y'\Big|_{\substack{x=2\\y=-2}}=-\frac{2x+y}{x+2y}\Big|_{\substack{x=2\\y=-2}}=1,$$

所以,过点 $(2,-2)$ 的切线方程为

$$y+2=1\cdot(x-2),$$

即 $$x-y-4=0.$$

习 题 2.1

1. 设函数

$$f(x)=\begin{cases}\sin x, & x\leqslant\frac{\pi}{4},\\ ax+b, & x>\frac{\pi}{4}.\end{cases}$$

若 $f(x)$ 在 $x=\frac{\pi}{4}$ 处可导,则 a,b 应满足条件是________.

2. 设 $f'(x_0)$ 存在且等于 4,则 $\lim\limits_{x\to 0}\frac{x}{f(x_0-2x)-f(x_0-x)}=$

________.

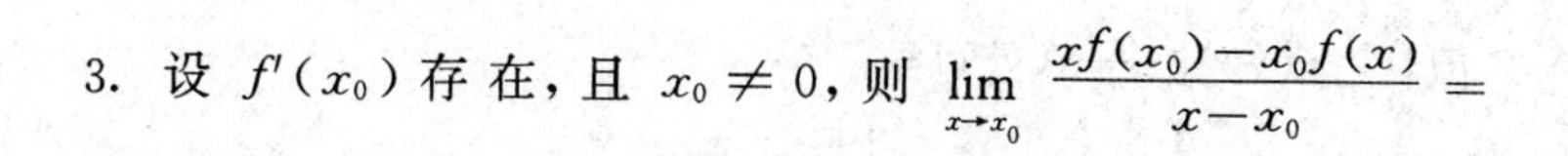

3. 设 $f'(x_0)$ 存在，且 $x_0 \neq 0$，则 $\lim\limits_{x \to x_0} \dfrac{xf(x_0)-x_0f(x)}{x-x_0}=$ ________.

4. 设函数 $f(x)=(\mathrm{e}^x-\mathrm{e}^a)g(x)$ 在 $x=a$ 处可导，则函数 $g(x)$ 应满足的条件是________.

5. 设 $f(x)$ 为奇函数，且 $f'(0)$ 存在，则 $\lim\limits_{x \to 0} \dfrac{f(tx)-2f(x)}{x}=$ ________.

6. 设函数 $f(x)=\mathrm{e}^{\sqrt[3]{x^2}}\sin x$，则 $f'(0)=$________.

7. 设隐函数 $y(x)$ 由 $x=a\ln\dfrac{a+\sqrt{a^2-y^2}}{y}$ 确定，则 $\dfrac{\mathrm{d}y}{\mathrm{d}x}=$ ________.

8. 设函数 $y=\ln(x+\sqrt{x^2+1})$，则 $y''=$________.

9. 设函数 $y=\dfrac{x}{\sqrt[3]{1+x}}$，则 $y^{(10)}=$________.

10. 设函数 $y=\sin^4x+\cos^4x$，则 $y^{(n)}=$________.

11. 设 $f(x)$ 存在 n 阶导数，且 $f'(x)=f^2(x)$，则 $f^{(n)}(x)=$ ________.

12. 已知曲线 $y=ax^2$ 与 $y=\ln x$ 相切，则 $a=$________.

13. 经营某商品，固定成本为 100 元，每生产单位产品的增加成本为 5 元，则经营该商品的单位边际成本为________.

14. 试讨论函数

$$f(x)=\begin{cases} x^k\sin\dfrac{1}{x}, & x\neq 0, \\ 0, & x=0 \end{cases}$$

当 k 分别为 0,1,2 时，在点 $x=0$ 处的可导性.

15. 若函数

$$f(x)=\begin{cases} x^2, & x\leqslant x_0, \\ ax+b, & x>x_0, \end{cases}$$

试选择 a,b 使 $f(x)$ 处处可导，并作出草图来.

16. 设函数 $f(x)=\begin{cases} \sin x+2a\mathrm{e}^x, & x<0, \\ 9\arctan x+2b(x-1)^3, & x\geqslant 0, \end{cases}$ 确定 a,b 的

值,使 $f(x)$ 在 $x=0$ 处可导.

17. 设函数 $f(x)=\begin{cases}\dfrac{x}{2}+x^3\sin\dfrac{1}{x}, & x\neq 0,\\ 0, & x=0,\end{cases}$ 试讨论 $f'(x)$ 在 $x=0$ 处的连续性.

18. 求下列函数的导数:

(1) $y=\dfrac{\sqrt{x-2}}{(x+1)^3(4-x)^2}$;

(2) $y=(2-x)(1+x^2)e^{x^2}\sin x$;

(3) 函数 $y=y(x)$ 是由方程 $y^3+3y-x=0$ 确定;

(4) $y=x^{e^x}$;

(5) $y=e^{-x}\cos x-3(1+x^2)\arctan x$;

(6) $y=\sqrt{\dfrac{x(x-5)^2}{(x^2+1)^3}}$;

(7) 函数 $y=y(x)$ 是由方程 $x^3+\ln y-x^2e^y=0$ 确定;

(8) 函数 $y=y(x)$ 是由方程 $y^2f(x)+xf(y)-x^2=0$ 确定.

19. 求下列各函数的二阶导数:

(1) $\ln(1+x^2)=y$; (2) $y=x\ln x$;

(3) $y=(1+x^2)\arctan x$; (4) $y=xe^{x^2}$;

(5) $x^2+y^2=a^2$.

20. 设函数 $y=f(x^2+b)$,求 y''.

21. 验证: $y=e^x\sin x$ 满足关系式 $y''-2y'+2y=0$.

22. 已知 $\varphi(x)=a^{f^2(x)}$ 且 $f'(x)=\dfrac{1}{f(x)\ln a}$,证明: $\varphi'(x)=2\varphi(x)$.

23. 证明:可导的周期函数的导数是具有相同周期的周期函数.

24. 在曲线 $y=\dfrac{1}{1+x^2}$ 上求一点,使通过该点的切线平行于 x 轴.

25. 求曲线 $y=(x+1)\sqrt[3]{3-x}$ 在 $A(-1,0)$,$B(2,3)$,$C(3,0)$ 各点处的切线方程.

26. a 为何值时曲线 $y=ax^2$ 与 $y=\ln x$ 相切?

§2 微分的概念及其运算

内容提要

1. 微分的概念

1.1 微分的两个等价定义

定义 2.6 设函数 $y=f(x)$ 在 $U(x_0)$ 内有定义. 给 x_0 一个改变量 Δx, 使得 $x_0+\Delta x\in U(x_0)$, 函数 $y=f(x)$ 相应地有改变量 Δy. 如果存在着这样的一个常数 A, 使得

$$\Delta y = f(x_0+\Delta x)-f(x_0) = A\cdot\Delta x + o(\Delta x) \quad (\Delta x\to 0),$$

那么就称 $A\cdot\Delta x$ 为函数 $f(x)$ 在点 x_0 处的**微分**, 记作

$$\mathrm{d}f(x_0) \quad 或 \quad \mathrm{d}y|_{x=x_0},$$

并称函数 $y=f(x)$ 在点 x_0 处是**可微**的.

如果 $y=f(x)$ 在区间 (a,b) 内的每一点处都可微, 则称函数 $f(x)$ 在区间 (a,b) 内**可微**, 其微分记作 $\mathrm{d}y$ 或 $\mathrm{d}f(x)$.

由上述定义可以看出, 在 $\Delta x\neq 0$ 且 $\Delta x\to 0$ 的过程中, $\Delta y, \Delta x, \mathrm{d}y$ 都是无穷小量, 我们又称 $\mathrm{d}y$ 是 Δy 的线性主要部分, 简称为**线性主部**. 它们之间的关系是:

$$\Delta y = \mathrm{d}y + o(\Delta x) \quad (\Delta x\neq 0, \Delta x\to 0).$$

定义 2.7 设函数 $y=f(x)$ 在 x_0 处可导, Δx 为自变量 x 的改变量, 则称 $f'(x_0)\cdot\Delta x$ 为函数 $y=f(x)$ 在点 x_0 处的**微分**, 记作

$$\mathrm{d}f(x_0) \quad 或 \quad \mathrm{d}y|_{x=x_0},$$

并称 $f(x)$ 在点 x_0 处**可微**.

为了运算方便, 我们规定自变量 x 的微分 $\mathrm{d}x$ 就是 Δx, 这一规定与计算函数 $y=x$ 的微分所得到的结果是一致的, 即

$$\mathrm{d}y = \mathrm{d}x = x'\Delta x = \Delta x.$$

于是微分的定义式也可以写成 $\mathrm{d}y\Big|_{x=x_0} = f'(x_0)\mathrm{d}x$.

1.2 可微与可导之间的关系

函数 $y=f(x)$ 在点 x_0 处可微的充要条件是: 函数 $f(x)$ 在 x_0 点可导.

这个结论告诉我们，对于一元函数来说，可导与可微是两个等价的概念.

1.3　微分的几何意义

由微分的定义

$$\mathrm{d}y\Big|_{x=x_0} = f'(x_0)\Delta x = \tan\alpha \cdot \Delta x = QN$$

可以看出：当 x 从 x_0 变到 $x_0+\Delta x$ 时，曲线 $f(x)$ 在点 $(x_0, f(x_0))$ 处的切线的纵坐标的改变量 QN 就是函数 $y=f(x)$ 在点 x_0 处的微分（见图 2-2）.

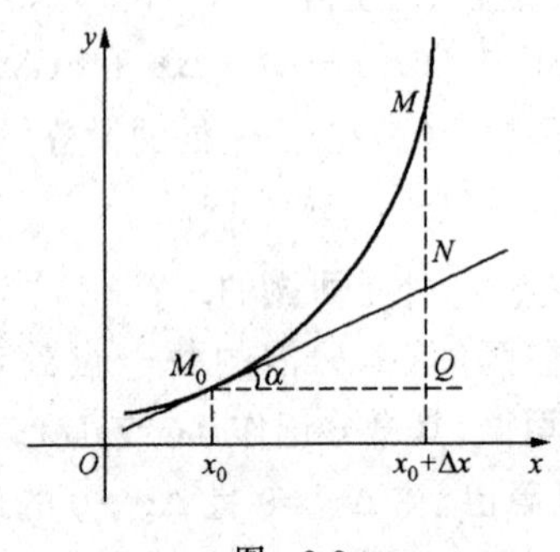

图　2-2

2. 微分的基本公式和运算法则

2.1　基本初等函数的微分公式

(1) $\mathrm{d}C=0$；　　(2) $\mathrm{d}x^\alpha=\alpha x^{\alpha-1}\mathrm{d}x$；

(3) $\mathrm{d}a^x=a^x\ln a\mathrm{d}x$；　　(4) $\mathrm{d}\mathrm{e}^x=\mathrm{e}^x\mathrm{d}x$；

(5) $\mathrm{d}\log_a x=\dfrac{1}{x\ln a}\mathrm{d}x$；　　(6) $\mathrm{d}\ln x=\dfrac{1}{x}\mathrm{d}x$；

(7) $\mathrm{d}\sin x=\cos x\mathrm{d}x$；　　(8) $\mathrm{d}\cos x=-\sin x\mathrm{d}x$；

(9) $\mathrm{d}\tan x=\sec^2 x\mathrm{d}x$；　　(10) $\mathrm{d}\cot x=-\csc^2 x\mathrm{d}x$；

(11) $\mathrm{d}\arcsin x=\dfrac{1}{\sqrt{1-x^2}}\mathrm{d}x$；　　(12) $\mathrm{d}\arccos x=-\dfrac{1}{\sqrt{1-x^2}}\mathrm{d}x$；

(13) $\mathrm{d}\arctan x=\dfrac{1}{1+x^2}\mathrm{d}x$；　　(14) $\mathrm{d}\mathrm{arccot}\, x=-\dfrac{1}{1+x^2}\mathrm{d}x$.

2.2　微分四则运算法则

设函数 $u(x)$，$v(x)$ 可微，C 为常数，则

$$\mathrm{d}(u \pm v) = \mathrm{d}u \pm \mathrm{d}v; \quad \mathrm{d}(uv) = v\mathrm{d}u + u\mathrm{d}v;$$

$$\mathrm{d}(Cu) = C\mathrm{d}u; \qquad \mathrm{d}\left(\frac{u}{v}\right) = \frac{v\mathrm{d}u - u\mathrm{d}v}{v^2} \ (v(x) \neq 0).$$

2.3 一阶微分形式不变性

设 $y=f(u)$ 是一个可微函数，不论 u 是自变量还是中间变量(即 u 是 x 的一个可微函数 $u=\varphi(x)$)，都有同样的形式：

$$\mathrm{d}y = f'(u)\mathrm{d}u.$$

这个性质称为**一阶微分形式的不变性**. 利用它进行微分运算时，可以不必分辨 u 是自变量还是因变量，这比求导数的运算来得方便些.

3. 微分的应用

3.1 近似计算

若函数 $y=f(x)$ 在点 x_0 处的微商 $f'(x_0)\neq 0$，则当 $\Delta x\to 0$ 时，有

$$\Delta y = f(x_0 + \Delta x) - f(x_0) = f'(x_0)\Delta x + o(\Delta x).$$

略去高阶无穷小 $o(\Delta x)$ 便得到

$$f(x_0 + \Delta x) - f(x_0) \approx f'(x_0)\Delta x. \tag{2.1}$$

因此当 $|\Delta x|$ 很小时，可以用(2.1)式来计算函数增量 Δy 的近似值.

在(2.1)式中，令 $x=x_0+\Delta x$，即 $\Delta x=x-x_0$，于是(2.1)式可以改写成

$$f(x) \approx f(x_0) + f'(x_0)(x - x_0). \tag{2.2}$$

可见，当 $|\Delta x|$ 很小时，可以用(2.2)式来计算点 x 处的函数值 $f(x)$.

3.2 几个常用的近似公式

当 $|x|$ 很小时，有

$$\sin x \approx x, \quad \tan x \approx x, \quad \mathrm{e}^x \approx 1 + x,$$

$$\ln(1 + x) \approx x, \quad \frac{1}{1+x} \approx 1 - x.$$

3.3 误差估计

当我们根据直接测量值 x 按公式 $y=f(x)$ 计算 y 的值时，如果已知 x 的绝对误差为 δ_x，即

$$|\Delta x| \leqslant \delta_x,$$

那么，当 $y'\neq 0$ 时，y 的误差为

$$|\Delta y| \approx |\mathrm{d}y| = |y'| \cdot |\Delta x| \leqslant |y'| \cdot \delta_x,$$

即 y 的绝对误差约为

$$\delta_y = |y'| \cdot \delta_x,$$

而 y 的相对误差约为

$$\frac{\delta_y}{|y|} = \left|\frac{y'}{y}\right| \cdot \delta_x.$$

4. 一元函数微分学中各个概念之间的关系

一元函数 $y=f(x)$ 在点 x 处各概念之间的关系可图示如下：

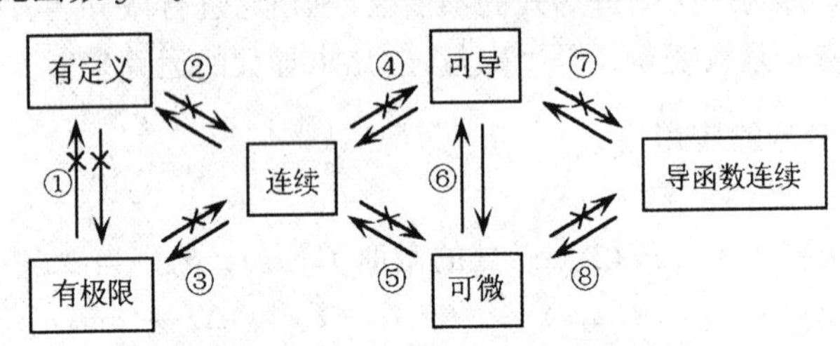

其中"$A \longrightarrow B$"表示由 A 推出 B；"$C \not\longrightarrow D$"表示由 C 不能推出 D.

如果我们能够在各个概念之间加上一两个例子进行说明，这样就会加深对概念的理解，有助于进一步理解其他知识. 例如，在图中④处(即"可导必连续，反之不真")为了说明"连续不一定可导"，可以选择函数 $y=|x|$，显然它在 $x=0$ 处是连续的，但是，它的左导数(等于 -1)和右导数(等于 $+1$)不等，因而是不可导的. 又如，在①处(即"有定义"与"有极限"是无关的)可以选择函数 $y=1(x\neq 0)$，可见它在点 $x=0$ 处是没有定义的，但是它在点 $x=0$ 处的左极限(等于 1)和右极限(等于 1)是相等的，因而在点 $x=0$ 处是有极限的，说明一个函数在一点有极限而可以没有定义，即极限是函数在一点附近的变化趋势而与该点是否有定义是无关的.

典型例题分析

例 1 当 $x\to 0$ 时，下列无穷小量中哪些能和 x 进行比较？哪些不能比较？若能比较指出它们的阶数；若是同阶无穷小量，判断它是否为 x 的等价无穷小量.

(1) $\tan x$； (2) $2\arcsin x$； (3) $3\sin x^2$； (4) $x\sin\dfrac{1}{x}$；

(5) $(\sqrt{x+1}-1)x$;　　(6) $\sqrt[3]{x^2}-\sqrt{x}$;　　(7) $\ln(1+x^3)$;

(8) $x+100\sin x$.

解　(1) 由于

$$\lim_{x\to 0}\frac{\tan x}{x}=\lim_{x\to 0}\frac{1}{\cos x}\cdot\frac{\sin x}{x}=1,$$

因此 $\tan x\sim x\ (x\to 0)$.

(2) 令 $\arcsin x=t$,我们有 $x=\sin t$,且 $x\to 0$ 时,$t\to 0$. 于是

$$\lim_{x\to 0}\frac{2\arcsin x}{x}=\lim_{t\to 0}\frac{2t}{\sin t}=2,$$

因此 $2\arcsin x$ 是 x 的同阶无穷小量.

(3) 令 $x^2=t$,则 $x\to 0$ 时 $t\to 0$. 于是

$$\lim_{x\to 0}\frac{3\sin x^2}{x^2}=\lim_{t\to 0}\frac{3\sin t}{t}=3,$$

因此 $3\sin x^2$ 是 x 的二阶无穷小量.

(4) 考虑到 $\dfrac{x\sin\dfrac{1}{x}}{x}=\sin\dfrac{1}{x}$,而当 $x\to 0$ 时,$\sin\dfrac{1}{x}$的极限不存在,因此 $x\sin\dfrac{1}{x}$与 x 是不能进行比较的.

(5) 由于

$$\lim_{x\to 0}\frac{(\sqrt{x+1}-1)x}{x^2}=\lim_{x\to 0}\frac{1}{\sqrt{x+1}+1}=\frac{1}{2},$$

因此$(\sqrt{x+1}-1)x$ 是 x 的二阶无穷小量.

(6) 由于

$$\lim_{x\to 0}\frac{\sqrt[3]{x^2}-\sqrt{x}}{\sqrt{x}}=\lim_{x\to 0}(x^{\frac{1}{6}}-1)=-1,$$

因此$\sqrt[3]{x^2}-\sqrt{x}$ 是 x 的$\dfrac{1}{2}$阶无穷小量.

(7) 由于

$$\lim_{x\to 0}\frac{\ln(1+x^3)}{x^3}=\lim_{t\to 0}\frac{\ln(1+t)}{t}=1,$$

因此 $\ln(1+x^3)$是 x 的三阶无穷小量.

(8) 由于

$$\lim_{x \to 0} \frac{x + 100\sin x}{x} = 101,$$

因此 $x+100\sin x$ 是 x 的一阶无穷小量.

例 2 设函数 $y=\sin^2 x \cdot \sin x^2$,求 $\mathrm{d}y$.

解法 1 由于

$$\begin{aligned} y' &= (\sin^2 x)' \sin x^2 + (\sin x^2)' \sin^2 x \\ &= 2\sin x \cos x \sin x^2 + 2x\cos x^2 \sin^2 x \\ &= 2\sin x(\cos x \sin x^2 + x\cos x^2 \sin x), \end{aligned}$$

根据微分定义,我们有

$$\mathrm{d}y = 2\sin x(\cos x \sin x^2 + x\cos x^2 \sin x)\mathrm{d}x.$$

解法 2

$$\begin{aligned} \mathrm{d}y &= \sin x^2 \mathrm{d}(\sin^2 x) + \sin^2 x \mathrm{d}(\sin x^2) \\ &= \sin x^2 \cdot 2\sin x \mathrm{d}(\sin x) + \sin^2 x \cos x^2 \mathrm{d}x^2 \\ &= \sin x^2 \cdot 2\sin x \cos x \mathrm{d}x + \sin^2 x \cos x^2 \cdot 2x \mathrm{d}x \\ &= 2\sin x(\sin x^2 \cos x + x\sin x \cos x^2)\mathrm{d}x. \end{aligned}$$

注意 求函数 $y=f(x)$ 的微分时,可以先求出其导数,然后根据微分的定义,可知 $\mathrm{d}y=f'(x)\mathrm{d}x$;也可以直接使用一阶微分形式不变性直接求出.一般来说后一种方法会简单一些,有时甚至可以利用它计算某些函数的导数.

例 3 利用一阶微分形式不变性计算:

(1) 设 $y=\ln(x+\sqrt{x^2+a^2})$,求 $\mathrm{d}y$;

(2) 设 $y=y(x)$ 是由方程 $\ln\sqrt{x^2+y^2}=\arctan\dfrac{y}{x}$ 确定的隐函数,求 $\dfrac{\mathrm{d}y}{\mathrm{d}x}$.

解 (1)

$$\begin{aligned} \mathrm{d}y &= \frac{1}{x+\sqrt{x^2+a^2}} \mathrm{d}(x+\sqrt{x^2+a^2}) \\ &= \frac{1}{x+\sqrt{x^2+a^2}} \left[\mathrm{d}x + \frac{\mathrm{d}(x^2+a^2)}{2\sqrt{x^2+a^2}} \right] \\ &= \frac{1}{x+\sqrt{x^2+a^2}} \left(1 + \frac{x}{\sqrt{x^2+a^2}} \right) \mathrm{d}x \\ &= \frac{\mathrm{d}x}{\sqrt{x^2+a^2}}. \end{aligned}$$

(2) 方程两边同时求微分得到

$$\frac{1}{2}\cdot\frac{1}{x^2+y^2}\mathrm{d}(x^2+y^2)=\frac{1}{1+\left(\frac{y}{x}\right)^2}\mathrm{d}\left(\frac{y}{x}\right),$$

$$\frac{x\mathrm{d}x+y\mathrm{d}y}{x^2+y^2}=\frac{x^2}{x^2+y^2}\cdot\frac{x\mathrm{d}y-y\mathrm{d}x}{x^2},$$

$$x\mathrm{d}x+y\mathrm{d}y=x\mathrm{d}y-y\mathrm{d}x.$$

移项得到 $$(y-x)\mathrm{d}y=-(x+y)\mathrm{d}x,$$

于是 $$\mathrm{d}y=\frac{y+x}{-y+x}\mathrm{d}x,\quad \frac{\mathrm{d}y}{\mathrm{d}x}=\frac{y+x}{-y+x}.$$

例 4 由方程 $\sin y+xe^y=0$ 确定 y 是 x 的隐函数,求 $\left.\frac{\mathrm{d}y}{\mathrm{d}x}\right|_{\substack{x=0\\y=0}}$.

解 方程两边对 x 求导,得到

$$\cos y\cdot y'+\mathrm{e}^y+xy'\mathrm{e}^y=0,$$

即 $$(\cos y+x\mathrm{e}^y)y'=-\mathrm{e}^y,$$

因此 $$\frac{\mathrm{d}y}{\mathrm{d}x}=\frac{-\mathrm{e}^y}{\cos y+x\mathrm{e}^y}.$$

于是 $$\left.\frac{\mathrm{d}y}{\mathrm{d}x}\right|_{\substack{x=0\\y=0}}=\frac{-1}{1+0\mathrm{e}^0}=-1.$$

例 5 用微分近似计算:

(1) $\tan 43°$;　　　　(2) $\sqrt[5]{1.03}$.

解 根据如下近似计算公式计算:

$$f(x)\approx f(x_0)+f'(x_0)(x-x_0).$$

(1) 设 $f(x)=\tan x$, $x_0=\frac{\pi}{4}$, $\Delta x=-\frac{2\pi}{180}$,于是我们有

$$\begin{aligned}\tan 43°&=\tan\frac{43}{180}\pi=\tan\left(\frac{45}{180}\pi-\frac{2}{180}\pi\right)\\&\approx\tan\frac{\pi}{4}+\sec^2\frac{\pi}{4}\times\left(\frac{-2}{180}\pi\right)\\&\approx 0.93.\end{aligned}$$

(2) 设 $g(x)=\sqrt[5]{x}$, $x_0=1$, $\Delta x=0.03$,于是我们有

$$\sqrt[5]{1.03}\approx\sqrt[5]{1}+\frac{1}{5}\times 0.03=1.006.$$

注意 在计算三角函数值时,首先要把角度换算成弧度,然后再计算.

例6 半径为10 cm的金属圆球加热后,半径伸长了0.05 cm,求体积增大的近似值.

解 该题是求函数的改变量的问题.若以V及r分别表示圆球的体积和半径,则

$$V=\frac{4}{3}\pi r^3.$$

现在,$r=10\,\mathrm{cm}$,$\Delta r=0.05\,\mathrm{cm}$,我们的问题是要计算当$r$取得了改变量$\Delta r$后,函数$V$的改变量$\Delta V$等于多少.由于$\Delta r$较小,故可用相应的微分来近似代替$\Delta V$:

$$\Delta V\approx \mathrm{d}V=4\pi r^2\Delta r=400\pi\cdot 0.05\,\mathrm{cm}^3=20\pi\ \mathrm{cm}^3.$$

习 题 2.2

1. 设$y=f(x)$满足条件$f(a+x)=f(a)+3\sin x+2x-x^2$,则$\mathrm{d}y|_{x=a}=$________.

2. 设$\sqrt[3]{x^2+y}=1-\sin xy$隐含函数$y=f(x)$,则$\mathrm{d}y|_{x=0}=$________.

3. 求下列函数的微分:

(1) $y=\mathrm{e}^x\sin x$;　　(2) $y=\arctan x^2$;

(3) $y=\mathrm{e}^{-x}\cos 4x$;　　(4) $y=a^{\ln\tan x}$;

(5) $xy=a^2$;　　(6) $\dfrac{x^2}{a^2}+\dfrac{y^2}{b^2}=1$;

(7) $y=\ln\sqrt{1-x^3}$;　　(8) $y=(\mathrm{e}^x+\mathrm{e}^{-x})^2$;

(9) $y=\tan\dfrac{x}{2}$;　　(10) $y=1+x\mathrm{e}^y$.

4. 求下列各式的近似值:

(1) $\sqrt[3]{8.02}$;　　(2) $\ln 1.01$;

(3) $\mathrm{e}^{0.05}$;　　(4) $\cos 60°20'$;

(5) $\arctan 1.02$.

5. 证明:当$|x|$很小时,有下面近似公式:

(1) $\sin x\approx x$;　　(2) $\ln(1+x)\approx x$.

6. 正立方体的棱长$x=10\,\mathrm{m}$,如果棱长增加$0.1\,\mathrm{m}$,求此正方体体积增加的精确值与近似值.

第三章　中值定理和导数的应用

§1　中值定理

内容提要

1. 罗尔定理

定理 3.1　若函数 $f(x)$在闭区间$[a,b]$上连续，在开区间(a,b)内可导，并且 $f(a)=f(b)$，则在开区间(a,b)内至少存在一点 x_0，使得

$$f'(x_0)=0.$$

罗尔定理的几何意义是：如果一条连续、光滑的曲线 $y=f(x)$的两个端点处的纵坐标相等，那么在这条曲线上至少能找到一点，使得曲线在该点处的切线平行于 x 轴(见图 3-1).

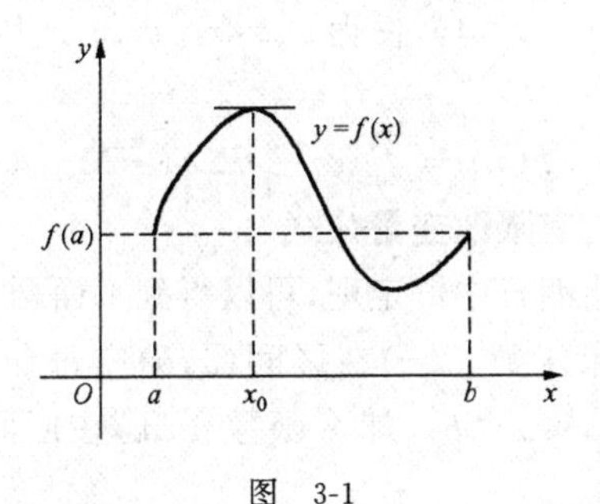

图　3-1

2. 拉格朗日中值定理

定理 3.2　若函数 $f(x)$在闭区间$[a,b]$上连续，在开区间(a,b)内可导，则在开区间(a,b)内至少存在一点 x_0，使得

$$f(b)-f(a)=f'(x_0)(b-a).$$

拉格朗日中值定理的几何意义是：如果一条连续、光滑曲线 $y=f(x)$的两个端点分别为 A,B，那么在这条曲线上至少能找到一

点,使得曲线在该点处的切线平行于直线 AB(见图 3-2).

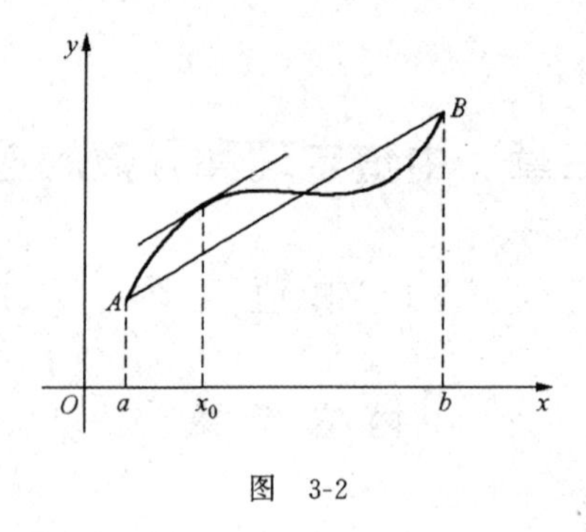

图 3-2

定理中的公式

$$f(b)-f(a)=f'(x_0)(b-a)\quad (a<x_0<b)$$

称为**拉格朗日中值公式**.

设 x 为区间 (a,b) 内一点. 给 x 一个改变量 Δx,使得 $x+\Delta x$ 也在 (a,b) 内. 于是上述公式可以写成

$$f(x+\Delta x)-f(x)=f'(x_0)\cdot\Delta x,$$

其中 x_0 在 x 与 $x+\Delta x$ 之间. 因为对于 x 与 $x+\Delta x$ 之间的 x_0,一定有这样一个值 θ $(0<\theta<1)$,使得 $x_0=x+\theta\Delta x$,所以公式又可以写成下面的形式:

$$f(x+\Delta x)-f(x)=f'(x+\theta\Delta x)\cdot\Delta x\quad (0<\theta<1).$$

上面的公式也称为**有限改变量公式**.

直接应用拉格朗日中值定理,可以得到下面两个推论:

推论 1 如果函数 $f(x)$ 在区间 (a,b) 内每一点处的导数都是零,即 $f'(x)=0(a<x<b)$,那么函数 $f(x)$ 在区间 (a,b) 内为一常数.

推论 2 如果函数 $f(x)$ 与 $g(x)$ 在区间 (a,b) 内每一点处的导数都相等,即 $f'(x)=g'(x)$,那么这两个函数在区间 (a,b) 内最多相差一个常数.

3. 柯西中值定理

定理 3.3 若函数 $f(x)$ 和 $g(x)$ 都在闭区间 $[a,b]$ 上连续,在开区间 (a,b) 内可导,并且在 (a,b) 内每一点处均有 $g'(x)\neq 0$,则在开

区间(a,b)内至少存在一点 x_0,使得

$$\frac{f(b)-f(a)}{g(b)-g(a)}=\frac{f'(x_0)}{g'(x_0)}.$$

在柯西中值定理中取 $g(x)=x$ 即得拉格朗日中值定理,可见柯西定理是拉格朗日定理的推广.

罗尔定理、拉格朗日定理、柯西定理统称为**微分中值定理**.微分中值定理在研究函数的性质方面起着重要的作用,它如同一个"桥梁",建立了函数的改变量与导数之间的联系,使我们可以根据导数的符号去推断函数的性态.我们这一节的基本要求是:记住上面三个定理的条件与结论,并能灵活地运用它们.

典型例题分析

例 1 验证函数 $f(x)=\sqrt[3]{8x-x^2}$ 在区间$[0,8]$上满足罗尔定理的条件,并求出罗尔定理结论中的 x_0 值.

解 由于 $f(x)=\sqrt[3]{8x-x^2}$ 是一个初等函数,区间$[0,8]$包含在它的定义域内,故 $f(x)$在区间$[0,8]$上连续.又 $f(x)$在$(0,8)$内可导,并且 $f(0)=f(8)=0$,因此 $f(x)$在$[0,8]$上满足罗尔定理的条件.由于

$$f'(x)=\frac{8-2x}{3\sqrt[3]{(8x-x^2)^2}},$$

令 $f'(x_0)=0$,即 $\dfrac{8-2x_0}{3\sqrt[3]{(8x-x_0^2)^2}}=0$,得到 $x_0=4$,即在区间$(0,8)$内存在一点 $x_0=4$,使得 $f'(x_0)=0$.

例 2 验证函数 $f(x)=x^3-6x^2+11x-6$ 在区间$[0,3]$上满足拉格朗日定理的条件,并求出拉格朗日中值定理结论中的 x_0 值.

解 由于 $f(x)=x^3-6x^2+11x-6$ 是一个初等函数,区间$[0,3]$包含在它的定义域内,故 $f(x)$在区间$[0,3]$上连续,在$(0,3)$内可导,因此 $f(x)$在$[0,3]$上满足拉格朗日定理的条件.于是,我们有

$$\frac{f(3)-f(0)}{3-0}=f'(x_0),$$

即
$$\frac{0-(-6)}{3}=3x_0^2-12x_0+11,$$

亦即 $$x_0^2-4x_0+3=0.$$
解之得到 $x_0=1$(舍去 $x_0=3$),即在区间$(0,3)$内存在一点 $x_0=1$,使得 $\dfrac{f(3)-f(0)}{3-0}=f'(x_0)$成立.

例 3 验证函数 $f(x)=\sin x$ 与 $g(x)=\cos x$ 在区间$\left[0,\dfrac{\pi}{2}\right]$上满足柯西定理条件,并求出柯西中值定理结论中的 x_0 值.

解 由于 $f(x)=\sin x$ 与 $g(x)=\cos x$ 都是初等函数,因此它们在有定义的区间$\left[0,\dfrac{\pi}{2}\right]$上连续. 其导数
$$f'(x)=\cos x,\quad g'(x)=-\sin x$$
在开区间$\left(0,\dfrac{\pi}{2}\right)$内有意义,即其在开区间$\left(0,\dfrac{\pi}{2}\right)$内可导,并且 $g'(x)\neq 0$,所以 $f(x)$,$g(x)$在$\left[0,\dfrac{\pi}{2}\right]$上满足柯西定理条件. 于是,有
$$\frac{f\left(\dfrac{\pi}{2}\right)-f(0)}{g\left(\dfrac{\pi}{2}\right)-g(0)}=\frac{f'(x_0)}{g'(x_0)},$$
即 $$\frac{\sin\dfrac{\pi}{2}-\sin 0}{\cos\dfrac{\pi}{2}-\cos 0}=\frac{\cos x_0}{-\sin x_0},$$
亦即 $$\cot x_0=1.$$
解之得到 $x_0=\dfrac{\pi}{4}$,即在区间$\left(0,\dfrac{\pi}{2}\right)$内存在一点 $x_0=\dfrac{\pi}{4}$,使得
$$\frac{f\left(\dfrac{\pi}{2}\right)-f(0)}{g\left(\dfrac{\pi}{2}\right)-g(0)}=\frac{f'\left(\dfrac{\pi}{4}\right)}{g'\left(\dfrac{\pi}{4}\right)}$$
成立.

注意 微分中值定理是微分学中最基本的定理. 读者首先应理解中值定理中各个条件的作用,它们都是定理成立的必要条件,如罗尔定理中的三个条件如果有一个不满足,结论就有可能不成立. 这里不再举例说明.

三个中值定理论证了 x_0 的存在,要想求罗尔定理、拉格朗日中

值定理、柯西中值定理三个定理结论中的 x_0，要分别从方程 $f'(x_0)=0$，$\frac{f(b)-f(a)}{b-a}=f'(x_0)$ 及 $\frac{f(b)-f(a)}{g(b)-g(a)}=\frac{f'(x_0)}{g'(x_0)}$ 中解出.

这里举例介绍了 x_0 的求法，但在理论上更重要的是验证给定函数在给定区间上是否满足中值定理的前提条件，从而了解 x_0 的存在性.

例 4 考察曲线 $f(x)=x^3-3x$ 在开区间 $(-\sqrt{3},\sqrt{3})$ 内是否有水平切线；若有，求出曲线上相应的点.

解 函数 $f(x)=x^3-3x$ 显然在闭区间 $[-\sqrt{3},\sqrt{3}]$ 上连续，在开区间 $(-\sqrt{3},\sqrt{3})$ 内可导，并且

$$f(-\sqrt{3})=0=f(\sqrt{3}),$$

于是，根据罗尔定理，在开区间 $(-\sqrt{3},\sqrt{3})$ 内至少存在一点 x_0，使 $f'(x_0)=0$，即曲线 $y=x^3-3x$ 在点 $(x_0,f(x_0))$ 处的切线是水平的. 由

$$f'(x)=3x^2-3=3(x+1)(x-1)=0$$

可解得 $x_1=-1$，$x_2=1$. 于是

$$x_1=-1\in(-\sqrt{3},\sqrt{3}),\quad x_2=1\in(-\sqrt{3},\sqrt{3})$$

分别使得

$$f'(-1)=0,\quad f'(1)=0.$$

又因

$$f(-1)=(-1)^3-3\times(-1)=2,$$
$$f(1)=1^3-3\times 1=-2,$$

故曲线在点 $(-1,2)$ 和点 $(1,-2)$ 处有水平切线.

注意 由罗尔定理的几何意义可以看出，本题就是验证函数 $f(x)$ 在闭区间 $[-\sqrt{3},\sqrt{3}]$ 上是否满足罗尔定理的条件；若满足，即可求出切点坐标.

例 5 证明：

$$\arctan x=\arcsin\frac{x}{\sqrt{1+x^2}},\quad x\in(-\infty,+\infty).$$

证 由于 $(\arctan x)'=\frac{1}{1+x^2}$，又

$$\left(\arcsin\frac{x}{\sqrt{1+x^2}}\right)' = \frac{1}{\sqrt{1-\frac{x^2}{1+x^2}}}\cdot\frac{\sqrt{1+x^2}-x^2/\sqrt{1+x^2}}{1+x^2}$$
$$= \frac{1}{1+x^2},$$

故 $(\arctan x)' - \left(\arcsin\frac{x}{\sqrt{1+x^2}}\right)' = 0,\quad x\in(-\infty,+\infty).$

由拉格朗日中值定理的推论知,应有

$$\arctan x - \arcsin\frac{x}{\sqrt{1+x^2}} = c_0,\quad x\in(-\infty,+\infty),$$

其中 c_0 为某一固定的常数.为求得这个常数,可将 $x=0$ 代入上式,即可得 $c_0=0$.由此知

$$\arctan x - \arcsin\frac{x}{\sqrt{1+x^2}} = 0.$$

移项即得欲证之等式.

注意 本题是利用拉格朗日中值定理的推论证明函数等式的一个例子.一般来说,若两个函数 $f(x)$ 与 $g(x)$ 在区间 (a,b) 内可导,要证 $f(x)=g(x)$,可先证

$$f'(x) = g'(x),\quad x\in(a,b).$$

这样由拉格朗日中值定理的推论可得

$$f(x) = g(x) + c_0,\quad x\in(a,b),$$

其中 c_0 为某个确定的常数.再在 (a,b) 中选一个特定的数 x_0,使 $f(x_0)=g(x_0)$,由此便可推出 $c_0=0$.

例 6 证明:

$$\frac{a-b}{a} < \ln\frac{a}{b} < \frac{a-b}{b},$$

其中 a,b 为常数,并且 $0<b<a$.

证 考虑到上述不等式可以变形为

$$\frac{1}{a} < \frac{\ln a - \ln b}{a-b} < \frac{1}{b},$$

为此我们引入函数 $y=\ln x$.在区间 $[a,b]$ 上应用拉格朗日中值公式,便得到

$$\frac{\ln a-\ln b}{a-b}=f'(x_0)=\frac{1}{x_0},$$

其中 $x_0\in(b,a)$，即有

$$\frac{1}{a}<\frac{1}{x_0}<\frac{1}{b}.$$

因此

$$\frac{a-b}{a}<\ln\frac{a}{b}<\frac{a-b}{b}.$$

注意 本题是利用拉格朗日中值定理证明不等式的一个例子．一般来说，用中值定理证明一些不等式时，可以考虑由以下三步来完成：

(1) 由题意确定一个函数 $f(x)$；

(2) 选择与之对应区间 $[a,b]$；

(3) 将 $f'(x_0)$ 适当进行放大或缩小．

习 题 3.1

1. 下列函数在给定区间上是否满足罗尔定理的所有条件？如满足就求出定理中的数值 x_0．

(1) $f(x)=2x^2-x-3$，$[-1,1.5]$；

(2) $f(x)=\dfrac{1}{1+x^2}$，$[-2,2]$；

(3) $f(x)=x\sqrt{3-x}$，$[0,3]$；

(4) $f(x)=e^{x^2}-1$，$[-1,1]$．

2. 下列函数在给定区间上是否满足拉格朗日中值定理的所有条件？如满足就求出定理中的数值 x_0．

(1) $f(x)=x^3$，$[0,a]$，$a>0$；

(2) $f(x)=\ln x$，$[1,2]$；

(3) $f(x)=x^3-5x^2+x-2$，$[-1,0]$．

3. 函数 $f(x)=x^3$ 与 $g(x)=x^2+1$ 在区间 $[1,2]$ 上是否满足柯西中值定理的所有条件，如满足就求出定理中的数值 x_0．

4. 设函数 $f(x)$ 在 $(-\infty,+\infty)$ 存在导数，且

$$\lim_{x\to\infty}f'(x)=e,\quad \lim_{x\to\infty}\left(\frac{x+c}{x-c}\right)^x=\lim_{x\to\infty}[f(x)-f(x-1)],$$

确定常数 c.

5. 证明不等式 $|\sin x_2-\sin x_1|\leqslant|x_2-x_1|$.

6. 证明：方程 $\sin x+x\cos x=0$ 在 $(0,\pi)$ 内有实根.

7. 用拉格朗日中值定理证明：若 $f(0)=0$，且当 $x>0$ 时，$f'(x)>0$，则当 $x>0$ 时，$f(x)>0$.

8. 若 $|x|\leqslant 1$，证明：$\arcsin\dfrac{2x}{1+x^2}=2\arctan x$.

9. 设 $f(x)$ 在 $[0,1]$ 连续，在 $(0,1)$ 上可导，且 $f(0)=f(1)=0$，$f\left(\dfrac{1}{2}\right)=1$，证明：必存在 $x_0\in(0,1)$，使得 $f'(x_0)=1$.

10. 证明：当 $x>0$ 时，不等式 $1-x+\dfrac{x^2}{2}>e^{-x}>1-x$ 成立.

§2 洛必达法则

内容提要

1. $\dfrac{0}{0}$ 型的不定式

定义 3.1 通常我们把两个无穷小量之比的极限称为 **$\dfrac{0}{0}$ 型的不定式**.

例如极限 $\lim\limits_{x\to 0}\dfrac{\sin x}{x}$，$\lim\limits_{x\to 1}\dfrac{\sin^2(x-1)}{x-1}$，$\lim\limits_{x\to\infty}\dfrac{\frac{1}{x}\sin x}{e^{-x^2}}$ 等都是 $\dfrac{0}{0}$ 型的不定式.

2. 洛必达法则 I

设函数 $f(x)$ 与 $g(x)$ 在 $U(\bar{a})$ 内处处可导，并且 $g'(x)\neq 0$. 如果

$$\lim_{x\to a}f(x)=0,\quad \lim_{x\to a}g(x)=0,$$

而极限

$$\lim_{x\to a}\frac{f'(x)}{g'(x)}=l\quad(l\text{ 为有限或 }\infty),$$

则

$$\lim_{x\to a}\frac{f(x)}{g(x)}=\lim_{x\to a}\frac{f'(x)}{g'(x)}=l.$$

3. $\dfrac{\infty}{\infty}$型的不定式

定义 3.2 通常我们把两个无穷大量之比的极限称为$\dfrac{\infty}{\infty}$**型的不定式**.

例如极限 $\lim\limits_{x\to 0+0}\dfrac{\ln x}{x^{-1}}$，$\lim\limits_{x\to+\infty}\dfrac{x^4}{e^x}$，$\lim\limits_{x\to+\infty}\dfrac{\sqrt{x+1}}{\ln(1+x)}$等都是$\dfrac{\infty}{\infty}$型不定式.

4. 洛必达法则Ⅱ

设函数 $f(x)$与 $g(x)$在$U(\bar{a})$内处处可导,并且 $g'(x)\neq 0$. 如果

$$\lim_{x\to a}f(x)=\infty,\quad \lim_{x\to a}g(x)=\infty,$$

而极限

$$\lim_{x\to a}\frac{f'(x)}{g'(x)}=l\quad (l\text{ 为有限或 }\infty),$$

则

$$\lim_{x\to a}\frac{f(x)}{g(x)}=\lim_{x\to a}\frac{f'(x)}{g'(x)}=l.$$

5. 其他类型的不定式

除了$\dfrac{0}{0}$型与$\dfrac{\infty}{\infty}$型的不定式外,还有 $0\cdot\infty$,$\infty-\infty$,0^0,1^∞和∞^0等类型的不定式. 这些类型的不定式定值的方法是先把它们化成$\dfrac{0}{0}$型或$\dfrac{\infty}{\infty}$型,然后再分别使用洛必达法则Ⅰ,Ⅱ.

(1) $0\cdot\infty$型可化为$\dfrac{0}{0}$型或$\dfrac{\infty}{\infty}$型:

设在某一变化过程中, $f(x)\to 0$, $g(x)\to\infty$,则

$$f(x)\cdot g(x)=\frac{f(x)}{\dfrac{1}{g(x)}}\quad \left(\frac{0}{0}\text{ 型}\right)$$

$$=\frac{g(x)}{\dfrac{1}{f(x)}}\quad \left(\frac{\infty}{\infty}\text{ 型}\right).$$

(2) $\infty-\infty$型一般可化为$\dfrac{0}{0}$型:

设在某一变化过程中, $f(x)\to\infty$, $g(x)\to\infty$,则

$$f(x)-g(x)=\frac{1}{\dfrac{1}{f(x)}}-\frac{1}{\dfrac{1}{g(x)}}=\frac{\dfrac{1}{g(x)}-\dfrac{1}{f(x)}}{\dfrac{1}{f(x)}\cdot\dfrac{1}{g(x)}}\quad\left(\frac{0}{0}\text{型}\right).$$

注意 在实际计算中,有时可不必采用上述步骤,而只需经过通分就可化为 $\frac{0}{0}$ 型.

(3) 1^{∞} 型,0^{0} 型及 ∞^{0} 型,由于它们都是来源于幂指函数 $[f(x)]^{g(x)}$ 的极限,因此通常可用取对数的方法或利用

$$[f(x)]^{g(x)}=\mathrm{e}^{\ln[f(x)]^{g(x)}}=\mathrm{e}^{g(x)\ln f(x)}$$

即可化为 $0\cdot\infty$ 型,再化为 $\frac{0}{0}$ 型或 $\frac{\infty}{\infty}$ 型讨论.

6. 使用洛必达法则时应注意的几个问题

(1) 不是 $\frac{0}{0}$ 型或 $\frac{\infty}{\infty}$ 型的不定式不能使用洛必达法则;

(2) 如果 $\lim\limits_{x\to a}\frac{f'(x)}{g'(x)}$ 不存在,不能说明 $\lim\limits_{x\to a}\frac{f(x)}{g(x)}$ 不存在,应考虑使用其他方法计算;

(3) 洛必达法则可以多次使用.

典型例题分析

例 1 求下列极限,并指出能否使用洛必达法则,为什么?

(1) $\lim\limits_{x\to 0}\frac{x+\cos x}{\sin x}$;　　(2) $\lim\limits_{x\to\infty}\frac{x-\sin x}{x+\sin x}$;

(3) $\lim\limits_{x\to 0}\frac{x^{2}\sin\frac{1}{x}}{\sin x}$.

解 (1) 由于

$$\lim_{x\to 0}(x+\cos x)=\lim_{x\to 0}x+\lim_{x\to 0}\cos x=0+1=1,$$

而

$$\lim_{x\to 0}\sin x=0,$$

根据无穷小的运算性质,我们有

$$\lim_{x\to 0}\frac{x+\cos x}{\sin x}=\infty.$$

本题不能使用洛必达法则,因为它不是 $\frac{0}{0}$ 型也不是 $\frac{\infty}{\infty}$ 型的不定式.

(2) 变形后直接使用极限的四则运算,得到

$$\lim_{x\to\infty}\frac{x-\sin x}{x+\sin x}=\lim_{x\to\infty}\frac{1-\dfrac{\sin x}{x}}{1+\dfrac{\sin x}{x}}=\frac{1-0}{1+0}=1.$$

本题不能使用洛必达法则,因为这个未定式极限虽然是$\dfrac{\infty}{\infty}$型的,但是分子、分母分别求导以后,它们比值的极限不存在,即极限

$$\lim_{x\to\infty}\frac{(x-\sin x)'}{(x+\sin x)'}=\lim_{x\to\infty}\frac{1-\cos x}{1+\cos x}=\lim_{x\to\infty}\tan^2\frac{x}{2}$$

是不存在的.

(3) 利用重要极限与无穷小量的运算性质,我们有

$$\lim_{x\to 0}\frac{x^2\sin\dfrac{1}{x}}{\sin x}=\lim_{x\to 0}\frac{x}{\sin x}\cdot\lim_{x\to 0}\left(x\sin\frac{1}{x}\right)=1\times 0=0.$$

本题不能使用洛必达法则,因为这个未定式极限虽然是$\dfrac{0}{0}$型的,但是分子、分母分别求导以后,它们比值的极限不存在,即极限

$$\lim_{x\to 0}\frac{\left(x^2\sin\dfrac{1}{x}\right)'}{(\sin x)'}=\lim_{x\to 0}\frac{2x\sin\dfrac{1}{x}+x^2\left(\cos\dfrac{1}{x}\right)\left(-\dfrac{1}{x^2}\right)}{\cos x}$$

$$=\lim_{x\to 0}\frac{2x\sin\dfrac{1}{x}-\cos\dfrac{1}{x}}{\cos x}$$

是不存在的.

注意 通过上面三个题目可以看出:

(1) 不是$\dfrac{0}{0}$型与$\dfrac{\infty}{\infty}$型的不定式一定不能使用洛必达法则;

(2) 对于$\dfrac{0}{0}$型与$\dfrac{\infty}{\infty}$型的不定式来说,$\dfrac{f'(x)}{g'(x)}$极限的存在只是$\dfrac{f(x)}{g(x)}$存在的一个充分条件,即$\dfrac{f'(x)}{g'(x)}$极限不存在也不能说明$\dfrac{f(x)}{g(x)}$的极限不存在,只不过方法使用不当而已.

例 2 求下列极限:

(1) $\displaystyle\lim_{x\to 0}\frac{e^{-x^2}-1}{x^3-x^2}$; (2) $\displaystyle\lim_{x\to 1}\frac{\ln x}{(x-1)^2}$;

(3) $\lim\limits_{x\to+\infty}\dfrac{x^3}{2^x}$； (4) $\lim\limits_{x\to+\infty}x\left(\dfrac{\pi}{2}-\arctan x\right)$；

(5) $\lim\limits_{x\to1}\left(\dfrac{x}{x-1}-\dfrac{1}{\ln x}\right)$； (6) $\lim\limits_{x\to+\infty}\left(\dfrac{\pi}{2}-\arctan x\right)^{\frac{1}{\ln x}}$；

(7) $\lim\limits_{x\to1}x^{\frac{1}{1-x}}$； (8) $\lim\limits_{x\to\infty}(1+x^2)^{\frac{1}{x}}$.

解 (1) 解法 1 由于

$$\lim_{x\to0}(\mathrm{e}^{-x^2}-1)=0,\quad \lim_{x\to0}x^3-x^2=0,$$

这是$\dfrac{0}{0}$型不定式.考虑到

$$\frac{(\mathrm{e}^{-x^2}-1)'}{(x^3-x^2)'}=\frac{-2x\mathrm{e}^{-x^2}}{3x^2-2x}=\frac{-2\mathrm{e}^{-x^2}}{3x-2},$$

根据洛必达法则,有

$$\lim_{x\to0}\frac{\mathrm{e}^{-x^2}-1}{x^3-x^2}=\lim_{x\to0}\frac{-2\mathrm{e}^{-x^2}}{3x-2}=1.$$

解法 2 本题也可使用等价无穷小量代换直接得到.考虑到 $x\to 0$ 时, $\mathrm{e}^{-x^2}-1\sim-x^2$,并且 $x^3-x^2\sim-x^2$,于是

$$\lim_{x\to0}\frac{\mathrm{e}^{-x^2}-1}{x^3-x^2}=\lim_{x\to0}\frac{-x^2}{-x^2}=1.$$

(2) 这是$\dfrac{0}{0}$型不定式.根据洛必达法则,有

$$\lim_{x\to1}\frac{\ln x}{(x-1)^2}=\lim_{x\to1}\frac{\frac{1}{x}}{2(x-1)}=\infty.$$

(3) 这是$\dfrac{\infty}{\infty}$型不定式.多次使用洛必达法则,有

$$\lim_{x\to+\infty}\frac{x^3}{2^x}=\lim_{x\to+\infty}\frac{3x^2}{2^x\ln2}=\lim_{x\to+\infty}\frac{6x}{2^x(\ln2)^2}$$

$$=\lim_{x\to+\infty}\frac{6}{2^x(\ln2)^3}=0.$$

(4) 这是 $0\cdot\infty$型不定式.将其化成$\dfrac{0}{0}$型后,再利用洛必达法则,有

$$\lim_{x\to+\infty} x\left(\frac{\pi}{2}-\arctan x\right)=\lim_{x\to+\infty}\frac{\dfrac{\pi}{2}-\arctan x}{\dfrac{1}{x}}$$

$$=\lim_{x\to+\infty}\frac{-\dfrac{1}{1+x^2}}{-\dfrac{1}{x^2}}=\lim_{x\to+\infty}\frac{x^2}{1+x^2}=1.$$

(5) 这是$\infty-\infty$型不定式. 将其化成$\frac{0}{0}$型后,再利用洛必达法则,有

$$\lim_{x\to1}\left(\frac{x}{x-1}-\frac{1}{\ln x}\right)=\lim_{x\to1}\frac{x\ln x-x+1}{(x-1)\ln x}$$

$$=\lim_{x\to1}\frac{\ln x+1-1}{\ln x+\dfrac{x-1}{x}}=\lim_{x\to1}\frac{x\ln x}{x\ln x+x-1}$$

$$=\lim_{x\to1}\frac{\ln x+1}{\ln x+2}=\frac{1}{2}.$$

(6) 这是 0^0 型的不定式. 考虑到

$$\left(\frac{\pi}{2}-\arctan x\right)^{\frac{1}{\ln x}}=\mathrm{e}^{\frac{\ln\left(\frac{\pi}{2}-\arctan x\right)}{\ln x}},$$

化成$\frac{\infty}{\infty}$型后,再利用洛必达法则,而其中

$$\lim_{x\to+\infty}\frac{\ln\left(\dfrac{\pi}{2}-\arctan x\right)}{\ln x}=\lim_{x\to+\infty}\frac{1}{\pi/2-\arctan x}\cdot\frac{-x}{1+x^2}$$

$$=\lim_{x\to+\infty}\frac{1/x}{\pi/2-\arctan x}\cdot\lim_{x\to+\infty}\frac{-x^2}{1+x^2}$$

$$=-\lim_{x\to+\infty}\frac{-\dfrac{1}{x^2}}{-\dfrac{1}{1+x^2}}=-1,$$

因此
$$\lim_{x\to+\infty}\left(\frac{\pi}{2}-\arctan x\right)^{\frac{1}{\ln x}}=\mathrm{e}^{-1}.$$

(7) 这是 1^∞型不定式. 考虑到 $x^{\frac{1}{1-x}}=\mathrm{e}^{\frac{\ln x}{1-x}}$,化成$\frac{0}{0}$型后,再利用

洛必达法则,其中

$$\lim_{x\to 1}\frac{\ln x}{1-x}=\lim_{x\to 1}\frac{\frac{1}{x}}{-1}=-1,$$

因此 $$\lim_{x\to 1}x^{\frac{1}{1-x}}=e^{-1}.$$

(8) 这是∞^0型不定式.考虑到$(1+x^2)^{\frac{1}{x}}=e^{\frac{\ln(1+x^2)}{x}}$,化成$\frac{\infty}{\infty}$型后,再利用洛必达法则,其中

$$\lim_{x\to\infty}\frac{\ln(1+x^2)}{x}=\lim_{x\to\infty}\frac{\frac{2x}{1+x^2}}{1}=0,$$

因此 $$\lim_{x\to\infty}(1+x^2)^{\frac{1}{x}}=e^0=1.$$

习　题　3.2

1. 设函数

$$f(x)=\begin{cases}e^{-\frac{1}{x^2}}, & x\neq 0,\\ 0, & x=0,\end{cases}$$

则 $f'(0)=$__________.

2. 设函数 $f(x)$在 $x=0$ 某邻域内具有三阶导数,且

$$\lim_{x\to 0}\left[1+x+\frac{f(x)}{x}\right]^{\frac{1}{x}}=e^3,$$

则 $f(0)=$__________,$f'(0)=$__________,$f''(0)=$__________.

3. 求下列极限:

(1) $\lim\limits_{x\to+\infty}\dfrac{\ln\left(1+\dfrac{1}{x}\right)}{\operatorname{arccot}x}$;　　(2) $\lim\limits_{x\to 0}x^m\ln x$, $m>0$;

(3) $\lim\limits_{x\to 0}\left(\dfrac{1}{x}-\dfrac{1}{e^x-1}\right)$;　　(4) $\lim\limits_{x\to 0}(1+\sin x)^{\frac{1}{x}}$;

(5) $\lim\limits_{x\to 0+0}\left(\ln\dfrac{1}{x}\right)^x$;　　(6) $\lim\limits_{x\to 0+0}x^{\sin x}$.

§3 利用导数研究函数

内 容 提 要

1. 函数的单调性、极值、最值问题

1.1 利用导数判断函数的单调性

设函数 $f(x)$ 在区间 (a,b) 内可导，且导函数 $f'(x)$ 不变号.

(1) 若 $f'(x)>0$，则 $f(x)$ 在区间 (a,b) 内是递增的；

(2) 若 $f'(x)<0$，则 $f(x)$ 在区间 (a,b) 内是递减的.

注意 这个结论只是判定函数单调性的充分条件，而不是必要条件. 当函数 $f(x)$ 的导数 $f'(x)$ 在区间 (a,b) 内，除了在个别点处为零外均为正值（或负值）时，函数 $f(x)$ 在这个区间内仍是单调递增（或递减）的.

1.2 函数的极值与极值点的判定

定义 3.3 设函数 $y=f(x)$ 在 $U(x_0)$ 内有定义，如果

$$f(x) < f(x_0), \quad 任意的\ x \in U(\bar{x}_0),$$

那么就称函数 $f(x)$ 在点 x_0 处取得**极大值**；如果

$$f(x) > f(x_0), \quad 任意的\ x \in U(\bar{x}_0),$$

那么就称函数 $f(x)$ 在点 x_0 处取得**极小值**.

函数的极大值与极小值统称为**极值**. 使函数取得极值的点称为**极值点**. 极值是函数的一个局部概念.

费马(Fermat)定理（函数取得极值的必要条件） 若函数 $f(x)$ 在点 x_0 处可导，并且在 x_0 处 $f(x)$ 取得极值，则它在该点的导数

$$f'(x_0)=0.$$

这个定理的几何意义是：当一条连续、光滑的曲线 $y=f(x)$ 在点 $(x_0,f(x_0))$ 处取得极值时，它在该点处的切线一定平行于 x 轴.

定义 3.4 我们把使得导数 $f'(x)$ 为零的点称为函数 $f(x)$ 的**驻点**（或**稳定点**）.

费马定理告诉我们：可导函数 $f(x)$ 的极值点必定是它的驻点.

函数取得极值的第一充分条件 设函数 $f(x)$ 在 $U(x_0)$ 内可导，

并且 $f'(x_0)=0$.

(1) 若当 $x\in U^-(\bar{x}_0)$时，$f'(x)>0$；当 $x\in U^+(\bar{x}_0)$时，$f'(x)<0$，则 $f(x)$在点 x_0 处取得极大值；

(2) 若当 $x\in U^-(\bar{x}_0)$时，$f'(x)<0$；当 $x\in U^+(\bar{x}_0)$时，$f'(x)>0$，则 $f(x)$在点 x_0 处取得极小值.

函数取得极值的第二充分条件 设函数 $f(x)$在点 x_0 处具有二阶导数，且 $f'(x_0)=0$.

(1) 若 $f''(x_0)<0$，则 $f(x)$在点 x_0 处取得极大值；

(2) 若 $f''(x_0)>0$，则 $f(x)$在点 x_0 处取得极小值.

注意 当函数 $f(x)$在驻点处的二阶导数存在时，特别是当 $f'(x)$的符号不易直接判定时，我们可以利用这个定理来判定函数的极值.

1.3 函数的最值问题

定义 3.5 设函数 $f(x)$在$[a,b]$上有定义. 若存在 x_1,x_2 使得

$$f(x)\leqslant f(x_1)=\max_{a\leqslant x\leqslant b}\{f(x)\},$$

$$f(x)\geqslant f(x_2)=\min_{a\leqslant x\leqslant b}\{f(x)\},$$

则称 x_1,x_2 分别称为函数的**最大值点**与**最小值点**，并称 $f(x_1)$，$f(x_2)$分别为函数的**最大值**与**最小值**.

函数的最大值与最小值统称为**最值**. 使函数取得最值的点称为**最值点**.

注意 (1) 函数的最值点不一定惟一，例如，$y=|x|$在$[-1,1]$上的最大值点为±1；

(2) 函数的最值概念是一个区别极值的整体概念，它一般是在连续区间上定义的.

1.4 函数的最大值、最小值的求法

最大值最小值定理告诉我们，闭区间上的连续函数一定可以取得最大值与最小值. 一般来说，如果函数在开区间内取得最值，那么这个最值一定也是函数的一个极值. 由于连续函数取得极值的点只可能是该函数的驻点或不可导点，又由于函数的最值也可能在区间的端点上取得，因此，求函数最值的步骤是：

(1) 找出函数在区间内所有的驻点和不可导点；

(2) 计算出它们及端点的函数值；

(3) 再将这些值进行比较，其中最大(小)者就是函数在该区间上的最大(小)值.

注意 对于某些实际问题，如果我们能够根据问题本身的特点判断出函数应该有一个不在区间端点上取值的最值，而且在区间内该函数只有一个驻点(或不可导点)，那么这个点就是函数的最值点.

2. 曲线的凹凸性、拐点与渐近线

2.1 曲线的凹凸性的定义

定义 3.6 若曲线弧位于它每一点的切线的上方，则称此曲线弧是**凹**的；若曲线弧位于它每一点的切线的下方，则称此曲线弧是**凸**的.

2.2 曲线凹凸性的判别法

设函数 $f(x)$ 在区间 (a,b) 上具有二阶导数 $f''(x)$，则在该区间上：

(1) 当 $f''(x)>0$ 时，曲线弧 $y=f(x)$ 是凹的；

(2) 当 $f''(x)<0$ 时，曲线弧 $y=f(x)$ 是凸的.

注意 我们知道，若曲线是凸弧，则当 x 由小变大时，x 轴与曲线的切线的夹角是减小的，即切线的斜率是递减的；若曲线是凹弧，则当 x 由小变大时，x 轴与曲线的切线的夹角是增大的，即切线的斜率是递增的. 从而我们可以根据函数的一阶微商是递增的还是递减的，或根据它的二阶微商是正的还是负的来判别它的凹凸性.

2.3 曲线的拐点的定义

定义 3.7 连续曲线的凹弧与凸弧的分界点称为曲线的**拐点**.

2.4 拐点的判定法

设函数 $y=f(x)$ 在区间 (a,b) 内具有二阶连续导数 $f''(x)$，且 x_0 是 (a,b) 内一点.

(1) 当 $f''(x)$ 在 x_0 附近的左边和右边不同号时，点 $(x_0,f(x_0))$ 是曲线 $y=f(x)$ 的一个拐点；

(2) 当 $f''(x)$ 在 x_0 附近的左边和右边同号时，点 $(x_0,f(x_0))$ 不是曲线 $y=f(x)$ 的拐点.

注意 函数 $y=f(x)$ 的二阶导数为零或不存在的点可能是拐点，我们可以利用二阶微商的符号来判别曲线的拐点.

2.5 曲线的渐近线的定义

定义 3.8 如果 M 沿曲线 $y=f(x)$ 离坐标原点无限远移时，M 与某一条直线 L 的距离趋近于零，则称直线 L 为曲线 $y=f(x)$ 的一条**渐近线**，并且

(1) 若 $\lim\limits_{x\to a-0} f(x)=\infty$ 或 $\lim\limits_{x\to a+0} f(x)=\infty$，则称 $x=a$ 为曲线 $y=f(x)$ 的**垂直渐近线**；

(2) 若 $\lim\limits_{x\to+\infty} f(x)=A$ 或 $\lim\limits_{x\to-\infty} f(x)=B$，则称 $y=A$ 或 $y=B$ 为曲线 $y=f(x)$ 的**水平渐近线**；

(3) 若 $\lim\limits_{x\to+\infty} \dfrac{f(x)}{x}=a_1$ 或 $\lim\limits_{x\to-\infty} \dfrac{f(x)}{x}=a_2$，并且 $\lim\limits_{x\to+\infty}[f(x)-a_1x]=b_1$ 或 $\lim\limits_{x\to-\infty}[f(x)-a_2x]=b_2$，则称 $y=a_1x+b_1$ 或 $y=a_2x+b_2$ 为曲线 $y=f(x)$ 的**斜渐近线**.

3. 函数的微分作图法

函数的微分法作图，一般可以分这样几个步骤来完成：

(1) 求出函数 $f(x)$ 的定义域，确定图形的范围；

(2) 讨论函数的奇偶性和周期性，确定图形的对称性和周期；

(3) 找出渐近线，确定图形的变化趋势；

(4) 计算函数的一阶导数 $f'(x)$ 与函数的二阶导数 $f''(x)$；

(5) 列表讨论函数图形的升降、凹凸、极值和拐点；

(6) 适当选取一些辅助点，一般常找出曲线和坐标轴的交点.

在作图时，要具体情况具体分析，不一定对上述几点都讨论.

典型例题分析

例 1 求下列函数的单调区间与极值点：

(1) $f(x)=e^x\sin x$； (2) $f(x)=\sqrt[3]{(2x-x^2)^2}$.

解 (1) 先求 $f'(x)$：

$$f'(x)=e^x(\sin x+\cos x)$$
$$=\sqrt{2}\,e^x\left(\sin x\cos\frac{\pi}{4}+\cos x\sin\frac{\pi}{4}\right)$$

$$=\sqrt{2}\,e^x\sin\left(x+\frac{\pi}{4}\right).$$

令 $f'(x)=0$,得到 $x=2k\pi-\frac{\pi}{4}$ 或 $x=2k\pi+\frac{3}{4}\pi$, $k=0,\pm1,\pm2,\cdots$,于是我们有：

当 $2k\pi-\frac{\pi}{4}<x<(2k+1)\pi-\frac{\pi}{4}$ 时, $f'(x)>0$,函数 $f(x)$ 单调增加;当 $(2k+1)\pi-\frac{\pi}{4}<x<(2k+2)\pi-\frac{\pi}{4}$ 时, $f'(x)<0$,函数 $f(x)$ 单调减少.

由上述单调性分析知, $x=2k\pi-\frac{\pi}{4}$ 是极小值点, $x=2k\pi+\frac{3}{4}\pi$ 是极大值点,其中 $k=0,\pm1,\pm2,\cdots$.

(2) 先求 $f'(x)$：

$$f'(x)=\frac{2(2-2x)}{3\sqrt[3]{2x-x^2}}=\frac{4(1-x)}{3\sqrt[3]{x(2-x)}}.$$

令 $f'(x)=0$,得到 $x=1$.

当 $x=0$ 和 $x=2$ 时, $f'(x)$ 不存在,但 $f(x)$ 连续,于是我们有：

在区间 $(-\infty,0)$ 和 $(1,2)$ 内函数 $f(x)$ 单调减少;在区间 $(0,1)$ 和 $(2,+\infty)$ 内函数 $f(x)$ 单调增加. $x=0$ 和 $x=2$ 是极小值点; $x=1$ 是极大值点.

为了简便起见,我们也可以把上面结果用列表的形式给出：

x	$(-\infty,0)$	0	$(0,1)$	1	$(1,2)$	2	$(2,+\infty)$
$f'(x)$	$-$	∞	$+$	0	$-$	∞	$+$
$f(x)$	↘	极小值 $f(0)=0$	↗	极大值 $f(1)=1$	↘	极小值 $f(2)=0$	↗

例 2 求函数 $f(x)=x^2e^{-x}$ 的极值.

解 首先求 $f'(x)$：

$$f'(x)=2xe^{-x}-x^2e^{-x}=x(2-x)e^{-x}.$$

令 $f'(x)=0$,得 $x=0,x=2$.

再求 $f''(x)$：

$$f''(x)=(2-2x)e^{-x}-(2x-x^2)e^{-x}$$

$$= (x^2 - 4x + 2)\mathrm{e}^{-x}.$$

由于 $f''(0)=2>0$,所以,在 $x=0$ 处函数取得极小值 $f(0)=0$;

由于 $f''(2)=-2\mathrm{e}^{-2}<0$,所以,在 $x=2$ 处函数取得极大值

$$f(2)=4\mathrm{e}^{-2}.$$

例 3 讨论函数

$$f(x) = ax^3 + bx^2 + cx + d \quad (b^2 - 3ac < 0)$$

在$(-\infty,+\infty)$内是否有极值点,是否有最值点.

解 先求 $f'(x)$:

$$f'(x) = 3ax^2 + 2bx + c.$$

当 $b^2-3ac<0$ 时,方程 $3ax^2+2bx+c=0$ 没有实根,即 $3ax^2+2bx+c$ 恒为正或恒为负.因此 $f'(x)$在$(-\infty,+\infty)$内恒为正或恒为负,即 $f(x)$在$(-\infty,+\infty)$内单调增加或减少.这说明 $f(x)$既无极值点,也无最值点.

例 4 求函数

$$f(x) = 2x^3 - 9x^2 + 12x + 2$$

在区间$[0,3]$上的最值.

解 首先求出 $f'(x)=0$ 的根.由

$$f'(x) = 6x^2 - 18x + 12 = 6(x-1)(x-2) = 0$$

得到 $x=1$ 或 $x=2$.

然后计算并比较函数在驻点及区间端点处的函数值 $f(0)$,$f(1)$,$f(2)$和 $f(3)$.由于

$$f(0) = 2,\quad f(1) = 7,\quad f(2) = 6,\quad f(3) = 11,$$

因此函数 $f(x)$的最小值为 2,最大值为 11.

例 5 在半径为 r 的半圆内,作一个内接梯形,其底为半圆的直径,其他三边为半圆的弦,如图 3-3.问:如何设计才能使梯形面积最大?

解 设梯形上底长为 $2x$,高为 h,面积为 A.

因为 $h=\sqrt{r^2-x^2}$,所以梯形面积为

$$A(x) = \frac{2r + 2x}{2}\sqrt{r^2 - x^2}$$

$$= (r + x)\sqrt{r^2 - x^2},\quad 0 < x < r.$$

求导得到

$$A'(x)=\sqrt{r^2-x^2}-\frac{x(r+x)}{\sqrt{r^2-x^2}}=\frac{r^2-xr-2x^2}{\sqrt{r^2-x^2}}$$

$$=\frac{(r-2x)(r+x)}{\sqrt{r^2-x^2}}.$$

令 $A'(x)=0$,解得 $x=\frac{r}{2}$, $x=-r$(舍去).

当 $0<x<\frac{r}{2}$时, $A'>0$;当$\frac{r}{2}<x<r$ 时, $A'<0$. 所以 $x=\frac{r}{2}$时, A 取得极大值.

在$(0,r)$内 $x=\frac{r}{2}$是惟一的极大值点,也就是 $A(x)$在$(0,r)$内的最大值点. 故当 $x=\frac{r}{2}$, $h=\frac{\sqrt{3}}{2}r$ 时,面积 A 最大,即梯形上底等于半圆半径时,梯形面积最大.

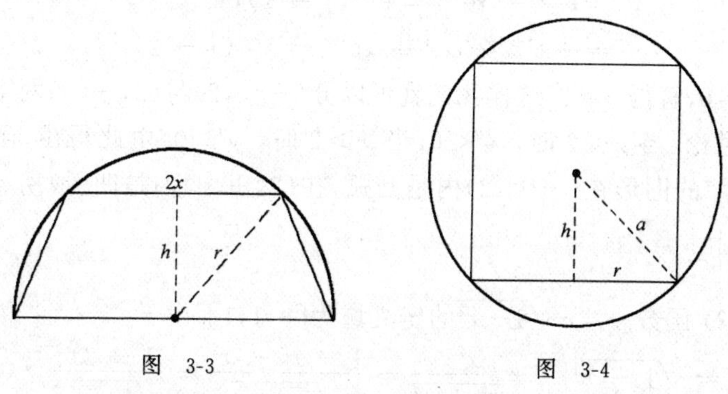

图 3-3 图 3-4

例 6 在半径为 a 的球内作一内接圆柱体,要使圆柱体的体积最大,问: 其高及底半径应是多少?

解 设内接圆柱体的底面半径与高分别为 r 与 $2h$,如图 3-4,则有

$$r^2+h^2=a^2,$$

于是其体积为

$$V(r)=\pi r^2\cdot 2h=2\pi r^2\sqrt{a^2-r^2}.$$

求导得到

$$V'(r)=2\pi\left(2r\sqrt{a^2-r^2}-\frac{r^3}{\sqrt{a^2-r^2}}\right)\quad(0<r<a).$$

由 $V'(r)=0$ 及 $r\neq 0$ 得

$$2\sqrt{a^2-r^2}=\frac{r^2}{\sqrt{a^2-r^2}}.$$

由此解得
$$r_0=\sqrt{2/3}a,$$
且可以看出当 $0<r<\sqrt{2/3}a$ 时，$V'(r)>0$；当 $\sqrt{2/3}a<r<a$ 时，$V'(r)<0$. 故 $r=r_0$ 是 $V(r)$ 在 $(0,a)$ 内的惟一极值点且是极大值点，它也就是 $V(r)$ 在 $(0,a)$ 内的最大值点，这时 $h_0=\sqrt{a^2-r_0^2}=a/\sqrt{3}$. 故当高及底半径分别为 $2a/\sqrt{3}$ 与 $\sqrt{2/3}a$ 时，内接圆柱体的体积最大.

例 7 求下列函数图形的凹凸区间及拐点：

(1) $y=xe^{-x}$；　　　　(2) $y=x\sqrt{1-x^2}$.

解 (1) 函数 $y=xe^{-x}$ 的定义域为 $(-\infty,+\infty)$. 由于

$$y'=e^{-x}-xe^{-x}=e^{-x}(1-x),$$

$$y''=-e^{-x}-e^{-x}+xe^{-x}=e^{-x}(x-2),$$

令 $y''=0$，解得 $x=2$. 这样我们就可以分 $(-\infty,2)$ 与 $(2,+\infty)$ 两个区间来讨论. 当 $x<2$ 时，$y''<0$；当 $x>2$ 时，$y''>0$. 由此得出，函数 $y=xe^{-x}$ 的图形在 $(-\infty,2)$ 内是凸弧，在 $(2,+\infty)$ 内是凹弧，拐点是 $\left(2,\frac{2}{e^2}\right)$.

(2) 函数 $y=x\sqrt{1-x^2}$ 的定义域为 $[-1,1]$. 由于

$$y'=\sqrt{1-x^2}-\frac{x^2}{\sqrt{1-x^2}}=\frac{1-x^2-x^2}{\sqrt{1-x^2}}=\frac{1-2x^2}{\sqrt{1-x^2}},$$

$$y''=\frac{-4x\sqrt{1-x^2}+\frac{x}{\sqrt{1-x^2}}(1-2x^2)}{1-x^2}$$

$$=\frac{-4x(1-x^2)+x-2x^3}{(1-x^2)\sqrt{1-x^2}}=\frac{-4x+4x^3+x-2x^3}{\sqrt{(1-x^2)^3}}$$

$$=\frac{2x^3-3x}{\sqrt{(1-x^2)^3}}=\frac{x(2x^2-3)}{\sqrt{(1-x^2)^3}},$$

令 $y''=0$，解得 $x=0$，$x=\pm\sqrt{\frac{3}{2}}$（不在定义域内，舍去）. 这样我们就可以分 $(-1,0)$ 和 $(0,1)$ 两个区间来讨论. 当 $-1<x<0$ 时，$y''>0$；当

$0<x<1$ 时，$y''<0$. 由此得出，函数 $y=x\sqrt{1-x^2}$ 的图形在 $(-1,0)$ 内是凹弧，在 $(0,1)$ 内是凸弧，拐点是 $(0,0)$.

例 8 求下面曲线的渐近线：

(1) $y=\arctan x$； (2) $y=\mathrm{e}^{-\frac{1}{x}}$；

(3) $y=\dfrac{x^2}{2x-1}$； (4) $y=3+\dfrac{2x+1}{(x-1)^2}$.

解 (1) 对于 $y=\arctan x$，我们有

$$\lim_{x\to-\infty}\arctan x=-\frac{\pi}{2},\quad \lim_{x\to+\infty}\arctan x=\frac{\pi}{2},$$

因此曲线 $y=\arctan x$ 有两条水平渐近线 $y=\pm\dfrac{\pi}{2}$.

(2) 对于 $y=\mathrm{e}^{-\frac{1}{x}}$，我们有

$$\lim_{x\to-\infty}\mathrm{e}^{-\frac{1}{x}}=1,\quad \lim_{x\to+\infty}\mathrm{e}^{-\frac{1}{x}}=1,$$

因此 $y=1$ 是它的一条水平渐近线. 考虑到 $x=0$ 是其间断点，并且

$$\lim_{x\to0-0}\mathrm{e}^{-\frac{1}{x}}=+\infty,$$

因此 $x=0$ 是它的一条垂直渐近线.

(3) 对于 $y=\dfrac{x^2}{2x-1}$，考虑到 $x=\dfrac{1}{2}$ 是其间断点，并且

$$\lim_{x\to\frac{1}{2}-0}\frac{x^2}{2x-1}=-\infty,\quad \lim_{x\to\frac{1}{2}+0}\frac{x^2}{2x-1}=+\infty,$$

因此 $x=\dfrac{1}{2}$ 是它的一条垂直渐近线. 又由于

$$\lim_{x\to\infty}\frac{\dfrac{x^2}{2x-1}}{x}=\frac{1}{2},$$

并且

$$\lim_{x\to\infty}\left(\frac{x^2}{2x-1}-\frac{1}{2}x\right)=\frac{1}{4},$$

因此 $y=\dfrac{1}{2}x+\dfrac{1}{4}$ 是它的一条斜渐近线.

(4) 对于 $y=3+\dfrac{2x+1}{(x-1)^2}$，考虑到 $x=1$ 是其间断点，并且

$$\lim_{x\to1}\left(3+\frac{2x+1}{(x-1)^2}\right)=\infty,$$

因此 $x=1$ 是它的一条垂直渐近线. 由于

$$\lim_{x\to\infty}\left(3+\frac{2x+1}{(x-1)^2}\right)\Big/x=0,\quad \lim_{x\to\infty}\left(3+\frac{2x+1}{(x-1)^2}\right)=3,$$

因此 $y=3$ 是它的一条水平渐近线.

例 9 作函数 $y=3x-x^3$ 的图形.

解 (1) 函数的定义域是$(-\infty,+\infty)$.

(2) 由于

$$f(-x)=-3x-(-x)^3=x^3-3x=-f(x),$$

因此函数 $y=3x-x^3$ 是奇函数.故函数的图形关于原点对称.

(3) 由于 $\lim\limits_{x\to\infty}(3x-x^3)=\infty$,且函数在整个数轴上有定义,该函数的图形没有水平渐近线,也没有垂直的渐近线.

(4) 由于

$$y'=3-3x^2=3(1+x)(1-x),\quad y''=-6x,$$

于是,由 $y'=0$ 得驻点 $x_1=-1,x_2=1$;由 $y''=0$ 得 $x_3=0$.

列表讨论(由对称性,只列出$(0,+\infty)$范围内的表即可):

x	0	$(0,1)$	1	$(1,+\infty)$
y'	+	+	0	−
y''	0	−	−	−
y	$\sqrt{3}$ 拐点	↗,凸	2 极大值	↘,凸

可见,函数的极大值是 $y|_{x=1}=2$.由对称性,极小值是 $y|_{x=-1}=-2$.由于曲线在$(0,+\infty)$内是凸弧,由对称性,在$(-\infty,0)$内必然是凹弧,拐点是$(0,0)$.

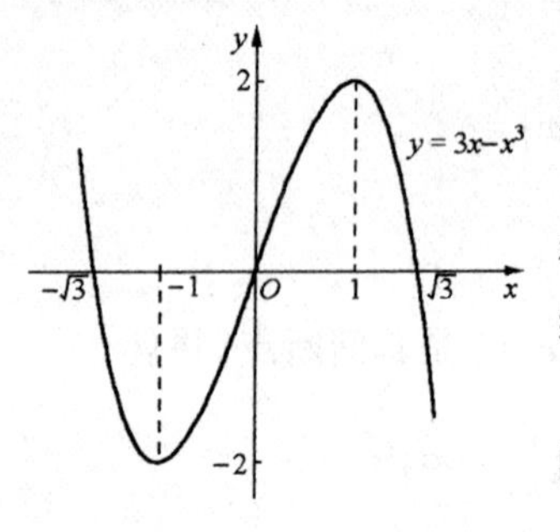

图 3-5

(5) 选辅助点.选曲线与坐标轴的交点.令 $y=0$,由

$$3x-x^3=x(3-x^2)=0,$$

得 $x=0,x=-\sqrt{3},x=\sqrt{3}$.于是曲线过两个定点$(-\sqrt{3},0)$和$(\sqrt{3},0)$.

(6) 根据以上讨论,描点作图,如图 3-5 所示.

例 10 作函数 $y=\dfrac{2x-1}{(x-1)^2}$的图形.

解 (1) 定义域是$(-\infty,1)\cup(1,+\infty)$.

(2) 函数为非奇非偶函数.

(3) 由于

$$\lim_{x\to\pm\infty} y = 0,$$

所以有水平渐近线 $y=0$. 又由于

$$\lim_{x\to 1} y = +\infty,$$

所以有垂直渐近线 $x=1$.

(4) 由于

$$y' = -\frac{2}{(x-1)^2} - \frac{2}{(x-1)^3} = \frac{-2x}{(x-1)^3},$$

$$y'' = \frac{4}{(x-1)^3} + \frac{6}{(x-1)^4} = \frac{2(2x+1)}{(x-1)^4},$$

故由 $y'=0$ 得 $x=0$;由 $y''=0$ 得 $x=-1/2$. $x=1$ 是间断点,于是列表如下:

x	$\left(-\infty,-\frac{1}{2}\right)$	$-\frac{1}{2}$	$\left(-\frac{1}{2},0\right)$	0	$(0,1)$	1	$(1,+\infty)$
y'	$-$	$-$	$-$	0	$+$		$-$
y''	$-$	0	$+$	$+$	$+$		$+$
y	↘,凸	$-8/9$ 拐点	↘,凹	-1 极小值点	↗,凹	间断点	↘,凹

(5) 曲线与 x 轴的交点是$(1/2,0)$.

(6) 根据以上分析,我们可作出函数图形,如图 3-6 所示.

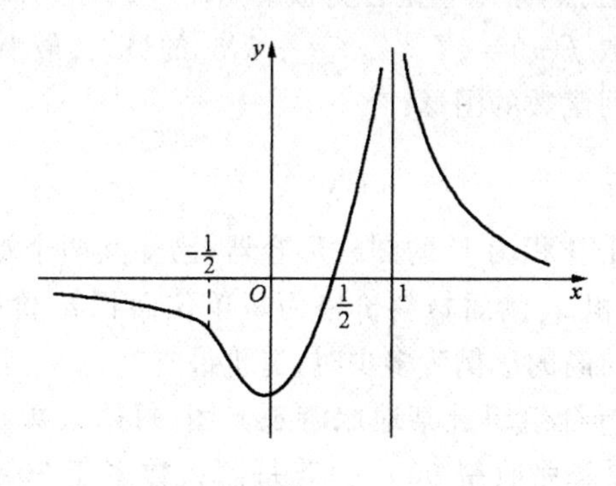

图 3-6

习 题 3.3

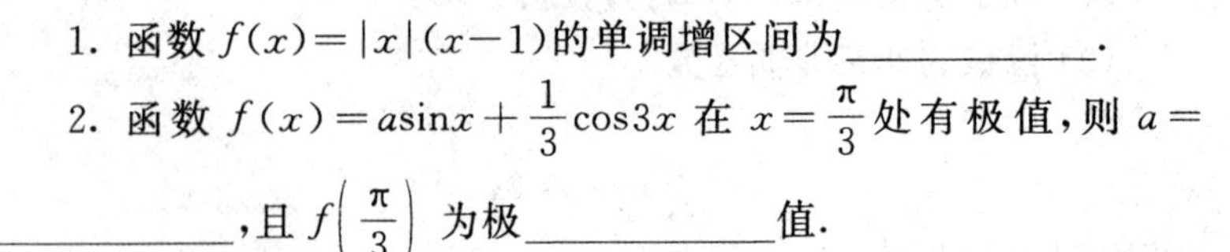

1. 函数 $f(x)=|x|(x-1)$ 的单调增区间为____________.

2. 函数 $f(x)=a\sin x+\dfrac{1}{3}\cos 3x$ 在 $x=\dfrac{\pi}{3}$ 处有极值,则 $a=$____________,且 $f\left(\dfrac{\pi}{3}\right)$ 为极____________值.

3. 对于实数 x,要使 $x^4+4p^3x+1>0$,p 的取值范围是____________.

4. 若 $x>0$ 时,方程 $kx+\dfrac{1}{x^2}=1$ 有惟一解,则 k 为____________.

5. 若曲线 $y=(ax-b)^3$ 在 $(1,(a-b)^3)$ 处有拐点,则 a 与 b 应满足的关系是____________.

6. 函数 $y=\dfrac{x^2}{x+1}$ 的图形有垂直渐近线____________,有斜渐近线____________.

7. 求下列函数的极值:

(1) $y=\sqrt[3]{x^2}(x-1)$;　　　　(2) $y=\dfrac{x^3}{2(x-1)^2}$.

8. 试证:当 $x>0$ 时,有不等式

$$x>\sin x>x-\frac{x^2}{2}.$$

9. 证明:函数 $f(x)=\left(1+\dfrac{1}{x}\right)^{x+1}$ 在 $(0,+\infty)$ 上单调减少.

10. 设函数 $y=f(x)$ 由方程 $2y^3-2y^2+2xy-x^2=1$ 所确定,试求 $y=f(x)$ 的驻点,判断它是否为极值点.

11. 求函数 $f(x)=\mathrm{e}^{|x-3|}$,$x\in[-5,5]$ 的最大、最小值.

12. 作下列函数的图形:

(1) $y=\dfrac{x}{1+x^2}$;　　　　(2) $y=\dfrac{x^2}{\sqrt{x+1}}$.

13. 做一个体积为 V 的圆柱形容器,已知其两个端面的材料价格为每单位面积 a,侧面材料价格为每单位面积 b,价格单位为元.问:底面直径与高的比例为多少时,造价最省?

14. 某旅行社组织赴某地旅游观光团.每团人数在 30 人或 30 人以下,飞机票每张收费 900 元;若每团人数多于 30 人,则可以优

惠，每多 1 人，每张机票可优惠 10 元. 若票价最低可降到 450 元为止，且每团乘飞机旅行社需付款给航空公司包机费 15000 元.

（1）写出飞机票的价格函数；

（2）每团多少人时可使包机利润最大？

15. 已知某厂生产 x 件产品的成本（单位：元）为

$$C = 250000 + 200x + \frac{1}{4}x^2.$$

问：（1）要使平均成本最小，应生产多少件产品？

（2）若产品以每件 500 元售出，要使利润最大，应生产多少件产品？

第四章　一元函数积分学

§1　不定积分的概念

内 容 提 要

1. 原函数

定义 4.1　设函数 $f(x)$在区间 X 上有定义.如果存在 $F(x)$,使得

$$F'(x)=f(x),\quad 对任意\ x\in X,$$

或者

$$\mathrm{d}F(x)=f(x)\mathrm{d}x,\quad 对任意\ x\in X,$$

那么称 $F(x)$是 $f(x)$的一个**原函数**.

如果函数 $f(x)$存在原函数,那么也称 $f(x)$是**可积**的.

2. 不定积分

定义 4.2　设函数 $f(x)$在区间 X 上有定义,称 $f(x)$的全体原函数为 $f(x)$的**不定积分**,记作

$$\int f(x)\mathrm{d}x,$$

其中 $\int$ 称为**积分号**,x 称为**积分变量**,$f(x)$称为**被积函数**,$f(x)\mathrm{d}x$ 称为**被积表达式**.

3. 原函数与不定积分之间的关系

设 $F(x)$是 $f(x)$在区间 X 上的一个原函数,则有

$$\int f(x)\mathrm{d}x=F(x)+C\quad (C\ 为任意常数),$$

即 $F(x)+C$ 就是 $f(x)$的全体原函数.

4. 不定积分与微分(或导数)之间的关系

(1) 求不定积分与求微分是互为逆运算:

$$\mathrm{d}F(x) = f(x)\mathrm{d}x \ (F'(x) = f(x))$$

$$\Longleftrightarrow \int f(x)\mathrm{d}x = F(x) + C.$$

(2) 微分(或导数)运算与积分运算的两个关系式:

① $\mathrm{d}\left(\int f(x)\mathrm{d}x\right) = f(x)\mathrm{d}x$ 或 $\left[\int f(x)\mathrm{d}x\right]' = f(x)$,
这就是说,对一个函数先求不定积分再求微分,则两者的作用便互相抵消;

② $\int \mathrm{d}F(x) = F(x) + C$ 或 $\int F'(x)\mathrm{d}x = F(x) + C$,
这就是说,对一个函数先求微分再求不定积分,则两者的作用抵消后只相差一个常数.

5. 不定积分的几何意义

在直角坐标系 Oxy 中,我们称由 $f(x)$ 的一个原函数 $F(x)$ 所确定的一条曲线 $y=F(x)$ 为 $f(x)$ 的一条**积分曲线**,并称所有的这些积分曲线的全体为 $f(x)$ 的**积分曲线族**. 因此,不定积分 $\int f(x)\mathrm{d}x$ 在几何上表示函数 $f(x)$ 的积分曲线族 $y=F(x)+C$. 这族曲线的特点是:在横坐标相同的点处,所有的切线都是彼此平行的(见图 4-1).

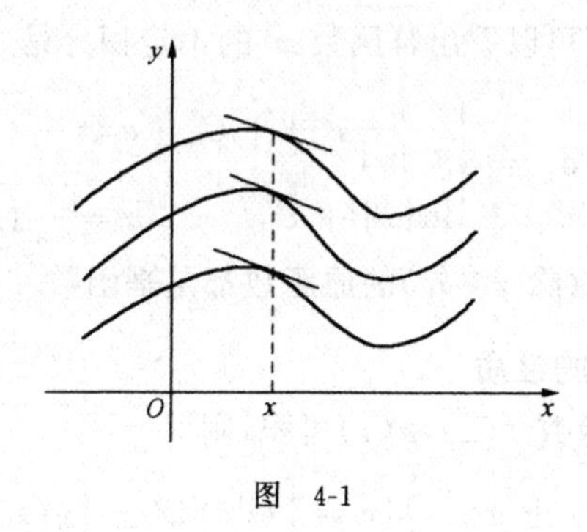

图 4-1

6. 基本积分表

根据不定积分的定义和基本初等函数的微分公式,即可写出对应的不定积分公式. 我们把这些公式列成下面的基本积分表(其中的

C 与 C_1 均为任意常数)：

(1) $\int 0\mathrm{d}x=C$；

(2) $\int x^\alpha \mathrm{d}x=\frac{1}{\alpha+1}x^{\alpha+1}+C \quad (\alpha\neq-1)$；

(3) $\int \frac{1}{x}\mathrm{d}x=\ln|x|+C$；　　(4) $\int \sin x\mathrm{d}x=-\cos x+C$；

(5) $\int \cos x\mathrm{d}x=\sin x+C$；　　(6) $\int \csc^2 x\mathrm{d}x=-\cot x+C$；

(7) $\int \sec^2 x\mathrm{d}x=\tan x+C$；　　(8) $\int \mathrm{e}^x\mathrm{d}x=\mathrm{e}^x+C$；

(9) $\int a^x\mathrm{d}x=\frac{1}{\ln a}a^x+C \quad (a>0,a\neq1)$；

(10) $\int \frac{1}{1+x^2}\mathrm{d}x=\arctan x+C=-\mathrm{arccot}\,x+C_1$；

(11) $\int \frac{1}{\sqrt{1-x^2}}\mathrm{d}x=\arcsin x+C=-\arccos x+C_1$.

注意　在公式(3)中，当 $x>0$ 时，公式显然成立；当 $x<0$ 时，有

$$(\ln|x|+C)'=[\ln(-x)]'=\frac{1}{-x}(-1)=\frac{1}{x},$$

所以对一切的 $x\neq0$ 都有

$$\int \frac{1}{x}\mathrm{d}x=\ln|x|+C.$$

由公式(2),(3)还可以看出幂函数 x^α 的不定积分是

$$\int x^\alpha\mathrm{d}x=\begin{cases}\frac{1}{\alpha+1}x^{\alpha+1}+C, & \alpha\neq-1,\\ \ln|x|+C, & \alpha=-1.\end{cases}$$

由此可见，幂函数(除 x^{-1}外)的原函数都是幂函数.

7. 不定积分的性质

性质 1　设函数 $f(x),g(x)$可积，则

$$\int[f(x)\pm g(x)]\mathrm{d}x=\int f(x)\mathrm{d}x\pm\int g(x)\mathrm{d}x.$$

性质 2　设函数 $f(x)$可积，k 为不等于零的常数，则

$$\int kf(x)\mathrm{d}x=k\int f(x)\mathrm{d}x.$$

由性质1,性质2容易得到：设 $f_k(x)(k=1,2,\cdots,n)$ 为可积函数，$a_k(k=1,2,\cdots,n)$ 为不全等于零的常数,则

$$\int\sum_{k=1}^{n}a_kf_k(x)\mathrm{d}x=\sum_{k=1}^{n}a_k\int f_k(x)\mathrm{d}x.$$

即有限多个函数线性组合的不定积分等于它们不定积分的线性组合,积分的这种性质又称为积分运算的线性性质.

注意 在计算不定积分时,我们常常把一个复杂的函数分解成几个简单函数的和,其中每个简单函数的不定积分都可以利用基本积分表示出,然后利用上面的性质求出不定积分.这种方法就是裂项积分法(又称为分项积分法).

典型例题分析

例1 验证下面等式是否正确,并说明理由：

(1) $\int 0\mathrm{d}x=0$；　　(2) $\int\frac{1}{x}\mathrm{d}x=\ln x+C$；

(3) $\int x^\alpha\mathrm{d}x=\frac{1}{\alpha+1}x^{\alpha+1}+C$；　　(4) $\int\cos 2x\mathrm{d}x=2\sin 2x+C$.

解 (1) 不正确.因为 $y=0$ 只是函数 $y=0$ 的一个原函数,并不是它的全体原函数,因此等式不成立.由于 $C'=0$,因此正确的等式应为

$$\int 0\mathrm{d}x=C.$$

(2) 不正确.因为等式右端的 $\ln x$ 要求 $x>0$ 时才有意义,而左端的 $\frac{1}{x}$ 在 $x<0$ 时也有意义,因此 $x<0$ 时等式不成立.考虑到 $(\ln|x|)'=\frac{1}{x}$,于是我们有

$$\int\frac{1}{x}\mathrm{d}x=\ln|x|+C.$$

(3) 不正确.因为等式右端 $\frac{1}{\alpha+1}x^{\alpha+1}$ 要求 $\alpha\neq-1$,因此当 $\alpha=-1$ 时等式不成立.需要指出的是任何幂函数的导数仍是幂函数,即 $x^\alpha=\alpha x^{\alpha-1}$;而幂函数的积分就不一定是幂函数了,见第(2)题.

(4) 不正确.因为 $(2\sin 2x)'=4\cos 2x$,而 $\left(\frac{1}{2}\sin 2x\right)'=\cos 2x$,因

此等式不成立，正确的等式应为

$$\int \cos 2x \mathrm{d}x = \frac{1}{2}\sin 2x + C.$$

*例 2　求不定积分 $\int e^{-x}[5e^{2x}-(4e)^x+xe^x]\mathrm{d}x$.

解　$\int e^{-x}[5e^{2x}-(4e)^x+xe^x]\mathrm{d}x$

$$=\int(5e^x-4^x+x)\mathrm{d}x=\int 5e^x\mathrm{d}x-\int 4^x\mathrm{d}x+\int x\mathrm{d}x$$

$$=5e^x-4^x\frac{1}{\ln 4}+\frac{1}{2}x^2+C.$$

注意　这三个不定积分应有三个任意常数，但因任意常数之和还是任意常数，故在最后结果只需加一个任意常数 C 即可.

一般来说，不定积分的计算比导数的计算具有更多的灵活性和技巧性，因而难度较大，但最终都要利用基本积分公式计算结果，因此必须熟记基本公式.在计算积分时，利用不定积分的性质和基本积分公式求出的一些简单函数的不定积分，称之为直接积分法.

例 3　求下列曲线方程 $y=f(x)$：

(1) 曲线经过(4,3)点，并且在每一点 $(x,f(x))$ 处的切线斜率为 $\frac{1}{2\sqrt{x}}$；

(2) 曲线经过(1,6)点和(2,−9)点，并且在每一点 $(x,f(x))$ 处的切线斜率与 x^3 成正比.

解　(1) 由于

$$\int \frac{1}{2\sqrt{x}}\mathrm{d}x = \sqrt{x} + C,$$

因此切线斜率为 $\frac{1}{2\sqrt{x}}$ 的曲线方程为 $y=\sqrt{x}+C$，其中 C 为任意常数.考虑到过点(4,3)的曲线应满足

$$3 = \sqrt{4} + C,$$

由此得到 $C=1$，故所求曲线为 $y=\sqrt{x}+1$.

(2) 由题设可知 $f'(x)=kx^3$，其中 k 是比例系数.由于

$$\int kx^3\mathrm{d}x = \frac{1}{4}kx^4 + C,$$

因此切线斜率与 x^3 成正比的曲线方程为 $y=\frac{1}{4}kx^4+C$,其中 C 为任意常数.考虑到过点(1,6)与(2,−9)的曲线应满足

$$\begin{cases}6=\frac{1}{4}k+C,\\-9=4k+C,\end{cases}$$

由此得到 $k=-4$,$C=7$,故所求曲线为 $y=-x^4+7$.

例 4 已知质点在时刻 t 的速度为 $v=3t-2$,且 $t=0$ 时位移 $s=5$,求此质点的运动方程 $s=s(t)$.

解 由于

$$\int(3t-2)\mathrm{d}t=\frac{3}{2}t^2-2t+C,$$

因此时刻 t 的速度为 $v=3t-2$ 的质点运动方程为

$$s=\frac{3}{2}t^2-2t+C,$$

其中 C 为任意常数.考虑到 $t=0$ 时位移 $S=5$,因此运动方程应满足

$$5=\frac{3}{2}\times0^2-2\times0+C,$$

由此得到 $C=5$,故所求质点运动方程为

$$s=\frac{3}{2}t^2-2t+5.$$

例 5 用分项积分法,求下列不定积分:

(1) $\int\frac{3x^2}{1+x^2}\mathrm{d}x$;　　(2) $\int\frac{(2x-3)^2}{\sqrt{x}}\mathrm{d}x$;

(3) $\int\sin^2\frac{x}{2}\mathrm{d}x$;　　(4) $\int\frac{1}{x^2-4}\mathrm{d}x$;

(5) $\int\frac{1}{x^4+x^6}\mathrm{d}x$;　　(6) $\int\frac{\cos2x}{\cos x-\sin x}\mathrm{d}x$.

解 (1) $\int\frac{3x^2}{1+x^2}\mathrm{d}x=\int\frac{3(x^2+1)-3}{1+x^2}\mathrm{d}x=\int3\mathrm{d}x-3\int\frac{\mathrm{d}x}{1+x^2}$

$$=3x-3\arctan x+C.$$

注意 本题的关键是将$\frac{x^2}{1+x^2}$写成$\frac{x^2+1-1}{1+x^2}=1-\frac{1}{1+x^2}$.

(2) $\int\frac{(2x-3)^2}{\sqrt{x}}\mathrm{d}x=\int\frac{4x^2-12x+9}{\sqrt{x}}\mathrm{d}x$

$$=\int\left(4x^{\frac{3}{2}}-12x^{\frac{1}{2}}+9x^{-\frac{1}{2}}\right)\mathrm{d}x$$

$$=\frac{8}{5}x^2\sqrt{x}-8x\sqrt{x}+18\sqrt{x}+C.$$

(3) $\int\sin^2\frac{x}{2}\mathrm{d}x=\int\frac{1-\cos x}{2}\mathrm{d}x=\frac{1}{2}\int\mathrm{d}x-\frac{1}{2}\int\cos x\mathrm{d}x$

$$=\frac{1}{2}x-\frac{1}{2}\sin x+C.$$

(4) $\int\frac{\mathrm{d}x}{x^2-4}=\frac{1}{4}\int\frac{(x+2)-(x-2)}{(x+2)(x-2)}\mathrm{d}x=\frac{1}{4}\int\frac{\mathrm{d}x}{x-2}-\frac{1}{4}\int\frac{\mathrm{d}x}{x+2}$

$$=\frac{1}{4}\ln|x-2|-\frac{1}{4}\ln|x+2|+C$$

$$=\frac{1}{4}\ln\left|\frac{x-2}{x+2}\right|+C.$$

(5) $\int\frac{\mathrm{d}x}{x^4+x^6}=\int\frac{(1+x^2)-x^2}{x^4(1+x^2)}\mathrm{d}x=\int\frac{\mathrm{d}x}{x^4}-\int\frac{1+x^2-x^2}{x^2(1+x^2)}\mathrm{d}x$

$$=-\frac{1}{3}x^{-3}-\int\frac{\mathrm{d}x}{x^2}+\int\frac{\mathrm{d}x}{1+x^2}$$

$$=-\frac{1}{3x^3}+\frac{1}{x}+\arctan x+C.$$

(6) $\int\frac{\cos 2x}{\cos x-\sin x}\mathrm{d}x=\int\frac{\cos^2x-\sin^2x}{\cos x-\sin x}\mathrm{d}x=\int\cos x\mathrm{d}x+\int\sin x\mathrm{d}x$

$$=\sin x-\cos x+C.$$

习　题　4.1

1. 已知函数 $f(x)$的一个原函数为 2,则 $f(x)=$________, $\int f(x)\mathrm{d}x=$________.

2. 设 $\int f(x)\mathrm{d}x=\frac{1}{6}\ln(3x^2-1)+C$,则 $f(x)=$________.

3. 已知 $f(x)$的二阶导数为$(x-2)\mathrm{e}^{-x}$,则 $f(x)\mathrm{d}x=\mathrm{d}$________.

4. 设 $F(x)$是 $f(x)$的一个原函数,且 $F(x)=\frac{f(x)}{\tan x}$,则 $F(x)=$________.

5. 设 $\int f'(x^3)\mathrm{d}x=x^4-x+C$,则 $f(x)=$________.

6. 已知曲线在任一点处切线的斜率为 k(k 为常数),求此曲线的方程.

7. 已知函数 $y=f(x)$的导数等于 $x+2$,且 $x=2$ 时 $y=5$,求这个函数.

8. 已知在曲线上任一点处切线的斜率为 $2x$,并且曲线经过点 $(1,-2)$,求此曲线方程.

9. 已知某物体沿直线作变速运动,在 t 时刻的加速度为 $a_t=e^{-t}$,求启动后 t 时刻行驶的路程及 $t=5$ 时所走的路程.

10. 已知生产某产品的边际收入是产量 x 的函数,且为 $R'(x)=50-3x$,求总收入函数和平均收入函数(即产品的价格函数).

11. 求下列不定积分:

(1) $\int\sqrt{x}(x-3)\mathrm{d}x$;　　(2) $\int\frac{x^2}{x^2+1}\mathrm{d}x$;

(3) $\int\frac{(t+1)^3}{t^2}\mathrm{d}t$;　　(4) $\int\frac{x^2+\sqrt{x^3}+3}{\sqrt{x}}\mathrm{d}x$;

(5) $\int\sin^2\frac{u}{2}\mathrm{d}u$;　　(6) $\int\cot^2x\mathrm{d}x$;

(7) $\int\sqrt{x\sqrt{x\sqrt{x}}}\,\mathrm{d}x$;　　(8) $\int\frac{e^{2t}-1}{e^t-1}\mathrm{d}t$;

(9) $\int\frac{\cos2x}{\cos x+\sin x}\mathrm{d}x$;　　(10) $\int\frac{\mathrm{d}x}{x^2(1+x^2)}$.

§2　不定积分的两个重要积分法

内 容 提 要

1. 换元积分法

1.1　第一换元法(又称凑微分法)

若 u 为自变量时,有

$$\int f(u)\mathrm{d}u=F(u)+C,$$

则 u 为 x 的可微函数 $u=\varphi(x)$时,也有

$$\int f[\varphi(x)]\varphi'(x)\mathrm{d}x=F[\varphi(x)]+C.$$

使用第一换元法解题时，可按下面三步进行：

（1）将被积函数 $g(x)$ 写成复合函数与导函数乘积 $f[\varphi(x)]\cdot\varphi'(x)$ 的形式，即

$$\int g(x)\mathrm{d}x=\int f[\varphi(x)]\cdot\varphi'(x)\mathrm{d}x;$$

（2）引进中间变量 $\varphi(x)=u$，将被积表达式改写成 $f(u)\mathrm{d}u$ 的形式，直接利用基本积分公式找出它的原函数，即

$$\begin{aligned}\text{上式}&=\int f[\varphi(x)]\mathrm{d}\varphi(x)=\int f(u)\mathrm{d}u\\&=F(u)+C;\end{aligned}$$

（3）将 u 代回到 $\varphi(x)$，便得到自变量为 x 的全体原函数——不定积分，即

$$\text{上式}=F[\varphi(x)]+C.$$

注意　在使用第一换元法时，我们在引进中间变量后，实际上是将被积表达式凑成一个微分形式 $\mathrm{d}F(u)$，即

$$\int g(x)\mathrm{d}x=\int f[\varphi(x)]\varphi'(x)\mathrm{d}x=\int f(u)\mathrm{d}u=\int \mathrm{d}F(u).$$

这样再根据微分运算与积分运算之间的关系，得到

$$\int \mathrm{d}F(u)=F(u)+C=F[\varphi(x)]+C,$$

因此第一换元法又称为**凑微分法**.

使用第一换元法的关键是牢记基本积分公式，熟练地将被积函数改写成一个复合函数与一个导函数乘积的形式.

1.2　简单凑微分法

若 $\int f(x)\mathrm{d}x=F(x)+C$，则

$$\int f(ax+b)\mathrm{d}x=\frac{1}{a}F(ax+b)+C\quad(a\neq 0).$$

在这种不定积分中，因为 $[f(ax+b)]'=af'(ax+b)$，所以在求不定积分时，需要凑上一个常数. 例如

$$\int\cos(2x+1)\mathrm{d}x=\frac{1}{2}\sin(2x+1)+C;$$

$$\int(3x+2)^4\mathrm{d}x=\frac{1}{3}\left[\frac{1}{5}(3x+2)^5\right]+C$$
$$=\frac{1}{15}(3x+2)^5+C.$$

对于一般的被积函数,需要设法变成 $f[\varphi(x)]\varphi'(x)$ 的形式,以便利用积分形式不变性得到

$$\int f[\varphi(x)]\varphi'(x)\mathrm{d}x=\int f(u)\mathrm{d}u=\int \mathrm{d}F(u),$$

再求出不定积分.

1.3 第二换元法(又称为作代换法)

设函数 $x=\psi(t)$ 在开区间上的导数不为零,若

$$\int g[\psi(t)]\psi'(t)\mathrm{d}t=G(t)+C,$$

则

$$\int g(x)\mathrm{d}x=G[\psi^{-1}(x)]+C,$$

其中 $t=\psi^{-1}(x)$ 为 $x=\psi(t)$ 的反函数.

上述方法常可以写成下面的变换形式:

$$\int g(x)\mathrm{d}x \xlongequal{\text{令 } x=\psi(t)} \int g[\psi(t)]\psi'(t)\mathrm{d}t=G(t)+C$$
$$\xlongequal{t=\psi^{-1}(x)} G[\psi^{-1}(x)]+C.$$

可见第二换元法是先作代换 $x=\psi(t)$,然后再求积分,因此第二换元法又称为**作代换法**.

在第二换元法中,常见的变量替换有作根式代换、三角代换、双曲代换等.下面我们仅给出其中两种情况:

(1) 若被积函数包含根式 $\sqrt[n]{ax+b}$ 时,即

$$g(x)=f(\sqrt[n]{ax+b}),$$

我们可以作代换 $\sqrt[n]{ax+b}=t$,即 $x=\dfrac{t^n-b}{a}$ 去掉根号.

(2) 若被积函数包含根式 $\sqrt{a^2-x^2}$, $\sqrt{x^2+a^2}$ 或 $\sqrt{x^2-a^2}$ 时,即

① $g(x)=f(\sqrt{a^2-x^2})$,可以作代换 $x=a\sin t$ 或 $x=a\cos t$;

② $g(x)=f(\sqrt{x^2+a^2})$,可以作代换 $x=a\tan t$ 或 $x=a\cot t$;

③ $g(x)=f(\sqrt{x^2-a^2})$，可以作代换 $x=a\sec t$ 或 $x=\csc t$. 去掉根号后，再根据基本积分公式或第一换元法求出原函数.

注意 当被积函数中含有二次根式 $\sqrt{a^2-x^2}$，$\sqrt{x^2+a^2}$，$\sqrt{x^2-a^2}$ 时，通常我们分别作这样三个变换：$x=a\sin t$，$x=a\tan t$，$x=a\sec t$，来去掉根号. 但这并不是去掉根号的惟一方法，例如在 $\int x^3\sqrt{a^2-x^2}\mathrm{d}x$ 中，作变换 $a^2-x^2=u^2$ 会更简便些.

2. 分部积分法

设函数 $u=u(x)$，$v=v(x)$ 可导. 若 $\int u'(x)v(x)\mathrm{d}x$ 存在，则

$$\int u(x)v'(x)\mathrm{d}x = u(x)v(x) - \int v(x)u'(x)\mathrm{d}x.$$

上面的积分公式也可简记为

$$\int u\mathrm{d}v = uv - \int v\mathrm{d}u,$$

称之为**分部积分公式**. 这个公式告诉我们，如果积分 $\int u\mathrm{d}v$ 计算起来有困难，而积分 $\int v\mathrm{d}u$ 比较容易计算时，那么可以利用公式把前者计算转化为后者的计算. 这就是说，按照公式将所求积分分成两部分，一部分已不用再积分，只要对另一部分求积，这也是“分部积分法”名称的来源.

注意 如果被积函数为两个函数相乘的形式，运用分部积分公式有一个如何选取 u 和 v' 的问题. 有时会因 u 和 v' 选取不当，使得积分越积越困难，甚至出现积不出来的现象. 因此，先把哪一部分选为 v' 是很重要的. 一般说来，根据被积函数是由哪两种函数乘积所构成，可以按照以下的顺序：e^x，a^x，$\sin x$，$\cos x$，x^a 依次考虑取作 v'，而 $\arctan x$，$\arcsin x$，$\ln x$ 等是不能取为 v' 的.

3. “不可求积”问题

在上一节中，我们知道，如果函数 $f(x)$ 存在原函数，那么也称 $f(x)$ 是**可积**的. 是不是可积函数都可以“积出来”呢？下面我们分别给出“不可求积”的概念以及被积函数的分类情况.

3.1 “不可求积”的概念

求不定积分与求导数有很大不同，我们知道任何初等函数的导数仍为初等函数，而许多初等函数的不定积分，例如

$$\int e^{-x^2}dx,\quad \int\frac{\sin x}{x}dx,\quad \int\frac{1}{\ln x}dx,$$

$$\int\sin x^2dx,\quad \int\sqrt{1+x^3}dx$$

等，虽然它们的被积函数的表达式都很简单，但在初等函数的范围内却积不出来. 这不是因为积分方法不够，而是由于被积函数的原函数不是初等函数的缘故，我们称这种函数是“**不可求积**”的.

3.2 被积函数分类

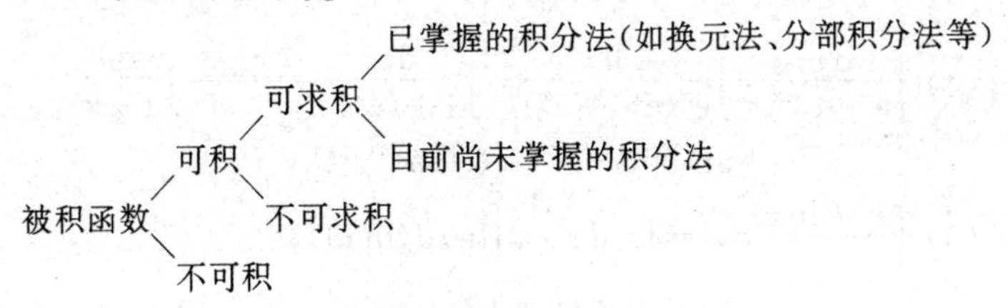

典型例题分析

例1 利用第一换元法求下列积分：

(1) $\int\frac{1}{(4x-3)^2}dx$； (2) $\int\frac{\cos x}{4+\sin^2x}dx$；

(3) $\int\frac{xdx}{x^2+4x+5}$； (4) $\int\frac{dx}{e^x+e^{-x}}$；

(5) $\int\frac{x^3+\ln x^3}{x}dx$； (6) $\int\frac{xdx}{(1+x)^3}$；

(7) $\int\frac{x^2}{x^2+3}dx$； (8) $\int\frac{\sin x\cos^3x}{1+\cos^2x}dx$.

解 (1) $\int\frac{1}{(4x-3)^2}dx=\frac{1}{4}\int\frac{1}{(4x-3)^2}d(4x-3)$

$$=\frac{-1}{4(4x-3)}+C.$$

(2) 考虑到 $\cos xdx=d\sin x$，于是，我们有

$$\int\frac{\cos x}{4+\sin^2x}dx=\frac{1}{4}\int\frac{1}{1+\left(\frac{\sin x}{2}\right)^2}d\sin x$$

$$=\frac{1}{2}\int\frac{1}{1+\left(\frac{\sin x}{2}\right)^2}\mathrm{d}\,\frac{\sin x}{2}$$

$$=\frac{1}{2}\arctan\frac{\sin x}{2}+C.$$

(3) $\int\frac{x\mathrm{d}x}{x^2+4x+5}=\int\frac{x+2-2}{(x+2)^2+1}\mathrm{d}x$

$$=\int\frac{x+2}{(x+2)^2+1}\mathrm{d}x-2\int\frac{\mathrm{d}x}{(x+2)^2+1}$$

$$=\frac{1}{2}\int\frac{\mathrm{d}[(x+2)^2+1]}{(x+2)^2+1}-2\int\frac{\mathrm{d}(x+2)}{(x+2)^2+1}$$

$$=\frac{1}{2}\ln[1+(x+2)^2]-2\arctan(x+2)+C.$$

(4) $\int\frac{\mathrm{d}x}{\mathrm{e}^x+\mathrm{e}^{-x}}=\int\frac{\mathrm{e}^x\mathrm{d}x}{\mathrm{e}^x(\mathrm{e}^x+\mathrm{e}^{-x})}=\int\frac{\mathrm{d}\mathrm{e}^x}{1+(\mathrm{e}^x)^2}\xlongequal{令u=\mathrm{e}^x}\int\frac{\mathrm{d}u}{1+u^2}$

$$=\arctan u+C=\arctan\mathrm{e}^x+C.$$

(5) $\int\frac{x^3+\ln x^3}{x}\mathrm{d}x=\int x^2\mathrm{d}x+3\int\ln x\mathrm{d}(\ln x)$

$$=\frac{1}{3}x^3+\frac{3}{2}(\ln x)^2+C.$$

(6) $\int\frac{x}{(1+x)^3}\mathrm{d}x=\int\frac{x+1-1}{(1+x)^3}\mathrm{d}x=\int\left[\frac{1+x}{(1+x)^3}-\frac{1}{(1+x)^3}\right]\mathrm{d}x$

$$=\int\frac{1}{(1+x)^2}\mathrm{d}(1+x)-\int\frac{1}{(1+x)^3}\mathrm{d}(1+x)$$

$$=-\frac{1}{1+x}+\frac{1}{2(1+x)^2}+C.$$

(7) $\int\frac{x^2}{x^2+3}\mathrm{d}x=\int\frac{x^2+3-3}{x^2+3}\mathrm{d}x=\int\left(1-\frac{3}{x^2+3}\right)\mathrm{d}x$

$$=\int\mathrm{d}x-\sqrt{3}\int\frac{1}{1+\left(\frac{x}{\sqrt{3}}\right)^2}\mathrm{d}\,\frac{x}{\sqrt{3}}$$

$$=x-\sqrt{3}\arctan\frac{x}{\sqrt{3}}+C.$$

(8) $\int\frac{\sin x\cos^3x}{1+\cos^2x}\mathrm{d}x=\int\frac{-\cos^3x\mathrm{d}\cos x}{1+\cos^2x}=-\frac{1}{2}\int\frac{\cos^2x}{1+\cos^2x}\mathrm{d}\cos^2x$

$$=-\frac{1}{2}\int\frac{\cos^2x+1-1}{1+\cos^2x}\mathrm{d}\cos^2x$$

$$=-\frac{1}{2}\int \mathrm{d}\cos^2 x+\frac{1}{2}\int\frac{\mathrm{d}(\cos^2 x+1)}{1+\cos^2 x}$$

$$=-\frac{1}{2}\cos^2 x+\frac{1}{2}\ln(1+\cos^2 x)+C.$$

注意 利用第一换元法解题的要点是：将被积表达式凑成以 $u=\varphi(x)$ 为中间变量的复合函数与 $\varphi(x)$ 的微分的乘积的形式，即将被积函数表成 $f[\varphi(x)]\mathrm{d}\varphi(x)$，从而将积分化为推广的基本积分表的形式. 如

$$\int\varphi^{\alpha}(x)\mathrm{d}\varphi(x),\quad \int\sin\varphi(x)\mathrm{d}\varphi(x),$$

$$\int\mathrm{e}^{\varphi(x)}\mathrm{d}\varphi(x),\quad \int\frac{1}{1+\varphi^2(x)}\mathrm{d}\varphi(x)$$

等. 应用这个方法必须熟悉怎样将某些函数移进微分号内，这是微分运算的相反过程.

例 2 利用第二换元法求下列积分：

(1) $\int\frac{\sqrt{x-1}}{x}\mathrm{d}x$； (2) $\int\frac{\mathrm{d}x}{\sqrt{1+\mathrm{e}^{2x}}}$；

(3) $\int\frac{\mathrm{d}x}{x^4\sqrt{1+x^2}}$； (4) $\int\frac{\mathrm{d}x}{\sqrt{x^2-9}}$；

(5) $\int\frac{\sqrt{1-x^2}}{x}\mathrm{d}x$； (6) $\int\frac{x^2}{(x^2+1)^2}\mathrm{d}x$；

(7) $\int\sqrt{3-2x-x^2}\mathrm{d}x$； (8) $\int\frac{\mathrm{d}x}{\mathrm{e}^x-1}$.

解 (1) 为了去掉根号，令 $t=\sqrt{x-1}$，即 $x=t^2+1$，于是

$$\int\frac{\sqrt{x-1}}{x}\mathrm{d}x=\int\frac{t}{1+t^2}\mathrm{d}(1+t^2)=\int\frac{t}{1+t^2}\cdot 2t\mathrm{d}t$$

$$=2\int\frac{1+t^2-1}{1+t^2}\mathrm{d}t=2\int\left(1-\frac{1}{1+t^2}\right)\mathrm{d}t$$

$$=2(t-\arctan t)+C$$

$$=2(\sqrt{x-1}-\arctan\sqrt{x-1})+C.$$

(2) 为了去掉超越性与根号，直接令 $t=\sqrt{1+\mathrm{e}^{2x}}$，即

$$x=\frac{1}{2}\ln(t^2-1),\quad \mathrm{d}x=\frac{t}{t^2-1}\mathrm{d}t,$$

于是

$$\int \frac{dx}{\sqrt{1+e^{2x}}} = \int \frac{dt}{t^2-1} = \frac{1}{2}\int \left(\frac{1}{t-1} - \frac{1}{t+1}\right)dt$$

$$= \frac{1}{2}\ln\left|\frac{t-1}{t+1}\right| + C = \frac{1}{2}\ln\frac{\sqrt{1+e^{2x}}-1}{\sqrt{1+e^{2x}}+1} + C$$

$$= \ln(\sqrt{1+e^{2x}}-1) - x + C.$$

(3) 由于被积函数含有$\sqrt{1+x^2}$,故作三角代换. 令 $x=\tan t$ $\left(-\frac{\pi}{2}<t<\frac{\pi}{2}\right)$,即

$$1+x^2 = \frac{1}{\cos^2 t}, \quad dx = \frac{1}{\cos^2 t}dt,$$

于是

$$\int \frac{dx}{x^4\sqrt{1+x^2}} = \int \frac{\cos^3 t}{\sin^4 t}dt = \int \frac{1-\sin^2 t}{\sin^4 t}d\sin t$$

$$= \int \frac{d\sin t}{\sin^4 t} - \int \frac{d\sin t}{\sin^2 t}$$

$$= -\frac{1}{3\sin^3 t} + \frac{1}{\sin t} + C.$$

再根据 $x=\tan t$ 作一个直角三角形：一锐角为 t,t 的邻边长度为 1,对边长度为 x(见图 4-2). 由图可看出 $\sin t=\frac{x}{\sqrt{1+x^2}}$,于是

$$\int \frac{dx}{x^4\sqrt{1+x^2}} = -\frac{\sqrt{(1+x^2)^3}}{3x^3} + \frac{\sqrt{1+x^2}}{x} + C.$$

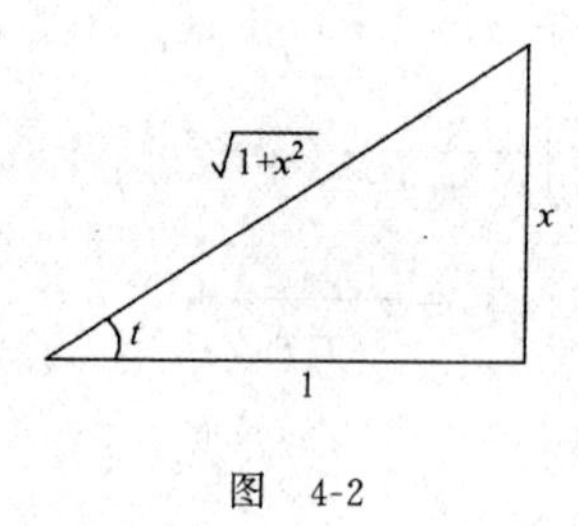

图 4-2

注意 本题中已知 $\tan t=x$,为将 $\sin t$ 或 $\cos t$ 表成 x 的函数,作一个直角三角形能使我们很快求出 $\sin t$ 与 $\cos t$ 的表达式. 类似地,若已知 $\sin t=x$(或 $\cos t=x$),而要将 $\tan t$,$\cos t$(或 $\sin t$)表成 x 的函数时,也可作一个相应的直角三角形.

(4) 由于被积函数含有$\sqrt{x^2-9}$,故作三角代换. 令 $x=3\sec t$ $\left(0<t<\frac{\pi}{2}\text{或}\ \pi<t<\frac{3}{2}\pi\right)$,即

$$x^2-9 = 9\tan^2 t, \quad dx = 3\sec t\cdot\tan t dt,$$

于是

$$\int \frac{\mathrm{d}x}{\sqrt{x^2-9}} = \int \frac{3\sec t \cdot \tan t}{3\tan t}\mathrm{d}t = \int \sec t\mathrm{d}t$$

$$= \ln|\sec t + \tan t| + C_1 = \ln\left|\frac{x}{3} + \frac{\sqrt{x^2-9}}{3}\right| + C_1$$

$$= \ln|x + \sqrt{x^2-9}| + C.$$

在上面计算中,变量还原时,用到了由$\frac{x}{3}=\sec t$所作的直角三角形(见图 4-3).

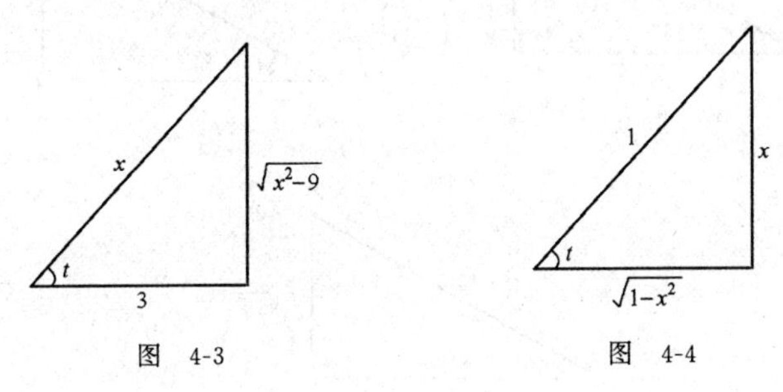

图 4-3　　　　图 4-4

(5) 由于被积函数含有$\sqrt{1-x^2}$,故作三角代换. 令 $x=\sin t$ $\left(-\frac{\pi}{2}<t<\frac{\pi}{2}\right)$,即

$$1-x^2=\cos^2 t,\quad \mathrm{d}x=\cos t\mathrm{d}t,$$

于是

$$\int \frac{\sqrt{1-x^2}}{x}\mathrm{d}x = \int \frac{\sqrt{1-\sin^2 t}}{\sin t}\cos t\mathrm{d}t = \int \frac{\cos^2 t}{\sin t}\mathrm{d}t = \int \frac{1-\sin^2 t}{\sin t}\mathrm{d}t$$

$$= \int\left(\frac{1}{\sin t} - \sin t\right)\mathrm{d}t = \cos t + \ln|\csc t - \cot t| + C$$

$$= \sqrt{1-x^2} + \ln\left|\frac{1}{x} - \frac{\sqrt{1-x^2}}{x}\right| + C$$

$$= \sqrt{1-x^2} + \ln\left|\frac{1-\sqrt{1-x^2}}{x}\right| + C$$

$$= \sqrt{1-x^2} - \ln|x| + \ln(1-\sqrt{1-x^2}) + C.$$

在上面计算中,变量还原时,用到了由$\frac{x}{1}=\sin t$所作的直角三角形(见图 4-4).

注意 作三角代换时,可用直角三角形的边角关系来帮助将积分结果还原为原积分变量.一般来说:

令 $x=a\sin t$ 时,作直角三角形如图 4-5;

令 $x=a\tan t$ 时,作直角三角形如图 4-6;

令 $x=a\sec t$ 时,作直角三角形如图 4-7.

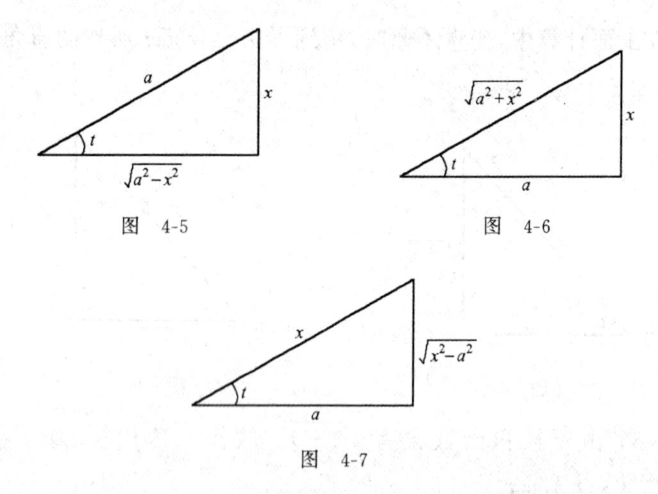

图 4-5　　图 4-6

图 4-7

(6) 考虑到公式 $\sec^2 t=\tan^2 t+1$,因此本题可按含根式 $\sqrt{x^2+a^2}$ 来处理.

设 $x=\tan t\left(-\dfrac{\pi}{2}<t<\dfrac{\pi}{2}\right)$,则 $\mathrm{d}x=\sec^2 t\mathrm{d}t$. 于是

$$\begin{aligned}\int\frac{x^2}{(x^2+1)^2}\mathrm{d}x&=\int\frac{\tan^2 t}{\sec^4 t}\cdot\sec^2 t\mathrm{d}t=\int\sin^2 t\mathrm{d}t\\&=\frac{1}{2}\int(1-\cos 2t)\mathrm{d}t=\frac{1}{2}t-\frac{1}{4}\sin 2t+C\\&=\frac{1}{2}t-\frac{1}{2}\sin t\cos t+C\\&=\frac{1}{2}\arctan x-\frac{1}{2}\cdot\frac{x}{x^2+1}+C.\end{aligned}$$

变量还原时,用了图 4-6.

(7) 由于被积函数含有 $\sqrt{a^2-x^2}$,故作三角替换 $x=a\sin t$ 去根号然后求积分.因此,我们先对被积函数进行配方得

$$\sqrt{3-2x-x^2}=\sqrt{4-(x+1)^2},$$

令 $x+1=2\sin t\left(-\frac{\pi}{2}<t<\frac{\pi}{2}\right)$，于是我们有

$$\begin{aligned}\int\sqrt{3-2x-x^2}\,\mathrm{d}x&=\int\sqrt{4-4\sin^2t}\cdot 2\cos t\,\mathrm{d}t\\&=4\int\cos^2t\,\mathrm{d}t=2\int(1+\cos 2t)\,\mathrm{d}t\\&=2t+\sin 2t+C=2t+2\sin t\cos t+C\\&=2\arcsin\frac{x+1}{2}+\frac{x+1}{2}\sqrt{3-2x-x^2}+C\end{aligned}$$

（由变量替换 $x+1=2\sin t$ 可以看出 $\sqrt{3-2x-x^2}=2\cos t$）.

(8) 我们可以仿照例 1 中第(4)题使用第一换元法解此题. 下面使用第二换元法解此题. 为此设 $t=\mathrm{e}^x-1$，则

$$\mathrm{e}^x=1+t,\quad x=\ln(1+t),\quad \mathrm{d}x=\frac{1}{1+t}\mathrm{d}t,$$

于是

$$\begin{aligned}\int\frac{\mathrm{d}x}{\mathrm{e}^x-1}&=\int\frac{1}{t}\cdot\frac{1}{1+t}\mathrm{d}t=\int\left(\frac{1}{t}-\frac{1}{1+t}\right)\mathrm{d}t\\&=\ln|t|-\ln|1+t|+C=\ln|\mathrm{e}^x-1|-x+C.\end{aligned}$$

例 3 利用分部积分法求下列积分：

(1) $\int(\arcsin x)^2\mathrm{d}x$；　　(2) $\int x\mathrm{e}^{-4x}\mathrm{d}x$；

(3) $\int\ln(1+x^2)\mathrm{d}x$；　　(4) $\int\mathrm{e}^{2x}\cos\mathrm{e}^x\mathrm{d}x$；

(5) $\int x^2\ln x\,\mathrm{d}x$；　　(6) $\int\sin\sqrt{x}\,\mathrm{d}x$；

(7) $\int\sec^3x\,\mathrm{d}x$；　　(8) $\int\sqrt{x^2\pm a^2}\,\mathrm{d}x$.

解 (1)
$$\begin{aligned}\int(\arcsin x)^2\mathrm{d}x&=x(\arcsin x)^2-\int x\,\mathrm{d}(\arcsin x)^2\\&=x(\arcsin x)^2-\int x\cdot 2\arcsin x\cdot\frac{1}{\sqrt{1-x^2}}\mathrm{d}x\\&=x(\arcsin x)^2+2\int\arcsin x\,\mathrm{d}\sqrt{1-x^2}\\&=x(\arcsin x)^2+2\sqrt{1-x^2}\arcsin x\\&\quad-2\int\sqrt{1-x^2}\,\mathrm{d}\arcsin x\end{aligned}$$

$$=x(\arcsin x)^2+2\sqrt{1-x^2}\arcsin x-2\int dx$$

$$=x(\arcsin x)^2+2\sqrt{1-x^2}\arcsin x-2x+C.$$

(2) $\int xe^{-4x}dx=-\frac{1}{4}\int xde^{-4x}=-\frac{1}{4}xe^{-4x}+\frac{1}{4}\int e^{-4x}dx$

$$=-\frac{1}{4}xe^{-4x}-\frac{1}{16}\int e^{-4x}d(-4x)$$

$$=-\frac{1}{4}xe^{-4x}-\frac{1}{16}e^{-4x}+C.$$

(3) $\int \ln(1+x^2)dx=x\ln(1+x^2)-\int xd\ln(1+x^2)$

$$=x\ln(1+x^2)-\int\frac{2x^2}{1+x^2}dx$$

$$=x\ln(1+x^2)-2\int\left(1-\frac{1}{1+x^2}\right)dx$$

$$=x\ln(1+x^2)-2x+2\arctan x+C.$$

(4) $\int e^{2x}\cos e^x dx=\int e^x\cos e^x de^x=\int e^x d\sin e^x$

$$=e^x\sin e^x-\int\sin e^x de^x=e^x\sin e^x+\cos e^x+C.$$

(5) $\int x^2\ln x dx=\int \ln x d\frac{x^3}{3}=\frac{1}{3}x^3\ln x-\frac{1}{3}\int x^3\cdot\frac{1}{x}dx$

$$=\frac{1}{3}x^3\ln x-\frac{1}{3}\int x^2dx=\frac{1}{3}x^3\ln x-\frac{1}{9}x^3+C$$

$$=\frac{1}{9}x^3(3\ln x-1)+C.$$

(6) 考虑到被积函数中含有 $\sqrt{x}$，因此先用第二换元积分法去掉 $\sqrt{x}$.

设 $x=t^2$，则 $dx=2tdt$，于是

$$\int\sin\sqrt{x}dx=2\int t\sin tdt=-2\int td\cos t$$

$$=-2t\cos t+2\int\cos tdt$$

$$=-2t\cos t+2\sin t+C$$

$$=-2\sqrt{x}\cos\sqrt{x}+2\sin\sqrt{x}+C.$$

(7) $\int\sec^3 xdx=\int\sec xd\tan x=\sec x\tan x-\int\tan^2\sec xdx$

$$=\sec x\tan x-\int(\sec^2 x-1)\sec x\mathrm{d}x$$

$$=\sec x\tan x-\int\sec^3 x\mathrm{d}x+\int\sec x\mathrm{d}x$$

$$=\sec x\tan x-\int\sec^3 x\mathrm{d}x+\ln|\sec x+\tan x|.$$

由于上式右端第二项就是所求的积分 $\int\sec^3 x\mathrm{d}x$,但其系数不是 1,因此经移项整理便可得所求的积分. 所以

$$\int\sec^3 x\mathrm{d}x=\frac{1}{2}\sec x\tan x+\frac{1}{2}\ln|\sec x+\tan x|+C.$$

注意 这里我们使用的方法称为**反馈积分法**.

(8) 此题我们可以使用第二换元法来完成,这里我们仍使用反馈积分法来解. 考虑到

$$\int\sqrt{x^2\pm a^2}\mathrm{d}x=x\sqrt{x^2\pm a^2}-\int\frac{x^2}{\sqrt{x^2\pm a^2}}\mathrm{d}x$$

$$=x\sqrt{x^2\pm a^2}-\int\frac{x^2\pm a^2\mp a^2}{\sqrt{x^2\pm a^2}}\mathrm{d}x$$

$$=x\sqrt{x^2\pm a^2}-\int\sqrt{x^2\pm a^2}\mathrm{d}x\pm a^2\int\frac{\mathrm{d}x}{\sqrt{x^2\pm a^2}}$$

$$=x\sqrt{x^2\pm a^2}-\int\sqrt{x^2\pm a^2}\mathrm{d}x$$

$$\pm a^2\ln|x+\sqrt{x^2\pm a^2}|+C,$$

因此

$$\int\sqrt{x^2\pm a^2}\mathrm{d}x=\frac{x}{2}\sqrt{x^2\pm a^2}\pm\frac{a^2}{2}\ln|x+\sqrt{x^2\pm a^2}|+C.$$

习 题 4.2

1. 若函数 $f(x)=x+\sqrt{x}\ (x>0)$,则 $\int f'(x^2)\mathrm{d}x=$________.

2. 若 $\int f(x)\mathrm{d}x=\sin x^2+C$,则 $\int\frac{xf(\sqrt{2x^2+1})}{\sqrt{2x^2+1}}\mathrm{d}x=$________.

3. 设 $f'(x)$为连续函数,则 $\int\sin^2 xf'(\cos x)\mathrm{d}x-\int\cos xf(\cos x)\mathrm{d}x$ $=$________.

4. 若 $f'(\mathrm{e}^x)=1+\mathrm{e}^{2x}$，且 $f(0)=1$，则 $f(x)=$________.

5. 已知 $\int\frac{f(\ln 2x)\mathrm{d}x}{x}=\frac{1-x}{1+x}+C$，则 $\int\mathrm{e}^x f(1-\mathrm{e}^x)\mathrm{d}x=$________.

6. 不定积分 $\int\frac{\sqrt{x(x+1)}}{\sqrt{x}+\sqrt{x+1}}\mathrm{d}x=$________.

7. 不定积分 $\int\mathrm{e}^x\frac{x-1}{x^2}\mathrm{d}x=$________.

8. 若函数 $f(x)=\begin{cases}-\sin x, & x\geqslant 0,\\ x, & x<0,\end{cases}$ 则 $\int f(x)\mathrm{d}x=$________.

9. 求下列不定积分：

(1) $\int\frac{1}{\sin^2(2x)}\mathrm{d}x$；　　(2) $\int(x-1)\mathrm{e}^{x^2-2x}\mathrm{d}x$；

(3) $\int x^x(1+\ln x)\mathrm{d}x$；　　(4) $\int\sin^2 x\cos^5 x\mathrm{d}x$；

(5) $\int\frac{1}{\cos^4 x}\mathrm{d}x$；　　(6) $\int\frac{x^2-1}{(x+1)^{10}}\mathrm{d}x$；

(7) $\int\frac{x+x^3}{1+x^4}\mathrm{d}x$；　　(8) $\int\frac{x^2+\cos x}{x^3+3\sin x}\mathrm{d}x$；

(9) $\int\frac{1}{\sqrt{1+\sqrt{x}}}\mathrm{d}x$；　　(10) $\int\frac{2x+3}{\sqrt{4x^2-4x+5}}\mathrm{d}x$.

10. 求下列不定积分：

(1) $\int x\sqrt{x+1}\mathrm{d}x$；　　(2) $\int x\sqrt[4]{2x+3}\mathrm{d}x$；

(3) $\int\frac{\mathrm{d}x}{\sqrt{x}+\sqrt[3]{x^2}}$；　　(4) $\int\frac{\mathrm{d}x}{(1+x^2)^2}$；

(5) $\int\frac{\mathrm{d}x}{(x^2+a^2)^{\frac{3}{2}}}$；　　(6) $\int\frac{x^2}{\sqrt{1-x^2}}\mathrm{d}x$；

(7) $\int\frac{\mathrm{d}x}{\sqrt{9x^2-4}}$；　　(8) $\int\frac{\mathrm{d}x}{\sqrt{9x^2-6x+7}}$.

11. 求下列不定积分：

(1) $\int\arctan x\mathrm{d}x$；　　(2) $\int\frac{\ln x}{x^2}\mathrm{d}x$；

(3) $\int x^2\mathrm{e}^{-x}\mathrm{d}x$；　　(4) $\int x^3(\ln x)^2\mathrm{d}x$；

(5) $\int\mathrm{e}^{\sqrt{x}}\mathrm{d}x$；　　(6) $\int\frac{\ln\ln x}{x}\mathrm{d}x$.

12. 求下列不定积分：

(1) $\int \frac{x^2 e^x}{(x+2)^2} dx$；　　　　(2) $\int \frac{x e^x}{\sqrt{e^x - 2}} dx$.

§3　定积分的概念和基本性质

内 容 提 要

1. 定积分的概念

1.1　定积分的定义

定义 4.3　设函数 $y=f(x)$ 在区间 $[a,b]$ 上有界，将区间 $[a,b]$ 任意分成 n 份，分点依次为

$$a = x_0 < x_1 < x_2 < \cdots < x_{n-1} < x_n = b.$$

在每一个小区间 $[x_{i-1}, x_i]$ 上任取一点 c_i，作乘积

$$f(c_i)\Delta x_i \quad (\Delta x_i = x_i - x_{i-1},\ i = 1,2,\cdots,n)$$

及和数

$$\sigma = \sum_{i=1}^{n} f(c_i)\Delta x_i.$$

无论区间的分法如何，c_i 在 $[x_{i-1}, x_i]$ 上的取法如何，如果当最大区间的长度

$$\lambda = \max_{1 \leqslant i \leqslant n} \{\Delta x_i\}$$

趋向于零时和数 σ 的极限存在，那么我们就说函数 $f(x)$ 在区间 $[a,b]$ 上可积，并称这个极限值 I 为函数 $f(x)$ 在区间 $[a,b]$ 上的**定积分**，记为

$$I = \lim_{\lambda \to 0} \sum_{i=1}^{n} f(c_i)\Delta x_i = \int_a^b f(x) dx,$$

其中 $f(x)$ 称为**被积函数**，x 称为**积分变量**，$[a,b]$ 称为**积分区间**，a 称为**积分下限**，b 称为**积分上限**，和数 σ 称为**积分和**.

注意　(1) 定积分与不定积分是两个完全不同的概念.不定积分是微分的逆运算，而定积分是一种特殊的和的极限；函数 $f(x)$ 的不定积分是(无穷多个)函数，而 $f(x)$ 在 $[a,b]$ 上的定积分是一个完全由被积函数 $f(x)$ 和积分区间 $[a,b]$ 所确定的值，它与积分变量采

用什么符号是无关的.于是我们可以把

$$\int_a^b f(x)\mathrm{d}x \text{ 写成 } \int_a^b f(t)\mathrm{d}t.$$

(2) 在定积分的定义中,下限 a 总是小于上限 b 的.为了今后使用方便,我们规定:

当 $a>b$ 时, $\int_a^b f(x)\mathrm{d}x=-\int_b^a f(x)\mathrm{d}x$;

当 $a=b$ 时, $\int_a^a f(x)\mathrm{d}x=0$.

1.2 定积分的几何意义

函数 $f(x)$ 在区间 $[a,b]$ 上的定积分在几何上表示由曲线 $y=f(x)$,直线 $x=a$, $x=b$, $y=0$ 所围成的几个曲边梯形的面积的代数和(即在 x 轴上方的面积取正号,在 x 轴下方的面积取负号).设这几个曲边梯形的面积为 S_1,S_2,S_3(见图 4-8),则有

$$\int_a^b f(x)\mathrm{d}x = S_1 - S_2 + S_3.$$

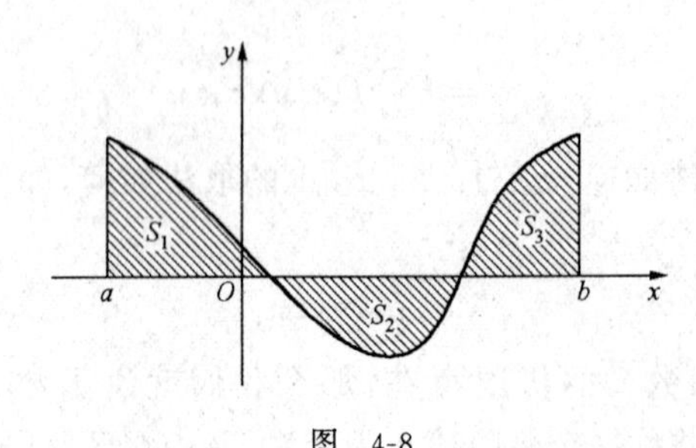

图 4-8

注意 在区间 $[a,b]$ 上 $f(x)\equiv1$,由定积分的定义直接可得

$$\int_a^b 1\mathrm{d}x = \int_a^b \mathrm{d}x = b - a.$$

这就是说,定积分 $\int_a^b \mathrm{d}x$ 在数值上等于区间长度.从几何上看,宽度为 1 的矩形的面积在数值上等于矩形的底边长度.

1.3 函数的"可积性"问题

因为定积分是一个特殊的和的极限,所以函数的可积性问题就是这种特殊极限(它既不是序列极限,也不是一般的函数极限)的存

在性的问题.

可积的必要条件 若函数 $f(x)$ 在 $[a,b]$ 上是可积的,则 $f(x)$ 在 $[a,b]$ 上必定是有界的.

由上面的结论可知,无界函数是不可积的.因此,我们讨论函数的可积性时,总是先假定函数是有界的.

可积的充分条件 设函数 $f(x)$ 在 $[a,b]$ 上有定义.若 $f(x)$ 满足下述的条件:

(1) $f(x)$ 在 $[a,b]$ 上是连续的;

(2) $f(x)$ 在 $[a,b]$ 上只有有限个间断点,且有界;

(3) $f(x)$ 在 $[a,b]$ 上是单调、有界的

之一,则 $f(x)$ 在 $[a,b]$ 上是可积的.

2. 微积分学基本定理

定理 设函数 $f(x)$ 在 $[a,b]$ 上连续,且 $F(x)$ 是 $f(x)$ 的一个原函数,则

$$\int_a^b f(x)\mathrm{d}x = F(b) - F(a). \tag{4.1}$$

公式(4.1)称为**微积分基本公式**,它常常写成下面的形式:

$$\int_a^b f(x)\mathrm{d}x = F(x)\Big|_a^b.$$

由于这个公式是由牛顿和莱布尼茨发现的,因此,也称为**牛顿-莱布尼茨公式**.

注意 (1) 上述基本定理建立了定积分与原函数的联系;

(2) 上述基本公式把求定积分转化为求原函数的改变量.

3. 定积分的基本性质

性质 1 设函数 $f(x),g(x)$ 在 $[a,b]$ 上可积,则

$$\int_a^b [f(x) \pm g(x)]\mathrm{d}x = \int_a^b f(x)\mathrm{d}x \pm \int_a^b g(x)\mathrm{d}x.$$

性质 2 设函数 $f(x)$ 在 $[a,b]$ 上可积,k 为一任意常数,则

$$\int_a^b kf(x)\mathrm{d}x = k\int_a^b f(x)\mathrm{d}x.$$

由性质 1,性质 2 容易得到:设 $f_k(x)\,(k=1,2,\cdots,n)$ 在 $[a,b]$ 上

可积，$a_k(k=1,2,\cdots,n)$为任意常数，则

$$\int_a^b \sum_{k=1}^n a_k f_k(x)\mathrm{d}x = \sum_{k=1}^n a_k \int_a^b f_k(x)\mathrm{d}x.$$

上述性质称为定积分的线性性质.

性质 3 设函数 $f(x)$在$[a,b]$上可积，c 为$[a,b]$上一个分点，则

$$\int_a^b f(x)\mathrm{d}x = \int_a^c f(x)\mathrm{d}x + \int_c^b f(x)\mathrm{d}x.$$

性质 4 设函数 $f(x)$，$g(x)$在$[a,b]$上可积，且 $f(x)\leqslant g(x)$，则

$$\int_a^b f(x)\mathrm{d}x \leqslant \int_a^b g(x)\mathrm{d}x.$$

性质 5 设函数 $f(x)$在$[a,b]$上可积，且

$$m \leqslant f(x) \leqslant M, \quad 对任意\ x \in [a,b],$$

其中 m,M 为常数，则

$$m(b-a) \leqslant \int_a^b f(x)\mathrm{d}x \leqslant M(b-a).$$

性质 6 设函数 $f(x)$在$[a,b]$上可积，则

$$\left|\int_a^b f(x)\mathrm{d}x\right| \leqslant \int_a^b |f(x)|\mathrm{d}x.$$

性质 7(积分中值定理) 设函数 $f(x)$在$[a,b]$上连续，则存在 $c\in[a,b]$，使得

$$\int_a^b f(x)\mathrm{d}x = f(c)(b-a). \tag{4.2}$$

公式(4.2)的几何意义是：当 $f(x)\geqslant 0$ 时，$\int_a^b f(x)\mathrm{d}x$ 表示由曲线 $y=f(x)$，直线 $x=a$，$x=b$ 以及 $y=0$ 所围成的曲边梯形的面积，而 $f(c)(b-a)$表示以$[a,b]$为底，以 $f(c)$为高的矩形的面积(见图4-9)，所以积分中值定理说明，在曲边梯形的所有变化的高度 $f(x)$ $(a\leqslant x\leqslant b)$之中，至少有一个高度 $f(c)$ $(a\leqslant c\leqslant b)$，使得以 $f(c)$为高的同底矩形与此曲边梯形有相同的面积. 因此，$f(c)$称为**曲边梯形的平均高度**，并称

$$\frac{1}{b-a}\int_a^b f(x)\mathrm{d}x$$

为函数 $f(x)$在$[a,b]$上的**积分平均值**.

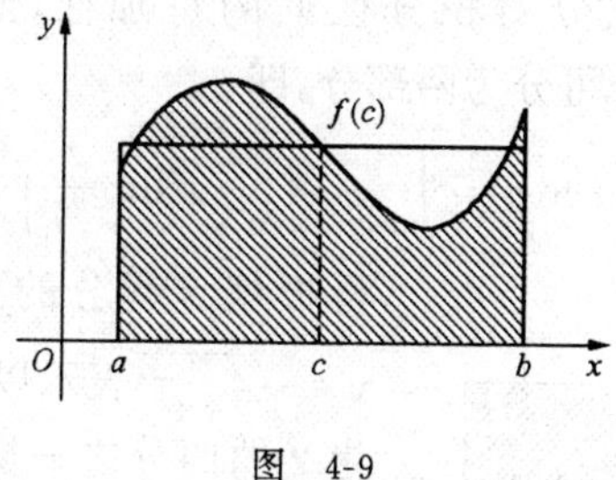

图 4-9

典型例题分析

例 1 根据定积分的几何意义求下列定积分：

(1) $\int_{2}^{4} x\mathrm{d}x$；　　　　(2) $\int_{-3}^{3} \sqrt{9-x^2}\mathrm{d}x$；

(3) 设 $f(x)=\begin{cases}\sqrt{4-x^2}, & -2\leqslant x\leqslant 0,\\ 3, & 0<x\leqslant 3,\end{cases}$ 求 $\int_{-2}^{3} f(x)\mathrm{d}x$.

解 (1) 由于 $\int_{2}^{4} x\mathrm{d}x$ 表示图 4-10 中梯形 $ABCD$ 的面积，考虑到梯形的高为 $AB=4-2=2$，两个底边长分别为 2 和 4，于是

$$\int_{2}^{4} x\mathrm{d}x = \frac{1}{2}(4+2)\times 2 = 6.$$

(2) 由于 $y=\sqrt{9-x^2}$ 表示以原点为圆心，半径为 3 的上半圆周，因此 $\int_{-3}^{3} \sqrt{9-x^2}\mathrm{d}x$ 是图 4-11 中所示上半圆的面积，于是

$$\int_{-3}^{3} \sqrt{9-x^2}\mathrm{d}x=\frac{1}{2}\cdot\pi\cdot 3^2=\frac{9}{2}\pi.$$

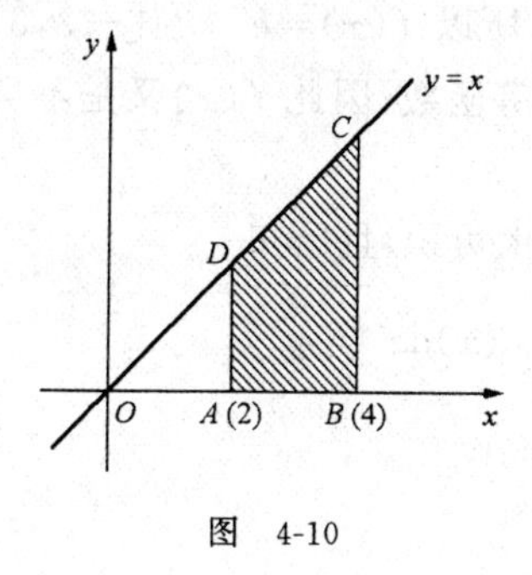

图 4-10

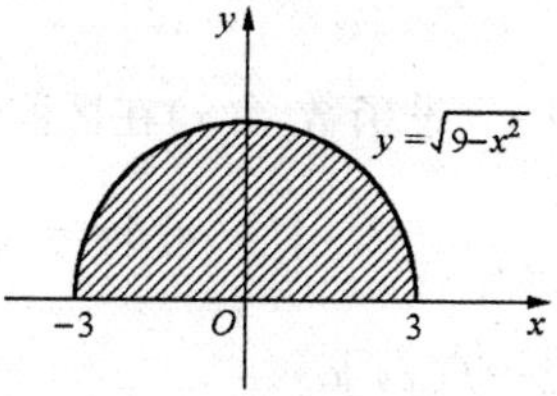

图 4-11

(3) 根据定积分对积分区间的可加性，函数 $f(x)$ 在区间 $[-2,3]$ 上的定积分可分为两部分，即

$$\int_{-2}^{3} f(x)\mathrm{d}x = \int_{-2}^{0} \sqrt{4-x^2}\mathrm{d}x + \int_{0}^{3} 3\mathrm{d}x.$$

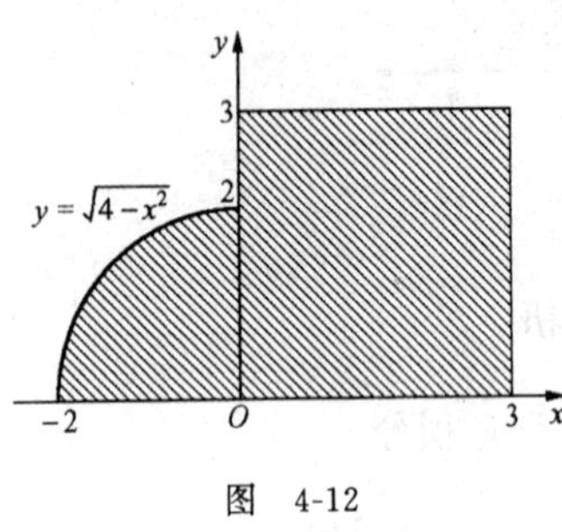

图 4-12

再根据定积分的几何意义，考虑到 $y=\sqrt{4-x^2}$ 表示以原点为圆心，半径为 2 的四分之一圆周，而 $y=3$ 是正方形的一个边，因此 $\int_{-2}^{0}\sqrt{4-x^2}\,\mathrm{d}x$ 和 $\int_{0}^{3} 3\mathrm{d}x$ 是图 4-12 中所示四分之一圆的面积和正方形的面积. 于是

$$\int_{-2}^{3} f(x)\mathrm{d}x = \frac{\pi \cdot 2^2}{4} + 3^2 = \pi + 9.$$

例 2 判断下列函数是否可积，是否可求积，为什么？

(1) $f(x)=x^3$, $x\in[2,4]$;

(2) $f(x)=\begin{cases}\dfrac{1}{x}, & x>0, \\ 0, & x=0,\end{cases}$ $x\in[0,2]$;

(3) $f(x)=\mathrm{e}^{-x^2}$, $x\in[-3,3]$.

解 (1) 因为 x^3 在 $[2,4]$ 上连续，所以 $f(x)=x^3$ 在区间 $[2,4]$ 上是可积的. 又因为 $\left(\dfrac{1}{4}x^4\right)'=x^3$，可见 $f(x)$ 又是可求积的.

(2) 因为 $\dfrac{1}{x}$ 在 $[0,2]$ 上无界，所以 $f(x)$ 在 $[0,2]$ 上不可积.

(3) 因为 e^{-x^2} 在 $[-3,3]$ 上连续，所以 $f(x)=\mathrm{e}^{-x^2}$ 在 $[-3,3]$ 上可积，但是由于 e^{-x^2} 的原函数不是初等函数，因此 $f(x)$ 又是不可求积的.

例 3 设函数 $f(x)$ 在区间 $[1,7]$ 上可积，且已知

$$\int_{1}^{3} f(x)\mathrm{d}x = 8, \quad \int_{1}^{7} f(x)\mathrm{d}x = 4,$$

求 $\int_{3}^{7}[2-f(x)]\mathrm{d}x$.

解 由定积分的可加性得

$$\int_3^7[2-f(x)]\mathrm{d}x=\int_3^7 2\mathrm{d}x-\int_3^7 f(x)\mathrm{d}x$$

$$=2\times(7-3)-\left[\int_1^7 f(x)\mathrm{d}x-\int_1^3 f(x)\mathrm{d}x\right]$$

$$=8-(4-8)=12.$$

例 4 利用牛顿-莱布尼茨公式求下列定积分：

(1) $\int_1^2\sqrt{x}\,\mathrm{d}x$； (2) $\int_0^{\frac{\pi}{2}}\sin x\cos^3 x\mathrm{d}x$；

(3) $\int_0^1\frac{\mathrm{d}x}{x^2+4x+5}$.

解 (1) 由于$\left(\frac{2}{3}x^{\frac{3}{2}}\right)'=\sqrt{x}$，根据牛顿-莱布尼茨公式，有

$$\int_1^2\sqrt{x}\,\mathrm{d}x=\frac{2}{3}x^{\frac{3}{2}}\bigg|_1^2=\frac{2}{3}(2\sqrt{2}-1).$$

(2) 由于$\left(-\frac{1}{4}\cos^4 x\right)'=\sin x\cdot\cos^3 x$，根据牛顿-莱布尼茨公式，有

$$\int_0^{\frac{\pi}{2}}\sin x\cdot\cos^3 x=-\frac{1}{4}\cos^4 x\bigg|_0^{\frac{\pi}{2}}=\frac{1}{4}.$$

(3) 由于$[\arctan(x+2)]'=\frac{1}{x^2+4x+5}$，根据牛顿-莱布尼茨公式，有

$$\int_0^1\frac{\mathrm{d}x}{x^2+4x+5}=\arctan(x+2)\bigg|_0^1=\arctan 3-\arctan 2$$

$$=\arctan\frac{3-2}{1+3\times 2}=\arctan\frac{1}{7}.$$

例 5 判断下列各题中定积分值的大小：

(1) $\int_0^{\frac{\pi}{4}}\cos x\mathrm{d}x$ 与 $\int_0^{\frac{\pi}{4}}\sin x\mathrm{d}x$； (2) $\int_0^1 \mathrm{e}^{-x}\mathrm{d}x$ 与 $\int_0^1\mathrm{e}^{-x^2}\mathrm{d}x$；

(3) $\int_{\mathrm{e}}^4\ln x\mathrm{d}x$ 与 $\int_{\mathrm{e}}^4(\ln x)^2\mathrm{d}x$.

解 (1) 当$0\leqslant x\leqslant\frac{\pi}{4}$时，由于$\cos x\geqslant\sin x$，根据性质 4，我们有

$$\int_0^{\frac{\pi}{4}}\cos x\mathrm{d}x\geqslant\int_0^{\frac{\pi}{4}}\sin x\mathrm{d}x.$$

(2) 当 $0\leqslant x\leqslant 1$ 时，由于 $x\geqslant x^2$，考虑到函数 $y=\mathrm{e}^{-x}$ 是单调减少函数，因此 $\mathrm{e}^{-x}\leqslant \mathrm{e}^{-x^2}$. 根据性质 4，我们有

$$\int_0^1 \mathrm{e}^{-x}\mathrm{d}x \leqslant \int_0^1 \mathrm{e}^{-x^2}\mathrm{d}x.$$

(3) 当 $\mathrm{e}\leqslant x\leqslant 4$ 时，由于 $\ln x\geqslant 1$，故 $\ln x\leqslant (\ln x)^2$. 根据性质 4，我们有

$$\int_{\mathrm{e}}^4 \ln x\mathrm{d}x \leqslant \int_{\mathrm{e}}^4 (\ln x)^2\mathrm{d}x.$$

例 6 证明不等式 $4<\int_1^3 (x^2+1)\mathrm{d}x<20$.

证 由于 $f(x)=x^2+1$ 在区间 $[1,3]$ 上单调增加，因此 $f(x)$ 在区间 $[1,3]$ 上的最大值为 $M=f(3)=10$，最小值 $m=f(1)=2$.

根据性质 5，我们有

$$m(b-a)\leqslant \int_a^b f(x)\mathrm{d}x \leqslant M(b-a),$$

即
$$2(3-1)\leqslant \int_1^3 (x^2+1)\mathrm{d}x \leqslant 10(3-1),$$

亦即
$$4\leqslant \int_1^3 (x^2+1)\mathrm{d}x \leqslant 20.$$

例 7 证明不等式 $1\leqslant \int_0^{\frac{\pi}{2}} \frac{\sin x}{x}\mathrm{d}x \leqslant \frac{\pi}{2}$.

证 首先

$$\left(\frac{\sin x}{x}\right)' = \frac{x\cos x-\sin x}{x^2}.$$

由于

$$(x\cos x-\sin x)' = -x\sin x<0,\quad x\in(0,\pi/2),$$

即 $(x\cos x-\sin x)$ 在 $(0,\pi/2)$ 单调减少，又

$$(x\cos x-\sin x)\big|_{x=0}=0,$$

所以
$$x\cos x-\sin x<0,\quad x\in(0,\pi/2].$$

由此推出 $\left(\frac{\sin x}{x}\right)'<0$，即 $\frac{\sin x}{x}$ 在 $\left(0,\frac{\pi}{2}\right]$ 单调减少. 又

$$\lim_{x\to 0}\frac{\sin x}{x}=1,\quad \frac{\sin x}{x}\bigg|_{x=\frac{\pi}{2}}=\frac{2}{\pi},$$

因此 $$\frac{2}{\pi} < \frac{\sin x}{x} < 1.$$

根据性质 4,我们有

$$1 \leqslant \int_0^{\frac{\pi}{2}} \frac{\sin x}{x} \mathrm{d}x \leqslant \frac{\pi}{2}.$$

例 8 由定积分的几何意义,确定函数 $f(x)=\sqrt{4-x^2}$ 在区间 $[-2,2]$ 上的平均值.

解 根据积分中值定理,可知函数 $f(x)$ 在区间 $[a,b]$ 上的平均值为

$$\frac{1}{b-a}\int_a^b f(x)\mathrm{d}x.$$

考虑到函数 $\sqrt{4-x^2}$ 表示以原点为圆心,半径为 2 的上半圆周,因此 $\int_{-2}^{2}\sqrt{4-x^2}\mathrm{d}x$ 是上半圆的面积. 于是函数 $f(x)=\sqrt{4-x^2}$ 在区间 $[-2,2]$ 上的平均值为

$$f(x)=\frac{1}{2-(-2)}\int_{-2}^{2}\sqrt{4-x^2}\mathrm{d}x=\frac{1}{4}\cdot\frac{\pi\cdot 2^2}{2}=\frac{\pi}{2}.$$

习　题　4.3

1. 极限 $\lim\limits_{n\to\infty}\sum\limits_{k=1}^{n}\frac{2^{k/n}}{n+\frac{1}{k}}=$________.

2. 极限 $\lim\limits_{n\to\infty}\int_0^1 \ln(1+x^n)\mathrm{d}x=$________.

3. 函数 $f(x)=\frac{1}{x}$ 在区间 $[1,3]$ 上的平均值为________.

4. 根据定积分的几何意义,求 $\int_{-4}^{0}(\sqrt{16-x^2}+1)\mathrm{d}x$.

5. 判断下列各题中定积分值的大小:

(1) $\int_0^1 \mathrm{e}^x\mathrm{d}x$ 与 $\int_0^1 \mathrm{e}^{x^2}\mathrm{d}x$;

(2) $\int_0^{\frac{\pi}{2}}\sin^3 x\mathrm{d}x$ 与 $\int_0^{\frac{\pi}{2}}\sin^6 x\mathrm{d}x$.

6. 利用牛顿-莱布尼茨公式,求下列不定积分:

(1) $\int_{2}^{6}(x^2-1)\mathrm{d}x$；　　(2) $\int_{-1}^{1}(x^3-3x^2)\mathrm{d}x$；

(3) $\int_{1}^{27}\frac{\mathrm{d}x}{\sqrt[3]{x}}$；　　(4) $\int_{-2}^{3}(x-1)^3\mathrm{d}x$；

(5) $\int_{0}^{a}(\sqrt{a}-\sqrt{x})^2\mathrm{d}x$；　　(6) $\int_{0}^{5}\frac{x^3}{x^2+1}\mathrm{d}x$.

7. 证明：$\frac{1}{40}<\int_{10}^{20}\frac{x^2}{x^4+x+1}\mathrm{d}x<\frac{1}{20}$.

§4　定积分的两个重要积分法与变上限的定积分

内容提要

1. 换元积分法

设函数 $f(x)$在$[a,b]$上连续. 作变换 $x=x(t)$，它满足：

(1) 当 $t=\alpha$ 时，$x=x(\alpha)=a$，当 $t=\beta$ 时，$x=x(\beta)=b$；

(2) 当 t 在$[\alpha,\beta]$上变化时，$x=x(t)$的值在$[a,b]$上变化；

(3) $x'(t)$在$[\alpha,\beta]$上连续，

则有换元积分公式

$$\int_{a}^{b}f(x)\mathrm{d}x=\int_{\alpha}^{\beta}f[x(t)]x'(t)\mathrm{d}t.$$

注意　在我们利用换元法计算定积分时，只要随着积分变量的替换相应地改变定积分的上、下限，这样在求出原函数之后，就可以直接代入积分限计算原函数的改变量之值，而不必换回原来的变量. 这就是定积分换元法与不定积分换元法的不同之处.

2. 分部积分法

设函数 $u=u(x)$与 $v=v(x)$在$[a,b]$上具有连续的导数 $u'(x)$与 $v'(x)$，则有分部积分公式

$$\int_{a}^{b}u(x)\mathrm{d}v(x)=u(x)v(x)\Big|_{a}^{b}-\int_{a}^{b}v(x)\mathrm{d}u(x).$$

注意　定积分的分部积分公式与不定积分的分部积分公式的区别是，这个公式的每一项都带有积分限.

3. 变上限的定积分与原函数存在定理

定义 4.4 设函数 $f(x)$ 在 $[a,b]$ 上可积，则对任意 $x(a\leqslant x\leqslant b)$，$f(x)$ 在 $[a,x]$ 上也可积，称 $\int_a^x f(t)\mathrm{d}t$ 为 $f(x)$ 的**变上限的定积分**，记作 $\Phi(x)$，即

$$\Phi(x)=\int_a^x f(t)\mathrm{d}t.$$

当函数 $f(x)\geqslant 0$ 时，变上限的定积分 $\Phi(x)$ 在几何上表示为右侧邻边可以变动的曲边梯形面积(见图 4-13).

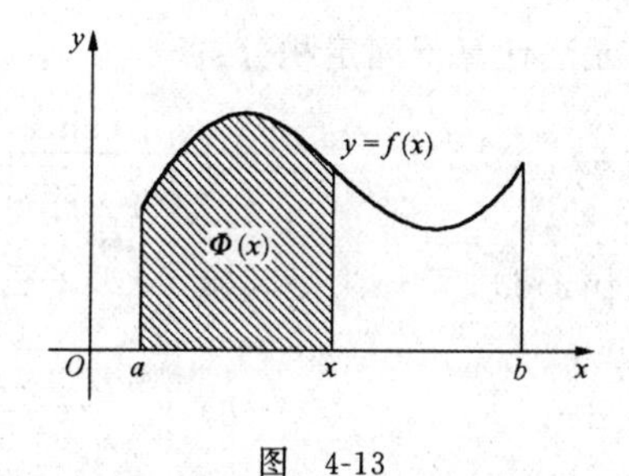

图 4-13

连续函数的原函数存在定理 设函数 $f(x)$ 在区间 $[a,b]$ 上连续，则函数

$$\Phi(x)=\int_a^x f(t)\mathrm{d}t \quad (a\leqslant x\leqslant b)$$

在 $[a,b]$ 上可导，并且

$$\Phi'(x)=f(x) \quad (a\leqslant x\leqslant b),$$

即 $\Phi(x)$ 是 $f(x)$ 在 $[a,b]$ 上的一个原函数.

注意 (1) 这个定理告诉我们，任何连续的函数都有原函数存在，并且这个原函数正是 $f(x)$ 的变上限的定积分，即

$$\Phi'(x)=\frac{\mathrm{d}}{\mathrm{d}x}\left[\int_a^x f(t)\mathrm{d}t\right]=f(x).$$

(2) 设 $u=\varphi(x)$ 在 $[\alpha,\beta]$ 可导，$a\leqslant u\leqslant b$ $(x\in[\alpha,\beta])$，则

$$G(x)=\int_0^{\varphi(x)} f(t)\mathrm{d}t$$

定义在 $[\alpha,\beta]$ 上，并且它是

$$F(u)=\int_a^u f(t)\mathrm{d}t \quad 与 \quad u=\varphi(x)$$

的复合函数：$G(x)=F[\varphi(x)]$. 根据复合函数求导法则，我们有

$$G'(x)=f[\varphi(x)]\cdot\varphi'(x).$$

(3) 根据定积分的可加性，我们有

$$\left[\int_{\psi(x)}^{\varphi(x)} f(t)\mathrm{d}t\right]_x'=f[\varphi(x)]\varphi'(x)-f[\psi(x)]\psi'(x).$$

典型例题分析

例 1 利用换元法计算下列定积分：

(1) $\int_0^{\ln 2}\frac{\mathrm{e}^x}{1+\mathrm{e}^{2x}}\mathrm{d}x$； (2) $\int_0^{\frac{\pi}{4}}\frac{\sin x}{\sqrt{\cos x}}\mathrm{d}x$；

(3) $\int_1^{\mathrm{e}}\frac{1}{x}(1+\ln x)\mathrm{d}x$； (4) $\int_1^{\sqrt{3}}\frac{1}{\sqrt{4-x^2}}\mathrm{d}x$；

(5) $\int_1^2\frac{\sqrt{x-1}}{x}\mathrm{d}x$； (6) $\int_0^{\ln 2}\sqrt{\mathrm{e}^x-1}\mathrm{d}x$；

(7) $\int_0^3\frac{\mathrm{d}x}{(1+x)\sqrt{x}}$； (8) $\int_{-2}^2 x^2\sqrt{4-x^2}\mathrm{d}x$.

解 (1) $\int_0^{\ln 2}\frac{\mathrm{e}^x}{1+\mathrm{e}^{2x}}\mathrm{d}x=\int_0^{\ln 2}\frac{\mathrm{d}\mathrm{e}^x}{1+(\mathrm{e}^x)^2}\xlongequal[\substack{x:\,0\to\ln 2\\ u:\,1\to 2}]{令\ \mathrm{e}^x=u}\int_1^2\frac{\mathrm{d}u}{1+u^2}$

$$=\arctan u\Big|_1^2=\arctan 2-\arctan 1$$

$$=\arctan\frac{2-1}{1+2\times 1}=\arctan\frac{1}{3}.$$

(2) $\int_0^{\frac{\pi}{4}}\frac{\sin x}{\sqrt{\cos x}}\mathrm{d}x=-\int_0^{\frac{\pi}{4}}\frac{\mathrm{d}\cos x}{\sqrt{\cos x}}\xlongequal[\substack{x:\,0\to\pi/4\\ u:\,1\to\sqrt{2}/2}]{令\ \cos x=u}-\int_1^{\frac{\sqrt{2}}{2}}\frac{\mathrm{d}u}{\sqrt{u}}$

$$=2\sqrt{u}\Big|_{\frac{\sqrt{2}}{2}}^1=2-\sqrt[4]{8}.$$

(3) $\int_1^{\mathrm{e}}\frac{1}{x}(1+\ln x)\mathrm{d}x=\int_1^{\mathrm{e}}(1+\ln x)\mathrm{d}\ln x$

$$\xlongequal[\substack{x:\,1\to\mathrm{e}\\ u:\,0\to 1}]{令\ \ln x=u}\int_0^1(1+u)\mathrm{d}u=\left(u+\frac{u^2}{2}\right)\Big|_0^1=\frac{3}{2}.$$

(4) $\int_{1}^{\sqrt{3}} \frac{dx}{\sqrt{4-x^2}}=\int_{1}^{\sqrt{3}} \frac{d\left(\frac{x}{2}\right)}{\sqrt{1-\left(\frac{x}{2}\right)^2}}$

$$\xlongequal[\substack{x:1\to\sqrt{3}\\u:1/2\to\sqrt{3}/2}]{\text{令}\frac{x}{2}=u}\int_{\frac{1}{2}}^{\frac{\sqrt{3}}{2}} \frac{du}{\sqrt{1-u^2}}=\arcsin u\Big|_{\frac{1}{2}}^{\frac{\sqrt{3}}{2}}=\frac{\pi}{6}.$$

(5) $\int_{1}^{2} \frac{\sqrt{x-1}}{x}dx \xlongequal[\substack{x:1\to 2\\t:0\to 1}]{\text{令}\sqrt{x-1}=t}\int_{0}^{1} \frac{t}{1+t^2}\cdot 2tdt=2\int_{0}^{1} \frac{t^2}{1+t^2}dt$

$$=2\int_{0}^{1}\left(1-\frac{1}{1+t^2}\right)dt=2(t-\arctan t)\Big|_{0}^{1}=2-\frac{\pi}{2}.$$

(6) $\int_{0}^{\ln 2} \sqrt{e^x-1}dx \xlongequal[\substack{x:0\to\ln 2\\t:0\to 1}]{\text{令}t=\sqrt{e^x-1}}\int_{0}^{1} t\cdot\frac{2t}{1+t^2}dt=2\int_{0}^{1} \frac{t^2}{1+t^2}dt$

$$=2\int_{0}^{1}\left(1-\frac{1}{1+t^2}\right)dt=2(t-\arctan t)\Big|_{0}^{1}=2-\frac{\pi}{2}.$$

(7) $\int_{0}^{3} \frac{dx}{(1+x)\sqrt{x}} \xlongequal[\substack{x:0\to 3\\t:0\to\sqrt{3}}]{\text{令}\sqrt{x}=t}\int_{0}^{\sqrt{3}} \frac{2tdt}{(1+t^2)t}=2\int_{0}^{\sqrt{3}} \frac{dt}{1+t^2}$

$$=2\arctan t\Big|_{0}^{\sqrt{3}}=\frac{2}{3}\pi.$$

(8) $\int_{-2}^{2} x^2\sqrt{4-x^2}dx=2\int_{0}^{2} x^2\sqrt{4-x^2}dx$

$$\xlongequal[\substack{x:0\to 2\\t:0\to\pi/2}]{\text{令}x=2\sin t}2\int_{0}^{\frac{\pi}{2}} 16\sin^2 t\cos^2 tdt$$

$$=8\int_{0}^{\frac{\pi}{2}} \sin^2 2tdt=4\int_{0}^{\frac{\pi}{2}} (1-\cos 4t)dt$$

$$=(4t-\sin 4t)\Big|_{0}^{\frac{\pi}{2}}=2\pi.$$

例 2 利用分部积分法计算下列定积分：

(1) $\int_{0}^{1} \ln(1+x^2)dx$；　　(2) $\int_{0}^{\frac{\sqrt{3}}{2}} \arcsin xdx$；

(3) $\int_0^1 \frac{x^2}{(1+x^2)^2}dx$；　　(4) $\int_0^{\sqrt{\ln 2}} x^3 e^{x^2} dx$；

(5) $\int_1^e x(\ln x)^2 dx$；　　(6) $\int_0^1 e^{\sqrt{1-x}} dx$；

(7) $\int_0^{\frac{\pi}{4}} x\sec^2 x dx$；　　(8) $\int_{-\pi}^{\pi} x^2 \cos 2x dx$.

解　(1) $$\begin{aligned}\int_0^1 \ln(1+x^2)dx &= x\ln(1+x^2)\Big|_0^1 - \int_0^1 \frac{2x^2}{1+x^2}dx \\ &= \ln 2 - 2\int_0^1 \left(1-\frac{1}{1+x^2}\right)dx \\ &= \ln 2 - 2(x - \arctan x)\Big|_0^1 \\ &= \frac{\pi}{2} - 2 + \ln 2.\end{aligned}$$

(2) $$\begin{aligned}\int_0^{\frac{\sqrt{3}}{2}} \arcsin x dx &= x\arcsin x\Big|_0^{\frac{\sqrt{3}}{2}} - \int_0^{\frac{\sqrt{3}}{2}} \frac{x}{\sqrt{1-x^2}}dx \\ &= \frac{\sqrt{3}}{2}\times\frac{\pi}{3} + \frac{1}{2}\int_0^{\frac{\sqrt{3}}{2}} \frac{1}{\sqrt{1-x^2}}d(1-x^2) \\ &= \frac{\sqrt{3}}{6}\pi + \frac{1}{2}\times 2\sqrt{1-x^2}\Big|_0^{\frac{\sqrt{3}}{2}} \\ &= \frac{\sqrt{3}}{6}\pi - \frac{1}{2}.\end{aligned}$$

(3) $$\begin{aligned}\int_0^1 \frac{x^2}{(1+x^2)^2}dx &= \int_0^1 -\frac{1}{2}xd\left(\frac{1}{1+x^2}\right) \\ &= -\frac{1}{2}\left(\frac{x}{1+x^2}\Big|_0^1 - \int_0^1 \frac{1}{1+x^2}dx\right) \\ &= -\frac{1}{2}\left(\frac{1}{2} - \arctan x\Big|_0^1\right) \\ &= -\frac{1}{2}\left(\frac{1}{2}-\frac{\pi}{4}\right) = \frac{\pi}{8} - \frac{1}{4}.\end{aligned}$$

(4) $$\begin{aligned}\int_0^{\sqrt{\ln 2}} x^3 e^{x^2} dx &= \int_0^{\sqrt{\ln 2}} \frac{1}{2}x^2 de^{x^2} \xlongequal[\substack{x:\ 0\to\sqrt{\ln 2} \\ u:\ 0\to\ln 2}]{\text{令 } x^2=u} \frac{1}{2}\int_0^{\ln 2} u de^u \\ &= \frac{1}{2}\left(ue^u\Big|_0^{\ln 2} - \int_0^{\ln 2} e^u du\right)\end{aligned}$$

$$=\frac{1}{2}\left(2\ln 2-\mathrm{e}^{u}\Big|_{0}^{\ln 2}\right)=\ln 2-\frac{1}{2}.$$

(5) $\displaystyle\int_{1}^{\mathrm{e}}x(\ln x)^{2}\mathrm{d}x=\frac{1}{2}\int_{1}^{\mathrm{e}}(\ln x)^{2}\mathrm{d}x^{2}$

$$=\frac{1}{2}\left[x^{2}(\ln x)^{2}\Big|_{1}^{\mathrm{e}}-2\int_{1}^{\mathrm{e}}x\ln x\mathrm{d}x\right]$$

$$=\frac{1}{2}\mathrm{e}^{2}-\frac{1}{2}\int_{1}^{\mathrm{e}}\ln x\mathrm{d}x^{2}$$

$$=\frac{1}{2}\mathrm{e}^{2}-\frac{1}{2}\left(x^{2}\ln x\Big|_{1}^{\mathrm{e}}-\int_{1}^{\mathrm{e}}x\mathrm{d}x\right)$$

$$=\frac{1}{2}\mathrm{e}^{2}-\frac{1}{2}\left(\mathrm{e}^{2}-\frac{1}{2}x^{2}\Big|_{1}^{\mathrm{e}}\right)$$

$$=\frac{1}{4}(\mathrm{e}^{2}-1).$$

(6) $\displaystyle\int_{0}^{1}\mathrm{e}^{\sqrt{1-x}}\mathrm{d}x\xlongequal[\substack{x:\,0\to 1\\ t:\,1\to 0}]{\text{令 }t=\sqrt{1-x}}-\int_{1}^{0}\mathrm{e}^{t}\cdot 2t\mathrm{d}t=2\int_{0}^{1}t\mathrm{d}\mathrm{e}^{t}$

$$=2\left(t\mathrm{e}^{t}\Big|_{0}^{1}-\int_{0}^{1}\mathrm{e}^{t}\mathrm{d}t\right)=2\left(\mathrm{e}-\mathrm{e}^{t}\Big|_{0}^{1}\right)=2.$$

(7) $\displaystyle\int_{0}^{\frac{\pi}{4}}x\sec^{2}x\mathrm{d}x=\int_{0}^{\frac{\pi}{4}}x\mathrm{d}\tan x=x\tan x\Big|_{0}^{\frac{\pi}{4}}-\int_{0}^{\frac{\pi}{4}}\tan x\mathrm{d}x$

$$=\frac{\pi}{4}+\int_{0}^{\frac{\pi}{4}}\frac{1}{\cos x}\mathrm{d}\cos x=\frac{\pi}{4}+\ln\cos x\Big|_{0}^{\frac{\pi}{4}}$$

$$=\frac{\pi}{4}-\frac{1}{2}\ln 2.$$

(8) $\displaystyle\int_{-\pi}^{\pi}x^{2}\cos 2x\mathrm{d}x=2\int_{0}^{\pi}x^{2}\cos 2x\mathrm{d}x=\int_{0}^{\pi}x^{2}\mathrm{d}\sin 2x$

$$=x^{2}\sin 2x\Big|_{0}^{\pi}-2\int_{0}^{\pi}x\sin 2x\mathrm{d}x=\int_{0}^{\pi}x\mathrm{d}\cos 2x$$

$$=x\cos 2x\Big|_{0}^{\pi}-\int_{0}^{\pi}\cos 2x\mathrm{d}x$$

$$=\pi-\frac{1}{2}\sin 2x\Big|_{0}^{\pi}=\pi.$$

例 3 利用定积分的换元法证明下列各式：

(1) 设 $f(x)$ 在区间 $[a,b]$ 上连续，则

$$\int_{a}^{b}f(x)\mathrm{d}x=\int_{a}^{b}f(a+b-x)\mathrm{d}x;$$

(2) 设函数 $f(x)$ 在区间 $[-1,1]$ 上连续，则

$$\int_0^{\frac{\pi}{2}} f(\sin x)\mathrm{d}x = \int_0^{\frac{\pi}{2}} f(\cos x)\mathrm{d}x.$$

证 (1) 首先我们化简等式右边的积分. 令 $t=a+b-x$，则 $x=a+b-t$，$\mathrm{d}x=-\mathrm{d}t$. 当 $x=a$ 时，$t=b$；当 $x=b$ 时，$t=a$. 于是，我们有

$$\int_a^b f(a+b-x)\mathrm{d}x = \int_b^a -f(t)\mathrm{d}t = \int_a^b f(t)\mathrm{d}t = \int_a^b f(x)\mathrm{d}x.$$

(2) 令 $x=\frac{\pi}{2}-t$，则 $\mathrm{d}x=-\mathrm{d}t$. 当 $x=0$ 时，$t=\frac{\pi}{2}$；当 $x=\frac{\pi}{2}$ 时，$t=0$. 于是，我们有

$$\int_0^{\frac{\pi}{2}} f(\sin x)\mathrm{d}x = -\int_{\frac{\pi}{2}}^0 f\left[\sin\left(\frac{\pi}{2}-t\right)\right]\mathrm{d}t$$

$$= \int_0^{\frac{\pi}{2}} f(\cos t)\mathrm{d}t = \int_0^{\frac{\pi}{2}} f(\cos x)\mathrm{d}x.$$

例 4 设 $f(2)=\frac{1}{2}$，$f'(2)=0$，$\int_0^2 f(x)\mathrm{d}x=1$，求 $\int_0^1 x^2 f''(2x)\mathrm{d}x$.

解 设 $t=2x$，则 $\mathrm{d}x=\frac{1}{2}\mathrm{d}t$. 当 $x=0$ 时，$t=0$；$x=1$ 时，$t=2$. 于是

$$\int_0^1 x^2 f''(2x)\mathrm{d}x = \frac{1}{2}\int_0^2 \frac{t^2}{4} f''(t)\mathrm{d}t = \frac{1}{8}\int_0^2 t^2\mathrm{d}f'(t)$$

$$= \frac{1}{8}\left[t^2 f'(t)\Big|_0^2 - 2\int_0^2 t f'(t)\mathrm{d}t\right] = \frac{-1}{4}\int_0^2 t\mathrm{d}f(t)$$

$$= -\frac{1}{4}\left[t f(t)\Big|_0^2 - \int_0^2 f(t)\mathrm{d}t\right]$$

$$= -\frac{1}{4}(1-1) = 0.$$

例 5 求下列函数的导数或微分：

(1) 设 $y=\int_x^1 t\sqrt{1-t^2}\mathrm{d}t$，求 $y'_x\Big|_{x=1}$；

(2) 设 $y=\int_0^x \frac{\ln t}{t}\mathrm{d}t$，求 $\mathrm{d}y$；

(3) 设 $y=\int_x^a \arccos t\mathrm{d}t$,求 $\mathrm{d}y\Big|_{x=1}$;

(4) 设 $\int_0^y \mathrm{e}^{t^2}\mathrm{d}t+\int_0^{\sin x}\cos^2 t\mathrm{d}t=0$,求 $\dfrac{\mathrm{d}y}{\mathrm{d}x}$.

解 (1) 由于

$$y'_x=\left(-\int_1^x t\sqrt{1-t^2}\mathrm{d}t\right)'_x=-x\sqrt{1-x^2},$$

因此 $y'_x\Big|_{x=1}=0$.

(2) 由于

$$y'_x=\left(\int_0^x \frac{\ln t}{t}\mathrm{d}t\right)'_x=\frac{\ln x}{x},$$

因此 $\mathrm{d}y=\dfrac{\ln x}{x}\mathrm{d}x$.

(3) 由于

$$y'_x=\left(-\int_a^x \arccos t\mathrm{d}t\right)'_x=-\arccos x,$$

因此 $\mathrm{d}y\Big|_{x=1}=-\arccos x\mathrm{d}x\Big|_{x=1}=0$.

(4) 由于对方程

$$\int_0^y \mathrm{e}^{t^2}\mathrm{d}t+\int_0^{\sin x}\cos^2 t\mathrm{d}t=0$$

两边求导,我们有

$$\mathrm{e}^{y^2}\frac{\mathrm{d}y}{\mathrm{d}x}+(\cos^2\sin x)\cos x=0,$$

得到

$$\frac{\mathrm{d}y}{\mathrm{d}x}=-\mathrm{e}^{-y^2}\cos x\cdot\cos^2\sin x.$$

例 6 求下列极限:

(1) $\lim\limits_{x\to 0}\dfrac{\int_0^x \cos^2 t\mathrm{d}t}{x}$; (2) $\lim\limits_{x\to+\infty}\dfrac{\left(\int_0^x \mathrm{e}^{t^2}\mathrm{d}t\right)^2}{\int_0^{x^2}\mathrm{e}^t\mathrm{d}t}$.

解 (1) 由洛必达法则,我们有

$$\lim_{x\to 0}\frac{\int_0^x \cos^2 t\mathrm{d}t}{x}=\lim_{x\to 0}\frac{\left(\int_0^x \cos^2 t\mathrm{d}t\right)'_x}{x'}=\lim_{x\to 0}\cos^2 x=1.$$

(2) 由洛必达法则,我们有

$$\lim_{x\to+\infty}\frac{\left(\int_0^x e^{t^2}dt\right)^2}{\int_0^{x^2} e^t dt}=\lim_{x\to+\infty}\frac{2\left(\int_0^x e^{t^2}dt\right)e^{x^2}}{2xe^{x^2}}=\lim_{x\to+\infty}\frac{\int_0^x e^{t^2}dt}{x}$$

$$=\lim_{x\to+\infty}\frac{\left(\int_0^x e^{t^2}dt\right)'_x}{x'}=\lim_{x\to+\infty}e^{x^2}=+\infty.$$

例 7 设函数 $f(x)=\int_0^{x^2} e^{-t^2}dt$,试求

(1) $f(x)$的极值; (2) $\int_0^1 x^2 f'(x)dx$.

解 (1) 由于

$$f'(x)=e^{-x^4}(x^2)'=2xe^{-x^4},$$

令 $f'(x)=0$,得驻点 $x=0$. 当 $x>0$ 时, $f'(x)>0$;当 $x<0$ 时, $f'(x)<0$,所以 $f(x)$在 $x=0$ 处有极小值,极小值为

$$f(0)=\int_0^0 e^{-t^2}dt=0.$$

(2) $$\int_0^1 x^2 f'(x)dx=\int_0^1 2x^3e^{-x^4}dx=\frac{1}{2}\int_0^1 e^{-x^4}dx^4$$

$$=-\frac{1}{2}e^{-x^4}\Big|_0^1=\frac{1}{2}(1-e^{-1}).$$

习 题 4.4

1. 设函数 $F(x)=\int_0^x\left[\int_0^{y^2}\frac{\sin t}{1+t^2}dt\right]dy$, 则 $F''(x)=$__________.

2. 设 $g(x)$为可导函数,且 $\int_0^1 g(ux)du=\frac{1}{3}g(x)+2$,则 $g(x)=$__________.

3. 已知 $\int_0^1[f(x)+xf(tx)]dt$ 与变量 x 无关,则 $f(x)=$__________.

4. 设函数 $F(x)=\int_1^x\frac{e^t}{t}dt$,则 $\int_1^x\frac{e^t}{t+a}dt=$__________.

5. 设函数 $f(x)=\int_1^x\frac{\ln t}{1+t}dt$,则 $f(x)+f\left(\frac{1}{x}\right)=$__________.

6. 定积分 $\int_{-a}^{a}[f(x)-f(-x)]\mathrm{d}x=$__________.

7. 设在$(-\infty,+\infty)$内,$f(x)$为奇函数,$g(x)$为偶函数且可导,则 $\int_{-a}^{a}f[g'(x)]\mathrm{d}x=$__________.

8. 求下列函数的导数或微分:

(1) $y=\int_{\cos^2 x}^{2x^3}\frac{\mathrm{d}t}{\sqrt{1+t^2}}$,求 y'_x;

(2) 已知 $\int_0^y \mathrm{e}^{t^2}\mathrm{d}t+\int_0^{\sin x}\cos^2 t\mathrm{d}t=0$,求 $\mathrm{d}y$.

9. 求下列极限:

(1) $\lim\limits_{x\to 0}\frac{\int_0^x \cos t^2\mathrm{d}t}{x}$; (2) $\lim\limits_{x\to 0}\frac{\int_0^x \mathrm{e}^{-t^2}\mathrm{d}t-x}{\sin x-x}$.

10. 利用换元法计算下列定积分:

(1) $\int_0^1 \frac{x}{x^2+1}\mathrm{d}x$; (2) $\int_{-1}^{1}\frac{x}{(x^2+1)^2}\mathrm{d}x$;

(3) $\int_1^2 \frac{\mathrm{e}^{\frac{1}{x}}}{x^2}\mathrm{d}x$; (4) $\int_0^{\pi}\cos^2\frac{x}{2}\mathrm{d}x$;

(5) $\int_{-1}^{2}|2x|\mathrm{d}x$; (6) $\int_0^{2\pi}|\sin x|\mathrm{d}x$;

(7) $\int_0^4 \frac{\mathrm{d}t}{1+\sqrt{t}}$; (8) $\int_1^5 \frac{\sqrt{u-1}}{u}\mathrm{d}u$;

(9) $\int_0^1 \sqrt{4-x^2}\mathrm{d}x$; (10) $\int_0^1 (1+x^2)^{-\frac{3}{2}}\mathrm{d}x$.

11. 利用分部积分法计算下列定积分:

(1) $\int_0^1 x\mathrm{e}^{-x}\mathrm{d}x$; (2) $\int_1^{\mathrm{e}}(\ln x)^3\mathrm{d}x$;

(3) $\int_0^{\frac{\pi}{2}}\mathrm{e}^x\sin x\mathrm{d}x$; (4) $\int_{\frac{1}{\mathrm{e}}}^{\mathrm{e}}|\ln x|\mathrm{d}x$.

12. 证明:$\int_0^1 x^m(1-x)^n\mathrm{d}x=\int_0^1 x^n(1-x)^m\mathrm{d}x$.

13. 证明:若 $f(x)$在$(-\infty,+\infty)$上是以 T 为周期的周期函数,则

$$\int_a^{a+T}f(x)\mathrm{d}x=\int_0^T f(x)\mathrm{d}x.$$

14. 设函数 $f(x)$在$[a,b]$上具有二阶连续导数,又

$$f(a)=f'(a)=0,$$

则有

$$\int_a^b f(x)\mathrm{d}x=\frac{1}{2}\int_a^b f''(x)(x-b)^2\mathrm{d}x.$$

§5 定积分的应用与反常积分

内 容 提 要

1. 定积分的应用

1.1 平面图形的面积

(1) 设在区间$[a,b]$上,连线曲线 $y=f_1(x)$位于 $y=f_2(x)$的上方,则由这两条曲线以及直线 $x=a,x=b$ 所围成的平面图形的面积

$$S=\int_a^b[f_1(x)-f_2(x)]\mathrm{d}x. \tag{4.3}$$

(2) 设在区间$[c,d]$上,连续曲线 $x=g_1(y)$位于 $x=g_2(y)$的右方,则由这两条曲线以及直线 $y=c,y=d$ 所围成的平面图形的面积

$$S=\int_c^d[g_1(y)-g_2(y)]\mathrm{d}y. \tag{4.3'}$$

1.2 旋转体的体积

所谓**旋转体**是指由一个平面图形绕一条直线旋转而成的立体,这条直线叫做**旋转轴**.

(1) 设在区间$[a,b]$上,连续曲线 $y=f(x)$在 x 轴上方,则由曲线 $y=f(x)$,直线 $x=a,x=b$ 以及 x 轴所围成的曲边梯形绕 x 轴旋转所成的旋转体的体积

$$V=\pi\int_a^b[f(x)]^2\mathrm{d}x=\pi\int_a^b y^2\mathrm{d}x. \tag{4.4}$$

(2) 同理可知,绕 y 轴旋转所成的旋转体的体积

$$V=\pi\int_c^d[g(y)]^2\mathrm{d}y=\pi\int_c^d x^2\mathrm{d}y. \tag{4.4'}$$

1.3 质杆的质量

设质杆所在直线为 x 轴，质杆放置的区间为$[a,b]$，并且其线密度 $\mu=\mu(x)(a\leqslant x\leqslant b)$为一连续函数，则此质杆的质量

$$M=\int_a^b \mu(x)\mathrm{d}x. \tag{4.5}$$

2. 广义积分（又称反常积分）

定义 4.5 设函数 $f(x)$在$[a,+\infty)$上有定义，且对于任意实数 $A(A>a)$，$f(x)$ 在有界区间$[a,A]$上都是可积的，如果当 $A\to+\infty$时，极限

$$I=\lim_{A\to+\infty}\int_a^A f(x)\mathrm{d}x$$

存在，那么就称此极限值 I 为函数 $f(x)$在$[a,+\infty)$上的**无穷积分**，记作

$$\int_a^{+\infty} f(x)\mathrm{d}x=\lim_{A\to+\infty}\int_a^A f(x)\mathrm{d}x=I.$$

这时我们说该无穷积分是**收敛**的，且收敛于 I. 如果极限

$$\lim_{A\to+\infty}\int_a^A f(x)\mathrm{d}x$$

不存在，我们就说该无穷积分是**发散**的. 这时 $\int_a^{+\infty} f(x)\mathrm{d}x$ 只是一个符号，而不代表任何数值.

类似地，我们也可以定义函数 $f(x)$在区间$(-\infty,a]$上的无穷积分：

$$\int_{-\infty}^a f(x)\mathrm{d}x=\lim_{A\to-\infty}\int_A^a f(x)\mathrm{d}x.$$

对于函数在区间$(-\infty,+\infty)$上的无穷积分定义为

$$\begin{aligned}\int_{-\infty}^{+\infty} f(x)\mathrm{d}x&=\int_{-\infty}^a f(x)\mathrm{d}x+\int_a^{+\infty} f(x)\mathrm{d}x\\&=\lim_{A_1\to-\infty}\int_{A_1}^a f(x)\mathrm{d}x+\lim_{A_2\to+\infty}\int_a^{A_2} f(x)\mathrm{d}x,\end{aligned}$$

其中 a 为任意一个实数，并且当等式右边的两个无穷积分都收敛时，才认为$\int_{-\infty}^{+\infty} f(x)\mathrm{d}x$ 是收敛的. 这里的积分$\int_{-\infty}^{+\infty} f(x)\mathrm{d}x$ 的值不依赖于

a 的选择,并且 $A_1\to-\infty$ 和 $A_2\to+\infty$ 的速度可以是不同的.

注意 在计算广义积分时,我们首先将它转化为一般的定积分,并可以应用换元积分法和分部积分法,然后再取极限.若极限存在,则积分收敛,否则积分发散.有时为了简便,可省略极限记号.例如:$te^{-t}\Big|_0^{+\infty}$ 表示 $\lim\limits_{A\to+\infty}\dfrac{t}{e^t}\Big|_0^A$.

典型例题分析

例 1 求下面各平面图形的面积 S:

(1) 平面图形是由曲线 $y=\cos x$, $y=\sin x$, $x=0$ 以及 $x=\pi$ 所围成;

(2) 平面图形是由曲线 $y=-x+\dfrac{3}{2}$ 和 $x=4y^2$ 所围成.

解 (1) 由于曲线 $y=\sin x$ 与 $y=\cos x$ 的交点坐标为 $\left(\dfrac{\pi}{4},\dfrac{\sqrt{2}}{2}\right)$(见图 4-14),因此平面图形的面积为

$$S=\int_0^{\frac{\pi}{4}}(\cos x-\sin x)\mathrm{d}x+\int_{\frac{\pi}{4}}^{\pi}(\sin x-\cos x)\mathrm{d}x$$

$$=(\sin x+\cos x)\Big|_0^{\frac{\pi}{4}}+(-\cos x-\sin x)\Big|_{\frac{\pi}{4}}^{\pi}=2\sqrt{2}.$$

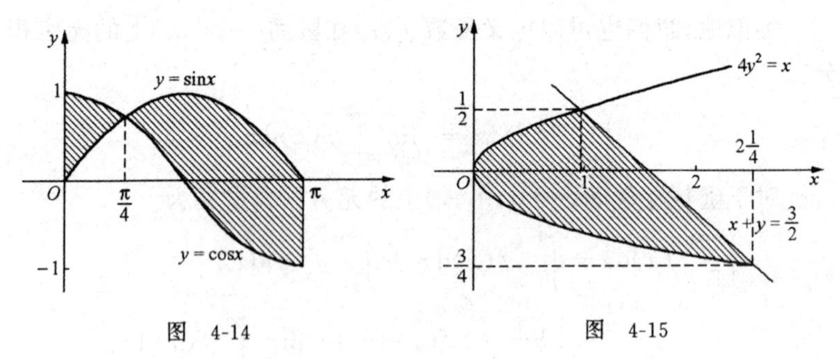

图 4-14 图 4-15

(2) 由于曲线 $y=-x+\dfrac{3}{2}$ 与 $x=4y^2$ 的交点为 $\left(1,\dfrac{1}{2}\right)$ 和 $\left(2\dfrac{1}{4},-\dfrac{3}{4}\right)$(见图 4-15).这里我们选择 y 为积分变量,因此平面图

形面积为

$$S=\int_{-\frac{3}{4}}^{\frac{1}{2}}\left[\left(\frac{3}{2}-y\right)-4y^2\right]\mathrm{d}y$$

$$=\left(\frac{3}{2}y-\frac{1}{2}y^2-\frac{4}{3}y^3\right)\Big|_{-\frac{3}{4}}^{\frac{1}{2}}=\frac{125}{96}.$$

例 2 求下面各平面图形分别绕 x 轴和 y 轴旋转所得旋转体的体积 V：

(1) 平面图形是由 $y=x^3, y=0$ 与 $x=1$ 所围成；

(2) 平面图形是由 $y=0, y=\mathrm{e}$ 与 $y=\ln x$ 所围成.

解 (1) 曲线 $y=x^3, y=0, x=1$ 围成的图形如图 4-16 中的阴影部分.

当平面图形绕 x 轴旋转时，所得旋转体的体积为

$$V_x=\pi\int_0^1 x^6\mathrm{d}x=\frac{1}{7}\pi x^7\Big|_0^1=\frac{\pi}{7}.$$

当平面图形绕 y 轴旋转时，所得旋转体的体积为

$$V_y=\pi\int_0^1\mathrm{d}x-\pi\int_0^1\sqrt[3]{y^2}\mathrm{d}y=\pi-\frac{3}{5}\pi=\frac{2}{5}\pi.$$

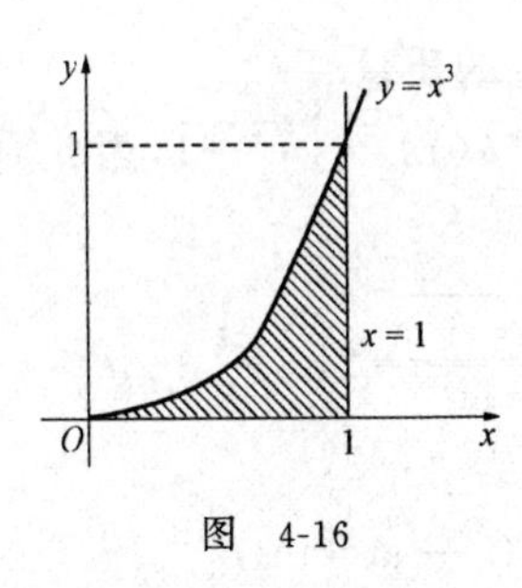

图 4-16

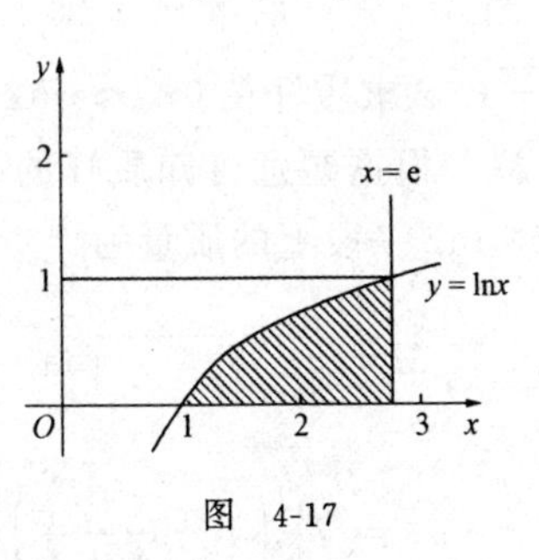

图 4-17

(2) 曲线 $y=\ln x$ 与 $y=0, x=\mathrm{e}$ 围成的图形如图 4-17 中的阴影部分.

当平面图形绕 x 轴旋转时，所得的旋转体体积为

$$V_x=\pi\int_1^{\mathrm{e}}\ln^2 x\mathrm{d}x=\pi\left(x\ln^2 x\Big|_1^{\mathrm{e}}-2\int_1^{\mathrm{e}}\ln x\mathrm{d}x\right)$$

$$=\pi\mathrm{e}-2\pi\left(x\ln x\Big|_1^{\mathrm{e}}-\int_1^{\mathrm{e}}\mathrm{d}x\right)=\pi\mathrm{e}-2\pi\mathrm{e}+2\pi x\Big|_1^{\mathrm{e}}$$

$$= \pi(e - 2).$$

当平面图形绕 y 轴旋转时，所得的旋转体体积为

$$V_y = \pi\int_0^1 e^2 dy - \pi\int_0^1 e^{2y} dy = \pi e^2 y\Big|_0^1 - \frac{1}{2}\pi e^{2y}\Big|_0^1$$

$$= \frac{\pi}{2}(e^2 + 1).$$

例 3 证明：曲线 $xy=1$ $(x>0, y>0)$ 上任意一点处的切线与两坐标轴所围成的三角形的面积为一常数.

证 由于 $y=\frac{1}{x}$，得到 $y'=-\frac{1}{x^2}=-\frac{y}{x}$，因此曲线 $xy=1$ 在任意点 (x_0, y_0) 处的切线斜率为 $-\frac{y_0}{x_0}$. 过 (x_0, y_0) 的切线方程为

$$y - y_0 = -\frac{y_0}{x_0}(x - x_0).$$

由切线方程，当 $x=0$ 时，$y=2y_0$；当 $y=0$ 时，$x=2x_0$. 故切线与两坐标轴所围成的三角形的面积

$$S = \frac{1}{2} 2x_0 \cdot 2y_0 = 2.$$

例 4 有一放置在 x 轴上的质杆，若其上每一点的线密度为 $\sqrt{e^x-1}$，试求质杆在 $0 \leqslant x \leqslant \ln 2$ 一段上的质量.

解 根据题意可知质杆的线密度 $\mu(x)=\sqrt{e^x-1}$，因此质杆在 $0 \leqslant x \leqslant \ln 2$ 一段上的质量为

$$M = \int_0^{\ln 2} \sqrt{e^x - 1}\,dx \xlongequal[\substack{x:\,0 \to \ln 2 \\ t:\,0 \to 1}]{\text{令 } t = \sqrt{e^x - 1}} 2\int_0^1 \frac{t^2}{1 + t^2} dt$$

$$= 2\int_0^1 \left(1 - \frac{1}{1 + t^2}\right) dt = 2(t - \arctan t)\Big|_0^1$$

$$= 2 - \frac{\pi}{2}.$$

例 5 求下列无穷积分：

(1) $\int_0^{+\infty} e^{-\sqrt{x}} dx$； (2) $\int_0^{+\infty} \frac{x}{(1+x)^3} dx$；

(3) $\int_0^{+\infty} e^{-x} \sin x\, dx$； (4) $\int_1^{+\infty} \frac{\arctan x}{x^2} dx$.

解 (1) 设 $t=\sqrt{x}$，则 $x=t^2, \mathrm{d}x=2t\mathrm{d}t$. 当 $x=0$ 时，$t=0$；当 $x\to+\infty$时，$t\to+\infty$. 于是

$$\begin{aligned}\int_0^{+\infty}\mathrm{e}^{-\sqrt{x}}\mathrm{d}x &= 2\int_0^{+\infty}t\mathrm{e}^{-t}\mathrm{d}t = -2\int_0^{+\infty}t\mathrm{d}\mathrm{e}^{-t}\\ &= -2\left(t\mathrm{e}^{-t}\Big|_0^{+\infty}-\int_0^{+\infty}\mathrm{e}^{-t}\mathrm{d}t\right)\\ &= -2\left(\lim_{t\to+\infty}t\mathrm{e}^{-t}+\mathrm{e}^{-t}\Big|_0^{+\infty}\right)\\ &= -2\left(\lim_{t\to+\infty}\frac{t}{\mathrm{e}^t}+\lim_{t\to+\infty}\mathrm{e}^{-t}-1\right)=2.\end{aligned}$$

(2) $$\begin{aligned}\int_0^{+\infty}\frac{x}{(1+x)^3}\mathrm{d}x &= \int_0^{+\infty}\left[\frac{1}{(1+x)^2}-\frac{1}{(1+x)^3}\right]\mathrm{d}x\\ &= \lim_{b\to+\infty}\int_0^b\left[\frac{1}{(1+x)^2}-\frac{1}{(1+x)^3}\right]\mathrm{d}x\\ &= \lim_{b\to+\infty}\left\{1-\frac{1}{1+b}+\frac{1}{2}\left[\frac{1}{(1+b)^2}-1\right]\right\}=\frac{1}{2}.\end{aligned}$$

(3) 由于

$$\begin{aligned}\int_0^{+\infty}\mathrm{e}^{-x}\sin x\mathrm{d}x &= -\mathrm{e}^{-x}\cos x\Big|_0^{+\infty}-\int_0^{+\infty}\mathrm{e}^{-x}\cos x\mathrm{d}x\\ &= 1-\int_0^{+\infty}\mathrm{e}^{-x}\mathrm{d}\sin x\\ &= 1-\left(\mathrm{e}^{-x}\sin x\Big|_0^{+\infty}+\int_0^{+\infty}\mathrm{e}^{-x}\sin x\mathrm{d}x\right)\\ &= 1-\int_0^{+\infty}\mathrm{e}^{-x}\sin x\mathrm{d}x,\end{aligned}$$

因此 $2\int_0^{+\infty}\mathrm{e}^{-x}\sin x\mathrm{d}x=1$，故

$$\int_0^{+\infty}\mathrm{e}^{-x}\sin x\mathrm{d}x=\frac{1}{2}.$$

(4) $$\begin{aligned}\int_1^{+\infty}\frac{\arctan x}{x^2}\mathrm{d}x &= \int_1^{+\infty}\arctan x\,\mathrm{d}\left(-\frac{1}{x}\right)\\ &= -\frac{1}{x}\arctan x\Big|_1^{+\infty}+\int_1^{+\infty}\frac{1}{x(1+x^2)}\mathrm{d}x\\ &= \frac{\pi}{4}+\int_1^{+\infty}\left(\frac{1}{x}-\frac{x}{1+x^2}\right)\mathrm{d}x\\ &= \frac{\pi}{4}+\left[\ln x-\frac{1}{2}\ln(1+x^2)\right]\Big|_1^{+\infty}\end{aligned}$$

$$=\frac{\pi}{4}+\lim_{b\to+\infty}\left(\ln\frac{b}{\sqrt{1+b^2}}+\frac{1}{2}\ln 2\right)$$

$$=\frac{\pi}{4}+\frac{1}{2}\ln 2.$$

习　题　4.5

1. 由曲线 $y=\frac{1}{\sqrt{x}}$ 与直线 $x=0,x=1,y=0$ 围成图形的面积为________.

2. 若无穷积分 $\int_{-\infty}^{0}\mathrm{e}^{ax}\mathrm{d}x=\frac{1}{3}$,则 $a=$________.

3. 无穷积分 $\int_{0}^{+\infty}\frac{\ln x}{1+x^2}\mathrm{d}x=$________.

4. 求过点(2,0)作曲线 $y=x^3$ 的切线,并求切线与曲线 $y=x^3$ 围成图形的面积.

5. 设 $y=\mathrm{e}^x(0\leqslant x\leqslant 1)$ 与直线 $x=0,x=1,y=\mathrm{e}^t(0\leqslant t\leqslant 1)$ 所围平面图形的面积为 $S(t)$,求 $S(t)$ 的最大、最小值.

6. 求由曲线 $y=\frac{1}{2}x^2$ 与 $x=4y^2$ 所围成的图形绕 x 轴旋转而成旋转体的体积.

7. 求由曲线 $y=x^3$ 与直线 $x=2,y=0$ 所围成的平面图形分别绕 x 轴和 y 轴旋转所产生立体的体积 V_x 与 V_y.

8. 求下列无穷积分的值:

(1) $\int_{0}^{+\infty}\mathrm{e}^{-x}\mathrm{d}x$;　　(2) $\int_{1}^{+\infty}\frac{1}{\sqrt{x}}\mathrm{d}x$;

(3) $\int_{0}^{+\infty}x\mathrm{e}^{-x}\mathrm{d}x$;　　(4) $\int_{0}^{+\infty}\frac{x}{(1+x)^3}\mathrm{d}x$;

(5) $\int_{0}^{+\infty}\mathrm{e}^{-x}\sin x\mathrm{d}x$;　　(6) $\int_{1}^{+\infty}\frac{\arctan x}{x^2}\mathrm{d}x$.

9. 设无穷积分 $\int_{-\infty}^{+\infty}\frac{1}{\sqrt{2\pi}}\mathrm{e}^{-\frac{x^2}{2}}\mathrm{d}x=1$,证明:

$$\int_{\mu}^{+\infty}\frac{1}{\sqrt{2\pi}\sigma}\mathrm{e}^{-\frac{(x-\mu)^2}{2\sigma^2}}\mathrm{d}x=\frac{1}{2},$$

其中 σ,μ 均为常数,且 $\sigma>0$.

第五章　多元函数微积分

§1　二元函数的极限与连续

内 容 提 要

1. 平面区域

1.1　平面点集

所谓**平面点集**是指平面上满足某个条件 S 的一切点构成的集合.

1.2　邻域

设 $P_0\in\mathbf{R}^2,\delta\in\mathbf{R}$,且 $\delta>0$,我们把满足不等式

$$|P-P_0|<\delta$$

的一切点 P 的全体称为 P_0 点的 δ **邻域**,记作 $U_\delta(P_0)$,其中 δ 为**邻域半径**,即

$$U_\delta(P_0)=\{P\,|\,|P-P_0|<\delta\}.$$

可见平面上 P_0 点的 δ 邻域是以 P_0 点为中心半径为 δ 的不包括圆周在内的圆的内部. 与实数集类似,我们分别用 $U_\delta(\overline{P}_0)$,$U(P_0)$以及 $U(\overline{P}_0)$表示 P_0 点的 δ **空心邻域**,不指明邻域半径的邻域及空心邻域.

1.3　内点

设 E 为一平面点集,点 $P_0\in E$. 如果存在着 $\delta>0$,使得 $U_\delta(P_0)\subset E$,那么我们称 P_0 是 E 的**内点**.

1.4　开集

如果 E 的每一个点都是它的内点,那么我们称 E 是**开集**.

1.5　边界

设 $P_1\in\mathbf{R}^2$,如果 P_1 的任何邻域中既含有 E 的点,也含有不属于 E 的点,那么我们称 P_1 是 E 的**边界点**. E 的全部边界点构成的集

合，叫做 E 的**边界**，记为 ∂E，读作"偏 E".

一个平面点集的边界点可能属于这个集，也可能不属于这个集.

1.6　开区域与闭区域

设 D 是一个开集. 如果 D 中的任意两点都可以用一条位于 D 内的折线（由有限个相衔接线段组成）连接，那么我们称 D 为一**开区域**，开区域也称为**区域**. 这种可以用位于 D 内折线把 D 中任意两点连接起来的性质称为连通性，因此区域是只含有内点的连通集. 一个区域 D 和它的边界 ∂D 构成的集合称为**闭区域**，记为 $\overline{D}$. 显然

$$\overline{D}=D\cup\partial D.$$

通常我们把点集 $\mathbf{R}^2$ 也称为**全平面**，因为全平面没有边界点，所以我们说它包含了全部边界点，也可以说它不包含边界点. 因此全平面既是闭区域又是开区域.

注意　为了叙述方便，我们把开区域和闭区域统称为**平面区域**（以后也简称为**区域**，仍用 D 表示）.

2. 二元函数

定义 5.1　设 D 是平面上的一个点集，f 是一个确定的对应关系. 如果对于 D 中的每一个点 (x,y)，通过 f 都有实数集 $\mathbf{R}$ 内的惟一确定的一个实数 z 与之对应，那么这个对应关系 f 就叫做由 D 到 $\mathbf{R}$ 的**二元函数**，记为

$$f: D\to\mathbf{R};$$

而 z 叫做 f 在点 (x,y) 处的**函数值**，记作 $z=f(x,y)$；D 叫做函数 f 的**定义域**；所有的函数值的集合 Z，即

$$Z=\{f(x,y)\mid(x,y)\in D\}$$

叫做 f 的**值域**. 我们也可以称二元函数 f 是从 D 到 Z 上的**映射**.

通常说，$z=f(x,y)$ 是 x,y 的二元函数，x 与 y 是自变量，z 是因变量.

3. 二元函数的极限

定义 5.2　设函数 $z=f(x,y)$ 在 $U(\overline{P}_0)$ 上有定义. 对于任意的 $P\in U(\overline{P}_0)$，如果点 $P(x,y)$ 与定点 $P_0(x_0,y_0)$ 之间的距离

$$\rho=\sqrt{(x-x_0)^2+(y-y_0)^2}$$

趋向于 0 时，$f(x,y)$趋向于一个常数 A，那么我们就称 A 为 P **趋于 P_0 时**(或在 P_0 处)**函数 $f(x,y)$的极限**，记作

$$\lim_{(x,y)\to(x_0,y_0)} f(x,y) = A \quad \text{或} \quad f(x,y) \to A \quad (\rho \to 0).$$

注意 在我们讨论二元函数极限时，总是指点 P 以任意的方式趋向于点 P_0(通常称这种极限为**全面极限**). 由此可见，如果点 P 沿着两个不同的路径趋向于点 P_0 时，$f(x,y)$分别趋向于两个不同的常数，那么我们就可以说，当 P 趋向于 P_0 时，函数 $f(x,y)$的极限不存在，因为它不满足定义中的要求.

4. 二元函数的连续性

定义 5.3 设函数 $z=f(x,y)$在 $U(P_0)$上有定义. 如果当 $P(x,y)$趋向于 $P_0(x_0,y_0)$时，函数 $f(x,y)$以 $f(x_0,y_0)$为极限，即

$$\lim_{(x,y)\to(x_0,y_0)} f(x,y) = f(x_0,y_0),$$

则称函数 $f(x,y)$在点 P_0 处是**连续**的.

注意 如果函数 $z=f(x,y)$在平面区域 D 内的每一个点上都连续，那么我们就说函数 $f(x,y)$在 D 内是连续的. 一般来说，区域上连续函数的图形是一张连续的曲面.

与一元函数类似，若二元函数在有界闭区域 D 上连续，则有下面几个结论成立：

最大、最小值定理 若函数 $f(x,y)$在有界闭区域 D 上连续，则它在 D 上一定能取得最大值和最小值.

中间值定理 若函数 $f(x,y)$在有界闭区域 D 上连续，且它取到两个不同的函数值，则它一定能取到这两个函数值之间的一切值.

推论(零点存在定理) 若函数 $f(x,y)$在有界闭区域 D 上连续，且它取到的两个不同函数值中，一个大于零，另一个小于零，则至少存在一点$(\xi,\eta)\in D$，使 $f(\xi,\eta)=0$.

有界性定理 若函数 $f(x,y)$在有界闭区域 D 上连续，则它必在 D 上有界.

典型例题分析

例 1 在直角坐标系中，用联立不等式表示下面的平面区域 D：

(1) D 是由 $x=1,y=x$ 以及 $y=0$ 所围成；

(2) D 是由 $4y=x^2,4x=y^2$ 所围成；

(3) D 是由 $x=1-y^2,x=0$ 以及 $y=0$ 所围成；

(4) D 是 $x^2+y^2\leqslant 9,x^2+y^2\geqslant 4$ 在第一象限的公共部分.

解 (1) 由 $x=1,y=x$ 以及 $y=0$ 所围成的平面区域如图 5-1 所示(斜线部分). 首先将区域 D 往 x 轴上投影,得到 x 的变化范围 $0\leqslant x\leqslant 1$；然后在区间$(0,1]$内任找一点作一条平行于 y 轴的直线，确定 y 的变化范围是 $0\leqslant y\leqslant x$. 于是我们便得到：

$$D:\begin{cases}0\leqslant x\leqslant 1,\\0\leqslant y\leqslant x.\end{cases}$$

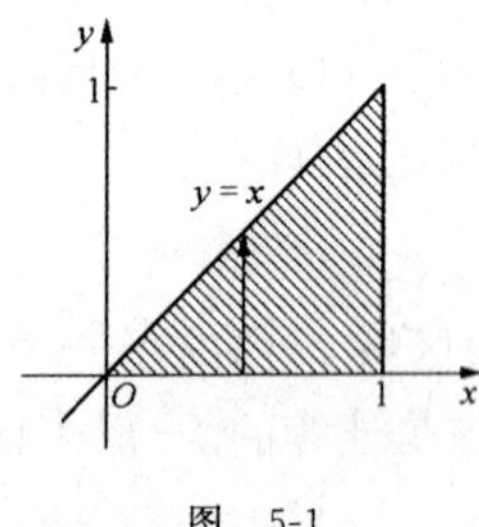

图 5-1

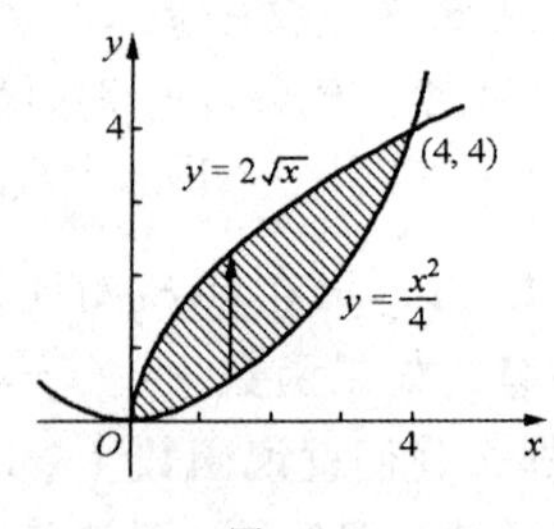

图 5-2

(2) 由 $4y=x^2$ 与 $4x=y^2$ 所围成的平面区域如图 5-2 所示(斜线部分),可见,其交点分别为$(0,0)$与$(4,4)$. 于是我们便得到

$$D:\begin{cases}0\leqslant x\leqslant 4,\\\dfrac{x^2}{4}\leqslant y\leqslant 2\sqrt{x}.\end{cases}$$

(3) 由 $x=1-y^2,x=0$ 以及 $y=0$ 所围成的平面区域如图 5-3 所示(斜线部分),可见其交点分别为$(0,1)$和$(1,0)$. 于是我们便得到

$$D:\begin{cases}0\leqslant x\leqslant 1,\\0\leqslant y\leqslant \sqrt{1-x}.\end{cases}$$

(4) 由于 $x^2+y^2\leqslant 9$ 与 $x^2+y^2\geqslant 4$ 在第一象限的公共部分如图 5-4 所示(斜线部分). 首先我们在 $x=2$ 处作一条平行 y 轴直线，这样就将区域 D 分为 D_1 和 D_2 两部分，于是我们便得到

$$D_1:\begin{cases}0\leqslant x\leqslant 2,\\\sqrt{4-x^2}\leqslant y\leqslant \sqrt{9-x^2},\end{cases}\quad D_2:\begin{cases}2\leqslant x\leqslant 3,\\0\leqslant y\leqslant \sqrt{9-x^2},\end{cases}$$

并且 $D=D_1\cup D_2$.

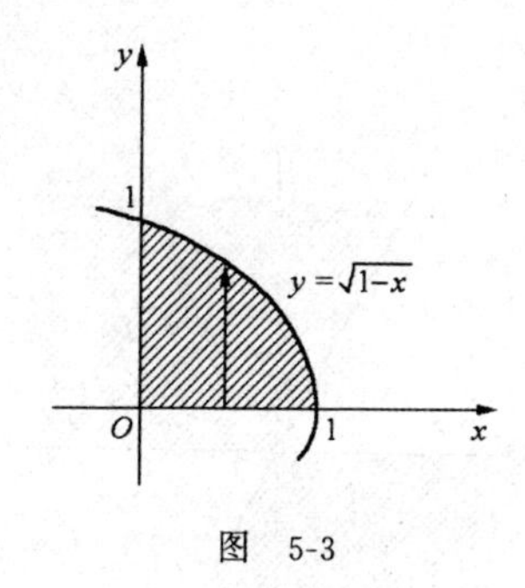

图 5-3

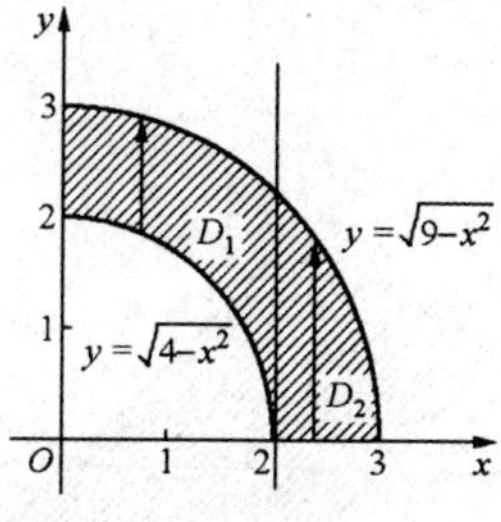

图 5-4

例 2 求下列函数的定义域,并画出其图形:

(1) $z=\sqrt{1-(x+y)^2}$; (2) $z=\arccos\dfrac{x}{x+y}$;

(3) $z=\dfrac{\sqrt{x^2+y^2-1}}{\sqrt{4-x^2-y^2}}$; (4) $z=\dfrac{\sqrt{4x-y^2}}{\ln(1-x^2-y^2)}$.

解 (1) 由 $z=\sqrt{1-(x+y)^2}$ 可见,自变量 x,y 必须满足

$$(x+y)^2\leqslant 1,\quad 即\quad -1\leqslant x+y\leqslant 1,$$

于是其定义域 $D=\{(x,y)\mid -1\leqslant x+y\leqslant 1\}$(见图 5-5).

(2) 由 $z=\arccos\dfrac{x}{x+y}$ 可见,自变量 x,y 必须满足

$$\begin{cases} x+y\neq 0, \\ -1\leqslant \dfrac{x}{x+y}\leqslant 1. \end{cases}$$

下面分两种情况来讨论:

当 $x+y>0$ 时,有

$$\begin{cases} x+y>0, \\ -(x+y)\leqslant x\leqslant x+y, \end{cases}\quad 即\quad \begin{cases} -2x\leqslant y, \\ y\geqslant 0; \end{cases}$$

当 $x+y<0$ 时,有

$$\begin{cases} x+y<0, \\ -(x+y)\geqslant x\geqslant (x+y), \end{cases}\quad 即\quad \begin{cases} -2x\geqslant y, \\ y\leqslant 0. \end{cases}$$

于是其定义域

$$D=\{(x,y)\mid y\geqslant 0,\ -2x\leqslant y\}\cup\{(x,y)\mid y\leqslant 0,\ -2x\geqslant y\}$$
(见图 5-6).

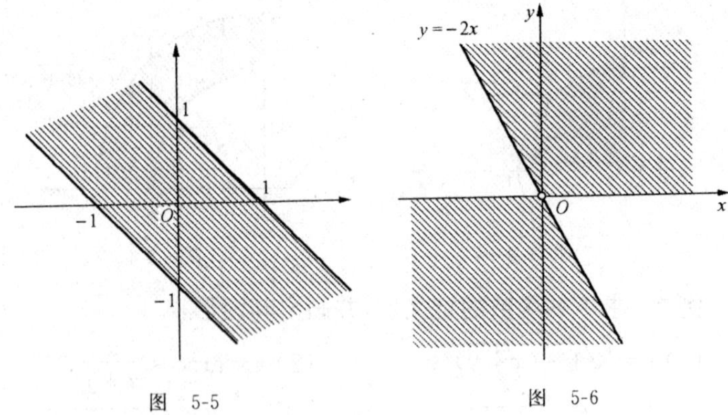

图 5-5　　　　图 5-6

(3) 由 $z=\dfrac{\sqrt{x^2+y^2-1}}{\sqrt{4-x^2-y^2}}$ 可见,自变量 x,y 必须满足

$$\begin{cases}x^2+y^2\geqslant 1,\\4-x^2-y^2>0,\end{cases}\quad 即\quad 1\leqslant x^2+y^2<4.$$

于是其定义域 $D=\{(x,y)\mid 1\leqslant x^2+y^2<4\}$(见图 5-7).

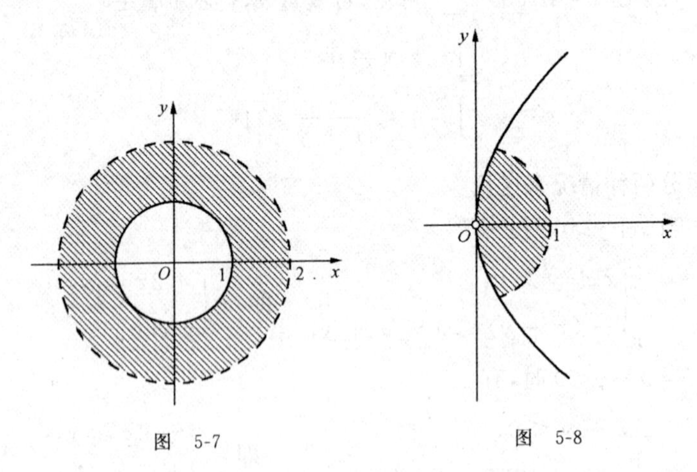

图 5-7　　　　图 5-8

(4) 由 $z=\dfrac{\sqrt{4x-y^2}}{\ln(1-x^2-y^2)}$ 可见,自变量 x,y 必须满足

$$\begin{cases}4x-y^2\geqslant 0,\\1-x^2-y^2>0,\\1-x^2-y^2\neq 1,\end{cases}\quad 即\quad \begin{cases}4x\geqslant y^2,\\x^2+y^2<1,\\x\neq 0,y\neq 0.\end{cases}$$

于是其定义域 $D=\{(x,y)\mid 4x\geqslant y^2,x^2+y^2<1,(x,y)\neq(0,0)\}$(见图 5-8).

例 3 设 $f(x+y,x-y)=\mathrm{e}^{x^2+y^2}\cos(x^2-y^2)$,求 $f(x,y)$.

解 设 $u=x+y,v=x-y$,由此可以求得

$$x=\frac{u+v}{2},\quad y=\frac{u-v}{2},$$

于是
$$x^2+y^2=\frac{u^2+v^2}{2},\quad x^2-y^2=uv,$$

因此
$$f(u,v)=\mathrm{e}^{\frac{u^2+v^2}{2}}\cos uv,$$

即
$$f(x,y)=\mathrm{e}^{\frac{x^2+y^2}{2}}\cos xy.$$

例 4 判断函数 $z=\dfrac{x^3-y^3}{x-y}$ 与 $z=x^2+xy+y^2$ 是否相同?

解 由于 $z=\dfrac{x^3-y^3}{x-y}$ 的定义域为

$$D_1=\{(x,y)\mid x\neq y\},$$

而 $z=x^2+xy+y^2$ 的定义域是全平面,即

$$D_2=\{(x,y)\mid -\infty<x<+\infty,-\infty<y<+\infty\},$$

因此这两个函数是不同的.

例 5 求极限 $\lim\limits_{(x,y)\to(0,0)}(x^2+y^2)\sin\dfrac{1}{x^2+y^2}$.

解 函数 $f(x,y)=(x^2+y^2)\sin\dfrac{1}{x^2+y^2}$ 在点 $(0,0)$ 虽然没有定义,但当 $(x,y)\to(0,0)$ 时,由于 $(x^2+y^2)\to 0$ 且 $\left|\sin\dfrac{1}{x^2+y^2}\right|\leqslant 1$,所以 $f(x,y)$ 的极限存在,且

$$\lim_{(x,y)\to(0,0)}(x^2+y^2)\sin\frac{1}{x^2+y^2}=0.$$

例 6 讨论函数

$$f(x,y)=\begin{cases}\sqrt{1-x^2-y^2}, & x^2+y^2\leqslant 1,\\ 1, & x^2+y^2>1\end{cases}$$

的连续性.

解 当 $x^2+y^2<1$ 时,函数 $f(x,y)$ 与初等函数 $\sqrt{1-x^2-y^2}$ 恒同,因而是连续的.同理,当 $x^2+y^2>1$ 时 $f(x,y)$ 也是连续的.因此,只需要讨论 $f(x,y)$ 在单位圆周上的连续性.设 (x_0,y_0) 是单位圆周上的任一点,也即 $x_0^2+y_0^2=1$.根据定义 $f(x_0,y_0)=0$,但是

$$\lim_{\substack{(x,y)\to(x_0,y_0)\\ x^2+y^2>1}} f(x,y)=\lim_{\substack{(x,y)\to(x_0,y_0)\\ x^2+y^2>1}} 1=1,$$

故 $f(x,y)$ 在点 (x_0,y_0) 处不连续.由于 (x_0,y_0) 是单位圆周上任意一点,所以 $f(x,y)$ 在单位圆周 $x^2+y^2=1$ 上不连续.

习 题 5.1

1. 二元函数 $z=\arcsin(1-y)+\ln(x-y)$ 的定义域为________.

2. 设 $f(x-y,\ln x)=\left(1-\dfrac{y}{x}\right)\dfrac{e^y}{e^x\ln(2x)^x}$,则 $f(x,y)=$________.

3. 设 $f(x+y,x-y)=x^2-y^2$,则 $f(x,y)=$________.

4. 函数 $z=\dfrac{1}{\sqrt{x+y}}+\dfrac{1}{\sqrt{x-y}}$ 的连续区域为________.

5. 在直角坐标系中,用联立不等式表示下面的平面区域 D:

(1) D 是由 $y=x,x=1,x=2$ 以及 $y=2x$ 所围成的区域;

(2) D 是由 $y=\dfrac{1}{x},x=1,x=2$ 以及 $y=2$ 所围成的区域.

6. 求下列函数的定义域,并作出其图形:

(1) $z=\sqrt{x}+y$;　　(2) $z=\dfrac{1}{\sqrt{x^2+y^2}}$;

(3) $z=\arcsin(x-y)+\ln(x+y)$;

(4) $z=\ln(4-x^2-y^2)+\dfrac{\ln(|y|-1)}{\sqrt{x^2-1}}$.

7. 函数 $z=\dfrac{x^2-y^2}{x-y}$ 与 $z=x+y$ 是否相同?

§2 偏导数和全微分

内 容 提 要

1. 偏导数

定义 5.4 设函数 $z=f(x,y)$ 在 $U(P_0)$ 上有定义. 固定 $y=y_0$，得到 x 的一元函数

$$z=f(x,y_0).$$

如果这个一元函数在 $x=x_0$ 点导数存在，那么我们就称一元函数 $z=f(x,y_0)$ 在 x_0 点的导数为二元函数 $z=f(x,y)$ 在点 $P_0(x_0,y_0)$ 处对 x 的**偏导数**(或**偏微商**)，记作

$$f'_x(x_0,y_0),\ \frac{\partial f(x_0,y_0)}{\partial x}\ \text{或}\ \left.\frac{\partial z}{\partial x}\right|_{(x_0,y_0)}.$$

同样可以定义函数 $z=f(x,y)$ 在点 (x_0,y_0) 处对 y 的偏导数，记作

$$f'_y(x_0,y_0),\ \frac{\partial f(x_0,y_0)}{\partial y}\ \text{或}\ \left.\frac{\partial z}{\partial y}\right|_{(x_0,y_0)}.$$

如果函数 $z=f(x,y)$ 在平面区域 D 内每一点 (x,y) 处 $f'_x(x,y)$ 与 $f'_y(x,y)$ 都存在，那么我们就说它在区域 D 内偏导数存在，并说它在区域 D 内是可导的. 由于 $f'_x(x,y)$ 与 $f'_y(x,y)$ 在区域 D 内仍是 x,y 的二元函数，我们称它们为**偏导函数**，简称为**偏导数**，记为

$$f'_x(x,y)\ \text{或}\ \frac{\partial f(x,y)}{\partial x},\quad f'_y(x,y)\ \text{或}\ \frac{\partial f(x,y)}{\partial y};$$

也可简记为

$$f'_x\ \text{或}\ \frac{\partial f}{\partial x},\quad f'_y\ \text{或}\ \frac{\partial f}{\partial y}.$$

2. 复合函数的求导法则——链锁法则

设函数 $u=u(x,y)$，$v=v(x,y)$ 在点 (x,y) 处可导，且在对应于 (x,y) 的点 (u,v) 处，函数 $z=f(u,v)$ 可微，则复合函数

$$z=f[u(x,y),v(x,y)]$$

在点(x,y)处也可导，且

$$\frac{\partial z}{\partial x}=\frac{\partial f}{\partial u}\cdot\frac{\partial u}{\partial x}+\frac{\partial f}{\partial v}\cdot\frac{\partial v}{\partial x},\quad \frac{\partial z}{\partial y}=\frac{\partial f}{\partial u}\cdot\frac{\partial u}{\partial y}+\frac{\partial f}{\partial v}\cdot\frac{\partial v}{\partial y}.$$

特别地，若$z=f(u,v)$，而$u=u(x)$，$v=v(x)$，则复合函数

$$z=f[u(x),v(x)]$$

是x的一元函数. 这时，我们称z对x的导数

$$\frac{\mathrm{d}z}{\mathrm{d}x}=\frac{\partial f}{\partial u}\cdot\frac{\mathrm{d}u}{\mathrm{d}x}+\frac{\partial f}{\partial v}\cdot\frac{\mathrm{d}v}{\mathrm{d}x}$$

为二元函数$f(u,v)$对x的**全导数**(或**全微商**).

3. 隐函数的求导法则

设函数$F(x,y,z)$在点$P(x_0,y_0,z_0)$的某一邻域内有连续的偏导数，且

$$F(x_0,y_0,z_0)=0,\quad F'_z(x_0,y_0,z_0)\neq 0,$$

则方程$F(x,y,z)=0$在(x_0,y_0)的某一邻域内恒能惟一确定一个单值连续且具有连续偏导数的函数$z=f(x,y)$，它满足方程$F(x,y,z)=0$及条件$z_0=f(x_0,y_0)$，其偏导数可由

$$\frac{\partial F}{\partial x}+\frac{\partial F}{\partial z}\cdot\frac{\partial z}{\partial x}=0\quad 和\quad \frac{\partial F}{\partial y}+\frac{\partial F}{\partial z}\cdot\frac{\partial z}{\partial y}=0$$

来确定，即

$$\frac{\partial z}{\partial x}=-\frac{\frac{\partial F}{\partial x}}{\frac{\partial F}{\partial z}},\quad \frac{\partial z}{\partial y}=-\frac{\frac{\partial F}{\partial y}}{\frac{\partial F}{\partial z}}.$$

特别地，对由方程$F(x,y)=0$确定的隐函数$y=y(x)$也有完全类似的结论，其导数可由如下关系式求出：

$$\frac{\mathrm{d}y}{\mathrm{d}x}=-\frac{F'_x}{F'_y}.$$

4. 高阶偏导数

由于二元函数$z=f(x,y)$的两个偏导数f'_x和f'_y仍是x,y的二元函数，因此我们还可以继续讨论它们关于x和y的偏导数. 我们把f'_x和f'_y的偏导数叫做$f(x,y)$的**二阶偏导数**. 显然二元函数的二

阶偏导数共有四个,分别为

$$\frac{\partial}{\partial x}f'_x=\frac{\partial}{\partial x}\left(\frac{\partial f}{\partial x}\right)\xlongequal{\text{def}}\frac{\partial^2 f}{\partial x^2}，简记为 f''_{xx} 或 z''_{xx}；$$

$$\frac{\partial}{\partial y}f'_x=\frac{\partial}{\partial y}\left(\frac{\partial f}{\partial x}\right)\xlongequal{\text{def}}\frac{\partial^2 f}{\partial x\partial y}，简记为 f''_{xy} 或 z''_{xy}；$$

$$\frac{\partial}{\partial x}f'_y=\frac{\partial}{\partial x}\left(\frac{\partial f}{\partial y}\right)\xlongequal{\text{def}}\frac{\partial^2 f}{\partial y\partial x}，简记为 f''_{yx} 或 z''_{yx}；$$

$$\frac{\partial}{\partial y}f'_y=\frac{\partial}{\partial y}\left(\frac{\partial f}{\partial y}\right)\xlongequal{\text{def}}\frac{\partial^2 f}{\partial y^2}，简记为 f''_{yy} 或 z''_{yy}，$$

其中f''_{xy}和f''_{yx}称为$f(x,y)$的二阶混合偏导数,因为它们包含着对不同自变量的偏导数.

高于二阶的偏导数可以类似地定义和表示,高阶偏导数又称为**高阶偏微商**.

注意 如果二元函数$f(x,y)$的两个混合偏导数在区域D上连续,则它们必然相等.通常我们所遇到的都是初等函数,它们的各阶偏导数都是连续的,因此它们的混合偏导数总是相等的.

5. 全微分

定义 5.5 设函数$z=f(x,y)$在$U(P_0)$上有定义.给x_0一个改变量Δx,y_0一个改变量Δy,使得$P(x_0+\Delta x,y_0+\Delta y)\in U(P_0)$,函数$f(x,y)$相应地有改变量

$$\Delta z=f(x_0+\Delta x,y_0+\Delta y)-f(x_0,y_0).$$

如果存在着这样的常数A和B,使得

$$\Delta z=A\cdot\Delta x+B\cdot\Delta y+o(\rho)$$
$$(\rho=\sqrt{\Delta x^2+\Delta y^2},\rho\neq 0,\rho\to 0),$$

那么就称$A\cdot\Delta x+B\cdot\Delta y$为函数$f(x,y)$在点$P_0(x_0,y_0)$处的**全微分**,记作

$$\mathrm{d}f(x_0,y_0)=A\cdot\Delta x+B\cdot\Delta y,$$

并称函数$z=f(x,y)$在点P_0处是**可微**的.

如果函数$z=f(x,y)$在区域D内的每一点处都可微,则称$f(x,y)$**在区域D内可微**,其全微分记作$\mathrm{d}f(x,y)$或$\mathrm{d}z$.

6. 函数在一点可微的必要条件与充分条件

可微的充分条件 设二元函数 $z=f(x,y)$ 的偏导数 $f'_x(x,y)$，$f'_y(x,y)$ 在 (x_0,y_0) 点及它的某一个邻域内存在，并且在该点连续，则函数在该点可微.

可微的必要条件 设函数 $z=f(x,y)$ 在点 $P_0(x_0,y_0)$ 处可微，则函数在该点处的两个偏导数存在，并且

$$A = f'_x(x_0,y_0), \quad B = f'_y(x_0,y_0).$$

7. 一阶全微分形式的不变性

设 $z=f(u,v)$ 是可微的二元函数，不论 u,v 是自变量还是中间变量，它们的全微分都具有相同的形式：

$$\mathrm{d}z = \frac{\partial f}{\partial u}\mathrm{d}u + \frac{\partial f}{\partial v}\mathrm{d}v.$$

我们称这个性质为**一阶全微分形式不变性**.

注意 当 u,v 是自变量，C 是常数时，有

$$\mathrm{d}(u \pm v) = \mathrm{d}u \pm \mathrm{d}v, \quad \mathrm{d}(Cu) = C\mathrm{d}u,$$

$$\mathrm{d}(uv) = v\mathrm{d}u + u\mathrm{d}v, \quad \mathrm{d}\left(\frac{u}{v}\right) = \frac{v\mathrm{d}u - u\mathrm{d}v}{v^2}.$$

由一阶全微分形式的不变性可知，当 u,v 为中间变量时，上面的式子仍然成立. 此外，当 f 仅为 u 的一元函数时，即

$$z = f(u), \quad u = u(x,y),$$

可以得到

$$\mathrm{d}z = \mathrm{d}f[u(x,y)] = f'_u[u(x,y)]\mathrm{d}u.$$

这样连同上面的微分四则运算法则，就可以通过微分来求偏导数（或全导数）.

典型例题分析

例 1 求下列函数的偏导数：

(1) $z=\mathrm{e}^{xy}+yx^2$； (2) $z=\dfrac{x}{\sqrt{x^2+y^2}}$；

(3) $z=\ln(x+\sqrt{x^2+y^2})$； (4) $u=\mathrm{e}^{x^2y^3z^5}$.

解 (1) $\frac{\partial z}{\partial x}=\mathrm{e}^{xy}(xy)'_x+2xy=y\mathrm{e}^{xy}+2xy,$

$\frac{\partial z}{\partial y}=\mathrm{e}^{xy}(xy)'_y+x^2=x\mathrm{e}^{xy}+x^2.$

(2) $\frac{\partial z}{\partial x}=\frac{\sqrt{x^2+y^2}-x\frac{x}{\sqrt{x^2+y^2}}}{x^2+y^2}=\frac{y^2}{(x^2+y^2)^{\frac{3}{2}}},$

$\frac{\partial z}{\partial y}=\frac{-\frac{x(2y)}{2\sqrt{x^2+y^2}}}{x^2+y^2}=-\frac{xy}{(x^2+y^2)^{\frac{3}{2}}}.$

(3) $\frac{\partial z}{\partial x}=\frac{1}{x+\sqrt{x^2+y^2}}\left(1+\frac{x}{\sqrt{x^2+y^2}}\right)=\frac{1}{\sqrt{x^2+y^2}},$

$\frac{\partial z}{\partial y}=\frac{1}{x+\sqrt{x^2+y^2}}\cdot\frac{y}{\sqrt{x^2+y^2}}=\frac{y}{\sqrt{x^2+y^2}(x+\sqrt{x^2+y^2})}.$

(4) $\frac{\partial u}{\partial x}=\mathrm{e}^{x^2y^3z^5}\cdot 2xy^3z^5=2xy^3z^5\mathrm{e}^{x^2y^3z^5},$

$\frac{\partial u}{\partial y}=\mathrm{e}^{x^2y^3z^5}\cdot 3x^2y^2z^5=3x^2y^2z^5\mathrm{e}^{x^2y^3z^5},$

$\frac{\partial u}{\partial z}=\mathrm{e}^{x^2y^3z^5}\cdot 5x^2y^3z^4=5x^2y^3z^4\mathrm{e}^{x^2y^3z^5}.$

例 2 求下列函数的全微分：

(1) $z=\sqrt{\frac{x}{y}}$；　　(2) $z=x\sin(x+y)$；

(3) $u=\ln(x^2+y^2+z^2)$；　　(4) $u=\left(\frac{x}{y}\right)^z$.

解 (1) 先求偏导数：

$$\frac{\partial z}{\partial x}=\frac{1}{\sqrt{y}}\cdot\frac{1}{2\sqrt{x}}=\frac{\sqrt{xy}}{2xy},$$

$$\frac{\partial z}{\partial y}=\sqrt{x}\left(-\frac{1}{2}\right)y^{-\frac{3}{2}}=-\frac{\sqrt{xy}}{2y^2}.$$

由于偏导数均连续，故全微分存在，并且

$$\mathrm{d}z=\frac{\partial z}{\partial x}\mathrm{d}x+\frac{\partial z}{\partial y}\mathrm{d}y=\frac{\sqrt{xy}}{2xy}\mathrm{d}x-\frac{\sqrt{xy}}{2y^2}\mathrm{d}y$$

$$=\frac{\sqrt{xy}}{2xy^2}(y\mathrm{d}x-x\mathrm{d}y).$$

(2) 先求偏导数：

$$\frac{\partial z}{\partial x}=x\cos(x+y)+\sin(x+y),$$

$$\frac{\partial z}{\partial y}=x\cos(x+y).$$

由于偏导数均连续,故全微分存在,并且

$$\begin{aligned}\mathrm{d}z&=\frac{\partial z}{\partial x}\mathrm{d}x+\frac{\partial z}{\partial y}\mathrm{d}y\\&=[x\cos(x+y)+\sin(x+y)]\mathrm{d}x+x\cos(x+y)\mathrm{d}y.\end{aligned}$$

(3) 先求偏导数：

$$\frac{\partial u}{\partial x}=\frac{2x}{x^2+y^2+z^2},\quad \frac{\partial u}{\partial y}=\frac{2y}{x^2+y^2+z^2},$$

$$\frac{\partial u}{\partial z}=\frac{2z}{x^2+y^2+z^2}.$$

由于偏导数均连续,故全微分存在,并且

$$\begin{aligned}\mathrm{d}u&=\frac{\partial u}{\partial x}\mathrm{d}x+\frac{\partial u}{\partial y}\mathrm{d}y+\frac{\partial u}{\partial z}\mathrm{d}z\\&=\frac{2}{x^2+y^2+z^2}(x\mathrm{d}x+y\mathrm{d}y+z\mathrm{d}z).\end{aligned}$$

(4) 先求偏导数：

$$\frac{\partial u}{\partial x}=z\left(\frac{x}{y}\right)^{z-1}\cdot\frac{1}{y},\quad \frac{\partial u}{\partial y}=z\left(\frac{x}{y}\right)^{z-1}\left(-\frac{x}{y^2}\right),$$

$$\frac{\partial u}{\partial z}=\left(\frac{x}{y}\right)^{z}\ln\frac{x}{y}.$$

由于偏导数均连续,故全微分存在,并且

$$\begin{aligned}\mathrm{d}u&=\frac{\partial u}{\partial x}\mathrm{d}x+\frac{\partial u}{\partial y}\mathrm{d}y+\frac{\partial u}{\partial z}\mathrm{d}z\\&=\left(\frac{x}{y}\right)^{z}\left(\frac{z}{x}\mathrm{d}x-\frac{z}{y}\mathrm{d}y+\ln\frac{x}{y}\mathrm{d}z\right).\end{aligned}$$

例 3 求下列函数的二阶偏导数：

(1) $z=x\ln xy$； (2) $z=\arctan\dfrac{y}{x}$.

解 (1) 因为

$$\frac{\partial z}{\partial x}=\ln xy+1,\quad \frac{\partial z}{\partial y}=\frac{x}{y},$$

所以

$$\frac{\partial^2 z}{\partial x^2}=\frac{1}{x},\quad \frac{\partial^2 z}{\partial x\partial y}=\frac{1}{y},\quad \frac{\partial^2 z}{\partial y^2}=-\frac{x}{y^2}.$$

(2) 由于

$$\frac{\partial z}{\partial x}=\frac{1}{1+\left(\frac{y}{x}\right)^2}\cdot\left(-\frac{y}{x^2}\right)=\frac{-y}{x^2+y^2},$$

$$\frac{\partial z}{\partial y}=\frac{1}{1+\left(\frac{y}{x}\right)^2}\cdot\frac{1}{x}=\frac{x}{x^2+y^2},$$

因此

$$\frac{\partial^2 z}{\partial x^2}=\frac{2xy}{(x^2+y^2)^2},\quad \frac{\partial^2 z}{\partial y^2}=\frac{-2xy}{(x^2+y^2)^2},$$

$$\frac{\partial^2 z}{\partial x\partial y}=-\frac{(x^2+y^2)-y\cdot 2y}{(x^2+y^2)^2}=\frac{y^2-x^2}{(x^2+y^2)^2}.$$

例 4 求下列函数的偏导数或全导数:

(1) $z=u^2\ln v, u=\frac{x}{y}, v=3x-2y$,求 $\frac{\partial z}{\partial x},\frac{\partial z}{\partial y}$;

(2) $z=f(u,v), u=xy, v=x^2+y^2$,求 $\frac{\partial z}{\partial x},\frac{\partial z}{\partial y}$;

(3) $z=\frac{y}{x}, x=\mathrm{e}^t, y=1-\mathrm{e}^{2t}$,求 $\frac{\mathrm{d}z}{\mathrm{d}t}$;

(4) $z=\frac{x^2-y}{x+y}, y=2x-3$,求 $\frac{\mathrm{d}z}{\mathrm{d}x}$.

解 (1) 由复合函数求导法则,有

$$\begin{aligned}\frac{\partial z}{\partial x}&=\frac{\partial z}{\partial u}\cdot\frac{\partial u}{\partial x}+\frac{\partial z}{\partial v}\cdot\frac{\partial v}{\partial x}=2u\ln v\cdot\frac{1}{y}+\frac{3u^2}{v}\\&=2\,\frac{x}{y}\ln(3x-2y)\cdot\frac{1}{y}+\frac{3\left(\frac{x}{y}\right)^2}{3x-2y}\\&=\frac{2x}{y^2}\ln(3x-2y)+\frac{3x^2}{y^2(3x-2y)},\end{aligned}$$

$$\begin{aligned}\frac{\partial z}{\partial y}&=\frac{\partial z}{\partial u}\cdot\frac{\partial u}{\partial y}+\frac{\partial z}{\partial v}\cdot\frac{\partial v}{\partial y}\\&=2u\ln v\cdot\left(-\frac{x}{y^2}\right)+\frac{u^2}{v}(-2)\end{aligned}$$

$$=-\frac{2xu\ln v}{y^2}-\frac{2u^2}{v}$$

$$=-\frac{2x\dfrac{x}{y}\ln(3x-2y)}{y^2}-\frac{2\left(\dfrac{x}{y}\right)^2}{3x-2y}$$

$$=-\frac{2x^2}{y^3}\ln(3x-2y)-\frac{2x^2}{y^2(3x-2y)}.$$

(2) 记$\frac{\partial z}{\partial u}=f'_1,\frac{\partial z}{\partial v}=f'_2$,根据复合函数求导法则,有

$$\frac{\partial z}{\partial x}=\frac{\partial z}{\partial u}\cdot\frac{\partial u}{\partial x}+\frac{\partial z}{\partial v}\frac{\partial v}{\partial x}$$

$$=f'_1\cdot y+f'_2\cdot 2x=yf'_1+2xf'_2,$$

$$\frac{\partial z}{\partial y}=\frac{\partial z}{\partial u}\cdot\frac{\partial u}{\partial y}+\frac{\partial z}{\partial v}\cdot\frac{\partial v}{\partial y}$$

$$=f'_1\cdot x+f'_2\cdot 2y=xf'_1+2yf'_2.$$

(3) $\frac{\mathrm{d}z}{\mathrm{d}t}=\frac{\partial z}{\partial x}\cdot\frac{\mathrm{d}x}{\mathrm{d}t}+\frac{\partial z}{\partial y}\cdot\frac{\mathrm{d}y}{\mathrm{d}t}$

$$=y\left(-\frac{1}{x^2}\right)\cdot e^t+\frac{1}{x}(-e^{2t})\cdot 2=-\frac{y}{x^2}e^t-\frac{2}{x}e^{2t}$$

$$=-\frac{1-e^{2t}}{e^{2t}}e^t-\frac{2}{e^t}e^{2t}=\frac{e^{2t}-1-2e^{2t}}{e^t}=-e^t-e^{-t}.$$

(4) $\frac{\mathrm{d}z}{\mathrm{d}x}=\frac{\partial z}{\partial x}+\frac{\partial z}{\partial y}\cdot\frac{\mathrm{d}y}{\mathrm{d}x}$

$$=\frac{2x(x+y)-(x^2-y)}{(x+y)^2}+\frac{(-1)(x+y)-(x^2-y)}{(x+y)^2}\cdot 2$$

$$=\frac{-x^2+2xy-2x+y}{(x+y)^2}$$

$$=\frac{-x^2+2x(2x-3)-2x+2x-3}{(x+2x-3)^2}=\frac{x^2-2x-1}{3(x-1)^2}.$$

例 5 求下列方程所确定的隐函数的导数或偏导数:

(1) $xy+x+y-1=0$,求 $\frac{\mathrm{d}y}{\mathrm{d}x}$;

(2) $\sin y+e^x-xy^2=0$,求 $\frac{\mathrm{d}y}{\mathrm{d}x}$;

(3) $x+2y+z-2\sqrt{xyz}=0$,求 $\frac{\partial z}{\partial x},\frac{\partial z}{\partial y}$;

(4) $x+y+z-\mathrm{e}^{-(x+y+z)}=0$，求 $\frac{\partial z}{\partial x},\frac{\partial z}{\partial y}$.

解 (1) 设 $F(x,y)=xy+x+y-1$，于是

$$\frac{\partial F}{\partial x}=y+1,\quad \frac{\partial F}{\partial y}=x+1,$$

因此
$$\frac{\mathrm{d}y}{\mathrm{d}x}=-\frac{\frac{\partial F}{\partial x}}{\frac{\partial F}{\partial y}}=-\frac{y+1}{x+1}.$$

(2) 设 $F(x,y)=\sin y+\mathrm{e}^x-xy^2$，于是

$$\frac{\partial F}{\partial x}=\mathrm{e}^x-y^2,\quad \frac{\partial F}{\partial y}=\cos y-2xy,$$

因此
$$\frac{\mathrm{d}y}{\mathrm{d}x}=-\frac{\frac{\partial F}{\partial x}}{\frac{\partial F}{\partial y}}=-\frac{\mathrm{e}^x-y^2}{\cos y-2xy}=\frac{y^2-\mathrm{e}^x}{\cos y-2xy}.$$

(3) 设 $F(x,y,z)=x+2y+z-2\sqrt{xyz}$，于是

$$\frac{\partial F}{\partial x}=1-\frac{yz}{\sqrt{xyz}},\quad \frac{\partial F}{\partial y}=2-\frac{xz}{\sqrt{xyz}},\quad \frac{\partial F}{\partial z}=1-\frac{xy}{\sqrt{xyz}},$$

因此
$$\frac{\partial z}{\partial x}=-\frac{\frac{\partial F}{\partial x}}{\frac{\partial F}{\partial z}}=\frac{yz-\sqrt{xyz}}{\sqrt{xyz}-xy},$$

$$\frac{\partial z}{\partial y}=-\frac{\frac{\partial F}{\partial y}}{\frac{\partial F}{\partial z}}=\frac{xz-2\sqrt{xyz}}{\sqrt{xyz}-xy}.$$

本题也可在方程两边对 x 求偏导数，得

$$1+z'_x-\frac{1}{\sqrt{xyz}}\cdot(xyz)'_x=0,$$

即
$$1+z'_x-\frac{1}{\sqrt{xyz}}(yz+xyz'_x)=0.$$

解得 $z'_x=\frac{yz-\sqrt{xyz}}{\sqrt{xyz}-xy}$. 类似可求得 z'_y.

(4) 方程两边对 x 求偏导数，得

$$1+z'_x=-\mathrm{e}^{-(x+y+z)}\cdot(x+y+z)'_x$$
$$=-\mathrm{e}^{-(x+y+z)}(1+z'_x),$$

所以 $z'_x=-1$. 类似可得 $z'_y=-1$.

例 6 证明：

(1) 设 $z=\ln(\sqrt[n]{x}+\sqrt[n]{y}), n\geqslant 2$，则 $x\dfrac{\partial z}{\partial x}+y\dfrac{\partial z}{\partial y}=\dfrac{1}{n}$；

(2) 设 $z=xyf\left(\dfrac{y}{x}\right)$，其中 $f(u)$ 可导，则 $x\dfrac{\partial z}{\partial x}+y\dfrac{\partial z}{\partial y}=2z$.

证 (1) 由于

$$\frac{\partial z}{\partial x}=\frac{1}{\sqrt[n]{x}+\sqrt[n]{y}}(\sqrt[n]{x}+\sqrt[n]{y})'_x=\frac{x^{\frac{1-n}{n}}}{n(\sqrt[n]{x}+\sqrt[n]{y})},$$

$$\frac{\partial z}{\partial y}=\frac{1}{\sqrt[n]{x}+\sqrt[n]{y}}(\sqrt[n]{x}+\sqrt[n]{y})'_y=\frac{y^{\frac{1-n}{n}}}{n(\sqrt[n]{x}+\sqrt[n]{y})},$$

因此

$$x\frac{\partial z}{\partial x}+y\frac{\partial z}{\partial y}=\frac{x\cdot x^{\frac{1-n}{n}}}{n(\sqrt[n]{x}+\sqrt[n]{y})}+\frac{y\cdot y^{\frac{1-n}{n}}}{n(\sqrt[n]{x}+\sqrt[n]{y})}=\frac{1}{n}.$$

(2) 由于

$$\frac{\partial z}{\partial x}=(xy)'_xf\left(\frac{y}{x}\right)+xyf'\left(\frac{y}{x}\right)\left(\frac{y}{x}\right)'_x$$
$$=yf\left(\frac{y}{x}\right)-\frac{y^2}{x}f'\left(\frac{y}{x}\right),$$

$$\frac{\partial z}{\partial y}=(xy)'_yf\left(\frac{y}{x}\right)+xyf'\left(\frac{y}{x}\right)\left(\frac{y}{x}\right)'_y$$
$$=xf\left(\frac{y}{x}\right)+yf'\left(\frac{y}{x}\right),$$

因此

$$x\frac{\partial z}{\partial x}+y\frac{\partial z}{\partial y}=xyf\left(\frac{y}{x}\right)-y^2f'\left(\frac{y}{x}\right)+xyf\left(\frac{y}{x}\right)+y^2f'\left(\frac{y}{x}\right)$$
$$=2xyf\left(\frac{y}{x}\right)=2z.$$

习　题　5.2

1. 设函数 $f(x,y)=xy+(x-1)\sin\sqrt[3]{\dfrac{y}{x}}$,则 $f'_x(1,0)=$______,$f'_y(1,0)=$________.

2. 设 $f\left(x+y,\dfrac{x}{y}\right)=x^2-y^2$,则 $f'_x(x,y)=$________,$f'_y(x,y)=$________.

3. 设函数 $z=\tan(x^2-y^2)$,$y=\sin x$,则$\dfrac{\partial z}{\partial x}=$________,$\dfrac{\mathrm{d}z}{\mathrm{d}x}=$________.

4. 设函数 $z=f\left(\ln x+\dfrac{1}{y}\right)$,则 $x\dfrac{\partial z}{\partial x}+y^2\dfrac{\partial z}{\partial y}=$________.

5. 设方程 $xyz+\ln\sqrt{x^2+y^2+z^2}=\dfrac{1}{2}\ln 2$ 隐含函数 $z=z(x,y)$,则在点$(0,-1,1)$的全微分为 $\mathrm{d}z=$________.

6. 求下列函数的偏导数:

(1) $z=xy\sqrt{R^2-x^2-y^2}$;　　　(2) $z=\dfrac{x}{\sqrt{x^2+y^2}}$;

(3) $z=\mathrm{e}^{\sin x}\cdot\cos y$;　　　(4) $u=\mathrm{e}^{x^2y^3z^5}$.

7. 求下列函数的偏导数:

(1) $z=x\ln(x+y)$,求 $\dfrac{\partial^2 z}{\partial x^2},\dfrac{\partial^2 z}{\partial y^2},\dfrac{\partial^2 z}{\partial x\partial y}$;

(2) $u=\mathrm{e}^{xyz}$,求 $\dfrac{\partial^3 u}{\partial x\partial y\partial z}$.

8. 求下列函数的全微分:

(1) $z=\mathrm{e}^{x^2+y^2}$;　　　(2) $z=\arctan xy$.

9. 设方程 $xyz-\ln yz=-2$ 隐含函数 $z=f(x,y)$,求 $z''_{xy}(0,1)$.

10. 设函数 $z=\dfrac{y}{f(x^2-y^2)}$,其中 f 为可导函数,证明:

$$\frac{1}{x}\cdot\frac{\partial z}{\partial x}+\frac{1}{y}\cdot\frac{\partial z}{\partial y}=\frac{z}{y^2}.$$

11. 求由方程 $\cos^2 x+\cos^2 y+\cos^2 z=1$ 所确定的函数 $z=f(x,y)$的全微分 $\mathrm{d}z$.

12. 设 u,v 是由方程组

$$\begin{cases} x = u + v, \\ y = u^2 + v^2 \end{cases}$$

确定的 x,y 的函数，求当 $x=0, y=\frac{1}{2}, u=\frac{1}{2}, v=-\frac{1}{2}$ 时 $\frac{\partial u}{\partial x}, \frac{\partial v}{\partial x}, \frac{\partial u}{\partial y}, \frac{\partial v}{\partial y}$ 的值.

§3 二元函数的极值

内 容 提 要

1. 函数的极值

1.1 极值的定义

定义 5.6 设函数 $z=f(x,y)$ 在 $U(P_0)$ 上有定义. 若对于任意的 $P(x,y)\in U(\overline{P}_0)$ 都有

$$f(x_0,y_0) > f(x,y) \quad (\text{或 } f(x_0,y_0) < f(x,y)),$$

则称函数 $f(x,y)$ 在点 $P_0(x_0,y_0)$ 处取得**极大（或极小）值**，并称点 $P_0(x_0,y_0)$ 为**极值点**.

1.2 可微函数取得极值的必要条件

定理 5.1 设可微函数 $z=f(x,y)$ 在点 (x_0,y_0) 处取得极值，则在该点处函数 $z=f(x,y)$ 的偏导数都为 0，即

$$f'_x(x_0,y_0) = 0, \quad f'_y(x_0,y_0) = 0.$$

同一元函数类似，我们把同时满足 $f'_x(x,y)=0$ 和 $f'_y(x,y)=0$ 的点 (x_0,y_0) 称为函数 $f(x,y)$ 的**驻点**（也称为**稳定点**）. 定理 5.1 告诉我们可微函数的极值点必是驻点，但驻点不一定是极值点.

1.3 可微函数取得极值的充分条件

设函数 $z=f(x,y)$ 在定义域内有一驻点 (x_0,y_0)，且函数在该点有二阶连续偏导数. 记

$$f''_{xx}(x_0,y_0)=A, \quad f''_{xy}(x_0,y_0)=B, \quad f''_{yy}(x_0,y_0)=C.$$

(1) 当 $B^2-AC<0$ 时，函数在点 (x_0,y_0) 处达到极值，并且当 $A>0$ 时，取得极小值；当 $A<0$ 时，取得极大值.

(2) 当 $B^2-AC>0$ 时,函数在点(x_0,y_0)处不取得极值.

(3) 当 $B^2-AC=0$ 时,情况是不定的,即函数在点(x_0,y_0)处可能取得极值,也可能不取得极值.

2. 条件极值

2.1 条件极值的概念

一般来说,给自变量一些约束条件,使得自变量不能在定义域上自由地变化,而只能在定义域的某一个范围内变化,我们把这种情况的极值称为**条件极值**.

2.2 拉格朗日乘数法

拉格朗日乘数法 求 n 元函数

$$u=f(x_1,x_2,\cdots,x_n)$$

在 m 个约束条件

$$\varphi_i(x_1,x_2,\cdots,x_n)=0 \quad (i=1,2,\cdots,m;m\leqslant n)$$

下可能的极值点,一般可分成如下三步来完成:

(1) 作辅助函数

$$F(x_1,x_2,\cdots,x_n)=f(x_1,x_2,\cdots,x_n)-\sum_{i=1}^{m}\lambda_i\varphi_i(x_1,x_2,\cdots,x_n),$$

其中 $\lambda_i(i=1,2,\cdots,m)$为待定常数;

(2) 将 $F(x_1,x_2,\cdots,x_n)$分别对 $x_j(j=1,2,\cdots,n)$求偏导数,并令其为0,再加上 m 个条件方程,便得到一个 $m+n$ 元的方程组

$$\begin{cases}f'_{x_j}-\sum\limits_{i=1}^{m}\lambda_i(\varphi_i)'_{x_j}=0, & j=1,2,\cdots,n,\\ \varphi_i(x_1,x_2,\cdots,x_n)=0, & i=1,2,\cdots,m;\end{cases}$$

(3) 从上面的方程中解出 $m+n$ 个未知数 $\lambda_1,\lambda_2,\cdots,\lambda_m$ 与 $x_1,x_2,\cdots,x_n$,从而得到可能极值点的坐标:

$$(x_1,x_2,\cdots,x_n).$$

注意 为了简便起见,我们仅讨论二元函数 $z=f(x,y)$在约束条件 $\varphi(x,y)=0$ 下的极值.这里我们假定函数 $f(x,y)$与 $\varphi(x,y)$在所考虑的范围内都有连续的偏导数.

3. 函数的最值

3.1 最值的定义

设函数 $f(x,y)$ 在区域 D 上有定义，点 $(x_0,y_0)\in D$. 若对于任意的 $(x,y)\in D$，都有

$$f(x,y)\leqslant f(x_0,y_0)\quad (\text{或 } f(x,y)\geqslant f(x_0,y_0)),$$

则称 $f(x_0,y_0)$ 为函数 $f(x,y)$ 在区域 D 上的**最大**(或**最小**)**值**，并称 (x_0,y_0) 为**最大**(或**最小**)**值点**. 最大值与最小值统称为**最值**.

3.2 最值的确定

(1) 若函数 $f(x,y)$ 在一个有界闭区域 D 上连续，并且在 D 内部可微，则 $f(x,y)$ 一定有最值存在，它们或者在区域 D 内的驻点处取得，或者在区域 D 的边界上取得. 因此，我们只需找出 $f(x,y)$ 在区域 D 内的驻点及边界上的最值点，将它们的函数值进行比较，其中较大者为最大值，较小者为最小值.

(2) 若函数 $f(x,y)$ 在一个开区域 D 内可微，并且 $f(x,y)$ 在 D 内存在最大值或最小值，则只需找出 $f(x,y)$ 在区域 D 内的驻点，将它们的函数值进行比较即可.

典型例题分析

例 1 求下列函数的极值：

(1) $z=x^2+y^2-2\ln x-2\ln y$；

(2) $z=xy(1-x-y)$；

(3) $z=x^3-4x^2+2xy-y^2$；

(4) 函数 $z=f(x,y)$ 是由方程 $x^2+y^2+z^2-2x+4y-6z-11=0$ 所确定的.

解 (1) 由于

$$z'_x=2x-\frac{2}{x},\quad z'_y=2y-\frac{2}{y},$$

令 $z'_x=0, z'_y=0$，有

$$\begin{cases}2x-\dfrac{2}{x}=0,\\[2mm] 2y-\dfrac{2}{y}=0.\end{cases}$$

由于 $x>0,y>0$,故解之得驻点 $x_0=1,y_0=1$. 又

$$z''_{xx}=2+\frac{2}{x^2},\quad z''_{xy}=0,\quad z''_{yy}=2+\frac{2}{y^2}.$$

对于驻点 $(x_0,y_0)=(1,1)$,有

$$A=z''_{xx}\Big|_{\substack{x=1\\y=1}}=4,\quad B=z''_{xy}\Big|_{\substack{x=1\\y=1}}=0,\quad z''_{yy}\Big|_{\substack{x=1\\y=1}}=4,$$

所以 $$B^2-AC=0-4\times4=-16<0.$$

又 $A=4>0$,所以函数在(1,1)处有极小值 $z(1,1)=2$.

(2) 由于

$$z'_x=y(1-2x-y),\quad z'_y=x(1-x-2y),$$

令 $z'_x=0,z'_y=0$,有

$$\begin{cases}y(1-2x-y)=0,\\x(1-x-2y)=0.\end{cases}$$

解得驻点为(0,0),(1,0),(0,1),$\left(\frac{1}{3},\frac{1}{3}\right)$. 又

$$z''_{xx}=-2y,\quad z''_{yy}=-2x,\quad z''_{xy}=1-2x-2y.$$

对于驻点(0,0),有

$$A=z''_{xx}\Big|_{\substack{x=0\\y=0}}=0,\quad B=z''_{xy}\Big|_{\substack{x=0\\y=0}}=1,\quad C=z''_{yy}\Big|_{\substack{x=0\\y=0}}=0,$$

所以 $$B^2-AC=1>0.$$

由此可知函数在(0,0)处没有极值.

类似可以检验在点(1,0),(0,1)处无极值.

在点 $\left(\frac{1}{3},\frac{1}{3}\right)$ 处,有

$$A=z''_{xx}\Big|_{\substack{x=\frac{1}{3}\\y=\frac{1}{3}}}=-\frac{2}{3},\quad B=z''_{xy}\Big|_{\substack{x=\frac{1}{3}\\y=\frac{1}{3}}}=-\frac{1}{3},$$

$$C=z''_{yy}\Big|_{\substack{x=\frac{1}{3}\\y=\frac{1}{3}}}=-\frac{2}{3},$$

于是 $$B^2-AC=-\frac{1}{3}<0.$$

由于 $A<0$,所以函数在 $\left(\frac{1}{3},\frac{1}{3}\right)$ 处有极大值 $z\left(\frac{1}{3},\frac{1}{3}\right)=\frac{1}{27}$.

(3) 由于

$$z'_x = 3x^2 - 8x + 2y,\quad z'_y = 2x - 2y.$$

令 $z'_x=0, z'_y=0$,有

$$\begin{cases}3x^2 - 8x + 2y = 0,\\ 2x - 2y = 0.\end{cases}$$

解之,得驻点(0,0)和(2,2).又

$$z''_{xx} = 6x - 8,\quad z''_{xy} = 2,\quad z''_{yy} = -2.$$

对于驻点(0,0),有

$$A = z''_{xx}\Big|_{\substack{x=0\\y=0}} = -8,\quad B = z''_{xy}\Big|_{\substack{x=0\\y=0}} = 2,$$

$$C = z''_{yy}\Big|_{\substack{x=0\\y=0}} = -2,$$

所以 $\qquad B^2 - AC = 4 - (-8)\times(-2) = -12 < 0.$

又 $A<0$,所以函数在点(0,0)处有极大值 $z(0,0)=0$.

对于驻点(2,2),有

$$A = z''_{xx}\Big|_{\substack{x=2\\y=2}} = 4,\quad B = z''_{xy}\Big|_{\substack{x=2\\y=2}} = 2,\quad C = z''_{yy}\Big|_{\substack{x=2\\y=2}} = -2,$$

所以 $\qquad B^2 - AC = 4 - 4\times(-2) = 12 > 0.$

故函数在点(2,2)处无极值.

(4) 设

$$F(x,y,z) = x^2 + y^2 + z^2 - 2x + 4y - 6z - 11.$$

由于$\dfrac{\partial F}{\partial x}=2x-2$, $\dfrac{\partial F}{\partial y}=2y+4$, $\dfrac{\partial F}{\partial z}=2z-6$,因此

$$z'_x = -\frac{\dfrac{\partial F}{\partial x}}{\dfrac{\partial F}{\partial z}} = \frac{x-1}{3-z},\quad z'_y = -\frac{\dfrac{\partial F}{\partial y}}{\dfrac{\partial F}{\partial z}} = \frac{y+2}{3-z}.$$

令 $z'_x=0, z'_y=0$,有

$$\begin{cases}\dfrac{x-1}{3-z} = 0,\\[2mm] \dfrac{y+2}{3-z} = 0.\end{cases}$$

解之,得惟一驻点$(1,-2)$.当 $x=1, y=-2$ 时, $z=-2$ 或 8,所以原

方程确定了两个隐函数. 设过点$(1,-2,-2)$的隐函数为$z_1(x,y)$，过点$(1,-2,8)$的隐函数为$z_2(x,y)$.

又

$$z''_{xx}=\frac{3-z+(x-1)z'_x}{(3-z)^2},\quad z''_{xy}=\frac{(x-1)z'_y}{(3-z)^2},$$

$$z''_{yy}=\frac{3-z+(y+2)z'_y}{(3-z)^2}.$$

在$(1,-2,-2)$处，$z'_x=0, z'_y=0$，且$A=\frac{1}{5}>0, B=0, C=\frac{1}{5}, B^2-AC=-\frac{1}{25}<0$. 所以$(1,-2)$是函数$z_1(x,y)$的极小点，极小值为$-2$；在$(1,-2,8)$处，$A=-\frac{1}{5}<0, B=0, C=-\frac{1}{5}, B^2-AC=-\frac{1}{25}<0$，所以$(1,-2)$是函数$z_2(x,y)$的极大点，极大值为8.

事实上，上述结论也可由隐函数方程直接看出：所给方程确定的两个隐函数可分别表为

$$z_1(x,y)=3-\sqrt{25-(x-1)^2-(y+2)^2}$$

及

$$z_2(x,y)=3+\sqrt{25-(x-1)^2-(y+2)^2},$$

它们的图形都是半球面，因而结论是显然的.

例 2 求下列函数在所给条件下的可能极值点：

(1) $z=xy$, $x+y=1$；

(2) $z=x^2+y^2$, $\frac{x}{a}+\frac{y}{b}=1$ $(a>0, b>0)$.

解 (1) 已知函数$z=xy$，附加条件为$\varphi(x,y)=x+y-1=0$. 于是令

$$F(x,y,\lambda)=xy-\lambda(x+y-1).$$

我们由

$$\begin{cases}\dfrac{\partial F}{\partial x}=y-\lambda=0,\\[2mm] \dfrac{\partial F}{\partial y}=x-\lambda=0,\\[2mm] \dfrac{\partial F}{\partial \lambda}=-(x+y-1)=0\end{cases}$$

解得$x=\frac{1}{2}, y=\frac{1}{2}, \lambda=\frac{1}{2}$，故$\left(\frac{1}{2},\frac{1}{2}\right)$是函数$z=xy$的可能极值点.

(2) 已知函数 $z=x^2+y^2$，附加条件为

$$\varphi(x,y)=\frac{x}{a}+\frac{y}{b}-1=0,$$

于是，令

$$F(x,y,\lambda)=x^2+y^2-\lambda\left(\frac{x}{a}+\frac{y}{b}-1\right).$$

我们由

$$\begin{cases}\dfrac{\partial F}{\partial x}=2x-\dfrac{\lambda}{a}=0,\\ \dfrac{\partial F}{\partial y}=2y-\dfrac{\lambda}{b}=0,\\ \dfrac{\partial F}{\partial \lambda}=-\left(\dfrac{x}{a}+\dfrac{y}{b}-1\right)=0\end{cases}$$

解得 $x=\dfrac{ab^2}{a^2+b^2}$，$y=\dfrac{a^2b}{a^2+b^2}$，$\lambda=\dfrac{2a^2b^2}{a^2+b^2}$，故 $\left(\dfrac{ab^2}{a^2+b^2},\dfrac{a^2b}{a^2+b^2}\right)$ 是函数 $z=x^2+y^2$ 的可能极值点.

例 3 求函数 $z(x,y)=x^2y(4-x-y)$ 在由直线 $x+y=6$，x 轴和 y 轴所围成的区域 D 上的最大值与最小值.

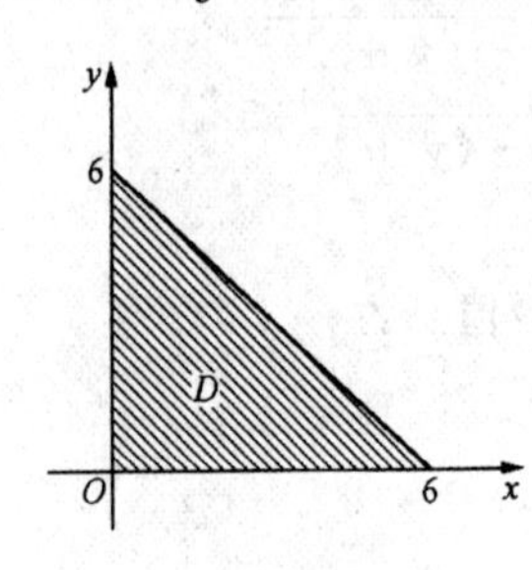

图 5-9

解 由于函数在闭区域 D(见图 5-9)上的最大值与最小值或者在 D 内驻点处达到，或者在区域的边界上达到. 为此我们首先求 D 内的驻点. 在 D 内解方程组

$$\begin{cases}z_x'=2xy(4-x-y)-x^2y=xy(8-3x-2y)=0,\\ z_y'=x^2(4-x-y)-x^2y=x^2(4-x-2y)=0\end{cases}$$

得惟一驻点(2,1)，并求得 $z(2,1)=4$.

再考察 $z(x,y)$ 在区域 D 边界上的情况. 在边界 $y=0(0\leqslant x\leqslant 6)$ 及 $x=0(0\leqslant y\leqslant 6)$ 上，函数 $z(x,y)\equiv 0$；在边界 $x+y=6$ 上，将 $y=6-x$ 代入得

$$z(x,y)=2x^3-12x^2\quad(0\leqslant x\leqslant 6).$$

利用一元函数求最值的方法，可求得 $z(x,y)$ 在该边界上于 $x=4$ 处取到最小值 -64，于 $x=0,6$ 处取最大值 0.

综合上述,所给函数在区域 D 上的最小值为 -64,最大值为 4.

例 4 某厂家生产的一种产品同时在两个市场销售,售价分别为 p_1 和 p_2,销量分别为 q_1 和 q_2,需求函数分别为

$$q_1 = 24 - 0.2p_1, \quad q_2 = 10 - 0.05p_2,$$

总成本函数为 $C=35+40(q_1+q_2)$. 试问:厂家如何确定两个市场的产品售价,使其获得的总利润 L 最大? 最大总利润是多少?

解 设该厂家的总收益为 R,总利润为 L,则

$$R = p_1q_1 + p_2q_2 = p_1(24 - 0.2p_1) + p_2(10 - 0.05p_2),$$

$$L = R - C = 32p_1 + 12p_2 - 0.2p_1^2 - 0.05p_2^2 - 1395.$$

令 $L'_{p_1}=0, L'_{p_2}=0$,即

$$\begin{cases} L'_{p_1} = 32 - 0.4p_1 = 0, \\ L'_{p_2} = 12 - 0.1p_2 = 0, \end{cases}$$

解之得 $p_1=80, p_2=120$. 又

$$L''_{p_1p_1} = -0.4 < 0, \quad L''_{p_1p_2} = 0, \quad L''_{p_2p_2} = -0.1,$$

所以 $B^2 - AC = 0 - (-0.4) \times (-0.1) = -0.04 < 0.$

所以,在 $p_1=80, p_2=120$ 时 L 可获得极大值,也是最大值,即该产品在两个市场上的价格分别为 80 和 120 时,可获最大利润

$$L(80,120)=605.$$

例 5 某农场欲围一个面积为 $60\,\mathrm{m}^2$ 的矩形场地,正面所用材料每米造价 10 元,其余三面每米造价 5 元,求场地长、宽各多少米时,使所用的材料费最少?

解 设场地长为 x,宽为 y,则总造价(单位:元)为

$$f(x,y) = 10x + 5(2y + x) \quad (xy = 60).$$

于是可把问题归结为求函数 $f(x,y)$ 在约束条件 $xy=60$ 下的最小值. 令

$$F(x,y,\lambda) = 15x + 10y - \lambda(xy - 60),$$

于是,我们由

$$\begin{cases} F'_x = 15 - \lambda y = 0, \\ F'_y = 10 - \lambda x = 0, \\ F'_\lambda = -(xy - 60) = 0 \end{cases}$$

解之得 $\lambda=\frac{1}{2}\sqrt{10}$, $x=2\sqrt{10}$, $y=3\sqrt{10}$. 因为只有惟一的一个驻点 $(2\sqrt{10},3\sqrt{10})$，且实际问题的最小值是存在的，因此驻点也是函数的最小值点，最小值为

$$f(2\sqrt{10},3\sqrt{10}) = 15\times 2\sqrt{10} + 10\times 3\sqrt{10} = 60\sqrt{10}\approx 189.74,$$

即当场地的长为 $2\sqrt{10}$ m，宽为 $3\sqrt{10}$ m 时，所用材料费最省，约为 189.74 元.

习　题　5.3

1. 设函数 $z=3axy-x^3-y^3$，则点 (a,a) 在 a 为______时，为极大值点；在 a 为_______时，为极小值点.

2. 求函数 $z=x^3-y^3+3x^2+3y^2-9x$ 的极值点.

3. 求下列函数的极值：

(1) $z=x^2-xy+y^2+9x-6y+20$；

(2) $z=4(x-y)-x^2-y^2$.

4. 用 a 元购料，建造一个宽与深相同的长方体水池. 已知四周的单位面积材料费为底面单位面积材料费的 1.2 倍，求水池长与宽(深)各多少，才能使容积最大.

5. 证明：半径为定长的圆内，面积最大的内接三角形为正三角形.

6. 在半径为 a 的半球内，内接一长方体，问：如何选取长、宽、高，其体积最大？

7. 设工厂生产甲、乙两种产品，其利润 L 是两种产品产量 x,y 的函数，且

$$L=-x^2-4y^2+6x+16y-15.$$

如果现有原料 12000 kg(不要求用完)，生产两种产品每千只都要消耗该原料 2000 kg.

(1) 求使利润最大的产量 x,y，及最大利润；

(2) 如果原料数减少到 9000 kg，要使利润最大，产量应作如何调整？

§4 二重积分

内容提要

1. 二重积分的定义

定义 5.7 设函数 $f(x,y)$ 在有界闭区域 D 上有定义. 将区域 D 任意分成 n 个小区域 $\Delta\sigma_i(i=1,2,\cdots,n)$，在每个小区域 $\Delta\sigma_i$ 上都任取一点 $(x_i,y_i)(i=1,2,\cdots,n)$，作和式

$$\sum_{i=1}^{n} f(x_i,y_i)\Delta\sigma_i.$$

当所有小区域 $\Delta\sigma_i$ 的最大直径 $\|\Delta\sigma\|\to 0$ 时，若上述和式的极限

$$\lim_{\|\Delta\sigma\|\to 0}\sum_{i=1}^{n} f(x_i,y_i)\Delta\sigma_i$$

存在，并且此极限值与区域的分法及 $\Delta\sigma_i$ 中的点 (x_i,y_i) 的取法无关，则称此极限值为函数 $z=f(x,y)$ 在区域 D 上的**二重积分**，记作

$$\iint_D f(x,y)\mathrm{d}\sigma,$$

其中 D 叫做**积分区域**，$f(x,y)$ 叫做**被积函数**，$\mathrm{d}\sigma$ 叫做**面积元素**，并称函数 $f(x,y)$ 在闭区域 D 上**可积**.

注意 二重积分是一种特殊的和的极限，即

$$\lim_{\|\Delta\sigma\|\to 0}\sum_{i=1}^{n} f(x_i,y_i)\Delta\sigma_i=\iint_D f(x,y)\mathrm{d}\sigma.$$

2. 二重积分的性质

设二元函数 $f(x,y)$ 与 $g(x,y)$ 在闭区域 D 上都是可积的，根据二重积分定义容易证明它们具有以下的性质：

性质 1 常数因子可以从积分号里面提出来，即

$$\iint_D kf(x,y)\mathrm{d}\sigma=k\iint_D f(x,y)\mathrm{d}\sigma\quad(k\text{ 为常数}).$$

性质 2 函数的代数和的积分等于函数积分的代数和，即

$$\iint_D[f(x,y)\pm g(x,y)]\mathrm{d}\sigma=\iint_D f(x,y)\mathrm{d}\sigma\pm\iint_D g(x,y)\mathrm{d}\sigma.$$

性质 3 二重积分对于区域 D 具有可加性,即

$$\iint_D f(x,y)\mathrm{d}\sigma = \iint_{D_1} f(x,y)\mathrm{d}\sigma + \iint_{D_2} f(x,y)\mathrm{d}\sigma,$$

其中 $D_1 \cup D_2 = D, D_1 \cap D_2 = \varnothing$.

性质 4 若在 D 上,$f(x,y) \equiv 1$,用 S_D 表示 D 的面积,则

$$\iint_D f(x,y)\mathrm{d}\sigma = \iint_D \mathrm{d}\sigma = S_D.$$

性质 4 说明二重积分 $\iint_D \mathrm{d}\sigma$ 在数值上等于区域 D 的面积. 从几何上看,高度为 1 的平顶柱体的体积在数值上等于柱体的底面积.

性质 5 若在 D 上 $f(x,y) \leqslant g(x,y)$,则

$$\iint_D f(x,y)\mathrm{d}\sigma \leqslant \iint_D g(x,y)\mathrm{d}\sigma.$$

特别地,由于

$$-|f(x,y)| \leqslant f(x,y) \leqslant |f(x,y)|,$$

故有

$$\left|\iint_D f(x,y)\mathrm{d}\sigma\right| \leqslant \iint_D |f(x,y)|\mathrm{d}\sigma.$$

性质 6 若在 D 上 $m \leqslant f(x,y) \leqslant M$,用 S_D 表示 D 的面积,则

$$m \cdot S_D \leqslant \iint_D f(x,y)\mathrm{d}\sigma \leqslant M \cdot S_D.$$

性质 7(积分中值定理) 若函数 $f(x,y)$ 在 D 上连续,用 S_D 表示 D 的面积,则在 D 上至少有一点 (x_0,y_0),使得

$$\iint_D f(x,y)\mathrm{d}\sigma = f(x_0,y_0) \cdot S_D.$$

积分中值定理的几何意义是: 对于任意的曲顶柱体,当它的立坐标连续变化时,曲顶柱体的体积等于以某一立坐标为高的同底平顶柱体的体积.

通常我们称 $f(x_0,y_0)$ 为二元函数 $f(x,y)$ 在区域 D 上的平均值.

3. 二重积分的计算

在讨论二重积分的计算时,我们总设函数 $z=f(x,y)$ 在区域 D 上连续. 利用**直角坐标系计算二重积分**时,我们可以分先对 y 积分和先对 x 积分两种情况来考虑.

3.1　先对 y 积分

当积分区域 D 是由两条平行直线 $x=a,x=b$ 以及两条连续曲线 $y=y_1(x),y=y_2(x)$ 所围成,即区域 D 可以用联立不等式

$$\begin{cases} a \leqslant x \leqslant b, \\ y_1(x) \leqslant y \leqslant y_2(x) \end{cases}$$

来表示(见图 5-10)时,可以用下面累次积分计算二重积分:

$$\iint_D f(x,y)\mathrm{d}x\mathrm{d}y = \int_a^b \left[\int_{y_1(x)}^{y_2(x)} f(x,y)\mathrm{d}y\right]\mathrm{d}x.$$

上式右端是一个累次积分:这里固定 x,先对 y 积分,设积分结果为

$$\int_{y_1(x)}^{y_2(x)} f(x,y)\mathrm{d}y = F(x),$$

然后再对 x 求定积分 $\int_a^b F(x)\mathrm{d}x$.

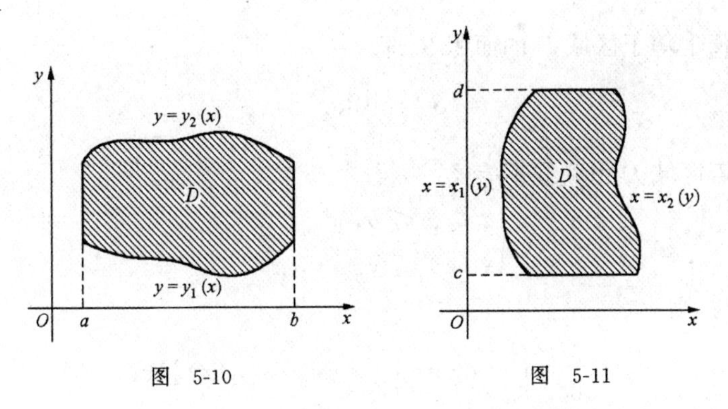

图　5-10　　　　图　5-11

为了方便起见,我们把等式右边的累次积分写成下面的形式:

$$\int_a^b \left[\int_{y_1(x)}^{y_2(x)} f(x,y)\mathrm{d}y\right]\mathrm{d}x \xlongequal{\text{def}} \int_a^b \mathrm{d}x \int_{y_1(x)}^{y_2(x)} f(x,y)\mathrm{d}y.$$

3.2　先对 x 积分

当积分区域 D 是由两条平行直线 $y=c,y=d$ 以及两条连续曲

线 $x=x_1(y), x=x_2(y)$ 所围成，即区域 D 可以用下面的联立不等式

$$\begin{cases} c \leqslant y \leqslant d, \\ x_1(y) \leqslant x \leqslant x_2(y) \end{cases}$$

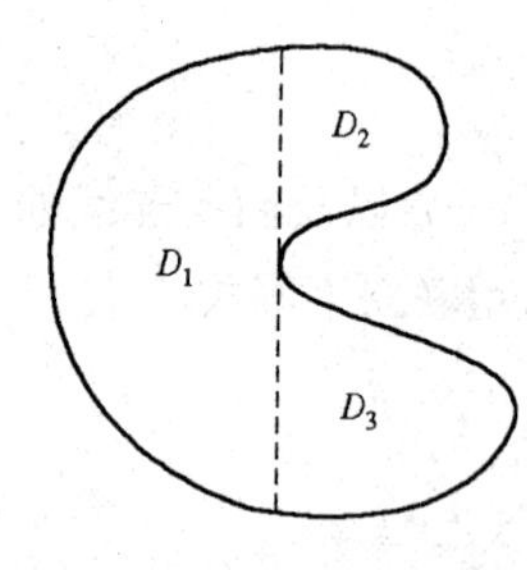

图 5-12

来表示(见图 5-11)时，可以用下面累次积分计算二重积分：

$$\iint_D f(x,y)\mathrm{d}x\mathrm{d}y = \int_c^d \left[\int_{x_1(y)}^{x_2(y)} f(x,y)\mathrm{d}x\right]\mathrm{d}y$$

$$\xlongequal{\text{def}} \int_c^d \mathrm{d}y \int_{x_1(y)}^{x_2(y)} f(x,y)\mathrm{d}x.$$

当区域 D 不是图 5-10 与图 5-11 的形状时，可将区域 D 分成若干个小区域，使得每个小区域都是这两种形状之一(见图 5-12).

4. 二重积分的简单应用

4.1　几何应用

(1) 求平面图形的面积：

由二重积分的性质可知，当函数 $f(x,y)\equiv 1$ 时，二重积分 $\iint\limits_D 1\mathrm{d}\sigma$ 在数值上等于区域 D 的面积 S，即

$$S = \iint_D \mathrm{d}\sigma.$$

若区域 D 由联立不等式

$$\begin{cases} a \leqslant x \leqslant b, \\ y_1(x) \leqslant y \leqslant y_2(x) \end{cases}$$

表示时，则

$$S = \int_a^b \mathrm{d}x \int_{y_1(x)}^{y_2(x)} \mathrm{d}y = \int_a^b [y_2(x) - y_1(x)]\mathrm{d}x;$$

若区域 D 由联立不等式

$$\begin{cases} c \leqslant y \leqslant d, \\ x_1(y) \leqslant x \leqslant x_2(y) \end{cases}$$

表示时，则

$$S=\int_c^d \mathrm{d}y\int_{x_1(y)}^{x_2(y)}\mathrm{d}x=\int_c^d[x_2(y)-x_1(y)]\mathrm{d}y.$$

(2) 求空间立体的体积：

由二重积分的几何意义可知，若 $f(x,y)\geqslant 0$，则二重积分

$$\iint\limits_D f(x,y)\mathrm{d}\sigma$$

表示以区域 D 为底，以曲面 $z=f(x,y)$ 为顶的曲顶柱体的体积.

若空间立体是由平面区域 D：

$$\begin{cases}a\leqslant x\leqslant b,\\ y_1(x)\leqslant y\leqslant y_2(x)\end{cases}$$

上两个曲面 $z_1(x,y)$ 与 $z_2(x,y)$ $(z_1(x,y)\leqslant z_2(x,y),(x,y)\in D)$ 围成时，则它的体积

$$V=\int_a^b \mathrm{d}x\int_{y_1(x)}^{y_2(x)}[z_2(x,y)-z_1(x,y)]\mathrm{d}y.$$

4.2 物理应用(求平面薄板的质量)

若平面薄板在平面上占有区域 D：

$$\begin{cases}a\leqslant x\leqslant b,\\ y_1(x)\leqslant y\leqslant y_2(x)\end{cases}$$

时，且它在点 (x,y) 处的面密度为 $\rho=\rho(x,y)$，则它的质量

$$M=\int_a^b \mathrm{d}x\int_{y_1(x)}^{y_2(x)}\rho(x,y)\mathrm{d}y.$$

典型例题分析

例 1 画出下列累次积分的积分区域，并交换累次积分的顺序.

(1) $\int_0^1 \mathrm{d}x\int_{\sqrt{1-x^2}}^{\sqrt{4-x^2}} f(x,y)\mathrm{d}y+\int_1^2 \mathrm{d}x\int_0^{\sqrt{4-x^2}} f(x,y)\mathrm{d}y$；

(2) $\int_1^2 \mathrm{d}x\int_{\frac{1}{x}}^{\sqrt{x}} f(x,y)\mathrm{d}y$.

解 (1) 由原累次积分可知，积分区域 $D=D_1+D_2$，其中

$$D_1=\{(x,y)\,|\,0\leqslant x\leqslant 1,\sqrt{1-x^2}\leqslant y\leqslant\sqrt{4-x^2}\},$$

$$D_2=\{(x,y)\,|\,1\leqslant x\leqslant 2,0\leqslant y\leqslant\sqrt{4-x^2}\}.$$

由此可得区域 D 的图形，如图 5-13，即 D 是位于第一象限的圆 $x^2+y^2=1$ 与 $x^2+y^2=4$ 所夹的那部分，所以原累次积分交换积分顺序后应为

$$\int_0^1 \mathrm{d}y\int_{\sqrt{1-y^2}}^{\sqrt{4-y^2}} f(x,y)\mathrm{d}x+\int_1^2 \mathrm{d}y\int_0^{\sqrt{4-y^2}} f(x,y)\mathrm{d}x.$$

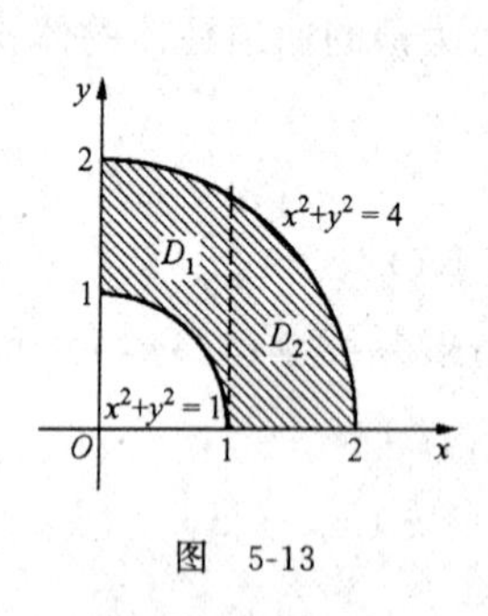

图 5-13

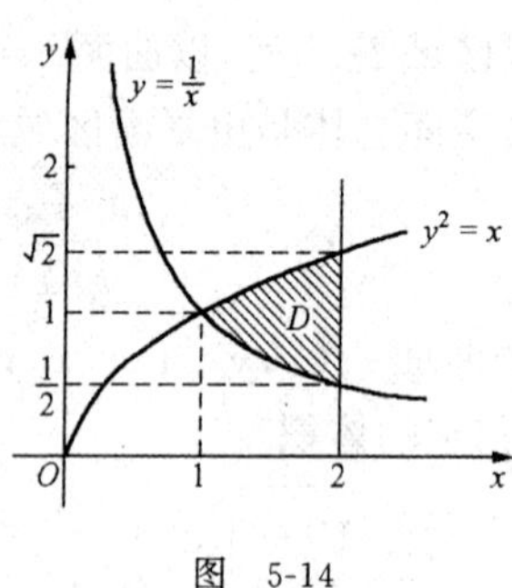

图 5-14

（2）由原累次积分可知，积分区域

$$D=\left\{(x,y)\middle|1\leqslant x\leqslant 2,\frac{1}{x}\leqslant y\leqslant\sqrt{x}\right\}.$$

由此可得区域 D 的图形，如图 5-14. 交换积分顺序，有

$$\int_1^2 \mathrm{d}x\int_{\frac{1}{x}}^{\sqrt{x}} f(x,y)\mathrm{d}y$$

$$=\int_{\frac{1}{2}}^1 \mathrm{d}y\int_{\frac{1}{y}}^2 f(x,y)\mathrm{d}x+\int_1^{\sqrt{2}} \mathrm{d}y\int_{y^2}^2 f(x,y)\mathrm{d}x.$$

例 2 求下列二重积分：

（1）$\iint\limits_D \frac{x^2}{1+y^2}\mathrm{d}x\mathrm{d}y$，其中 D 是由 $x=1,x=2,y=0$ 以及 $y=1$ 所围成；

（2）$\iint\limits_D |xy|\mathrm{d}x\mathrm{d}y$，其中 D 是圆域：$x^2+y^2\leqslant a^2$；

（3）$\iint\limits_D \frac{x}{x^2+y^2}\mathrm{d}x\mathrm{d}y$，其中 D 是由抛物线 $y=\frac{x^2}{2}$ 和直线 $y=x$ 所围成；

(4) $\iint\limits_D e^{\frac{x}{y}}\mathrm{d}x\mathrm{d}y$,其中 D 是由抛物线 $y^2=x$,直线 $x=0$,$y=1$ 所围成.

解 (1) 由于 D 是矩形,我们可以采用先对 y 积分,后对 x 积分,则

$$I=\int_1^2\mathrm{d}x\int_0^1\frac{x^2}{1+y^2}\mathrm{d}y=\int_1^2 x^2\arctan y\Big|_0^1\mathrm{d}x$$

$$=\frac{\pi}{4}\int_1^2 x^2\mathrm{d}x=\frac{\pi}{4}\cdot\frac{7}{3}=\frac{7}{12}\pi.$$

若采用先对 x 积分,后对 y 积分,则

$$I=\int_0^1\mathrm{d}y\int_1^2\frac{x^2}{1+y^2}\mathrm{d}x=\int_0^1\frac{1}{1+y^2}\cdot\frac{x^3}{3}\Big|_1^2\mathrm{d}y$$

$$=\frac{7}{3}\int_0^1\frac{1}{1+y^2}\mathrm{d}y=\frac{7}{3}\arctan y\Big|_0^1$$

$$=\frac{7}{3}\cdot\frac{\pi}{4}=\frac{7}{12}\pi.$$

注意 若积分区域 D 是矩形:

$$a\leqslant x\leqslant b,\quad c\leqslant y\leqslant d,$$

且被积函数 $f(x,y)=f_1(x)\cdot f_2(y)$,则

$$\iint\limits_D f(x,y)\mathrm{d}x\mathrm{d}y=\int_a^b f_1(x)\mathrm{d}x\cdot\int_c^d f_2(y)\mathrm{d}y,$$

即可化成两个一元函数定积分之乘积.

(2) 由于积分区域与被积函数都关于 x 轴与 y 轴对称(见图 5-15 斜线部分),且被积函数对 x,y 均为偶函数,所以

$$\iint\limits_D|xy|\mathrm{d}x\mathrm{d}y=4\iint\limits_{\substack{x^2+y^2\leqslant a^2\\ x\geqslant 0,y\geqslant 0}}xy\mathrm{d}x\mathrm{d}y=4\int_0^a\mathrm{d}x\int_0^{\sqrt{a^2-x^2}}xy\mathrm{d}y$$

$$=2\int_0^a xy^2\Big|_0^{\sqrt{a^2-x^2}}\mathrm{d}x=2\int_0^a x(a^2-x^2)\mathrm{d}x=\frac{1}{2}a^4.$$

(3) D 的图形见图 5-16(斜线部分). 由图可看出

$$\iint\limits_D\frac{x}{x^2+y^2}\mathrm{d}x\mathrm{d}y=\int_0^2\mathrm{d}x\int_{\frac{x^2}{2}}^{x}\frac{x}{x^2+y^2}\mathrm{d}y$$

$$= \int_0^2 \arctan \frac{y}{x}\Big|_{x^2/2}^{x} \mathrm{d}x = \int_0^2 \left(\frac{\pi}{4} - \arctan \frac{x}{2}\right) \mathrm{d}x$$

$$= \left[\frac{\pi}{4}x - x\arctan \frac{x}{2} + 2\ln(4 + x^2)\right]\Big|_0^2 = 2\ln 2.$$

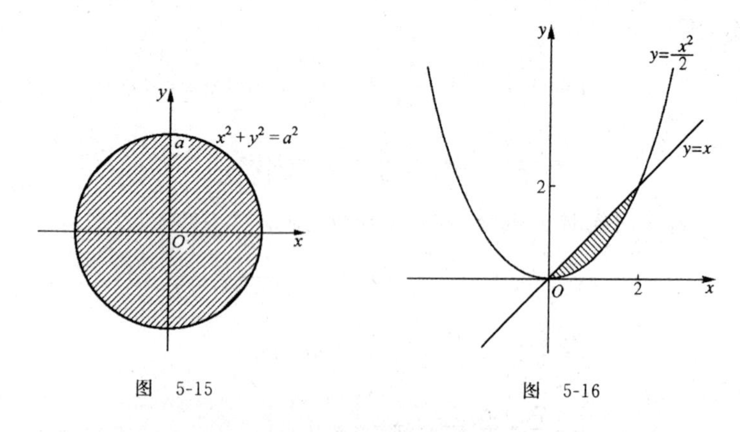

图 5-15　　图 5-16

(4) D 的图形见图 5-17(斜线部分). 若先对 y 求积分,有

$$\iint_D \mathrm{e}^{\frac{x}{y}} \mathrm{d}x\mathrm{d}y = \int_0^1 \mathrm{d}x \int_{\sqrt{x}}^1 \mathrm{e}^{\frac{x}{y}} \mathrm{d}y,$$

但因为 $\int \mathrm{e}^{\frac{x}{y}} \mathrm{d}y$ 积不出来,所以上式右端也积不出来.

若先对 x 求积分,情况就不同了,这时有

$$\iint_D \mathrm{e}^{\frac{x}{y}} \mathrm{d}x\mathrm{d}y = \int_0^1 \mathrm{d}y \int_0^{y^2} \mathrm{e}^{\frac{x}{y}} \mathrm{d}x = \int_0^1 y\mathrm{e}^{\frac{x}{y}}\Big|_0^{y^2} \mathrm{d}y$$

$$= \int_0^1 (y\mathrm{e}^y - y)\mathrm{d}y = \frac{1}{2}.$$

注意　由第(4)题看出,有时积分次序的选择,对二重积分计算的影响很大.

例 3　用二重积分计算由曲线 $y=x^2$ 与 $y=4x-x^2$ 所围成图形的面积.

分析　按二重积分的几何意义,当被积函数 $f(x,y)=1$ 时,

$$\iint_D \mathrm{d}\sigma = \text{区域 } D \text{ 的面积}.$$

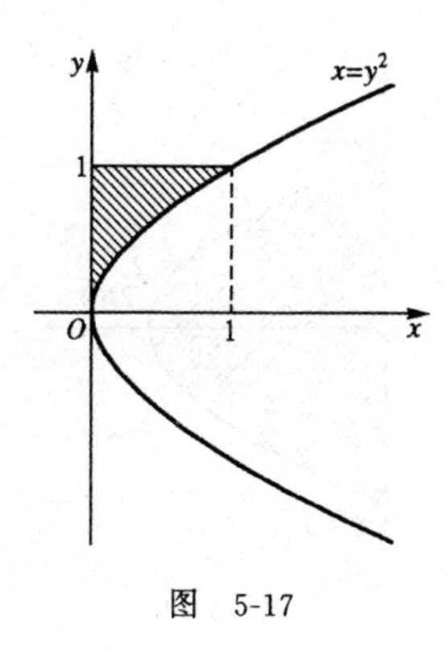

图 5-17

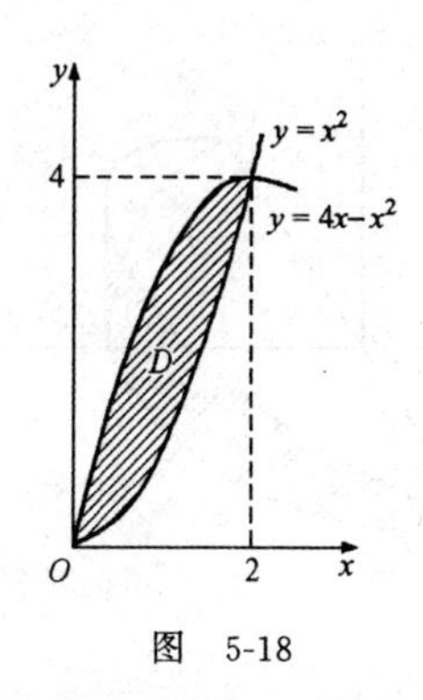

图 5-18

若把曲线 $y=x^2$ 与 $y=4x-x^2$ 所围成的图形(见图 5-18)看做是二重积分的积分区域 D,便可用二重积分计算面积.

解 所求面积为

$$S=\iint_D \mathrm{d}x\mathrm{d}y=\int_0^2\mathrm{d}x\int_{x^2}^{4x-x^2}\mathrm{d}y=\int_0^2(4x-x^2-x^2)\mathrm{d}x$$

$$=\left(2x^2-\frac{2}{3}x^3\right)\Big|_0^2=\frac{8}{3}.$$

例 4 求由平面 $z=0,z=x$ 和柱面 $y^2=2-x$ 所围成的立体的体积.

解 用二重积分计算立体的体积,要确定立体的曲顶方程——被积函数,还要确定立体的底(曲顶在 xy 平面上的投影区域)——积分区域.

由图 5-19 看出,立体的曲顶方程是 $z=x$,立体的侧面是柱面 $y^2=2-x$. 由于平面(即曲顶)$z=x$ 通过 y 轴,故立体的底是由直线 $x=0$ 和曲线 $y^2=2-x$ 所围成. 为方便确定积分限,画出 D 的图形(见图 5-20). 于是,所求立体的体积为

$$V=\iint_D x\mathrm{d}x\mathrm{d}y=\int_{-\sqrt{2}}^{\sqrt{2}}\mathrm{d}y\int_0^{2-y^2}x\mathrm{d}x=\int_{-\sqrt{2}}^{\sqrt{2}}\frac{x^2}{2}\Big|_0^{2-y^2}\mathrm{d}y$$

$$=\int_{-\sqrt{2}}^{\sqrt{2}}\frac{1}{2}(2-y^2)^2\mathrm{d}y=\frac{32}{15}\sqrt{2}.$$

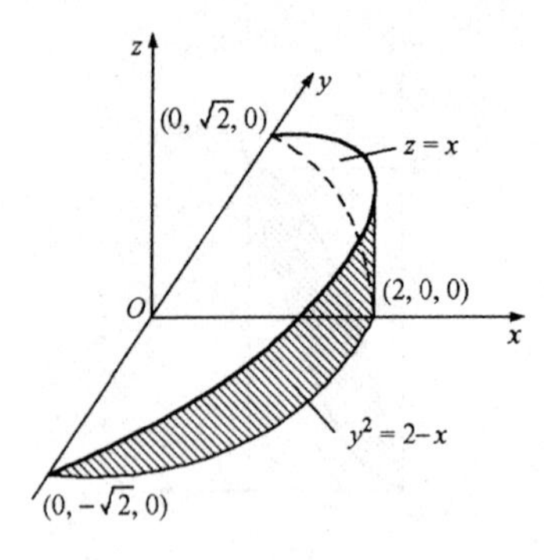

图 5-19

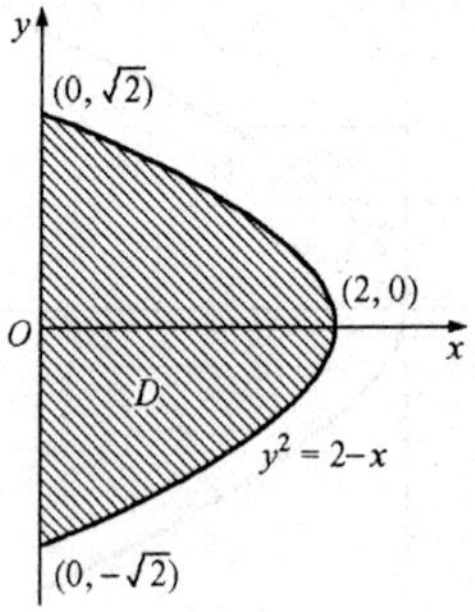

图 5-20

例 5 设平面薄板是 $y=0, y=x$ 以及 $x=1$ 所围成的三角形，其上每一点的面密度为 $\rho(x,y)=x^2+y^2$，求它的质量 M.

解 平面薄板的质量 $M=\iint\limits_D \rho(x,y)\mathrm{d}\sigma$，其中区域 D 是由不等式

$$\begin{cases} 0 \leqslant x \leqslant 1, \\ 0 \leqslant y \leqslant x \end{cases}$$

所确定，故此平面薄板的质量为

$$\begin{aligned} M &= \iint\limits_D \rho(x,y)\mathrm{d}x\mathrm{d}y = \int_0^1 \mathrm{d}x \int_0^x (x^2+y^2)\mathrm{d}y \\ &= \int_0^1 \left(x^2 y + \frac{1}{3}y^3 \right)\Big|_0^x \mathrm{d}x = \int_0^1 \left(x^3 + \frac{1}{3}x^3 \right)\mathrm{d}x \\ &= \int_0^1 \frac{4}{3}x^3 \mathrm{d}x = \frac{1}{3}x^4 \Big|_0^1 = \frac{1}{3}. \end{aligned}$$

习 题 5.4

1. 函数 $f(x,y)=\sin^2 x\cos^2 y$ 在正方形区域

$$D=\{(x,y) \mid 0 \leqslant x \leqslant \pi, 0 \leqslant y \leqslant \pi\}$$

的平均值为________.

2. 累次积分 $\int_0^1 \mathrm{d}x \int_x^1 \mathrm{e}^{-y^2}\mathrm{d}y =$ ________.

3. 累次积分 $\int_0^3 \mathrm{d}x \int_{\frac{\pi}{2}}^{\pi} |x-2| \sin y \mathrm{d}y =$ ________.

4. 计算下列二重积分：

(1) $\iint\limits_{D}\frac{y}{(1+x^2+y^2)^{\frac{3}{2}}}\mathrm{d}\sigma$，其中 $D=\{(x,y)\mid 0\leqslant x\leqslant 1,0\leqslant y\leqslant 1\}$；

(2) $\iint\limits_{D}(x+6y)\mathrm{d}\sigma$，其中 D 是由 $y=x,y=5x,x=1$ 所围成的区域；

(3) $\iint\limits_{D}(4-x-y)\mathrm{d}\sigma$，其中 D 是圆域：$x^2+y^2\leqslant 2y$；

(4) $\iint\limits_{D}\frac{\sin x}{x}\mathrm{d}x\mathrm{d}y$，其中 D 是由直线 $y=x$ 以及抛物线 $y=x^2$ 所围成的区域.

5. 求由 $\sqrt{x}+\sqrt{y}=\sqrt{3}$，$x+y=3$ 围成平面图形面积.

6. 计算曲面 $z=1+x+y,z=0,x+y=1,x=0,y=0$ 所围的空间立体的体积.

第二部分　线性代数

第一章　行　列　式

§1　行列式的定义与性质

内容提要

1. 行列式的定义

定义 1.1　记号 $\begin{vmatrix} a_{11} & a_{12} \\ a_{21} & a_{22} \end{vmatrix}$ 称为**二阶行列式**，它表示代数和 $a_{11}a_{22}-a_{12}a_{21}$，即

$$\begin{vmatrix} a_{11} & a_{12} \\ a_{21} & a_{22} \end{vmatrix} = a_{11}a_{22} - a_{12}a_{21},$$

其中 $a_{ij}(i=1,2;j=1,2)$ 称为二阶行列式的**元素**，横排的一排称为**行**，纵排的一排称为**列**.

定义 1.2　记号 $\begin{vmatrix} a_{11} & a_{12} & a_{13} \\ a_{21} & a_{22} & a_{23} \\ a_{31} & a_{32} & a_{33} \end{vmatrix}$ 称为**三阶行列式**，它表示代数和

$a_{11}a_{22}a_{33} + a_{12}a_{23}a_{31} + a_{13}a_{21}a_{32} - a_{13}a_{22}a_{31} - a_{11}a_{23}a_{32} - a_{12}a_{21}a_{33}$，即

$$\begin{vmatrix} a_{11} & a_{12} & a_{13} \\ a_{21} & a_{22} & a_{23} \\ a_{31} & a_{32} & a_{33} \end{vmatrix} = a_{11}a_{22}a_{33} + a_{12}a_{23}a_{31} + a_{13}a_{21}a_{32} - a_{13}a_{22}a_{31} - a_{11}a_{23}a_{32} - a_{12}a_{21}a_{33}.$$

定义 1.3　由自然数 $1,2,3,\cdots,n$ 组成的一个有序数组称为一

个 n **级排列**.

只有一个排列 $123\cdots n$ 是按自然顺序排列的,称之为自然序排列.

定义 1.4 在一个 n 级排列 $j_1j_2\cdots j_n$ 中,如果有较大的数 j_t 排在较小的数 j_s 的前面,则 j_tj_s 构成一个**逆序**.一个 n 级排列中逆序的总数,称为该排列的**逆序数**,记作 $N(j_1j_2\cdots j_n)$.

逆序数是奇数的排列称为**奇排列**,是偶数的排列称为**偶排列**.

定义 1.5 由 n^2 个元素 $a_{ij}(i,j=1,2,\cdots,n)$ 排成 n 行 n 列构成的记号

$$\begin{vmatrix} a_{11} & a_{12} & \cdots & a_{1n} \\ a_{21} & a_{22} & \cdots & a_{2n} \\ \vdots & \vdots & & \vdots \\ a_{n1} & a_{n2} & \cdots & a_{nn} \end{vmatrix}$$

称为 n **阶行列式**,它表示一个数值,此数值是所有取自不同行、不同列的 n 个元素乘积的代数和,各项的符号是:当这一项的行标按自然顺序排列后,如果对应的列标构成的 n 级排列是偶排列则冠以正号,是奇排列则冠以负号.其一般项为

$$(-1)^{N(j_1j_2\cdots j_n)}a_{1j_1}a_{2j_2}\cdots a_{nj_n}.$$

当 $j_1j_2\cdots j_n$ 取遍所有的 n 级排列时,得到代数和中的所有项,共有 $n!$ 个项.

n 阶行列式可简记为 $D=|a_{ij}|$,用"$\sum$"表示对 $j_1j_2\cdots j_n$ 所有的 n 级排列求和,则 n 阶行列式可简写成

$$D=\sum_{j_1j_2\cdots j_n}(-1)^{N(j_1j_2\cdots j_n)}a_{1j_1}a_{2j_2}\cdots a_{nj_n}.$$

注意 对于一阶行列式 $|a|$,其值就定义为 a.

定义 1.6 n 阶行列式中,划去元素 a_{ij} 所在的第 i 行、第 j 列,剩下的元素按原来次序组成的 $n-1$ 阶行列式称为元素 a_{ij} 的**余子式**,记作 M_{ij}.令

$$A_{ij}=(-1)^{i+j}M_{ij},$$

称 A_{ij} 为元素 a_{ij} 的**代数余子式**.

2. 行列式性质

性质 1 行列互换,行列式的值不变.

性质 2 两行互换,行列式反号.

推论 若行列式中有两行的对应元素相等,则行列式等于零.

性质 3 用数 k 乘行列式某一行的所有元素等于用数 k 乘这个行列式.

推论 1 若行列式中有一行的元素全为零,则行列式等于零.

推论 2 若行列式中有两行对应元素成比例,则行列式等于零.

性质 4 若行列式的某一行的元素都是两项之和,则这个行列式等于拆开这两项所得到的两个行列式之和.

性质 5 用数 k 乘行列式某一行的所有元素并加到另一行的对应元素上去,所得到的行列式和原行列式相等.

性质 6 行列式等于它的任一行的各元素与其代数余子式的乘积之和,即

$$\begin{aligned} D &= a_{i1}A_{i1} + a_{i2}A_{i2} + \cdots + a_{in}A_{in} \\ &= \sum_{j=1}^{n} a_{ij}A_{ij} \quad (i = 1,2,\cdots,n). \end{aligned}$$

推论 行列式中任一行的各元素与另一行对应元素的代数余子式的乘积之和等于零,即

$$a_{i1}A_{k1} + a_{i2}A_{k2} + \cdots + a_{in}A_{kn} = 0 \quad (i \neq k).$$

把性质 6 及其推论合并起来可以表成下式:

$$\sum_{j=1}^{n} a_{ij}A_{kj} = \begin{cases} D, & i = k, \\ 0, & i \neq k. \end{cases}$$

3. 行列式的计算方法

计算行列式的基本方法之一是选择零元素最多的行或列,然后按这一行或列展开(当然在展开之前也可以利用性质把某一行或某一列的元素尽量多化为零,然后再展开),变为低一阶的行列式,如此继续下去,直到化为三阶或二阶行列式.

计算行列式的基本方法之二是利用行列式的性质,把行列式化为上(下)三角形行列式,而三角形行列式的值就是主对角线上元素

的乘积.

典型例题分析

例 1 用行列式的定义计算行列式

$$D=\begin{vmatrix}0&0&0&0&0&1\\0&0&0&0&2&0\\0&0&0&3&0&0\\0&0&4&0&0&0\\0&5&0&0&0&0\\6&0&0&0&0&0\end{vmatrix}.$$

解 根据行列式定义可知,D 的展开式中只有一项非零,即 $1\cdot 2\cdot 3\cdot 4\cdot 5\cdot 6=6!$. 这一项取自 $a_{16},a_{25},a_{34},a_{43},a_{52},a_{61}$,它的列标排列的逆序数 $N(654321)=15$,故有

$$D=(-1)^{N(654321)}6!=-720.$$

例 2 用行列式定义计算四阶行列式

$$D=\begin{vmatrix}1&0&0&4\\0&2&3&0\\0&2&3&0\\1&0&0&4\end{vmatrix}.$$

解 由于一个四阶行列式表示 $4!=24$ 项的代数和,在这些项中,除了 $a_{11}a_{22}a_{33}a_{44}$, $a_{11}a_{23}a_{32}a_{44}$, $a_{14}a_{23}a_{32}a_{41}$, $a_{14}a_{22}a_{33}a_{41}$ 外,其余项中至少含有一个零元素,因而那些项均为零. 而上列四项中,行标已按自然顺序排列,其中 $a_{11}a_{22}a_{33}a_{44}$ 及 $a_{14}a_{23}a_{32}a_{41}$ 的列标排列的逆序数分别为 $N(1234)=0$ 及 $N(4321)=6$,均为偶排列,因此这两项前面应冠以正号. 而 $a_{11}a_{23}a_{32}a_{44}$ 及 $a_{14}a_{22}a_{33}a_{41}$ 的列标排列的逆序数分别为 $N(1324)=1$ 及 $N(4231)=5$,均为奇排列,因此这两项前面应冠以负号. 于是有

$$\begin{aligned}D&=a_{11}a_{22}a_{33}a_{44}-a_{11}a_{23}a_{32}a_{44}+a_{14}a_{23}a_{32}a_{41}-a_{14}a_{22}a_{33}a_{41}\\&=1\times 2\times 3\times 4-1\times 3\times 2\times 4+4\times 3\times 2\times 1\\&\quad-4\times 2\times 3\times 1\\&=0.\end{aligned}$$

例 3 证明：行列式

$$\begin{vmatrix} a_{11} & a_{12} & a_{13} & a_{14} & a_{15} \\ a_{21} & a_{22} & a_{23} & a_{24} & a_{25} \\ 0 & 0 & 0 & a_{34} & a_{35} \\ 0 & 0 & 0 & a_{44} & a_{45} \\ 0 & 0 & 0 & a_{54} & a_{55} \end{vmatrix} = 0.$$

证 由于一个五阶行列式的每一项都是取自不同行不同列的五个元素的乘积，这五个元素中只要有一个为零，该项即为零. 第一列中只有 a_{11}，a_{21}不为零，若取元素 a_{11}时，该项内不能再取第一行和第一列的其他元素，因此第二列只能取 a_{22}，不能再取第二行和第二列的其他元素，那么第三列的元素只能取零，于是该项为零. 同理若第一列取 a_{21}，第二列只能取 a_{12}，第三列也只能取零，故此项亦为零. 其他项更是至少有一个元素为零，因第一列取的是零. 因此

$$\begin{vmatrix} a_{11} & a_{12} & a_{13} & a_{14} & a_{15} \\ a_{21} & a_{22} & a_{23} & a_{24} & a_{25} \\ 0 & 0 & 0 & a_{34} & a_{35} \\ 0 & 0 & 0 & a_{44} & a_{45} \\ 0 & 0 & 0 & a_{54} & a_{55} \end{vmatrix} = 0.$$

例 4 用行列式的性质计算下列行列式：

(1) $D_1 = \begin{vmatrix} 7 & 3 & 1 & -5 \\ 2 & 6 & -3 & 0 \\ 3 & 11 & -1 & 4 \\ -6 & 5 & 2 & -9 \end{vmatrix}$；

(2) $D_2 = \begin{vmatrix} 0 & 1 & 0 & -2 \\ 3 & 1 & -2 & 7 \\ 1 & 3 & -1 & -3 \\ -4 & -1 & 5 & 1 \end{vmatrix}$.

解 (1) $D_1 = \begin{vmatrix} 7 & 3 & 1 & -5 \\ 2 & 6 & -3 & 0 \\ 3 & 11 & -1 & 4 \\ -6 & 5 & 2 & -9 \end{vmatrix}$

$$
\xlongequal[\text{①}\leftrightarrow\text{③}]{}-\begin{vmatrix} 1 & 3 & 7 & -5 \\ -3 & 6 & 2 & 0 \\ -1 & 11 & 3 & 4 \\ 2 & 5 & -6 & -9 \end{vmatrix}
$$

$$
\xlongequal{\substack{3\text{①}+\text{②} \\ \text{①}+\text{③} \\ -2\text{①}+\text{④}}}-\begin{vmatrix} 1 & 3 & 7 & -5 \\ 0 & 15 & 23 & -15 \\ 0 & 14 & 10 & -1 \\ 0 & -1 & -20 & 1 \end{vmatrix}
$$

$$
\xlongequal[\substack{\text{④}+\text{②} \\ \text{④}+\text{③}}]{}-\begin{vmatrix} 1 & -2 & 2 & -5 \\ 0 & 0 & 8 & -15 \\ 0 & 13 & 9 & -1 \\ 0 & 0 & -19 & 1 \end{vmatrix}
$$

$$
\xlongequal{\text{②}\leftrightarrow\text{③}}\begin{vmatrix} 1 & -2 & 2 & -5 \\ 0 & 13 & 9 & -1 \\ 0 & 0 & 8 & -15 \\ 0 & 0 & -19 & 1 \end{vmatrix}
$$

$$
\xlongequal{15\text{④}+\text{③}}\begin{vmatrix} 1 & -2 & 2 & -5 \\ 0 & 13 & 9 & -1 \\ 0 & 0 & -277 & 0 \\ 0 & 0 & -19 & 1 \end{vmatrix}
$$

$$
\xlongequal[\text{③}\leftrightarrow\text{④}]{\text{③}\leftrightarrow\text{④}}\begin{vmatrix} 1 & -2 & -5 & 2 \\ 0 & 13 & -1 & 9 \\ 0 & 0 & 1 & -19 \\ 0 & 0 & 0 & -277 \end{vmatrix}
$$

$$
=13\times(-277)=-3601.
$$

(2) 由性质 6 有

$$
D_2=\begin{vmatrix} 0 & 1 & 0 & -2 \\ 3 & 1 & -2 & 7 \\ 1 & 3 & -1 & -3 \\ -4 & -1 & 5 & 1 \end{vmatrix}=\sum_{j=1}^{4}a_{1j}A_{1j}
$$

$$
=0\times A_{11}+1\times A_{12}+0\times A_{13}+(-2)\times A_{14}
$$

$$
=A_{12}-2A_{14},
$$

故只需计算 A_{12}和 A_{14}. 而

$$A_{12}=(-1)^{1+2}M_{12}=-\begin{vmatrix}3&-2&7\\1&-1&-3\\-4&5&1\end{vmatrix}=-27,$$

$$A_{14}=(-1)^{1+4}M_{14}=-\begin{vmatrix}3&1&-2\\1&3&-1\\-4&-1&5\end{vmatrix}=-19,$$

于是

$$D_2=-27-2\times(-19)=11.$$

例 5 计算行列式

$$D=\begin{vmatrix}5&2&-6&-3\\-4&7&-2&4\\-2&3&4&1\\7&-8&-10&-5\end{vmatrix}.$$

解 为了尽量避免分数运算,应当选择 1 或−1 所在的行(或列)进行变换,因此,我们首先选择第四列.

$$D\xlongequal[5③+④]{\substack{3③+①\\-4③+②}}\begin{vmatrix}-1&11&6&0\\4&-5&-18&0\\-2&3&4&1\\-3&7&10&0\end{vmatrix}$$

$$=(-1)^{3+4}\begin{vmatrix}-1&11&6\\4&-5&-18\\-3&7&10\end{vmatrix}$$

$$\xlongequal[-3①+③]{4①+②}-\begin{vmatrix}-1&11&6\\0&39&6\\0&-26&-8\end{vmatrix}$$

$$=-(-1)(-1)^{1+1}\begin{vmatrix}39&6\\-26&-8\end{vmatrix}$$

$$=-156.$$

例 6 计算 n 阶行列式

$$D=\begin{vmatrix}3&2&\cdots&2&2\\2&3&\cdots&2&2\\\vdots&\vdots&&\vdots&\vdots\\2&2&\cdots&3&2\\2&2&\cdots&2&3\end{vmatrix}.$$

解

$$D\xlongequal{\text{各行加到第一行}}\begin{vmatrix}2n+1&2n+1&\cdots&2n+1&2n+1\\2&3&\cdots&2&2\\\vdots&\vdots&&\vdots&\vdots\\2&2&\cdots&3&2\\2&2&\cdots&2&3\end{vmatrix}$$

$$=(2n+1)\begin{vmatrix}1&1&\cdots&1&1\\2&3&\cdots&2&2\\\vdots&\vdots&&\vdots&\vdots\\2&2&\cdots&3&2\\2&2&\cdots&2&3\end{vmatrix}$$

$$\xlongequal{-2\times①+\text{各行}}(2n+1)\begin{vmatrix}1&1&\cdots&1&1\\0&1&\cdots&0&0\\\vdots&\vdots&&\vdots&\vdots\\0&0&\cdots&1&0\\0&0&\cdots&0&1\end{vmatrix}$$

$$=2n+1.$$

注意 在利用两个基本方法计算行列式时,应在采用以上的一般步骤之前,注意观察计算对象是否具有某些特点,然后考虑能否利用这些特点采取相应的技巧以达到简化计算的目的.在计算以字母作元素的行列式时,更要注意简化.

例 7 计算三阶范德蒙德行列式

$$V_3=\begin{vmatrix}1&1&1\\x_1&x_2&x_3\\x_1^2&x_2^2&x_3^2\end{vmatrix}.$$

解 从最后一行开始,各行加上相邻上一行的 $-x_1$ 倍,然后按

第一列展开，得到

$$V_3=\begin{vmatrix}1 & 1 & 1\\ 0 & x_2-x_1 & x_3-x_1\\ 0 & x_2(x_2-x_1) & x_3(x_3-x_1)\end{vmatrix}$$

$$=1\begin{vmatrix}x_2-x_1 & x_3-x_1\\ x_2(x_2-x_1) & x_3(x_3-x_1)\end{vmatrix}$$

$$=(x_2-x_1)(x_3-x_1)\begin{vmatrix}1 & 1\\ x_2 & x_3\end{vmatrix}$$

$$=(x_2-x_1)(x_3-x_1)(x_3-x_2)$$

$$=(x_3-x_2)(x_3-x_1)(x_2-x_1).$$

注意 对于 n 阶范德蒙德行列式，我们可以用归纳法及与上面类似的方法，得到

$$V_n=\begin{vmatrix}1 & 1 & 1 & \cdots & 1\\ x_1 & x_2 & x_3 & \cdots & x_n\\ x_1^2 & x_2^2 & x_3^2 & \cdots & x_n^2\\ \vdots & \vdots & \vdots & & \vdots\\ x_1^{n-1} & x_2^{n-1} & x_3^{n-1} & \cdots & x_n^{n-1}\end{vmatrix}=\prod_{1\leqslant j<i\leqslant n}(x_i-x_j).$$

习 题 1.1

1. 四阶行列式 $\begin{vmatrix}1 & 2 & 3 & 4\\ 5 & 4 & 3 & 2\\ 3 & 2 & 1 & 2\\ 2 & 4 & 1 & 8\end{vmatrix}$ 中元素 $a_{12}=2$ 的代数余子式及其值是______.

2. 行列式 $\begin{vmatrix}x & y & z\\ 1 & 2 & 3\\ 2 & 3 & 1\end{vmatrix}$ 中元素 y 的代数余子式及其值是______.

3. 设行列式 $D=\begin{vmatrix}1 & 3 & 2\\ -1 & 0 & 2\\ 1 & 1 & -2\end{vmatrix}$，则 D 中元素 $a_{23}=2$ 的代数余子式及其值是________.

4. $\begin{vmatrix} -1 & 1 & 1 \\ 1 & -1 & x \\ 1 & 1 & -1 \end{vmatrix}$ 是关于 x 的一次多项式，该式中一次项的系数是______.

5. $\begin{vmatrix} -a_{11} & -a_{12} & -a_{13} \\ 3a_{21} & 3a_{22} & 3a_{23} \\ -6a_{31} & -6a_{32} & -6a_{33} \end{vmatrix} =$ ______ $\begin{vmatrix} a_{11} & a_{12} & a_{13} \\ a_{21} & a_{22} & a_{23} \\ a_{31} & a_{32} & a_{33} \end{vmatrix}$.

6. 已知 $\begin{vmatrix} x & 4 & 0 \\ 2 & -1 & 0 \\ 3 & 5 & x+2 \end{vmatrix} = 0$，则 $x=$______.

7. 用行列式定义求下列行列式的值：

(1) $\begin{vmatrix} 0 & 1 & 0 & 0 \\ 0 & 0 & 0 & 1 \\ 1 & 0 & 0 & 0 \\ 0 & 0 & 1 & 0 \end{vmatrix}$；　　(2) $\begin{vmatrix} a_{11} & 0 & 0 & 0 \\ 0 & a_{22} & a_{23} & 0 \\ 0 & a_{32} & 0 & a_{34} \\ 0 & 0 & a_{43} & a_{44} \end{vmatrix}$.

8. 设四阶行列式

$$D = \begin{vmatrix} x & 0 & 3 & 0 \\ 0 & 0 & 0 & 2 \\ 0 & x & 0 & 0 \\ 4 & 0 & 0 & 0 \end{vmatrix} = 1,$$

求 x 的值.

9. 当 k 为何值时，四阶行列式

$$D = \begin{vmatrix} 1 & 0 & 1 & 0 \\ 1 & k & 0 & 1 \\ 0 & 0 & k & 1 \\ 0 & 0 & 1 & k \end{vmatrix} \neq 0.$$

10. 计算下列行列式：

(1) $\begin{vmatrix} 2 & -5 & 3 & 1 \\ 1 & 3 & -1 & 3 \\ 0 & 1 & 1 & -5 \\ -1 & -4 & 2 & -3 \end{vmatrix}$；

(2) $\begin{vmatrix} 1 & 2 & 0 & -1 \\ -1 & 4 & -1 & 5 \\ 2 & 3 & 3 & 1 \\ 3 & 1 & 0 & -2 \end{vmatrix}$;

(3) $\begin{vmatrix} a & b & b & \cdots & b \\ b & a & b & \cdots & b \\ b & b & a & \cdots & b \\ \vdots & \vdots & \vdots & & \vdots \\ b & b & b & \cdots & a \end{vmatrix}$;

(4) $\begin{vmatrix} a & b & 0 & \cdots & 0 & 0 \\ 0 & a & b & \cdots & 0 & 0 \\ 0 & 0 & a & \cdots & 0 & 0 \\ \vdots & \vdots & \vdots & & \vdots & \vdots \\ b & 0 & 0 & \cdots & 0 & a \end{vmatrix}$;

(5) $\begin{vmatrix} a_1-b_1 & a_1-b_2 & \cdots & a_1-b_n \\ a_2-b_1 & a_2-b_2 & \cdots & a_2-b_n \\ \vdots & \vdots & & \vdots \\ a_n-b_1 & a_n-b_2 & \cdots & a_n-b_n \end{vmatrix}$;

(6) $\begin{vmatrix} 0 & x & x & \cdots & x \\ x & 0 & x & \cdots & x \\ x & x & 0 & \cdots & x \\ \vdots & \vdots & \vdots & & \vdots \\ x & x & x & \cdots & 0 \end{vmatrix}$.

11. 验证：行列式

$$\begin{vmatrix} a^2 & (a+1)^2 & (a+2)^2 & (a+3)^2 \\ b^2 & (b+1)^2 & (b+2)^2 & (b+3)^2 \\ c^2 & (c+1)^2 & (c+2)^2 & (c+3)^2 \\ d^2 & (d+1)^2 & (d+2)^2 & (d+3)^2 \end{vmatrix} = 0.$$

12. 用数学归纳法证明 n 阶行列式

$$
D_n = \begin{vmatrix} a+b & ab & 0 & \cdots & 0 & 0 \\ 1 & a+b & ab & \cdots & 0 & 0 \\ 0 & 1 & a+b & \cdots & 0 & 0 \\ \vdots & \vdots & \vdots & & \vdots & \vdots \\ 0 & 0 & 0 & \cdots & 1 & a+b \end{vmatrix}
$$

$$
= a^n + a^{n-1}b + \cdots + ab^{n-1} + b^n.
$$

§2 克莱姆法则

内容提要

设含有 n 个方程的 n 元线性方程的一般形式为

$$
\begin{cases} a_{11}x_1 + a_{12}x_2 + \cdots + a_{1n}x_n = b_1, \\ a_{21}x_1 + a_{22}x_2 + \cdots + a_{2n}x_n = b_2, \\ \cdots\cdots\cdots\cdots\cdots\cdots\cdots\cdots \\ a_{n1}x_1 + a_{n2}x_2 + \cdots + a_{nn}x_n = b_n, \end{cases} \tag{1.1}
$$

其系数 $a_{ij}(i,j=1,2,\cdots,n)$构成系数行列式

$$
D = \begin{vmatrix} a_{11} & a_{12} & \cdots & a_{1n} \\ a_{21} & a_{22} & \cdots & a_{2n} \\ \vdots & \vdots & & \vdots \\ a_{n1} & a_{n2} & \cdots & a_{nn} \end{vmatrix}.
$$

克莱姆法则 如果方程组(1.1)的系数行列式 $D\neq0$,那么它有惟一解

$$
x_j = \frac{D_j}{D} \quad (j=1,2,\cdots,n),
$$

其中 D_j 为将 D 的第 j 列元素 $a_{1j},a_{2j},\cdots,a_{nj}$对应地换为方程组(1.1)的常数项 $b_1,b_2,\cdots,b_n$ 所构成的行列式.

注意 克莱姆法则仅给出了方程个数与未知量个数相等,并且系数行列式不等于零的线性方程组求解的一种方法.

在应用克莱姆法则求方程组的解,要注意克莱姆法则的前提条件,即克莱姆法则只适用于系数行列式不等于零的 n 个方程的 n 元

线性方程组，它不适用于系数行列式等于零或方程个数与未知数个数不等的线性方程组.

推论 对齐次线性方程组

$$\begin{cases} a_{11}x_1 + a_{12}x_2 + \cdots + a_{1n}x_n = 0, \\ a_{21}x_1 + a_{22}x_2 + \cdots + a_{2n}x_n = 0, \\ \cdots\cdots\cdots\cdots\cdots\cdots\cdots\cdots \\ a_{n1}x_1 + a_{n2}x_2 + \cdots + a_{nn}x_n = 0, \end{cases} \tag{1.2}$$

如果方程组(1.2)的系数行列式 $D\neq0$，那么它只有零解.

这个推论也可以说成：如果齐次线性方程组(1.2)有非零解，那么它的系数行列式 $D=0$.

典型例题分析

例 1 解线性方程组

$$\begin{cases} -x_1 + x_2 + x_3 + x_4 = 4, \\ x_1 - x_2 + x_3 + x_4 = 2, \\ x_1 + x_2 - x_3 + x_4 = 10, \\ x_1 + x_2 + x_3 - x_4 = 0. \end{cases}$$

解 该方程组的系数行列式为

$$D = \begin{vmatrix} -1 & 1 & 1 & 1 \\ 1 & -1 & 1 & 1 \\ 1 & 1 & -1 & 1 \\ 1 & 1 & 1 & -1 \end{vmatrix} = -16 \neq 0,$$

因此方程组有惟一解. 考虑到

$$D_1 = \begin{vmatrix} 4 & 1 & 1 & 1 \\ 2 & -1 & 1 & 1 \\ 10 & 1 & -1 & 1 \\ 0 & 1 & 1 & -1 \end{vmatrix} = -32,$$

$$D_2 = \begin{vmatrix} -1 & 4 & 1 & 1 \\ 1 & 2 & 1 & 1 \\ 1 & 10 & -1 & 1 \\ 1 & 0 & 1 & -1 \end{vmatrix} = -48,$$

$$D_3=\begin{vmatrix}-1 & 1 & 4 & 1\\ 1 & -1 & 2 & 1\\ 1 & 1 & 10 & 1\\ 1 & 1 & 0 & -1\end{vmatrix}=16,$$

$$D_4=\begin{vmatrix}-1 & 1 & 1 & 4\\ 1 & -1 & 1 & 2\\ 1 & 1 & -1 & 10\\ 1 & 1 & 1 & 0\end{vmatrix}=-64,$$

故方程组的解为

$$\begin{cases}x_1=\dfrac{D_1}{D}=2,\\[2mm] x_2=\dfrac{D_2}{D}=3,\\[2mm] x_3=\dfrac{D_3}{D}=-1,\\[2mm] x_4=\dfrac{D_4}{D}=4.\end{cases}$$

例 2 判断齐次线性方程组

$$\begin{cases}x_1+x_2-2x_3=0,\\ x_2-x_3+2x_4=0,\\ 2x_1+3x_2+x_3+4x_4=0,\\ 3x_1+4x_3+2x_4=0\end{cases}$$

是否只有零解?

解 这是一个方程个数与未知量个数相同的齐次线性方程组，其系数行列式

$$D=\begin{vmatrix}1 & 1 & -2 & 0\\ 0 & 1 & -1 & 2\\ 2 & 3 & 1 & 4\\ 3 & 0 & 4 & 2\end{vmatrix}=34\neq 0,$$

所以方程组只有零解.

例 3 若齐次线性方程组

$$\begin{cases}(\lambda-1)x_1+x_2-x_3=0,\\ x_1+\lambda x_2-x_3=0,\\ -x_1-x_2+\lambda x_3=0\end{cases}$$

有非零解,求 λ 的值.

解 这是一个方程个数与未知量个数相同的齐次线性方程组,因为它有非零解,所以它的系数行列式等于零,即

$$\begin{vmatrix}\lambda-1 & 1 & -1\\ 1 & \lambda & -1\\ -1 & -1 & \lambda\end{vmatrix} \xlongequal{②+③} \begin{vmatrix}\lambda-1 & 1 & 0\\ 1 & \lambda & \lambda-1\\ -1 & -1 & \lambda-1\end{vmatrix}$$

$$=(\lambda-1)\begin{vmatrix}\lambda-1 & 1 & 0\\ 1 & \lambda & 1\\ -1 & -1 & 1\end{vmatrix}$$

$$\xlongequal{-③+②}(\lambda-1)\begin{vmatrix}\lambda-1 & 1 & 0\\ 2 & \lambda+1 & 0\\ -1 & -1 & 1\end{vmatrix}$$

$$=(\lambda-1)\begin{vmatrix}\lambda-1 & 1\\ 2 & \lambda+1\end{vmatrix}$$

$$=(\lambda-1)(\lambda^2-3)=0.$$

因此 $\lambda_1=1,\lambda_2=\sqrt{3},\lambda_3=-\sqrt{3}$.

习 题 1.2

1. 解下列线性方程组:

(1) $\begin{cases}2x_1+5x_2-3x_3=3,\\ 3x_1+6x_2-2x_3=1,\\ 2x_1+4x_2-3x_3=4;\end{cases}$

(2) $\begin{cases}x_1+2x_2+3x_3+4x_4=1,\\ 3x_1-x_2-x_3=1,\\ x_1+x_3+2x_4=-1,\\ x_1+2x_2-5x_4=10.\end{cases}$

2. 对于三次多项式 $f(x)$,已知 $f(0)=0$, $f(1)=-1$, $f(2)=4$, $f(-1)=1$,求 $f(x)$.

3. 判断下列齐次线性方程组是否有非零解：

(1) $\begin{cases} 2x_1 \qquad\quad + x_3 = 0, \\ 3x_1 + 2x_2 + x_3 = 0, \\ x_1 + 2x_2 - x_3 = 0; \end{cases}$

(2) $\begin{cases} x_1 - x_2 + x_3 - 2x_4 = 0, \\ 2x_1 \qquad\quad - x_3 + 4x_4 = 0, \\ 3x_1 + 2x_2 + x_3 \qquad\quad = 0, \\ 6x_1 + x_2 + x_3 + 2x_4 = 0. \end{cases}$

4. 若齐次线性方程组

$$\begin{cases} (\lambda + 3)x_1 + 14x_2 + 2x_3 = 0, \\ -2x_1 + (\lambda - 8)x_2 - x_3 = 0, \\ -2x_1 - 3x_2 + (\lambda - 2)x_3 = 0 \end{cases}$$

有非零解，求 λ 的值.

第二章　矩　　阵

§1　矩阵及其运算

内 容 提 要

1. 矩阵的定义

定义 2.1　由 $m\times n$ 个数排成的 m 行、n 列的一张表

$$\begin{bmatrix} a_{11} & a_{12} & \cdots & a_{1n} \\ a_{21} & a_{22} & \cdots & a_{2n} \\ \vdots & \vdots & & \vdots \\ a_{m1} & a_{m2} & \cdots & a_{mn} \end{bmatrix}$$

称为 $m\times n$ **矩阵**，其中 a_{ij} 为**元素**（这里 a_{ij} 为实数，$i=1,2,\cdots,m$；$j=1,2,\cdots,n$）. 矩阵通常用大写黑体字母 $\boldsymbol{A},\boldsymbol{B},\boldsymbol{C},\cdots$ 表示. 例如上述矩阵可记作 $\boldsymbol{A}_{mn}$ 或 $\boldsymbol{A}_{m\times n}$，简记作 $\boldsymbol{A}$；也可记作 $(a_{ij})_{mn}$ 或 $(a_{ij})_{m\times n}$，简记作 (a_{ij})，即

$$\boldsymbol{A}=(a_{ij})_{m\times n}=\begin{bmatrix} a_{11} & a_{12} & \cdots & a_{1n} \\ a_{21} & a_{22} & \cdots & a_{2n} \\ \vdots & \vdots & & \vdots \\ a_{m1} & a_{m2} & \cdots & a_{mn} \end{bmatrix}.$$

特别地，当 $m=n$ 时，则 $\boldsymbol{A}$ 为 n 阶**方阵**，简记作 $(a_{ij})_n$.

2. 几种特殊矩阵的定义

设

$$\boldsymbol{A}=(a_{ij})_{m\times n}=\begin{bmatrix} a_{11} & a_{12} & \cdots & a_{1n} \\ a_{21} & a_{22} & \cdots & a_{2n} \\ \vdots & \vdots & & \vdots \\ a_{m1} & a_{m2} & \cdots & a_{mn} \end{bmatrix}.$$

当 $n=1$ 时，称 $\boldsymbol{A}$ 为一个 m 维的**列向量**，即

$$A = \begin{bmatrix} a_{11} \\ a_{21} \\ \vdots \\ a_{m1} \end{bmatrix},$$

其中 a_{i1} 为向量 $\boldsymbol{A}$ 的第 $i(i=1,2,\cdots,m)$ 个分量；当 $m=1$ 时，称 $\boldsymbol{A}$ 为一个 n 维的**行向量**，即

$$\boldsymbol{A} = (a_{11},\quad a_{12},\quad \cdots,\quad a_{1n}).$$

所有元素都是零的矩阵，称为**零矩阵**，记作 $\boldsymbol{O}$.

在矩阵 $\boldsymbol{A}=(a_{ij})$ 所有元素的前面都加上负号所得到的矩阵，称为 $\boldsymbol{A}$ 的**负矩阵**，记作 $-\boldsymbol{A}$，即

$$-\boldsymbol{A} = (-a_{ij}).$$

从方阵 $\boldsymbol{A}$ 的左上角到右下角的斜线位置称为**主对角线**.

主对角线上以外的元素都是零的方阵，称为**对角矩阵**；主对角线上所有元素都是 1 的对角矩阵，称为**单位矩阵**，记作 $\boldsymbol{I}$.

对于某些矩阵 $\boldsymbol{A}$ 与 $\boldsymbol{B}$，若 $\boldsymbol{AB}=\boldsymbol{BA}$，则称 $\boldsymbol{A}$ 与 $\boldsymbol{B}$ 是**可交换的**.

如果 n 阶方阵 $\boldsymbol{A}$ 中，$a_{ij}=a_{ji}\ (i,j=1,2,\cdots,n)$，即它的元素以主对角线为对称轴对应相等，则称 $\boldsymbol{A}$ 为**对称矩阵**.

3. 方阵的行列式的定义

定义 2.2 与 n 阶方阵

$$\boldsymbol{A} = \begin{bmatrix} a_{11} & a_{12} & \cdots & a_{1n} \\ a_{21} & a_{22} & \cdots & a_{2n} \\ \vdots & \vdots & & \vdots \\ a_{n1} & a_{n2} & \cdots & a_{nn} \end{bmatrix}$$

相应的行列式

$$\begin{vmatrix} a_{11} & a_{12} & \cdots & a_{1n} \\ a_{21} & a_{22} & \cdots & a_{2n} \\ \vdots & \vdots & & \vdots \\ a_{n1} & a_{n2} & \cdots & a_{nn} \end{vmatrix}$$

称为**方阵 $\boldsymbol{A}$ 的行列式**，记作 $\det \boldsymbol{A}$ 或 $|\boldsymbol{A}|$.

利用行列式的性质和矩阵乘法法则可以证明，对于任意实数 λ

和任意两个 n 阶方阵 $\boldsymbol{A},\boldsymbol{B}$,有

(1) $\det \boldsymbol{A}=\det \boldsymbol{A}^{\mathrm{T}}$;

(2) $\det(\boldsymbol{AB})=\det \boldsymbol{A}\det \boldsymbol{B}=\det(\boldsymbol{BA})$;

(3) $\det(\lambda\boldsymbol{A})=\lambda^n\det \boldsymbol{A}$.

但是一般来说

$$\det(\boldsymbol{A}+\boldsymbol{B})\neq \det \boldsymbol{A}+\det \boldsymbol{B}.$$

4. 矩阵的代数运算

4.1 矩阵相等

设 $\boldsymbol{A}=(a_{ij})_{m\times n},\boldsymbol{B}=(b_{ij})_{k\times l}$,如果 $m=k,n=l$,并且 $a_{ij}=b_{ij}$对 $i=1,2,\cdots,m;j=1,2,\cdots,n$ 都成立,则称矩阵 $\boldsymbol{A}$ 与 $\boldsymbol{B}$ 是**相等的**,记作

$$\boldsymbol{A}=\boldsymbol{B}.$$

4.2 矩阵的加法

当 $m=k,n=l$ 时,矩阵 $\boldsymbol{A}$ 与 $\boldsymbol{B}$ 的和用 $\boldsymbol{A}+\boldsymbol{B}$ 表示,且

$$\boldsymbol{A}+\boldsymbol{B}\overset{\text{def}}{=\!=}\begin{bmatrix} a_{11}+b_{11} & a_{12}+b_{12} & \cdots & a_{1n}+b_{1n} \\ a_{21}+b_{21} & a_{22}+b_{22} & \cdots & a_{2n}+b_{2n} \\ \vdots & \vdots & & \vdots \\ a_{m1}+b_{m1} & a_{m2}+b_{m2} & \cdots & a_{mn}+b_{mn} \end{bmatrix},$$

简记作$(a_{ij}+b_{ij})_{m\times n}$.

可以验证矩阵的加法满足:

(1) $\boldsymbol{A}+\boldsymbol{B}=\boldsymbol{B}+\boldsymbol{A}$(交换律);

(2) $(\boldsymbol{A}+\boldsymbol{B})+\boldsymbol{C}=\boldsymbol{A}+(\boldsymbol{B}+\boldsymbol{C})$(结合律).

利用负矩阵可以定义矩阵的减法:

$$\boldsymbol{A}-\boldsymbol{B}\overset{\text{def}}{=\!=}\boldsymbol{A}+(-\boldsymbol{B}).$$

4.3 矩阵的数乘

λ 为任一实数,数 λ 与矩阵 $\boldsymbol{A}$ 相乘,用 $\lambda\boldsymbol{A}$ 表示,且

$$\lambda\boldsymbol{A}\overset{\text{def}}{=\!=}(\lambda a_{ij})_{m\times n}.$$

可以验证矩阵的数乘满足:

(1) $\lambda(\boldsymbol{A}+\boldsymbol{B})=\lambda\boldsymbol{A}+\lambda\boldsymbol{B}$(数对矩阵的分配律);

(2) $(\lambda+\mu)\boldsymbol{A}=\lambda\boldsymbol{A}+\mu\boldsymbol{A}$(矩阵对数的分配律);

(3) $\lambda(\mu \boldsymbol{A})=(\lambda\mu)\boldsymbol{A}$(结合律).

4.4 矩阵的乘法

当 $n=k$ 时,矩阵 $\boldsymbol{A}$ 与 $\boldsymbol{B}$ 的积用 $\boldsymbol{AB}$ 表示,且

$$\boldsymbol{AB} \xlongequal{\text{def}} \begin{bmatrix} c_{11} & c_{12} & \cdots & c_{1l} \\ c_{21} & c_{22} & \cdots & c_{2l} \\ \vdots & \vdots & & \vdots \\ c_{m1} & c_{m2} & \cdots & c_{ml} \end{bmatrix},$$

其中

$$c_{ij} = a_{i1}b_{1j} + a_{i2}b_{2j} + \cdots + a_{in}b_{nj} = \sum_{k=1}^{n} a_{ik}b_{kj}.$$

特别地,对于方阵 $\boldsymbol{A}$,若 $\boldsymbol{AA} \xlongequal{\text{def}} \boldsymbol{A}^2=\boldsymbol{A}$,则称 $\boldsymbol{A}$ 为**幂等阵**.

注意 矩阵的乘法一般不满足交换律,即 $\boldsymbol{AB}\neq\boldsymbol{BA}$,因此通常称 $\boldsymbol{AB}$ 为 $\boldsymbol{A}$ 左乘 $\boldsymbol{B}$,或 $\boldsymbol{B}$ 右乘 $\boldsymbol{A}$. 一般情况下,不能从 $\boldsymbol{AB}=\boldsymbol{O}$ 推出矩阵 $\boldsymbol{A}=\boldsymbol{O}$ 或 $\boldsymbol{B}=\boldsymbol{O}$.

可以验证矩阵的乘法满足:

(1) $(\boldsymbol{AB})\boldsymbol{C}=\boldsymbol{A}(\boldsymbol{BC})$(结合律);

(2) $\boldsymbol{A}(\boldsymbol{B}+\boldsymbol{C})=\boldsymbol{AB}+\boldsymbol{AC}$(左分配律);

(3) $(\boldsymbol{A}+\boldsymbol{B})\boldsymbol{C}=\boldsymbol{AC}+\boldsymbol{BC}$(右分配律).

5. 矩阵的转置

设矩阵

$$\boldsymbol{A} = (a_{ij})_{m\times n} = \begin{bmatrix} a_{11} & a_{12} & \cdots & a_{1n} \\ a_{21} & a_{22} & \cdots & a_{2n} \\ \vdots & \vdots & & \vdots \\ a_{m1} & a_{m2} & \cdots & a_{mn} \end{bmatrix}.$$

把矩阵 $\boldsymbol{A}$ 的行和列对调以后,所得的矩阵记为

$$(a'_{ij})_{n\times m} = \begin{bmatrix} a_{11} & a_{21} & \cdots & a_{m1} \\ a_{12} & a_{22} & \cdots & a_{m2} \\ \vdots & \vdots & & \vdots \\ a_{1n} & a_{2n} & \cdots & a_{mn} \end{bmatrix},$$

称其为 $\boldsymbol{A}$ 的**转置矩阵**,用 $\boldsymbol{A}^{\mathrm{T}}$ 表示,即

$$A^{T}=(a'_{ij})_{n\times m}.$$

有时也用符号 A' 来表示 A^{T}.

可以验证矩阵的转置满足：

(1) $(A^{T})^{T}=A$；　　(2) $(A\pm B)^{T}=A^{T}\pm B^{T}$；

(3) $(kA)^{T}=kA^{T}$（k 是数）；　　(4) $(AB)^{T}=B^{T}A^{T}$；

(5) 若 A 为对称矩阵，则 $A^{T}=A$.

典型例题分析

例 1　设矩阵

$$A=\begin{bmatrix}1 & 2\\ 3 & -1\end{bmatrix},\quad B=\begin{bmatrix}a & -2\\ 7 & b\end{bmatrix},\quad C=\begin{bmatrix}2 & c\\ d & -2\end{bmatrix}$$

并且 $A-B=C$，求 a,b,c,d 的值.

解　由已知条件，有

$$\begin{bmatrix}1-a & 2-(-2)\\ 3-7 & -1-b\end{bmatrix}=\begin{bmatrix}2 & c\\ d & -2\end{bmatrix}.$$

根据矩阵相等的定义，有

$$\begin{cases}1-a=2,\\ 2-(-2)=c,\\ 3-7=d,\\ -1-b=-2,\end{cases}$$

解得

$$a=-1,\quad b=1,\quad c=4,\quad d=-4.$$

例 2　设矩阵

$$A=\begin{bmatrix}1 & 2 & -3 & 1\\ 4 & 0 & 5 & -2\end{bmatrix},\quad B=\begin{bmatrix}7 & 0 & 5 & -1\\ 6 & 4 & 1 & 0\end{bmatrix}.$$

若矩阵 X 满足关系式 $2X-A=B$，求 X.

解　从关系式 $2X-A=B$ 得到

$$X=\frac{1}{2}(A+B)$$

$$=\frac{1}{2}\left(\begin{bmatrix}1 & 2 & -3 & 1\\ 4 & 0 & 5 & -2\end{bmatrix}+\begin{bmatrix}7 & 0 & 5 & -1\\ 6 & 4 & 1 & 0\end{bmatrix}\right)$$

$$=\frac{1}{2}\begin{bmatrix}8 & 2 & 2 & 0\\10 & 4 & 6 & -2\end{bmatrix}=\begin{bmatrix}4 & 1 & 1 & 0\\5 & 2 & 3 & -1\end{bmatrix}.$$

例 3 设矩阵

$$\boldsymbol{A}=(1,2,3),\quad \boldsymbol{B}=\begin{bmatrix}1\\2\\3\end{bmatrix},$$

求 $\boldsymbol{AB}$ 与 $\boldsymbol{BA}$.

解 $\boldsymbol{AB}=(1,2,3)\begin{bmatrix}1\\2\\3\end{bmatrix}=(14),$

$$\boldsymbol{BA}=\begin{bmatrix}1\\2\\3\end{bmatrix}(1,2,3)=\begin{bmatrix}1 & 2 & 3\\2 & 4 & 6\\3 & 6 & 9\end{bmatrix}.$$

例 4 设矩阵

$$\boldsymbol{A}=\begin{bmatrix}6 & 2\\3 & 1\end{bmatrix},\quad \boldsymbol{B}=\begin{bmatrix}1 & -2\\-2 & 4\end{bmatrix},$$

求 $\boldsymbol{AB},\boldsymbol{BA},\boldsymbol{AI},\boldsymbol{IA}$.

解 $\boldsymbol{AB}=\begin{bmatrix}6\times1+2\times(-2) & 6\times(-2)+2\times4\\3\times1+1\times(-2) & 3\times(-2)+1\times4\end{bmatrix}=\begin{bmatrix}2 & -4\\1 & -2\end{bmatrix}.$

同理 $\boldsymbol{BA}=\begin{bmatrix}0 & 0\\0 & 0\end{bmatrix}$. 又

$$\boldsymbol{AI}=\begin{bmatrix}6 & 2\\3 & 1\end{bmatrix}\begin{bmatrix}1 & 0\\0 & 1\end{bmatrix}=\begin{bmatrix}6 & 2\\3 & 1\end{bmatrix},$$

$$\boldsymbol{IA}=\begin{bmatrix}1 & 0\\0 & 1\end{bmatrix}\begin{bmatrix}6 & 2\\3 & 1\end{bmatrix}=\begin{bmatrix}6 & 2\\3 & 1\end{bmatrix}.$$

注意 乘法对单位矩阵 $\boldsymbol{I}$ 是一种特例. 可以证明,对任意矩阵 $\boldsymbol{A}$,只要 $\boldsymbol{AI},\boldsymbol{IA}$ 有意义(如 $\boldsymbol{A}=(a_{ij})_{m\times n}$,这时我们有 $\boldsymbol{I}_m$ 左乘 $\boldsymbol{A}$,或 $\boldsymbol{I}_n$ 右乘 $\boldsymbol{A}$ 即可),一定有 $\boldsymbol{AI}=\boldsymbol{A},\boldsymbol{IA}=\boldsymbol{A}$. 可见单位阵在矩阵代数中起着普通数 1 的作用.

例 5 已知 $\boldsymbol{A}=(x+1,y)$, $\boldsymbol{B}=\begin{bmatrix}1 & 2\\-3 & 1\end{bmatrix}$, $\boldsymbol{C}=(2,5)$,并且满足 $\boldsymbol{AB}=\boldsymbol{C}$,求 x,y 的值.

解 因为

$$(x+1,y)\begin{bmatrix}1 & 2\\ -3 & 1\end{bmatrix}=(x+1-3y,2x+2+y),$$

即 $$(x+1-3y,2x+2+y)=(2,5),$$

因此,根据矩阵相等的定义,我们有

$$\begin{cases}x-3y+1=2,\\ 2x+\ \ y+2=5.\end{cases}$$

解得 $x=\dfrac{10}{7}$, $y=\dfrac{1}{7}$.

例 6 设矩阵

$$\boldsymbol{A}=\begin{bmatrix}1 & 2\\ 0 & 1\end{bmatrix},$$

求所有与 $\boldsymbol{A}$ 可换的矩阵.

解 设矩阵 $\boldsymbol{B}$ 与 $\boldsymbol{A}$ 可交换,则 $\boldsymbol{AB}=\boldsymbol{BA}$. 由此可知 $\boldsymbol{B}$ 必为二阶矩阵. 设

$$\boldsymbol{B}=\begin{bmatrix}x_{11} & x_{12}\\ x_{21} & x_{22}\end{bmatrix},$$

于是

$$\boldsymbol{AB}=\begin{bmatrix}1 & 2\\ 0 & 1\end{bmatrix}\begin{bmatrix}x_{11} & x_{12}\\ x_{21} & x_{22}\end{bmatrix}=\begin{bmatrix}x_{11}+2x_{21} & x_{12}+2x_{22}\\ x_{21} & x_{22}\end{bmatrix},$$

$$\boldsymbol{BA}=\begin{bmatrix}x_{11} & x_{12}\\ x_{21} & x_{22}\end{bmatrix}\begin{bmatrix}1 & 2\\ 0 & 1\end{bmatrix}=\begin{bmatrix}x_{11} & 2x_{11}+x_{12}\\ x_{21} & 2x_{21}+x_{22}\end{bmatrix}.$$

由 $\boldsymbol{AB}=\boldsymbol{BA}$,得方程组

$$\begin{cases}x_{11}+2x_{21}=\ x_{11},\\ x_{12}+2x_{22}=2x_{11}+x_{12},\\ x_{21}=\ x_{21},\\ x_{22}=2x_{21}+x_{22}.\end{cases}$$

解得 $x_{11}=x_{22}$, $x_{21}=0$. 取 $x_{11}=x_{22}=a$, $x_{12}=b$,则所有与 $\boldsymbol{A}$ 可换的矩阵

$$\boldsymbol{B}=\begin{bmatrix}a & b\\ 0 & a\end{bmatrix},\quad a,b\text{ 为任意常数}.$$

例 7 已知 $A=BC$,其中

$$B=\begin{bmatrix}1\\2\\1\end{bmatrix},\quad C=(3,-1,1),$$

求 A^{10}.

解 由于 $A=BC=\begin{bmatrix}1\\2\\1\end{bmatrix}(3,-1,1)=\begin{bmatrix}3&-1&1\\6&-2&2\\3&-1&1\end{bmatrix}$,而

$$A^2=(BC)(BC)=B(CB)C,$$

$$CB=(3,-1,1)\begin{bmatrix}1\\2\\1\end{bmatrix}=2,$$

因此

$$A^2=2BC=2\begin{bmatrix}3&-1&1\\6&-2&2\\3&-1&1\end{bmatrix}.$$

同理可得

$$A^3=(BC)(BC)(BC)=B(CB)(CB)C=2^2\times BC$$

$$=2^2\begin{bmatrix}3&-1&1\\6&-2&2\\3&-1&1\end{bmatrix}.$$

由此推出

$$A^{10}=2^9\begin{bmatrix}3&-1&1\\6&-2&2\\3&-1&1\end{bmatrix}.$$

例 8 设 $A=(a_{ij})_{n\times n}$, $B=(b_{ij})_{n\times n}$都是对称矩阵,证明 $A+B$ 也是对称矩阵.

证 由 A,B 均为对称矩阵,有

$$A^{\mathrm{T}}=A,\quad B^{\mathrm{T}}=B,$$

因此

$$(A+B)^{\mathrm{T}}=A^{\mathrm{T}}+B^{\mathrm{T}}=A+B.$$

所以，$\boldsymbol{A}+\boldsymbol{B}$ 为对称矩阵.

习　题　2.1

1. 两矩阵 $\boldsymbol{A}$ 与 $\boldsymbol{B}$ 既可相加又可相乘的充要条件是______.

2. 已知矩阵 $\boldsymbol{A},\boldsymbol{B},\boldsymbol{C}=(c_{ij})_{s\times n}$ 满足 $\boldsymbol{AC}=\boldsymbol{CB}$，则 $\boldsymbol{A}$ 与 $\boldsymbol{B}$ 分别是______阶矩阵.

3. 若 $\boldsymbol{A}$ 既是上三角形矩阵又是下三角形矩阵时，则 $\boldsymbol{A}$ 必是______.

4. 设矩阵

$$\boldsymbol{A}=\begin{bmatrix}5 & 3\\0 & 1\end{bmatrix},\quad \boldsymbol{B}=\begin{bmatrix}1 & 0\\3 & 3\end{bmatrix},\quad \boldsymbol{C}=\begin{bmatrix}1 & 1\\-1 & -1\end{bmatrix},$$

x,y,z 为数值，且已知 $x\boldsymbol{A}+y\boldsymbol{B}-z\boldsymbol{C}=\boldsymbol{I}$，求 x,y,z 的值.

5. 已知矩阵

$$\boldsymbol{A}=(1,2,3),\quad \boldsymbol{B}=\begin{bmatrix}2\\0\\1\end{bmatrix},$$

求 $\boldsymbol{AB},\boldsymbol{BA},\boldsymbol{A}^{\mathrm{T}}\boldsymbol{B}^{\mathrm{T}},\boldsymbol{B}^{\mathrm{T}}\boldsymbol{A}^{\mathrm{T}}$，并验证 $\boldsymbol{AB}\neq\boldsymbol{BA}$，$(\boldsymbol{AB})^{\mathrm{T}}=\boldsymbol{B}^{\mathrm{T}}\boldsymbol{A}^{\mathrm{T}}\neq\boldsymbol{A}^{\mathrm{T}}\boldsymbol{B}^{\mathrm{T}}$.

6. 设矩阵

$$\boldsymbol{A}=\begin{bmatrix}1 & 0 & 1\\0 & 2 & 0\\1 & 0 & 1\end{bmatrix},$$

并且矩阵 $\boldsymbol{X}$ 满足 $\boldsymbol{AX}+\boldsymbol{I}=\boldsymbol{A}^2+\boldsymbol{X}$，求矩阵 $\boldsymbol{X}$.

7. 设矩阵

$$\boldsymbol{X}=(x+1,2y,z-1),\quad \boldsymbol{A}=\begin{bmatrix}1 & 0 & 3\\1 & 1 & 2\\0 & 1 & 1\end{bmatrix},\quad \boldsymbol{B}=(0,-1,2),$$

并且 $\boldsymbol{XA}=\boldsymbol{B}$，求 x,y,z.

8. 设矩阵

$$\boldsymbol{A}=\begin{bmatrix}1 & 2\\1 & 0\end{bmatrix},\quad \boldsymbol{B}=\begin{bmatrix}3 & 1\\0 & 2\end{bmatrix},\quad \boldsymbol{C}=\begin{bmatrix}1 & 3\\2 & 0\end{bmatrix},\quad \boldsymbol{I}=\begin{bmatrix}1 & 0\\0 & 1\end{bmatrix},$$

验证：$\boldsymbol{A}^2-\boldsymbol{AB}+\boldsymbol{C}=\boldsymbol{I}$.

9. 若矩阵 $\boldsymbol{A}$ 与 $\boldsymbol{B}$ 可交换，证明：$\boldsymbol{A}^{\mathrm{T}}$ 与 $\boldsymbol{B}^{\mathrm{T}}$ 可交换.

§2 矩阵的分块运算

内 容 提 要

1. 分块对角形矩阵的定义

定义 2.3 形如

$$\boldsymbol{A}=\begin{bmatrix}\boldsymbol{A}_1 & \boldsymbol{O} & \cdots & \boldsymbol{O}\\ \boldsymbol{O} & \boldsymbol{A}_2 & \cdots & \boldsymbol{O}\\ \vdots & \vdots & & \vdots\\ \boldsymbol{O} & \boldsymbol{O} & \cdots & \boldsymbol{A}_m\end{bmatrix}$$

的方阵(其中矩阵 $\boldsymbol{A}_1,\boldsymbol{A}_2,\cdots,\boldsymbol{A}_m$ 是阶数分别为 $n_1,n_2,\cdots,n_m$ 的方阵)称为**分块对角矩阵**.

2. 分块矩阵的运算

矩阵分块运算时，要把子块当作元素来处理，并且运算的结果仍要保留其分块的结构.

2.1 分块矩阵的数乘

设 λ 为任一实数，如果将矩阵 $\boldsymbol{A}_{m\times n}$ 分块为

$$\boldsymbol{A}=\begin{bmatrix}\boldsymbol{A}_{11} & \boldsymbol{A}_{12} & \cdots & \boldsymbol{A}_{1t}\\ \boldsymbol{A}_{21} & \boldsymbol{A}_{22} & \cdots & \boldsymbol{A}_{2t}\\ \vdots & \vdots & & \vdots\\ \boldsymbol{A}_{s1} & \boldsymbol{A}_{s2} & \cdots & \boldsymbol{A}_{st}\end{bmatrix}=(\boldsymbol{A}_{pq})_{s\times t},$$

则 $\lambda\boldsymbol{A}=\lambda(\boldsymbol{A}_{pq})_{s\times t}=(\lambda\boldsymbol{A}_{pq})_{s\times t}$.

2.2 分块矩阵的加法

如果将矩阵 $\boldsymbol{A}_{m\times n},\boldsymbol{B}_{m\times n}$ 分块为

$$\boldsymbol{A}_{m\times n}=(\boldsymbol{A}_{pq})_{s\times t},\quad \boldsymbol{B}_{m\times n}=(\boldsymbol{B}_{pq})_{s\times t},$$

其中对应子块 $\boldsymbol{A}_{pq}$ 与 $\boldsymbol{B}_{pq}(p=1,2,\cdots,s;q=1,2,\cdots,t)$ 有相同的行数与相同的列数，则

$$\boldsymbol{A}+\boldsymbol{B}=(\boldsymbol{A}_{pq})_{s\times t}+(\boldsymbol{B}_{pq})_{s\times t}=(\boldsymbol{A}_{pq}+\boldsymbol{B}_{pq})_{s\times t}.$$

2.3　分块矩阵的乘法

如果将矩阵 $\boldsymbol{A}_{m\times n}$，$\boldsymbol{B}_{n\times l}$分块为

$$\boldsymbol{A}_{m\times n}=(\boldsymbol{A}_{pk})_{s\times r},\quad \boldsymbol{B}_{n\times l}=(\boldsymbol{B}_{kq})_{r\times t},$$

其中对应子块 $\boldsymbol{A}_{pk}$的列数与 $\boldsymbol{B}_{kq}(k=1,2,\cdots,r)$的行数相同，则矩阵

$$\boldsymbol{C}=\boldsymbol{AB}=(\boldsymbol{A}_{pk})_{s\times r}(\boldsymbol{B}_{kq})_{r\times t}=\left(\sum_{k=1}^{r}\boldsymbol{A}_{pk}\boldsymbol{B}_{kq}\right)_{s\times t}.$$

3. 分块对角矩阵的运算

设 n 阶矩阵 $\boldsymbol{A},\boldsymbol{B}$ 是分块对角矩阵：

$$\boldsymbol{A}=\begin{bmatrix}\boldsymbol{A}_1 & \boldsymbol{O} & \cdots & \boldsymbol{O}\\ \boldsymbol{O} & \boldsymbol{A}_2 & \cdots & \boldsymbol{O}\\ \vdots & \vdots & & \vdots\\ \boldsymbol{O} & \boldsymbol{O} & \cdots & \boldsymbol{A}_m\end{bmatrix},\quad \boldsymbol{B}=\begin{bmatrix}\boldsymbol{B}_1 & \boldsymbol{O} & \cdots & \boldsymbol{O}\\ \boldsymbol{O} & \boldsymbol{B}_2 & \cdots & \boldsymbol{O}\\ \vdots & \vdots & & \vdots\\ \boldsymbol{O} & \boldsymbol{O} & \cdots & \boldsymbol{B}_m\end{bmatrix},$$

其中 $\boldsymbol{A}_i,\boldsymbol{B}_i(i=1,2,\cdots,m)$是同阶矩阵. 由定义我们不难证明分块对角矩阵的数乘、相加、相乘可以同对角矩阵一样运算，其结果还是分块对角矩阵.

3.1　分块对角矩阵的数乘

$$k\boldsymbol{A}=k\begin{bmatrix}\boldsymbol{A}_1 & \boldsymbol{O} & \cdots & \boldsymbol{O}\\ \boldsymbol{O} & \boldsymbol{A}_2 & \cdots & \boldsymbol{O}\\ \vdots & \vdots & & \vdots\\ \boldsymbol{O} & \boldsymbol{O} & \cdots & \boldsymbol{A}_m\end{bmatrix}=\begin{bmatrix}k\boldsymbol{A}_1 & \boldsymbol{O} & \cdots & \boldsymbol{O}\\ \boldsymbol{O} & k\boldsymbol{A}_2 & \cdots & \boldsymbol{O}\\ \vdots & \vdots & & \vdots\\ \boldsymbol{O} & \boldsymbol{O} & \cdots & k\boldsymbol{A}_m\end{bmatrix}.$$

3.2　分块对角矩阵的加法

$$\boldsymbol{A}+\boldsymbol{B}=\begin{bmatrix}\boldsymbol{A}_1+\boldsymbol{B}_1 & \boldsymbol{O} & \cdots & \boldsymbol{O}\\ \boldsymbol{O} & \boldsymbol{A}_2+\boldsymbol{B}_2 & \cdots & \boldsymbol{O}\\ \vdots & \vdots & & \vdots\\ \boldsymbol{O} & \boldsymbol{O} & \cdots & \boldsymbol{A}_m+\boldsymbol{B}_m\end{bmatrix}.$$

3.3　分块对角矩阵的乘法

$$\boldsymbol{AB}=\begin{bmatrix}\boldsymbol{A}_1\boldsymbol{B}_1 & \boldsymbol{O} & \cdots & \boldsymbol{O}\\ \boldsymbol{O} & \boldsymbol{A}_2\boldsymbol{B}_2 & \cdots & \boldsymbol{O}\\ \vdots & \vdots & & \vdots\\ \boldsymbol{O} & \boldsymbol{O} & \cdots & \boldsymbol{A}_m\boldsymbol{B}_m\end{bmatrix}.$$

4. 分块对角矩阵的行列式

设矩阵 $\boldsymbol{A}$ 为 $n+k$ 阶方阵,并且

$$\boldsymbol{A}=\begin{bmatrix}\boldsymbol{A}_1 & \boldsymbol{O}\\ \boldsymbol{A}_2 & \boldsymbol{A}_3\end{bmatrix},$$

其中 $\boldsymbol{A}_1=(a_{ij})_{k\times k}$, $\boldsymbol{A}_2=(b_{ij})_{n\times k}$, $\boldsymbol{A}_3=(c_{ij})_{n\times n}$,那么

$$\det \boldsymbol{A}=\det \boldsymbol{A}_1 \det \boldsymbol{A}_3.$$

典型例题分析

例 1 设矩阵

$$\boldsymbol{A}=\begin{bmatrix}1&0&0&0\\0&1&0&0\\-1&2&1&0\\1&1&0&1\end{bmatrix},\quad \boldsymbol{B}=\begin{bmatrix}0&0&3&2\\0&0&0&1\\1&0&4&1\\0&1&2&0\end{bmatrix}.$$

计算 $k\boldsymbol{A},\boldsymbol{A}+\boldsymbol{B},\boldsymbol{A}\boldsymbol{B}$.

解 将矩阵 $\boldsymbol{A},\boldsymbol{B}$ 分块如下:

$$\boldsymbol{A}=\left[\begin{array}{cc:cc}1&0&0&0\\0&1&0&0\\ \hdashline -1&2&1&0\\1&1&0&1\end{array}\right]\xlongequal{\text{def}}\begin{bmatrix}\boldsymbol{I}_2 & \boldsymbol{O}\\ \boldsymbol{A}_{21} & \boldsymbol{I}_2\end{bmatrix},$$

$$\boldsymbol{B}=\left[\begin{array}{cc:cc}0&0&3&2\\0&0&0&1\\ \hdashline 1&0&4&1\\0&1&2&0\end{array}\right]\xlongequal{\text{def}}\begin{bmatrix}\boldsymbol{O} & \boldsymbol{B}_{12}\\ \boldsymbol{I}_2 & \boldsymbol{B}_{22}\end{bmatrix},$$

则

$$k\boldsymbol{A}=k\begin{bmatrix}\boldsymbol{I}_2 & \boldsymbol{O}\\ \boldsymbol{A}_{21} & \boldsymbol{I}_2\end{bmatrix}=\begin{bmatrix}k\boldsymbol{I}_2 & \boldsymbol{O}\\ k\boldsymbol{A}_{21} & k\boldsymbol{I}_2\end{bmatrix},$$

$$\boldsymbol{A}+\boldsymbol{B}=\begin{bmatrix}\boldsymbol{I}_2 & \boldsymbol{O}\\ \boldsymbol{A}_{21} & \boldsymbol{I}_2\end{bmatrix}+\begin{bmatrix}\boldsymbol{O} & \boldsymbol{B}_{12}\\ \boldsymbol{I}_2 & \boldsymbol{B}_{22}\end{bmatrix}=\begin{bmatrix}\boldsymbol{I}_2 & \boldsymbol{B}_{12}\\ \boldsymbol{A}_{21}+\boldsymbol{I}_2 & \boldsymbol{I}_2+\boldsymbol{B}_{22}\end{bmatrix},$$

$$\boldsymbol{A}\boldsymbol{B}=\begin{bmatrix}\boldsymbol{I}_2 & \boldsymbol{O}\\ \boldsymbol{A}_{21} & \boldsymbol{I}_2\end{bmatrix}\begin{bmatrix}\boldsymbol{O} & \boldsymbol{B}_{12}\\ \boldsymbol{I}_2 & \boldsymbol{B}_{22}\end{bmatrix}=\begin{bmatrix}\boldsymbol{O} & \boldsymbol{B}_{12}\\ \boldsymbol{I}_2 & \boldsymbol{A}_{21}\boldsymbol{B}_{12}+\boldsymbol{B}_{22}\end{bmatrix}.$$

然后再分别计算 $kA_{21}, A_{21}+I_2, I_2+B_{22}, A_{21}B_{12}+B_{22}$，代入上面各式，得到

$$kA=\begin{bmatrix} k & 0 & 0 & 0 \\ 0 & k & 0 & 0 \\ -k & 2k & k & 0 \\ k & k & 0 & k \end{bmatrix},\quad A+B=\begin{bmatrix} 1 & 0 & 3 & 2 \\ 0 & 1 & 0 & 1 \\ 0 & 2 & 5 & 1 \\ 1 & 2 & 2 & 1 \end{bmatrix},$$

$$AB=\begin{bmatrix} 0 & 0 & 3 & 2 \\ 0 & 0 & 0 & 1 \\ 1 & 0 & 1 & 1 \\ 0 & 1 & 5 & 3 \end{bmatrix}.$$

例 2 设矩阵

$$A=\begin{bmatrix} 1 & 0 & 0 & 0 \\ 0 & 1 & -1 & 0 \\ 1 & 1 & 0 & 0 \\ 0 & 0 & 0 & 1 \end{bmatrix},\quad B=\begin{bmatrix} 1 & 2 & 1 \\ 0 & 3 & 1 \\ -1 & 0 & 2 \\ 2 & 1 & 0 \end{bmatrix},$$

求 AB.

解 根据矩阵 A 的特点将 A 按下面方法分块：

$$A=\left[\begin{array}{ccc:c} 1 & 0 & 0 & 0 \\ 0 & 1 & -1 & 0 \\ 1 & 1 & 0 & 0 \\ \hdashline 0 & 0 & 0 & 1 \end{array}\right] \xlongequal{\text{def}} \begin{bmatrix} A_{11} & O \\ O & I_1 \end{bmatrix}.$$

这样使得出现两块零矩阵，以便简化运算. 而对矩阵 B 的划分则必须符合乘法运算的规定，即第二个矩阵 B 的行的分法要与第一个矩阵 A 的列的分法一致，因此

$$B=\left[\begin{array}{ccc} 1 & 2 & 1 \\ 0 & 3 & 1 \\ -1 & 0 & 2 \\ \hdashline 2 & 1 & 0 \end{array}\right] \xlongequal{\text{def}} \begin{bmatrix} B_1 \\ B_2 \end{bmatrix}.$$

于是

$$AB=\begin{bmatrix} A_{11} & O \\ O & I_1 \end{bmatrix}\begin{bmatrix} B_1 \\ B_2 \end{bmatrix}=\begin{bmatrix} A_{11}B_1 \\ B_2 \end{bmatrix},$$

其中

$$A_{11}B_1 = \begin{bmatrix} 1 & 0 & 0 \\ 0 & 1 & -1 \\ 1 & 1 & 0 \end{bmatrix} \begin{bmatrix} 1 & 2 & 1 \\ 0 & 3 & 1 \\ -1 & 0 & 2 \end{bmatrix} = \begin{bmatrix} 1 & 2 & 1 \\ 1 & 3 & -1 \\ 1 & 5 & 2 \end{bmatrix}.$$

最后得

$$AB = \begin{bmatrix} A_{11}B_1 \\ B_2 \end{bmatrix} = \begin{bmatrix} 1 & 2 & 1 \\ 1 & 3 & -1 \\ 1 & 5 & 2 \\ 2 & 1 & 0 \end{bmatrix}.$$

例 3 设矩阵

$$A = \begin{bmatrix} 2 & 0 & 0 \\ 0 & 3 & 1 \\ 0 & 0 & 3 \end{bmatrix}, \quad B = \begin{bmatrix} 1 & 0 & 0 \\ 0 & 2 & 0 \\ 0 & 3 & 1 \end{bmatrix},$$

求 $A+B$.

解 根据矩阵 A,B 特点按下面方法分块:

$$A = \left[\begin{array}{c:cc} 2 & 0 & 0 \\ \hdashline 0 & 3 & 1 \\ 0 & 0 & 3 \end{array}\right], \quad B = \left[\begin{array}{c:cc} 1 & 0 & 0 \\ \hdashline 0 & 2 & 0 \\ 0 & 3 & 1 \end{array}\right],$$

于是

$$A + B = \left[\begin{array}{c:cc} 2 & 0 & 0 \\ \hdashline 0 & 3 & 1 \\ 0 & 0 & 3 \end{array}\right] + \left[\begin{array}{c:cc} 1 & 0 & 0 \\ \hdashline 0 & 2 & 0 \\ 0 & 3 & 1 \end{array}\right]$$

$$= \left[\begin{array}{c:c} 2+1 & O \\ \hdashline O & \begin{bmatrix} 3 & 1 \\ 0 & 3 \end{bmatrix} + \begin{bmatrix} 2 & 0 \\ 3 & 1 \end{bmatrix} \end{array}\right] = \begin{bmatrix} 3 & 0 & 0 \\ 0 & 5 & 1 \\ 0 & 3 & 4 \end{bmatrix}.$$

例 4 设矩阵

$$A = \begin{bmatrix} 2 & 0 & 0 & 0 \\ 1 & 2 & 0 & 0 \\ 0 & 0 & 3 & 0 \\ 0 & 0 & 1 & 3 \end{bmatrix},$$

求 A^2.

解 根据矩阵 A 的特点按下面方法分块:

$$A=\left[\begin{array}{cc:cc}2&0&0&0\\1&2&0&0\\\hdashline 0&0&3&0\\0&0&1&3\end{array}\right],$$

于是

$$A^2=\left[\begin{array}{cc:cc}2&0&0&0\\1&2&0&0\\\hdashline 0&0&3&0\\0&0&1&3\end{array}\right]^2=\begin{bmatrix}\begin{bmatrix}2&0\\1&2\end{bmatrix}^2 & \boldsymbol{O}\\ \boldsymbol{O} & \begin{bmatrix}3&0\\1&3\end{bmatrix}^2\end{bmatrix}$$

$$=\begin{bmatrix}4&0&0&0\\4&4&0&0\\0&0&9&0\\0&0&6&9\end{bmatrix}.$$

例 5 设矩阵

$$A=\begin{bmatrix}1&0&0&0\\-1&2&0&0\\0&0&4&1\\0&0&2&0\end{bmatrix},$$

求 $\det A$.

解 将矩阵 A 分成四块：

$$A=\begin{bmatrix}A_1&\boldsymbol{O}\\\boldsymbol{O}&A_2\end{bmatrix},$$

其中 $$A_1=\begin{bmatrix}1&0\\-1&2\end{bmatrix},\quad A_2=\begin{bmatrix}4&1\\2&0\end{bmatrix}.$$

根据公式 $\det A=\det A_1\det A_2$，而

$$\det A_1=\begin{vmatrix}1&0\\-1&2\end{vmatrix}=2,\quad \det A_2=\begin{vmatrix}4&1\\2&0\end{vmatrix}=-2,$$

因此 $$\det A=2\times(-2)=-4.$$

习 题 2.2

1. 按指定的分块方法，求 $A+B$，$6A$，其中

$$\boldsymbol{A}=\left[\begin{array}{cc:cc}2 & 0 & 1 & 3\\0 & 2 & 2 & 4\\ \hdashline 0 & 0 & -1 & 0\\0 & 0 & 0 & -1\end{array}\right],\quad \boldsymbol{B}=\left[\begin{array}{cc:cc}1 & 2 & 0 & 0\\2 & 0 & 0 & 0\\ \hdashline 6 & 3 & 1 & 0\\0 & -2 & 0 & 1\end{array}\right].$$

2. 设矩阵 $\boldsymbol{A}$ 的分块为

$$\boldsymbol{A}=\left[\begin{array}{cc:cc}1 & -1 & -2 & 4\\0 & 1 & 2 & -3\\ \hdashline 0 & 0 & 5 & 3\end{array}\right],$$

求 $\boldsymbol{A}^{\mathrm{T}}$.

3. 按指定分块方法,求 $\boldsymbol{AB}$:

(1) 设矩阵

$$\boldsymbol{A}=\left[\begin{array}{cc:cc}1 & 2 & 1 & 0\\3 & 4 & 0 & 1\\ \hdashline 0 & 0 & 5 & 6\\0 & 0 & 7 & 8\end{array}\right],\quad \boldsymbol{B}=\left[\begin{array}{cc}4 & 1\\0 & 0\\ \hdashline 0 & 0\\0 & 0\end{array}\right];$$

(2) 设矩阵

$$\boldsymbol{A}=\left[\begin{array}{cc:ccc}1 & 2 & 0 & 0 & 0\\3 & 4 & 0 & 0 & 0\\ \hdashline 0 & 0 & 1 & 2 & 3\\0 & 0 & 2 & 1 & 3\\0 & 0 & 3 & 2 & 1\end{array}\right],\quad \boldsymbol{B}=\left[\begin{array}{c:cc}1 & -1 & 0\\0 & 0 & -1\\ \hdashline 0 & 0 & 1\\0 & 1 & 0\\0 & 1 & 1\end{array}\right].$$

4. 设矩阵 $\boldsymbol{A},\boldsymbol{B}$ 的分块为

$$\boldsymbol{A}=\left[\begin{array}{cc:c}1 & 0 & 3\\0 & 1 & -1\\ \hdashline 2 & -1 & 0\\3 & 2 & 0\end{array}\right]=\begin{bmatrix}\boldsymbol{E} & \boldsymbol{A}_{12}\\ \boldsymbol{A}_{21} & \boldsymbol{O}\end{bmatrix},$$

$$\boldsymbol{B}=\left[\begin{array}{cc:cc}2 & -1 & 2 & 0\\-1 & 2 & 0 & 2\\ \hdashline 4 & -2 & 0 & 0\end{array}\right]=\begin{bmatrix}\boldsymbol{B}_{11} & 2\boldsymbol{E}\\ \boldsymbol{B}_{21} & \boldsymbol{O}\end{bmatrix},$$

利用分块矩阵运算,求 $2\boldsymbol{A}-\boldsymbol{B}^{\mathrm{T}}$ 和 $\boldsymbol{B}^{\mathrm{T}}\boldsymbol{A}^{\mathrm{T}}$.

5. 设矩阵 $\boldsymbol{A},\boldsymbol{B},\boldsymbol{C}$ 的分块为

$$A = \left[\begin{array}{cc|cc} 1 & 0 & 0 & 0 \\ 0 & 1 & 0 & 0 \\ \hline -1 & 2 & 1 & 0 \\ 1 & 1 & 0 & 1 \end{array}\right],$$

$$B = \left[\begin{array}{cc|cc} 1 & 0 & 3 & 2 \\ -1 & 2 & 0 & 1 \\ \hline 1 & 0 & 4 & 1 \\ -1 & -1 & 2 & 0 \end{array}\right],$$

$$C = \left[\begin{array}{cc|cc} 2 & 0 & 0 & 0 \\ 1 & 2 & 0 & 0 \\ \hline 0 & 0 & 3 & 1 \\ 0 & 0 & 0 & 3 \end{array}\right],$$

利用分块矩阵运算,求 $\boldsymbol{AB},\boldsymbol{C}^2,\boldsymbol{A}^{\mathrm{T}},\boldsymbol{B}^{\mathrm{T}}\boldsymbol{C}$.

6. 三阶矩阵 $\boldsymbol{A}$ 按列分块为 $\boldsymbol{A}=(\boldsymbol{A}_1,\boldsymbol{A}_2,\boldsymbol{A}_3)$,且 $|\boldsymbol{A}|=-1$,求行列式 $|\boldsymbol{A}^2-2\boldsymbol{A}_3,\boldsymbol{A}_2-3\boldsymbol{A}_1,\boldsymbol{A}_1|$ 的值.

§3 矩阵的逆与矩阵的秩

内 容 提 要

1. 逆矩阵的定义及性质

1.1 逆矩阵的定义

定义 2.4 设 $\boldsymbol{A}$ 是 n 阶方阵,如果存在矩阵 $\boldsymbol{B}$,使得

$$\boldsymbol{AB} = \boldsymbol{BA} = \boldsymbol{I},$$

那么称矩阵 $\boldsymbol{B}$ 为 $\boldsymbol{A}$ 的**逆矩阵**,记为 $\boldsymbol{A}^{-1}$.

如果 $\boldsymbol{A}$ 有逆矩阵存在,那么称 $\boldsymbol{A}$ 为**可逆的**. 又称 $\boldsymbol{A}$ 为**非退化**的;否则称 $\boldsymbol{A}$ 为**退化的**. 如果 $\boldsymbol{A}$ 的行列式 $\det \boldsymbol{A}\neq 0$,那么称 $\boldsymbol{A}$ 为**非奇异矩阵**;否则称 $\boldsymbol{A}$ 为**奇异矩阵**.

设 $\boldsymbol{A}$ 是 n 阶方阵,且 A_{ij} 是元素 a_{ij} 的代数余子式,则称矩阵

$$\boldsymbol{A}^* = \begin{bmatrix} A_{11} & A_{21} & \cdots & A_{n1} \\ A_{12} & A_{22} & \cdots & A_{n2} \\ \vdots & \vdots & & \vdots \\ A_{1n} & A_{2n} & \cdots & A_{nn} \end{bmatrix}$$

为 $\boldsymbol{A}$ 的**伴随矩阵**.

1.2 逆矩阵的几个基本性质

性质 1 如果 $\boldsymbol{A}$ 可逆,那么 $\boldsymbol{A}^{-1}$也可逆,且

$$(\boldsymbol{A}^{-1})^{-1} = \boldsymbol{A}.$$

性质 2 如果 $\boldsymbol{A}$ 可逆,那么 $\boldsymbol{A}^{\mathrm{T}}$ 也可逆,且

$$(\boldsymbol{A}^{\mathrm{T}})^{-1} = (\boldsymbol{A}^{-1})^{\mathrm{T}}.$$

性质 3 如果 $\boldsymbol{A},\boldsymbol{B}$ 可逆,那么 $\boldsymbol{AB}$ 也可逆,且

$$(\boldsymbol{AB})^{-1} = \boldsymbol{B}^{-1}\boldsymbol{A}^{-1}.$$

性质 4 如果 $\boldsymbol{A}$ 可逆,那么 $\boldsymbol{A}^{-1}$的行列式等于 $\boldsymbol{A}$ 的行列式的倒数,即

$$\det \boldsymbol{A}^{-1} = \frac{1}{\det \boldsymbol{A}}.$$

2. 矩阵的初等变换的定义

定义 2.5 矩阵 $\boldsymbol{A}$ 的下列变换称为 $\boldsymbol{A}$ 的**初等变换**:

(1) 互换矩阵 $\boldsymbol{A}$ 的两行(或列);

(2) 用一个不为零的数乘矩阵 $\boldsymbol{A}$ 的某一行(或列);

(3) 用一个数乘矩阵 $\boldsymbol{A}$ 的某一行(或列)加到另一行(或列)上.

矩阵 $\boldsymbol{A}$ 经过初等变换后变为 $\boldsymbol{B}$,用

$$\boldsymbol{A} \rightarrow \boldsymbol{B}$$

表示,并称 $\boldsymbol{B}$ 与 $\boldsymbol{A}$ 是**等价**的. 对行(列)进行的初等变换称为**初等行(列)变换**.

3. 初等矩阵的定义

定义 2.6 由单位矩阵 $\boldsymbol{I}$ 经过一次初等变换后得到的矩阵称为**初等矩阵**. 用 $\boldsymbol{P}(i,j)$(或 $\boldsymbol{T}(i,j)$)表示矩阵 $\boldsymbol{I}$ 的 i,j 两行(或列)互换;用 $\boldsymbol{P}(i(k))$(或 $\boldsymbol{T}(i(k))$)($k\neq0$)表示 k 乘矩阵 $\boldsymbol{I}$ 的第 i 行(或列);用 $\boldsymbol{P}(i,j(k))$(或 $\boldsymbol{T}(i,j(k))$)表示 k 乘矩阵 $\boldsymbol{I}$ 的第 j 行(或列)加到第 i 行(或列)上.

4. 矩阵秩的定义

定义 2.7 设 $\boldsymbol{A}$ 是一个 $m\times n$ 阶矩阵. 在 $\boldsymbol{A}$ 中任取 k 行,k 列($1\leqslant k\leqslant \min\{m,n\}$),把位于这些行列相交处的元素按原来的次序组

成一个 k 阶方阵,称这个 k 阶方阵为矩阵 $\boldsymbol{A}$ 的 k **阶子矩阵**,其行列式叫做矩阵 $\boldsymbol{A}$ 的 k **阶子式**. 矩阵 $\boldsymbol{A}$ 的不等于零的子式的最高阶数叫做矩阵 $\boldsymbol{A}$ 的**秩**,记为 $\mathrm{r}(\boldsymbol{A})$.

5. 有关定理

定理 2.1 矩阵 $\boldsymbol{A}$ 可逆的充要条件是 $\boldsymbol{A}$ 的行列式 $\det \boldsymbol{A}\neq 0$,且当矩阵 $\boldsymbol{A}$ 的行列式 $\det \boldsymbol{A}\neq 0$ 时,$\boldsymbol{A}$ 的逆矩阵

$$\boldsymbol{A}^{-1}=\frac{1}{\det \boldsymbol{A}}\boldsymbol{A}^{*}.$$

定理 2.2 设 $\boldsymbol{A}$ 是一个 $m\times n$ 矩阵,对 $\boldsymbol{A}$ 施行一次初等行(或列)变换就相当于在 $\boldsymbol{A}$ 的左(或右)边乘上一个相应的 m 或 n 阶的初等矩阵(证明从略).

定理 2.3 一个 n 阶可逆矩阵经若干次初等变换后,可化为 n 阶单位阵.

推论 1 n 阶可逆矩阵必等价于单位阵 $\boldsymbol{I}_n$.

推论 2 任一 n 阶可逆阵必可表示为若干个初等阵的乘积.

推论 3 $m\times n$ 矩阵 $\boldsymbol{A}$ 与 $\boldsymbol{B}$ 等价的充要条件为存在 m 阶可逆方阵 $\boldsymbol{P}$ 与 n 阶可逆方阵 $\boldsymbol{Q}$,使得 $\boldsymbol{PAQ}=\boldsymbol{B}$.

定理 2.4 矩阵 $\boldsymbol{A}$ 经过初等变换后,其秩不变.

6. 用初等行变换方法求可逆矩阵的逆矩阵

设 $\boldsymbol{A}$ 是一个 $n\times n$ 的可逆矩阵. 由定理 2.3 可知,一定存在初等矩阵 $\boldsymbol{P}_1,\boldsymbol{P}_2,\cdots,\boldsymbol{P}_m$,使得

$$\boldsymbol{P}_m\boldsymbol{P}_{m-1}\cdots\boldsymbol{P}_2\boldsymbol{P}_1\boldsymbol{A}=\boldsymbol{I}. \tag{2.1}$$

(2.1)式两边右乘 $\boldsymbol{A}^{-1}$,有

$$\boldsymbol{P}_m\boldsymbol{P}_{m-1}\cdots\boldsymbol{P}_2\boldsymbol{P}_1\boldsymbol{A}\boldsymbol{A}^{-1}=\boldsymbol{I}\boldsymbol{A}^{-1}=\boldsymbol{A}^{-1},$$

即得

$$\boldsymbol{A}^{-1}=\boldsymbol{P}_m\boldsymbol{P}_{m-1}\cdots\boldsymbol{P}_2\boldsymbol{P}_1\boldsymbol{I}. \tag{2.2}$$

(2.1),(2.2)两式说明,如果经过一系列的初等行变换可以把可逆矩阵化成单位矩阵,那么经过同样的一系列初等行变换就可以把单位矩阵化成 $\boldsymbol{A}^{-1}$.

具体的方法是: 把 $\boldsymbol{A},\boldsymbol{I}$ 这两个 $n\times n$ 的方阵放在一起做成一个

$n\times 2n$ 矩阵$[\boldsymbol{A},\boldsymbol{I}]$,用初等行变换把左半部分 $\boldsymbol{A}$ 化成单位矩阵 $\boldsymbol{I}$,与此同时,右半部分 $\boldsymbol{I}$ 就被化成了 $\boldsymbol{A}^{-1}$. 用式子具体表示如下:

$$\begin{aligned}&\boldsymbol{P}_m\boldsymbol{P}_{m-1}\cdots\boldsymbol{P}_2\boldsymbol{P}_1(\boldsymbol{A}\,\vdots\,\boldsymbol{I})\\&\quad=(\boldsymbol{P}_m\boldsymbol{P}_{m-1}\cdots\boldsymbol{P}_2\boldsymbol{P}_1\boldsymbol{A}\,\vdots\,\boldsymbol{P}_m\boldsymbol{P}_{m-1}\cdots\boldsymbol{P}_2\boldsymbol{P}_1\boldsymbol{I})\\&\quad=(\boldsymbol{I}\,\vdots\,\boldsymbol{A}^{-1}),\end{aligned}$$

即 $$(\boldsymbol{A}\,\vdots\,\boldsymbol{I})\xrightarrow{\text{一系列初等行变换}}(\boldsymbol{I}\,\vdots\,\boldsymbol{A}^{-1}).$$

7. 分块对角矩阵求逆

如果矩阵

$$\boldsymbol{A}=\begin{bmatrix}\boldsymbol{A}_1&\boldsymbol{O}&\cdots&\boldsymbol{O}\\\boldsymbol{O}&\boldsymbol{A}_2&\cdots&\boldsymbol{O}\\\vdots&\vdots&&\vdots\\\boldsymbol{O}&\boldsymbol{O}&\cdots&\boldsymbol{A}_m\end{bmatrix},\quad \boldsymbol{B}=\begin{bmatrix}\boldsymbol{O}&\cdots&\boldsymbol{O}&\boldsymbol{B}_1\\\boldsymbol{O}&\cdots&\boldsymbol{B}_2&\boldsymbol{O}\\\vdots&&\vdots&\vdots\\\boldsymbol{B}_m&\cdots&\boldsymbol{O}&\boldsymbol{O}\end{bmatrix}$$

是可逆的分块对角矩阵,那么

$$\boldsymbol{A}^{-1}=\begin{bmatrix}\boldsymbol{A}_1^{-1}&\boldsymbol{O}&\cdots&\boldsymbol{O}\\\boldsymbol{O}&\boldsymbol{A}_2^{-1}&\cdots&\boldsymbol{O}\\\vdots&\vdots&&\vdots\\\boldsymbol{O}&\boldsymbol{O}&\cdots&\boldsymbol{A}_m^{-1}\end{bmatrix},\quad \boldsymbol{B}^{-1}=\begin{bmatrix}\boldsymbol{O}&\cdots&\boldsymbol{O}&\boldsymbol{B}_m^{-1}\\\boldsymbol{O}&\cdots&\boldsymbol{B}_{m-1}^{-1}&\boldsymbol{O}\\\vdots&&\vdots&\vdots\\\boldsymbol{B}_1^{-1}&\cdots&\boldsymbol{O}&\boldsymbol{O}\end{bmatrix}.$$

8. 用初等变换方法求矩阵的秩

(1) $\boldsymbol{A}\xrightarrow{\text{初等变换}}\boldsymbol{D}$(标准形矩阵)$=\begin{bmatrix}\boldsymbol{I}_r&\boldsymbol{O}\\\boldsymbol{O}&\boldsymbol{O}\end{bmatrix}\Longrightarrow \mathrm{r}(\boldsymbol{A})=r$;

(2) $\boldsymbol{A}\xrightarrow{\text{初等行变换}}\boldsymbol{B}$(阶梯形或行简化阶梯形矩阵,其非零行数为 k) $\Longrightarrow \mathrm{r}(\boldsymbol{A})=k$.

典型例题分析

例 1 求矩阵 $\boldsymbol{A}=\begin{bmatrix}1&-1&3\\2&-1&4\\-1&2&-4\end{bmatrix}$的逆矩阵.

解 因为 $|\boldsymbol{A}|=\begin{vmatrix}1&-1&3\\2&-1&4\\-1&2&-4\end{vmatrix}=1\neq 0$,所以 $\boldsymbol{A}$ 可逆. 又因为

$$A_{11}=(-1)^{1+1}\begin{vmatrix}-1 & 4\\ 2 & -4\end{vmatrix}=-4,$$

$$A_{12}=(-1)^{1+2}\begin{vmatrix}2 & 4\\ -1 & -4\end{vmatrix}=4,$$

$$A_{13}=(-1)^{1+3}\begin{vmatrix}2 & -1\\ -1 & 2\end{vmatrix}=3,$$

$$A_{21}=(-1)^{2+1}\begin{vmatrix}-1 & 3\\ 2 & -4\end{vmatrix}=2,$$

$$A_{22}=(-1)^{2+2}\begin{vmatrix}1 & 3\\ -1 & -4\end{vmatrix}=-1,$$

$$A_{23}=(-1)^{2+3}\begin{vmatrix}1 & -1\\ -1 & 2\end{vmatrix}=-1,$$

$$A_{31}=(-1)^{3+1}\begin{vmatrix}-1 & 3\\ -1 & 4\end{vmatrix}=-1,$$

$$A_{32}=(-1)^{3+2}\begin{vmatrix}1 & 3\\ 2 & 4\end{vmatrix}=2,$$

$$A_{33}=(-1)^{3+3}\begin{vmatrix}1 & -1\\ 2 & -1\end{vmatrix}=1,$$

所以

$$\boldsymbol{A}^{-1}=\begin{bmatrix}A_{11} & A_{21} & A_{31}\\ A_{12} & A_{22} & A_{32}\\ A_{13} & A_{23} & A_{33}\end{bmatrix}=\begin{bmatrix}-4 & 2 & -1\\ 4 & -1 & 2\\ 3 & -1 & 1\end{bmatrix}.$$

例 2 用求逆矩阵的方法求解线性方程组

$$\begin{cases}x_1-x_2+3x_3=1,\\ 2x_1-x_2+4x_3=0,\\ -x_1+2x_2-4x_3=-1.\end{cases}$$

解 这个方程组的系数矩阵 $\boldsymbol{A}$ 就是例 1 的矩阵. 由于 $\boldsymbol{X}=\boldsymbol{A}^{-1}\boldsymbol{B}$,因此这个方程组的解为

$$\begin{bmatrix}x_1\\ x_2\\ x_3\end{bmatrix}=\boldsymbol{A}^{-1}\begin{bmatrix}b_1\\ b_2\\ b_3\end{bmatrix}=\begin{bmatrix}-4 & 2 & -1\\ 4 & -1 & 2\\ 3 & -1 & 1\end{bmatrix}\begin{bmatrix}1\\ 0\\ -1\end{bmatrix}=\begin{bmatrix}-3\\ 2\\ 2\end{bmatrix},$$

即
$$\begin{cases} x_1 = -3, \\ x_2 = 2, \\ x_3 = 2. \end{cases}$$

例 3 设矩阵

$$A = \begin{bmatrix} 0 & 1 & 2 \\ 1 & 1 & 4 \\ 2 & -1 & 0 \end{bmatrix},$$

求 A^{-1}.

解 因为

$$\left[\begin{array}{ccc:ccc} 0 & 1 & 2 & 1 & 0 & 0 \\ 1 & 1 & 4 & 0 & 1 & 0 \\ 2 & -1 & 0 & 0 & 0 & 1 \end{array}\right] \xrightarrow{①\leftrightarrow②} \left[\begin{array}{ccc:ccc} 1 & 1 & 4 & 0 & 1 & 0 \\ 0 & 1 & 2 & 1 & 0 & 0 \\ 2 & -1 & 0 & 0 & 0 & 1 \end{array}\right]$$

$$\xrightarrow{-2\times①+③} \left[\begin{array}{ccc:ccc} 1 & 1 & 4 & 0 & 1 & 0 \\ 0 & 1 & 2 & 1 & 0 & 0 \\ 0 & -3 & -8 & 0 & -2 & 1 \end{array}\right]$$

$$\xrightarrow{3\times②+③} \left[\begin{array}{ccc:ccc} 1 & 1 & 4 & 0 & 1 & 0 \\ 0 & 1 & 2 & 1 & 0 & 0 \\ 0 & 0 & -2 & 3 & -2 & 1 \end{array}\right]$$

$$\xrightarrow{③+②} \left[\begin{array}{ccc:ccc} 1 & 1 & 4 & 0 & 1 & 0 \\ 0 & 1 & 0 & 4 & -2 & 1 \\ 0 & 0 & -2 & 3 & -2 & 1 \end{array}\right]$$

$$\xrightarrow{2\times③+①} \left[\begin{array}{ccc:ccc} 1 & 1 & 0 & 6 & -3 & 2 \\ 0 & 1 & 0 & 4 & -2 & 1 \\ 0 & 0 & -2 & 3 & -2 & 1 \end{array}\right]$$

$$\xrightarrow{-②+①} \left[\begin{array}{ccc:ccc} 1 & 0 & 0 & 2 & -1 & 1 \\ 0 & 1 & 0 & 4 & -2 & 1 \\ 0 & 0 & -2 & 3 & -2 & 1 \end{array}\right]$$

$$\xrightarrow{-\frac{1}{2}\times③} \left[\begin{array}{ccc:ccc} 1 & 0 & 0 & 2 & -1 & 1 \\ 0 & 1 & 0 & 4 & -2 & 1 \\ 0 & 0 & 1 & -\frac{3}{2} & 1 & -\frac{1}{2} \end{array}\right],$$

所以

$$A^{-1}=\begin{bmatrix}2 & -1 & 1\\ 4 & -2 & 1\\ -\frac{3}{2} & 1 & -\frac{1}{2}\end{bmatrix}.$$

例 4 解矩阵方程

$$\boldsymbol{AXB}=\boldsymbol{C},$$

其中 $\boldsymbol{A}=\begin{bmatrix}1 & 0 & 0\\ 0 & -1 & 2\\ 1 & 0 & 1\end{bmatrix}$, $\boldsymbol{B}=\begin{bmatrix}1 & 1\\ 1 & 2\end{bmatrix}$, $\boldsymbol{C}=\begin{bmatrix}3 & 5\\ 8 & 6\\ 9 & 12\end{bmatrix}$.

解 先求 $\boldsymbol{A}^{-1}$及 $\boldsymbol{B}^{-1}$. 由于

$$|\boldsymbol{A}|=\begin{vmatrix}1 & 0 & 0\\ 0 & -1 & 2\\ 1 & 0 & 1\end{vmatrix}=-1\neq 0,$$

$$A_{11}=-1,\quad A_{12}=2,\quad A_{13}=1,$$
$$A_{21}=0,\quad A_{22}=1,\quad A_{23}=0,$$
$$A_{31}=0,\quad A_{32}=-2,\quad A_{33}=-1,$$

于是可得

$$\boldsymbol{A}^{-1}=\begin{bmatrix}1 & 0 & 0\\ -2 & -1 & 2\\ -1 & 0 & 1\end{bmatrix},\quad \boldsymbol{B}^{-1}=\begin{bmatrix}2 & -1\\ -1 & 1\end{bmatrix}.$$

由 $\boldsymbol{AXB}=\boldsymbol{C}$,我们有 $\boldsymbol{X}=\boldsymbol{A}^{-1}\boldsymbol{CB}^{-1}$. 因此我们用 $\boldsymbol{A}^{-1}$左乘给定矩阵方程两边,用 $\boldsymbol{B}^{-1}$右乘给定矩阵方程两边,得

$$\boldsymbol{X}=\begin{bmatrix}1 & 0 & 0\\ -2 & -1 & 2\\ -1 & 0 & 1\end{bmatrix}\begin{bmatrix}3 & 5\\ 8 & 6\\ 9 & 12\end{bmatrix}\begin{bmatrix}2 & -1\\ -1 & 1\end{bmatrix}$$

$$=\begin{bmatrix}3 & 5\\ 4 & 8\\ 6 & 7\end{bmatrix}\begin{bmatrix}2 & -1\\ -1 & 1\end{bmatrix}=\begin{bmatrix}1 & 2\\ 0 & 4\\ 5 & 1\end{bmatrix}.$$

小结

在用逆矩阵解矩阵方程时,用未知矩阵的系数矩阵的逆矩阵乘

给定方程两边,要注意是左乘还是右乘.

(1) 对矩阵方程 $\boldsymbol{AX}=\boldsymbol{B}$,若 $\boldsymbol{A}$ 可逆,则 $\boldsymbol{X}=\boldsymbol{A}^{-1}\boldsymbol{B}$;

(2) 对矩阵方程 $\boldsymbol{XA}=\boldsymbol{B}$,若 $\boldsymbol{A}$ 可逆,则 $\boldsymbol{X}=\boldsymbol{B}\boldsymbol{A}^{-1}$;

(3) 对矩阵方程 $\boldsymbol{AXB}=\boldsymbol{C}$,若 $\boldsymbol{A},\boldsymbol{B}$ 可逆,则 $\boldsymbol{X}=\boldsymbol{A}^{-1}\boldsymbol{C}\boldsymbol{B}^{-1}$.

例 5 求矩阵 $\boldsymbol{A}=\begin{bmatrix}1 & 2 & -1 & -1\\ -1 & 3 & -2 & 1\\ -2 & 1 & -1 & 2\end{bmatrix}$的秩.

解法 1 由于 $\begin{vmatrix}1 & 2\\ -1 & 3\end{vmatrix}=5\neq 0$,并且由于它的一切三阶子式均为零.所以 $\mathrm{r}(\boldsymbol{A})=2$.

解法 2 对 $\boldsymbol{A}$ 作初等行变换:

$$\boldsymbol{A}=\begin{bmatrix}1 & 2 & -1 & -1\\ -1 & 3 & -2 & 1\\ -2 & 1 & -1 & 2\end{bmatrix}\xrightarrow[2①+③]{-①+②}\begin{bmatrix}1 & 2 & -1 & -1\\ 0 & 5 & -3 & 0\\ 0 & 5 & -3 & 0\end{bmatrix}$$

$$\xrightarrow{-②+③}\begin{bmatrix}1 & 2 & -1 & -1\\ 0 & 5 & -3 & 0\\ 0 & 0 & 0 & 0\end{bmatrix}.$$

至此已经可以看出 $\begin{vmatrix}1 & 2\\ 0 & 5\end{vmatrix}\neq 0$,而一切三阶子式皆为零,故不必再变换下去,即可得出 $\mathrm{r}(\boldsymbol{A})=2$.

例 6 求矩阵 $\boldsymbol{A}$ 的秩,其中

$$\boldsymbol{A}=\begin{bmatrix}1 & 2 & 1 & 4\\ 3 & 1 & -2 & 7\\ 2 & 8 & 6 & 12\end{bmatrix}.$$

解 将矩阵 $\boldsymbol{A}$ 作一系列初等行、列变换:

$$\boldsymbol{A}=\begin{bmatrix}1 & 2 & 1 & 4\\ 3 & 1 & -2 & 7\\ 2 & 8 & 6 & 12\end{bmatrix}\to\begin{bmatrix}1 & 2 & 1 & 4\\ 0 & -5 & -5 & -5\\ 0 & 4 & 4 & 4\end{bmatrix}$$

$$\to\begin{bmatrix}1 & 2 & 1 & 4\\ 0 & 1 & 1 & 1\\ 0 & 0 & 0 & 0\end{bmatrix}\to\begin{bmatrix}1 & 0 & 0 & 0\\ 0 & 1 & 1 & 1\\ 0 & 0 & 0 & 0\end{bmatrix}$$

$$\rightarrow\begin{bmatrix} 1 & 0 & 0 & 0 \\ 0 & 1 & 0 & 0 \\ 0 & 0 & 0 & 0 \end{bmatrix}.$$

可见,矩阵的左上角为一个二阶单位矩阵,所以 $r(\boldsymbol{A})=2$.

小结

(1) 求矩阵的秩有两种基本方法,一种是直接按定义,另一种是用矩阵的初等变换,当矩阵的行数、列数较大时,用矩阵的初等变换较方便些;

(2) 把矩阵化为阶梯形矩阵,其中有 r 个非零行(元素不全为零的行),其他行为零行(元素全为零的行),则非零行的行数 r,即为矩阵的秩.

例 7 设 $\boldsymbol{A}$ 为 n 阶非奇异矩阵, $\boldsymbol{B}$ 为 $n\times m$ 矩阵,证明: $\boldsymbol{A}$ 与 $\boldsymbol{B}$ 之积的秩等于 $\boldsymbol{B}$ 的秩,即 $r(\boldsymbol{AB})=r(\boldsymbol{B})$.

证 因为 $\boldsymbol{A}$ 为非奇异矩阵,故 $\boldsymbol{A}$ 可逆. 因此,必存在初等矩阵 $\boldsymbol{P}_1,\boldsymbol{P}_2,\cdots,\boldsymbol{P}_s$,使得

$$\boldsymbol{A}=\boldsymbol{P}_1\boldsymbol{P}_2\cdots\boldsymbol{P}_s.$$

所以, $\boldsymbol{AB}=\boldsymbol{P}_1\boldsymbol{P}_2\cdots\boldsymbol{P}_s\boldsymbol{B}$,即 $\boldsymbol{AB}$ 是矩阵 $\boldsymbol{B}$ 经过 s 次初等行变换后得到的. 由于初等变换不改变矩阵的秩,有 $r(\boldsymbol{AB})=r(\boldsymbol{B})$.

类似地,我们可以证明: 若 $\boldsymbol{A}_{n\times n}$可逆,$\boldsymbol{B}$ 为 $m\times n$ 矩阵时,有

$$r(\boldsymbol{BA})=r(\boldsymbol{B}).$$

例 7 的结论可作为定理直接应用.

例 8 求下列矩阵的逆矩阵:

(1) $\boldsymbol{A}_1=\begin{bmatrix} 2 & 0 & 0 \\ 0 & 3 & 0 \\ 0 & 0 & 4 \end{bmatrix}$;

(2) $\boldsymbol{A}_2=\begin{bmatrix} 0 & 0 & a_1 \\ 0 & a_2 & 0 \\ a_3 & 0 & 0 \end{bmatrix}$,其中 $a_1\cdot a_2\cdot a_3\neq 0$.

解 (1) 考虑到

$$(\boldsymbol{A}_1 \vdots \boldsymbol{I})=\left[\begin{array}{ccc:ccc}2&0&0&1&0&0\\0&3&0&0&1&0\\0&0&4&0&0&1\end{array}\right]$$

$$\xrightarrow{\frac{1}{2}①,\frac{1}{3}②,\frac{1}{4}③}\left[\begin{array}{ccc:ccc}1&0&0&1/2&0&0\\0&1&0&0&1/3&0\\0&0&1&0&0&1/4\end{array}\right],$$

因此
$$\boldsymbol{A}_1^{-1}=\begin{bmatrix}1/2&0&0\\0&1/3&0\\0&0&1/4\end{bmatrix}.$$

(2) 考虑到

$$(\boldsymbol{A}_2 \vdots \boldsymbol{I})=\left[\begin{array}{ccc:ccc}0&0&a_1&1&0&0\\0&a_2&0&0&1&0\\a_3&0&0&0&0&1\end{array}\right]$$

$$\xrightarrow{①\leftrightarrow③}\left[\begin{array}{ccc:ccc}a_3&0&0&0&0&1\\0&a_2&0&0&1&0\\0&0&a_1&1&0&0\end{array}\right]$$

$$\xrightarrow{\frac{1}{a_3}①,\frac{1}{a_2}②,\frac{1}{a_1}③}\left[\begin{array}{ccc:ccc}1&0&0&0&0&a_3^{-1}\\0&1&0&0&a_2^{-1}&0\\0&0&1&a_1^{-1}&0&0\end{array}\right],$$

因此

$$\boldsymbol{A}_2^{-1}=\begin{bmatrix}0&0&a_3^{-1}\\0&a_2^{-1}&0\\a_1^{-1}&0&0\end{bmatrix}.$$

例 9 求下列分块对角矩阵的逆矩阵：

(1) $\boldsymbol{A}_1=\left[\begin{array}{c:ccc}2&0&0&0\\ \hdashline 0&1&1&1\\0&1&2&1\\0&1&1&3\end{array}\right]$；　　(2) $\boldsymbol{A}_2=\left[\begin{array}{cc:ccc}0&0&1&-1&1\\0&0&1&1&0\\0&0&2&1&1\\ \hdashline 0&2&0&0&0\\3&0&0&0&0\end{array}\right]$.

解 (1) 设 $\boldsymbol{A}_{11}=(2)$，$\boldsymbol{A}_{22}=\begin{bmatrix}1&1&1\\1&2&1\\1&1&3\end{bmatrix}$，因此

$$A_1=\begin{bmatrix}A_{11} & O\\ O & A_{22}\end{bmatrix}.$$

考虑到

$$A_{11}^{-1}=\left(\frac{1}{2}\right),\quad A_{22}^{-1}=\begin{bmatrix}\frac{5}{2} & -1 & -\frac{1}{2}\\ -1 & 1 & 0\\ -\frac{1}{2} & 0 & \frac{1}{2}\end{bmatrix}$$

(以上过程从略),因此

$$A_1^{-1}=\begin{bmatrix}A_{11}^{-1} & O\\ O & A_{22}^{-1}\end{bmatrix}$$

$$=\left[\begin{array}{c:ccc}\frac{1}{2} & 0 & 0 & 0\\ \hdashline 0 & \frac{5}{2} & -1 & -\frac{1}{2}\\ 0 & -1 & 1 & 0\\ 0 & -\frac{1}{2} & 0 & \frac{1}{2}\end{array}\right].$$

(2) 设 $A_{12}=\begin{bmatrix}1 & -1 & 1\\ 1 & 1 & 0\\ 2 & 1 & 1\end{bmatrix}$, $A_{21}=\begin{bmatrix}0 & 2\\ 3 & 0\end{bmatrix}$. 考虑到

$$A_{12}^{-1}=\begin{bmatrix}1 & 2 & -1\\ -1 & -1 & 1\\ -1 & -3 & 2\end{bmatrix},\quad A_{21}^{-1}=\begin{bmatrix}0 & \frac{1}{3}\\ \frac{1}{2} & 0\end{bmatrix},$$

因此

$$A_2=\begin{bmatrix}O & A_{12}^{-1}\\ A_{21}^{-1} & O\end{bmatrix}$$

$$=\left[\begin{array}{ccc:cc}0 & 0 & 0 & 0 & \frac{1}{3}\\ 0 & 0 & 0 & \frac{1}{2} & 0\\ \hdashline 1 & 2 & -1 & 0 & 0\\ -1 & -1 & 1 & 0 & 0\\ -1 & -3 & 2 & 0 & 0\end{array}\right].$$

习 题 2.3

1. 设矩阵 $\boldsymbol{A}=(a_{ij})_{n\times n}$,则 $\det\boldsymbol{A}=0$ 是 $\det\boldsymbol{A}^*=0$ 的______条件.

2. 设矩阵 $\boldsymbol{A}=\begin{bmatrix}0&1&0&0\\1&0&0&0\\0&0&1&1\\0&0&1&2\end{bmatrix}$,则 $\boldsymbol{A}^{-1}=$______.

3. 设 $\boldsymbol{A}=(a_{ij})_{n\times n}$与 $\boldsymbol{B}=(b_{ij})_{m\times m}$为可逆矩阵,则分块对角矩阵 $\boldsymbol{C}=\begin{bmatrix}\boldsymbol{A}&\boldsymbol{O}\\\boldsymbol{O}&\boldsymbol{B}\end{bmatrix}$也可逆,且其逆矩阵 $\boldsymbol{C}^{-1}=$______.

4. 存在有限个初等矩阵 $\boldsymbol{E}_1,\boldsymbol{E}_2,\cdots,\boldsymbol{E}_l$,使 $\boldsymbol{A}=\boldsymbol{E}_1\boldsymbol{E}_2\cdots\boldsymbol{E}_l$ 是 $\boldsymbol{A}$ 为可逆矩阵的______条件.

5. 设 $\boldsymbol{A}$ 为三阶矩阵且 $\det\boldsymbol{A}=\dfrac{1}{2}$,则 $\det\boldsymbol{A}^{-1}=$______.

6. 若 $\boldsymbol{A}$ 是三阶矩阵,且 $\det\boldsymbol{A}=2$,$\boldsymbol{A}^*$ 是 $\boldsymbol{A}$ 的伴随矩阵,则 $\det(2\boldsymbol{A}^*)$的值是______.

7. 设 $\boldsymbol{A},\boldsymbol{B}$ 为同阶可逆方阵,则$(\boldsymbol{AB})^*=$______.

8. 已知矩阵

$$\boldsymbol{A}=\begin{bmatrix}0&1&5&3\\2&1&0&7\end{bmatrix},\quad \boldsymbol{B}=\begin{bmatrix}6&-2&-2&1\\1&0&3&5\end{bmatrix}.$$

若矩阵 $\boldsymbol{X}$ 满足 $3\boldsymbol{X}-2\boldsymbol{A}+\boldsymbol{B}=\boldsymbol{O}$,求 $\boldsymbol{X}$.

9. 计算下列矩阵乘积:

(1) $(1,0,3,5)\begin{bmatrix}2\\-1\\0\\4\end{bmatrix}$;　　(2) $\begin{bmatrix}2\\-1\\0\\4\end{bmatrix}(1,0,3,5)$.

10. 已知矩阵关系

$$\begin{bmatrix}a&b\\c&d\end{bmatrix}=\begin{bmatrix}2&1\\b&-c\end{bmatrix}\begin{bmatrix}0&1\\1&0\end{bmatrix},$$

求 a,b,c,d.

11. 设矩阵

$$A=\begin{bmatrix}1&2\\1&0\end{bmatrix},\quad B=\begin{bmatrix}3&1\\0&2\end{bmatrix},$$

$$C=\begin{bmatrix}1&3\\2&0\end{bmatrix},\quad I=\begin{bmatrix}1&0\\0&1\end{bmatrix},$$

求证：$A^2-AB+C=I$.

12. 用两种方法求矩阵 $A=\begin{bmatrix}1&1&1\\1&2&1\\1&1&3\end{bmatrix}$ 的逆矩阵 A^{-1}.

13. 解矩阵方程 $XA=B$,其中

$$A=\begin{bmatrix}1&-1&1\\1&1&0\\2&1&1\end{bmatrix},\quad B=\begin{bmatrix}1&2&-3\\2&0&4\\0&-1&5\end{bmatrix}.$$

14. 求下列矩阵的秩：

(1) $A=\begin{bmatrix}1&2&3&2\\1&4&5&3\\0&2&2&1\end{bmatrix}$;　　(2) $B=\begin{bmatrix}2&4&1&0\\1&0&3&2\\-1&5&-3&1\\0&1&0&2\end{bmatrix}$;

(3) $C=\begin{bmatrix}1&-3&-1&1&1\\3&-9&4&-1&4\\1&-3&-8&5&0\end{bmatrix}$.

15. 已知矩阵

$$A=\begin{bmatrix}1&0&-1&4\\2&-1&k&8\\1&1&-7&k\end{bmatrix}.$$

若 $\mathrm{r}(A)=2$,求 k 的值.

16. 用矩阵的分块乘法计算 AB,其中

$$A=\begin{bmatrix}a&0&0&0\\0&a&0&0\\1&0&b&0\\0&1&0&b\end{bmatrix},\quad B=\begin{bmatrix}1&0&c&0\\0&1&0&c\\0&0&d&0\\0&0&0&d\end{bmatrix}.$$

第三章　线性方程组

§1　线性方程的消元解法

内 容 提 要

1. 线性方程组

定义 3.1　设含有 n 个变量、由 m 个方程所组成的方程组为

$$\begin{cases} a_{11}x_1 + a_{12}x_2 + \cdots + a_{1n}x_n = b_1, \\ a_{21}x_1 + a_{22}x_2 + \cdots + a_{2n}x_n = b_2, \\ \cdots\cdots\cdots\cdots\cdots\cdots\cdots\cdots\cdots\cdots\cdots\cdots \\ a_{m1}x_1 + a_{m2}x_2 + \cdots + a_{mn}x_n = b_m. \end{cases} \tag{3.1}$$

当右端常数项 $b_1=b_2=\cdots=b_m=0$ 时，称(3.1)为**齐次**线性方程组，否则称为**非齐次**线性方程组.

对一般的线性方程组(3.1)来说，所谓方程组的一个解就是指由 n 个数 $k_1,k_2,\cdots,k_n$ 组成的一个有序数组$(k_1,k_2,\cdots,k_n)$，当 $x_1,x_2,\cdots,x_n$ 分别用 $k_1,k_2,\cdots,k_n$ 代入后，方程组(3.1)中的每个等式都变成恒等式. 方程组(3.1)的解的全体称为它的**解集合**. 如果两个方程组有相同的解集合，我们就称它们是**同解**的.

线性方程组(3.1)的矩阵形式为

$$\boldsymbol{AX} = \boldsymbol{b},$$

其中

$$\boldsymbol{A} = \begin{bmatrix} a_{11} & a_{12} & \cdots & a_{1n} \\ a_{21} & a_{22} & \cdots & a_{2n} \\ \vdots & \vdots & & \vdots \\ a_{m1} & a_{m2} & \cdots & a_{mn} \end{bmatrix},$$

$$\boldsymbol{X} = (x_1,x_2,\cdots,x_n)^{\mathrm{T}}, \quad \boldsymbol{b} = (b_1,b_2,\cdots,b_m)^{\mathrm{T}}.$$

$\boldsymbol{A}$ 称为方程组的**系数矩阵**，常数项和 $\boldsymbol{A}$ 放在一起构成的矩阵$(\boldsymbol{A} \mid \boldsymbol{b})$

称为方程组的**增广矩阵**，即

$$(\boldsymbol{A} \mid \boldsymbol{b}) = \begin{bmatrix} a_{11} & a_{12} & \cdots & a_{1n} & b_1 \\ a_{21} & a_{22} & \cdots & a_{2n} & b_2 \\ \vdots & \vdots & & \vdots & \vdots \\ a_{m1} & a_{m2} & \cdots & a_{mn} & b_m \end{bmatrix} \xlongequal{\text{def}} \widetilde{\boldsymbol{A}}.$$

齐次线性方程组

$$\begin{cases} a_{11}x_1 + a_{12}x_2 + \cdots + a_{1n}x_n = 0, \\ a_{21}x_1 + a_{22}x_2 + \cdots + a_{2n}x_n = 0, \\ \cdots\cdots\cdots\cdots\cdots\cdots\cdots\cdots \\ a_{m1}x_1 + a_{m2}x_2 + \cdots + a_{mn}x_n = 0 \end{cases} \tag{3.2}$$

的矩阵形式为

$$\boldsymbol{AX} = \boldsymbol{0},$$

其中 $\boldsymbol{0}=(0,0,\cdots,0)^{\mathrm{T}}$.

2. 线性方程组有解的判定定理

定理 3.1 线性方程组(3.1)有解的充要条件是它的系数矩阵与增广矩阵有相同的秩，即

$$\mathrm{r}(\boldsymbol{A}) = \mathrm{r}(\widetilde{\boldsymbol{A}}).$$

定理 3.2 齐次线性方程组(3.2)一定有零解. 如果 $\mathrm{r}(\boldsymbol{A})=n$，则它只有零解；它有非零解的充要条件是 $\mathrm{r}(\boldsymbol{A})<n$.

根据定理(3.2)，对齐次线性方程组我们可得到下面两个结论：

(1) 如果方程个数 m 小于未知量个数 n，显然 $\mathrm{r}(\boldsymbol{A})\leqslant m<n$，则齐次线性方程组(3.2)一定有非零解.

(2) 如果 $m=n$，则齐次线性方程组(3.2)有非零解的充要条件是 $\mathrm{r}(\boldsymbol{A})<n$，即 $\det \boldsymbol{A}=0$；如果 $\mathrm{r}(\boldsymbol{A})=n$，即 $\det \boldsymbol{A}\neq 0$，则齐次线性方程组(3.2)只有零解.

定理 3.3 若增广矩阵$(\boldsymbol{A} \mid \boldsymbol{b})$经初等行变换化为$(\boldsymbol{A}_1 \mid \boldsymbol{b}_1)$，则方程组 $\boldsymbol{AX}=\boldsymbol{b}$ 与 $\boldsymbol{A}_1\boldsymbol{X}=\boldsymbol{b}_1$ 同解.

3. 消元法解线性方程组的一般步骤

(1) 对增广矩阵$(\boldsymbol{A} \mid \boldsymbol{B})$作初等行变换化为阶梯形矩阵，判断方程组是否有解；

（2）在有解时，继续将阶梯形矩阵用初等行变换化成行简化阶梯形矩阵；

（3）写出同解方程组，取自由未知量（$r(\boldsymbol{A})<n$）的任意一组值，得方程组的一般解.

典型例题分析

例1 用消元法解下列方程组：

$$
(1)\begin{cases} x_1-3x_2-2x_3-x_4=6, \\ 3x_1-8x_2+x_3+5x_4=0, \\ -2x_1+x_2-4x_3+x_4=-12, \\ -x_1+4x_2-x_3-3x_4=2; \end{cases}
$$

$$
(2)\begin{cases} 3x_1-5x_2+x_3-2x_4=0, \\ 2x_1+3x_2-5x_3+x_4=0, \\ -x_1+7x_2-4x_3+3x_4=0, \\ 4x_1+15x_2-7x_3+9x_4=0. \end{cases}
$$

解 （1）*解法1* 将方程组

$$
\begin{cases} x_1-3x_2-2x_3-x_4=6, \\ 3x_1-8x_2+x_3+5x_4=0, \\ -2x_1+x_2-4x_3+x_4=-12, \\ -x_1+4x_2-x_3-3x_4=2 \end{cases}
$$

用初等变换消去第二、第三、第四个方程中的 x_1 得到

$$
\begin{cases} x_1-3x_2-2x_3-x_4=6, \\ x_2+7x_3+8x_4=-18, \\ -5x_2-8x_3-x_4=0, \\ x_2-3x_3-4x_4=8. \end{cases}
$$

再用初等变换消去第三、第四个方程中的 x_2 得到

$$
\begin{cases} x_1-3x_2-2x_3-x_4=6, \\ x_2+7x_3+8x_4=-18, \\ 27x_3+39x_4=-90, \\ -10x_3-12x_4=26. \end{cases}
$$

分别用$\frac{1}{3}$和$\frac{1}{2}$乘第三、第四个方程两边，得到

$$\begin{cases} x_1 - 3x_2 - 2x_3 - \quad x_4 = 6, \\ \qquad\quad x_2 + 7x_3 + \ \ 8x_4 = -18, \\ \qquad\qquad\quad 9x_3 + 13x_4 = -30, \\ \qquad\quad\ \ -5x_3 - \ \ 6x_4 = 13. \end{cases}$$

再用$\frac{5}{9}$乘第三个方程加到第四个方程，得到

$$\begin{cases} x_1 - 3x_2 - 2x_3 - \quad x_4 = 6, \\ \qquad\quad x_2 + 7x_3 + \ \ 8x_4 = -18, \\ \qquad\qquad\quad 9x_3 + 13x_4 = -30, \\ \qquad\qquad\qquad\qquad\ \ x_4 = -3. \end{cases}$$

将 $x_4=-3$ 代入第三个方程，得

$$x_3 = 1.$$

再把 $x_3=1, x_4=-3$ 代入到第二个方程，得到

$$x_2 = -1.$$

最后得 $x_2=1, x_3=1, x_4=-3$ 代入到第一个方程，得到

$$x_1 = 2.$$

由此可见，原方程组有惟一解$(2,-1,1,-3)^{\mathrm{T}}$.

解法 2　增广矩阵

$$\widetilde{\boldsymbol{A}} = \left[\begin{array}{cccc:c} 1 & -3 & -2 & -1 & 6 \\ 3 & -8 & 1 & 5 & 0 \\ -2 & 1 & -4 & 1 & -12 \\ -1 & 4 & -1 & -3 & 2 \end{array}\right]$$

经一系列初等行变换化成阶梯形矩阵：

$$\widetilde{\boldsymbol{A}} \to \left[\begin{array}{cccc:c} 1 & -3 & -2 & -1 & 6 \\ 0 & 1 & 7 & 8 & -18 \\ 0 & 0 & 9 & 13 & -30 \\ 0 & 0 & 0 & 1 & -3 \end{array}\right].$$

可见 $\mathrm{r}(\boldsymbol{A})=\mathrm{r}(\widetilde{\boldsymbol{A}})$，故方程组有解.

再经一系列初等行变换化成简化阶梯形矩阵：

$$\widetilde{\boldsymbol{A}} \rightarrow \left[\begin{array}{cccc:c} 1 & 0 & 0 & 0 & 2 \\ 0 & 1 & 0 & 0 & -1 \\ 0 & 0 & 1 & 0 & 1 \\ 0 & 0 & 0 & 1 & -3 \end{array}\right],$$

因此 $$\boldsymbol{X} = (2, -1, 1, -3)^{\mathrm{T}}.$$

(2) 解法 1　将方程组

$$\begin{cases} 3x_1 - 5x_2 + x_3 - 2x_4 = 0, \\ 2x_1 + 3x_2 - 5x_3 + x_4 = 0, \\ -x_1 + 7x_2 - 4x_3 + 3x_4 = 0, \\ 4x_1 + 15x_2 - 7x_3 + 9x_4 = 0 \end{cases}$$

用-1乘第二个方程加到第一个方程,得到

$$\begin{cases} x_1 - 8x_2 + 6x_3 - 3x_4 = 0, \\ 2x_1 + 3x_2 - 5x_3 + x_4 = 0, \\ -x_1 + 7x_2 - 4x_3 + 3x_4 = 0, \\ 4x_1 + 15x_2 - 7x_3 + 9x_4 = 0. \end{cases}$$

用初等变换消去第二、第三、第四个方程中的 x_1 得到

$$\begin{cases} x_1 - 8x_2 + 6x_3 - 3x_4 = 0, \\ 19x_2 - 17x_3 + 7x_4 = 0, \\ -x_2 + 2x_3 = 0, \\ 47x_2 - 31x_3 + 21x_4 = 0. \end{cases}$$

把第二、第三两个方程的次序互换后,用初等变换消去第三、四个方程中的 x_2 得到

$$\begin{cases} x_1 - 8x_2 + 6x_3 - 3x_4 = 0, \\ -x_2 + 2x_3 = 0, \\ 21x_3 + 7x_4 = 0, \\ 63x_3 + 21x_4 = 0. \end{cases}$$

再施行一次初等变换,得到

$$\begin{cases} x_1 - 8x_2 + 6x_3 - 3x_4 = 0, \\ -x_2 + 2x_3 = 0, \\ 3x_3 + x_4 = 0. \end{cases}$$

由第二、第三个方程可以得到

$$x_3 = -\frac{1}{3}x_4,$$

$$x_2 = 2x_3 = -\frac{2}{3}x_4.$$

代入第一个方程得到

$$x_1 = -\frac{1}{3}x_4.$$

于是原方程组的解为

$$\begin{cases} x_1 = -\frac{1}{3}x_4, \\ x_2 = -\frac{2}{3}x_4, \\ x_3 = -\frac{1}{3}x_4, \end{cases}$$

其中 x_4 为自由未知量.

解法 2　系数矩阵

$$\boldsymbol{A} = \begin{bmatrix} 3 & -5 & 1 & -2 \\ 2 & 3 & -5 & 1 \\ -1 & 7 & -4 & 3 \\ 4 & 15 & -7 & 9 \end{bmatrix}$$

经一系列初等行变换化成阶梯形矩阵:

$$\boldsymbol{A} \to \begin{bmatrix} 1 & -8 & 6 & -3 \\ 0 & -1 & 2 & 0 \\ 0 & 0 & 3 & 1 \\ 0 & 0 & 0 & 0 \end{bmatrix}.$$

可见 $r(\boldsymbol{A})<4$,故方程组有非零解.

再经一系列初等行变换化成简化阶梯形矩阵:

$$\boldsymbol{A} \to \begin{bmatrix} 1 & 0 & 0 & \frac{1}{3} \\ 0 & 1 & 0 & \frac{2}{3} \\ 0 & 0 & 1 & \frac{1}{3} \\ 0 & 0 & 0 & 0 \end{bmatrix},$$

于是方程组的解为

$$\begin{cases} x_1 = -\dfrac{1}{3}x_4, \\ x_2 = -\dfrac{2}{3}x_4, \\ x_3 = -\dfrac{1}{3}x_4, \end{cases}$$

其中 x_4 为自由未知量.

例 2 判断下面的线性方程组是否有解:

$$\begin{cases} x_1 + x_2 + x_3 = 1, \\ 3x_1 + 5x_2 + 2x_3 = 4, \\ 9x_1 + 25x_2 + 4x_3 = 16, \\ 27x_1 + 125x_2 + 8x_3 = 64. \end{cases}$$

解 由于

$$\widetilde{\boldsymbol{A}} = \left[\begin{array}{ccc:c} 1 & 1 & 1 & 1 \\ 3 & 5 & 2 & 4 \\ 9 & 25 & 4 & 16 \\ 27 & 125 & 8 & 64 \end{array}\right] \xrightarrow[-27①+④]{\substack{-3①+② \\ -9①+③}} \left[\begin{array}{ccc:c} 1 & 1 & 1 & 1 \\ 0 & 2 & -1 & 1 \\ 0 & 16 & -5 & 7 \\ 0 & 98 & -19 & 37 \end{array}\right]$$

$$\xrightarrow[-49②+④]{-8②+③} \left[\begin{array}{ccc:c} 1 & 1 & 1 & 1 \\ 0 & 2 & -1 & -1 \\ 0 & 0 & 3 & -1 \\ 0 & 0 & 30 & -12 \end{array}\right]$$

$$\xrightarrow{-10③+④} \left[\begin{array}{ccc:c} 1 & 1 & 1 & 1 \\ 0 & 2 & -1 & -1 \\ 0 & 0 & 3 & -1 \\ 0 & 0 & 0 & -2 \end{array}\right].$$

可见 $\mathrm{r}(\boldsymbol{A}) = 3 \neq 4 = \mathrm{r}(\boldsymbol{A} \mid \boldsymbol{b})$,故原方程组无解.

例 3 当 λ 取什么值时,下面的线性方程组有解:

$$\begin{cases}(\lambda+3)x_1+x_2+2x_3=\lambda,\\ \lambda x_1+(\lambda-1)x_2+x_3=2\lambda,\\ 3(\lambda+1)x_1+\lambda x_2+(\lambda+3)x_3=3.\end{cases}$$

解 对方程组的增广矩阵作初等行变换：

$$\widetilde{A}=\left[\begin{array}{ccc:c}\lambda+3 & 1 & 2 & \lambda\\ \lambda & \lambda-1 & 1 & 2\lambda\\ 3(\lambda+1) & \lambda & \lambda+3 & 3\end{array}\right]$$

$$\xrightarrow{-②+①}\left[\begin{array}{ccc:c}3 & 2-\lambda & 1 & -\lambda\\ \lambda & \lambda-1 & 1 & 2\lambda\\ 3(\lambda+1) & \lambda & \lambda+3 & 3\end{array}\right]$$

$$\xrightarrow{3②}\left[\begin{array}{ccc:c}3 & 2-\lambda & 1 & -\lambda\\ 3\lambda & 3(\lambda-1) & 3 & 6\lambda\\ 3(\lambda+1) & \lambda & \lambda+3 & 3\end{array}\right]$$

$$\xrightarrow[-(\lambda+1)①+③]{-\lambda①+②}\left[\begin{array}{ccc:c}3 & 2-\lambda & 1 & -\lambda\\ 0 & \lambda^2+\lambda-3 & 3-\lambda & 6\lambda+\lambda^2\\ 0 & \lambda^2-2 & 2 & \lambda^2+\lambda+3\end{array}\right]$$

$$\xrightarrow{-③+②}\left[\begin{array}{ccc:c}3 & 2-\lambda & 1 & -\lambda\\ 0 & \lambda-1 & 1-\lambda & 5\lambda-3\\ 0 & \lambda^2-2 & 2 & \lambda^2+\lambda+3\end{array}\right]$$

$$\xrightarrow[(\lambda-1)③]{(\lambda^2-2)②}\left[\begin{array}{ccc:c}3 & 2-\lambda & 1 & -\lambda\\ 0 & (\lambda^2-2)(\lambda-1) & (\lambda^2-2)(1-\lambda) & (\lambda^2-2)(5\lambda-3)\\ 0 & (\lambda^2-2)(\lambda-1) & 2(\lambda-1) & (\lambda^2+\lambda+3)(\lambda-1)\end{array}\right]$$

$$\xrightarrow{-②+③}\left[\begin{array}{ccc:c}3 & 2-\lambda & 1 & -\lambda\\ 0 & (\lambda^2-2)(\lambda-1) & (\lambda^2-2)(1-\lambda) & (\lambda^2-2)(5\lambda-3)\\ 0 & 0 & \lambda^2(\lambda-1) & -4\lambda^3+3\lambda^2+12\lambda-9\end{array}\right]$$

$$\xrightarrow[\frac{1}{\lambda^2(\lambda-1)}③]{\frac{1}{(\lambda^2-2)(\lambda-1)}②}\left[\begin{array}{ccc:c}3 & 2-\lambda & 1 & -\lambda\\ 0 & 1 & -1 & \dfrac{5\lambda-3}{\lambda-1}\\ 0 & 0 & 1 & \dfrac{-4\lambda^3+3\lambda^2+12\lambda-9}{\lambda^2(\lambda-1)}\end{array}\right]$$

$$\xrightarrow[-③+①]{③+②}\left[\begin{array}{ccc:c}3 & 2-\lambda & 0 & \dfrac{-\lambda^4+5\lambda^3-3\lambda^2-12\lambda+9}{\lambda^2(\lambda-1)}\\ 0 & 1 & 0 & \dfrac{\lambda^3+12\lambda-9}{\lambda^2(\lambda-1)}\\ 0 & 0 & 1 & \dfrac{-4\lambda^3+3\lambda^2+12\lambda-9}{\lambda^2(\lambda-1)}\end{array}\right]$$

$$\xrightarrow{-(2-\lambda)②+①}\left[\begin{array}{ccc:c}3&0&0&\dfrac{3\lambda^3+9\lambda^2-45\lambda+27}{\lambda^2(\lambda-1)}\\0&1&0&\dfrac{\lambda^3+12\lambda-9}{\lambda^2(\lambda-1)}\\0&0&1&\dfrac{-4\lambda^3+3\lambda^2+12\lambda-9}{\lambda^2(\lambda-1)}\end{array}\right]$$

$$\xrightarrow{\frac{1}{3}①}\left[\begin{array}{ccc:c}1&0&0&\dfrac{\lambda^3+3\lambda^2-15\lambda+9}{\lambda^2(\lambda-1)}\\0&1&0&\dfrac{\lambda^3+12\lambda-9}{\lambda^2(\lambda-1)}\\0&0&1&\dfrac{-4\lambda^3+3\lambda^2+12\lambda-9}{\lambda^2(\lambda-1)}\end{array}\right].$$

可见,当 $\lambda=0$ 或 $\lambda=1$ 时原方程无解;当 $\lambda\neq0$ 并且 $\lambda\neq1$ 时原方程有惟一解.

注意 本题不能利用系数矩阵行列式

$$|\boldsymbol{A}|\neq0$$

来判断,因为 $|\boldsymbol{A}|=0$ 有可能有解.

习 题 3.1

1. 线性方程组

$$\begin{cases}x_1-x_2=a,\\x_2-x_3=2a,\\x_3-x_4=3a,\\x_4-x_1=1\end{cases}$$

有解的充分必要条件是 $a=$________.

2. 当 $\lambda=$________时,下面的线性方程组无解:

$$\begin{cases}x_1-2x_2+3x_3=-1,\\2x_2-x_3=2,\\\lambda(\lambda-1)x_3=(\lambda-1)(\lambda+2).\end{cases}$$

3. 用消元法解下列方程组:

(1) $\begin{cases}x_1+x_2-2x_3=-3,\\5x_1-2x_2+7x_3=22,\\2x_1-5x_2+4x_3=4;\end{cases}$ (2) $\begin{cases}3x_1+2x_2+x_3=1,\\5x_1+3x_2+4x_3=27,\\2x_1+x_2+3x_3=6;\end{cases}$

$$
(3)\begin{cases}x_1+2x_2-\ x_3-2x_4=0,\\2x_1-\ x_2-\ x_3+\ x_4=1,\\3x_1+\ x_2-3x_3-\ x_4=1;\end{cases}
$$

$$
(4)\begin{cases}x_1+3x_2-2x_3+2x_4-\ x_5=0,\\ \qquad\qquad x_3+2x_4-\ x_5=0,\\2x_1+6x_2-4x_3+5x_4+\ 7x_5=0,\\x_1+3x_2-4x_3\qquad +19x_5=0.\end{cases}
$$

4. 当 p,q 为何值时,齐次线性方程组

$$
\begin{cases}x_1+\ qx_2+x_3=0,\\x_1+2qx_2+x_3=0,\\px_1+\ x_2+x_3=0\end{cases}
$$

仅有零解？有非零解？在方程组有非零解时,求其全部解.

§2 向量的运算与向量间的线性关系

内容提要

1. n 维向量

1.1 n 维向量的定义

定义 3.2 把有顺序的 n 个数 $a_1,a_2,\cdots,a_n$ 称为一个 n **维向量**,一般用希腊字母 $\boldsymbol{\alpha},\boldsymbol{\beta},\boldsymbol{\gamma},\cdots$来表示.通常将

$$
\boldsymbol{\alpha}=(a_1,a_2,\cdots,a_n)
$$

称为 n **维行向量**,其中 a_i 称为向量 $\boldsymbol{\alpha}$ 的第 i 个**分量**;而将

$$
\boldsymbol{\beta}=\begin{bmatrix}b_1\\b_2\\\vdots\\b_n\end{bmatrix}
$$

称为 n **维列向量**,其中 b_i 称为 $\boldsymbol{\beta}$ 的第 i 个**分量**.要把列(行)向量写成行(列)向量可用转置记号,例如

$$\boldsymbol{\beta}=\begin{bmatrix}b_1\\b_2\\\vdots\\b_n\end{bmatrix} \text{ 可写成 } \boldsymbol{\beta}=(b_1,b_2,\cdots,b_n)^{\mathrm{T}}.$$

矩阵 $\boldsymbol{A}=\begin{bmatrix}a_{11}&a_{12}&\cdots&a_{1n}\\a_{21}&a_{22}&\cdots&a_{2n}\\\vdots&\vdots&&\vdots\\a_{m1}&a_{m2}&\cdots&a_{mn}\end{bmatrix}$中的每一行$(a_{i1},a_{i2},\cdots,a_{in})(i=1,2,\cdots,m)$都是 n 维行向量,每一列$\begin{bmatrix}a_{1j}\\a_{2j}\\\vdots\\a_{mj}\end{bmatrix}(j=1,2,\cdots,n)$都是 m 维列向量.

两个 n 维向量当且仅当它们各对应分量都相等时,才是**相等**的,即如果 $\boldsymbol{\alpha}=(a_1,a_2,\cdots,a_n)$,$\boldsymbol{\beta}=(b_1,b_2,\cdots,b_n)$,当且仅当 $a_i=b_i(i=1,2,\cdots,n)$时 $\boldsymbol{\alpha}=\boldsymbol{\beta}$.

所有分量均为零的向量称为**零向量**,记为

$$\mathbf{0}=(0,0,\cdots,0).$$

1.2 n 维向量的运算

定义 3.3 设有两个 n 维行向量 $\boldsymbol{\alpha}=(a_1,a_2,\cdots,a_n)$,$\boldsymbol{\beta}=(b_1,b_2,\cdots,b_n)$,则定义 $\boldsymbol{\alpha}$ 与 $\boldsymbol{\beta}$ 的和为

$$\boldsymbol{\alpha}+\boldsymbol{\beta}=(a_1+b_1,a_2+b_2,\cdots,a_n+b_n).$$

设 k 是一个常数,$\boldsymbol{\alpha}$ 是一个 n 维行向量,则定义向量的**数乘**为

$$k\boldsymbol{\alpha}=(ka_1,ka_2,\cdots,ka_n).$$

$\boldsymbol{\alpha}$ 的**负向量**定义为

$$-\boldsymbol{\alpha}=(-a_1,-a_2,\cdots,-a_n).$$

对列向量,也有类似的定义.

1.3 向量的运算法则

设 $\boldsymbol{\alpha},\boldsymbol{\beta},\boldsymbol{\gamma}$ 是 n 维向量,λ,μ 是数,$\mathbf{0}$ 表示 n 维零向量,则

(1) $\boldsymbol{\alpha}+\boldsymbol{\beta}=\boldsymbol{\beta}+\boldsymbol{\alpha}$;　　(2) $(\boldsymbol{\alpha}+\boldsymbol{\beta})+\boldsymbol{\gamma}=\boldsymbol{\alpha}+(\boldsymbol{\beta}+\boldsymbol{\gamma})$;

(3) $\boldsymbol{\alpha}+\mathbf{0}=\boldsymbol{\alpha}$;　　(4) $\boldsymbol{\alpha}+(-\boldsymbol{\alpha})=\mathbf{0}$;

(5) $1\boldsymbol{\alpha}=\boldsymbol{\alpha}$;　　　　　　(6) $\lambda(\boldsymbol{\alpha}+\boldsymbol{\beta})=\lambda\boldsymbol{\alpha}+\lambda\boldsymbol{\beta}$;

(7) $(\lambda+\mu)\boldsymbol{\alpha}=\lambda\boldsymbol{\alpha}+\mu\boldsymbol{\beta}$;　　　(8) $\lambda(\mu\boldsymbol{\alpha})=(\lambda\mu)\boldsymbol{\alpha}$.

1.4　向量的线性组合

定义 3.4　对于向量组 $\boldsymbol{\alpha},\boldsymbol{\alpha}_1,\boldsymbol{\alpha}_2,\cdots,\boldsymbol{\alpha}_m$,如果有一组数 k_1, $k_2,\cdots,k_m$,使得

$$\boldsymbol{\alpha}=k_1\boldsymbol{\alpha}_1+k_2\boldsymbol{\alpha}_2+\cdots+k_m\boldsymbol{\alpha}_m,$$

则称 $\boldsymbol{\alpha}$ 是 $\boldsymbol{\alpha}_1,\boldsymbol{\alpha}_2,\cdots,\boldsymbol{\alpha}_m$ 的**线性组合**,或说 $\boldsymbol{\alpha}$ 可由 $\boldsymbol{\alpha}_1,\boldsymbol{\alpha}_2,\cdots,\boldsymbol{\alpha}_m$ **线性表示**,且把 $k_1,k_2,\cdots,k_m$ 称为组合系数.

1.5　几个重要结论

结论 1　任何一个 n 维向量 $\boldsymbol{\alpha}=(a_1,a_2,\cdots,a_n)$都是 n 维向量组 $\boldsymbol{\varepsilon}_1=(1,0,\cdots,0),\boldsymbol{\varepsilon}_2=(0,1,0,\cdots,0),\cdots,\boldsymbol{\varepsilon}_n=(0,0,\cdots,0,1)$的线性组合.

$\boldsymbol{\varepsilon}_1,\boldsymbol{\varepsilon}_2,\cdots,\boldsymbol{\varepsilon}_n$ 称为 $\mathbf{R}^n$ 的**初始单位向量组**.

结论 2　零向量是任何一组向量的线性组合.

结论 3　向量组 $\boldsymbol{\alpha}_1,\boldsymbol{\alpha}_2,\cdots,\boldsymbol{\alpha}_s$ 中的任一向量 $\boldsymbol{\alpha}_j(1\leqslant j\leqslant s)$都是此向量组的线性组合.

2. 向量组的线性相关性

定义 3.5　对于向量组 $\boldsymbol{\alpha}_1,\boldsymbol{\alpha}_2,\cdots,\boldsymbol{\alpha}_s$,若存在 s 个不全为零的数 $k_1,k_2,\cdots,k_s$,使得

$$k_1\boldsymbol{\alpha}_1+k_2\boldsymbol{\alpha}_2+\cdots+k_s\boldsymbol{\alpha}_s=\mathbf{0},$$

则称向量组 $\boldsymbol{\alpha}_1,\boldsymbol{\alpha}_2,\cdots,\boldsymbol{\alpha}_s$ **线性相关**;否则,就称向量组 $\boldsymbol{\alpha}_1,\boldsymbol{\alpha}_2,\cdots,\boldsymbol{\alpha}_s$ **线性无关**.

定义 3.5′　对于向量组 $\boldsymbol{\alpha}_1,\boldsymbol{\alpha}_2,\cdots,\boldsymbol{\alpha}_s$,如果

$$k_1\boldsymbol{\alpha}_1+k_2\boldsymbol{\alpha}_2+\cdots+k_s\boldsymbol{\alpha}_s=\mathbf{0},$$

就必有 $k_1=k_2=\cdots=k_s=0$,则称向量组 $\boldsymbol{\alpha}_1,\boldsymbol{\alpha}_2,\cdots,\boldsymbol{\alpha}_s$ 是**线性无关**的;否则就称向量组 $\boldsymbol{\alpha}_1,\boldsymbol{\alpha}_2,\cdots,\boldsymbol{\alpha}_s$ 是**线性相关**的.

3. 向量组 *A* 可由向量组 *B* 线性表示

如果向量组 $\boldsymbol{A}$ 中的每个向量都可由向量组 $\boldsymbol{B}$ 中的向量线性表示,则称向量组 $\boldsymbol{A}$ 可由向量组 $\boldsymbol{B}$ 线性表示.

可以证明:若向量组 $\boldsymbol{A}$ 可由向量组 $\boldsymbol{B}$ 线性表示,向量组 $\boldsymbol{B}$ 可由

向量组 $\boldsymbol{C}$ 线性表示,则向量组 $\boldsymbol{A}$ 可由向量组 $\boldsymbol{C}$ 线性表示.

注意 若向量组 $\boldsymbol{A}$ 可由向量组 $\boldsymbol{B}$ 线性表示,向量组 $\boldsymbol{B}$ 不一定可由向量组 $\boldsymbol{A}$ 线性表示.

4. 向量组的等价

如果向量组 $\boldsymbol{A}$ 可由向量组 $\boldsymbol{B}$ 线性表示,且向量组 $\boldsymbol{B}$ 也可由向量组 $\boldsymbol{A}$ 线性表示,则称向量组 $\boldsymbol{A}$ 与向量组 $\boldsymbol{B}$ 等价,记作 $\boldsymbol{A}\sim\boldsymbol{B}$.

向量组之间等价有如下性质:

(1) 反身性: $\boldsymbol{A}\sim\boldsymbol{A}$;

(2) 对称性: $\boldsymbol{A}\sim\boldsymbol{B}$,则 $\boldsymbol{B}\sim\boldsymbol{A}$;

(3) 传递性: $\boldsymbol{A}\sim\boldsymbol{B},\boldsymbol{B}\sim\boldsymbol{C}$,则 $\boldsymbol{A}\sim\boldsymbol{C}$.

5. 有关定理

定理 3.4 向量 β 可以由向量组 $\alpha_1,\alpha_2,\cdots,\alpha_s$ 线性表示的充分必要条件是:以 $\alpha_1,\alpha_2,\cdots,\alpha_s$ 为系数列向量,以 β 为常数项向量的线性方程组有解,并且此线性方程组的一组解就是线性组合的一组系数.

推论 1 若向量组 $\boldsymbol{A}$ 可由向量组 $\boldsymbol{B}$ 线性表示,则 $\mathrm{r}(\boldsymbol{A})\leqslant\mathrm{r}(\boldsymbol{B})$.

推论 2 等价的向量组有相同的秩.

定理 3.5 对于向量组 $\alpha_1,\alpha_2,\cdots,\alpha_s$,若齐次线性方程组

$$x_1\alpha_1+x_2\alpha_2+\cdots+x_s\alpha_s=\mathbf{0}$$

有非零解,则向量组 $\alpha_1,\alpha_2,\cdots,\alpha_s$ 线性相关;若齐次线性方程组只有惟一的零解,则向量组 $\alpha_1,\alpha_2,\cdots,\alpha_s$ 线性无关.

定理 3.6 关于向量组 $\alpha_1,\alpha_2,\cdots,\alpha_s$,设矩阵

$$\boldsymbol{A}=(\alpha_1\quad\alpha_2\quad\cdots\quad\alpha_s).$$

若 $\mathrm{r}(\boldsymbol{A})=s$,则向量组 $\alpha_1,\alpha_2,\cdots,\alpha_s$ 线性无关;若 $\mathrm{r}(\boldsymbol{A})<s$,则向量组 $\alpha_1,\alpha_2,\cdots,\alpha_s$ 线性相关.

推论 若 n 维向量的向量组中向量个数超过 n,则该组向量一定线性相关.

常利用这定理及推论具体判断向量组的线性相关性.

定理 3.7 向量组 $\alpha_1,\alpha_2,\cdots,\alpha_s(s\geqslant2)$ 线性相关的充分必要条件是其中有一个向量可由其余向量线性表示.

推论 向量组 $\alpha_1,\alpha_2,\cdots,\alpha_s(s\geqslant 2)$线性无关的充分必要条件是其中每一个向量都不能由其余向量线性表示.

定理 3.8 设 $\alpha_i=(a_{i1},a_{i2},\cdots,a_{ir})$, $\beta_i=(a_{i1},a_{i2},\cdots,a_{ir},a_{i,r+1})$, $i=1,2,\cdots,m$. 若 r 维向量组 $\alpha_1,\alpha_2,\cdots,\alpha_m$ 线性无关,则 $r+1$ 维向量组 $\beta_1,\beta_2,\cdots,\beta_m$ 亦线性无关.

推论 将 r 维向量组的每个向量添上 $n-r$ 个分量,成为 n 维向量组. 若 r 维向量组线性无关,则 n 维向量组亦线性无关;若 n 维向量组线性相关,则 r 维向量组亦线性相关.

注意 此推论的逆命题不一定成立,即若 n 维向量组线性无关,减少一些分量的 r 维向量组不一定线性无关.

定理 3.9 设 $\alpha_1,\alpha_2,\cdots,\alpha_r$ 线性相关,则 $\alpha_1,\alpha_2,\cdots,\alpha_r,\alpha_{r+1},\cdots,\alpha_m$ 也线性相关(简述"部分相关,整体必相关").

推论 1 含有零向量的向量组线性相关.

推论 2 若 $\alpha_1,\alpha_2,\cdots,\alpha_l$ 线性无关,则其中取出任意 $r(r<l)$个向量也线性无关(简称"整体无关,部分必无关").

定理 3.8 与定理 3.9 的区别如下:定理 3.8 及推论是增加各个向量的维数(即增加向量的分量或坐标,称为增维向量),而定理 3.9 是增加向量组中向量的个数.

定理 3.10 n 个 n 维向量 $\alpha_1,\alpha_2,\cdots,\alpha_n$:

$$\alpha_1=(a_{11},a_{12},\cdots,a_{1n}),\quad \alpha_2=(a_{21},a_{22},\cdots,a_{2n}),\quad \cdots,$$
$$\alpha_n=(a_{n1},a_{n2},\cdots,a_{nn})$$

线性无关的充分必要条件是行列式

$$\begin{vmatrix} a_{11} & a_{12} & \cdots & a_{1n} \\ a_{21} & a_{22} & \cdots & a_{2n} \\ \vdots & \vdots & & \vdots \\ a_{n1} & a_{n2} & \cdots & a_{nn} \end{vmatrix} \neq 0.$$

推论 n 维向量组 $\alpha_1,\alpha_2,\cdots,\alpha_n$ 线性相关的充分必要条件是由其各分量构成的 n 阶行列式等于零.

典型例题分析

例 1 设向量

$$\boldsymbol{\alpha}_1=(2,1,-2),\quad \boldsymbol{\alpha}_2=(-4,2,3),\quad \boldsymbol{\alpha}_3=(-8,8,5),$$

数 k 使得 $2\boldsymbol{\alpha}_1+k\boldsymbol{\alpha}_2-\boldsymbol{\alpha}_3=\mathbf{0}$,求数 k.

解 由已知条件

$$2\boldsymbol{\alpha}_1+k\boldsymbol{\alpha}_2-\boldsymbol{\alpha}_3=(12-4k,-6+2k,-9+3k)=(0,0,0),$$

即 $\begin{cases}12-4k=0,\\-6+2k=0,\\-9+3k=0,\end{cases}$ 解得 $k=3$.

例 2 设向量 $\boldsymbol{\alpha}=(1,3,-5)$, $\boldsymbol{\beta}=(0,-3,5)$. 如果向量 $\boldsymbol{x}$ 满足 $2\boldsymbol{\alpha}+\frac{1}{2}\boldsymbol{x}=\boldsymbol{\beta}$,求向量 $\boldsymbol{x}$.

解 由 $2\boldsymbol{\alpha}+\frac{1}{2}\boldsymbol{x}=\boldsymbol{\beta}$,得 $\frac{1}{2}\boldsymbol{x}=\boldsymbol{\beta}-2\boldsymbol{\alpha}$,所以

$$\begin{aligned}\boldsymbol{x}&=2\boldsymbol{\beta}-4\boldsymbol{\alpha}=(0,-6,10)-(4,12,-20)\\&=(-4,-18,30).\end{aligned}$$

例 3 设有向量 $\boldsymbol{\beta}=(1,-4,-4)$, $\boldsymbol{\alpha}_1=(1,1,1)$, $\boldsymbol{\alpha}_2=(1,2,3)$, $\boldsymbol{\alpha}_3=(2,-1,1)$,试判别 $\boldsymbol{\beta}$ 是否可由 $\boldsymbol{\alpha}_1,\boldsymbol{\alpha}_2,\boldsymbol{\alpha}_3$ 线性表示.

分析 判别 $\boldsymbol{\beta}$ 是否可由 $\boldsymbol{\alpha}_1,\boldsymbol{\alpha}_2,\boldsymbol{\alpha}_3$ 线性表示就是判别能否找到一组不全为零的数 $\lambda_1,\lambda_2,\lambda_3$,使 $\boldsymbol{\beta}=\lambda_1\boldsymbol{\alpha}_1+\lambda_2\boldsymbol{\alpha}_2+\lambda_3\boldsymbol{\alpha}_3$.

解 设 $\boldsymbol{\beta}=\lambda_1\boldsymbol{\alpha}_1+\lambda_2\boldsymbol{\alpha}_2+\lambda_3\boldsymbol{\alpha}_3$,即

$$(1,-4,-4)=\lambda_1(1,1,1)+\lambda_2(1,2,3)+\lambda_3(2,-1,1),$$

得方程组

$$\begin{cases}\lambda_1+\lambda_2+2\lambda_3=1,\\\lambda_1+2\lambda_2-\lambda_3=-4,\\\lambda_1+3\lambda_2+\lambda_3=-4.\end{cases}$$

解线性方程组得到

$$\lambda_1=1,\quad \lambda_2=-2,\quad \lambda_3=1.$$

所以

$$\boldsymbol{\beta}=\boldsymbol{\alpha}_1-2\boldsymbol{\alpha}_2+\boldsymbol{\alpha}_3,$$

即 $\boldsymbol{\beta}$ 可由 $\boldsymbol{\alpha}_1,\boldsymbol{\alpha}_2,\boldsymbol{\alpha}_3$ 线性表示.

注意 一个向量可以由一组向量线性表示,但表示式不一定是惟一的. 例如

$$\boldsymbol{\alpha}_1=(1,2,3),\quad \boldsymbol{\alpha}_2=(-1,1,4),$$

$$\alpha_3=(3,3,2),\quad \beta=(4,5,5).$$

可以验证

$$\beta=3\alpha_1-\alpha_2+0\cdot\alpha_3$$

或 $$\beta=\alpha_1+0\cdot\alpha_2+\alpha_3.$$

例 4 设 $\alpha_1,\alpha_2,\alpha_3$ 线性无关，$\beta_1=\alpha_1+\alpha_2$，$\beta_2=\alpha_2+\alpha_3$，$\beta_3=\alpha_1+\alpha_3$，试证 β_1,β_2,β_3 也线性无关.

证 设有一组数 k_1,k_2,k_3，使

$$k_1\beta_1+k_2\beta_2+k_3\beta_3=\mathbf{0},$$

即

$$k_1(\alpha_1+\alpha_2)+k_2(\alpha_2+\alpha_3)+k_3(\alpha_1+\alpha_3)=\mathbf{0},$$

化简得 $$(k_1+k_3)\alpha_1+(k_1+k_2)\alpha_2+(k_2+k_3)\alpha_3=\mathbf{0}.$$

由于 $\alpha_1,\alpha_2,\alpha_3$ 线性无关，所以

$$\begin{cases}k_1+k_3=0,\\k_1+k_2=0,\\k_2+k_3=0.\end{cases}$$

解得 $k_1=k_2=k_3=0$. 所以，β_1,β_2,β_3 也线性无关.

例 5 判断向量组 $\alpha_1,\alpha_2,\alpha_3$ 是否线性相关：

(1) $\alpha_1=(1,-2,3)$，$\alpha_2=(-1,1,2)$，$\alpha_3=(-1,2,-5)$；

(2) $\alpha_1=(1,3,1,4)$，$\alpha_2=(2,12,-2,12)$，$\alpha_3=(2,-3,8,2)$.

解 (1) 设矩阵 $\boldsymbol{A}=(\alpha_1^{\mathrm{T}},\alpha_2^{\mathrm{T}},\alpha_3^{\mathrm{T}})$，其行列式

$$|\boldsymbol{A}|=\begin{vmatrix}1&-1&-1\\-2&1&2\\3&2&-5\end{vmatrix}=2\neq0,$$

所以 $\alpha_1,\alpha_2,\alpha_3$ 线性无关.

(2) 设有数 k_1,k_2,k_3，使得

$$k_1\alpha_1+k_2\alpha_2+k_3\alpha_3=\mathbf{0}.$$

由此可得齐次线性方程组

$$\begin{cases}k_1+2k_2+2k_3=0,\\3k_1+12k_2-3k_3=0,\\k_1-2k_2+8k_3=0,\\4k_1+12k_2+2k_3=0.\end{cases}$$

对方程组的系数矩阵施以初等行变换：

$$A=\begin{bmatrix}1&2&2\\3&12&-3\\1&-2&8\\4&12&2\end{bmatrix}\to\begin{bmatrix}1&2&2\\0&6&-9\\0&-4&6\\0&4&-6\end{bmatrix}\to\begin{bmatrix}1&2&2\\0&2&-3\\0&0&0\\0&0&0\end{bmatrix}.$$

因为系数矩阵的秩为 2，方程组必有非零解，所以存在不全为零的数 k_1,k_2,k_3，使得

$$k_1\boldsymbol{\alpha}_1+k_2\boldsymbol{\alpha}_2+k_3\boldsymbol{\alpha}_3=\mathbf{0},$$

即 $\boldsymbol{\alpha}_1,\boldsymbol{\alpha}_2,\boldsymbol{\alpha}_3$ 线性相关.

注意 要判断一个给定的 n 维向量组 $\boldsymbol{\alpha}_1,\boldsymbol{\alpha}_2,\cdots,\boldsymbol{\alpha}_s$ 是否线性相关，可先比较向量组中向量的个数 s 与向量的维数 n 的大小. 这时，可能有三种情形：

(1) 若 $s>n$，则此向量组必线性相关.

(2) 若 $s=n$，则可由这几个向量构成矩阵 $\boldsymbol{A}$，且当 $|\boldsymbol{A}|=0$ 时，向量组线性相关；当 $|\boldsymbol{A}|\neq0$ 时，向量组线性无关.

(3) 若 $s<n$，则可先设数 $k_1,k_2,\cdots,k_s$，使得

$$k_1\boldsymbol{\alpha}_1+k_2\boldsymbol{\alpha}_2+\cdots+k_s\boldsymbol{\alpha}_s=\mathbf{0}.$$

当方程组有非零解时，向量组线性相关；方程组仅有零解时，向量组线性无关，这一方法也适用于前两种情形.

习 题 3.2

1. 设向量

$$\boldsymbol{\alpha}_1=(1,2,3),\quad \boldsymbol{\alpha}_2=(1,0,1),\quad \boldsymbol{\beta}=(3,2,5),$$

则 $\boldsymbol{\beta}=\boldsymbol{\alpha}_1+$________ $\boldsymbol{\alpha}_2$.

2. 设向量组 $\boldsymbol{\alpha}_1=(1,1,0),\boldsymbol{\alpha}_2=(1,0,1),\boldsymbol{\alpha}_3=(0,1,1)$，则向量 $\boldsymbol{\alpha}=(2,0,0)$ 可由 $\boldsymbol{\alpha}_1,\boldsymbol{\alpha}_2,\boldsymbol{\alpha}_3$ 线性表示为________.

3. 如果向量组 $\boldsymbol{\alpha}_1=(1,1,1),\boldsymbol{\alpha}_2=(1,2,1),\boldsymbol{\alpha}_3=(1,1,t)$ 线性相关，则 $t=$________.

4. 设向量组 $\boldsymbol{\alpha}_1,\boldsymbol{\alpha}_2,\boldsymbol{\alpha}_3$ 线性无关，则向量组

$$\boldsymbol{\alpha}_1,\quad \boldsymbol{\alpha}_1+\boldsymbol{\alpha}_2,\quad \boldsymbol{\alpha}_1+\boldsymbol{\alpha}_2+\boldsymbol{\alpha}_3$$

线性________.

5. 在一向量组 $\alpha_1,\alpha_2,\cdots,\alpha_m$ 中，如果有部分向量组线性相关，则向量组 $\alpha_1,\alpha_2,\cdots,\alpha_m$ 必线性________.

6. 当 t ________时，向量组 $\alpha_1=(1,2,-2)$，$\alpha_2=(4,t,3)$，$\alpha_3=(3,-1,1)$线性无关.

7. 设向量组 $\boldsymbol{\alpha}=(1,2,-1,5)^{\mathrm{T}}$，$\boldsymbol{\beta}=(2,-1,1,1)^{\mathrm{T}}$，$\boldsymbol{\gamma}=(4,3,-1,11)^{\mathrm{T}}$，求数 k，使 $\boldsymbol{\gamma}=k\boldsymbol{\alpha}+\boldsymbol{\beta}$.

8. 设向量组 β_1,β_2,β_3 可由向量组 $\alpha_1,\alpha_2,\alpha_3$ 线性表示：

$$\begin{cases}\beta_1=\alpha_1-\alpha_2+\alpha_3, & (1)\\ \beta_2=\alpha_1+\alpha_2-\alpha_3, & (2)\\ \beta_3=-\alpha_1+\alpha_2+\alpha_3, & (3)\end{cases}$$

试将向量组 $\alpha_1,\alpha_2,\alpha_3$ 表示为 β_1,β_2,β_3 的线性组合.

9. 设向量组

$$\alpha_1=(1,1,1),\quad \alpha_2=(1,2,3),\quad \alpha_3=(1,3,t),\quad \alpha_4=(3,4,5).$$

(1) 当 t 为何值时，向量组 $\alpha_1,\alpha_2,\alpha_3$ 线性相关？线性无关？

(2) 当 t 为何值时，向量组 $\alpha_1,\alpha_2,\alpha_3,\alpha_4$ 线性相关？线性无关？

10. 判断向量组 $\alpha_1=(1,0,-1,2)$，$\alpha_2=(-1,-1,2,-4)$，$\alpha_3=(2,3,-5,10)$是否线性相关.

11. 设向量组 $\alpha_1,\alpha_2,\alpha_3$ 线性无关，又 $\beta_1=\alpha_1-\alpha_2+2\alpha_3$，$\beta_2=\alpha_2-\alpha_3$，$\beta_3=2\alpha_1-\alpha_2+3\alpha_3$. 证明向量组 β_1,β_2,β_3 线性相关.

12. 已知向量组 $\alpha_1,\alpha_2,\cdots,\alpha_s(s\geqslant 2)$线性无关. 设 $\beta_1=\alpha_1+\alpha_2$，$\beta_2=\alpha_2+\alpha_3,\cdots,\beta_{s-1}=\alpha_{s-1}+\alpha_s$，$\beta_s=\alpha_s+\alpha_1$，试讨论向量组 $\beta_1,\beta_2,\cdots,\beta_s$ 的线性相关性.

§3 向量组的秩

内 容 提 要

1. 极大线性无关向量组

定义 3.6 设 $\boldsymbol{T}$ 是 n 维向量所组成的向量组. 如果在 $\boldsymbol{T}$ 中存在 r 个向量 $\alpha_1,\alpha_2,\cdots,\alpha_r$ 满足以下条件：

(1) $\alpha_1,\alpha_2,\cdots,\alpha_r$ 线性无关；

(2) 任取 $\alpha \in \boldsymbol{T}$，总有 $\alpha_1,\alpha_2,\cdots,\alpha_r,\alpha$ 线性相关，

则称向量组 $\alpha_1,\alpha_2,\cdots,\alpha_r$ 为向量组 $\boldsymbol{T}$ 的一个**极大线性无关向量组**（简称**极大无关组**）.

显然，向量组 $\boldsymbol{T}$ 的极大线性无关组与向量组 $\boldsymbol{T}$ 等价，$\boldsymbol{T}$ 中任意两个极大线性无关组也等价.

2. 向量组的秩

向量组 $\boldsymbol{A}$ 的极大线性无关组所含的向量个数 r 称为向量组 $\boldsymbol{A}$ 的**秩**，记作 $\mathrm{r}(\boldsymbol{A})=r$.

$\mathbf{R}^n$ 是 n 维向量的全体，则 $\mathrm{r}(\mathbf{R}^n)=n$.

如果向量组 $\boldsymbol{A}$：$\alpha_1,\cdots,\alpha_m$ 线性无关，则 $\mathrm{r}(\boldsymbol{A})=m$，即线性无关向量组的秩等于它的向量个数.

3. 矩阵的秩

定义 3.7 设矩阵 $\boldsymbol{A}=(a_{ij})_{m\times n}$，矩阵 $\boldsymbol{A}$ 的 m 个行向量所构成的向量组的秩，称为矩阵 $\boldsymbol{A}$ 的**行秩**；$\boldsymbol{A}$ 的 n 个列向量所构成的向量组的秩，称为矩阵 $\boldsymbol{A}$ 的**列秩**.

定义 3.8 设矩阵 $\boldsymbol{A}=(a_{ij})_{m\times n}$. 若矩阵 $\boldsymbol{A}$ 中有一个 r ($r\leqslant \min\{m,n\}$)阶子式 $D\neq 0$，且**所有** D 的 $r+1$ 阶子式（如果存在的话）都等于零，则称矩阵 $\boldsymbol{A}$ 的（行）秩等于 r.

定义 3.9 矩阵 $\boldsymbol{A}$ 的行秩等于列秩，并定义为矩阵的**秩**，记作 $\mathrm{rank}(\boldsymbol{A})$或 $\mathrm{r}(\boldsymbol{A})$（也可记为 $\mathrm{R}(\boldsymbol{A})$）.

显然 $\mathrm{r}(\boldsymbol{A})\leqslant \min\{m,n\}$.

说明 若 $\boldsymbol{A}$ 中有一个 r 阶子式不为零，则 $\mathrm{r}(\boldsymbol{A})\geqslant r$；若 $\boldsymbol{A}$ 中所有的 r 阶子式全为零，则 $\mathrm{r}(\boldsymbol{A})<r$.

4. 基础解系

定义 3.10 设 $\boldsymbol{V}_1,\boldsymbol{V}_2,\cdots,\boldsymbol{V}_t$ 是齐次线性方程组(3.2)的解，并且满足：

(1) $\boldsymbol{V}_1,\boldsymbol{V}_1,\cdots,\boldsymbol{V}_t$ 线性无关；

(2) 方程组(3.2)的任一解都能表成 $\boldsymbol{V}_1,\boldsymbol{V}_2,\cdots,\boldsymbol{V}_t$ 的线性组合，

则称 $\boldsymbol{V}_1,\boldsymbol{V}_2,\cdots,\boldsymbol{V}_t$ 为齐次线性方程组(3.2)的一个**基础解系**.

5. 有关定理

定理 3.11 对于一个向量组,其所有极大无关组所含向量的个数都相同.

定理 3.12 列向量组通过初等行变换不改变线性相关性.

定理 3.13 矩阵 $\boldsymbol{A}$ 的秩＝矩阵 $\boldsymbol{A}$ 列向量组的秩＝矩阵 $\boldsymbol{A}$ 行向量组的秩.

定理 3.14 向量组中每一个向量由极大无关组向量线性表示的表达式是惟一确定的.

定理 3.15 如果齐次线性方程组(3.2)有非零解,则它一定有基础解系,并且它的基础解系所含解的个数为 $n-r$,其中 n 为未知量的个数,r 为系数矩阵的秩.

典型例题分析

例 1 判断下面的向量组是否线性相关,并求出它的一个极大线性无关组:

$$\alpha_1=(2,2,1),\quad \alpha_2=(-3,12,3),$$
$$\alpha_3=(8,-2,1),\quad \alpha_4=(2,12,4).$$

解 将这些向量作为列向量作出矩阵:

$$\boldsymbol{A}=\begin{bmatrix}2&-3&8&2\\2&12&-2&12\\1&3&1&4\end{bmatrix}\to\begin{bmatrix}1&3&1&4\\1&6&-1&6\\2&-3&8&2\end{bmatrix}$$
$$\to\begin{bmatrix}1&3&1&4\\0&3&-2&2\\0&-9&6&-6\end{bmatrix}\to\begin{bmatrix}1&3&1&4\\0&3&-2&2\\0&0&0&0\end{bmatrix}.$$

可见,$\alpha_1,\alpha_2,\alpha_3,\alpha_4$ 线性相关,其中任意两个线性无关(只要对应元素不成比例)的向量都构成一个极大线性无关组.如 α_1,α_2 是一个极大线性无关组.

例 2 求向量组 $\alpha_1=(1,2,3)^{\mathrm{T}}$, $\alpha_2=(-3,-2,3)^{\mathrm{T}}$, $\alpha_3=(5,9,12)^{\mathrm{T}}$ 的秩,并求出它的一个极大线性无关组.

解 记矩阵 $\boldsymbol{A}=(\alpha_1,\alpha_2,\alpha_3)$,并对 $\boldsymbol{A}$ 施以初等行变换:

$$A=\begin{bmatrix}1&-3&5\\2&-2&9\\3&3&12\end{bmatrix}\to\begin{bmatrix}1&-3&5\\0&4&-1\\0&12&-3\end{bmatrix}\to\begin{bmatrix}1&-3&5\\0&4&-1\\0&0&0\end{bmatrix}.$$

由最后的阶梯形矩阵可知 $\mathrm{r}(\boldsymbol{A})=2$，因此 $\mathrm{r}(\boldsymbol{\alpha}_1,\boldsymbol{\alpha}_2,\boldsymbol{\alpha}_3)=2$. 因此向量组 $\boldsymbol{\alpha}_1,\boldsymbol{\alpha}_2,\boldsymbol{\alpha}_3$ 的一个极大线性无关组为 $\boldsymbol{\alpha}_1,\boldsymbol{\alpha}_2$.

例 3 求 x,y 的值，使向量组 $\boldsymbol{\alpha}_1=(1,3,0,5)$，$\boldsymbol{\alpha}_2=(1,2,1,4)$，$\boldsymbol{\alpha}_3=(1,1,2,3)$，$\boldsymbol{\alpha}_4=(1,x,3,y)$的秩等于 2.

解 设矩阵 $\boldsymbol{A}=(\boldsymbol{\alpha}_1^{\mathrm{T}},\boldsymbol{\alpha}_2^{\mathrm{T}},\boldsymbol{\alpha}_3^{\mathrm{T}},\boldsymbol{\alpha}_4^{\mathrm{T}})$，并对 $\boldsymbol{A}$ 施以初等行变换，化为阶梯形：

$$\boldsymbol{A}=\begin{bmatrix}1&1&1&1\\3&2&1&x\\0&1&2&3\\5&4&3&y\end{bmatrix}\to\begin{bmatrix}1&1&1&1\\0&-1&-2&x-3\\0&1&2&3\\0&-1&-2&y-5\end{bmatrix}$$

$$\to\begin{bmatrix}1&1&1&1\\0&-1&-2&x-3\\0&0&0&x\\0&0&0&y-x-2\end{bmatrix}.$$

由最后的阶梯形矩阵知，要使 $\mathrm{r}(\boldsymbol{A})=2$，应有

$$x=0;\quad y-x-2=0.$$

因此，当 $x=0,y=2$ 时，向量组 $\boldsymbol{\alpha}_1,\boldsymbol{\alpha}_2,\boldsymbol{\alpha}_3,\boldsymbol{\alpha}_4$ 的秩为 2.

注意 利用矩阵及初等变换可以求向量组的秩、判别向量组的线性相关性. 诸如求向量组的极大无关组，并将其余向量用极大无关组线性表示等问题，具体方法如下：

(1) 将向量组的向量写成列向量，构成矩阵

$$\boldsymbol{A}=(\boldsymbol{\alpha}_1,\boldsymbol{\alpha}_2,\cdots,\boldsymbol{\alpha}_m);$$

(2) 对矩阵 $\boldsymbol{A}$ 作初等行变换，化矩阵 $\boldsymbol{A}$ 为行简化阶梯形矩阵；

(3) 行简化阶梯形矩阵中，列单位向量所在列对应的向量是向量组的一个极大无关组；

(4) 其余列向量均可由极大无关组线性表示，线性表示式的系数就是该向量对应于行简化阶梯形矩阵中列向量的分量.

例 4 设向量组 $\boldsymbol{\alpha}_1,\boldsymbol{\alpha}_2,\boldsymbol{\alpha}_3$是某个齐次线性方程组的基础解系，

问：$\alpha_1+\alpha_2+\alpha_3,\alpha_1+\alpha_2,\alpha_1-\alpha_2$ 是否也可构成该方程组的基础解系？

分析 若这三个向量线性无关，即可构成方程组的一个基础解系.

解 设

$$\begin{cases}\beta_1=\alpha_1+\alpha_2+\alpha_3,\\ \beta_2=\alpha_1+\alpha_2,\\ \beta_3=\alpha_1-\alpha_2,\end{cases}$$

即

$$(\beta_1,\beta_2,\beta_3)=(\alpha_1,\alpha_2,\alpha_3)\begin{bmatrix}1&1&1\\1&1&-1\\1&0&0\end{bmatrix}.$$

因为

$$\begin{vmatrix}1&1&1\\1&1&-1\\1&0&0\end{vmatrix}=(-1)^{3+1}\begin{vmatrix}1&1\\1&-1\end{vmatrix}=-2\neq 0,$$

所以，β_1,β_2,β_3 线性无关.

任取解向量 ξ，则 $\xi,\beta_1,\beta_2,\beta_3$ 可由 $\alpha_1,\alpha_2,\alpha_3$ 线性表示，可见，$\xi,\beta_1,\beta_2,\beta_3$ 线性相关. 而 β_1,β_2,β_3 线性无关，故 ξ 可由 β_1,β_2,β_3 线性表示. β_1,β_2,β_3 符合基础解系的两个条件，因此可以作为方程组的基础解系.

例 5 求齐次线性方程组

$$\begin{cases}2x_1-5x_2+x_3-3x_4=0,\\-3x_1+4x_2-2x_3+x_4=0,\\x_1+2x_2-x_3+3x_4=0,\\-2x_1+15x_2-6x_3+13x_4=0\end{cases}$$

的一个基础解系.

解 对方程组的系数矩阵施以初等行变换：

$$\boldsymbol{A}=\begin{bmatrix}2&-5&1&-3\\-3&4&-2&1\\1&2&-1&3\\-2&15&-6&13\end{bmatrix}$$

$$
\xrightarrow{①\leftrightarrow③}\begin{bmatrix}1&2&-1&3\\-3&4&-2&1\\2&-5&1&-3\\-2&15&-6&13\end{bmatrix}
$$

$$
\xrightarrow[2①+④]{\substack{3①+②\\-2①+③}}\begin{bmatrix}1&2&-1&3\\0&10&-5&10\\0&-9&3&-9\\0&19&-8&19\end{bmatrix}
$$

$$
\xrightarrow{③+②}\begin{bmatrix}1&2&-1&3\\0&1&-2&1\\0&-9&3&-9\\0&19&-8&19\end{bmatrix}
$$

$$
\xrightarrow[-19②+④]{9②+③}\begin{bmatrix}1&2&-1&3\\0&1&-2&1\\0&0&-15&0\\0&0&30&0\end{bmatrix}
$$

$$
\xrightarrow{2③+④}\begin{bmatrix}1&2&-1&3\\0&1&-2&1\\0&0&-15&0\\0&0&0&0\end{bmatrix}
$$

$$
\xrightarrow{-\frac{1}{15}③}\begin{bmatrix}1&2&-1&3\\0&1&-2&1\\0&0&1&0\\0&0&0&0\end{bmatrix}
$$

$$
\xrightarrow[③+①]{2③+②}\begin{bmatrix}1&2&0&3\\0&1&0&1\\0&0&1&0\\0&0&0&0\end{bmatrix}
$$

$$
\xrightarrow{-2②+①}\begin{bmatrix}1&0&0&1\\0&1&0&1\\0&0&1&0\\0&0&0&0\end{bmatrix}.
$$

可见 $\mathrm{r}(\boldsymbol{A})=3$. 而 $n=4$,为此齐次方程的基础解系只含一个解向量.

令 $x_4=1$,得到齐次方程组的一个基础解系：

$$V_1=(-1,-1,0,1)^{\mathrm{T}}.$$

注意 这里使用了矩阵初等变换法,初学者也可利用方程组的初等变换得到.

习 题 3.3

1. 设矩阵

$$A=\begin{bmatrix}1&2&3&2&1\\2&5&9&4&3\\0&1&3&0&1\\0&2&6&0&2\end{bmatrix},$$

则 $\mathrm{r}(A)=$______.

2. 向量组

$$(1,2,3),(1,1,1),(0,1,3),(0,0,1),(1,-1,-7)$$

的秩是______.

3. 向量组 $\alpha_1=(1,1,1)$, $\alpha_2=(1,1,0)$, $\alpha_3=(0,0,1)$的一个极大无关组为______.

4. 已知向量组 $\alpha_1=(1,-2,3)$, $\alpha_2=(0,t-1,2)$, $\alpha_3=(0,0,3)$的秩为 2,则 $t=$______.

5. 三元齐次线性方程组

$$\begin{cases}x_1+x_2=0,\\ x_3=0\end{cases}$$

的一个基础解系为________.

6. 求 a,b 的值,使向量组 $\alpha_1=(1,2,4)^{\mathrm{T}}$, $\alpha_2=(2,-3,1)^{\mathrm{T}}$, $\alpha_3=(a,1,a)^{\mathrm{T}}$, $\alpha_4=(1,0,b)^{\mathrm{T}}$ 的秩为 2.

7. 求下列各向量组的一个极大无关组,并把其余向量用此极大无关组线性表示：

(1) $\alpha_1=(2,1,0)$, $\alpha_2=(3,1,1)$, $\alpha_3=(2,0,2)$, $\alpha_4=(4,2,0)$;

(2) $\alpha_1=(2,1,3,-1)^{\mathrm{T}}$, $\alpha_2=(3,-1,2,0)^{\mathrm{T}}$,

$\alpha_3=(1,3,4,-2)^{\mathrm{T}}$, $\alpha_4=(4,-3,1,1)^{\mathrm{T}}$.

8. 求下列齐次线性方程组的一个基础解系：

(1) $\begin{cases} x_1+x_2+ \quad\quad\quad x_5=0, \\ x_1+x_2-x_3 \quad\quad\quad =0, \\ \quad\quad\quad x_3+x_4+x_5=0; \end{cases}$

(2) $\begin{cases} 2x_1-4x_2+5x_3+3x_4=0, \\ 3x_1-6x_2+4x_3+2x_4=0, \\ 4x_1-8x_2+17x_3+11x_4=0. \end{cases}$

9. 已知向量组(Ⅰ)：$\boldsymbol{\alpha}_1,\boldsymbol{\alpha}_2$；(Ⅱ)：$\boldsymbol{\alpha}_1,\boldsymbol{\alpha}_2,\boldsymbol{\alpha}_3$；(Ⅲ)：$\boldsymbol{\alpha}_1,\boldsymbol{\alpha}_2,\boldsymbol{\alpha}_4$. 如果各向量组的秩分别为r(Ⅰ)=r(Ⅱ)=2，r(Ⅲ)=3，证明：向量组$\boldsymbol{\alpha}_1,\boldsymbol{\alpha}_2,\boldsymbol{\alpha}_3-\boldsymbol{\alpha}_4$的秩为3.

§4 线性方程组解的结构

内 容 提 要

1. 齐次线性方程组解的结构

齐次线性方程组(3.2)可表示为

$$\boldsymbol{AX}=\boldsymbol{0},$$

其解满足下面三个性质：

性质1 如果$\boldsymbol{V}_1,\boldsymbol{V}_2$是齐次线性方程组(3.2)的两个解，则$\boldsymbol{V}_1+\boldsymbol{V}_2$也是(3.2)的解.

性质2 如果$\boldsymbol{V}$是齐次线性方程组(3.2)的解，则$c\boldsymbol{V}$也是(3.2)的解，其中c是任意常数.

性质3 如果$\boldsymbol{V}_1,\boldsymbol{V}_2,\cdots,\boldsymbol{V}_t$都是齐次线性方程组(3.2)的解，

$$c_1\boldsymbol{V}_1+c_2\boldsymbol{V}_2+\cdots+c_t\boldsymbol{V}_t$$

也是(3.2)的解，其中$c_1,c_2,\cdots,c_t$都是任意常数.

2. 非齐次线性方程组解的结构

非齐次线性方程组(3.1)可以表示为

$$\boldsymbol{AX}=\boldsymbol{b}.$$

令$\boldsymbol{b}=\boldsymbol{0}$，得到齐次线性方程组(3.2)，即

$$\boldsymbol{AX}=\boldsymbol{0},$$

称为非齐次线性方程组(3.1)的**导出组**. 方程组(3.1)的解与它的导

出组(3.2)的解之间有着密切的联系,它们满足以下两个性质:

性质 1　如果 $\boldsymbol{U}_1,\boldsymbol{U}_2$ 是非齐次线性方程组(3.1)的两个解,则 $\boldsymbol{U}_1-\boldsymbol{U}_2$ 是其导出组(3.2)的一个解.

性质 2　如果 $\boldsymbol{U}_1$ 是非齐次线性方程组(3.1)的一个解,$\boldsymbol{V}_1$ 是其导出组(3.2)的一个解,则 $\boldsymbol{U}_1+\boldsymbol{V}_1$ 是方程组(3.1)的一个解.

定理 3.16　如果 $\boldsymbol{U}_1$ 是非齐次线性方程组(3.1)的一个解,$\boldsymbol{V}$ 是其导出组(3.2)的全部解,则

$$\boldsymbol{U}=\boldsymbol{U}_1+\boldsymbol{V}$$

是非齐次线性方程组(3.2)的全部解.

3. 用初等行变换解齐次线性方程组

对于齐次线性方程组(3.2),即

$$\boldsymbol{AX}=\boldsymbol{0}$$

来说,它一定有零解,其中

$$\boldsymbol{A}=(a_{ij})_{m\times n},\quad \boldsymbol{X}=(x_j)_{n\times 1},\quad \boldsymbol{0}=(0)_{m\times 1}.$$

如果其系数矩阵 $\boldsymbol{A}$ 的秩 $\mathrm{r}(\boldsymbol{A})=r<n$,则(3)有非零解.因此,当我们对 $\boldsymbol{A}$ 进行一系列初等行变换,使其上方能构成一个 $r(r\leqslant n)$ 阶单位矩阵时,就可立即求出(3.2)的解.

4. 用初等行变换解非齐次线性方程组

对于非齐次线性方程组(3.1),即

$$\boldsymbol{AX}=\boldsymbol{b}$$

来说,如果 $\mathrm{r}(\widetilde{\boldsymbol{A}})>\mathrm{r}(\boldsymbol{A})$,则原方程无解;如果 $\mathrm{r}(\widetilde{\boldsymbol{A}})=\mathrm{r}(\boldsymbol{A})$,则原方程有解,并且当 $\mathrm{r}(\boldsymbol{A})<n$ 时有无穷多个解.因此,当我们对 $\widetilde{\boldsymbol{A}}$ 进行一系列初等变换,使其上方能构成一个 $r(r\leqslant n)$ 阶单位矩阵时,这样不但可以立即看出方程组(3.1)是否有解,而且还可以把它的所有解写出来.

典型例题分析

例 1　求齐次线性方程组

$$\begin{cases}x_1+x_2+x_3=0,\\ 2x_2-x_3-x_4=0\end{cases}$$

的一个基础解系和全部解.

解 对方程组的系数矩阵施以初等行变换:

$$A=\begin{bmatrix}1 & 1 & 1 & 0\\0 & 2 & -1 & -1\end{bmatrix}\to\begin{bmatrix}1 & 1 & 1 & 0\\0 & 1 & -\frac{1}{2} & -\frac{1}{2}\end{bmatrix}$$

$$\to\begin{bmatrix}1 & 0 & \frac{3}{2} & \frac{1}{2}\\0 & 1 & -\frac{1}{2} & -\frac{1}{2}\end{bmatrix},$$

于是 $\mathrm{r}(A)=2<4$. 因此选取 x_3,x_4 作为自由未知量,原方程组可化为

$$\begin{cases}x_1=-\frac{3}{2}x_3-\frac{1}{2}x_4,\\x_2=\frac{1}{2}x_3+\frac{1}{2}x_4.\end{cases}$$

分别取$\begin{bmatrix}x_3\\x_4\end{bmatrix}$等于$\begin{bmatrix}1\\0\end{bmatrix}$,$\begin{bmatrix}0\\1\end{bmatrix}$,则可得方程组的一个基础解系:

$$V_1=\left(-\frac{3}{2},\frac{1}{2},1,0\right)^{\mathrm{T}},\quad V_2=\left(-\frac{1}{2},\frac{1}{2},0,1\right)^{\mathrm{T}}.$$

方程组的全部解为

$$X=c_1V_1+c_2V_2\quad(c_1,c_2\text{ 为任意常数}).$$

注意 为使结果中不出现分数,也可以分别取$\begin{bmatrix}x_3\\x_4\end{bmatrix}$等于$\begin{bmatrix}2\\0\end{bmatrix}$,$\begin{bmatrix}0\\2\end{bmatrix}$,这时对应的基础解系为

$$V_1'=(-3,1,2,0)^{\mathrm{T}},\quad V_2'=(-1,1,0,2)^{\mathrm{T}}.$$

此外,注意到系数矩阵 A 可直接化为

$$A\to\begin{bmatrix}1 & 1 & 1 & 0\\0 & -2 & 1 & 1\end{bmatrix},$$

因此,选取 x_2,x_3 作为自由未知量更为简便. 这时,原方程组化为

$$\begin{cases}x_1=-x_2-x_3,\\x_4=2x_2-x_3.\end{cases}$$

分别取$\begin{bmatrix}x_2\\x_3\end{bmatrix}$为$\begin{bmatrix}1\\0\end{bmatrix}$,$\begin{bmatrix}0\\1\end{bmatrix}$,又可得方程组的一个基础解系：

$$\bar{\boldsymbol{V}}_1=(-1,1,0,2)^{\mathrm{T}},\quad \bar{\boldsymbol{V}}_2=(-1,0,1,-1)^{\mathrm{T}}.$$

可以看出,齐次线性方程组的基础解系不是惟一的.但同一方程组的不同的基础解系是可以相互线性表示的.

例 2 解齐次线性方程组

$$\begin{cases}2x_1-4x_2+5x_3+3x_4=0,\\3x_1-6x_2+4x_3+2x_4=0,\\4x_1-8x_2+17x_3+11x_4=0.\end{cases}$$

解 对系数矩阵施以初等行变换：

$$\boldsymbol{A}=\begin{bmatrix}2&-4&5&3\\3&-6&4&2\\4&-8&17&11\end{bmatrix}\to\begin{bmatrix}-1&2&1&1\\3&-6&4&2\\4&-8&17&11\end{bmatrix}$$

$$\to\begin{bmatrix}1&-2&-1&-1\\0&0&7&5\\0&0&21&15\end{bmatrix}\to\begin{bmatrix}1&-2&0&-2/7\\0&0&1&5/7\\0&0&0&0\end{bmatrix}.$$

可见$\mathrm{r}(\boldsymbol{A})=2<4$,于是方程组有非零解,其基础解系中含 2 个线性无关的解向量.与原方程组同解的方程组为

$$\begin{cases}x_1=2x_2+\dfrac{2}{7}x_4,\\x_3=-\dfrac{5}{7}x_4.\end{cases}$$

令自由未知量$\begin{bmatrix}x_2\\x_4\end{bmatrix}$分别取$\begin{bmatrix}1\\0\end{bmatrix}$,$\begin{bmatrix}0\\1\end{bmatrix}$,得方程组的一个基础解系：

$$\boldsymbol{V}_1=(2,1,0,0)^{\mathrm{T}},\quad \boldsymbol{V}_2=\left(\frac{2}{7},0,-\frac{5}{7},1\right)^{\mathrm{T}}.$$

所以原方程组的全部解为

$$\boldsymbol{X}=c_1\boldsymbol{V}_1+c_2\boldsymbol{V}_2,$$

即

$$\begin{bmatrix}x_1\\x_2\\x_3\\x_4\end{bmatrix}=c_1\begin{bmatrix}2\\1\\0\\0\end{bmatrix}+c_2\begin{bmatrix}\frac{2}{7}\\0\\-\frac{5}{7}\\1\end{bmatrix},$$

其中 c_1,c_2 为任意常数.

例 3 求线性方程组

$$\begin{cases} x_1+x_2+x_3 \qquad =2, \\ \qquad 2x_2-x_3-x_4=6 \end{cases}$$

的全部解,并用其导出组的基础解系表示.

解 对方程组的增广矩阵施以初等行变换:

$$(\boldsymbol{A} \vdots \boldsymbol{b})=\begin{bmatrix} 1 & 1 & 1 & 0 & \vdots & 2 \\ 0 & 2 & -1 & -1 & \vdots & 6 \end{bmatrix}$$

$$\rightarrow \begin{bmatrix} 1 & 0 & \frac{3}{2} & \frac{1}{2} & \vdots & -1 \\ 0 & 1 & -\frac{1}{2} & -\frac{1}{2} & \vdots & 3 \end{bmatrix}.$$

由最后的矩阵可得与原方程组同解的方程组

$$\begin{cases} x_1=-1-\frac{3}{2}x_3-\frac{1}{2}x_4, \\ x_2=3+\frac{1}{2}x_3+\frac{1}{2}x_4. \end{cases}$$

令自由未知量 $x_3=x_4=0$,得方程组的特解 $\boldsymbol{U}=(-1,3,0,0)^{\mathrm{T}}$.

原方程组的导出组与方程组

$$\begin{cases} x_1=-\frac{3}{2}x_3-\frac{1}{2}x_4, \\ x_2=\frac{1}{2}x_3+\frac{1}{2}x_4 \end{cases}$$

同解.在上面例中已求得其基础解系为

$$\boldsymbol{V}_1=\left(-\frac{3}{2},\frac{1}{2},1,0\right)^{\mathrm{T}}, \quad \boldsymbol{V}_2=\left(-\frac{1}{2},\frac{1}{2},0,1\right)^{\mathrm{T}}.$$

于是,原方程组的全部解为

$$\boldsymbol{X}=\boldsymbol{U}+c_1\boldsymbol{V}_1+c_2\boldsymbol{V}_2,$$

即 $$\boldsymbol{X}=\begin{bmatrix} -1 \\ 3 \\ 0 \\ 0 \end{bmatrix}+c_1\begin{bmatrix} -\frac{3}{2} \\ \frac{1}{2} \\ 1 \\ 0 \end{bmatrix}+c_2\begin{bmatrix} -\frac{1}{2} \\ \frac{1}{2} \\ 0 \\ 1 \end{bmatrix} \quad (c_1,c_2 \text{ 为任意常数}).$$

如果选取 x_2,x_3 为自由未知量，则计算更为简单. 这时，原方程组与

$$\begin{cases}x_1 = 2 - x_2 - x_3, \\ x_4 = -6 + 2x_2 - x_3\end{cases}$$

同解. 令自由未知量 $x_2=x_3=0$，得方程组的特解 $\overline{\boldsymbol{U}}=(2,0,0,-6)^{\mathrm{T}}$. 而对应的导出组的基础解系为

$$\overline{\boldsymbol{V}}_1 = (-1,1,0,2)^{\mathrm{T}}, \quad \overline{\boldsymbol{V}}_2 = (-1,0,1,-1)^{\mathrm{T}},$$

故原方程组的全部解为

$$\boldsymbol{X} = \overline{\boldsymbol{U}} + c_1\overline{\boldsymbol{V}}_1 + c_2\overline{\boldsymbol{V}}_2,$$

即

$$\boldsymbol{X} = \begin{bmatrix} 2 \\ 0 \\ 0 \\ -6 \end{bmatrix} + c_1\begin{bmatrix} -1 \\ 1 \\ 0 \\ 2 \end{bmatrix} + c_2\begin{bmatrix} -1 \\ 0 \\ 1 \\ -1 \end{bmatrix} \quad (c_1,c_2 \text{ 为任意常数}).$$

由此例可看出，当选取的自由未知量不同时，方程组全部解的表达式在形式上有所不同. 但实质上，它们是可以相互表示的.

例 4 解非齐次线性方程组

$$\begin{cases}x_1 + 3x_2 + 2x_3 + x_4 = 1, \\ \qquad x_2 + 3x_3 - 3x_4 = -1, \\ x_1 + 2x_2 \qquad + 3x_4 = 3.\end{cases}$$

解 对方程组的增广矩阵施以初等行变换：

$$(\boldsymbol{A} \vdots \boldsymbol{b}) = \left[\begin{array}{cccc:c} 1 & 3 & 2 & 1 & 1 \\ 0 & 1 & 3 & -3 & -1 \\ 1 & 2 & 0 & 3 & 3 \end{array}\right]$$

$$\rightarrow \left[\begin{array}{cccc:c} 1 & 3 & 2 & 1 & 1 \\ 0 & 1 & 3 & -3 & -1 \\ 0 & -1 & -2 & 2 & 2 \end{array}\right]$$

$$\rightarrow \left[\begin{array}{cccc:c} 1 & 0 & -7 & 10 & 4 \\ 0 & 1 & 3 & -3 & -1 \\ 0 & 0 & 1 & -1 & 1 \end{array}\right]$$

$$\rightarrow\left[\begin{array}{cccc:c}1&0&0&3&11\\0&1&0&0&-4\\0&0&1&-1&1\end{array}\right].$$

由最后一个矩阵可知，原方程组与下面的方程组同解：

$$\begin{cases}x_1=11-3x_4,\\x_2=-4,\\x_3=1+x_4.\end{cases}$$

令自由未知量 $x_4=0$，得方程组的一个特解

$$\boldsymbol{U}=(11,-4,1,0)^{\mathrm{T}}.$$

原方程组的导出组同解于方程组

$$\begin{cases}x_1=-3x_4,\\x_2=0,\\x_3=x_4.\end{cases}$$

令自由未知量 $x_4=1$，得导出组的基础解系为

$$\boldsymbol{V}=(-3,0,1,1)^{\mathrm{T}}.$$

所以，原方程组的全部解为

$$\boldsymbol{X}=\boldsymbol{U}+c\boldsymbol{V}=\begin{bmatrix}11\\-4\\1\\0\end{bmatrix}+c\begin{bmatrix}-3\\0\\1\\1\end{bmatrix}\quad(c\text{ 为任意常数}).$$

例 5 当 a,b 为何值时，线性方程组

$$\begin{cases}x_1+x_2+x_3+x_4+x_5=a,\\3x_1+2x_2+x_3+x_4-3x_5=0,\\x_2+2x_3+2x_4+6x_5=b,\\5x_1+4x_2+3x_3+3x_4-x_5=2\end{cases}$$

有解？当方程组有解时，求方程组的全部解，并用其基础解系表示.

解 对方程组的增广矩阵施以初等行变换：

$$(\boldsymbol{A} \vdots \boldsymbol{b})=\left[\begin{array}{ccccc:c}1&1&1&1&1&a\\3&2&1&1&-3&0\\0&1&2&2&6&b\\5&4&3&3&-1&2\end{array}\right]$$

$$\rightarrow\left[\begin{array}{ccccc:c}1&1&1&1&1&a\\0&-1&-2&-2&-6&-3a\\0&1&2&2&6&b\\0&-1&-2&-2&-6&2-5a\end{array}\right]$$

$$\rightarrow\left[\begin{array}{ccccc:c}1&1&1&1&1&a\\0&1&2&2&6&3a\\0&0&0&0&0&b-3a\\0&0&0&0&0&2-2a\end{array}\right].$$

由此可知,当 $b-3a=0$ 且 $2-2a=0$,即 $a=1,b=3$ 时, $\mathrm{r}(\boldsymbol{A})=\mathrm{r}(\boldsymbol{A} \vdots \boldsymbol{b})=2$,方程组有无穷多解.这时,对最后一个矩阵继续施以初等行变换:

$$\rightarrow\left[\begin{array}{ccccc:c}1&0&-1&-1&-5&-2\\0&1&2&2&6&3\\0&0&0&0&0&0\\0&0&0&0&0&0\end{array}\right].$$

于是原方程组的同解方程组为

$$\begin{cases}x_1=-2+x_3+x_4+5x_5,\\x_2=3-2x_3-2x_4-6x_5.\end{cases}$$

令自由未知量 $x_3=x_4=x_5=0$,得原方程组的一个特解

$$\boldsymbol{U}=(-2,3,0,0,0)^{\mathrm{T}}.$$

原方程组的导出组与方程组

$$\begin{cases}x_1=x_3+x_4+5x_5,\\x_2=-2x_3-2x_4-6x_5\end{cases}$$

同解.令自由未知量 $\begin{bmatrix}x_3\\x_4\\x_5\end{bmatrix}$ 分别取 $\begin{bmatrix}1\\0\\0\end{bmatrix},\begin{bmatrix}0\\1\\0\end{bmatrix},\begin{bmatrix}0\\0\\1\end{bmatrix}$,得导出组的基础解系为

$$V_1=\begin{bmatrix}1\\-2\\1\\0\\0\end{bmatrix},\quad V_2=\begin{bmatrix}1\\-2\\0\\1\\0\end{bmatrix},\quad V_3=\begin{bmatrix}5\\-6\\0\\0\\1\end{bmatrix},$$

原方程组的全部解为

$$\begin{aligned}X&=U+c_1V_1+c_2V_2+c_3V_3\\&=\begin{bmatrix}-2\\3\\0\\0\\0\end{bmatrix}+c_1\begin{bmatrix}1\\-2\\1\\0\\0\end{bmatrix}+c_2\begin{bmatrix}1\\-2\\0\\1\\0\end{bmatrix}+c_3\begin{bmatrix}5\\-6\\0\\0\\1\end{bmatrix}\end{aligned}$$

(c_1,c_2,c_3 为任意常数).

习 题 3.4

1. 线性方程组

$$\begin{cases}x_1+x_2+x_3+x_4=3,\\x_1+3x_2+2x_3+4x_4=6,\\2x_1+x_3-x_4=3\end{cases}$$

一般解的自由未知量的个数是______.

2. 当 $\lambda=$______时,齐次线性方程组$\begin{cases}x_1-x_2=0,\\x_1+\lambda x_2=0\end{cases}$有非零解.

3. 设 X_1 是线性方程组 $AX=b$ 的一个解,X_2 是线性方程组 $AX=0$ 的一个解,则 X_1-X_2 是______的一个解.

4. 齐次线性方程组 $AX=0$ 的系数矩阵为

$$A=\begin{bmatrix}1&-1&2&3\\0&1&0&-2\\0&0&0&0\end{bmatrix},$$

则此方程组的一般解为______.

5. 用矩阵的初等行变换法解下列线性方程组:

(1) $\begin{cases} x_1+x_2+ \quad\quad\quad x_5=0, \\ x_1+x_2-x_3 \quad\quad\quad =0, \\ \quad\quad\quad x_3+x_4+x_5=0; \end{cases}$

(2) $\begin{cases} x_1-3x_2+x_3-2x_4-x_5=0, \\ -3x_1+9x_2-3x_3+6x_4+3x_5=0, \\ 2x_1-6x_2+2x_3-4x_4-2x_5=0, \\ 5x_1-15x_2+5x_3-10x_4-5x_5=0; \end{cases}$

(3) $\begin{cases} x_1+x_2-x_3=3, \\ 2x_1+x_2-3x_3=1, \\ x_1-2x_2+x_3=-2, \\ 3x_1+x_2-5x_3=-1; \end{cases}$

(4) $\begin{cases} 2x_1-4x_2+5x_3+3x_4=7, \\ 3x_1-6x_2+4x_3+2x_4=7, \\ 4x_1-8x_2+17x_3+11x_4=21. \end{cases}$

6. 设线性方程组

$$\begin{cases} \lambda x_1+x_2+x_3=\lambda-3, \\ x_1+\lambda x_2+x_3=-2, \\ x_1+x_2+\lambda x_3=-2, \end{cases}$$

讨论 λ 取何值时,方程组无解,有惟一解,有无穷多解.在方程组有无穷多解时,试用其导出组的基础解系表示全部解.

7. 试讨论 a,b 为何值时,线性方程组

$$\begin{cases} x_1+x_2+x_3+x_4=0, \\ x_2+2x_3+2x_4=1, \\ -x_2+(a-3)x_3-2x_4=b, \\ 3x_1+2x_2+x_3+ax_4=1 \end{cases}$$

有惟一解,无解,有无穷多解.当方程组有无穷多解时,求出它的全部解,并用其导出组的基础解系表示.

第三部分　概率统计

第一章　初等概率论

§1　随机事件与概率

内容提要

1. 随机现象及其统计规律性

在一定的条件下，具有多种可能结果，即事先不能预言会出现何种结果，称这一类现象为**随机现象**.

随机现象具有两重性：表面上的偶然性与内部蕴含着的必然性. 随机现象的偶然性又称为它的随机性. 在一次试验或观察中，结果的不确定性就是随机现象随机性的一面；在相同的条件下进行大量重复试验或观察时呈现出来的规律性是随机现象必然性的一面，称随机现象的必然性为**统计规律性**.

2. 随机试验与随机事件

为了叙述方便，我们把对现象的观察或进行的实验统称为一个试验. 如果这个试验满足下列三条：

(1) 可以在相同的条件下重复进行；

(2) 每次试验的可能结果不止一个，并且能够事先明确试验的所有可能结果；

(3) 每次试验的结果在事前是不可预言的，

那么我们就称它是一个**随机试验**，一般用字母 E 表示.

在随机试验 E 中，每一个可能出现的不能再分解的最简单的结果称为随机试验 E 的**基本事件**，用 ω 表示；全体基本事件的集合称为**基本事件空间**(或**样本空间**),记为 $\Omega=\{\omega\}$. 所谓**随机事件**是指基本事件空间 Ω 中的一个子集. 随机事件发生当且仅当子集中的一个基本事件发生. 我们把随机事件简称为**事件**,记为 $A,B,C,\cdots$等. 显然基本事件也是随机事件.

为了讨论方便,我们把基本事件空间 Ω 也作为一个事件. 因为在每次试验中,必定有 Ω 中的某个基本事件发生,即事件 Ω 在每次试验中必定发生,所以 Ω 是一个必定发生的事件. 在每次试验中必定要发生的事件称为**必然事件**,记作 U.

我们把不包含任何基本事件的空集$\varnothing$也作为一个事件. 显然它在每次试验中都不发生,所以$\varnothing$是一个不可能发生的事件. 在每次试验中必定不会发生的事件称为**不可能事件**,记为 V.

3. 随机事件的关系与运算

3.1 事件的包含关系与等价关系

定义 1.1 设 A,B 为两个事件. 如果事件 A 发生,必然导致事件 B 发生,那么称事件 B **包含**事件 A,或称事件 A 包含于事件 B,记作 $A\subset B$(或 $B\supset A$).

定义 1.2 如果事件 A 包含事件 B,且事件 B 又包含事件 A,即 $A\supset B$,且 $B\supset A$,那么称事件 A 与事件 B **等价**(或**相等**),记为

$$A=B.$$

3.2 事件的并与交

定义 1.3 设 A,B 为两个事件,称事件$\{A$ 与 B 中至少有一个发生$\}$为事件 A 与事件 B 的**和**(**或并**),记作 $A+B$(或 $A\cup B$).

定义 1.4 称事件$\{A$ 与 B 同时发生$\}$为事件 A 与事件 B 的**积**(或**交**),记作 $A\cdot B$(或 $A\cap B$),有时也简记为 AB.

3.3 事件的互不相容关系与事件的逆

定义 1.5 如果事件 A 与事件 B 在同一次试验中不能同时发生,即 $AB=V$,则称事件 A 与 B 是**互不相容**的(或**互斥**的),也称 A,B 之间具有互斥性.

定义 1.6 设有事件 A,称事件$\{A$ 不发生$\}$为事件 A 的**逆**(又称为 A 的**对立事件**),记为 $\overline{A}$.

3.4 完备事件组

定义 1.7 若 n 个事件 $A_1,A_2,\cdots,A_n$ 互不相容，且它们的和是必然事件，称事件 $A_1,A_2,\cdots,A_n$ 构成一个**完备事件组**. 它的实际意义是在每次试验中必然发生且仅能发生 $A_1,A_2,\cdots,A_n$ 中的一个事件. 当 $n=2$ 时，A_1 与 A_2 就是对立事件. 任一随机试验的全部基本事件构成一个完备事件组.

根据上面的基本运算定义，不难验证事件之间的运算满足以下的几个规律：

(1) 交换律：

$$A+B=B+A,\quad AB=BA;$$

(2) 结合律：

$$A+(B+C)=(A+B)+C,$$
$$(AB)C=A(BC);$$

(3) 分配律：

$$(A+B)C=AC+BC,$$
$$A+BC=(A+B)(A+C);$$

(4) 德·摩根(De Morgan)定理：

$$\overline{A+B}=\overline{A}\cdot\overline{B},\quad \overline{A\cdot B}=\overline{A}+\overline{B}.$$

4. 概率的定义与基本性质

4.1 概率的定义

定义 1.8 设 E 是一个随机试验，Ω 为它的样本空间，以 E 中所有的随机事件组成的集合为定义域，定义一个函数 $P(A)$(其中 A 为任一随机事件)，且 $P(A)$满足以下三条公理：

公理 1 $0\leqslant P(A)\leqslant 1$；

公理 2 $P(\Omega)=1$；

公理 3 若 $A_1,A_2,\cdots,A_n,\cdots$ 两两互斥，则

$$P\left(\bigcup_{i=1}^{\infty}A_i\right)=\sum_{i=1}^{\infty}P(A_i),$$

那么称函数 $P(A)$为事件 A 的**概率**.

4.2 概率的基本性质

性质 1(有限可加性) 设 $A_1,A_2,\cdots,A_n$ 两两互斥，则

$$P\left(\bigcup_{i=1}^{n} A_i\right) = \sum_{i=1}^{n} P(A_i).$$

性质 2(加法定理)　设 A,B 为任意两个随机事件,则

$$P(A+B) = P(A) + P(B) - P(AB).$$

性质 3　设 A 为任意随机事件,则

$$P(\overline{A}) = 1 - P(A).$$

性质 4　设 A,B 为两个任意的随机事件. 若 $A \subset B$,则

$$P(B\overline{A}) = P(B) - P(A).$$

5. 古典概型

具有下面两个性质的试验称之为**古典型试验**:

(1) 试验的结果为有限个,即 $\Omega = \{\omega_1, \omega_2, \cdots, \omega_n\}$;

(2) 每个结果出现的可能性是相同的,即

$$P(\omega_i) = P(\omega_j) \quad (i,j = 1,2,\cdots,n).$$

在古典型随机试验中,如果事件 A 是由 n 个样本点中的 m 个组成,那么事件 A 的概率为

$$P(A) = \frac{m}{n},$$

并把利用这个关系式来讨论事件的概率的数学模型称为**古典概型**.

典型例题分析

例 1　设袋内有 10 个编号为 1～10 的球,从中任取一个,观察其号码.

(1) 写出这个试验的样本空间及完备事件组;

(2) 若 A 表示"取得的球的号码是奇数",B 表示"取得的球的号码是偶数",C 表示"取得的球的号码小于 5",D 表示"取得的球的号码大于 5",则

① $A+B$,　② AB,　③ $\overline{C}$,　④ $A+C$,

⑤ AC,　⑥ $\overline{A}\,\overline{C}$,　⑦ $\overline{B+C}$,　⑧ $\overline{BC}$,

⑨ $A\overline{C}$,　⑩ $C\overline{A}$

各表示什么事件?

解　(1) 若用 ω_i 表示"取得的球的号码为 i"($i=1,2,\cdots,10$),则

这个试验的样本空间为 $\Omega=\{\omega_1,\omega_2,\cdots,\omega_{10}\}$，而 $\omega_1,\omega_2,\cdots,\omega_{10}$ 是它的一个完备事件组.

(2) ① $A+B$ 表示"取得的球的号码或者是奇数，或者是偶数"，它是必然事件，即 $A+B=U$；

② AB 表示"取得的球的号码既是奇数又是偶数"，它是不可能事件，即 $AB=V$；

③ $\overline{C}$ 表示"取得的球的号码大于等于 5"，即

$$\overline{C}=\{\omega_5,\omega_6,\omega_7,\omega_8,\omega_9,\omega_{10}\};$$

④ $A+C$ 表示"取得的球的号码是奇数或者是小于 5 的数"，即

$$A+C=\{\omega_1,\omega_2,\omega_3,\omega_4,\omega_5,\omega_7,\omega_9\};$$

⑤ AC 表示"取得的球的号码是小于 5 的奇数"，即

$$AC=\{\omega_1,\omega_3\};$$

⑥ $\overline{A}\,\overline{C}$ 表示"取得的球的号码是大于 5 的偶数"，即

$$\overline{A}\overline{C}=\{\omega_6,\omega_8,\omega_{10}\};$$

⑦ $\overline{B+C}$ 表示"取得的球的号码不是偶数也不小于 5"，也就是"取得的球的号码是大于等于 5 的奇数"，即

$$\overline{B+C}=\overline{B}\,\overline{C}=\{\omega_5,\omega_7,\omega_9\};$$

⑧ $\overline{BC}$ 表示"取得的球的号码不是小于 5 的偶数"，也就是"取得的球的号码是奇数或者大于等于 5"，即

$$\overline{BC}=\overline{B}+\overline{C}=\{\omega_1,\omega_3,\omega_5,\omega_6,\omega_7,\omega_8,\omega_9,\omega_{10}\};$$

⑨ $A\overline{C}$ 表示"取得的球的号码是奇数但不小于 5"，也就是"取得的球的号码是大于等于 5 的奇数"，即 $A-C=\{\omega_5,\omega_7,\omega_9\}$；

⑩ $C\overline{A}$ 表示"取得的球的号码小于 5 但不能是奇数"，也就是"取得的球的号码是小于 5 的偶数"，即 $C-A=\{\omega_2,\omega_4\}$.

注意 ⑨，⑩两个小题中所表示的是两个事件的差. 对于任何事件 A,B 都有 $A-B=A-AB$，$B-A=B-BA$，但是两个事件的差不是基本运算，在以后的讨论中，我们一般使用 $A\overline{B}$ 表示 $A-B$，$B\overline{A}$ 表示 $B-A$.

例 2 设 A,B,C 为三个随机事件，试用事件的运算表示下列事件：

(1) 恰有 A 发生；

(2) A,B,C 中恰有一个发生；

(3) A,B,C 中至少有一个发生；

(4) A,B,C 都不发生；

(5) A,B,C 不都发生；

(6) A,B,C 中至少有两个事件发生；

(7) A,B,C 中恰有两个事件发生；

(8) 所有这三个事件都发生.

解 (1) “恰有 A 发生”即“A 发生而事件 B 与 C 都不发生”，因而可用 $A\overline{B}\,\overline{C}$ 表示.

(2) “A,B,C 中恰有一个发生”即“只 A 发生或只 B 发生或只 C 发生”，因而可用 $A\overline{B}\,\overline{C}+\overline{A}B\overline{C}+\overline{A}\,\overline{B}C$ 表示.

(3) “A,B,C 中至少有一个发生”即“A,B,C 中恰有一个发生，或恰有两个发生，或三个都发生”，因而可以用 $A+B+C$ 或 $A\overline{B}\,\overline{C}+\overline{A}B\overline{C}+\overline{A}\,\overline{B}C+AB\overline{C}+A\overline{B}C+\overline{A}BC+ABC$ 表示. 显然前者比后者简洁.

(4) “A,B,C 都不发生”即“A,B,C 中哪一个也不发生”，因而可以用 $\overline{A}\,\overline{B}\,\overline{C}$ 或 $\overline{A+B+C}$ 表示.

(5) “A,B,C 不都发生”即“A,B,C 不同时发生”，也就是“A,B,C 中至少有一个不发生”，因而可以用 $\overline{ABC}$ 或 $\overline{A}+\overline{B}+\overline{C}$ 表示.

(6) “A,B,C 中至少有两个事件发生”即“A,B,C 中恰有两个发生或三个都发生”，因而可用 $AB+AC+BC$ 或 $AB\overline{C}+A\overline{B}C+\overline{A}BC+ABC$ 表示.

(7) “A,B,C 中恰有两个事件发生”即“A,B,C 中某两个发生时第三个一定不发生”，因而可用 $AB\overline{C}+A\overline{B}C+\overline{A}BC$ 表示.

(8) “所有这三个事件都发生”即“A,B,C 三个事件都发生”，因而可用 ABC 表示或用 $\overline{\overline{A}+\overline{B}+\overline{C}}$ 表示.

注意 要正确表示事件，首先要准确理解所要表示的事件的意义及事件运算的定义. 同一事件可以有不同的表示方式.

例 3 设事件 A 与 B 的和的概率为 0.6，并且 $\overline{A}$ 与 B 的积的概率为 0.3，求事件 A 不发生的概率.

解 因为 $\overline{A}\cdot\overline{B}=\overline{A+B}$，所以

$$P(\overline{A}\cdot\overline{B})=P(\overline{A+B})=1-P(A+B)$$
$$=1-0.6=0.4.$$

考虑到

$$\overline{A}=\overline{A}\Omega=\overline{A}(B+\overline{B})=\overline{A}B+\overline{A}\,\overline{B},$$

因此 $P(\overline{A})=P(\overline{A}B+\overline{A}\,\overline{B})=0.3+0.4=0.7.$

例 4 已知 $P(A)=P(B)=P(C)=\dfrac{1}{4}$，$P(AB)=0$，$P(AC)=P(BC)=\dfrac{1}{8}$，则事件 A,B,C 全不发生的概率为______.

解 由 $ABC\subset AB$，$P(AB)=0$ 得 $P(ABC)=0$，故所求事件概率为

$$\begin{aligned}P(\overline{A}\cdot\overline{B}\cdot\overline{C})&=(\overline{A\cup B\cup C})=1-P(A\cup B\cup C)\\&=1-\{P(A)+P(B)+P(C)-P(AB)\\&\quad-P(AC)-P(BC)+P(ABC)\}\\&=\frac{1}{2}.\end{aligned}$$

例 5 某一企业与甲、乙两公司签订某物资长期供货关系的合同. 由以前的统计得知，甲公司按时供货的概率为 0.9，乙公司能按时供货的概率为 0.75，两公司都能按时供货的概率为 0.7，求至少有一公司能按时供货的概率.

解 分别用 A,B 表示甲乙两公司按时供货的事件. 由题意，A，B 为相容事件，我们有

$$\begin{aligned}P(A+B)&=P(A)+P(B)-P(AB)\\&=0.9+0.75-0.7=0.95,\end{aligned}$$

即至少有一公司能按时供货的概率为 0.95.

例 6 从 1 到 100 这 100 个自然数中任取一个，求：

(1) 取到奇数的概率；

(2) 取到的数能被 3 整除的概率；

(3) 取到的数是能被 3 整除的偶数的概率.

解 这是一个古典概型问题. 设 $A=\{$取到的数是奇数$\}$，$B=\{$取到的数能被 3 整除$\}$，$C=\{$取到的数是能被 3 整除的偶数$\}$.

考虑到其样本空间包含 $C_{100}^{1}=100$ 个样本点，而事件 A 包含 50

个样本点，B 包含 33 个样本点，C 包含 16 个样本点，因此

$$P(A)=\frac{50}{100}=0.5,\quad P(B)=\frac{33}{100}=0.33,$$

$$P(C)=\frac{16}{100}=0.16.$$

例 7 甲、乙两封信随机的投入标号是 1,2,3,4,5 的五个信筒内，求第 3 号信筒恰好只投入一封信的概率.

解 这是一个古典概型问题，设 $A=\{$第 3 号信筒恰好只投入一封信$\}$.

考虑到其样本空间共有 $n^2=5^2$ 个样本点，而事件 A 包含 $m=2\times C_4^1$ 个样本点，因此

$$P(A)=\frac{m}{n}=\frac{2\times C_4^1}{5^2}=0.32.$$

例 8 停车场有 10 个车位排成一行，现在停着 7 辆车. 求恰有 3 个连接的车位空着的概率.

解 这是一个古典概型问题. 设 $A=\{$恰有 3 个连接的车位空着$\}$.

考虑到其样本空间共有 $C_{10}^3=120$ 个样本点，而事件 A 包含 8 个样本点，它们车位号分别为：1,2,3;2,3,4;3,4,5;…;8,9,10. 因此

$$P(A)=\frac{8}{C_{10}^3}=\frac{1}{15}.$$

例 9 从 5 副不同的手套中任取 4 只，求这 4 只都不配对的概率.

解 这是一个古典概型问题，设 $A=\{4$ 只都不配对$\}$.

解法 1(使用排列方法) 由于考虑抽取时是有序的，因此共有 $n=P_{10}^4$ 种情况. 这时 4 只都不配对，共有 $m=C_{10}^1C_8^1C_6^1C_4^1$ 种情况，故

$$P(A)=\frac{C_{10}^1C_8^1C_6^1C_4^1}{P_{10}^4}=\frac{8}{21}.$$

解法 2(使用组合方法) 由于没有考虑抽取的顺序，因此共有 $n=C_{10}^4$ 种情况. 这时 4 只都不配对，共有 $m=C_5^4C_2^1C_2^1C_2^1C_2^1$ 种情况，故

$$P(A)=\frac{C_5^4\cdot 2^4}{C_{10}^4}=\frac{8}{21}.$$

例 10 某产品 50 件,其中有次品 5 件. 现从中任取 3 件,求其中恰有 1 件次品的概率.

解 这是一个古典概型问题. 设 $A=\{$其中恰有 1 件次品$\}$. 由于

$$n=\mathrm{C}_{50}^{3},\quad m=\mathrm{C}_{5}^{1}\mathrm{C}_{45}^{2},$$

故
$$P(A)=\frac{m}{n}=\frac{\mathrm{C}_{5}^{1}\mathrm{C}_{45}^{2}}{\mathrm{C}_{50}^{3}}=\frac{99}{392}.$$

注意 无放回抽取时,建议使用组合公式来计算,这样较为方便.

例 11 袋中有 10 个球,其中有 4 个白球、6 个红球. 从中任取 3 个,求这 3 个球中至少有 1 个是白球的概率.

分析 这是一个古典概型问题,样本空间中样本点的总数为 $n=\mathrm{C}_{10}^{3}$.

解法 1 设 $A=\{$至少有 1 个白球$\}$,则

$$P(A)=\frac{\mathrm{C}_{4}^{1}\mathrm{C}_{6}^{2}+\mathrm{C}_{4}^{2}\mathrm{C}_{6}^{1}+\mathrm{C}_{4}^{3}\mathrm{C}_{6}^{0}}{\mathrm{C}_{10}^{3}}=\frac{5}{6}.$$

解法 2 设 $A=\{$至少有 1 个白球$\}$,$B=\{$取出的全是红球$\}$,则

$$P(A)=1-P(B)=1-\frac{\mathrm{C}_{6}^{3}\mathrm{C}_{4}^{0}}{\mathrm{C}_{10}^{3}}.$$

注意 若先从 4 个白球中任取一个,然后再从剩下的 9 个球(有红球又有白球)中任取 2 个,则

$$P(A)=\frac{\mathrm{C}_{4}^{1}\mathrm{C}_{9}^{2}}{\mathrm{C}_{10}^{3}}=\frac{6}{5}>1.$$

可见,它显然是错误的. 这是由于分母 $n=\mathrm{C}_{10}^{3}$,是没有考虑抽取的顺序,而分子 $\mathrm{C}_{4}^{1}\mathrm{C}_{9}^{2}$ 出现了部分考虑抽取的顺序的缘故.

例 12 从一副扑克牌的 13 张梅花中,有放回地取 3 次,求 3 张都不同号的概率.

解 这是一个古典概型问题. 设 $A=\{3$ 张都不同号$\}$. 由于

$$n=13^{3},\quad m=\mathrm{P}_{13}^{3},$$

故
$$P(A)=\frac{m}{n}=\frac{\mathrm{P}_{13}^{3}}{13^{3}}=\frac{132}{169}.$$

注意 有放回抽取时,建议使用排列公式来计算,这样较为方便.

例 13 一口袋中有五个红球及两个白球,从口袋中取一球,看过它的颜色后就放回袋中,然后再从口袋中取一球.设每次每个球取到的可能性都相同,求:

(1) 两次都取到红球的概率;

(2) 两次取到的球为一红一白的概率;

(3) 第一次取到红球,第二次取到白球的概率;

(4) 第二次取到红球的概率.

解 这是一个古典概型问题.设

$A=\{$两次取到红球$\}$,

$B=\{$两次取到一红一白$\}$,

$C=\{$第一次取到红球,第二次取到白球$\}$,

$D=\{$第二次取到红球$\}$.

由于是有放回地抽取,因此我们使用排列方法来计算.样本空间共有 $n=7^2$ 个样本点,事件 A,B,C,D 所包含样本点个数分别为

$$m_1=5^2,\quad m_2=C_5^1C_2^1+C_2^1C_5^1,$$

$$m_3=C_5^1C_2^1,\quad m_4=C_2^1C_5^1+C_5^1C_5^1,$$

故

$$P(A)=\frac{m_1}{n}=\frac{5^2}{7^2}=\frac{25}{49},$$

$$P(B)=\frac{m_2}{n}=\frac{C_5^1C_2^1+C_2^1C_5^1}{7^2}=\frac{20}{49},$$

$$P(C)=\frac{m_3}{n}=\frac{C_5^1C_2^1}{7^2}=\frac{10}{49},$$

$$P(D)=\frac{m_4}{n}=\frac{C_2^1C_5^1+C_5^1C_5^1}{7^2}=\frac{35}{49}=\frac{5}{7}.$$

注意 由于是有放回地抽取,第二次取到红球与第一次取到红球概率相同,因此 $P(D)=\dfrac{C_5^1}{C_7^1}=\dfrac{5}{7}$.

例 14 设 A,B 为两个随机事件.若 $B\subset\overline{A}$,证明:$\overline{A}+\overline{B}=U$.

证 由于 $B\subset\overline{A}$，所以 A 与 B 互斥，即 $AB=\varnothing$. 因此

$$\overline{A}+\overline{B}=\overline{A\cdot B}=\overline{\varnothing}=U.$$

习 题 1.1

1. 设 A,B 为两个事件. 若 $AB=\varnothing$ 且 $A+B=U$，则称 A 与 B 为______事件.

2. 已知 A,B 两个事件满足条件 $P(AB)=P(\overline{A}\,\overline{B})$，且 $P(A)=p$，则 $P(B)=$______.

3. 事件 A,B 互不相容，且 $P(A)=0.4$，$P(B)=0.3$，则 $P(\overline{A}\,\overline{B})=$______.

4. 已知 100 件产品中有 5 件次品，任取 10 件，恰有 2 件为次品的概率等于______.

5. 设 A,B 为两个事件，且 $P(A)=0.9$，$P(AB)=0.36$，则 $P(A\overline{B})=$______.

6. 将两封信随机地投入 3 个信箱. 写出该试验的样本空间，计算第一个信箱是空的及两封信不在同一信箱的概率.

7. 设有 7 个数，其中 4 个负数，3 个正数. 从中任取两数做乘法，求两数乘积为正数的概率.

8. 某化工商店出售的油漆中有 15 桶标签脱落，售货员随意重新贴上了标签. 已知这 15 桶中有 8 桶白漆，4 桶红漆，3 桶黄漆. 现从这 15 桶中取 6 桶给一欲买 3 桶白漆，2 桶红漆，1 桶黄漆的顾客，那么这位顾客正好买到自己所需的油漆的概率是多少？

9. 已知 10 个球中有 3 个红球，7 个绿球，现随机地将球分给 10 个小朋友，每人一球，求最后 3 个分到球的小朋友中恰有 1 个得到红球的概率.

10. 在 20 枚硬币的背面分别写上 5 或 10，两者各半，从中任意翻转 10 枚硬币，这 10 枚硬币背面的数字之和为 100，95，90，…，55，50，共十一种不同情况. 问出现“70，75，80”与出现“100，95，90，85，65，60，55，50”的可能性哪个大，为什么？

11. 设 A,B 为两个随机事件. 若 $B\subset\overline{A}$，证明：

$$\overline{A}+\overline{B}=U.$$

§2 条件概率、乘法公式与全概公式

内容提要

1. 条件概率

样本空间中事件 B 的概率 $P_S(B)$都是指在一组不变条件 S 下事件 B 发生的概率(但是为了叙述简练,一般不再提及条件组 S 记为 $P(B)$). 在实际问题中,除了考虑概率 $P_S(B)$外,有时还需要考虑"在事件 A 已发生"这一附加条件下,事件 B 发生的概率. 与前者相区别,称后者为**条件概率**,记作 $P(B|A)$,读作在 A 发生的条件下事件 B 的概率.

由此可以看出,在一般情况下,如果 A,B 是条件 S 下的两个随机事件,且 $P(A)\neq 0$,则在 A 发生的前提下 B 发生的概率(即条件概率)为

$$P(B|A)=\frac{P(AB)}{P(A)}.$$

2. 事件的独立性

定义 1.9 设 A,B 为两个事件. 如果

$$P(AB)=P(A)P(B),$$

那么称 A 与 B 是**统计独立**的,简称是**独立**的.

由于上定义中 A 与 B 的位置是对称的,因此我们也称 A 与 B 是**相互独立**的.

可以证明,如果事件 A 与 B 独立,那么 A 与 $\overline{B}$,$\overline{A}$ 与 B,$\overline{A}$ 与 $\overline{B}$ 也独立.

定义 1.10 设 $A_1,A_2,\cdots,A_n$ 为 n 个事件. 如果对于所有可能的组合 $1\leqslant i<j<k<\cdots\leqslant n$ 下列各式同时成立:

$$\begin{cases}P(A_iA_j)=P(A_i)P(A_j),\\ P(A_iA_jA_k)=P(A_i)P(A_j)P(A_k),\\ \cdots\cdots\cdots\cdots\cdots\cdots\cdots\cdots\cdots\cdots\\ P(A_1A_2\cdots A_n)=P(A_1)P(A_2)\cdots P(A_n),\end{cases}$$

那么称 $A_1,A_2,\cdots,A_n$ 是**相互独立**的.

3. 重复独立实验

在实际问题中,我们常常要做多次试验条件完全相同(即可以看成是一个试验的多次重复)并且相互独立(即每次试验中的随机事件的概率不依赖于其他各次试验的结果)的试验.我们称这种类型的试验为**重复独立试验**(又称为 n 重**伯努里**(Bernoulli)**试验**).

4. 二项概型

设在每次试验中事件 A 发生的概率为 $p(0<p<1)$.记 n 重伯努里试验中事件 A 发生了 k 次的概率为 $P_n(\mu=k)$,其中 μ 表示事件 A 发生的次数,则

$$P_n(\mu=k)=\mathrm{C}_n^k p^k(1-p)^{n-k}\quad(k=0,1,2,\cdots,n).$$

利用上述关系式来讨论事件概率的数学模型称为**二项概型**.

5. 有关公式

定理 1.1(概率的乘法公式) 事件 A 与 B 的积的概率等于事件 A 的概率乘以在 A 发生的前提下 B 发生的概率,即

$$P(AB)=P(A)P(B|A)\quad(P(A)>0).$$

同理有

$$P(AB)=P(B)P(A|B)\quad(P(B)>0).$$

上述的计算公式可以推广到有限多个事件的情形,例如对于三个事件 A_1,A_2,A_3(若 $P(A_1)>0,P(A_2)>0,P(A_1,A_2)>0$)有

$$P(A_1A_2A_3)=P(A_1)P(A_2|A_1)P(A_3|A_1A_2).$$

定理 1.2 设事件 $A_1,A_2,\cdots,A_n$ 是一个完备事件组,则对于任一事件 B 有

$$P(B)=\sum_{i=1}^{n}P(A_i)P(B|A_i)$$

(我们称此公式为**全概公式**).

利用全概公式可以从已知的简单事件的概率推算出未知的复杂的事件的概率.

定理 1.3 设事件 $A_1,A_2,\cdots,A_n$ 是一个完备事件组,并且当其中一个事件发生时,事件 B 才发生.当 $P(B)>0$ 时,有

$$P(A_i|B)=\frac{P(A_i)P(B|A_i)}{\sum_{j=1}^{n}P(A_j)P(B|A_j)}\quad(i=1,2,\cdots,n)$$

(我们称此公式为**逆概公式**).

典型例题分析

例 1 某种动物由出生后活到 10 岁的概率为 0.8,活到 12 岁的概率为 0.56,问：现年 10 岁的这种动物活到 12 岁的概率是多少?

解 设 $A=\{$活到 10 岁以上$\}$,$B=\{$活到 12 岁以上$\}$,显然 $B\subset A$. 因为 $P(A)=0.8$,$P(B)=0.56$,又 $B\subset A$,$AB=B$,$P(AB)=P(B)=0.56$,所以所求概率

$$P(B|A)=\frac{P(AB)}{P(A)}=\frac{P(B)}{P(A)}=\frac{0.56}{0.8}=0.7.$$

例 2 设 A,B 为两个事件,$P(A)=0.4$,$P(B)=0.8$,$P(\overline{A}B)=0.5$,则 $P(B|A)=$______.

解 因为 $P(\overline{A}B)=P(B)-P(AB)$,所以

$$P(AB)=0.3,$$

$$P(B|A)=\frac{P(AB)}{P(A)}=0.75.$$

例 3 某机床有 $\frac{1}{3}$ 的时间加工零件 A,其余时间加工零件 B,且加工零件 A 时,停机的概率是 0.6,加工零件 B 时,停机的概率是 0.3,求此机床停机的概率.

解 设 A,B 分别表示加工零件 A,B 的事件,C 表示停机的事件,则

$$\begin{aligned}P(C)&=P(AC+BC)=P(AC)+P(BC)\\&=P(A)\cdot P(C|A)+P(B)P(C|B)\\&=\frac{1}{3}\times 0.6+\frac{2}{3}\times 0.3=0.4,\end{aligned}$$

即此机床停机的概率为 0.4.

例 4 某单位同时装有两种警报系统 A 与 B,每种系统单独使用时,其有效的概率分别为 $P(A)=0.9$,$P(B)=0.95$.若在 A 有效的条件下,B 有效的概率为 $P(B|A)=0.97$,求 $P(A+B)$.

解 $P(A+B)=P(A)+P(B)-P(AB)$

$$=P(A)+P(B)-P(A)\cdot P(B|A)$$

$$=0.9+0.95-0.9\times 0.97=0.977.$$

例 5 设 A,B 是两个事件. 已知 $P(A)=0.5, P(B)=0.6$, $P(B|\overline{A})=0.4$,求:

(1) $P(\overline{A}B)$; (2) $P(AB)$; (3) $P(A+B)$.

解 (1) 因为 $P(A)=0.5$, $P(B|\overline{A})=0.4$,所以

$$P(\overline{A}B)=P(\overline{A})P(B|\overline{A})=0.5\times 0.4=0.2.$$

(2) 因为 $AB=B-\overline{A}B$, $B\supset\overline{A}B$,所以

$$P(AB)=P(B-\overline{A}B)=P(B)-P(\overline{A}B)$$

$$=0.6-0.2=0.4.$$

(3) $P(A+B)=P(A)+P(B)-P(AB)=0.7$.

注意 在用概率的加法与乘法公式解题时,应先将所求概率的事件用简单的事件表示,因此必须熟练掌握"事件间的基本关系及基本运算". 此外,对于任意两个事件 A,B,下列关系可在计算时使用:

$$A-B=A\overline{B}=A-AB;\quad B-A=\overline{A}B=B-AB;$$

$$A\supset AB;\quad B\supset AB.$$

例 6 加工某一零件共需经过四道工序. 设第一、第二、第三、第四道工序出次品的概率分别为 0.02,0.03,0.05,0.04,各道工序互不影响,求加工出的零件的次品率.

解 将每道工序看作一次试验,由于各道工序互不影响,因而这是一个独立试验序列.

设 $A_i=\{$第 i 道工序出次品$\}(i=1,2,3,4)$, $B=\{$加工出的零件为次品$\}$,有 $B=A_1+A_2+A_3+A_4$. 因为 A_1,A_2,A_3,A_4 相互独立,所以

$$P(B)=1-P(\overline{B})=1-P(\overline{A_1+A_2+A_3+A_4})$$

$$=1-P(\overline{A}_1)P(\overline{A}_2)P(\overline{A}_3)P(\overline{A}_4)$$

$$=1-0.98\times 0.97\times 0.95\times 0.96=0.133.$$

例 7 设某种产品 50 件为一批,且每批产品中没有次品的概率为 0.35,有 1,2,3,4 件次品的概率分别为 0.25,0.2,0.18,0.02. 今从某批产品中任取 10 件,检查出 1 件次品,求该批产品中次品不超

过 2 件的概率.

解 设 A_i={一批产品中有 i 件次品}($i=0,1,2,3,4$), B={任取 10 件,检查出 1 件次品},则本题所求为

$$P(A_0|B)+P(A_1|B)+P(A_2|B).$$

因为

$$P(B|A_0)=0,$$

$$P(B|A_1)=\frac{C_1^1C_{49}^9}{C_{50}^{10}}=\frac{1}{5},\quad P(B|A_2)=\frac{C_2^1C_{48}^9}{C_{50}^{10}}=\frac{80}{245},$$

$$P(B|A_3)=\frac{C_3^1C_{47}^9}{C_{50}^{10}}=\frac{39}{98},\quad P(B|A_4)=\frac{C_4^1C_{46}^9}{C_{50}^{10}}=\frac{988}{2303},$$

又因为 A_0,A_1,A_2,A_3,A_4 构成一个完备事件组,所以

$$\begin{aligned}P(B)&=\sum_{i=0}^{n}P(A_i)P(B|A_i)\\&=0.35\times 0+0.25\times\frac{1}{5}+0.2\times\frac{80}{245}\\&\quad+0.18\times\frac{39}{98}+0.02\times\frac{988}{2303}\\&=0.196,\end{aligned}$$

$$P(A_0|B)=\frac{P(A_0)P(B|A_0)}{P(B)}=0,$$

$$P(A_1|B)=\frac{P(A_1)P(B|A_1)}{P(B)}=0.255,$$

$$P(A_2|B)=\frac{P(A_2)P(B|A_2)}{P(B)}=0.333.$$

所以

$$P(A_0|B)+P(A_1|B)+P(A_2|B)=0.588.$$

例 8 设甲、乙两人投篮命中率分别为 0.7 与 0.8.若每人投篮 3 次,求:

(1) 两人进球数相等的概率;

(2) 甲比乙进球数多的概率.

解 甲、乙各投篮 3 次,分别为 3 重伯努里试验.

设 A_i={甲在 3 次投篮中投进 i 个球}($i=0,1,2,3$), B_i={乙在

3 次投篮中投进 i 个球}$(i=0,1,2,3)$，$C=${甲、乙进球数相等}，$D=${甲比乙进的球数多}.

由实际问题可知甲投篮命中与否与乙投篮命中与否无关，即 A_i 与 $B_i(i=0,1,2,3)$相互独立的.

因为

$$P(A_0)=0.3^3=0.027,$$
$$P(A_1)=\mathrm{C}_3^1\times 0.7\times 0.3^2=0.189,$$
$$P(A_2)=\mathrm{C}_3^2\times 0.7^2\times 0.3=0.441,$$
$$P(A_3)=0.7^3=0.343,$$

同理

$$P(B_0)=0.008,\quad P(B_1)=0.096,$$
$$P(B_2)=0.384,\quad P(B_3)=0.512,$$

又因为 $A_0B_0,A_1B_1,A_2B_2,A_3B_3$ 两两互不相容，所以

(1) 甲、乙进球数相等的概率为

$$\begin{aligned}P(C)&=P(A_0B_0+A_1B_1+A_2B_2+A_3B_3)\\&=P(A_0B_0)+P(A_1B_1)+P(A_2B_2)+P(A_3B_3)\\&=P(A_0)P(B_0)+P(A_1)P(B_1)+P(A_2)P(B_2)\\&\quad+P(A_3)P(B_3)\\&=0.36332.\end{aligned}$$

(2) 甲比乙进球数多的概率为

$$\begin{aligned}P(D)&=P(A_1B_0+A_2B_0+A_2B_1+A_3B_0+A_3B_1+A_3B_2)\\&=P(A_1)P(B_0)+P(A_2)P(B_0)+P(A_2)P(B_1)\\&\quad+P(A_3)P(B_0)+P(A_3)P(B_1)+P(A_3)P(B_2)\\&=0.21476.\end{aligned}$$

例 9 进行 4 次重复独立试验，每次试验中事件 A 发生的概率为 0.3. 如果事件 A 不发生，则事件 B 也不发生；如果事件 A 发生 1 次，则事件 B 发生的概率为 0.4；如果事件 A 发生 2 次，则事件 B 发生的概率为 0.6；如果事件 A 发生 2 次以上，则事件 B 一定发生. 求事件 B 发生的概率.

解 设 $A_i=${事件 A 在 4 次独立试验中发生 i 次}$(i=0,1,2,3,$

4)，$B=\{$事件 B 发生$\}$，则 A_0,A_1,A_2,A_3,A_4 构成一个完备事件组，且

$$P(A_i)=\mathrm{C}_4^i 0.3^i(0.7)^{4-i}\quad (i=0,1,2,3,4).$$

计算得

$$P(A_0)=0.2401,\quad P(A_1)=0.4116,\quad P(A_2)=0.2646,$$
$$P(A_3)=0.0756,\quad P(A_4)=0.0081.$$

又已知

$$P(B|A_0)=0,\qquad P(B|A_1)=0.4,$$
$$P(B|A_2)=0.6,\quad P(B|A_3)=P(B|A_4)=1,$$

所以

$$P(B)=\sum_{i=0}^{4}P(A_i)P(B|A_i)=0.407.$$

例 10 设事件 A,B 相互独立，且 $P(A)>0,P(B)>0$，证明：A 与 B 必不互斥.

证 由于 A,B 相互独立，有

$$P(AB)=P(A)\cdot P(B),$$

而 $P(A)\cdot P(B)>0$，即 $P(AB)>0$，因此 A 与 B 必不互斥.

例 11 事件 A,B 互斥，且 $P(A)>0$，证明：$P(B|A)=0$.

证 由于 A,B 互斥，即 $AB=\varnothing$，所以 $P(AB)=0$. 又由于 $P(AB)=P(A)\cdot P(B|A)$，而 $P(A)>0$，故 $P(B|A)=0$.

例 12 若事件 A,B 相互独立，证明 $\overline{A}$ 与 $\overline{B}$ 亦相互独立.

证 因为 A 与 B 相互独立，有

$$P(AB)=P(A)P(B).$$

根据事件的关系与运算，我们有

$$\begin{aligned}P(\overline{A}\cdot\overline{B})&=P(\overline{A+B})=1-P(A+B)\\&=1-P(A)-P(B)+P(AB)\\&=1-P(A)-P(B)+P(A)P(B)\\&=1-P(A)-P(B)[1-P(A)]\\&=[1-P(A)]\cdot[1-P(B)]\\&=P(\overline{A})\cdot P(\overline{B}),\end{aligned}$$

所以 $\overline{A}$ 与 $\overline{B}$ 亦相互独立.

习 题 1.2

1. 事件 A,B 满足 $P(A)=0.5,P(B)=0.6,P(B|A)=0.8$,则 $P(A+B)=$______.

2. 已知事件 A,B 相互独立,且 $P(A+B)=a,P(A)=b$,则 $P(B)=$______.

3. 设 $P(A)=\frac{1}{2},P(B)=\frac{1}{3},P(AB)=\frac{1}{4}$,则 $P(A|B)=$______,$P(B|A)=$______.

4. 甲、乙两人独立地对同一目标射击一次,其命中率分别为 0.6 和 0.5. 现已知目标被命中,则它是甲射中的概率为______.

5. 设一次试验中事件 A 发生的概率为 p. 现重复进行 n 次独立试验,则事件 A 至少发生一次的概率为______.

6. 设 A,B 为两事件,$P(A)=0.7,P(B)=0.6,P(B|\overline{A})=0.4$,则 $P(A+B)=$______.

7. 已知 A_1,A_2,A_3 为一完备事件组,且 $P(A_1)=0.1,P(A_2)=0.5,P(B|A_1)=0.2,P(B|A_2)=0.6,P(B|A_3)=0.1$,则 $P(A_1|B)=$______.

8. 若袋内有 3 个红球,12 个白球,从中不放回地取 10 次,每次取一个,则第 5 次取到红球的概率为______.

9. 设 10 个塑料球中有 3 个黑色,7 个白色. 今从中任取 2 个,求在已知其中一个是黑色球的条件下,另一个也是黑色球的概率.

10. 甲、乙、丙三人轮流掷硬币,第一次甲掷,第二次乙掷,第三次丙掷,直到某人掷出国徽一面,若先出现国徽一面者获胜,求各人获胜的概率.

11. 设有三个外形完全相同的盒子,Ⅰ号盒中装有 14 个黑球,6 个白球;Ⅱ号盒中装有 5 个黑球,25 个白球;Ⅲ号盒中装有 8 个黑球,42 个白球. 现在从三个盒子中任取一盒,再从中任取一球,求:

(1) 取到的球是黑球的概率;

(2) 如果取到的是黑球,它是取自Ⅰ号盒中的概率.

12. 三种型号的圆珠笔杆放在一起,其中Ⅰ型的有 4 支,Ⅱ型的有 5 支，Ⅲ型的有 6 支. 这三种型号的圆珠笔帽也放在一起，其中Ⅰ型的有 5 个，Ⅱ型的有 7 个，Ⅲ型的有 8 个. 现在任意取一支笔杆和一个笔帽，求恰好能配套的概率.

13. 三架飞机(一架长机，二架僚机)一同飞往某目的地进行轰炸. 但要到达目的地需要无线电导航，而只有长机有这种设备. 到达目的地之前，必须经过敌方的高射炮阵地上空，这时任一飞机被击落的概率为 0.2. 到达目的地后，各机将独立地进行轰炸，炸毁目标的概率都是 0.3，求目标被炸毁的概率.

14. 某仪器有三个独立工作的元件，它们损坏的概率都是 0.1. 已知当一个元件损坏时，仪器发生故障的概率为 0.25；当两个元件损坏时，仪器发生故障的概率为 0.6；当三个元件损坏时，仪器发生故障的概率为 0.95. 求仪器发生故障的概率.

15. 设 A,B 为两个事件，$0<P(B)<1$，并且 $P(A|B)=P(A|\overline{B})$，证明：A 与 B 独立.

16. 设某班车起点站上车人数是随机的，每位乘客在中途下车的概率为 0.3，并且它们下车与否相互独立，求在发车时有 10 个乘客的条件下，中途有 3 个人下车的概率.

17. 在第一个箱中有 10 个球，其中 8 个是白的；在第二个箱中有 20 个球，其中 4 个是白的. 现从每个箱中任取一球，然后从这两球中任取一球，取到白球的概率为多少？

§3 一维随机变量

内 容 提 要

1. 随机变量

定义 1.11 在条件 S 下，随机试验的每一个可能的结果 ω 都用一个实数 $X=X(\omega)$ 来表示，且实数 X 满足

(1) X 是由 ω 惟一确定；

(2) X 的取值是随机的；

(3) 对于任意给定的实数 x，事件 $\{X\leqslant x\}$ 都是有概率的，

则称 X 为**随机变量**.

2. 概率分布

离散型随机变量 X 的取值是可以一一列举出来的(数学上称为至多可数个). 设 X 取值是 $x_1,x_2,\cdots,x_n,\cdots$,记概率

$$p_k = P\{X = x_k\} \quad (k = 1,2,3,\cdots,n,\cdots),$$

并称之为离散型随机变量 X 的**概率分布(律)**,将 X 的取值及相应的概率列成下表:

X	x_1	x_2	x_3	$\cdots$	x_k	$\cdots$
$P\{X=x_k\}$	p_1	p_2	p_3	$\cdots$	p_k	$\cdots$

此表称为离散型随机变量 X 的**概率分布表**.

由概率的性质不难看出离散型随机变量 X 取值的概率 $p_k(k=1,2,\cdots,n,\cdots)$满足

(1) $p_k \geqslant 0 \quad (k=1,2,\cdots,n,\cdots)$;

(2) $\sum\limits_k p_k=1$.

3. 常见的离散型随机变量的分布

3.1 两点分布

设离散型随机变量 X 的分布为

$$P\{X = 1\} = p \quad (0 < p < 1),$$
$$P\{X = 0\} = 1 - p,$$

则称 X 服从**两点分布**,记为 $X \sim B(1,p)$,其中 p 为参数.

3.2 二项分布

设离散型随机变量 X 的分布为

$$P\{X = k\} = \mathrm{C}_n^k p^k q^{n-k}$$
$$(k = 0,1,2,\cdots,n;\ 0 < p < 1; q = 1 - p),$$

则称 X 服从**二项分布**,记为 $X \sim B(n,p)$,其中 n,p 为参数.

3.3 几何分布

设离散型随机变量 X 的分布为

$$P\{X = k\} = q^{k-1}p$$

$$(k=1,2,\cdots,n,\cdots;0<p<1;q=1-p),$$

则称 X 服从**几何分布**,记为 $X\sim G(p)$,其中 p 为参数.

3.4 泊松(Poisson)分布

设离散型随机变量 X 的分布为

$$P\{X=k\}=\frac{\lambda^k}{k!}\mathrm{e}^{-\lambda}$$

$$(k=0,1,2,\cdots,n,\cdots;\lambda>0),$$

则称 X 服从**泊松分布**,记为 $X\sim P(\lambda)$,其中 λ 为参数.

4. 概率密度

定义 1.12 对于随机变量 X,如果存在非负可积函数

$$p(x)\quad(-\infty<x<+\infty),$$

使得对于任意 $a,b(a<b)$都有

$$P\{a<X<b\}=\int_a^b p(x)\mathrm{d}x,$$

则称 X 为**连续型随机变量**,且称 $p(x)$为 X 的**概率密度函数**(简称**概率密度**).

由随机变量的定义可以推知:

$$\int_{-\infty}^{+\infty}p(x)\mathrm{d}x=P\{-\infty<X<+\infty\}=P(U)=1.$$

5. 常见的连续型随机变量的分布

5.1 均匀分布

设连续型随机变量 X 的概率密度函数为

$$p(x)=\begin{cases}\dfrac{1}{b-a}, & a\leqslant x\leqslant b,\\ 0, & \text{其他},\end{cases}$$

则称 X 服从**均匀分布**,记为 $X\sim U(a,b)$,其中 a,b 为参数.

5.2 指数分布

设连续型随机变量 X 的概率密度函数为

$$p(x)=\begin{cases}\lambda\mathrm{e}^{-\lambda x}, & x\geqslant 0,\\ 0, & x<0\end{cases}\quad(\lambda>0),$$

则称 X 服从**指数分布**,记为 $X\sim \mathrm{e}(\lambda)$(或 $X\sim\Gamma(1,\lambda)$),其中 λ 为参

数.

5.3 正态分布

设连续型随机变量 X 的概率密度函数为

$$p(x)=\frac{1}{\sqrt{2\pi}\sigma}\mathrm{e}^{-\frac{(x-\mu)^2}{2\sigma^2}}\quad(-\infty<x<+\infty,\sigma>0),$$

则称 X 服从**正态分布**,记为 $X\sim N(\mu,\sigma^2)$,其中 μ,σ 为参数.

特别地,称 $\mu=0,\sigma=1$ 的正态分布为**标准正态分布**,记为 $N(0,1)$.

6. 分布函数

定义 1.13 设 X 为一随机变量,x 是任意实数,称函数

$$F(x)=P\{X\leqslant x\}\quad(-\infty<x<+\infty)$$

为 X 的**分布函数**.

分布函数是一个以全体实数为其定义域,以事件

$$\{\omega|-\infty<X(\omega)\leqslant x\}$$

的概率为函数值的一个实值函数.分布函数 $F(x)$ 具有以下的基本性质:

(1) $0\leqslant F(x)\leqslant 1$;

(2) $F(x)$ 是非减函数;

(3) $F(x)$ 是右连续的;

(4) $\lim\limits_{x\to-\infty}F(x)=0$, $\lim\limits_{x\to+\infty}F(x)=1$.

7. 随机变量函数的分布

设一元函数 $y=f(x)$.如果随机变量 X 的取值为 x 时,随机变量 Y 的取值必定为 $y=f(x)$,则称 Y 是一维随机变量 X 的函数,记作 $Y=f(X)$.

8. 有关事件概率的计算

8.1 公式法

(1) 对于实数集 $\mathbf{R}$ 中任一个区间 D,都有

$$P\{X\in D\}=\begin{cases}\sum\limits_{x_i\in D}P\{X=x_i\}, & X\text{ 为离散型随机变量},\\ \int_D p(x)\mathrm{d}x, & X\text{ 为连续型随机变量},\end{cases}$$

其中 $p(x)$ 为连续型随机变量 X 的概率密度；

(2) 对于实数集 $\mathbf{R}$ 中的任一个区间 $[a,b]$，都有

$$P\{a < X \leqslant b\} = F(b) - F(a),$$

其中 $F(x)$ 为随机变量 X 的分布函数.

8.2 查表法(正态分布数值表)

对于服从正态分布的随机变量在任一区间 $[\alpha,\beta]$ 上取值的概率，我们可以通过查正态分布分位数表(附表 1)得到.

(1) 当 X 服从标准正态分布时，有

$$P\{\alpha \leqslant X \leqslant \beta\} = \Phi(\beta) - \Phi(\alpha),$$

其中

$$\Phi(x) = \int_{-\infty}^{x} \frac{1}{\sqrt{2\pi}} e^{-\frac{t^2}{2}} dt \quad (x \geqslant 0).$$

(2) 当 X 服从一般正态分布时，有

$$P\{\alpha \leqslant X \leqslant \beta\} = \Phi\left(\frac{\beta - \mu}{\sigma}\right) - \Phi\left(\frac{\alpha - \mu}{\sigma}\right).$$

9. 随机变量函数分布的求法

9.1 离散型随机变量函数分布的求法

设 X 是离散型随机变量，其概率分布为

X	x_1	x_2	$\cdots$	x_n	$\cdots$
$P\{X=x_i\}$	p_1	p_2	$\cdots$	p_n	$\cdots$

记 $y_i=f(x_i)(i=1,2,\cdots)$. 如果 $f(x_i)$ 的值全都不相等，那么 Y 的概率分布为

Y	y_1	y_2	$\cdots$	y_n	$\cdots$
$P\{Y=y_i\}$	p_1	p_2	$\cdots$	p_n	$\cdots$

但是，如果 $f(x_i)$ 的值中有相等的，那么就把那些相等的值分别合并，并根据概率加法公式把相应的概率相加，便得到 Y 的分布.

9.2 连续型随机变量函数分布的求法

(1) 定义法：

设 X 是连续型随机变量,其概率密度为 $p(x)$. 对于给定的一个其导函数是连续的函数 $f(x)$,我们用分布函数的定义导出 $Y=f(X)$的分布.

为了讨论方便,对于 X 有正概率密度的区间上的一切 x,令

$$\alpha = \min_x \{f(x)\}, \quad \beta = \max_x \{f(x)\}.$$

于是,对于 $\alpha>-\infty$, $\beta<+\infty$情形,有:

当 $y<\alpha$ 时,$\{f(X)\leqslant y\}$是一个不可能事件,故 $F(y)=P\{f(X)\leqslant y\}=0$;而当 $y\geqslant\beta$ 时,$\{f(X)\leqslant y\}$是一个必然事件,故 $F(y)=P\{f(X)\leqslant y\}=1$. 这样,我们可设 Y 的分布函数为

$$F(y) = \begin{cases} 0, & y \leqslant \alpha, \\ *, & \alpha < y < \beta, \\ 1, & y \geqslant \beta. \end{cases}$$

对于 $\alpha=-\infty$或 $\beta=+\infty$的情形,只要去掉相应区间上 $F(y)$的表达式即可. 这里我们只需讨论 $\alpha<y<\beta$ 的情形,根据分布函数的定义有

$$\begin{aligned} * &= P\{Y \leqslant y\} = P\{f(X) \leqslant y\} \\ &= P\{X \in D_y\} = \int_{D_y} p(x)\mathrm{d}x, \end{aligned}$$

其中 $D_y=\{x\,|\,f(x)\leqslant y\}$,即 D_y 是由满足 $f(x)\leqslant y$ 的所有 x 组成的集合,它可由 y 的值及 $f(x)$的函数形式解出. 根据 $p(y)=F'(y)$,并考虑到常数的导数为 0,于是 Y 的概率密度为

$$p(y) = \begin{cases} \left[\int_{D_y} p(x)\mathrm{d}x\right]_y', & \alpha < y < \beta, \\ 0, & \text{其他}. \end{cases}$$

(2) 公式法:

利用上述方法可以推出,当函数 $y=f(x)$为单调函数时,随机变量 Y 的概率密度可由下面的公式得到:

$$p(y) = \begin{cases} p_X(f^{-1}(y)) \cdot |(f^{-1}(y))'|, & \alpha < y < \beta, \\ 0, & \text{其他}, \end{cases}$$

其中 $f^{-1}(y)$为 $f(x)$的反函数,$p_X(x)$为随机变量 X 的概率密度.

典型例题分析

例 1 一个口袋中装有 5 个乒乓球，其中 2 个是旧的，3 个是新的. 从中任取 2 个，求取到的新球个数 X 的概率分布与分布函数，并计算 $P\{0<X\leqslant 2\}$.

解 X 为一离散型随机变量，其所有可能取值为 0,1,2，且 X 的概率分布为

$$P\{X=k\}=\frac{C_3^k C_2^{2-k}}{C_5^2} \quad (k=0,1,2).$$

于是 X 的分布函数为

$$\begin{aligned} F(x)=P\{X\leqslant x\}&=\sum_{k\leqslant x} p_k \\ &=\begin{cases} 0, & x<0, \\ 0+0.1, & 0\leqslant x<1, \\ 0+0.1+0.6, & 1\leqslant x<2, \\ 0+0.1+0.6+0.3, & x\geqslant 2, \end{cases} \end{aligned}$$

即
$$F(x)=\begin{cases} 0, & x<0, \\ 0.1, & 0\leqslant x<1, \\ 0.7, & 1\leqslant x<2, \\ 1, & x\geqslant 2. \end{cases}$$

计算 $P\{0<X\leqslant 2\}$ 有两种方法，其一可以根据 X 的分布律来计算：

$$P\{0<X\leqslant 2\}=P\{X=1\}+P\{X=2\}=0.9;$$

其二，也可以根据 X 的分布函数计算：

$$P\{0<X\leqslant 2\}=F(2)-F(0)=1-0.1=0.9.$$

注意 离散型随机变量的分布函数都是分段函数，其分段点一般选择为它的正概率点. 在利用分布函数计算其概率时，我们要求区域 D 都必需是左开右闭的区间，即

$$P\{a<X\leqslant b\}=F(b)-F(a).$$

例 2 设随机变量 X 的概率密度为

$$p(x)=\begin{cases} Ax+1, & 0\leqslant x<2, \\ 0, & \text{其他}, \end{cases}$$

求：(1) A 值；

(2) X 的分布函数 $F(x)$；

(3) $P\{1.5<X<2.5\}$.

解 (1) 由于

$$\int_{-\infty}^{+\infty} p(x)\mathrm{d}x = \int_0^2 (Ax+1)\mathrm{d}x = 2A+2=1,$$

因此 $A=-\dfrac{1}{2}$.

(2) 根据 $F(x)=\int_{-\infty}^{x} p(t)\mathrm{d}t$，我们有

当 $x<0$ 时，$F(x)=\int_{-\infty}^{x} 0\mathrm{d}t$；

当 $0\leqslant x<2$ 时，

$$F(x)=\int_{-\infty}^{0} 0\mathrm{d}t+\int_0^x\left(-\frac{1}{2}t+1\right)\mathrm{d}t$$
$$=-\frac{1}{4}x^2+x;$$

当 $x\geqslant 2$ 时，

$$F(x)=\int_{-\infty}^{0} 0\mathrm{d}t+\int_0^2\left(-\frac{1}{2}t+1\right)\mathrm{d}t+\int_2^x 0\mathrm{d}t$$
$$=\left[-\frac{1}{4}t^2+t\right]\Big|_0^2=1.$$

因此

$$F(x)=\begin{cases}0, & x<0,\\ -\dfrac{1}{4}x^2+x, & 0\leqslant x<2,\\ 1, & x\geqslant 2.\end{cases}$$

(3) $P\{1.5<X<2.5\}=\int_{1.5}^{2}\left(-\dfrac{1}{2}x+1\right)\mathrm{d}x=0.0625.$

或用分布函数计算：

$$\begin{aligned}P\{1.5<X<2.5\}&=P\{1.5<X\leqslant 2.5\}\\&=F(2.5)-F(1.5)\\&=1-\left(-\frac{1}{4}\times 1.5^2+1.5\right)\\&=0.0625.\end{aligned}$$

注意 连续型随机变量的分布函数都是连续的，并且在正概率密度区间内它都是严格单调增函数. 在利用分布函数计算其概率时，对区间的开、闭没有要求，因为连续型随机变量在一点的概率为零. 即

$$
\begin{aligned}
P\{a \leqslant X \leqslant b\} &= P\{a < X \leqslant b\} = P\{a \leqslant X < b\} \\
&= P\{a < X < b\} = F(b) - F(a).
\end{aligned}
$$

例 3 设随机变量 $X \sim N(1,4)$，求：

(1) $P\{X > -3\}$； (2) $P\{|X-1| < 2\}$.

解 由于 $X \sim N(1,4)$，故 $Y = \dfrac{X-1}{2} \sim N(0,1)$，从而

$$
\begin{aligned}
\text{(1) } P\{X > -3\} &= 1 - P\{X \leqslant -3\} = 1 - P\left\{\frac{X-1}{2} \leqslant \frac{-3-1}{2}\right\} \\
&= 1 - \Phi(-2) = \Phi(2) = 0.9772;
\end{aligned}
$$

$$
\begin{aligned}
\text{(2) } P\{|X-1| < 2\} &= P\{-2 < X-1 < 2\} \\
&= P\left\{-1 < \frac{X-1}{2} < 1\right\} = \Phi(1) - \Phi(-1) \\
&= 2\Phi(1) - 1 = 2 \times 0.8413 - 1 = 0.6826.
\end{aligned}
$$

例 4 乘汽车从某市的一所大学到火车站，有两条路线可走，第一条路线路程较短，但交通拥挤，所需时间(单位：min)服从正态分布 $N(50,10^2)$；第二条路线路程较长，但阻塞较少，所需时间服从正态分布 $N(60,4^2)$. 问：如有 65 min 可利用，应走哪一条路线？

解 设 X 为行车时间，如有 65 min 可利用，走第一条路线，$X \sim N(50,10^2)$，及时赶到的概率为

$$
P\{X \leqslant 65\} = \Phi\left(\frac{65-50}{10}\right) = \Phi(1.5) = 0.9332.
$$

走第二条路线，$X \sim N(60,4^2)$，及时赶到的概率为

$$
P\{X \leqslant 65\} = \Phi\left(\frac{65-60}{4}\right) = \Phi(1.25) = 0.8944.
$$

显然，应走概率大的第一条路线.

例 5 设随机变量 $X \sim U(0,5)$，求方程 $4x^2 + 4Xx + X + 2 = 0$ 有实根的概率.

解 因为 X 在 $(0,5)$ 上服从均匀分布，故 X 的概率密度为

$$p(x)=\begin{cases}\dfrac{1}{5}, & 0\leqslant x\leqslant 5,\\ 0, & \text{其他}.\end{cases}$$

方程 $4x^2+4Xx+X+2=0$ 有实根的条件是:

$$\Delta=16X^2-16(X+2)\geqslant 0,$$

即

$$(X+1)(X-2)\geqslant 0.$$

解得 $X\leqslant -1$ 或 $X\geqslant 2$. 舍去 $X\leqslant -1$,最后得 $2\leqslant X\leqslant 5$. 因此,所求概率为

$$P\{2\leqslant X\leqslant 5\}=\int_2^5\frac{1}{5}\mathrm{d}x=\frac{3}{5}.$$

例 6 设随机变量 X 的概率分布如下:

X	-2	-1	0	1	2	3
$P\{X=x_i\}$	$\frac{1}{12}$	$\frac{1}{4}$	$\frac{1}{3}$	$\frac{1}{12}$	$\frac{1}{6}$	$\frac{1}{12}$

求随机变量 $Y=X^2-1$ 的分布.

解 由于 $Y=X^2-1$,X 取 $-2,2,-1,1$ 时,Y 的正概率点为 3 与 0,因此,我们有

$$P\{Y=3\}=P\{X=-2\}+P\{X=2\}=\frac{1}{4},$$

$$P\{Y=0\}=P\{X=-1\}+P\{X=1\}=\frac{1}{3},$$

并且

$$P\{Y=-1\}=P\{X=0\}=\frac{1}{3},$$

$$P\{Y=8\}=P\{X=3\}=\frac{1}{12},$$

因此 Y 的分布为

Y	-1	0	3	8
$P\{Y=y_i\}$	$\frac{1}{3}$	$\frac{1}{3}$	$\frac{1}{4}$	$\frac{1}{12}$

例 7 设随机变量 X 的概率密度为

$$p_1(x)=\begin{cases}2x, & 0<x<1,\\ 0, & \text{其他},\end{cases}$$

求 $Y=3X+1$ 的概率密度 $p_2(y)$.

解法 1 由于 $\alpha=1,\beta=4$,因此当 $1<y<4$ 时,

$$F_Y(y)=P\{Y\leqslant y\}=P\{3X+1\leqslant y\}=P\left\{X\leqslant\frac{y-1}{3}\right\}$$

$$=\int_{-\infty}^{\frac{y-1}{3}}p_1(x)\mathrm{d}x=\int_0^{\frac{y-1}{3}}2x\mathrm{d}x=\left(\frac{y-1}{3}\right)^2,$$

于是此时

$$p_2(y)=F_Y'(y)=\frac{2(y-1)}{9}.$$

故
$$p_2(y)=\begin{cases}\dfrac{2(y-1)}{9}, & 1<y<4,\\ 0, & \text{其他}.\end{cases}$$

解法 2 考虑到 $y=f(x)=3x+1$ 在 $(-\infty,+\infty)$ 内单调增加,所以可以直接用公式计算 $p_2(y)$. 为此求得 $y=3x+1$ 的反函数 $f^{-1}(y)=\dfrac{y-1}{3}$ 及 $[f^{-1}(y)]_y'=\dfrac{1}{3}$, $\alpha=\min\{1,4\}=1$, $\beta=\max\{1,4\}=4$. 所以

$$p_2(y)=\begin{cases}2\left(\dfrac{y-1}{3}\right)\left|\dfrac{1}{3}\right|, & 1<y<4,\\ 0, & \text{其他}\end{cases}$$

$$=\begin{cases}\dfrac{2(y-1)}{9}, & 1<y<4,\\ 0, & \text{其他}.\end{cases}$$

习　题　1.3

1. 离散型随机变量 X 的分布为

X	-1	0	1	2
$P\{X=x_i\}$	c	$2c$	$3c$	$4c$

则 $c=$______.

2. 某楼有供水龙头 5 个,调查表明每一龙头被打开的可能为 $\frac{1}{10}$. 令 X 表示同时被打开的龙头的个数,则 $P\{X=3\}=$______.

3. 事件 A 在一次试验中出现的概率为 $\frac{1}{3}$,在 4 次独立试验中事件 A 发生 4 次的概率为______.

4. 某一大批产品中有一半是一级品,从中任取 5 个,其中一级品的数目不少于 4 个的概率为______.

5. 设某批电子元件的正品率为 $\frac{4}{5}$,次品率为 $\frac{1}{5}$. 现对这批元件进行测试,只要测得一个正品就停止测试工作,则测试次数的概率分布为______.

6. 设连续型随机变量 X 的概率密度为

$$p(x)=\begin{cases}Cx^2, & 0\leqslant x\leqslant 1,\\ 0, & \text{其他},\end{cases}$$

则 $C=$______.

7. 设随机变量 X 的概率密度为

$$p(x)=\begin{cases}\dfrac{C}{1+x^2}, & 0\leqslant x\leqslant 1,\\ 0, & \text{其他},\end{cases}$$

则 $C=$______.

8. 设随机变量 X 服从区间 $[1,5]$ 上的均匀分布,则当 $x_1<1<x_2<5$ 时,$P\{x_1\leqslant X\leqslant x_2\}=$______.

9. 设随机变量 $X\sim N(0,1)$,$\Phi(x)$ 表示 X 的分布函数,则 $P\{-1<X<0\}=$______.

10. 若随机变量 $X\sim N(\mu,\sigma^2)$,则 $P\{|X-\mu|\leqslant 3\sigma\}=$______.

11. 设随机变量 X 服从正态分布 $N(3,4)$,则 $P\{2<X\leqslant 5\}=$______,$P\{-2<X\leqslant 7\}=$______. 若 $P\{X>c\}=P\{X\leqslant c\}$,则 $c=$______.

12. 设某批电子元件的寿命 X 服从正态分布 $N(\mu,\sigma^2)$. 若 $\mu=160$,欲求 $P\{120<X\leqslant 200\}=0.8$,允许 σ 最大为______.

13. 设5件产品中有正品2件、废品3件.从中任取3件,用X表示取出3件中的正品件数,求:

(1) X的概率分布;

(2) X的分布函数,并画出其图形;

(3) $P\{0<X\leqslant 2\}$.

14. 已知袋中有5个红球,3个白球.现有放回地每次取一球,直到取得红球为止.设用X表示抽取次数,求X的分布律,并计算$P\{1<X\leqslant 3\}$.

15. 设连续型随机变量X的概率密度为

$$p(x)=\begin{cases}Ce^x, & x<0,\\ \dfrac{1}{4}, & 0\leqslant x<2,\\ 0, & x\geqslant 2.\end{cases}$$

求:(1) 系数C;

(2) X的分布函数;

(3) $P\{X\leqslant 1\}$,$P\{1<X<2\}$.

16. 设连续型随机变量X的分布函数为

$$F(x)=\begin{cases}0, & x\leqslant 0,\\ Ax^3, & 0<x<2,\\ 1, & x\geqslant 2.\end{cases}$$

求:(1) 系数A;

(2) $P\{0<X<1\}$, $P\{1.5<X\leqslant 2\}$, $P\{2\leqslant X\leqslant 3\}$;

(3) 概率密度$p(x)$.

17. 设随机变量X的概率分布为

X	-2	-1	0	1
$P\{X=x_i\}$	$\frac{1}{4}$	$\frac{1}{3}$	$\frac{1}{12}$	$\frac{1}{3}$

求下列随机变量函数的概率分布:

(1) $Y_1=X^2-1$;　　(2) $Y_2=3-\dfrac{1}{2}X$.

18. 设随机变量X的分布为

X	0	$\frac{\pi}{2}$	π	$\frac{3\pi}{2}$	2π
$P\{X=x_i\}$	0.1	0.3	0.2	0.3	0.1

求下列随机变量函数的概率分布：

(1) $Y_1=\sin X$；　(2) $Y_2=2\cos X$.

19. 设随机变量 X 的概率密度为

$$p_1(x)=\begin{cases}2x, & 0<x<1,\\ 0, & 其他,\end{cases}$$

求 $Y=\mathrm{e}^{-X}$的概率密度 $p_2(y)$.

20. 设随机变量 X 的概率密度为

$$p_1(x)=\begin{cases}\dfrac{2}{\pi(x^2+1)}, & x>0,\\ 0, & x\leqslant 0,\end{cases}$$

求 $Y=2X^3$ 的概率密度 $p_2(y)$.

§4　随机向量及其分布

内 容 提 要

1. n 维随机向量

我们把 n 个随机变量 $X_1,X_2,\cdots,X_n$ 作为一个整体来考察称为一个 **n 维随机向量**,记为 $\xi=(X_1,X_2,\cdots,X_n)$,其中 X_i 称为 ξ 的第 i 个分量. 在这里,我们主要讨论二维随机向量及其分布.

2. 二维离散型随机向量

定义 1.14　如果二维随机向量 $\xi=(X,Y)$的所有可能取值为至多可列个有序对(x,y)时,则称 ξ 为**二维离散型随机向量**.

设 $\xi=(X,Y)$的所有可能取值为$(x_i,y_j)(i,j=1,2,\cdots)$,且事件$\{\xi=(x_i,y_j)\}$的概率为 p_{ij},称

$$P\{(X,Y)=(x_i,y_i)\}=p_{ij}\quad(i,j=1,2,\cdots)$$

为 $\xi=(X,Y)$的**分布**或 X 和 Y 的**联合分布**. 联合分布有时也用下面的概率分布表来表示：

Y \ X	y_1	y_2	$\cdots$	y_j	$\cdots$
x_1	p_{11}	p_{12}	$\cdots$	p_{1j}	$\cdots$
x_2	p_{21}	p_{22}	$\cdots$	p_{2j}	$\cdots$
$\vdots$	$\vdots$	$\vdots$		$\vdots$	
x_i	p_{i1}	p_{i2}	$\cdots$	p_{ij}	$\cdots$
$\vdots$	$\vdots$	$\vdots$	$\vdots$	$\vdots$	$\vdots$

上述 p_{ij} 具有下面两个性质：

(1) $p_{ij} \geqslant 0 \quad (i, j = 1, 2, \cdots)$；

(2) $\sum_i \sum_j p_{ij} = 1$.

3. 二维连续型随机向量

定义 1.15 对于二维随机向量 $\xi = (X, Y)$，如果存在非负函数

$$p(x, y) \quad (-\infty < x < +\infty, -\infty < y < +\infty),$$

使对任意一个其邻边分别平行于坐标轴的矩形区域 D，即 $D = \{(x, y) \mid a < x < b, c < y < d\}$ 有

$$P\{(X, Y) \in D\} = \iint_D p(x, y) \mathrm{d}x \mathrm{d}y,$$

则称 ξ 为**二维连续型随机向量**，并称 $p(x, y)$ 为 $\xi = (X, Y)$ 的**概率密度**或 X 和 Y 的**联合概率密度**.

概率密度 $p(x, y)$ 具有下面两个性质：

(1) $p(x, y) \geqslant 0$；

(2) $\int_{-\infty}^{+\infty} \int_{-\infty}^{+\infty} p(x, y) \mathrm{d}x \mathrm{d}y = 1$.

4. 常见分布

4.1 均匀分布

设二维随机向量 (X, Y) 的概率密度函数为

$$p(x, y) = \begin{cases} \dfrac{1}{S_D}, & (x, y) \in D, \\ 0, & \text{其他}, \end{cases}$$

其中 S_D 为区域 D 的面积，则称 (X, Y) 在 D 上服从**均匀分布**，记为 $(X, Y) \sim U(D)$.

4.2 正态分布

设二维随机变量(X,Y)的概率密度函数为

$$p(x,y)=\frac{1}{2\pi\sigma_1\sigma_2\sqrt{1-\rho^2}}\mathrm{e}^{-\frac{1}{2(1-\rho)^2}\left[\left(\frac{x-\mu_1}{\sigma_1}\right)^2-\frac{2\rho(x-\mu_1)(y-\mu_2)}{\sigma_1\sigma_2}+\left(\frac{y-\mu_2}{\sigma_2}\right)^2\right]},$$

其中 $\mu_1,\mu_2,\sigma_1>0,\sigma_2>0,|\rho|<1$ 是 5 个参数,则称(X,Y)服从**二维正态分布**,记为$(X,Y)\sim N(\mu_1,\mu_2,\sigma_1^2,\sigma_2^2,\rho)$.

5. 边缘分布

定义 1.16 对于二维随机向量(X,Y),称其分量 X(或 Y)的概率密度函数 $p_X(x)$(或 $p_Y(y)$)为(X,Y)的关于 X(或 Y)的**边缘概率密度函数**,简记为 $p_1(x)$ (或 $p_2(y)$).

当(X,Y)的联合概率密度 $p(x,y)$已知时,由下面的公式容易求出 X 和 Y 的边缘概率密度 $p_1(x),p_2(y)$:

$$p_1(x)=\int_{-\infty}^{+\infty}p(x,y)\mathrm{d}y,\quad p_2(y)=\int_{-\infty}^{+\infty}p(x,y)\mathrm{d}x.$$

6. 随机变量的独立性

定义 1.17 设 X,Y 是两个随机变量.如果对于任意的 $a<b$,$c<d$,事件$\{a<X<b\}$与$\{c<Y<d\}$相互独立,则称随机变量 X 与 Y 是**相互独立**的.

可以证明,当 X,Y 的概率密度分别是 $p(x),p(y)$时,则 X 与 Y 相互独立的**充要条件**是:二元函数 $p_1(x)p_2(y)$为二维随机向量(X,Y)的联合概率密度 $p(x,y)$,即

$$p(x,y)=p_1(x)p_2(y).$$

7. 二维随机变量的函数的分布

设 $z=f(x,y)$是定义在随机向量(X,Y)的一切可能取值(x,y)的集合上的函数.如果对于(X,Y)的每一对可能取值(x,y),另一随机变量 Z 相应地取值为 $z=f(x,y)$,则称 Z 是(X,Y)的函数,记作 $Z=f(X,Y)$.

注意 二维随机向量(X,Y)的函数 $Z=f(X,Y)$是一维随机变量.

7.1 二维离散型随机向量函数的分布

设(X,Y)是二维离散型随机向量,其联合分布为

$$P\{X=x_i,Y=y_j\}=p_{ij}\quad(i=1,2,\cdots;j=1,2,\cdots).$$

如果二元函数$z=f(x,y)$对于不同的(x_i,y_j)有不同的函数值,则二维随机向量(X,Y)的函数$Z=f(X,Y)$的分布为

$$P\{Z=z_k=f(x_i,y_j)\}=p_k=p_{ij}$$
$$(i=1,2,\cdots;j=1,2,\cdots;k=1,2,\cdots);$$

如果对于不同的(x_i,y_j),$z=f(x,y)$有相同的值,则Z取这些相同值的概率要进行合并.

7.2 二维连续型随机向量函数的分布

设(X,Y)是二维连续型随机向量,其联合概率密度为$p(x,y)$,则二维随机向量(X,Y)的函数$Z=f(X,Y)$是一维连续型随机变量,它的分布函数是

$$F_3(z)=P\{Z\leqslant z\}=\iint\limits_{f(x,y)\leqslant z}p(x,y)\mathrm{d}x\mathrm{d}y,$$

概率密度是 $$f_3(z)=F_3'(z).$$

定理 1.4 当(X,Y)为二维离散型的随机向量时,X与Y相互独立的充分必要条件是

$$P\{X=x_i,Y=y_i\}=P\{X=x_i\}\cdot P\{Y=y_i\},$$

即$p_{ij}=p_{i\cdot}\,p_{\cdot j}$对一切$i,j=1,2,\cdots$成立.

定理 1.5 当(X,Y)为二维连续型随机向量时,X与Y相互独立的充分必要条件是它的联合概率密度等于边缘概率密度的积,即

$$p(x,y)=p_X(x)p_Y(y)\quad(\text{至少在一切连续点处}).$$

一般地,由X与Y的边缘分布不能惟一确定它们的联合分布.但是,当X与Y相互独立时,由X与Y的边缘分布惟一地确定了X与Y的联合分布.

定理 1.6 如果(X,Y)服从二维正态分布$N(\mu_1,\mu_2,\sigma_1^2,\sigma_2^2,\rho)$,则$X$与$Y$相互独立的充分必要条件是$\rho=0$.

典型例题分析

例 1 设二维随机向量(X,Y)的联合分布如下:

X \ Y	−1	0	1	2
1	$\frac{1}{4}$	0	0	0
2	$\frac{1}{8}$	$\frac{1}{8}$	0	0
3	$\frac{1}{12}$	$\frac{1}{12}$	$\frac{1}{12}$	0
4	$\frac{1}{16}$	$\frac{1}{16}$	$\frac{1}{16}$	$\frac{1}{16}$

求(X,Y)关于X,Y的边缘分布律.

解 由边缘分布的定义可知,将已知表中各行的数加在一起就得到(X,Y)关于X的边缘分布;将已知表中各列的数加在一起就得到(X,Y)关于Y的边缘分布. 于是,

关于X的边缘分布为

X	1	2	3	4
$p_{i\cdot}$	$\frac{1}{4}$	$\frac{1}{4}$	$\frac{1}{4}$	$\frac{1}{4}$

关于Y的边缘分布为

Y	−1	0	1	2
$p_{\cdot j}$	$\frac{25}{48}$	$\frac{13}{48}$	$\frac{7}{48}$	$\frac{3}{48}$

例 2 设二维随机向量(X,Y)的联合概率密度为

$$p(x,y)=\begin{cases}Ce^{-(3x+4y)}, & x\geqslant 0,\ y\geqslant 0,\\ 0, & \text{其他},\end{cases}$$

试求:(1) 常数C;

(2) $P\{0<X<1,0<Y<2\}$;

(3) X与Y的边缘概率密度$p_1(x),p_2(y)$.

解 (1) 由 $p(x,y)$的性质,有

$$1=\int_{-\infty}^{+\infty}\int_{-\infty}^{+\infty}p(x,y)\mathrm{d}x\mathrm{d}y=\int_{0}^{+\infty}\int_{0}^{+\infty}C\mathrm{e}^{-(3x+4y)}\mathrm{d}x\mathrm{d}y$$

$$=C\int_{0}^{+\infty}\mathrm{e}^{-3x}\mathrm{d}x\cdot\int_{0}^{+\infty}\mathrm{e}^{-4y}\mathrm{d}y=\frac{1}{12}C,$$

即 $C=12$.

(2) 令 $D=\{(x,y)\,|\,0<x<1,0<y<2\}$,有

$$P\{0<X<1,0<Y<2\}=P\{(X,Y)\in D\}$$

$$=\iint_{D}p(x,y)\mathrm{d}x\mathrm{d}y=\iint_{D}12\mathrm{e}^{-(3x+4y)}\mathrm{d}x\mathrm{d}y$$

$$=12\int_{0}^{1}\mathrm{e}^{-3x}\mathrm{d}x\int_{0}^{2}\mathrm{e}^{-4y}\mathrm{d}y=(1-\mathrm{e}^{-3})(1-\mathrm{e}^{-8}).$$

(3) 先求 X 的边缘概率密度:

当 $x<0$ 时, $p(x,y)=0$,于是

$$p_1(x)=\int_{-\infty}^{+\infty}p(x,y)\mathrm{d}y=0;$$

当 $x\geqslant 0$ 时,只有 $y\geqslant 0$ 时, $p(x,y)=12\mathrm{e}^{-(3x+4y)}$,于是

$$p_1(x)=\int_{0}^{+\infty}12\mathrm{e}^{-(3x+4y)}\mathrm{d}y=3\mathrm{e}^{-3x}.$$

因此
$$p_1(x)=\begin{cases}3\mathrm{e}^{-3x}, & x\geqslant 0,\\ 0, & x<0.\end{cases}$$

同理
$$p_2(y)=\begin{cases}4\mathrm{e}^{-4y}, & y\geqslant 0,\\ 0, & y<0.\end{cases}$$

例 3 设平面区域 D 是由 $y=\dfrac{1}{x}$ 与直线 $y=0,x=1,x=\mathrm{e}^2$ 所围成(见图 1-1),二维随机向量 $\xi=(X,Y)$ 在 D 上服从均匀分布,求

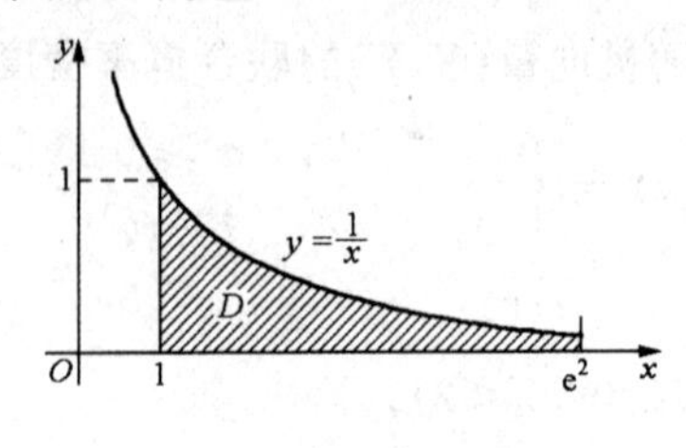

图 1-1

(X,Y)关于 X 的边缘概率密度在 $x=2$ 处的值.

分析 区域 D 的面积为

$$S_D=\int_1^{e^2}\frac{1}{x}dx=\ln x\Big|_1^{e^2}=2.$$

由题设可知, (X,Y)的概率密度为

$$p(x,y)=\begin{cases}\dfrac{1}{S_D}, & (x,y)\in D,\\ 0, & \text{其他}\end{cases}=\begin{cases}\dfrac{1}{2}, & (x,y)\in D,\\ 0, & \text{其他}.\end{cases}$$

于是(X,Y)关于 X 的边缘概率密度为

$$p_X(x)=\int_{-\infty}^{+\infty}p(x,y)dy.$$

当 $x>e^2$ 或 $x<1$ 时,有

$$p_X(x)=0;$$

当 $1\leqslant x\leqslant e^2$ 时,有

$$p_X(x)=\int_{-\infty}^{+\infty}p(x,y)dy=\int_0^{\frac{1}{x}}\frac{1}{2}dy=\frac{1}{2x}.$$

于是
$$p_X(x)=\begin{cases}\dfrac{1}{2x}, & 1\leqslant x\leqslant e^2,\\ 0, & \text{其他},\end{cases}$$

故
$$p_X(2)=\frac{1}{4}.$$

例 4 设随机变量 X 与 Y 相互独立,下表列出了二维随机向量(X,Y)联合分布及关于 X 和 Y 的边缘分布中的部分数值,试将其余数值填入下表中的空白处:

X \ Y	y_1	y_2	y_3	$P\{X=x_i\}=p_{i\cdot}$
x_1		$\frac{1}{8}$		
x_2	$\frac{1}{8}$			
$P\{Y=y_j\}=p_{\cdot j}$	$\frac{1}{6}$			1

分析 应注意到 X 与 Y 相互独立.

解 由于

$$P\{X=x_1,Y=y_1\}=P\{Y=y_1\}-P\{X=x_2,Y=y_1\}=\frac{1}{6}-\frac{1}{8}=\frac{1}{24},$$

而考虑到 X 与 Y 相互独立,有

$$P\{X=x_1\}P\{Y=y_1\}=P\{X=x_1,Y=y_1\},$$

所以

$$P\{X=x_1\}=\frac{\frac{1}{24}}{\frac{1}{6}}=\frac{1}{4}.$$

同理,可以导出其他数值,故(X,Y)的联合分布为

$X \backslash Y$	y_1	y_2	y_3	$P\{X=x_i\}=p_{i\cdot}$
x_1	$\frac{1}{24}$	$\frac{1}{8}$	$\frac{1}{12}$	$\frac{1}{4}$
x_2	$\frac{1}{8}$	$\frac{3}{8}$	$\frac{1}{4}$	$\frac{3}{4}$
$P\{Y=y_j\}=p_{\cdot j}$	$\frac{1}{6}$	$\frac{1}{2}$	$\frac{1}{3}$	1

例 5 设二维随机向量(X,Y)的联合概率密度为

$$p(x,y)=\begin{cases}Axy^2, & 0\leqslant x\leqslant 2,\ 0\leqslant y\leqslant 1,\\ 0, & \text{其他},\end{cases}$$

试求：

(1) 确定常数 A;

(2) 边缘概率密度;

(3) 讨论 X 与 Y 的独立性.

解 (1) 由 $\int_{-\infty}^{+\infty}\int_{-\infty}^{+\infty}p(x,y)\mathrm{d}\sigma=1$,得

$$\int_0^2\mathrm{d}x\int_0^1 Axy^2\mathrm{d}y=1 \Rightarrow A=\frac{3}{2}.$$

(2) 由 $p_1(x)=\int_{-\infty}^{+\infty}p(x,y)\mathrm{d}y$,分情况讨论：

当 $x<0$ 或 $x>2$ 时，有

$$p_1(x)=\int_{-\infty}^{+\infty}0\mathrm{d}y=0;$$

当 $0\leqslant x\leqslant 2$ 时，有

$$p_1(x)=\int_{-\infty}^{+\infty}p(x,y)\mathrm{d}y=\int_0^1\frac{3}{2}xy^2\mathrm{d}y=\frac{x}{2}.$$

所以
$$p_1(x)=\begin{cases}\dfrac{x}{2}, & 0\leqslant x\leqslant 2,\\ 0, & \text{其他}.\end{cases}$$

同理，可求出

$$p_2(y)=\begin{cases}3y^2, & 0\leqslant y\leqslant 1,\\ 0, & \text{其他}.\end{cases}$$

(3) 由于 $p_1(x)\cdot p_2(y)=p(x,y)$，因此 X 与 Y 相互独立.

例 6 设二维随机向量 (X,Y) 的联合分布为

X \ Y	0	1	2
0	$\frac{1}{12}$	$\frac{1}{6}$	$\frac{1}{12}$
1	$\frac{1}{3}$	$\frac{1}{6}$	$\frac{1}{6}$

求 $Z=X+Y$ 的概率分布.

解 $Z=X+Y$ 的正概率点为 0,1,2,3. 因为

$$\{Z=0\}=\{X=0,Y=0\},$$

所以
$$P\{Z=0\}=P\{X=0,Y=0\}=\frac{1}{12}.$$

又因为

$$\{Z=1\}=\{X=0,Y=1\}+\{X=1,Y=0\},$$

所以

$$\begin{aligned}P\{Z=1\}&=P\{X=0,Y=1\}+P\{X=1,Y=0\}\\&=\frac{1}{6}+\frac{1}{3}=\frac{1}{2}.\end{aligned}$$

同理 $P\{Z=2\}=\frac{1}{12}+\frac{1}{6}=\frac{1}{4}$， $P\{Z=3\}=\frac{1}{6}$.

故 Z 的概率分布为

Z	0	1	2	3
$P\{Z=z_k\}$	$\frac{1}{12}$	$\frac{1}{2}$	$\frac{1}{4}$	$\frac{1}{6}$

例 7 设二维随机向量(X,Y)在正方形 $G=\{(x,y):1\leqslant x\leqslant 3,1\leqslant y\leqslant 3\}$上服从均匀分布，试求随机变量 $U=|X-Y|$ 的概率密度 $p(u)$.

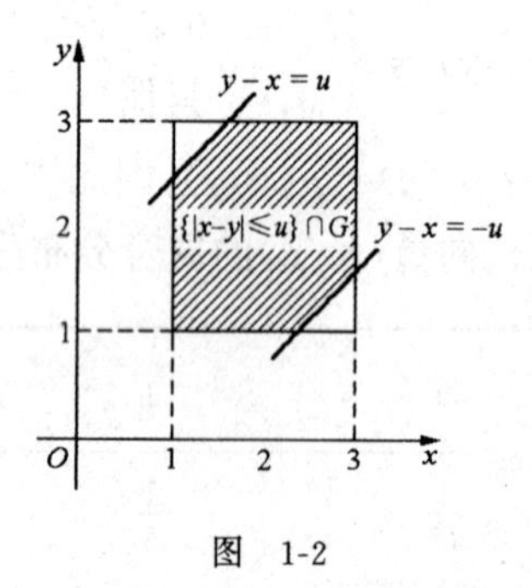

图 1-2

解 由条件知 X 和 Y 的联合概率密度为

$$f(x,y)=\begin{cases}\frac{1}{4}, & 1\leqslant x\leqslant 3,1\leqslant y\leqslant 3,\\ 0, & \text{其他},\end{cases}$$

随机变量 U 的分布函数为 $F(u)=P\{U\leqslant u\}(-\infty<u<\infty)$. 显然，当 $u\leqslant 0$ 时，$F(u)=0$；当 $u\geqslant 2$ 时，$F(u)=1$；当 $0<u<2$ 时，有

$$F(u)=\iint\limits_{|x-y|\leqslant u}f(x,y)\mathrm{d}x\mathrm{d}y=\iint\limits_{\{|x-y|\leqslant u\}\cap G}\frac{1}{4}\mathrm{d}x\mathrm{d}y$$

$$=\frac{1}{4}[4-(2-u)^2]=1-\frac{1}{4}(2-u)^2,$$

其中$\{|x-y|\leqslant u\}\cap G$ 为图 1-2 的斜线部分. 于是，随机变量 U 的概率密度为

$$p(u)=\begin{cases}\frac{1}{2}(2-u), & 0<u<2,\\ 0, & \text{其他}.\end{cases}$$

习　题　1.4

1. 已知 8 件产品中有 5 件一等品，2 件二等品，1 件三等品. 从中任取 4 件，并设 X 为 4 件产品中的一等品件数，Y 为 4 件产品中的二等品件数.

(1) 求二维随机向量(X,Y)的联合分布；

(2) 求关于 X,Y 的边缘分布；

(3) 讨论 X 与 Y 是否独立.

2. 设二维随机向量(X,Y)的联合概率密度为

$$p(x,y)=\begin{cases}x^2+kxy, & 0\leqslant x\leqslant 1,\ 0\leqslant y\leqslant 2,\\ 0, & \text{其他}.\end{cases}$$

求：(1) 常数 k；

(2) (X,Y)关于 X,Y 的边缘概率密度；

(3) $P\{X+Y>1\}$；

(4) 讨论 X 与 Y 的独立性.

3. 设二维随机向量(X,Y)在区域 D 上服从均匀分布，其中

$$D=\{(x,y)\,\big|\,|x+y|\leqslant 1,|x-y|\leqslant 1\},$$

求关于 X 的边缘概率密度 $p_X(x)$.

4. 如果二维随机向量(X,Y)的所有可能取值为$(0,0)$，$(1,1)$，$(1,4)$，$(2,2)$，$(2,3)$，$(3,2)$，$(3,3)$，而且取这些值的概率相应为 $\frac{1}{12}$，$\frac{5}{24}$，$\frac{7}{24}$，$\frac{1}{8}$，$\frac{1}{24}$，$\frac{1}{6}$，$\frac{1}{12}$，求：

(1) (X,Y)的联合分布；

(2) 关于 X,Y 的边缘分布；

(3) $P\{X\leqslant 1\}$，$P\{X=Y\}$，$P\{X\leqslant Y\}$.

5. 设二维随机向量(X,Y)的联合概率密度为

$$p(x,y)=\frac{A}{(1+x^2)(1+y^2)}$$

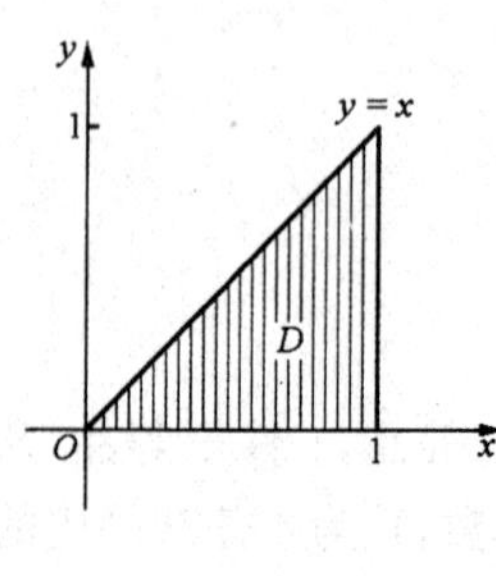

图 1-3

$(-\infty < x < +\infty, -\infty < y < +\infty)$.

求：(1) 系数 A；

(2) $P\{(X,Y)\in D\}$，其中 D 为由直线 $y=x, x=1$ 及 x 轴围成的三角形区域，如图 1-3 所示.

6. 设二维随机向量(X,Y)的联合概率密度为

$$p(x,y)=\begin{cases} C(x+y), & 0\leqslant y\leqslant x\leqslant 1, \\ 0, & \text{其他}. \end{cases}$$

(1) 求常数 C；

(2) 求关于 X,Y 的边缘分布；

(3) 讨论 X 与 Y 的独立性；

(4) 计算 $P\{X+Y\leqslant 1\}$.

§5 随机变量的数字特征

内 容 提 要

1. 数学期望(均值)

1.1 数学期望的概念

定义 1.18 设离散型随机变量 X 的概率分布为

X	x_1	x_2	…	x_n
$P\{X=x_i\}$	p_1	p_2	…	p_n

则称 $\sum_{i=1}^{n} x_i p_i$ 为 X 的**数学期望**或**均值**，记作 $\mathrm{E}(X)$.

当 X 的可能取值 x_i 为可列个时，则 $\mathrm{E}(X) \overset{\text{def}}{=\!=} \sum_{i=1}^{\infty} x_i p_i$，这时要求 $\sum_{i=1}^{\infty} |x_i| p_i < +\infty$，以保证和式 $\sum_{i=1}^{\infty} x_i p_i$ 的值不随和式中各项次序的改变而改变.

定义 1.19 若连续型随机变量 X 的概率密度函数为 $p(x)$，并

且

$$\int_{-\infty}^{+\infty}|x|p(x)\mathrm{d}x<+\infty,$$

则称 $\int_{-\infty}^{+\infty}xp(x)\mathrm{d}x$ 为 X 的**数学期望**,记作 $\mathrm{E}(X)$,即

$$\mathrm{E}(X)=\int_{-\infty}^{+\infty}xp(x)\mathrm{d}x.$$

1.2 数学期望的性质

性质 1 常量 C 的数学期望等于它自己,即

$$\mathrm{E}(C)=C.$$

性质 2 常量 C 与随机变量 X 乘积的数学期望,等于常量 C 与这个随机变量的数学期望的积,即

$$\mathrm{E}(CX)=C\mathrm{E}(X).$$

性质 3 随机变量和的数学期望,等于随机变量数学期望的和,即

$$\mathrm{E}(X+Y)=\mathrm{E}(X)+\mathrm{E}(Y).$$

推论 有限个随机变量和的数学期望,等于它们各自数学期望的和,即

$$\mathrm{E}\left(\sum_{i=1}^{n}X_i\right)=\sum_{i=1}^{n}\mathrm{E}(X_i).$$

2. 方差

2.1 方差的概念

定义 1.20 设离散型随机变量 X 的概率分布为

X	x_1	x_2	…	x_n	…
$P\{X=x_i\}$	p_1	p_2	…	p_n	…

若 $\sum_{i=1}^{\infty}[x_i-\mathrm{E}(X)]^2p_i<+\infty$,则称此级数的和为 X 的**方差**,记为 $\mathrm{D}(X)$,即

$$\mathrm{D}(X)=\sum_{i=1}^{\infty}[x_i-\mathrm{E}(X)]^2p_i.$$

对于连续型随机变量的方差有以下的定义.

定义 1.21 设连续型随机变量 X 的概率密度函数为 $p(x)$. 若

$$\int_{-\infty}^{+\infty}[x-\mathrm{E}(X)]^2 p(x)\mathrm{d}x<+\infty,$$

则称此无穷积分值为 X 的**方差**,记为 $\mathrm{D}(X)$,即

$$\mathrm{D}(X)=\int_{-\infty}^{+\infty}[x-\mathrm{E}(X)]^2 p(x)\mathrm{d}x.$$

根据方差的定义显然有 $\mathrm{D}(X)\geqslant 0$. 我们称方差的算术根 $\sqrt{\mathrm{D}(X)}$ 为随机变量 X 的**标准差**(或**均方差**). 这样,随机变量的标准差、数学期望与随机变量本身有相同的量纲.

2.2 *方差的性质*

利用方差的定义可以证明下述性质对一切随机变量都成立.

性质 1 常量 C 的方差等于零,即

$$\mathrm{D}(C)=0.$$

性质 2 随机变量 X 与常量 C 的和的方差,等于这个随机变量的方差,即

$$\mathrm{D}(X+C)=\mathrm{D}(X).$$

性质 3 常量 C 与随机变量 X 乘积的方差,等于这个常量的平方与随机变量的方差的积,即

$$\mathrm{D}(CX)=C^2\mathrm{D}(X).$$

3. 矩

矩是最广泛的一种数字特征,在概率论和数理统计中都占有重要的地位. 最常用的矩有两种:原点矩与中心矩.

定义 1.22 对于正整数 k,称随机变量 X 的 k 次幂数学期望为 X 的 k 阶**原点矩**,记为 v_k,即

$$v_k=\mathrm{E}(X^k)\quad(k=1,2,\cdots).$$

于是,我们有

$$v_k=\begin{cases}\sum_i x_i^k p_i, & \text{当 } X \text{ 为离散型时},\\ \int_{-\infty}^{+\infty}x^k p(x)\mathrm{d}x, & \text{当 } X \text{ 为连续型时}.\end{cases}$$

定义 1.23 对于正整数 k,称随机变量 X 与 $\mathrm{E}(X)$ 之差的 k 次

幂数学期望为 X 的 k 阶**中心矩**,记为 μ_k,即

$$\mu_k = \mathrm{E}\{[X - \mathrm{E}(X)]^k\} \quad (k = 1,2,\cdots).$$

于是,我们有

$$\mu_k = \begin{cases} \sum_i [x_i - \mathrm{E}(X)]^k p_i, & \text{当 } X \text{ 为离散型时}, \\ \int_{-\infty}^{+\infty} [x - \mathrm{E}(X)]^k p(x)\mathrm{d}x, & \text{当 } X \text{ 为连续型时}. \end{cases}$$

4. 随机向量的数字特征

4.1　均值向量、方差向量

二维随机向量 $\xi=(X,Y)$的均值是一个向量,即

$$\mathrm{E}(\xi) = (\mathrm{E}(X),\mathrm{E}(Y)),$$

其中

$$\mathrm{E}(X) = \int_{-\infty}^{+\infty}\int_{-\infty}^{+\infty} xp(x,y)\mathrm{d}x\mathrm{d}y,$$

$$\mathrm{E}(Y) = \int_{-\infty}^{+\infty}\int_{-\infty}^{+\infty} yp(x,y)\mathrm{d}x\mathrm{d}y;$$

ξ 的方差也是一个向量,即

$$\mathrm{D}(\xi) = (\mathrm{D}(X),\mathrm{D}(Y)),$$

其中

$$\mathrm{D}(X) = \int_{-\infty}^{+\infty}\int_{-\infty}^{+\infty} [x - \mathrm{E}(X)]^2 p(x,y)\mathrm{d}x\mathrm{d}y,$$

$$\mathrm{D}(Y) = \int_{-\infty}^{+\infty}\int_{-\infty}^{+\infty} [y - \mathrm{E}(Y)]^2 p(x,y)\mathrm{d}x\mathrm{d}y.$$

这里要求上述的级数与积分都是绝对收敛的.

4.2　协方差

定义 1.24　称数值 $\mathrm{E}\{[X-\mathrm{E}(X)][Y-\mathrm{E}(Y)]\}$为随机变量 X 与 Y 的**协方差**,通常用 σ_{XY}(或 $\mathrm{cov}(X,Y)$)来表示,即

$$\sigma_{XY} = \int_{-\infty}^{+\infty}\int_{-\infty}^{+\infty} [x - \mathrm{E}(X)][y - \mathrm{E}(Y)]p(x,y)\mathrm{d}x\mathrm{d}y.$$

与记号 σ_{XY}相对应,X,Y 的方差 $\mathrm{D}(X)$与 $\mathrm{D}(Y)$也可分别记为 σ_{XX},σ_{YY}.

对于独立的随机变量的数学期望与方差有下面的性质:

若随机变量 X 与 Y 相互独立,则

$$\mathrm{E}(XY)=\mathrm{E}(X)\mathrm{E}(Y);\quad \mathrm{D}(X+Y)=\mathrm{D}(X)+\mathrm{D}(Y).$$

在一般情况下

$$\mathrm{D}(X+Y)=\mathrm{D}(X)+\mathrm{D}(Y)+2\sigma_{XY}.$$

4.3 相关系数

定义 1.25 称

$$\frac{\sigma_{XY}}{\sqrt{\sigma_{XX}}\sqrt{\sigma_{YY}}}$$

为随机变量 X 与 Y 的**相关系数**,记作 ρ_{XY}(或简记为 ρ).

可以推出在 $(X,Y)\sim N(\mu_1,\mu_2,\sigma_1^2,\sigma_2^2,\rho)$ 的情况下,有

$$\rho_{XY}=\rho,$$

即二维正态分布的第五个参数 ρ 就是相关系数.

可以证明 ρ_{XY} 满足

$$|\rho_{XY}|\leqslant 1.$$

定理 1.7(表示性定理) 若随机变量 X 的概率分布已确知,则**随机变量函数 $f(X)$ 的数学期望**为

$$\mathrm{E}[f(X)]=\begin{cases}\displaystyle\sum_{i=1}^{\infty}f(x_i)p_i, & \text{当 } X \text{ 为离散型时},\\ \displaystyle\int_{-\infty}^{+\infty}f(x)p(x)\mathrm{d}x, & \text{当 } X \text{ 为连续型时}.\end{cases}$$

定理 1.8 下列五个命题是等价的:

(1) $\rho_{XY}=0$;

(2) $\mathrm{cov}(X,Y)=0$;

(3) $\mathrm{E}(XY)=\mathrm{E}(X)\mathrm{E}(Y)$

(因为 $\mathrm{cov}(X,Y)=\mathrm{E}(XY)-\mathrm{E}(X)\mathrm{E}(Y)$);

(4) $\mathrm{D}(X+Y)=\mathrm{D}(X)+\mathrm{D}(Y)$;

(5) $\mathrm{D}(X-Y)=\mathrm{D}(X)+\mathrm{D}(Y)$.

定理 1.9 如果随机变量 X 与 Y 相互独立,则 X 与 Y 不相关.

注意 若 X 与 Y 不相关(即 $\mathrm{cov}(X,Y)=0$),X 与 Y 不一定相互独立,即定理 1.9 的逆定理不成立.

典型例题分析

例 1 已知口袋中有 2 个白球,3 个黑球.有放回地抽取 3 次,并

用 X 表示 3 次中抽到白球的个数,求 $\mathrm{E}(X)$与 $\mathrm{D}(X)$.

解 首先求出 X 的分布. X 是一个离散型随机变量,它有 4 个正概率点 0,1,2,3,且由二项概型可知其概率分布为

$$P\{X=k\}=\mathrm{C}_3^k\left(\frac{2}{5}\right)^k\left(\frac{3}{5}\right)^{3-k}\quad(k=0,1,2,3),$$

于是
$$\mathrm{E}(X)=\sum_{k=0}^{3}kP\{X=k\}=1.2.$$

而
$$\mathrm{E}(X^2)=\sum_{k=0}^{3}k^2P\{X=k\}=2.16,$$

因此
$$\mathrm{D}(X)=\mathrm{E}(X^2)-[\mathrm{E}(X)]^2=0.72.$$

例 2 袋中有 3 个白球,7 个黑球,无放回地抽取每次抽一个球,直到取得黑球为止. 设所抽得白球个数为 X,求 $\mathrm{E}(X)$和 $\mathrm{D}(X)$.

解 首先求出 X 的分布. X 是一个离散型随机变量,它有 4 个正概率点 0,1,2,3. 由乘法公式可知,其分布为

X	0	1	2	3
$P\{X=x_i\}$	$\frac{7}{10}$	$\frac{7}{30}$	$\frac{7}{120}$	$\frac{1}{120}$

于是

$$\mathrm{E}(X)=0\times\frac{7}{10}+1\times\frac{7}{30}+2\times\frac{7}{120}+3\times\frac{1}{120}=0.375,$$

$$\mathrm{E}(X^2)=0^2\times\frac{7}{10}+1^2\times\frac{7}{30}+2^2\times\frac{7}{120}+3^2\times\frac{1}{120}=\frac{13}{24}.$$

因此
$$\mathrm{D}(X)=\mathrm{E}(X^2)-[\mathrm{E}(X)]^2=0.4.$$

例 3 设连续型随机变量 X 的概率密度为

$$p(x)=\begin{cases}2(1-x), & 0<x<1,\\ 0, & \text{其他},\end{cases}$$

求 X 的数学期望与方差.

解 $\mathrm{E}(X)=\int_{-\infty}^{+\infty}xp(x)\mathrm{d}x=\int_0^1 2x(1-x)\mathrm{d}x=\frac{1}{3},$

$$\mathrm{D}(X)=\mathrm{E}(X^2)-[\mathrm{E}(X)]^2=\int_{-\infty}^{+\infty}x^2p(x)\mathrm{d}x-\left(\frac{1}{3}\right)^2$$

$$=\int_0^1 2x^2(1-x)\mathrm{d}x-\frac{1}{9}=\frac{1}{18},$$

或者

$$\mathrm{D}(X)=\mathrm{E}[X-\mathrm{E}(X)]^2=\mathrm{E}\left[\left(X-\frac{1}{3}\right)^2\right]=\int_{-\infty}^{+\infty}\left(x-\frac{1}{3}\right)^2 p(x)\mathrm{d}x$$

$$=\int_0^1\left(x-\frac{1}{3}\right)^2\cdot 2(1-x)\mathrm{d}x=\frac{1}{18}.$$

例 4 设随机变量 $X\sim U(a,b)$，且 $\mathrm{E}(X)=3,\mathrm{D}(X)=\frac{4}{3}$，求 a,b.

解 当 $X\sim U(a,b)$时，有

$$\mathrm{E}(X)=\frac{a+b}{2},\quad \mathrm{D}(X)=\frac{(b-a)^2}{12},$$

于是由

$$\begin{cases}\dfrac{a+b}{2}=3,\\ \dfrac{(b-a)^2}{12}=\dfrac{4}{3},\end{cases}$$

解得$\begin{cases}a=1,\\ b=5.\end{cases}$

例 5 设随机变量 $X\sim N(\mu,\sigma^2)$，并且 $\mathrm{E}(X)=3,\mathrm{D}(X)=1$，求 $P\{-1\leqslant X\leqslant 1\}$.

解 当 $X\sim N(\mu,\sigma^2)$时，有 $\mathrm{E}(X)=\mu,\mathrm{D}(X)=\sigma^2$，因此 $X\sim N(3,1)$. 故

$$\begin{aligned}P\{-1\leqslant X\leqslant 1\}&=\Phi\left(\frac{1-3}{1}\right)-\Phi\left(\frac{-1-3}{1}\right)\\&=\Phi(-2)-\Phi(-4)\\&=\Phi(4)-\Phi(2)\approx 0.023.\end{aligned}$$

例 6 已知 $\mathrm{E}(X)=1,\ \mathrm{D}\left(\frac{X}{2}\right)=1$，求 $\mathrm{E}[(X-1)^2]$.

解 由于 $\mathrm{D}\left(\frac{X}{2}\right)=1$，即 $\frac{1}{4}\mathrm{D}(X)=1$，所以 $\mathrm{D}(X)=4$. 又因为 $\mathrm{E}(X)=1$，所以

$$\mathrm{E}[(X-1)^2]=\mathrm{E}\{[X-\mathrm{E}(X)]^2\}=\mathrm{D}(X)=4.$$

例 7 设二维随机向量 $\xi=(X,Y)$的联合分布如下：

Y \ X	0	1	$p_{i\cdot}$
-1	$\frac{1}{2}$	$\frac{1}{3}$	$\frac{5}{6}$
0	0	$\frac{1}{6}$	$\frac{1}{6}$
$p_{\cdot j}$	$\frac{1}{2}$	$\frac{1}{2}$	

求 $E(\xi)$,$D(\xi)$以及 ρ_{XY},并讨论 X 与 Y 的独立性.

解 由于

$$E(X)=-1\times\frac{5}{6}+0\times\frac{1}{6}=-\frac{5}{6},$$

$$E(Y)=0\times\frac{1}{2}+1\times\frac{1}{2}=\frac{1}{2},$$

并且

$$E(X^2)=\frac{5}{6},\quad E(Y^2)=\frac{1}{2},$$

$$D(X)=E(X^2)-[E(X)]^2=\frac{5}{36},$$

$$D(Y)=E(Y^2)-[E(Y)]^2=\frac{1}{4},$$

因此 $$E(\xi)=(E(X),E(Y))=\left(-\frac{5}{6},\frac{1}{2}\right),$$

$$D(\xi)=(D(X),D(Y))=\left(\frac{5}{36},\frac{1}{4}\right).$$

又由于

$$E(XY)=(-1)\times 1\times\frac{1}{3}=-\frac{1}{3},$$

所以 $$\sigma_{XY}=E(XY)-[E(X)][E(Y)]=\frac{1}{12}.$$

故 $$\rho_{XY}=\frac{\sigma_{XY}}{\sqrt{D(X)}\sqrt{D(Y)}}=\frac{\frac{1}{12}}{\sqrt{\frac{5}{36}}\sqrt{\frac{1}{4}}}=\frac{1}{\sqrt{5}}.$$

考虑到

$$p_{2\cdot}\cdot p_{\cdot 1}=\frac{1}{6}\times\frac{1}{2}\neq 0=p_{21},$$

故 X 与 Y 不独立.

例 8 设二维随机向量 $\xi=(X,Y)$ 的联合概率密度为

$$p(x,y)=\begin{cases}y\mathrm{e}^{-(x+y)}, & x>0,\ y>0,\\ 0, & \text{其他},\end{cases}$$

讨论 X 与 Y 的相关性与独立性.

解 关于 X,Y 的边缘概率密度分别为

$$p_1(x)=\int_{-\infty}^{+\infty}p(x,y)\mathrm{d}y=\begin{cases}\int_0^{+\infty}y\mathrm{e}^{-(x+y)}\mathrm{d}y, & x>0,\\ 0, & x\leqslant 0\end{cases}$$

$$=\begin{cases}\mathrm{e}^{-x}, & x>0,\\ 0, & x\leqslant 0,\end{cases}$$

$$p_2(y)=\int_{-\infty}^{+\infty}p(x,y)\mathrm{d}x=\begin{cases}\int_0^{+\infty}y\mathrm{e}^{-(x+y)}\mathrm{d}x, & y>0,\\ 0, & y\leqslant 0\end{cases}$$

$$=\begin{cases}y\mathrm{e}^{-y}, & y>0,\\ 0, & y\leqslant 0.\end{cases}$$

由于

$$p_1(x)p_2(y)=\begin{cases}y\mathrm{e}^{-(x+y)}, & x>0,\ y>0,\\ 0, & \text{其他}\end{cases}=p(x,y),$$

因而 X 与 Y 相互独立,由定理 1.9 知 X,Y 一定不相关.

习 题 1.5

1. 当随机变量 X 服从泊松分布时,则 $\mathrm{D}(X)/\mathrm{E}(X)$ 等于______.

2. 若随机变量 $X\sim B(n,p)$,且 $\mathrm{E}(X)=6,\mathrm{D}(X)=3.6$,则 $n=$______.

3. 已知离散型随机变量 X 服从参数为 2 的泊松分布,即 $P\{X=k\}=\frac{2^k}{k!}\mathrm{e}^{-2}(k=0,1,2,\cdots)$,则随机变量 $Y=3X-2$ 的数学期

望 $\mathrm{E}(Y)=$______.

4. 如果随机变量 X 服从区间 $[0,2]$ 上的均匀分布，那么 $\mathrm{D}(X)/[\mathrm{E}(X)]^2=$______.

5. 设随机变量 X 服从参数为 1 的指数分布，则数学期望 $\mathrm{E}(X+\mathrm{e}^{-2X})=$______.

6. 设随机变量 X 服从参数为 λ 的泊松分布，且 $P\{X=1\}=P\{X=2\}$，则 $\mathrm{E}(X)=$______，$\mathrm{D}(X)=$______.

7. 设随机变量 X 的分布为 $P\{X=k\}=\frac{\lambda^k}{k!}\mathrm{e}^{-\lambda}(k=0,1,2,\cdots;\lambda>0)$，则 $\mathrm{D}(X)=$______.

8. 已知连续型随机变量 X 的概率密度为 $p(x)=\frac{1}{\sqrt{\pi}}\mathrm{e}^{-x^2+2x-1}$，则 X 的数学期望 $\mathrm{E}(X)=$______；X 的方差 $\mathrm{D}(X)=$______.

9. 设随机变量 X 的分布如下：

X	0	1	2	3
$P\{X=x_i\}$	$\frac{7}{10}$	$\frac{7}{30}$	$\frac{7}{120}$	$\frac{1}{120}$

求 $\mathrm{E}(X)$ 和 $\mathrm{D}(X)$.

10. 设连续型随机变量 X 的分布函数为

$$F(x)=\begin{cases}1-\dfrac{8}{x^3}, & x\geqslant 2,\\ 0, & x<2,\end{cases}$$

求 X 的期望与方差.

11. 设连续型随机变量 X 的概率密度为

$$p(x)=\begin{cases}k\cos x, & |x|\leqslant \dfrac{\pi}{2},\\ 0, & \text{其他},\end{cases}$$

求 k 值及 X 的期望与方差.

12. 设连续型随机变量 X 的概率密度为

$$p(x)=\begin{cases}2(1-x), & 0<x<1,\\ 0, & \text{其他}.\end{cases}$$

令 $Y=e^{-X}$,求 E(Y)及 D(Y).

13. 若 E(X)=2, E(X^2)=20, E(Y)=3, E(Y^2)=34, $\rho_{XY}=0.5$,求

(1) E($3X+2Y$);

(2) D($X-Y$).

14. 地铁到达一站时间为每个整点的第 5 分钟、25 分钟、55 分钟,设一乘客在上午 8:00~9:00 之间随时到达,求候车时间的数学期望.

15. 设二维随机向量(X,Y)服从 $D=\{(x,y)\mid x^2+y^2\leqslant 1\}$上的均匀分布,求 σ_{XY}和 ρ_{XY},并讨论 X 与 Y 的独立性.

16. 设二维随机向量 $\xi=(X,Y)$的联合概率密度为

$$p(x,y)=\begin{cases}\dfrac{1}{4}\sin x\sin y, & 0\leqslant x\leqslant \pi,\ 0\leqslant y\leqslant \pi,\\ 0, & \text{其他},\end{cases}$$

求:(1) E(ξ); (2) D(ξ); (3) ρ_{XY}.

第二章　数理统计基础

§1　基本概念

内容提要

1. 总体与样品

在数理统计中,常把被考察对象的某一个(或多个)指标的全体称为**总体**(或**母体**),而把总体中的每一个单元称为**样品**(或**个体**).

2. 样本

我们把从总体中抽取的部分样品 $X_1,X_2,\cdots,X_n$ 称为**样本**.样本中所含的样品数称为**样本容量**.

在一般情况下,总是把样本看成是 n 个相互独立的且与总体有相同分布的随机变量.这样的样本称为**简单随机样本**(以后我们只讨论这种样本).但是在一次抽取后样本 $X_1,X_2,\cdots,X_n$ 就是 n 个具体的数值,称这 n 个值为样本值,记作 $x_1,x_2,\cdots,x_n$.在以下的讨论中为使叙述简练,有时我们对样本与样本值所使用的符号不再加以区别,也就是说我们赋予 $x_1,x_2,\cdots,x_n$ 有双重意义:在泛指任一次抽取的结果时,$x_1,x_2,\cdots,x_n$ 表示 n 个**随机变量**(样本);在一次抽取之后,$x_1,x_2,\cdots,x_n$ 表示 n 个具体的**数值**(样本值).

3. 统计量

样本函数是数理统计中的一个重要概念,一般记为

$$\varphi=\varphi(X_1,X_2,\cdots,X_n),$$

其中 φ 为一个连续函数.如果 $\varphi(X_1,X_2,\cdots,X_n)$ 中不包含任何未知参数,则称其为一个**统计量**.

4. 两类常见的统计量

4.1　样本矩

样本矩分为原点矩和中心矩.

原点矩：$A_k=\frac{1}{n}\sum_{i=1}^{n}x_i^k(k=1,2,\cdots)$称为**样本的 k 阶原点矩**. 特别地，A_1 称为**样本均值**，记为 $\bar{x}=\frac{1}{n}\sum_{i=1}^{n}x_i$.

中心矩：$B_k=\frac{1}{n}\sum_{i=1}^{n}(x_i-\bar{x})^k(k=1,2,\cdots)$称为**样本的 k 阶中心矩**. 特别地，B_2 称为**样本方差**，记作 $S_n^2=\frac{1}{n}\sum_{i=1}^{n}(x_i-\bar{x})^2$（有时也用 $\widetilde{S}^2$ 表示）. 另一个常用统计量 $S^2=\frac{1}{n-1}\sum_{i=1}^{n}(x_i-\bar{x})^2$ 称为**修正后的样本方差**.

样本均值 $\overline{X}$ 和样本方差 S_n^2 是随机变量，它们不同于总体的均值 $\mathrm{E}(X)$ 和总体的方差 $\mathrm{D}(X)$，总体的均值和方差是两个常数.

4.2　顺序统计量

设样本 $X_1,X_2,\cdots,X_n$，其一组观测值 $x_1,x_2,\cdots,x_n$ 按从小到大的顺序排列为 $x_1^*\leqslant x_2^*\leqslant\cdots\leqslant x_n^*$，定义 X_k^* 取值为 x_k^*，并称由此得到的 $X_1^*,X_2^*,\cdots,X_n^*$ 为样本的顺序统计量. 显然，$X_1^*\leqslant X_2^*\leqslant\cdots\leqslant X_n^*$.

5. 抽样分布

统计量是样本 $X_1,X_2,\cdots,X_n$ 的函数. 样本是一个随机向量，故统计量也是随机变量，因而也有一定的分布. 统计量的分布又称为**抽样分布**.

5.1　χ^2 分布

设 n 个随机变量 $x_1,x_2,\cdots,x_n$ 相互独立，且服从标准正态分布. 可以证明它们的平方和

$$\sum_{i=1}^{n}x_i^2 \xlongequal{\text{def}} \chi^2$$

的概率密度函数为

$$p_n(u)=\begin{cases}\dfrac{1}{2^{\frac{n}{2}}\Gamma\left(\dfrac{n}{2}\right)}u^{\frac{n}{2}-1}\mathrm{e}^{-\frac{u}{2}}, & u\geqslant 0,\\ 0, & u<0,\end{cases}$$

其中 $\Gamma\left(\frac{n}{2}\right)=\int_0^{+\infty}x^{\frac{n}{2}-1}\mathrm{e}^{-x}\mathrm{d}x$.

这时我们称随机变量 $\chi^2=\sum_{i=1}^{n}x_i^2$ 服从自由度为 n 的 χ^2 **分布**,记为

$$\chi^2 \sim \chi^2(n).$$

5.2　t 分布

设 X,Y 是两个相互独立的随机变量,且

$$X \sim N(0,1),\quad Y \sim \chi^2(n).$$

可以证明随机变量

$$t = \frac{X}{\sqrt{Y/n}}$$

的概率密度函数为

$$p(t) = \frac{\Gamma\left(\frac{n+1}{2}\right)}{\sqrt{n\pi}\,\Gamma\left(\frac{n}{2}\right)}\left(1+\frac{t^2}{n}\right)^{-\frac{n+1}{2}} \quad (-\infty < t < +\infty).$$

这时我们称随机变量 $t=\frac{X}{\sqrt{Y/n}}$ 服从自由度为 n 的 t **分布**,记为

$$t \sim t(n).$$

5.3　F 分布

设随机变量 $X\sim\chi^2(n_1)$,$Y\sim\chi^2(n_2)$,且 X 与 Y 相互独立. 可以证明 $F=\frac{X/n_1}{Y/n_2}$ 的概率密度函数为

$$p(y) = \begin{cases} \dfrac{\Gamma\left(\frac{n_1+n_2}{2}\right)}{\Gamma\left(\frac{n_1}{2}\right)\Gamma\left(\frac{n_2}{2}\right)}\left(\dfrac{n_1}{n_2}\right)^{\frac{n_1}{2}} y^{\frac{n_1}{2}-1}\left(1+\dfrac{n_1}{n_2}y\right)^{-\frac{n_1+n_2}{2}}, & y \geqslant 0, \\ 0, & y < 0. \end{cases}$$

这时我们称随机变量 $F=\frac{X/n_1}{Y/n_2}$ 服从第一个自由度为 n_1,第二个自由度为 n_2 的 F **分布**,记为 $F\sim F(n_1,n_2)$.

6. 关于正态总体的抽样分布

定理 2.1　设 $x_1,x_2,\cdots,x_n$ 是来自正态总体 $X\sim N(\mu,\sigma^2)$ 的样本,则样本平均值

$$\bar{x} = \frac{1}{n}\sum_{i=1}^{n}x_i \sim N\left(\mu,\frac{\sigma^2}{n}\right),$$

并且

$$u=\frac{\bar{x}-\mu}{\sqrt{\frac{\sigma^2}{n}}}\sim N(0,1).$$

定理 2.2 设 $x_1,x_2,\cdots,x_n$ 是来自正态总体 $X\sim N(\mu,\sigma^2)$的样本,则样本平均值 $\bar{x}$ 与样本方差 S^2 相互独立,并且

$$w=\frac{(n-1)S^2}{\sigma^2}\sim\chi^2(n-1).$$

定理 2.3 设 $x_1,x_2,\cdots,x_n$ 是来自正态总体 $X\sim N(\mu,\sigma^2)$的样本,则

$$t=\frac{\bar{x}-\mu}{\sqrt{S^2/n}}\sim t(n-1).$$

7. 样本的分布函数

设总体 X 的 n 个样本值可以按大小次序排列成

$$x_1\leqslant x_2\leqslant\cdots\leqslant x_n.$$

如果 $x_k\leqslant x<x_{k+1}$,则不大于 x 的样本值的频率为 $\frac{k}{n}$,因而函数

$$F_n(x)=\begin{cases}0, & x<x_1,\\ \frac{k}{n}, & x_k\leqslant x<x_{k+1}\quad(k=1,2,\cdots,n-1),\\ 1, & x\geqslant x_n\end{cases}$$

与事件$\{X\leqslant x\}$在 n 次重复独立试验中出现的频率是相同的. 我们称 $F_n(x)$为**样本的分布函数**或**经验分布函数**.

典型例题分析

例 1 设 $x_1,x_2,\cdots,x_{25}$是来自总体 $X\sim N(2,4)$的样本. 令 $Y=\frac{5}{2}\bar{x}-5$,求 Y 的分布.

解 由定理 2.1 可知,若总体 $X\sim N(\mu,\sigma^2)$,则

$$\bar{x}\sim N\left(\mu,\frac{\sigma^2}{n}\right).$$

因此 $$\bar{x} \sim N\left(2, \frac{4}{25}\right).$$

于是 $$Y = \frac{5}{2}\bar{x} - 5 = \frac{\bar{x} - 2}{\sqrt{\frac{4}{25}}} \sim N(0,1).$$

例 2 设随机变量 $t \sim t(n)$，求 $\eta = \frac{1}{t^2}$ 的分布.

解 由于 X 与 Y 相互独立，并且 $X \sim N(0,1)$，$Y \sim \chi^2(n)$ 时，

$$t = \frac{X}{\sqrt{\frac{Y}{n}}} \sim t(n),$$

而 $$\eta = \frac{1}{t^2} = \frac{\frac{Y}{n}}{X^2} = \frac{Y/n}{X^2/1},$$

可见，$\eta \sim F(n,1)$，即 η 服从第一自由度为 n，第二自由度为 1 的 F 分布.

例 3 假设样本 $x_1, x_2, \cdots, x_n$ 来自正态总体 $N(10, 2^2)$，样本均值 $\overline{X}$ 满足概率等式：

$$P\{9.02 \leqslant \bar{x} \leqslant 10.98\} = 0.95,$$

试确定样本容量 n 的大小.

解 由定理 2.1 可知

$$\frac{\bar{x} - 10}{2}\sqrt{n} \sim N(0,1).$$

若要

$$P\{9.02 \leqslant \bar{x} \leqslant 10.98\} = 0.95,$$

即 $$P\{|\bar{x} - 10| \leqslant 0.98\} = 0.95,$$

考虑到

$$P\left\{\left|\frac{\bar{x} - 10}{2}\sqrt{n}\right| \leqslant \frac{0.98}{2}\sqrt{n}\right\} = 2\Phi(0.49\sqrt{n}) - 1,$$

即 $$2\Phi(0.49\sqrt{n}) - 1 = 0.95, \quad \Phi(0.49\sqrt{n}) = 0.975.$$

查正态分布分位数表(附表 1)，得

$$0.49\sqrt{n} \approx 1.96, \quad \text{即} \quad n = 16.$$

例 4 由样本值 6.60，4.60，5.40，5.80，5.40 确定总体 X 的

经验分布函数.

解 将样本值从小到大重新排列：4.60，5.40，5.40，5.80，6.60.考虑到 5.40 重复出现 2 次,于是经验分布函数为

$$F_5(x)=\begin{cases}0, & x<4.60,\\ \dfrac{1}{5}, & 4.60\leqslant x<5.40,\\ \dfrac{3}{5}, & 5.40\leqslant x<5.80,\\ \dfrac{4}{5}, & 5.80\leqslant x<6.60,\\ 1, & 6.60\leqslant x.\end{cases}$$

例 5 设 $x_1,x_2,\cdots,x_{25}$ 相互独立且都服从 $N(3,10^2)$ 分布,求 $P\{0<\bar{x}<6,\ 57.70<S^2<151.73\}$.

解 因 $\bar{x}\sim N\left(3,\dfrac{10^2}{25}\right)$，$\dfrac{24S^2}{10^2}\sim\chi^2(24)$,且 $\bar{x}$ 与 S^2 独立,所以

$$\begin{aligned}&P\{0<\bar{x}<6,57.70<S^2<151.73\}\\ &\quad=P\{0<\bar{x}<6\}\cdot P\{57.70<S^2<151.73\}.\end{aligned}$$

而

$$\begin{aligned}P\{0<\bar{x}<6\}&=\Phi\left(\frac{6-3}{2}\right)-\Phi\left(\frac{-3}{2}\right)\\ &=2\Phi\left(\frac{3}{2}\right)-1=2\Phi(1.5)-1\\ &=2\times 0.9332-1=0.8664,\end{aligned}$$

$$\begin{aligned}&P\{57.70<S^2<151.73\}\\ &\quad=P\left\{13.848<\frac{24S^2}{100}<36.415\right\}\\ &\quad=P\left\{\frac{24S^2}{100}>13.848\right\}-P\left\{\frac{24S^2}{100}>36.415\right\}\\ &\quad=0.95-0.05=0.90,\quad(\text{查正态分布分位数表,见附表 1})\end{aligned}$$

于是

$$\begin{aligned}&P\{0<\bar{x}<6,57.7<S^2<151.73\}\\ &\quad=0.8664\times 0.90\approx 0.78.\end{aligned}$$

习　题　2.1

1. 已知样本 $x_1,x_2,\cdots,x_{16}$ 来自总体 $X\sim N(0,1)$，$\bar{x}$ 为样本均

值. 又知 $P\{\overline{x}\geqslant\lambda\}=0.01$,则 $\lambda=$________.

2. 设随机变量 X 服从正态分布 $N(0,1)$. 若 $P\{2X^2\geqslant\lambda\}=0.05$,则 $\lambda=$________.

3. 设随机变量 X 服从正态分布 $N(0,1)$,$x_1,x_2,\cdots,x_{10}$是来自 X 的样本,$\overline{x},S^2$ 分别是样本均值与样本方差. 令 $Y=\dfrac{10\overline{x}^2}{S^2}$. 若已知 $P\{Y\geqslant\lambda\}=0.01$,则 $\lambda=$________.

4. 设总体 X 服从正态分布 $N(10,2^2)$, $x_1,x_2,\cdots,x_8$ 是来自总体 X 的样本,$\overline{x}$ 是样本均值,求 $P\{\overline{x}\geqslant 11\}$.

5. 设总体 X 服从正态分布 $N(1,0.2^2)$,样本 $x_1,x_2,\cdots,x_n$ 来自总体 X. 要使样本均值 $\overline{x}$ 满足概率不等式

$$P\{0.9\leqslant\overline{x}\leqslant 1.1\}\geqslant 0.95,$$

求样本容量 n 最少应取多大?

6. 设随机变量 W 服从分布 $\chi^2(5)$,求 λ 的值使其满足

$$P\{W\leqslant\lambda\}=0.05.$$

7. 设 $x_1,x_2,\cdots,x_n$ 是来自正态总体 $N(\mu,\sigma^2)$的样本,S^2 为样本方差,求样本容量 n 的最小值,使其满足概率不等式

$$P\left\{\frac{(n-1)S^2}{\sigma^2}\leqslant 15\right\}\geqslant 0.95.$$

§2 参数估计

内容提要

1. 点估计

用样本值估计总体的参数值叫做**参数估计**问题,常用的参数估计的方法有两种,一是点估计,二是区间估计.

设总体 X 的分布函数 $F(x;\theta)$的形式已知,其中 θ 为一个未知参数,又设 $x_1,x_2,\cdots,x_n$ 为来自总体 X 的样本. 我们构造一个统计量 $K=K(x_1,x_2,\cdots,x_n)$作为参数 θ 的估计,称统计量 K 为参数 θ 的一个**点估计量**. 当 $x_1,x_2,\cdots,x_n$ 为一组样本值时,则 $K=K(x_1,x_2,\cdots,x_n)$就是 θ 的一个**点估计值**. 构造这个点估计量通常的办法是根据某

种原则建立起点估计量应满足的方程,然后再求解这个方程.

1.1　矩法

所谓**矩法**就是利用样本各阶原点矩与相应的总体矩来建立点估计量应满足的方程,从而求出未知参数点估计量的方法.

设总体 X 的分布中包含有未知参数 $\theta_1,\theta_2,\cdots,\theta_m$,则其分布函数可以表成 $F(x;\theta_1,\theta_2,\cdots,\theta_m)$. 显然它的 k 阶原点矩 $v_k=\mathrm{E}(X^k)(k=1,2,\cdots,m)$ 中也包含了未知参数 $\theta_1,\theta_2,\cdots,\theta_m$,即 $v_k=v_k(\theta_1,\theta_2,\cdots,\theta_m)$. 又设 $x_1,x_2,\cdots,x_n$ 为来自总体 X 的 n 个样本,其样本的 k 阶原点矩为

$$\hat{v}_k=\frac{1}{n}\sum_{i=1}^{n}x_i^k \quad (k=1,2,\cdots,m).$$

这样,我们按照"当参数等于其估计量时,总体矩等于相应的样本矩"的原则建立方程,即有

$$\begin{cases} v_1(\hat{\theta}_1,\hat{\theta}_2,\cdots,\hat{\theta}_m)=\dfrac{1}{n}\displaystyle\sum_{i=1}^{n}x_i, \\ v_2(\hat{\theta}_1,\hat{\theta}_2,\cdots,\hat{\theta}_m)=\dfrac{1}{n}\displaystyle\sum_{i=1}^{n}x_i^2, \\ \cdots\cdots\cdots\cdots\cdots\cdots\cdots\cdots \\ v_m(\hat{\theta}_1,\hat{\theta}_2,\cdots,\hat{\theta}_m)=\dfrac{1}{n}\displaystyle\sum_{i=1}^{n}x_i^m. \end{cases}$$

由上面的 m 个方程中,解出的 m 个未知参数 $\hat{\theta}_1,\hat{\theta}_2,\cdots,\hat{\theta}_m$,即为参数 $\theta_1,\theta_2,\cdots,\theta_m$ 的**矩估计量**.

1.2　最大似然法

所谓**最大似然法**就是当我们用样本的函数值估计总体参数时,应使得当参数取这些值时,所观测到的样本出现的概率为最大.

设总体 X 的概率密度(或概率分布)为 $p(x;\theta_1,\theta_2,\cdots,\theta_m)$,其中 $\theta_1,\theta_2,\cdots,\theta_m$ 为未知参数. 又设 $x_1,x_2,\cdots,x_n$ 为总体的样本,称

$$L_n(\theta_1,\theta_2,\cdots,\theta_m)=\prod_{i=1}^{n}p(x_i;\theta_1,\theta_2,\cdots,\theta_m)$$

为样本的**似然函数**,简记为 L_n. 我们把使 L_n 达到最大的 $\hat{\theta}_1,\hat{\theta}_2,\cdots,\hat{\theta}_m$ 分别作为 $\theta_1,\theta_2,\cdots,\theta_m$ 的估计量的方法称为**最大似然估计法**.

由于 $\ln x$ 是一个递增函数,所以 L_n 与 $\ln L_n$ 同时达到最大值. 我们称

$$\left.\frac{\partial \ln L_n}{\partial \theta_i}\right|_{\theta_i=\hat{\theta}_i} = 0, \quad i = 1,2,\cdots,m$$

为似然方程.

由多元微分学可知,由似然方程可以求出 $\hat{\theta}_i=\hat{\theta}_i(x_1,x_2,\cdots,x_n)$ $(i=1,2,\cdots,m)$ 为 θ_i 的**最大似然估计量**.

容易看出,使得 L_n 达到最大的 $\hat{\theta}_i$ 也可以使这组样本值出现的可能性最大.

2. 估计量的优良性

2.1 无偏性

定义 2.1 设 $\hat{\theta}$ 为未知参数 θ 的估计量. 若

$$\mathrm{E}(\hat{\theta}) = \theta,$$

则称 $\hat{\theta}$ 为 θ 的**无偏估计量**.

2.2 有效性

定义 2.2 设 $\hat{\theta}_1$ 和 $\hat{\theta}_2$ 是 θ 的两个无偏估计量. 若

$$\mathrm{D}(\hat{\theta}_1) < \mathrm{D}(\hat{\theta}_2),$$

则称 $\hat{\theta}_1$ 比 $\hat{\theta}_2$ **有效**.

3. 区间估计

所谓参数的**区间估计**就是能够根据样本值给出未知参数的一个范围,使它以比较大的可能性包含未知参数的真值.

定义 2.3 设正态总体含有一个待估的未知参数 θ. 如果能从样本值 $x_1,x_2,\cdots,x_n$ 出发,找出两个统计量

$$\theta_1=\theta_1(x_1,x_2,\cdots,x_n) 与 \theta_2=\theta_2(x_1,x_2,\cdots,x_n) \quad (\theta_1<\theta_2),$$

使得区间$[\theta_1,\theta_2]$以 $1-\alpha(0<\alpha<1)$的概率包含这个待估参数 θ,即

$$P\{\theta_1 \leqslant \theta \leqslant \theta_2\} = 1 - \alpha,$$

那么称区间$[\theta_1,\theta_2]$为 θ 的**置信区间**,$1-\alpha$ 为该区间的**置信度**(或置信水平).

3.1 已知方差,求均值 μ 的置信区间

设方差 $\sigma^2=\sigma_0^2$,其中 σ_0^2 为已知数. 在置信度为 $1-\alpha$ 下,求出 μ 的

置信区间$[\theta_1,\theta_2]$.

(1) 选择样本函数：

$$u=\frac{\bar{x}-\mu}{\sigma_0/\sqrt{n}}\sim N(0,1).$$

(2) 查表找临界值：

对于给定的置信度$1-\alpha$,查正态分布分位数表(附表1),找出临界值λ,使得

$$P\{|u|\leqslant\lambda\}=1-\alpha.$$

确定λ之值的方法是查表当$p=1-\frac{\alpha}{2}$时,得到$u_p=\lambda$.

(3) 导出置信区间：

由$|u|\leqslant\lambda$,将样本函数代入,导出以下置信区间

$$\left[\bar{x}-\lambda\frac{\sigma_0}{\sqrt{n}},\bar{x}+\lambda\frac{\sigma_0}{\sqrt{n}}\right].$$

它以$1-\alpha$的概率包含μ.

3.2 未知方差,求均值μ的置信区间

设方差σ^2未知,在置信度为$1-\alpha$下,求出μ的置信区间$[\theta_1,\theta_2]$.

(1) 选择样本函数：

设$x_1,x_2,\cdots,x_n$为来自总体$N(\mu,\sigma^2)$的样本.由于σ^2是未知的,不能再选取样本函数u.这时可用样本方差

$$S^2=\frac{1}{n-1}\sum_{t=1}^{n}(x_i-\bar{x})^2$$

来代替σ^2,而选取样本函数

$$t=\frac{\bar{x}-\mu}{S/\sqrt{n}}\sim t(n-1).$$

(2) 查表找临界值：

对于给定的置信度$1-\alpha$,查t分布临界值表(附表2),找出临界值λ,使得

$$P\{|t|\leqslant\lambda\}=1-\alpha.$$

确定λ之值的方法是查$t\left(n-1,1-\frac{\alpha}{2}\right)$表,当$p=1-\frac{\alpha}{2}$时,得到

$t_p(n-1)=\lambda$,其中 n 是样本容量,$n-1$ 是表中的自由度.

(3) 导出置信区间:

由 $|t|\leqslant\lambda$,将样本函数代入,导出以下置信区间

$$\left[\bar{x}-\lambda\frac{S}{\sqrt{n}},\ \bar{x}+\lambda\frac{S}{\sqrt{n}}\right].$$

它以 $1-\alpha$ 的概率包含 μ.

3.3 *正态总体方差 σ^2 与标准差 σ 的区间估计*

设总体 X 服从正态分布 $N(\mu,\sigma^2)$. 当均值 μ 未知时,在置信度 $1-\alpha$ 下,求出 σ^2(或 σ)的置信区间$[\theta_1,\theta_2]$.

(1) 选择样本函数:

设 $x_1,x_2,\cdots,x_n$ 为来自总体 $X\sim N(\mu,\sigma^2)$的样本. 我们知道

$$S^2=\frac{1}{n-1}\sum_{i=1}^{n}(x_i-\bar{x})^2$$

是 σ^2 的一个点估计量,并且知道包含未知参数 σ^2 的样本函数

$$w=\frac{(n-1)S^2}{\sigma^2}\sim\chi^2(n-1).$$

(2) 查表找临界值:

由于 χ^2 分布不具有对称性,因此通常采取使得概率对称的区间,即

$$P\{w<\lambda_1\}=P\{w>\lambda_2\}=\frac{\alpha}{2}.$$

确定 λ_1,λ_2 之值的方法是分别查 $\chi^2\left(n-1,\dfrac{\alpha}{2}\right)$ 和 $\chi^2\left(n-1,1-\dfrac{\alpha}{2}\right)$ 表.

当 $p=\dfrac{\alpha}{2}$时,得到 $\chi_p^2(n-1)=\lambda_1$;当 $p=1-\dfrac{\alpha}{2}$时,得到 $\chi_p^2(n-1)=\lambda_2$,其中 n 是样本容量,$n-1$ 是表中的自由度.

(3) 导出置信区间:

由 $\lambda_1\leqslant w\leqslant\lambda_2$,将样本函数代入,导出以下置信区间

$$\left[\frac{(n-1)S^2}{\lambda_2},\ \frac{(n-1)S^2}{\lambda_1}\right].$$

它以 $1-\alpha$ 的概率包含 σ^2. 而

$$\left[\sqrt{\frac{n-1}{\lambda_2}}S,\ \sqrt{\frac{n-1}{\lambda_1}}S\right],$$

它以 $1-\alpha$ 概率包含 σ.

典型例题分析

例 1 设总体 X 服从参数为 λ 的指数分布，$x_1,x_2,\cdots,x_n$ 为来自总体 X 的样本,求 λ 矩估计量及最大似然估计量.

解 先求矩估计量. 由 $E(X)=\bar{x}$,有方程 $\frac{1}{\lambda}=\bar{x}$,因此矩估计量为

$$\hat{\lambda}=\frac{1}{\bar{x}}.$$

再求最大似然估计量. 由似然函数

$$L(\lambda)=\begin{cases}\lambda^n e^{-\lambda\sum\limits_{i=1}^{n}x_i}, & x_i>0,\\ 0, & 其他\end{cases}$$

可知,当 $x_1,x_2,\cdots,x_n>0$ 时,

$$\ln L(\lambda)=n\ln\lambda-\lambda\sum_{i=1}^{n}x_i.$$

令 $\frac{\mathrm{d}\ln L(\lambda)}{\mathrm{d}\lambda}=0$,即 $\frac{n}{\lambda}-\sum\limits_{i=1}^{n}x_i=0$,因此 $\frac{1}{\lambda}=\bar{x}$,即最大似然估计量为 $\hat{\lambda}=\frac{1}{\bar{x}}$.

例 2 设总体 X 的概率密度为

$$p(x)=\begin{cases}\frac{6x}{\theta^3}(\theta-x), & 0<x<\theta,\\ 0, & 其他,\end{cases}$$

$x_1,x_2,\cdots,x_n$ 为取自总体 X 的样本,求:

(1) θ 的矩估计量 $\hat{\theta}$;

(2) $D(\hat{\theta})$.

解 (1) 由定义,有

$$E(X)=\int_{-\infty}^{+\infty}xp(x)\mathrm{d}x=\int_0^{\theta}\frac{6x^2}{\theta^3}(\theta-x)\mathrm{d}x=\frac{\theta}{2}.$$

记 $\bar{x}=\frac{1}{n}\sum\limits_{i=1}^{n}x_i$,并令 $\frac{\theta}{2}=\bar{x}$,得 θ 的矩估计量为 $\hat{\theta}=2\bar{x}$.

(2) 由于

$$E(X^2)=\int_{-\infty}^{+\infty}x^2p(x)\mathrm{d}x=\int_0^\theta\frac{6x^3}{\theta^3}(\theta-x)\mathrm{d}x=\frac{6\theta^2}{20},$$

$$D(X)=E(X^2)-[E(X)]^2=\frac{6\theta^2}{20}-\left(\frac{\theta}{2}\right)^2=\frac{\theta^2}{20},$$

所以 $\hat{\theta}=2\overline{x}$ 的方差为

$$D(\hat{\theta})=D(2\overline{x})=4D(\overline{x})=\frac{4}{n}D(X)=\frac{\theta^2}{5n}.$$

例 3 设 $X_1,X_2,\cdots,X_n(n>2)$是取自总体 X 的样本，X 的期望 μ 和方差 σ^2 都存在，求证：$\hat{\mu}_1,\hat{\mu}_2,\hat{\mu}_3,\hat{\mu}_4$ 都是总体期望的无偏估计，其中

$$\hat{\mu}_1=X_1,\quad \hat{\mu}_2=\frac{1}{2}(X_1+X_n),$$

$$\hat{\mu}_3=\frac{1}{6}(X_1+2X_2+3X_3),\quad \hat{\mu}_4=\frac{1}{n}\sum_{i=1}^n X_i.$$

证 $E(\hat{\mu}_1)=E(X_1)=E(X)=\mu,$

$$E(\hat{\mu}_2)=E\left[\frac{1}{2}(X_1+X_n)\right]=\frac{1}{2}[E(X_1)+E(X_n)]$$

$$=\frac{1}{2}[E(X)+E(X)]=\mu,$$

$$E(\hat{\mu}_3)=E\left[\frac{1}{6}(X_1+2X_2+3X_3)\right]$$

$$=\frac{1}{6}[E(X_1)+2E(X_2)+3E(X_3)]=\mu,$$

$$E(\hat{\mu}_4)=E\left(\frac{1}{n}\sum_{i=1}^n X_i\right)=\frac{1}{n}\sum_{i=1}^n E(X_i)=\mu.$$

例 4 比较例 3 中 μ 的四个无偏估计量哪个最有效.

解

$$D(\hat{\mu}_1)=D(X_1)=\sigma^2,$$

$$D(\hat{\mu}_2)=D\left[\frac{1}{2}(X_1+X_n)\right]=\frac{1}{4}[D(X_1)+D(X_n)]=\frac{1}{2}\sigma^2,$$

$$D(\hat{\mu}_3)=D\left[\frac{1}{6}(X_1+2X_2+3X_3)\right]$$

$$=\frac{1}{36}[D(X_1)+4D(X_2)+9D(X_3)]=\frac{7}{18}\sigma^2,$$

$$D(\hat{\mu}_4)=D\left(\frac{1}{n}\sum_{i=1}^{n}X_i\right)=\frac{1}{n^2}[D(X_1)+\cdots+D(X_n)]=\frac{1}{n}\sigma^2.$$

以上计算看出,当 $n>2$ 时,有

$$D(\hat{\mu}_1)>D(\hat{\mu}_2)>D(\hat{\mu}_3)>D(\hat{\mu}_4),$$

从而由有效性定义可知 $\hat{\mu}_4$ 最有效.

例 5 为了估计灯泡使用时数的均值 μ 和标准差 σ,共测试了 10 个灯泡,得 $\overline{x}=1500\,\mathrm{h}$,$S=20\,\mathrm{h}$. 如果已知灯泡使用时数是服从正态分布的,求出 μ 和 σ 的置信区间(置信度为 0.95).

解 这是一个"未知方差估计均值"和"估计标准差"的问题.

(1) 首先来估计 μ. 选择样本函数为

$$t=\frac{\overline{x}-\mu}{\sqrt{\frac{S^2}{n}}}\sim t(n-1).$$

由置信度 $1-\alpha=0.95$,查 t 分布数值表(附表 2),其中自由度为 9,并且 $P\{|t|>\lambda\}=0.05$,得到 $\lambda=2.262$. 于是便得到 μ 的置信区间为

$$\left[\overline{x}-\lambda\sqrt{\frac{S^2}{n}},\overline{x}+\lambda\sqrt{\frac{S^2}{n}}\right].$$

将 $\overline{x}=1500$,$S^2=400$,$\lambda=2.262$,$n=10$ 代入后得到 μ 的一个置信区间

$$[1485.7,1514.3].$$

(2) 再来估计 σ. 选择样本函数为

$$W=\frac{(n-1)S^2}{\sigma^2}\sim\chi^2(n-1).$$

由置信度 $1-\alpha=0.95$,查 χ^2 分布数值表(附表 3),其中自由度为 9,并且分别查

$$P\{\chi^2>\lambda_1\}=0.975,\quad P\{\chi^2>\lambda_2\}=0.025,$$

得到

$$\lambda_1=2.70,\quad \lambda_2=19.0.$$

于是便得到 σ 的置信区间

$$\left[\sqrt{\frac{n-1}{\lambda_2}}S,\sqrt{\frac{n-1}{\lambda_1}}S\right].$$

将 $S=20,\lambda_1=2.70,\lambda_2=19.0,n=10$ 代入后，得到 σ 的一个置信区间

$$[13.8,36.5].$$

例 6 在测量反应时间中，某心理学家估计的标准差是 0.05 s. 为了以 0.95 的置信度使平均反应时间的估计误差不超过 0.01 s，那么测量的样本容量 n 最少应取多大？

解 这是一个已知方差，估计均值的变形问题. 首先选择样本函数为

$$u=\frac{\overline{x}-\mu}{\sqrt{\frac{\sigma_0^2}{n}}}\sim N(0,1).$$

估计误差 $|\overline{x}-\mu|<0.01$，即

$$\frac{|\overline{x}-\mu|}{\sqrt{\frac{0.05^2}{n}}}<\frac{0.01}{\sqrt{\frac{0.05^2}{n}}}.$$

由于 $1-\alpha=0.95$，因此临界值为 $\lambda=1.96$，这样我们得到关于 n 的不等式

$$1.96<\frac{0.01}{\frac{0.05}{\sqrt{n}}},$$

解得 $n>96.04$. 因此测量的样本容量 n 至少应为 97.

习 题 2.2

1. 设总体 X 的方差为 1，根据来自 X 的容量为 100 的样本，测得样本均值为 5，则 X 的数学期望的置信度为 0.95 的置信区间为________.

2. 设由来自正态总体 $X\sim N(\mu,0.9^2)$、容量为 9 的样本得样本均值 $\overline{x}=5$，则未知参数 μ 的置信度为 0.95 的置信区间是________.

3. 在天平上重复称量一质量为 a 的物品，假设各次称量结果相互独立且同服从正态分布 $N(a,0.2^2)$. 若以 $\overline{x}$ 表示 n 次称量结果的算术平均值，则为使

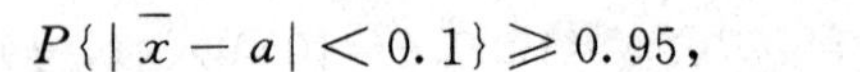

$$P\{|\bar{x}-a|<0.1\}\geqslant 0.95,$$

n 的最小值应不小于自然数________.

4. 设 $x_1,x_2,\cdots,x_n$ 是来自指数分布 $\Gamma(1,\lambda)$的样本,则 λ 的矩估计量为______.

5. 设 $x_1,x_2,\cdots,x_n$ 是来自正态分布 $N(10,\sigma^2)$的样本,则 σ^2 的矩估计量为______.

6. 设 $x_1,x_2,\cdots,x_n$ 是来自正态分布 $N(\mu,\sigma^2)$的样本,适当选择常数 C 使 $C\sum_{i=1}^{n-1}(x_{i+1}-x_i)^2$ 为 σ^2 的无偏估计量,则 $C=$______.

7. 设 $\hat{\theta}$ 是未知数 θ 的一个估计量,满足 $\mathrm{E}(\hat{\theta})=\theta$,则 $\hat{\theta}$ 称为 θ 的______估计量.

8. 设 $\hat{\theta}_1$ 和 $\hat{\theta}_2$ 是未知参数 θ 的两个______估计量,且满足 $\mathrm{D}(\hat{\theta}_1)<\mathrm{D}(\hat{\theta}_2)$,则称 $\hat{\theta}_1$ 比 $\hat{\theta}_2$ 有效.

9. 设 $x_1,x_2,\cdots,x_n$ 是来自总体 X 的样本,对总体方差 $\mathrm{D}(X)$进行估计时,常用的无偏估计量是______.

10. 在学过的内容中,矩估计和______是点估计的两种常用方法.

11. 设新生儿体重 X(单位: g)服从正态分布 $N(\mu,\sigma^2)$. 现测量 10 名新生儿体重,得数据如下:

3100, 3480, 2520, 3700, 2520,
3200, 2800, 3800, 3020, 3260.

(1) 求参数 μ 与 σ^2 的矩估计值;

(2) 求参数 σ^2 的一个无偏估计值.

12. 设随机变量 X 的概率密度是

$$f(x)=\begin{cases}\mathrm{e}^{-(x-\theta)}, & x\geqslant\theta,\\ 0, & x<\theta,\end{cases}$$

$x_1,x_2,\cdots,x_n$ 是来自总体 X 的样本,求 θ 的最大似然估计量与矩估计量.

13. 设某车间生产的滚珠直径(单位: mm)服从正态分布 $N(\mu,0.05)$. 现从某天的产品里随机抽取 5 个滚珠,测得直径如下:

14.6, 15.1, 14.9, 15.2, 15.1.

求置信度是 0.95 时,关于滚珠平均直径的置信区间.

14. 假设随机变量 X 服从正态分布 $N(\mu,2.8^2)$,现有 X 的 10 个观察值 $x_1,x_2,\cdots,x_{10}$,已知

$$\bar{x}=\frac{1}{10}\sum_{i=1}^{10}x_i=1500.$$

(1) 求 μ 的置信度是 0.95 的置信区间;

(2) 要想使 0.95 的置信区间长度小于 1,观察值个数 n 最少应取多少?

(3) 如果样本容量 $n=100$,那么区间 $[\bar{x}-1,\bar{x}+1]$ 作为 μ 的置信区间,其置信度是多少?

15. 岩石密度的测量结果 X 服从正态分布 $N(\mu,\sigma^2)$. 现抽取 12 个样品,测得

$$\sum_{i=1}^{12}x_i=32.1,\quad \sum_{i=1}^{12}x_i^2=89.92,$$

分别对(1) 已知 $\mu=2.7$ 与(2) μ 未知两种情形,求方差 σ^2 的置信区间($\alpha=10\%$).

§3 假设检验

内容提要

1. 统计假设

我们把关于总体(分布、特征、相互关系等)的论断称为**统计假设**,记作 H. 例如

(1) 对某一总体 X 的分布提出某种假设,如 H: X 服从正态分布,或 H: X 服从二项分布,等等;

(2) 对于总体 X 的分布参数提出某种假设,如 H: $\mu=\mu_0$,或 H: $\mu\leqslant\mu_0$,或 H: $\sigma^2=\sigma_0^2$,或 H: $\sigma^2\leqslant\sigma_0^2$,等等(其中 μ_0,σ_0^2 是已知数,μ,σ^2 是未知参数).

这种对总体分布的未知参数或分布类型提出的假设称为**原假设**或**零假设**,用 H_0 表示. 当对某个问题提出原假设 H_0 时,事实上也同时给出了另外一个假设,称为**备择假设**或**对立假设**,用 H_1 表示.

统计假设一般可以分成参数假设与非参数假设两种. **参数假设**是指在总体分布类型已知的情况下,关于未知参数的各种统计假设;**非参数假设**是指在总体分布类型不确知或完全未知的情况下,关于它的各种统计假设.

2. 检验准则与否定域

不论在哪种统计检验中,所谓对 H_0 进行检验,就是建立一个准则来考核样本,如样本值满足该准则我们就接受 H_0,否则就拒绝 H_0. 我们称这种准则为**检验准则**,或简称为**检验**.

由于一个样本值或者满足准则或者不满足准则,而没有其他可能,所以一个检验准则本质上就是将样本可能取值的集合 D(统称为样本空间)划分成两个部分 V 与 $\overline{V}$,即

$$V \cap \overline{V} = \varnothing, \quad V \cup \overline{V} = D.$$

检验方法如下:当样本值 $(x_1, x_2, \cdots, x_n) \in V$ 时,认为假设 H_0 不成立,从而否定 H_0(如 H_1 存在则判其成立,因此接受 H_1);相反,当 $(x_1, x_2, \cdots, x_n) \notin V$,即 $(x_1, x_2, \cdots, x_n) \in \overline{V}$ 时,认为 H_0 成立,从而接受 H_0(如 H_1 存在则判其不成立,因此否定 H_1). 通常我们称 V 为 H_0 **否定域**,$\overline{V}$ 为 H_0 的**接受域**.

3. 两类错误与检验水平

如果我们给出了某个检验准则,也就是给出了 D 的一个划分 V 与 $\overline{V}$. 由于样本本身是具有随机性的,因此当我们通过样本进行判断时,还是有可能犯以下**两类错误**的:

(1) 当 H_0 为真时,而样本值却落入了 V,按照我们规定的检验准则,应当否定 H_0. 这时,我们把客观上 H_0 成立判为 H_0 不成立(即否定了真实的假设),称这种错误为“**以真当假**”的错误或**第一类错误**,记 $\tilde{\alpha}$ 为犯此类错误的概率,即

$$P\{\text{否定 } H_0 | H_0 \text{ 为真}\} = \tilde{\alpha}.$$

(2) 当 H_1 为真时,而样本值却落入了 $\overline{V}$,按照我们规定的检验准则,应当接受 H_0. 这时,我们把客观上 H_0 不成立判为 H_0 成立(即接受了不真实的假设),称这种错误为“**以假当真**”的错误或**第二类错误**,记 $\tilde{\beta}$ 为犯此类错误的概率,即

$$P\{\text{接受 } H_0 | H_1 \text{ 为真}\} = \widetilde{\beta}.$$

在显著性检验中，我们把允许犯第一类错误的上界 α 称为**显著性水平**或**检验水平**.

4. 检验统计量

建立统计假设的检验准则本质上是要确定否定域 V. 一个好的统计检验准则，其否定域可以通过某个统计量 $K=K(x_1,x_2,\cdots,x_n)$ 来描述，即否定域 V 可表示为

$$V = \{(x_1,x_2,\cdots,x_n) | K(x_1,x_2,\cdots,x_n) \in R_\alpha\},$$

即 $(x_1,x_2,\cdots,x_n)\in V$ 与 $K(x_1,x_2,\cdots,x_n)\in R_\alpha$ 是等价的. 这里我们称 K 为检验统计量，也称 R_α 为**否定域**（或**拒绝域**），$\overline{R}_\alpha$ 为**相容域**.

一般情况下否定域 R_α 常以下面两种形式给出：一种是

$$R_\alpha = \{x | -\infty < x < \lambda_1 \text{ 或 } \lambda_2 < x < +\infty\},$$

我们把否定域是这种形式的检验叫做**双边检验**；另一种是

$$R_\alpha = \{x | \lambda < x < +\infty\}$$

或

$$R_\alpha = \{x | -\infty < x < \lambda\},$$

我们把否定域是这种形式的检验叫做**单边检验**.

5. 小概率原理

假设检验的统计思想是：概率很小的事件在一次试验中可以认为基本上是不会发生的，即**小概率原理**.

为了检验一个假设 H_0 是否成立，我们就先假定 H_0 是成立的，如果根据这个假定导致了一个不合理的事件发生，那就表明原来的假定 H_0 是不正确的，我们**拒绝接受** H_0；如果由此没有导出不合理的现象，则不能拒绝接受 H_0，我们称 H_0 是**相容**的.

这里所说的小概率事件就是事件 $\{K(x_1,x_2,\cdots,x_n)\in R_\alpha\}$，其概率就是检验水平 α，通常我们取 $\alpha=0.05$，有时也取 0.01 或 0.10.

6. 单个正态总体均值的假设检验法

设总体 $X\sim N(\mu,\sigma^2)$，从中取容量为 n 的样本：$x_1,x_2,\cdots,x_n$. 记

$$\bar{x}=\frac{1}{n}\sum_{i=1}^{n}x_i, \quad S^2=\frac{1}{n-1}\sum_{i=1}^{n}(x_i-\bar{x})^2.$$

6.1 已知方差，检验均值

关于单个正态总体当方差 $\sigma^2=\sigma_0^2$ 已知时，对于期望的检验一般使用 U 检验法(也称 Z 检验法)，其检验程序如下：

(1) 提出零假设，H_0：$\mu=\mu_0$(或 $\mu\leqslant\mu_0$)；

(2) 构造统计量

$$U=\frac{\bar{x}-\mu_0}{\sqrt{\frac{\sigma_0^2}{n}}};$$

(3) 对于检验水平 α 查标准正态分布表

$$\Phi(\lambda)=1-\frac{\alpha}{2}(\text{或 }\Phi(\lambda)=1-\alpha))$$

得到临界值 λ，其否定域 $R_\alpha=\{|u|>\lambda\}$(或$\{u>\lambda\}$)；

(4) 由样本值 $x_1,x_2,\cdots,x_n$ 计算统计量 U 的值 $\hat{U}$；

(5) 判断：当 $|\hat{U}|>\lambda$(或 $\hat{U}>\lambda$)时否定 H_0，否则认为 H_0 相容.

6.2 未知方差，检验均值

关于单个正态总体当方差未知时，对于期望的检验一般使用 t 检验法，其检验程序如下：

(1) 提出零假设，H_0：$\mu=\mu_0$(或 $\mu\leqslant\mu_0$)；

(2) 构造统计量

$$T=\frac{\bar{x}-\mu_0}{\sqrt{\frac{S^2}{n}}};$$

(3) 对于检验水平 α，查 $t\left(n-1,1-\frac{\alpha}{2}\right)$(或 $t(n-1,1-\alpha)$)，得到临界值 λ，其否定域 $R_\alpha=\{|t|>\lambda\}$(或$\{t>\lambda\}$)；

(4) 由样本值 $x_1,x_2,\cdots,x_n$，计算统计量 T 的值 $\hat{T}$；

(5) 判断：当 $|\hat{T}|>\lambda$(或 $\hat{T}>\lambda$)时，否定 H_0，否则认为 H_0 相容.

6.3 未知均值，检验方差

关于单个正态总体当均值未知时，对于方差的检验一般使用 χ^2 检验法，其检验程序如下：

(1) 提出零假设 H_0：$\sigma^2=\sigma_0^2$(或 $\sigma^2\leqslant\sigma_0^2$)；

(2) 构造统计量

$$W=\frac{(n-1)S^2}{\sigma_0^2};$$

(3) 对于检验水平 α 查 χ^2 分布临界值表

$$\chi^2\left(n-1,\frac{\alpha}{2}\right) \text{和} \chi^2\left(n-1,1-\frac{\alpha}{2}\right) (\text{或} \chi^2(n-1,1-\alpha))$$

得到临界值 λ_1,λ_2(或 λ),其否定域 $R_\alpha=\{(0,\lambda_1)\cup(\lambda_2,+\infty)\}$ 或 $(\{\lambda,+\infty\})$;

(4) 由样本值 $x_1,x_2,\cdots,x_n$ 计算统计量 W 的值 $\hat{W}$;

(5) 判断:当 $\hat{W}<\lambda_1$ 或 $\hat{W}>\lambda_2$(或 $\hat{W}>\lambda$)时否定 H_0,否则认为 H_0 相容.

下面列表说明单个正态总体的均值和方差的假设检验.

条件	假设 H_0	统计量	应查分布表	拒绝域
已知 $\sigma^2=\sigma_0^2$	$\mu=\mu_0$	$U=\dfrac{\overline{x}-\mu_0}{\dfrac{\sigma_0}{\sqrt{n}}}$	$\Phi(\lambda)=1-\dfrac{\alpha}{2}$	$\lvert u\rvert>\lambda$ 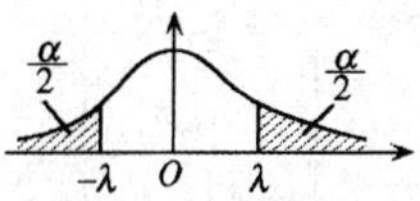
	$\mu\leqslant\mu_0$		$\Phi(\lambda)=1-\alpha$	$u>\lambda$ 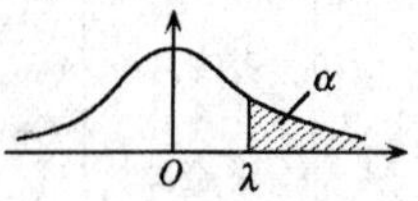
	$\mu\geqslant\mu_0$			$u<-\lambda$ 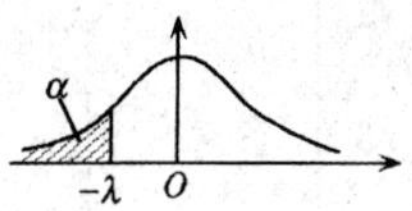

（续表）

条件	假设 H_0	统计量	应查分布表	拒绝域
σ^2 未知	$\mu=\mu_0$	$T=\frac{\bar{x}-\mu_0}{\frac{S}{\sqrt{n}}}$ 其中 S^2 为样本方差	$t\left(n-1,1-\frac{\alpha}{2}\right)$ $\Rightarrow\lambda$	$\lvert t\rvert>\lambda$ 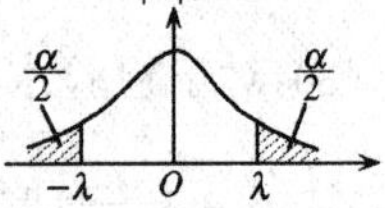
	$\mu\leqslant\mu_0$		$t(n-1,1-\alpha)$ $\Rightarrow\lambda$	$t>\lambda$ 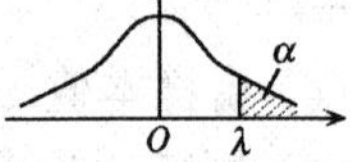
	$\mu\geqslant\mu_0$			$t<-\lambda$ 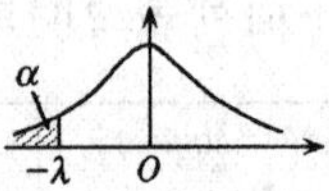
μ 未知	$\sigma^2=\sigma_0^2$	$W=\frac{(n-1)S^2}{\sigma_0^2}$	$\chi^2\left(n-1,\frac{\alpha}{2}\right)$ $\Rightarrow\lambda_1$ $\chi^2\left(n-1,1-\frac{\alpha}{2}\right)$ $\Rightarrow\lambda_2$	$0<w<\lambda_1$ 或 $w>\lambda_2$ 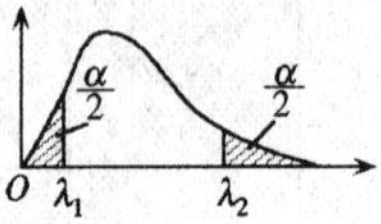
	$\sigma^2\leqslant\sigma_0^2$		$\chi^2(n-1,1-\alpha)$ $\Rightarrow\lambda$	$w>\lambda$ 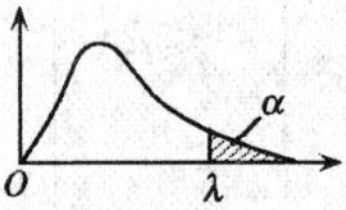
	$\sigma^2\geqslant\sigma_0^2$		$\chi^2(n-1,\alpha)$ $\Rightarrow\lambda$	$0<w<\lambda$ 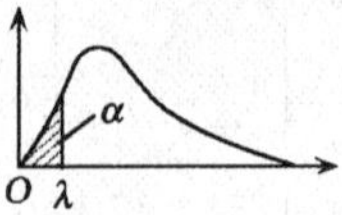

其中 u,t,w 分别是统计量 U,T,W 所对应且具有确定分布的样本函数.

典型例题分析

例 1 设 $x_1,x_2,\cdots,x_n$ 是来自正态总体 $N(\mu,\sigma^2)$的样本值,其中参数 μ 和 σ^2 未知.若计算出

$$\bar{x}=\frac{1}{16}\sum_{i=1}^{16}x_i=14.75,\quad \sum_{i=1}^{16}(x_i-\bar{x})^2=53.5,$$

则假设 H_0: $\mu=15$ 的 t 检验选用的 T 统计量的值 $T=$______.

解 由于在方差 σ^2 未知时,检验正态总体期望 μ 所选用的统计量为

$$T=\frac{\bar{x}-\mu_0}{S}\sqrt{n},$$

将 $\bar{x}=14.75,\mu_0=15,n=16,S^2=\frac{1}{15}\sum\limits_{i=1}^{16}(x_i-\bar{x})^2=\frac{53.5}{15}$(得到 $S=1.89$)代入上述统计量公式,得 $T=-0.53$.

例 2 假设某厂生产的缆绳,其抗拉强度 X 服从正态分布 $N(10600,82^2)$,现在从改进工艺后生产的一批缆绳中随机抽取 10 根,测量其抗拉强度,算得样本均值 $\bar{x}=10653$,方差 $S^2=6992$.当显著水平 $\alpha=0.05$ 时,能否据此样本认为

(1) 新工艺生产的缆绳抗拉强度比过去生产的缆绳抗拉强度有无显著提高?

(2) 新工艺生产的缆绳抗拉强度,其方差有无显著变化?

解 (1) 本题要检验假设 H_0: $\mu\leqslant\mu_0=10600$.选取统计量

$$T=\frac{\bar{x}-10600}{S}\sqrt{n}.$$

当 $\mu=10600$ 时, $T\sim t(9)$.

对于 $\alpha=0.05$,查 t 分布分位数表(附表 2)知 $P\{t\geqslant1.833\}=0.05$,即 $\lambda=1.833$.于是得到拒绝域为 $R=\{t\geqslant1.833\}$.计算统计量的值

$$T=\frac{10653-10600}{\sqrt{6992}}\sqrt{10}=2>1.833,$$

故拒绝 H_0,即认为新工艺生产的缆绳抗拉强度有较显著提高.

(2) 本题要检验假设 H_0: $\sigma^2=\sigma_0^2=82^2$.选取统计量

$$W=\frac{(n-1)S^2}{\sigma_0^2}=\frac{9S^2}{82^2}.$$

当 $\sigma^2=82^2$ 时，$W\sim\chi^2(9)$.

对于 $\alpha=0.05$，查 χ^2 分布分位数表(附表 3)知

$$P\{w\leqslant 2.7\}=P\{w\geqslant 19.02\}=0.025,$$

即
$$\lambda_1=2.7,\quad \lambda_2=19.02,$$

得到拒绝域为

$$R=\{0<w\leqslant 2.7 \text{ 或 } w\geqslant 19.02\}.$$

计算统计量的值

$$W=\frac{9\times 6992}{82^2}=9.36\notin R,$$

故接受 H_0，即不能认为新工艺生产的缆绳抗拉强度的方差比旧工艺有显著变化.

例 3 假设随机变量 X 服从正态分布 $N(\mu,1)$，$x_1,x_2,\cdots,x_{10}$是来自 X 的 10 个观察值，要在 $\alpha=0.05$ 的水平下检验

$$H_0:\ \mu=\mu_0=0,\quad H_1:\ \mu\neq 0,$$

取拒绝域为 $R=\{|\overline{x}|\geqslant c\}$.

(1) 求 c.

(2) 若已知 $\overline{x}=1$，是否可以据此样本推断 $\mu=0(\alpha=0.05)$.

(3) 如果以 $R=\{|\overline{x}|\geqslant 1.15\}$作为该检验 H_0: $\mu=0$ 的拒绝域，试求检验的显著水平 α.

解 (1) 提出假设 H_0: $\mu=\mu_0=0$, H_1: $\mu\neq 0$. 选取统计量

$$U=\frac{\overline{x}-\mu_0}{\sigma_0}\sqrt{n}=\sqrt{10}\overline{x}.$$

当 $\mu=0$ 时，U 服从分布 $N(0,1)$.

对于 $\alpha=0.05$，查正态分布分位数表(附表 1)，可知 $P\{|u|\geqslant 1.96\}=0.05$，因此拒绝域

$$R=\{|u|\geqslant 1.96\}=\{|\sqrt{10}\overline{x}|\geqslant 1.96\}=\{|\overline{x}|\geqslant 0.62\},$$

即 $c=0.62$.

(2) 对于 $\overline{x}=1>0.62$，即 $\overline{x}\in R$，因此不能据此样本推断 $\mu=0$.

(3)
$$\begin{aligned}P\{|\overline{x}|\geqslant 1.15\}&=P\{|\sqrt{10}\overline{x}|\geqslant 1.15\sqrt{10}\}\\&=1-P\{|\sqrt{10}\overline{x}|\leqslant 1.15\sqrt{10}\}\\&=1-[2\Phi(3.64)-1]=0.0003.\end{aligned}$$

由于检验的显著水平 α 就是在 $\mu=0$ 成立时拒绝 H_0 的概率，因此所求的显著水平 α 为

$$\alpha = P\{U \in R\} = P\{|\sqrt{10}\bar{x}| \geqslant 1.15\sqrt{10}\} = 0.0003.$$

习　题　2.3

1. 设 $x_1, x_2, \cdots, x_n$ 是从正态总体 $N(\mu, \sigma^2)$ 中抽得的样本，且已知 $\sigma^2=\sigma_0^2$. 现检验假设 H_0: $\mu=\mu_0$，则当______时，$\dfrac{\sqrt{n}(\bar{x}-\mu_0)}{\sigma_0}$ 服从 $N(0,1)$.

2. 设样本 $x_1, x_2, \cdots, x_n$ 来自 $N(\mu, \sigma^2)$，且 $\sigma^2=1.69$，则对检验 H_0: $\mu=35$，采用统计量是______.

3. 某纺织厂生产维尼纶. 在稳定生产情况下，纤度服从 $N(\mu, 0.048^2)$ 分布. 现抽测 5 根，我们可以用______检验法检验这批纤度的方差有无显著变化.

4. 设总体 $X \sim N(\mu, \sigma^2)$，且 σ^2 未知，用样本检验假设 H_0: $\mu=\mu_0$ 时，可采用统计量______.

5. 设 $x_1, x_2, \cdots, x_n$ 是来自正态总体 $N(\mu, \sigma^2)$ 的样本，其中参数 μ 和 σ 未知，记 $\bar{x}=\dfrac{1}{n}\sum\limits_{i=1}^{n}x_i$，$Q^2=\sum\limits_{i=1}^{n}(x_i-\bar{x})^2$，则假设 H_0: $\mu=0$ 的 t 检验使用统计量______.

6. 假设按某种工艺生产的金属纤维的长度 X(单位：mm)服从正态分布 $N(5.2, 0.16)$. 现在随机抽出 15 根纤维，测得它们的平均长度 $\bar{x}=(x_1+\cdots+x_{15})/15=5.4$. 如果估计方差没有变化，可否认为现在生产的纤维平均长度仍为 5.2 mm($\alpha=0.05$).

7. 某地 9 月份气温 $X \sim N(\mu, \sigma^2)$，观察 9 天，得 $\bar{x}=30$℃，$S=0.9$℃.

(1) 求此地 9 月份平均气温的置信区间(置信度 $1-\alpha=0.95$)；

(2) 能否据此样本认为该地区 9 月份平均气温为 31.5℃($\alpha=0.05$)?

(3) 从(1)与(2)可以得出什么结论?

8. 正常成年人的脉搏 X(单位：次/分)平均为 72，今对某种疾

病患者10人，测其脉搏为

54， 68， 65， 77， 70， 64， 69， 72， 62， 71.

假设人的脉搏次数 X 服从正态分布，试就显著水平 $\alpha=0.05$，检验患者脉搏与正常人脉搏有无显著差异.

9. 环境保护条例规定，在排放的工业废水中，某有害物质含量不得超过0.05%. 现取5份水样，测定该有害物质含量，得如下数据：

0.0530%， 0.0542%， 0.0510%， 0.0495%， 0.0515%.

能否据此抽样结果说明该有害物质含量超过了规定($\alpha=0.05$)?

习题解答与分析

第一部分　微　积　分

习　题　1.1

1. 答案是：$\dfrac{1}{x^2+2}$，$(-\infty,+\infty)$.

分析　对原式整理，有

$$f\left(x-\frac{1}{x}\right)=\frac{1}{x^2+\frac{1}{x^2}}=\frac{1}{\left(x-\frac{1}{x}\right)^2+2},$$

从而知 $f(x)=\dfrac{1}{x^2+2}$，则 $f(x)$的定义域为$(-\infty,+\infty)$.

2. 答案是：$\dfrac{x+1}{x-1}$.

分析　由 $f(x^2-1)=\lg\dfrac{x^2-1+1}{x^2-1-1}$，知 $f(x)=\lg\dfrac{x+1}{x-1}$，从而

$$f[\varphi(x)]=\lg\frac{\varphi(x)+1}{\varphi(x)-1}=\lg x.$$

解得 $\varphi(x)=\dfrac{x+1}{x-1}$.

3. 答案是：$\dfrac{x}{x+1}$.

分析　由 x 与$\dfrac{1}{x}$为互为倒数关系，于是将式中 x 与$\dfrac{1}{x}$替换有

$$f(x)+2x^2f\left(\frac{1}{x}\right)=\frac{2x^2+x}{x+1}.$$

与原方程联立方程组，从而解得 $f(x)=\dfrac{x}{x+1}$.

4. 答案是：-3.

分析　由

$$f[f(x)]=\frac{a\left(\dfrac{ax}{2x+3}\right)}{2\left(\dfrac{ax}{2x+3}\right)+3}=\frac{a^2x}{(2a+6)x+9}=x$$

解得 $a=-3$.

5. 答案是：$f(x)=\begin{cases}-x^2-5x, & x<-1,\\ 3x^2-x, & -1\leqslant x<3,\\ x^2+5x, & x\geqslant 3.\end{cases}$

分析　当 $x<-1$ 时，$f(x)=-x(2x+2-x+3)=-x^2-5x$；

当 $-1\leqslant x<3$ 时，$f(x)=x(2x+2-3+x)=3x^2-x$；

当 $x\geqslant 3$ 时，$f(x)=x(2x+2-x+3)=x^2+5x$.

因此
$$f(x)=\begin{cases}-x^2-5x, & x<-1,\\ 3x^2-x, & -1\leqslant x<3,\\ x^2+5x, & x\geqslant 3.\end{cases}$$

6. 答案是：0.

分析　令 $x=y=1$，有 $f(1)=0$. 再令 $y=\dfrac{1}{x}$ 代入等式，有
$$f(x)+f\left(\frac{1}{x}\right)=f(1)=0.$$

7. 答案是：$\dfrac{1}{2}\log_2\dfrac{1+x}{1-x}$，$x\in(-1,1)$.

分析　依题意，即求已知函数的反函数. 求解原曲线方程得
$$x=\frac{1}{2}\log_2\frac{1+y}{1-y},$$
从而知，所求曲线方程为 $g(x)=\dfrac{1}{2}\log_2\dfrac{1+x}{1-x}$，且定义域为 $(-1,1)$.

8. 答案是：$-8<a\leqslant 4$.

分析　$a=0$ 时，$y=4x>0$ 满足条件. 当 $a\neq 0$ 时，可借助直观求解. 如图 1.1，当 $a>0$ 时，要使 $f(x)>0$，只要曲线与 x 轴交点 $x^*=\dfrac{2(a-4)}{3a}\leqslant 0$；当 $a<0$ 时，要使 $f(x)$ 在 $(0,1]$ 上为正，必须 $x^*=\dfrac{2(a-4)}{3a}>1$. 求解不等式可得 $-8<a\leqslant 4$.

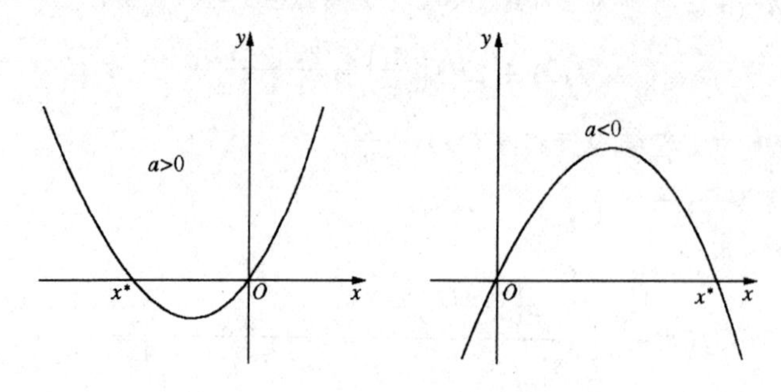

图　1.1

9. 答案是：$(-1,+\infty)$.

分析 $f(x)$的值域即为$f^{-1}(x)$的定义域.由于$f^{-1}(x)$的定义域为$(-1,+\infty)$，故有答案$(-1,+\infty)$.

10. 答案是：$[1-\sqrt{5},1-\sqrt{3}]$.

分析 因$y=\arcsin u$单调增，要找$y=\arcsin(x^2-2x-3)$的单调减区间只要找x^2-2x-3的单调减区间.设为$[x_1,x_2]$，其中x_1,x_2分别由方程$x^2-2x-3=1$和$x^2-2x-3=-1$解得，即$x_1=1-\sqrt{5}$，$x_2=1-\sqrt{3}$.

11. (1) 要使函数有意义，必须满足以下两个条件：

$$\begin{cases}\dfrac{1+x}{1-x}\geqslant 0,\\ 1-x\neq 0,\end{cases}$$

即
$$\text{(I)}\begin{cases}1+x\geqslant 0,\\ 1-x\geqslant 0,\\ 1-x\neq 0,\end{cases}\quad\text{或}\quad\text{(II)}\begin{cases}1+x\leqslant 0,\\ 1-x\leqslant 0,\\ 1-x\neq 0.\end{cases}$$

不等式组(I)的解为$-1\leqslant x<1$，而不等式(II)无解，所以函数的定义域为$[-1,1)$.

(2) 要使函数有意义，必须满足

$$\begin{cases}x-1\geqslant 0,\\ x-2\neq 0,\\ 4-x>0,\end{cases}\quad\text{即}\quad\begin{cases}x\geqslant 1,\\ x\neq 2,\\ x<4,\end{cases}$$

所以函数的定义域为$[1,2)\cup(2,4)$.

(3) 要使函数有意义，必须满足

$$\sin x-\cos x\neq 0,\quad\text{即}\quad\tan x\neq 1,$$

亦即
$$x\neq n\pi+\frac{\pi}{4}\quad(n=0,\pm 1,\pm 2,\cdots),$$

所以函数的定义域为$\left(n\pi+\dfrac{\pi}{4},(n+1)\pi+\dfrac{\pi}{4}\right)$，其中$n=0,\pm1,\pm2,\cdots$.

(4) 要使函数有意义，其中$\sqrt{x^2-x-6}$要求满足$x^2-x-6\geqslant 0$，即

$$(x+2)(x-3)\geqslant 0,$$

只要$\begin{cases}x+2\geqslant 0,\\ x-3\geqslant 0,\end{cases}$即$\begin{cases}x\geqslant -2,\\ x\geqslant 3,\end{cases}$即$x\geqslant 3$；或$\begin{cases}x+2\leqslant 0,\\ x-3\leqslant 0,\end{cases}$即$\begin{cases}x\leqslant -2,\\ x\leqslant 3,\end{cases}$即$x\leqslant -2$，而$\arcsin\dfrac{2x-1}{7}$要求满足$-1\leqslant\dfrac{2x-1}{7}\leqslant 1$，只要$\begin{cases}2x-1\leqslant 7,\\ 2x-1\geqslant -7,\end{cases}$即$\begin{cases}x\leqslant 4,\\ x\geqslant -3,\end{cases}$亦即$-3\leqslant x\leqslant 4$.所以函数的定义域为

$$[-3,-2]\cup[3,4].$$

12. 解 令$\sqrt[3]{x}+1=t$,则有$x=(t-1)^3$,且

$$f(t)=(t-1)^3-1=t^3-3t^2+3t-2.$$

将t换作x,可得

$$f(x)=x^3-3x^2+3x-2.$$

13. 解 因为$f(x)=\begin{cases}0, & x<0,\\ 1, & x\geqslant 0,\end{cases}$所以

$$f(x+1)=\begin{cases}0, & x<-1,\\ 1, & x\geqslant -1.\end{cases}$$

当$x<-1$时,$f(x)+f(x+1)=0+0=0$;

当$-1\leqslant x<0$时,$f(x)+f(x+1)=0+1=1$;

当$x\geqslant 0$时,$f(x)+f(x+1)=1+1=2$.

因此可得

$$f(x)+f(x+1)=\begin{cases}0, & x<-1,\\ 1, & -1\leqslant x<0,\\ 2, & x\geqslant 0.\end{cases}$$

14. 证 根据周期函数的性质,任何两个相邻的零点之间是等距离的.由于$y=\sin\sqrt{x}$,它的零值点为$x_n=(n\pi)^2,n=0,1,2,\cdots$,可知

$$x_{n+1}-x_n=[(n+1)\pi]^2-(n\pi)^2=\pi^2(2n+1).$$

显然,$x_{n+1}-x_n$随n的增大而增大,因此,相邻的零值点之间不是等距离的.故$\sin\sqrt{x}$不是周期函数.

15. 分析 要证明$y=f(x)(x\in X,y\in Y)$有反函数存在,即要证明对于Y中的任意一个y_0,X内都有一个x_0,使得$f(x_0)=y_0$,并且只有一个这样的x_0存在.下面我们首先证明x_0是存在的,然后再证明x_0是惟一的.

证 令$y=f(x)(x\in X,y\in Y)$在X上是单调的,不妨假设$f(x)$在X上是递增函数,即对于任意的$x_1,x_2\in X$,若$x_1<x_2$,则$f(x_1)<f(x_2)$.

存在性 对于任意的$y_0\in Y$,由于$y=f(x)$,所以至少存在一个$x_0\in X$,使得$f(x_0)=y_0$.

惟一性 用反证法.设存在一个$y_0\in Y$,使得$x_1,x_2\in X$(不妨假设$x_1<x_2$)满足$f(x_1)=y_0$和$f(x_2)=y_0$,于是有$f(x_1)=y_0=f(x_2)$,即对于$x_1<x_2$,有$f(x_1)=f(x_2)$.这与函数$y=f(x)$是递增函数相矛盾.这说明不存在这样的$y_0\in Y$,使得有两个或两个以上的$x\in X$同时满足$f(x)=y_0$.

综上所述,对于任意的$y_0\in Y$,有一个而且只有一个$x_0\in X$,使得$f(x_0)=y_0$.由反函数的定义可知,$x=f^{-1}(y)(y\in Y)$是存在的.

16. 分析 求反函数,即由方程$y=f(x)$解出$x=f^{-1}(y)$,再互换x与y得

到 $y=f^{-1}(x)$，具体求解应分段处理.

解 当 $x<1$ 时，$f(x)=x\in(-\infty,1)$，即有 $x=y$，从而 $f^{-1}(x)=x$，$x\in(-\infty,1)$；当 $1\leqslant x<4$ 时，$f(x)=x^2\in[1,16)$，即有 $x=\sqrt{y}$，从而 $f^{-1}(x)=\sqrt{x}$，$x\in[1,16)$；当 $x\geqslant 4$ 时，$f(x)=2^x\in[16,+\infty)$，即有 $x=\log_2 y$，从而 $f^{-1}(x)=\log_2 x$，$x\in[16,+\infty)$. 因此有

$$f^{-1}(x)=\begin{cases}x, & x<1,\\ \sqrt{x}, & 1\leqslant x<16,\\ \log_2 x, & x\geqslant 16.\end{cases}$$

17. 解 设总造价为 y，底边长 x，高 h，容积 V，面积 S，则

$$V=x^2h,\quad h=\frac{V}{x^2},$$

$$S=4xh+x^2=\frac{4V}{x}+x^2,\quad y=2x^2+\frac{4V}{x},$$

此函数的定义域为 $(0,+\infty)$.

18. 解 (1) 设 $f_1(x)$ 表示将 x 美元兑换成加拿大元数，$f_2(x)$ 表示将加拿大元兑换成美元数，则

$$f_1(x)=x+x\cdot 12\%=1.12x,\quad x\geqslant 0,$$

$$f_2(x)=x-x\cdot 12\%=0.88x,\quad x\geqslant 0,$$

$$f_2[f_1(x)]=0.88\times 1.12x=0.9856x<x.$$

由反函数的性质

$$f[f^{-1}(x)]=x$$

可知，f_1,f_2 不互为反函数.

(2) 由(1)得到

$$f_2[f_1(x)]=0.9856x,$$

现在 $x=10000$，则

$$f_2[f_1(x)]=9856.$$

因为 $\qquad$ 10000 美元 − 9856 美元 = 144 美元，

故此人亏损，亏损值为 144 美元.

习 题 1.2

1. 答案是：6.

分析 由于 $\lim\limits_{n\to\infty}(2k)^{\frac{1}{n}}=(2k)^0=1$，$k=1,2,\cdots,6$，所以

$$原极限=1+1+\cdots+1=6.$$

2. 答案是：-1.

分析 对于数列 x_n，总有 $\lim\limits_{n\to\infty}x_n=\lim\limits_{n\to\infty}x_{n+N}$. 本题从 201 项开始，$x_ny_n\equiv-1$，故

$$\lim_{n\to\infty}x_ny_n=\lim_{n\to\infty}x_{n+201}y_{n+201}=-1.$$

3. 答案是：任意实数；0.

分析 分段处极限只考虑 $x\to0$ 时的左右极限，由于

$$\lim_{x\to0+0}f(x)=\lim_{x\to0+0}\sqrt[3]{ax+b}=\sqrt[3]{b}\,,\quad \lim_{x\to0-0}f(x)=\lim_{x\to0-0}2^{\frac{1}{x}}=0,$$

从而可知，当 $\lim\limits_{x\to0+0}f(x)=\lim\limits_{x\to0-0}f(x)$，即 $b=0$ 时，$f(x)$的极限存在，a 取任意实数.

4. 答案是：$0-0,1,k\pi\ (k=1,2,\cdots);0+0$.

分析 分段函数求极限，可以从左到右，依次分段讨论，有 $\lim\limits_{x\to0-0}2^{\frac{1}{x}}=0$，$\lim\limits_{x\to0+0}\lg x=\infty$，$\lim\limits_{x\to1-0}\lg x=\lim\limits_{x\to1+0}(x-1)=0$，$\lim\limits_{x\to k\pi}x\sin x=0\ (k=1,2,\cdots)$，因此归纳有对应答案.

5. 答案是：$\dfrac{5}{2}$.

分析 由 $\lim\limits_{x\to\infty}f(x)$存在知 $\lim\limits_{x\to\infty}[4f(x)+5]$存在，从而知 $\lim\limits_{x\to\infty}xf(x)$存在. 于是必有 $\lim\limits_{x\to\infty}f(x)=0$. 因此 $\lim\limits_{x\to\infty}2xf(x)=\lim\limits_{x\to\infty}[4f(x)+5]=5$，即 $\lim\limits_{x\to\infty}xf(x)=\dfrac{5}{2}$.

6. 答案是：-6.

分析 由已知 $\sin6x+xf(x)=o(x^3)$，从而

$$f(x)=-\frac{\sin6x}{x}+o(x^2),$$

则有

$$\lim_{x\to0}f(x)=-6.$$

7. 答案是：$p\neq3q$；$p=5,q=\dfrac{5}{3}$.

分析 通分后 $f(x)=\dfrac{(p-3q)x^2-(3q-5)x+3}{x+1}$，于是 $x\to+\infty$ 时，若 $f(x)\to\infty$，必有 $p-3q\neq0$，即 $p\neq3q$；若 $f(x)\to0$，则 $p-3q=0$ 且 $3q-5=0$，即 $p=5,q=\dfrac{5}{3}$.

8. 答案是：-1；-2.

分析 由已知 $\lim\limits_{x\to\infty}\left(\dfrac{x}{1+x}+a-\dfrac{b}{x}\right)=0$，得 $a=-1$，从而

$$b=-1+\lim_{x\to\infty}\left(\frac{x^2}{1+x}-x\right)=-1+\lim_{x\to\infty}\frac{-x}{1+x}=-2.$$

9. 答案是：1.

分析 当 $x\to\infty$时,$\sin\dfrac{x-1}{x^2+1}\sim\dfrac{1}{x}$,于是

$$\lim_{x\to\infty}\frac{x^3-1}{x^2+2}\sin\frac{x-1}{x^2+1}=\lim_{x\to\infty}\frac{x^3-1}{x(x^2+2)}=1.$$

10. 答案是:$\begin{cases}e^{-\frac{1}{x}}, & x\neq 0,\\ 0, & x=0.\end{cases}$

分析 式中含参数 x,当 $x\neq 0$ 时,有

$$\lim_{t\to+\infty}\left(\frac{xt+1}{xt+2}\right)^t=\lim_{t\to+\infty}\frac{\left(1+\dfrac{1}{xt}\right)^t}{\left(1+\dfrac{2}{xt}\right)^t}=\frac{e^{\frac{1}{x}}}{e^{\frac{2}{x}}}=e^{-\frac{1}{x}};$$

当 $x=0$ 时,$\lim\limits_{t\to+\infty}\left(\dfrac{xt+1}{xt+2}\right)^t=\lim\limits_{t\to+\infty}\left(\dfrac{1}{2}\right)^t=0$. 所以

$$\lim_{t\to+\infty}\left(\frac{xt+1}{xt+2}\right)^t=\begin{cases}e^{-\frac{1}{x}}, & x\neq 0,\\ 0, & x=0.\end{cases}$$

11. 答案是:$\begin{cases}-1, & 0<|x|<1,\\ 1, & |x|>1,\\ 0, & x=1.\end{cases}$

分析 式中含参数 x,当 $|x|>1$ 时,$x^n\to\infty$,$x^{-n}\to 0$,原极限$=1$;当 $0<|x|<1$ 时,$x^n\to 0$,$x^{-n}\to\infty$,原极限$=-1$. 故有

$$\lim_{n\to\infty}\frac{x^n-x^{-n}}{x^n+x^{-n}}=\begin{cases}-1, & 0<|x|<1,\\ 1, & |x|>1,\\ 0, & x=1.\end{cases}$$

12. 解 (1) 对于 $n\geqslant 2$,我们有

$$\begin{aligned}2^n&=(1+1)^n\\&=1+n+\frac{n(n-1)}{2!}+\frac{n(n-1)(n-2)}{3!}+\cdots+1\\&\geqslant 1+n+\frac{n^2}{2}+\cdots+1\geqslant\frac{n^2}{2},\end{aligned}$$

故

$$0<\frac{n}{2^n}<\frac{n}{\dfrac{n^2}{2}}=\frac{2}{n}.$$

由于 $\lim\limits_{n\to\infty}\dfrac{2}{n}=0$,根据两边夹原理,则有 $\lim\limits_{n\to\infty}\dfrac{n}{2^n}=0$.

(2) **分析** 此题用观察法. 由于分母和分子的 x 的最高次数都是 5,因此在 $x\to\infty$时,它的极限为分子和分母 x 的最高次项的系数的比,即

$$\lim_{x\to\infty}\frac{(x+1)(x+2)(x+3)(x+4)(x+5)}{(4x-1)^5}=\frac{1}{4^5}=\frac{1}{1024}.$$

(3) **分析** 此题主要是对分子、分母同时乘以一项,从而利用立方差的公式,使分子有理化.

$$\lim_{x\to\infty}(\sqrt[3]{x^3-5x^2+1}-x)$$

$$=\lim_{x\to\infty}\frac{(\sqrt[3]{x^3-5x^2+1}-x)[(\sqrt[3]{x^3-5x^2+1})^2+x\sqrt[3]{x^3-5x^2+1}+x^2]}{(\sqrt[3]{x^3-5x^2+1})^2+x\sqrt[3]{x^3-5x^2+1}+x^2}$$

$$=\lim_{x\to\infty}\frac{-5x^2+1}{(x^3-5x^2+1)^{2/3}+x(x^3-5x^2+1)^{1/3}+x^2}$$

$$=\lim_{x\to\infty}\frac{-5+\frac{1}{x^2}}{\left(1-\frac{5}{x}+\frac{1}{x^3}\right)^{2/3}+\left(1-\frac{5}{x}+\frac{1}{x^3}\right)^{1/3}+1}=-\frac{5}{3}.$$

(4) **分析** 此题应用三角函数的和差化积公式,然后再利用无穷小量乘上有界变量仍是无穷小量这个极限的性质.

$$\lim_{x\to+\infty}[\sin\ln(x+1)-\sin\ln x]$$

$$=\lim_{x\to+\infty}2\sin\frac{\ln(x+1)-\ln x}{2}\cos\frac{\ln(x+1)+\ln x}{2}$$

$$=2\lim_{x\to+\infty}\sin\frac{\ln\left(1+\frac{1}{x}\right)}{2}\cos\frac{\ln x(x+1)}{2}=0.$$

13. 解 (1) $\lim\limits_{x\to\infty}\dfrac{\sin x^2+x}{\cos x^2-x}=\lim\limits_{x\to\infty}\dfrac{\frac{1}{x}\sin x^2+1}{\frac{1}{x}\cos x^2-1}=\dfrac{0+1}{0-1}=-1.$

(2) $$\lim_{x\to+\infty}(\sqrt{x^2+x}-\sqrt{x^2-1})=\lim_{x\to+\infty}\frac{x^2+x-x^2+1}{\sqrt{x^2+x}+\sqrt{x^2-1}}$$

$$=\lim_{x\to+\infty}\frac{x+1}{\sqrt{x^2+x}+\sqrt{x^2-1}}$$

$$=\lim_{x\to+\infty}\frac{1+\frac{1}{x}}{\sqrt{1+\frac{1}{x}}+\sqrt{1-\frac{1}{x^2}}}=\frac{1}{2}.$$

(3) $$\lim_{x\to-\infty}x(\sqrt{1+x^2}+x)=\lim_{x\to-\infty}\frac{x(1+x^2-x^2)}{\sqrt{1+x^2}-x}=\lim_{x\to-\infty}\frac{x}{\sqrt{1+x^2}-x}$$

$$=\lim_{x\to-\infty}\frac{1}{-\sqrt{\frac{1}{x^2}+1}-1}=-\frac{1}{2}.$$

(4) $$\lim_{x\to-2}\left(\frac{1}{x+2}-\frac{12}{x^3+8}\right)=\lim_{x\to-2}\frac{x^2-2x+4-12}{x^3+8}$$

$$=\lim_{x\to -2}\frac{(x+2)(x-4)}{(x+2)(x^2-2x+4)}=\lim_{x\to -2}\frac{x-4}{x^2-2x+4}$$

$$=\frac{-6}{12}=-\frac{1}{2}.$$

(5) $\lim\limits_{x\to\infty}x\sin\dfrac{\pi}{x}=\lim\limits_{x\to\infty}\dfrac{\pi\sin\dfrac{\pi}{x}}{\dfrac{\pi}{x}}=\pi\lim\limits_{x\to\infty}\dfrac{\sin\dfrac{\pi}{x}}{\dfrac{\pi}{x}}=\pi\times 1=\pi.$

(6) $\lim\limits_{x\to 1}\dfrac{\sin(x-1)}{x^2-3x+2}=\lim\limits_{x\to 1}\dfrac{\sin(x-1)}{(x-2)(x-1)}=\lim\limits_{x\to 1}\dfrac{1}{x-2}\lim\limits_{x\to 1}\dfrac{\sin(x-1)}{x-1}$

$$=-1\times 1=-1.$$

(7) 考虑到

$$\cos\sqrt{x+1}-\cos\sqrt{x}$$
$$=-2\sin\frac{\sqrt{x+1}+\sqrt{x}}{2}\cdot\sin\frac{\sqrt{x+1}-\sqrt{x}}{2}.$$

因为

$$\left|-2\sin\frac{\sqrt{x+1}+\sqrt{x}}{2}\right|\leqslant 2,$$

故 $2\sin\dfrac{\sqrt{x+1}+\sqrt{x}}{2}$ 为有界函数. 而

$$0\leqslant\left|\sin\frac{\sqrt{x+1}-\sqrt{x}}{2}\right|<\left|\frac{\sqrt{x+1}-\sqrt{x}}{2}\right|$$

$$=\frac{1}{2(\sqrt{x+1}+\sqrt{x})}\to 0,\quad 当 x\to+\infty,$$

故
$$\lim_{x\to+\infty}\sin\frac{\sqrt{x+1}-\sqrt{x}}{2}=0,$$

因此
$$\lim_{x\to+\infty}(\cos\sqrt{x+1}-\cos\sqrt{x})=0.$$

这里用到了不等式:

$$|\sin x|\leqslant |x|,\quad x\in(-\infty,+\infty).$$

(8) 利用和差化积公式得

$$\frac{\cos x-\cos 3x}{x^2}=\frac{2\sin 2x\sin x}{2x\cdot x}\cdot 2.$$

再利用 $\lim\limits_{x\to 0}\dfrac{\sin x}{x}=1$ 得

$$\lim_{x\to 0}\frac{\cos x-\cos 3x}{x^2}=4\lim_{x\to 0}\frac{\sin 2x}{2x}\cdot\lim_{x\to 0}\frac{\sin x}{x}=4.$$

(9) 作变量替换,令 $t=x-\pi$,将 $x\to\pi$ 化为 $t\to 0$ 得

$$\lim_{x\to\pi}\frac{\sin mx}{\sin nx}=\lim_{t\to 0}\frac{\sin(mt+m\pi)}{\sin(nt+n\pi)}=(-1)^{m-n}\lim_{t\to 0}\frac{\sin mt}{\sin nt}$$
$$=(-1)^{m-n}\lim_{t\to 0}\frac{\sin mt}{mt}\cdot\frac{nt}{\sin nt}\cdot\frac{m}{n}$$
$$=(-1)^{m-n}\frac{m}{n}.$$

(10) 考虑到

$$\left(\frac{x^2+1}{x^2-2}\right)^{x^2}=\left(1+\frac{3}{x^2-2}\right)^{x^2},$$

令$\frac{x^2-2}{3}=u$,则 $x^2=3u+2$,于是

$$\left(\frac{x^2+1}{x^2-2}\right)^{x^2}=\left(1+\frac{1}{u}\right)^{3u+2},$$

因此 $$\lim_{x\to\infty}\left(\frac{x^2+1}{x^2-2}\right)^{x^2}=\lim_{u\to\infty}\left[\left(1+\frac{1}{u}\right)^{3u}\cdot\left(1+\frac{1}{u}\right)^{2}\right]=\mathrm{e}^3.$$

14. 解 这是分段函数,在讨论不同表达式的交界点处的极限时需要分别考虑左、右极限.

(1) 由于

$$\lim_{x\to 1-0}f(x)=\lim_{x\to 1-0}(x^2+2x-3)=0,\quad \lim_{x\to 1+0}f(x)=\lim_{x\to 1+0}x=1,$$

即 $$\lim_{x\to 1-0}f(x)\neq\lim_{x\to 1+0}f(x),$$

所以 $\lim\limits_{x\to 1}f(x)$不存在.

(2) 由于

$$\lim_{x\to 2-0}f(x)=\lim_{x\to 2-0}x=2,\quad \lim_{x\to 2+0}f(x)=\lim_{x\to 2+0}(2x-2)=2,$$

即左、右极限存在且相等,所以 $\lim\limits_{x\to 2}f(x)$存在且 $\lim\limits_{x\to 2}f(x)=2$.

(3) 当 $x\geqslant 2$ 时,$f(x)$是 x 的线性函数,故 $\lim\limits_{x\to 3}f(x)$存在,且

$$\lim_{x\to 3}f(x)=\lim_{x\to 3}(2x-2)=4.$$

15. 解 (1) 考虑到

$$\lim_{x\to 0}\frac{x+\sin x^2}{x}=\lim_{x\to 0}\left(1+\frac{\sin x^2}{x}\right)=\lim_{x\to 0}\left(1+\frac{x\sin x^2}{x^2}\right)$$
$$=1+0=1,$$

因此 $x+\sin x^2$ 与 x 是等价无穷小量.

(2) 考虑到

$$\lim_{x\to 0}\frac{\sqrt{x}+\sin x}{x}=\lim_{x\to 0}\left(\frac{\sqrt{x}}{x}+\frac{\sin x}{x}\right)=\infty,$$

因此$\sqrt{x}+\sin x$ 是 x 的较低阶无穷小量.

(3) 考虑到

$$\lim_{x\to 0}\frac{\dfrac{(x+1)x}{4+\sqrt[3]{x}}}{x}=\lim_{x\to 0}\frac{x+1}{4+\sqrt[3]{x}}=\frac{1}{4},$$

因此$\dfrac{(x+1)x}{4+\sqrt[3]{x}}$与 x 是同阶无穷小量.

(4) 考虑到

$$\lim_{x\to 0}\frac{\ln(1+2x)}{x}=\lim_{x\to 0}\ln(1+2x)^{\frac{1}{x}}=\lim_{x\to 0}\ln[(1+2x)^{\frac{1}{2x}}]^2$$

$$=\ln e^2=2,$$

因此 $\ln(1+2x)$与 x 是同阶无穷小量.

16. 证 考虑到

$$\lim_{x\to 0}\frac{\sqrt{1+x}-1}{\dfrac{x}{2}}=\lim_{x\to 0}\frac{2\sqrt{1+x}-2}{x}$$

$$=\lim_{x\to 0}\frac{2(\sqrt{1+x}-1)(\sqrt{1+x}+1)}{x(\sqrt{1+x}+1)}$$

$$=\lim_{x\to 0}\frac{2(1+x-1)}{x(\sqrt{1+x}+1)}$$

$$=\lim_{x\to 0}\frac{2}{\sqrt{1+x}+1}=\frac{2}{1+1}=1,$$

因此当 $x\to 0$ 时，$\sqrt{1+x}-1$ 与$\dfrac{x}{2}$是等价无穷小量,即

$$\sqrt{1+x}-1\sim\frac{x}{2}\quad(x\to 0).$$

习　题　1.3

1. 答案是：c;c (c 为任意常数).

分析　依题意 $f(0+0)=f(0-0)=f(0)$,即有 $a=b$,即 a,b 为相等的任意常数.

2. 答案是：$-e^{-3}$.

分析　由 $f(0)=\lim\limits_{x\to 0}f(x)$及

$$\lim_{x\to 0}\cot^2x\ln\frac{1-2x^2}{1+x^2}=\lim_{x\to 0}\ln\frac{(1-2x^2)^{\frac{1}{x^2}}}{(1+x^2)^{\frac{1}{x^2}}}=-3\left(\cot^2x\sim\frac{1}{x^2}\right)$$

可知 $a=-e^{-3}$.

3. 答案是：$c;c+3$（c 为任意常数）.

分析 由于

$$f(x)+g(x)=\begin{cases}2x+b, & x<0,\\ a+x+3, & x\geqslant 0,\end{cases}$$

当 $x\neq 0$ 时，$f(x)+g(x)$ 对应解析式均为初等函数，故必连续. 只要考虑 $x=0$ 处函数连续性. 由

$$\lim_{x\to 0+0}[f(x)+g(x)]=\lim_{x\to 0-0}[f(x)+g(x)]=f(0)+g(0),$$

有 $b=a+3$，即当 $a=c$ 时，$b=3+c$（c 为任意常数）.

4. 答案是：$(-\infty,0)\cup(0,1)\cup(1,+\infty)$.

分析 $f(x)=\dfrac{1}{1-e^{\frac{x}{x-1}}}$ 为初等函数，在其定义域内连续. 又 $f(x)$ 的定义域为 $x\neq 0$，且 $x\neq 1$，因此 $f(x)$ 的连续区间为

$$(-\infty,0)\cup(0,1)\cup(1,+\infty).$$

5. 解 (1) 由于函数 $f(x)=\dfrac{\ln(1+x^2)}{\sin(1+x^2)}$ 在 $x=0$ 点处连续，因此

$$\lim_{x\to 0}\frac{\ln(1+x^2)}{\sin(1+x^2)}=\frac{\ln 1}{\sin 1}=0.$$

(2) 当 $x\to 0$ 时，$\sin 3x\sim 3x$，并且考虑到 $\ln x$ 在 $e^{\frac{2}{3}}$ 处是连续的，于是，我们有

$$\lim_{x\to 0}\frac{\ln(1+2x)}{\sin 3x}=\lim_{x\to 0}\frac{\ln(1+2x)}{3x}=\lim_{x\to 0}\ln(1+2x)^{\frac{1}{3x}}$$

$$=\ln\lim_{x\to 0}[(1+2x)^{\frac{1}{2x}}]^{\frac{2}{3}}=\ln e^{\frac{2}{3}}=\frac{2}{3}.$$

6. 解 首先有

$$f(0-0)=\lim_{x\to 0-0}\frac{1}{x}\sin x=\lim_{x\to 0-0}\frac{\sin x}{x}=1,$$

$$f(0+0)=\lim_{x\to 0+0}\left(x\sin\frac{1}{x}+1\right)=0+1=1.$$

由于分段函数在内点具有初等函数的性质，有定义便连续，而在分段点 $x=0$ 处，只要令 $k=1$ 时，$f(x)$ 在 $x=0$ 处连续，因此 $f(x)$ 在定义域内处处连续.

7. 解 由于

$$\lim_{x\to 0-0}f(x)=\lim_{x\to 0-0}(x+a)=a,$$

$$\lim_{x\to 0+0}f(x)=\lim_{x\to 0+0}(x^2+1)=1,$$

而 $f(x)$ 在 $x=0$ 处连续，必须满足

$$\lim_{x\to 0-0}f(x)=\lim_{x\to 0+0}f(x)=f(0),$$

因此有 $a=1$.

又由于

$$\lim_{x\to 1-0} f(x) = \lim_{x\to 1-0} (x^2+1) = 2,$$

$$\lim_{x\to 1+0} f(x) = \lim_{x\to 1+0} \left(\frac{b}{x}\right) = b,$$

而 $f(x)$ 在 $x=1$ 处连续,必须满足

$$\lim_{x\to 1-0} f(x) = \lim_{x\to 1+0} f(x) = f(1),$$

因此有 $b=2$.

所以当 $a=1,b=2$ 时 $f(x)$ 在 $(-\infty,+\infty)$ 内连续.

8. 解 $f(x)$ 在 $x=0$ 处无定义,所以 $f(x)$ 在 $x=0$ 处不连续. 又

$$\lim_{x\to 0-0} \frac{2^{\frac{1}{x}}-1}{2^{\frac{1}{x}}+1} = \frac{-1}{1} = -1,$$

$$\lim_{x\to 0+0} \frac{2^{\frac{1}{x}}-1}{2^{\frac{1}{x}}+1} = \lim_{x\to 0+0} \frac{1-\frac{1}{2^{\frac{1}{x}}}}{1+\frac{1}{2^{\frac{1}{x}}}} = 1.$$

可见,当 $x\to 0$ 时, $f(x)$ 的左、右极限存在,但不相等,所以 $x=0$ 为 $f(x)$ 的第 I 类间断点,且为跳跃间断点.

9. 证 (1) 令 $f(x)=x\cdot 5^x-1$,则 $f(x)$ 在 $[0,1]$ 上连续. 由于

$$f(0)=-1<0,\quad f(1)=4>0,$$

由中间值定理的推广可知,在 $(0,1)$ 内至少存在一点 ξ,使得 $f(\xi)=0$,故方程 $x\cdot 5^x=1$ 至少有一个小于 1 的正根.

(2) 运用反证法. 不妨设 $x\in[a,b]$, $f(x)$ 不恒为正(或负),即存在 x_1, $x_2\in[a,b]$,使 $f(x_1)<0,f(x_2)>0$. 由于 $f(x)$ 在 $[a,b]$ 上连续,故由连续函数的性质,必存在一点 ξ,使 $f(\xi)=0$,这样就和 $f(x)$ 无零点矛盾.

(3) 要使 $e^{x_0}-2=x_0$,即 $e^{x_0}-2-x_0=0$. 我们不妨设

$$F(x)=e^x-x-2.$$

由于 $F(x)$ 在 $x\in[0,2]$ 连续,且

$$F(0)=-1<0,\quad F(2)=e^2-4>0,$$

故由零点定理,存在 $x_0\in(0,2)$,使 $e^{x_0}-2=x_0$. 此式就说明 $f(x_0)=x_0$,即 x_0 是 $f(x)$ 的不动点.

习 题 2.1

1. 答案是: $a=\dfrac{\sqrt{2}}{2}$; $b=\dfrac{\sqrt{2}}{2}\left(1-\dfrac{\pi}{4}\right)$.

分析 由于

$$\lim_{x\to\frac{\pi}{4}-0}\sin x=\frac{\sqrt{2}}{2},\quad \lim_{x\to\frac{\pi}{4}+0}(ax+b)=\frac{a\pi}{4}+b,\quad f\left(\frac{\pi}{4}\right)=\frac{\sqrt{2}}{2},$$

又由于$\frac{a\pi}{4}+b=\frac{\sqrt{2}}{2}$,得 $a\pi+4b=2\sqrt{2}$,使 $f(x)$在 $x=\frac{\pi}{4}$连续. 又由于

$$f'_-\left(\frac{\pi}{4}\right)=\lim_{x\to\frac{\pi}{4}-0}\frac{\sin x-\frac{\sqrt{2}}{2}}{x-\frac{\pi}{4}}=\frac{\sqrt{2}}{2},$$

$$f'_+\left(\frac{\pi}{4}\right)=\lim_{x\to\frac{\pi}{4}+0}\frac{ax+b-\frac{\sqrt{2}}{2}}{x-\frac{\pi}{4}}=\lim_{x\to\frac{\pi}{4}+0}\frac{a}{1}=a,$$

于是 $a=\frac{\sqrt{2}}{2}$. 再将 $a=\frac{\sqrt{2}}{2}$代入$\frac{a\pi}{4}+b=\frac{\sqrt{2}}{2}$,得到

$$b=\frac{\sqrt{2}}{2}\left(1-\frac{\pi}{4}\right).$$

2. 答案是: $-\frac{1}{4}$.

分析 取 $\Delta x=-2x+x=-x$,于是由导数的定义有

$$原极限=-\frac{1}{f'(x_0)}=-\frac{1}{4}.$$

3. 答案是: $f(x_0)-x_0f'(x_0)$.

分析 由导数的定义,有

$$原极限=\lim_{x\to x_0}\frac{\left[\frac{f(x_0)}{x_0}-\frac{f(x)}{x}\right]\Big/(x_0-x)}{\left(\frac{1}{x_0}-\frac{1}{x}\right)\Big/(x_0-x)}=\frac{\left[\frac{f(x)}{x}\right]'}{\left(\frac{1}{x}\right)'}\Bigg|_{x=x_0}$$

$$=\frac{x_0f'(x_0)-f(x_0)}{x_0^2}\Big/\frac{-1}{x_0^2}=f(x_0)-x_0f'(x_0).$$

4. 答案是: $g(x)$在 $x=a$ 处有极限.

分析 由导数的定义及 $f(a)=0$,有

$$f'(a)=\lim_{x\to a}\frac{f(x)-f(a)}{x-a}=\lim_{x\to a}\frac{e^x-e^a}{x-a}\cdot g(x).$$

由 $\lim\limits_{x\to a}\frac{e^x-e^a}{x-a}=e^a$ 及 $\lim\limits_{x\to a}g(x)$存在,知 $f'(a)$存在.

5. 答案是: $f'(0)(t-2)$.

分析 形如 $\lim\limits_{x\to0}\dfrac{f(x)}{x}$ 的极限转化为 $f'(0)$ 问题,关键是 $f(0)$ 是否为零. 由题意 $f(x)$ 为奇函数,从而知 $f(0)=0$,于是当 $t\neq0$ 时,

$$\lim_{x\to0}\frac{f(tx)-2f(x)}{x}=\lim_{x\to0}\left[\frac{f(tx)}{tx}\cdot t-2\frac{f(x)}{x}\right]=(t-2)f'(0).$$

若 $t=0$,则也有

$$\lim_{x\to0}\frac{f(tx)-2f(x)}{x}=\lim_{x\to0}\frac{-2f(x)}{x}=-2f'(0).$$

综上有
$$\lim_{x\to0}\frac{f(tx)-2f(x)}{x}=f'(0)(t-2).$$

6. 答案是:1.

分析 用导数的定义及 $f(0)=0$,有

$$f'(0)=\lim_{x\to0}e^{\sqrt[3]{x^2}}\frac{\sin x}{x}=1.$$

7. 答案是:$-\dfrac{1}{a^2}y\sqrt{a^2-y^2}$.

分析 利用反函数求导法则,有

$$\frac{dx}{dy}=a\left(\frac{1}{a+\sqrt{a^2-y^2}}\cdot\frac{-y}{\sqrt{a^2-y^2}}-\frac{1}{y}\right)=\frac{-a^2}{y\sqrt{a^2-y^2}},$$

从而有

$$\frac{dy}{dx}=\frac{1}{\dfrac{dx}{dy}}=-\frac{1}{a^2}y\sqrt{a^2-y^2}.$$

8. 答案是:$-x(x^2+1)^{-\frac{3}{2}}$.

分析 $y'=\dfrac{1}{\sqrt{x^2+1}}$, $y''=-x(x^2+1)^{-\frac{3}{2}}$.

9. 答案是:$\dfrac{2}{3}\left(\dfrac{2}{3}-1\right)\cdots\left(\dfrac{2}{3}-9\right)(x+1)^{-\frac{28}{3}}-\dfrac{1}{3}\left(\dfrac{1}{3}+1\right)\cdots\left(\dfrac{1}{3}+9\right)(x+1)^{-\frac{31}{3}}$.

分析 将函数化为 $(x+a)^{\alpha}$ 形式,再用公式,即

$$y=\frac{x+1-1}{\sqrt[3]{x+1}}=(x+1)^{\frac{2}{3}}-(x+1)^{-\frac{1}{3}},$$

从而有

$$y^{(10)}=\frac{2}{3}\left(\frac{2}{3}-1\right)\cdots\left(\frac{2}{3}-9\right)(x+1)^{\frac{2}{3}-10}$$

$$-\frac{1}{3}\left(\frac{1}{3}+1\right)\cdots\left(\frac{1}{3}+9\right)(x+1)^{-\frac{1}{3}-10}.$$

10. 答案是：$4^{n-1}\cos\left(4x+\frac{n\pi}{2}\right)$.

分析 先将函数降幂次，有

$$\begin{aligned}y&=\sin^4x+\cos^4x=(\sin^2x+\cos^2x)^2-2\sin^2x\cos^2x\\&=\frac{3}{4}+\frac{1}{4}\cos4x,\end{aligned}$$

所以有 $y^{(n)}=4^{n-1}\cos\left(4x+\frac{n\pi}{2}\right)$.

11. 答案是：$n!\,f^{n+1}(x)$.

分析 抽象函数求高阶导数，逐次求导数找规律. 由

$$f''(x)=2f(x)f'(x)=2!f^{2+1}(x),$$
$$f'''(x)=3!f^2(x)f'(x)=3!f^{3+1}(x),$$
$$\cdots\cdots\cdots\cdots\cdots\cdots$$

可知 $f^{(n)}(x)=n!\,f^{n+1}(x)$.

12. 答案是：$\frac{1}{2}\mathrm{e}^{-1}$.

分析 依题意，设切点为 x_0，则 $ax_0^2=\ln x_0$，且 $2ax_0=\frac{1}{x_0}$，联立方程得

$$a=\frac{1}{2}\mathrm{e}^{-1}.$$

13. 答案是：$-\frac{100}{x^2}$.

分析 依题意，$C(x)=5x+100$，于是单位成本为 $\overline{C}(x)=\frac{C(x)}{x}=5+\frac{100}{x}$，从而边际单位成本为 $\overline{C}'(x)=-\frac{100}{x^2}$.

14. 解 当 $k=0$ 时，函数

$$f(x)=\begin{cases}\sin\frac{1}{x}, & x\neq0,\\ 0, & x=0\end{cases}$$

在点 $x=0$ 处的极限 $\lim\limits_{x\to0}\sin\frac{1}{x}$ 不存在，因此 $f(x)$ 在点 $x=0$ 处一定不连续. 所以它在 $x=0$ 点不可导. 当 $k=1$ 时，函数

$$f(x)=\begin{cases}x\sin\frac{1}{x}, & x\neq0,\\ 0, & x=0\end{cases}$$

在点 $x=0$ 处的极限 $\lim\limits_{x\to0}x\sin\frac{1}{x}=0=f(0)$，因此 $f(x)$ 在点 $x=0$ 处连续. 但是

$$\lim_{\Delta x \to 0} \frac{f(0+\Delta x)-f(0)}{\Delta x} = \lim_{\Delta x \to 0} \frac{\Delta x \sin \frac{1}{\Delta x} - 0}{\Delta x} = \lim_{\Delta x \to 0} \sin \frac{1}{\Delta x}$$

不存在,所以它在点 $x=0$ 处仍不可导. 当 $k=2$ 时,函数

$$f(x) = \begin{cases} x^2 \sin \frac{1}{x}, & x \neq 0, \\ 0, & x = 0 \end{cases}$$

在点 $x=0$ 处,有

$$\begin{aligned} \lim_{\Delta x \to 0} \frac{f(0+\Delta x)-f(0)}{\Delta x} &= \lim_{\Delta x \to 0} \frac{\Delta x^2 \sin \frac{1}{\Delta x} - 0}{\Delta x} \\ &= \lim_{\Delta x \to 0} \Delta x \cdot \sin \frac{1}{\Delta x} = 0, \end{aligned}$$

所以它在点 $x=0$ 处可导,并且 $f'(0)=0$.

15. 解 由于当 $x \leqslant x_0$ 时,$f'(x)=(x^2)'=2x$,$f(x)$处处可导;当 $x>x_0$ 时,$f'(x)=(ax+b)'=a$,$f(x)$处处可导,因此只需要讨论 $f(x)$在点 $x=x_0$ 处的可导性.

根据函数"可导必连续",首先要求 a,b 满足条件Ⅰ:

$$\lim_{x \to x_0+0} f(x) = f(x_0), \quad \text{即} \quad \lim_{x \to x_0+0} (ax+b) = x_0^2,$$

亦即

$$ax_0 + b = x_0^2. \tag{1}$$

再根据函数在一点可导的充要条件:左、右导数存在并相等,又要求 a,b 满足条件Ⅱ:

$$f'_+(x_0) = f'_-(x_0), \quad \text{即} \quad \lim_{\Delta x \to 0+0} \frac{f(x_0+\Delta x)-f(x_0)}{\Delta x} = 2x_0,$$

亦即

$$\lim_{\Delta x \to 0+0} \frac{a(x_0+\Delta x)+b-x_0^2}{\Delta x} = 2x_0.$$

由(1)式得到

$$\lim_{\Delta x \to 0+0} \frac{(ax_0+b-x_0^2)+a\Delta x}{\Delta x} = a = 2x_0. \tag{2}$$

把(1),(2)两式联立起来,解得

$$\begin{cases} a = 2x_0, \\ b = -x_0^2. \end{cases}$$

图 2.1 给出了当 $a=2x_0, b=-x_0^2$ 时,函数 $f(x)$的图像.

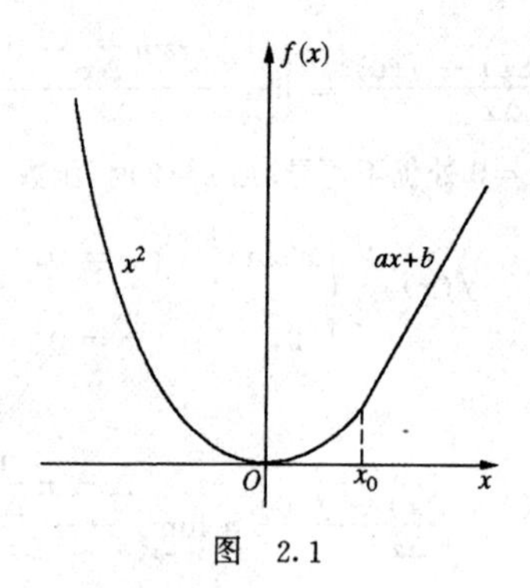

图 2.1

16. 解 首先

$$\lim_{x\to 0-0} f(x) = \lim_{x\to 0-0} (\sin x + 2ae^x) = 2a,$$

$$\lim_{x\to 0+0} f(x) = \lim_{x\to 0+0} [9\arctan x + 2b(x-1)^3] = -2b.$$

由 $f(x)$在 $x=0$ 处连续,即有 $\lim\limits_{x\to 0+0} f(x) = \lim\limits_{x\to 0-0} f(x) = f(0)$,有 $f(0)=-2b=2a$,即 $a+b=0$. 又

$$f'_-(0) = \lim_{x\to 0-0} \frac{\sin x + 2ae^x - 2a}{x} = 1 + 2a,$$

$$f'_+(0) = \lim_{x\to 0+0} \frac{9\arctan x + 2b(x-1)^3 + 2b}{x} = 9 + 6b.$$

由 $f'_-(0)=f'_+(0)$,有 $1+2a=9+6b$,即 $a-3b=4$. 将 $a=-b$ 代入,有 $a=1,b=-1$. 因此,当 $a=1$,且 $b=-1$ 时,$f(x)$在 $x=0$ 处可导.

17. 分析 分段函数求导和连续性的讨论,需分区间求导,且分段点用定义求导.

解 当 $x\neq 0$ 时,

$$f'(x) = \frac{1}{2} + 3x^2\sin\frac{1}{x} - x\cos\frac{1}{x};$$

当 $x=0$ 时,

$$f'(0) = \lim_{x\to 0} \frac{\frac{x}{2} + x^3\sin\frac{1}{x}}{x} = \frac{1}{2},$$

从而
$$f'(x) = \begin{cases} \dfrac{1}{2} + 3x^2\sin\dfrac{1}{x} - x\cos\dfrac{1}{x}, & x\neq 0, \\ \dfrac{1}{2}, & x=0. \end{cases}$$

由
$$\lim_{x\to 0} f'(x) = \lim_{x\to 0}\left(\frac{1}{2} + 3x^2\sin\frac{1}{x} - x\cos\frac{1}{x}\right) = \frac{1}{2} = f'(0)$$

知 $f'(x)$在 $x=0$ 处连续.

18. (1) **解** 该题可用导数法则求导,但较繁.这里用对数求导法.由于

$$y=(x-2)^{\frac{1}{2}}(x+1)^{-3}(4-x)^{-2},$$

两边取对数,得到

$$\ln y=\frac{1}{2}\ln(x-2)-3\ln(x+1)-2\ln(4-x).$$

上式两端对 x 求导,得到

$$\begin{aligned}\frac{1}{y}y'&=\frac{1}{2(x-2)}(x-2)'-\frac{3}{x+1}(x+1)'-\frac{2}{4-x}(4-x)'\\&=\frac{1}{2(x-2)}-\frac{3}{x+1}+\frac{2}{4-x},\end{aligned}$$

故所求导数为

$$y'=\frac{\sqrt{x-2}}{(x+1)^3(4-x)^2}\left[\frac{1}{2(x-2)}-\frac{3}{x+1}+\frac{2}{4-x}\right].$$

(2) **解** 根据对数的性质,等式两端先取对数,得到

$$\ln y=\ln(2-x)+\ln(1+x^2)+x^2+\ln\sin x.$$

上式两端对 x 求导数,得到

$$\frac{1}{y}y'=\frac{-1}{2-x}+\frac{2x}{1+x^2}+2x+\frac{\cos x}{\sin x},$$

故所求导数为

$$\begin{aligned}y'&=y\left(\frac{1}{x-2}+\frac{2x}{1+x^2}+2x+\cot x\right)\\&=(2-x)(1+x^2)e^{x^2}\sin x\left(\frac{1}{x-2}+\frac{2x}{1+x^2}+2x+\cot x\right).\end{aligned}$$

(3) **解** 将所给方程两端同时对自变量 x 求导数得到

$$(y^3+3y-x)'_x=(0)',\quad 即\quad 3y^2\cdot y'+3y'-1=0.$$

将上式理解成是关于 y'的方程,由此式解出 y',便得到 y 对 x 的导数:

$$y'(3y^2+3)=1,\quad 即\quad y'=\frac{1}{3(y^2+1)}.$$

这就是最后结果,上式中的 y 无需用自变量 x 的函数代换.

(4) 解法 1 这是幂指函数,求导数时,既不能用幂函数的导数公式,也不能用指数函数的导数公式.

我们先将幂指函数化为指数函数的形式,然后再求导数.由于 $y=e^{e^x\ln x}$,故

$$y'=e^{e^x\ln x}\left(e^x\ln x+\frac{e^x}{x}\right)=x^{e^x}\cdot e^x\left(\ln x+\frac{1}{x}\right).$$

解法 2 将已知式两端取对数,得到

$$\ln y = e^x \ln x.$$

上式两端对 x 求导,得到

$$\frac{1}{y}y' = e^x\left(\ln x + \frac{1}{x}\right),$$

于是 $$y' = y \cdot e^x\left(\ln x + \frac{1}{x}\right) = x^{e^x} \cdot e^x\left(\ln x + \frac{1}{x}\right).$$

解法 3　由幂积函数求导公式,得到

$$y' = e^x \cdot x^{e^x - 1} + x^{e^x} \cdot \ln x \cdot (e^x)' = e^x \cdot x^{e^x} \cdot \frac{1}{x} + e^x x^{e^x} \ln x$$

$$= x^{e^x} \cdot e^x\left(\ln x + \frac{1}{x}\right).$$

(5) $$y' = \frac{-e^x \sin x - e^x \cos x}{e^{2x}} - 3\left[(1+x^2)\frac{1}{1+x^2} + 2x\arctan x\right]$$

$$= -\frac{1}{e^x}(\sin x + \cos x) - 3(1 + 2x\arctan x).$$

(6) 由于

$$\ln y = \frac{1}{2}\ln x + \ln(x-5) - \frac{3}{2}\ln(x^2+1),$$

因此 $$y' = \sqrt{\frac{x(x-5)^2}{(x^2+1)^3}}\left(\frac{1}{2x} + \frac{1}{x-5} - \frac{3x}{x^2+1}\right).$$

(7) 方程两边对 x 求导,得到

$$3x^2 + \frac{1}{y}y' - x^2 e^y \cdot y' - 2xe^y = 0,$$

因此

$$\left(\frac{1}{y} - x^2 e^y\right)y' = 2xe^y - 3x^2, \quad 即 \quad y' = \frac{(2xe^y - 3x^2)y}{1 - x^2 y e^y}.$$

(8) 方程两边对 x 求导,得到

$$2yy'f(x) + y^2 f'(x) + f(y) + xf'(y)y' - 2x = 0,$$

即 $$[2yf(x) + xf'(y)]y' = 2x - y^2 f'(x) - f(y),$$

因此 $$y' = \frac{2x - y^2 f'(x) - f(y)}{2yf(x) + xf'(y)}.$$

19. 解　(1) 由 $y=\ln(1+x^2)$ 得到 $y' = \frac{2x}{1+x^2}$,因此

$$y'' = \frac{2(1+x^2) - 2x(2x)}{(1+x^2)^2} = \frac{2 + 2x^2 - 4x^2}{(1+x^2)^2} = \frac{2 - 2x^2}{(1+x^2)^2}.$$

(2) 由 $y = x\ln x$ 得到

$$y' = \ln x + x\frac{1}{x} = \ln x + 1,$$

因此 $$y''=\frac{1}{x}.$$

(3) 由 $y=(1+x^2)\arctan x$ 得到

$$y'=(0+2x)\arctan x+(1+x^2)\frac{1}{1+x^2}=2x\arctan x+1,$$

因此 $$y''=2\arctan x+\frac{2x}{1+x^2}.$$

(4) 由 $y=xe^{x^2}$ 得到

$$y'=e^{x^2}+xe^{x^2}\cdot 2x=e^{x^2}+2x^2e^{x^2},$$

因此 $$\begin{aligned}y''&=e^{x^2}\cdot 2x+2(2xe^{x^2}+x^2e^{x^2}\cdot 2x)\\&=2x(e^{x^2}+2e^{x^2}+2x^2e^{x^2})=2xe^{x^2}(3+2x^2).\end{aligned}$$

(5) 由于 $x^2+y^2=a^2$，我们有

$$2x+2yy'=0,$$

于是 $y'=-\frac{x}{y}$. 因此

$$y''=-\frac{y-xy'}{y^2}=-\frac{y+\frac{x^2}{y}}{y^2}=-\frac{a^2}{y^3}.$$

20. 解 $y'=f'(x^2+b)\cdot 2x=2xf'(x^2+b)$,

$$\begin{aligned}y''&=2f'(x^2+b)+2xf''(x^2+b)2x\\&=2f'(x^2+b)+4x^2f''(x^2+b).\end{aligned}$$

21. 证 由于

$$y'=e^x\sin x+e^x\cos x=e^x(\sin x+\cos x),$$

并且

$$\begin{aligned}y''&=e^x(\sin x+\cos x)+e^x(\cos x-\sin x)\\&=e^x(2\cdot\cos x)=2e^x\cos x,\end{aligned}$$

因此

$$\begin{aligned}&y''-2y'+2y\\&\quad=2e^x\cos x-2(e^x\sin x+e^x\cos x)+2e^x\sin x\\&\quad=2e^x\cos x-2e^x\sin x-2e^x\cos x+2e^x\sin x=0,\end{aligned}$$

即 $$y''-2y'+2y=0.$$

22. 证 由于

$$\varphi'(x)=a^{f^2(x)}\cdot 2f(x)\cdot f'(x)\ln a,$$

而 $f'(x)=\frac{1}{f(x)\ln a}$，因此

$$\varphi'(x)=a^{f^2(x)}\cdot 2f(x)\frac{1}{f(x)\ln a}\ln a=a^{f^2(x)}\frac{2}{\ln a}\ln a$$

$$=2a^{f^2(x)}=2\varphi(x),$$

即
$$\varphi'(x)=2\varphi(x).$$

23. 证 设 $f(x)$是周期函数,周期为 T 且可导,则

$$f(x)=f(x+T),$$

$$f'(x)=f'(x+T)(x+T)'=f'(x+T),$$

因此 $f'(x)$为周期函数,且周期 T 不变.

24. 解 由于切线平行于 x 轴,因此 $k=0$. 考虑到

$$y'=\frac{0-(0+2x)}{(1+x^2)^2}=\frac{-2x}{(1+x^2)^2}=0,$$

解得 $x=0,y=1$. 故当曲线过(0,1)点时,通过该点切线平行于 x 轴.

25. 解 $y'=(1+0)\sqrt[3]{3-x}+(x+1)\frac{1}{3}(3-x)^{-\frac{2}{3}}(0-1)$

$$=\sqrt[3]{3-x}-\frac{1}{3}(x+1)(3-x)^{-\frac{2}{3}}.$$

(1) 当 $x=-1$ 时, $k=\sqrt[3]{4}$,因此 $y=\sqrt[3]{4}(x+1)$为 A 处切线方程.

(2) 当 $x=2$ 时, $k=0,y-3=0$,因此 $y=3$ 是 B 处切线方程.

(3) 当 $x=3$ 时,切线的斜率不存在,即切线垂直于 x 轴,于是

$$(y-0)\cdot 0=x-3,$$

即 $x=3$ 为 C 处切线方程.

26. 解 由曲线 $y=ax^2$,我们有 $y'=2ax$. 而由曲线 $y=\ln x$,我们有 $y'=\frac{1}{x}$. 令 $2ax=\frac{1}{x}$,即 $2ax^2=1$,解得 $x=\frac{1}{\sqrt{2a}}$. 由于此时 $y=ax^2=\ln x$,即

$$a\left(\frac{1}{\sqrt{2a}}\right)^2=\ln\frac{1}{\sqrt{2a}},\quad 即\quad \frac{1}{2}=-\ln\sqrt{2a},$$

亦即
$$\frac{1}{2}+\ln\sqrt{2a}=0,$$

亦即
$$\ln\sqrt{\mathrm{e}}\cdot\sqrt{2a}=0,$$

亦即
$$\sqrt{2\mathrm{e}a}=1,$$

于是当 $a=\frac{1}{2\mathrm{e}}$时,曲线 $y=ax^2$ 与 $y=\ln x$ 相切.

习 题 2.2

1. 答案是: $5\mathrm{d}x$.

分析 由已知

$$\frac{f(a+x)-f(a)}{x}=3\frac{\sin x}{x}+2-x,$$

于是 $x\to 0$ 时,有 $f'(a)=3+2=5$,故 $\mathrm{d}y\Big|_{x=a}=5\mathrm{d}x$.

2. 答案是:$-3\mathrm{d}x$.

分析 利用微分形式不变性求微分,再代值有

$$\frac{1}{3(x^2+y)^{\frac{2}{3}}}(2x\mathrm{d}x+\mathrm{d}y)=-\cos xy(y\mathrm{d}x+x\mathrm{d}y).$$

再将 $x=0$ 及 $y=1$ 代入,有 $\frac{1}{3}\mathrm{d}y=-\mathrm{d}x$,即 $\mathrm{d}y\Big|_{x=0}=-3\mathrm{d}x$.

3. 解 (1) 先求导数,再求微分. 因为

$$y'=(\mathrm{e}^x\sin x)'=\mathrm{e}^x\sin x+\mathrm{e}^x\cos x,$$

所以 $$\mathrm{d}y=y'\mathrm{d}x=\mathrm{e}^x(\sin x+\cos x)\mathrm{d}x.$$

(2) 先求导数,再求微分. 因为

$$y'=\frac{2x}{1+(x^2)^2}=\frac{2x}{1+x^4},$$

所以 $$\mathrm{d}y=y'\mathrm{d}x=\frac{2x}{1+x^4}\mathrm{d}x.$$

(3) $$\begin{aligned}\mathrm{d}y&=\cos 4x\mathrm{d}(\mathrm{e}^{-x})+\mathrm{e}^{-x}\mathrm{d}(\cos 4x)\\&=\cos 4x\cdot\mathrm{e}^{-x}\mathrm{d}(-x)+\mathrm{e}^{-x}(-\sin 4x)\mathrm{d}(4x)\\&=-\mathrm{e}^{-x}\cos 4x\mathrm{d}x-4\mathrm{e}^{-x}\sin 4x\mathrm{d}x.\end{aligned}$$

(4) $$\begin{aligned}\mathrm{d}y&=\mathrm{d}(a^{\ln\tan x})=a^{\ln\tan x}\ln a\cdot\mathrm{d}(\ln\tan x)\\&=a^{\ln\tan x}\cdot\ln a\cdot\frac{1}{\tan x}\mathrm{d}(\tan x)\\&=a^{\ln\tan x}\cdot\ln a\cdot\frac{1}{\tan x}\sec^2x\mathrm{d}x\\&=\frac{2\ln a}{\sin 2x}a^{\ln\tan x}\mathrm{d}x.\end{aligned}$$

(5) 因为 $xy'+y=0$,所以 $y'=-\frac{y}{x}$. 故

$$\mathrm{d}y=-\frac{y}{x}\mathrm{d}x=-\frac{a^2}{x^2}\mathrm{d}x.$$

(6) 因为 $b^2x^2+a^2y^2=a^2b^2$,所以

$$b^2\cdot 2x+2a^2yy'=0,\quad 即\quad y'=-\frac{b^2x}{a^2y}.$$

故 $$\mathrm{d}y=-\frac{b^2x}{a^2y}\mathrm{d}x.$$

(7) $$\mathrm{d}y=y'\mathrm{d}x=\frac{(0-3x^2)\mathrm{d}x}{2\sqrt{1-x^3}\sqrt{1-x^3}}=\frac{-3x^2\mathrm{d}x}{2-2x^3}=\frac{3x^2\mathrm{d}x}{2x^3-2}.$$

(8) $dy = y'dx = 2(e^x + e^{-x})(e^x - e^{-x})dx = 2(e^{2x} - e^{-2x})dx$.

(9) $dy = y'dx = \frac{1}{2}\sec^2\frac{x}{2}dx$.

(10) 因为 $y' = 0 + e^y + xe^y \cdot y'$，所以 $y' = \frac{e^y}{1 - xe^y}$. 故 $dy = \frac{e^y}{1 - xe^y}dx$.

4. (1) 设 $f(x) = \sqrt[3]{x}$，$x = 8.02$，$x_0 = 8$，$\Delta x = 0.02$. 由于 $f'(x) = \frac{1}{3}x^{-\frac{2}{3}}$，因此

$$f'(x_0) = \frac{1}{3}8^{-\frac{2}{3}} = \frac{1}{12}.$$

而 $f(x_0) = \sqrt[3]{8} = 2$，考虑到 $f(x) \approx f(x_0) + f'(x_0)\Delta x$，故

$$f(x) = \sqrt[3]{8.02} \approx 2 + \frac{1}{12} \times 0.02 = 2.0017.$$

(2) 设 $f(x) = \ln x$，$x = 1.01$，$x_0 = 1$，$\Delta x = 0.01$. 由于 $f'(x) = \frac{1}{x}$，因此

$$f'(x_0) = 1.$$

而 $f(x_0) = \ln 1 = 0$，考虑到 $f(x) \approx f(x_0) + f'(x_0)\Delta x$，故

$$f(x) = \ln 1.01 \approx 0 + 1 \times 0.01 = 0.01.$$

(3) 设 $f(x) = e^x$，$x = 0.05$，$x_0 = 0$，$\Delta x = 0.05$. 由于 $f'(x) = e^x$，因此

$$f'(x_0) = e^0 = 1.$$

而 $f(x_0) = e^0 = 1$，考虑到 $f(x) \approx f(x_0) + f'(x_0)\Delta x$，故

$$f(x) = e^{0.05} \approx 1 + 1 \times 0.05 = 1.05.$$

(4) 设 $f(x) = \cos x$，这是计算函数值的问题. 首先我们把角度换算成弧度：

$$x = 60°20' = \frac{\pi}{3} + \frac{\pi}{540}.$$

于是 $x_0 = \frac{\pi}{3}$，$\Delta x = \frac{\pi}{540}$. 由于 $f'(x) = -\sin x$，因此

$$f'(x_0) = -\sin\frac{\pi}{3} = -\frac{\sqrt{3}}{2}.$$

而 $f(x_0) = \cos\frac{\pi}{3} = \frac{1}{2}$，考虑到 $f(x) \approx f(x_0) + f'(x_0)\Delta x$，故

$$f(x) = \cos 60°20' \approx \frac{1}{2} + \left(-\frac{\sqrt{3}}{2}\right) \cdot \frac{\pi}{540} = 0.495.$$

(5) 设 $f(x) = \arctan x$，$x = 1.02$，$x_0 = 1$，$\Delta x = 0.02$. 由于 $f'(x) = \frac{1}{1+x^2}$，因此 $f'(x_0) = \frac{1}{1+1^2} = \frac{1}{2}$. 而 $f(x_0) = \arctan 1 = \frac{\pi}{4}$，考虑到 $f(x) \approx f(x_0) + f'(x_0)\Delta x$，故

$$f(x) = \arctan 1.02 \approx \frac{\pi}{4} + \frac{1}{2} \times 0.02 = 0.795.$$

5. 证 (1) 设 $f(x)=\sin x, x_0=0$,因此 $\Delta x=x$. 由于

$$f'(x_0)=\cos x_0=1, \quad f(x_0)=\sin x_0=0,$$

考虑到 $f(x)\approx f(x_0)+f(x_0)'\Delta x$,因此

$$f(x)\approx 0+1\cdot x=x,$$

即当 $|x|$ 很小时,有 $\sin x\approx x$.

(2) 设 $f(x)=\ln(1+x), x_0=0$,因此 $\Delta x=x$. 由于

$$f'(x_0)=\frac{1}{1+x_0}=1,$$

$$f(x_0)=\ln(1+0)=\ln 1=0,$$

考虑到 $f(x)\approx f(x_0)+f'(x_0)\Delta x$,因此

$$f(x)\approx 0+1\cdot x=x,$$

即当 $|x|$ 很小时,有 $\ln(1+x)\approx x$.

6. 解 令 $x_0=10\,\text{m}, \Delta x=0.1\,\text{m}, V=x^3$,而 $V'=3x^2$,因此

$$V=(10+0.1)^3\ \text{m}^3=30.301\,\text{m}^3.$$

考虑到 $\mathrm{d}V=3x^2\mathrm{d}x$,由于 $\mathrm{d}x=\Delta x$,故

$$\mathrm{d}V=3\times 10^2\times 0.1\,\text{m}^3=30\,\text{m}^3.$$

所以此正方体体积的增加精确值为 $30.301\,\text{m}^3$,近似值为 $30\,\text{m}^3$.

习 题 3.1

1. 解 (1) 因为 $f(x)$ 在 $[-1,1.5]$ 上连续,又 $f'(x)=4x-1$ 在 $(-1,1.5)$ 内有定义,即 $f(x)$ 在 $(-1,1.5)$ 内可导,并且

$$f(-1)=2\cdot(-1)^2-(-1)-3=0,$$

$$f(1.5)=2\cdot(1.5)^2-(1.5)-3=0,$$

即 $f(-1)=f(1.5)$,所以 $f(x)$ 在 $[-1,1.5]$ 上满足罗尔定理. 所以在 $(-1,1.5)$ 内至少存在一点 x_0,使 $f'(x_0)=0$. 由

$$f'(x_0)=4x_0-1=0,$$

解得

$$x_0=\frac{1}{4}.$$

(2) 因为 $f(x)$ 在 $[-2,2]$ 上连续,又 $f'(x)=\frac{-2x}{(1+x^2)^2}$ 在 $(-2,2)$ 上有定义,即 $f(x)$ 在 $(-2,2)$ 上可导,且

$$f(-2)=\frac{1}{1+4}=\frac{1}{5}, \quad f(2)=\frac{1}{1+4}=\frac{1}{5},$$

即 $f(-2)=f(2)$,所以 $f(x)$ 在 $[-2,2]$ 上满足罗尔定理. 所以至少存在一点 x_0,使 $f'(x_0)=0$. 因此

$$f'(x_0)=\frac{-2x_0}{(1+x_0^2)^2}=0,$$

所以 $x_0=0$.

(3) 因为 $f(x)=x\sqrt{3-x}$在$[0,3]$上连续,又

$$f'(x)=\sqrt{3-x}+\frac{-x}{2\sqrt{3-x}}=\frac{3(2-x)}{2\sqrt{3-x}}$$

在$(0,3)$上有定义,即 $f(x)$在$(0,3)$上可导,且

$$f(0)=0\sqrt{3-0}=0,\quad f(3)=3\sqrt{3-3}=0,$$

即 $f(0)=f(3)$,所以 $f(x)=x\sqrt{3-x}$在$[0,3]$上满足罗尔定理. 所以至少有一点 x_0,使 $f'(x_0)=0$. 由 $f'(x_0)=\dfrac{3\times(2-x_0)}{2\times\sqrt{(3-x_0)}}=0$ 解得 $x_0=2$.

(4) 因为 $f(x)=e^{x^2}-1$ 在$[-1,1]$上连续,又 $f'(x)=2xe^{x^2}$在$(-1,1)$上有定义,即 $f(x)$在$(-1,1)$上可导,且

$$f(-1)=e^1-1=e-1,\quad f(1)=e^1-1=e-1,$$

即 $f(-1)=f(1)$,所以 $f(x)=e^{x^2}-1$ 在$[-1,1]$上满足罗尔定理. 所以至少有一点 x_0,使 $f'(x_0)=0$. 由 $f'(x_0)=2x_0e^{x_0^2}=0$ 解得 $x_0=0$.

2. 解 (1) 因为 $f(x)=x^3$ 在$[0,a]$上连续,又 $f'(x)=3x^2$ 在$(0,a)$上有定义,即 $f(x)$在$(0,a)$上可导,所以 $f(x)$在$[0,a]$满足拉格朗日中值定理,至少有一点 x_0,使

$$\frac{f(a)-f(0)}{a-0}=f'(x_0).$$

于是
$$f'(x_0)=3x_0^2=\frac{a^3-0}{a}=a^2,$$

解得 $x_0=\pm\dfrac{\sqrt{3}a}{3}$. 因为$-\dfrac{\sqrt{3}}{3}a<0\ (a>0)$,所以 $x_0=\dfrac{\sqrt{3}}{3}a$.

(2) 因为 $f(x)=\ln x$ 在$[1,2]$上连续,又 $f'(x)=\dfrac{1}{x}$,在$(1,2)$上有定义,即 $f(x)$在$(1,2)$上可导,所以 $f(x)$在$[1,2]$上满足拉格朗日中值定理. 所以至少有一点 x_0,使

$$f'(x_0)=\frac{f(2)-f(1)}{2-1}.$$

于是
$$f'(x_0)=\frac{1}{x_0}=\ln 2-\ln 1=\ln 2,$$

解得
$$x_0=\frac{1}{\ln 2}.$$

(3) 因为 $f(x)=x^3-5x^2+x-2$ 在$[-1,0]$上连续,又

$$f'(x) = 3x^2 - 5 \times 2x + 1 - 0 = 3x^2 - 10x + 1$$

在$(-1,0)$上有定义,即 $f(x)$在$(-1,0)$上可导,所以 $f(x)=x^3-5x^2+x-2$ 在$[-1,0]$上满足拉格朗日中值定理.所以至少有一点 x_0,使

$$\frac{f(0)-f(-1)}{0+1} = f'(x_0).$$

于是

$$\begin{aligned} f'(x_0) &= 3x_0^2 - 10x_0 + 1 \\ &= -2 - [(-1)^3 - 5(-1)^2 + (-1) - 2] = 7, \end{aligned}$$

即
$$3x_0^2 - 10x_0 + 1 = 7, \quad x_0 = \frac{5 \pm \sqrt{43}}{3}.$$

因为$\frac{5+\sqrt{43}}{3}>0$ 不在$[-1,0]$内,所以 $x_0=\frac{5-\sqrt{43}}{3}$.

3. 解 因为$f(x)$和 $g(x)$在$[1,2]$上都连续,又 $f'(x)=3x^2$, $g'(x)=2x$ 在$(1,2)$上有定义,即 $f'(x)$和 $g'(x)$在$(1,2)$上都可导,且 $x\in(1,2)$时, $g'(x)\neq 0$,所以 $f(x)$和 $g(x)$在$[1,2]$上满足柯西中值定理.所以至少存在一点 x_0,使

$$\frac{f'(x_0)}{g'(x_0)} = \frac{f(2)-f(1)}{g(2)-g(1)}.$$

因为 $f'(x_0)=3x_0^2$, $g'(x_0)=2x_0$,所以

$$\frac{f'(x_0)}{g'(x_0)} = \frac{3x_0^2}{2x_0} = \frac{2^3-1^3}{2^2+1-(1^2+1)} = \frac{7}{3},$$

解得
$$x_{01} = \frac{14}{9}, \quad x_{02} = 0.$$

因为 0 不在$[1,2]$内,所以 $x_0=\frac{14}{9}$.

4. 解 首先

$$\lim_{x\to\infty}\left(\frac{x+c}{x-c}\right)^x = \lim_{x\to\infty}\left(\frac{1+\frac{c}{x}}{1-\frac{c}{x}}\right)^x = e^{2c}.$$

根据拉格朗日中值定理,有

$$f(x) - f(x-1) = f'(x_0) \quad x_0 \in (x-1, x),$$

于是
$$\lim_{x\to\infty}[f(x) - f(x-1)] = \lim_{\substack{x\to\infty \\ x_0\to\infty}} f'(x_0) = e.$$

从而由题设有 $e^{2c}=e$,故 $c=\frac{1}{2}$.

5. 证 当 $x_1=x_2$ 时,显然成立.当 $x_1\neq x_2$ 时,设 $f(x)=\sin x$,其在$[x_1,x_2]$(不妨设 $x_1<x_2$)上连续,在(x_1,x_2)上可导,由中值定理,我们有

$$\frac{\sin x_2 - \sin x_1}{x_2 - x_1} = f'(x_0),$$

其中 $x_0 \in (x_1, x_2)$. 由于

$$|f'(x)| = |\cos x| \leqslant 1,$$

因此
$$|f'(x_0)| = |\cos x_0| \leqslant 1,$$

考虑到

$$|\sin x_2 - \sin x_1| \leqslant |x_2 - x_1| \cdot |f'(x_0)|,$$

即
$$|\sin x_2 - \sin x_1| \leqslant 1 \cdot |x_2 - x_1| = |x_2 - x_1|.$$

6. 分析 即证中值 x_0 的存在性. 可设 $F'(x) = \sin x + x\cos x$, 从而作辅助函数 $F(x) = x\sin x$.

证 取 $F(x) = x\sin x$, $F(x)$ 在 $[0, \pi]$ 上连续, 可导, 且 $F(0) = F(\pi) = 0$, 于是由罗尔定理, 必存在一点 $x_0 \in (0, \pi)$, 使得 $F'(x_0) = 0$, 即 $\sin x_0 + x_0\cos x_0 = 0$, 也即方程 $\sin x + x\cos x = 0$, 在 $(0, \pi)$ 有解.

7. 证 设任给 $x > 0$ 且 $f(x)$ 在 $[0, x]$ 上满足拉格朗日定理, 于是, 我们有

$$\frac{f(x) - f(0)}{x - 0} = f'(x_0), \quad 即 \quad f(x) - f(0) = f'(x_0) \cdot x,$$

亦即
$$f(x) - 0 = f'(x_0)x.$$

考虑到 $0 < x_0 < x$, $x > 0$, 因此 $x_0 > 0$. 由题设 $f'(x_0) > 0$, 因此 $xf'(x_0) > 0$, 即 $f(x) > 0$. 由于 x 为任意给定的值, 所以当 $x > 0$ 时, $f(x) > 0$.

8. 证 设 $f(x) = \arcsin\frac{2x}{1+x^2} - 2\arctan x$, 则

$$f'(x) = \frac{\left(\frac{2x}{1+x^2}\right)'}{\sqrt{1 - \left(\frac{2x}{1+x^2}\right)^2}} - 2 \cdot \frac{1}{1+x^2}$$

$$= \frac{2(1-x^2)}{(1+x^2)\sqrt{(1-x^2)^2}} - \frac{2}{1+x^2},$$

故在 $x \in (-1, 1)$ 时,

$$f'(x) = \frac{2(1-x^2)}{(1+x^2)(1-x^2)} - \frac{2}{1+x^2} = 0.$$

由中值定理推论 1, 可知 $f(x)$ 在 $x \in [-1, 1]$ 时, 为一个常数. 即

$$\arcsin\frac{2x}{1+x^2} - 2\arctan x = C.$$

由于 $x = 0 \in [-1, 1]$, 故 $C = 0$. 因此

$$\arcsin\frac{2x}{1+x^2} - 2\arctan x = 0,$$

即 $$\arcsin\frac{2x}{1+x^2}=2\arctan x.$$

9. 分析 即证中值 x_0 的存在性. 由 $f'(x_0)=1$ 知

$$F'(x)=f'(x)-1,\quad F(x)=f(x)-x.$$

但 $F(0)\neq F(1)$,要重新构造区间. 由 $F\left(\frac{1}{2}\right)=1-\frac{1}{2}>0$,$F(1)=0-1<0$,可知存在一点 $c\in\left(\frac{1}{2},1\right)$,使 $F(c)=0$,从而确定适用区间为 $[0,c]$.

证 取 $F(x)=f(x)-x$,由 $F(1)=-1<0$,$F\left(\frac{1}{2}\right)=\frac{1}{2}>0$,且 $F(x)$ 在 $\left[\frac{1}{2},1\right]$ 连续,可知必存在一点 $c\in\left(\frac{1}{2},1\right)$,使得 $F(c)=0$. 于是,$F(x)$ 在 $[0,c]$ 上连续,在 $(0,c)$ 上可导,且 $F(0)=F(c)=0$,满足罗尔定理条件. 因此,必存在一点 $x_0\in(0,c)\subset(0,1)$,使得 $F'(x_0)=0$,即 $f'(x_0)=1$.

10. 证 设 $f(x)=e^{-x}$. 因为 $f(x)$ 在 $[0,x]$ $(x>0)$ 上满足拉格朗日中值定理的条件,所以存在 $x_{01}\in(0,x)$,使得

$$\frac{f(x)-f(0)}{x-0}=f'(x_{01}),\quad 即\quad \frac{e^{-x}-e^0}{x-0}=-e^{-x_{01}},$$

亦即 $$\frac{e^{-x}-1}{x}=-e^{-x_{01}}>-1.$$

所以有 $e^{-x}>1-x$.

再设 $g(x)=1-x+\frac{x^2}{2}-e^{-x}$. 因为 $g(x)$ 在 $[0,x]$ $(x>0)$ 上满足拉格朗日中值定理的条件,所以存在 $x_{02}\in(0,x)$,使得

$$\frac{g(x)-g(0)}{x-0}=g'(x_{02}),$$

即 $$\frac{1-x+\frac{x^2}{2}-e^{-x}}{x}=-1+x_{02}+e^{-x_{02}}.$$

由于 $e^{-x_{02}}>1-x_{02}$,即 $e^{-x_{02}}-(1-x_{02})>0$,所以有

$$\frac{1-x+\frac{x^2}{2}-e^{-x}}{x}>0.$$

因 $x>0$,所以

$$1-x+\frac{x^2}{2}-e^{-x}>0,\quad 即\quad 1-x+\frac{x^2}{2}>e^{-x}.$$

于是当 $x>0$ 时,不等式 $1-x+\frac{x^2}{2}>e^{-x}>1-x$ 成立.

习 题 3.2

1. 答案是:0.

分析 $f'(0)=\lim\limits_{x\to0}\dfrac{1}{x}e^{-\frac{1}{x^2}}\xlongequal{\text{令}u=\frac{1}{x}}\lim\limits_{u\to\infty}\dfrac{u}{e^{u^2}}\xlongequal{\frac{\infty}{\infty}}\lim\limits_{u\to\infty}\dfrac{1}{e^{u^2}\cdot2u}=0.$

2. 答案是：0;0;4.

分析 由题设

$$\lim_{x\to0}\frac{\ln\left(1+x+\dfrac{f(x)}{x}\right)}{x}=3,$$

从而
$$\lim_{x\to0}\left(x+\frac{f(x)}{x}\right)=\lim_{x\to0}\frac{f(x)}{x}=0,$$

于是知 $f(0)=0, f'(0)=0$. 由 $\ln(1+u)\sim u\ (u\to0)$进而有

$$\lim_{x\to0}\left(1+\frac{f(x)}{x^2}\right)=3,$$

即
$$\lim_{x\to0}\frac{f(x)}{x^2}\xlongequal{\frac{0}{0}}\lim_{x\to0}\frac{f'(x)}{2x}\xlongequal{\frac{0}{0}}\lim_{x\to0}\frac{f''(x)}{2}=\frac{f''(0)}{2}=2,$$

即 $f''(0)=4$.

3. 解 (1) $\lim\limits_{x\to+\infty}\dfrac{\ln\left(1+\dfrac{1}{x}\right)}{\text{arccot}x}=\lim\limits_{x\to+\infty}\dfrac{\dfrac{-\frac{1}{x^2}}{1+\frac{1}{x}}}{\dfrac{-1}{1+x^2}}=\lim\limits_{x\to+\infty}\dfrac{1+x^2}{(1+x)x}$

$$=\lim_{x\to+\infty}\frac{2x}{1+2x}=\lim_{x\to+\infty}\frac{2}{2}=1.$$

(2) $\lim\limits_{x\to0}x^m\ln x=\lim\limits_{x\to0}\dfrac{\ln x}{\dfrac{1}{x^m}}=\lim\limits_{x\to0}\dfrac{\dfrac{1}{x}}{-mx^{-m-1}}=\lim\limits_{x\to0}\dfrac{1}{-mx^{-m}}=\lim\limits_{x\to0}\dfrac{x^m}{-m}=0.$

(3) $\lim\limits_{x\to0}\left(\dfrac{1}{x}-\dfrac{1}{e^x-1}\right)=\lim\limits_{x\to0}\dfrac{e^x-1-x}{x(e^x-1)}=\lim\limits_{x\to0}\dfrac{e^x-0-1}{(e^x-1)+(e^x-0)x}$

$$=\lim_{x\to0}\frac{e^x-1}{(1+x)e^x-1}=\lim_{x\to0}\frac{e^x}{e^x+(x+1)e^x}$$

$$=\lim_{x\to0}\frac{1}{2+x}=\frac{1}{2}.$$

(4) 令

$$y=\ln(1+\sin x)^{\frac{1}{x}}=\frac{1}{x}\ln(1+\sin x),$$

于是 $e^y=(1+\sin x)^{\frac{1}{x}}$,即

$$(1+\sin x)^{\frac{1}{x}}=e^{\frac{1}{x}\ln(1+\sin x)},$$

因此

$$\lim_{x\to 0}(1+\sin x)^{\frac{1}{x}}=\lim_{x\to 0}e^{\frac{1}{x}\ln(1+\sin x)}=e^{\lim\limits_{x\to 0}\frac{1}{x}\ln(1+\sin x)}$$

$$=e^{\lim\limits_{x\to 0}\frac{\ln(1+\sin x)}{x}}=e^{\lim\limits_{x\to 0}\frac{\cos x}{1+\sin x}}=e^1=e.$$

本题也可以不使用洛必达法则,如

$$\text{原式}=\lim_{x\to 0}\left[(1+\sin x)^{\frac{1}{\sin x}}\right]^{\frac{\sin x}{x}}=e.$$

(5) 令 $y=\ln\left(\ln\dfrac{1}{x}\right)^x=x\ln\ln\dfrac{1}{x}$,于是

$$e^y=\left(\ln\frac{1}{x}\right)^x,\quad \text{即}\quad \left(\ln\frac{1}{x}\right)^x=e^{x\ln\ln\frac{1}{x}},$$

因此

$$\lim_{x\to 0+0}\left(\ln\frac{1}{x}\right)^x=\lim_{x\to 0+0}e^{x\ln\ln\frac{1}{x}}=e^{\lim\limits_{x\to 0+0}x\ln\ln\frac{1}{x}}=e^{\lim\limits_{x\to 0+0}\frac{\ln\ln\frac{1}{x}}{\frac{1}{x}}}$$

$$=e^{\lim\limits_{x\to 0+0}-\frac{x^2\frac{x}{x^2}}{\ln x}}=e^{\lim\limits_{x\to 0+0}\frac{x}{\ln\frac{1}{x}}}=e^0=1.$$

(6) 令 $y=\ln x^{\sin x}=\sin x\ln x$,于是 $e^y=x^{\sin x}$,即 $x^{\sin x}=e^{\sin x\ln x}$. 所以

$$\lim_{x\to 0+0}x^{\sin x}=\lim_{x\to 0+0}e^{\sin x\ln x}=e^{\lim\limits_{x\to 0+0}\sin x\ln x}=e^{\lim\limits_{x\to 0+0}\frac{\ln x}{\frac{1}{\sin x}}}$$

$$=e^{\lim\limits_{x\to 0+0}\frac{\frac{1}{x}}{\frac{-\cos x}{\sin^2 x}}}=e^{\lim\limits_{x\to 0+0}-\frac{\sin x}{x}\cdot\frac{\sin x}{\cos x}}=e^{\lim\limits_{x\to 0+0}\frac{-\sin x}{\cos x}}$$

$$=e^0=1.$$

习 题 3.3

1. 答案是:$\left(\dfrac{1}{2},+\infty\right)$,$(-\infty,0)$.

分析 由

$$f(x)=\begin{cases}x^2-x, & x\geqslant 0,\\ x-x^2, & x<0\end{cases}\quad \text{及}\quad f'(x)=\begin{cases}2x-1, & x>0,\\ 1-2x, & x<0\end{cases}$$

可知,当 $x\in\left(\dfrac{1}{2},+\infty\right)$ 或 $(-\infty,0)$ 时,$f'(x)>0$,$f(x)$ 单调增加.

2. 答案是:0;小.

分析 因 $x=\dfrac{\pi}{3}$ 为极值点,故 $f'\left(\dfrac{\pi}{3}\right)=0$,即

$$a\cos\frac{\pi}{3}-\sin\left(\frac{\pi}{3}\cdot 3\right)=\frac{\sqrt{3}}{2}a=0,$$

知 $a=0$.

又 $$f''\left(\frac{\pi}{3}\right)=-3\cos\left(\frac{\pi}{3}\cdot 3\right)=3>0,$$

知 $f\left(\frac{\pi}{3}\right)$ 为极小值.

3. 答案是：$\frac{1}{\sqrt[4]{3}}>|p|$.

分析 即要 $f(x)=x^4+4p^3x+1$ 的最小值为正. 令 $f'(x)=4x^3+4p^3=0$，得 $x=-p$. 又 $f''(x)=12x^2\geqslant 0$，曲线为凹弧，知最小值 $f(-p)=-3p^4+1>0$，得 $|p|<\left(\frac{1}{3}\right)^{\frac{1}{4}}$.

4. 答案是：$k\leqslant 0$ 或 $k=\frac{2}{3\sqrt{3}}$.

分析 设 $f(x)=kx+\frac{1}{x^2}-1$，方程有惟一解，即 $f(x)$ 与 x 轴有惟一交点. 由 $f'(x)=k-\frac{2}{x^3}$ 知，若 $k\leqslant 0$，$f'(x)<0$，$f(x)$ 单调，又 $f(0+0)=+\infty$，$f(1)=k<0$，知方程有惟一解. 若 $k>0$ 时，有 $x^*=\sqrt[3]{\frac{2}{k}}$. 又 $f''(x)=\frac{6}{x^4}>0$，曲线 $y=f(x)$ 为凹弧，x^* 为最小值点，当 $f(x^*)=0$ 时有惟一解，即 $kx^*+(x^*)^{-2}-1=0$，解得 $k=\frac{2}{3\sqrt{3}}$. 综上讨论，$k=\frac{2}{3\sqrt{3}}$，或 $k\leqslant 0$ 时，方程有惟一解.

5. 答案是：$a=b$.

分析 $y=(ax-b)^3$， $y'=3a(ax-b)^2$， $y''=6a^2(ax-b)$.

因 $(1,(a-b)^3)$ 是拐点，所以 $y''(1)=0$，于是有 $a=0$ 或 $a=b$.

但若 $a=0$，则曲线方程为 $y=(-b)^3$，曲线无拐点，因此 $a\neq 0$. 故只能 $a=b$.

6. 答案是：$x=-1$；$y=x-1$.

分析 因为 $\lim\limits_{x\to -1}\frac{x^2}{x+1}=\infty$，所以 $x=-1$ 为铅垂渐近线. 又因为

$$\lim_{x\to\infty}\frac{f(x)}{x}=\lim_{x\to\infty}\frac{x}{x+1}=1,$$

$$\lim_{x\to\infty}[f(x)-x]=\lim_{x\to\infty}\left(\frac{x^2}{x+1}-x\right)=\lim_{x\to\infty}\frac{-x}{x+1}=-1,$$

所以 $y=x-1$ 为斜渐近线.

7. 解 (1) 由于 $y=(x-1)x^{\frac{2}{3}}=x^{\frac{5}{3}}-x^{\frac{2}{3}}$，因此

$$y'=\frac{5}{3}x^{\frac{2}{3}}-\frac{2}{3}x^{-\frac{1}{3}}=\frac{5x-2}{3\sqrt[3]{x}}.$$

令 $y'=0$，得 $x=\frac{2}{5}$. 当 $x=0$ 时 y' 不存在.

列表如下：

x	$(-\infty,0)$	0	$\left(0,\dfrac{2}{5}\right)$	$\dfrac{2}{5}$	$\left(\dfrac{2}{5},+\infty\right)$
y'	+	∞	−	0	+
y	↗	极大值 $y(0)=0$	↘	极小值 $y\left(\dfrac{2}{5}\right)=-\dfrac{3}{25}\sqrt[3]{20}$	↗

由上表可见，y 在区间$(-\infty,0)$及$\left(\dfrac{2}{5},+\infty\right)$内单调增加，在区间$\left(0,\dfrac{2}{5}\right)$内单调减少. 在 $x=0$ 处导数不存在，但函数连续，y'经过 $x=0$ 时，符号由正变负，所以在 $x=0$ 处函数取得极大值 $y(0)=0$. 在 $x=\dfrac{2}{5}$处，$y'=0$，且 y'经过 $x=\dfrac{2}{5}$时，符号由负变正，所以在 $x=\dfrac{2}{5}$处函数取得极小值 $y\left(\dfrac{2}{5}\right)=-\dfrac{3}{25}\sqrt[3]{20}$.

(2) 由于 $y=\dfrac{x^3}{2(x-1)^2}$，因此

$$y'=\frac{1}{2}\,\frac{3x^2(x-1)^2-2(x-1)x^3}{(x-1)^4}=\frac{1}{2}\,\frac{3x^2(x-1)-2x^3}{(x-1)^3}$$

$$=\frac{1}{2}\cdot\frac{x^3-3x^2}{(x-1)^3}=\frac{x^2(x-3)}{2(x-1)^3}.$$

令 $y'=0$，得 $x=3$，$x=0$. 当 $x=1$ 时，函数无定义，为函数的间断点.

列表如下：

x	$(-\infty,0)$	0	$(0,1)$	1	$(1,3)$	3	$(3,+\infty)$
y'	+	0	+	∞	−	0	+
y	↗	0	↗	间断点	↘	极小值 $y(3)=\dfrac{27}{8}$	↗

由上表可见，在区间$(-\infty,1)$和$(3,+\infty)$内，函数单调增加；在区间$(1,3)$内函数单调减少. 所以，在 $x=3$ 处，函数取得极小值 $y(3)=\dfrac{27}{8}$. $x=0$ 处是函数的驻点，因 y'经过 $x=0$ 不改变符号，所以不是极值点.

8. 证 (1) 先证 $x>\sin x$.

设 $f(x)=x-\sin x$，则有

$$f'(x)=1-\cos x\geqslant 0,$$

所以 $f(x)$单调增加. 又因 $f(0)=0$，可知 $f(x)>0$，即 $x-\sin x>0$，于是有 $x>\sin x$.

(2) 再证 $\sin x > x - \frac{x^2}{2}$.

设 $g(x) = \sin x - \left(x - \frac{x^2}{2}\right)$，则

$$g'(x) = \cos x - 1 + x, \quad g''(x) = -\sin x + 1 \geqslant 0,$$

所以 $g'(x)$ 单调增加. 又因 $g'(0)=0$，可知 $g'(x)>0$，那么有 $g(x)$ 单调增加. 又因 $g(0)=0$，可知 $g(x)>0$，即

$$\sin x - \left(x - \frac{x^2}{2}\right) > 0,$$

于是有 $\sin x > x - \frac{x^2}{2}$.

由(1)，(2)我们有当 $x>0$ 时，$x > \sin x > x - \frac{x^2}{2}$.

9. 分析 用导数直接判断.

证 由 $f'(x) = \left(1+\frac{1}{x}\right)^{x+1}\left[\ln(1+x) - \ln x - \frac{1}{x}\right]$，要证 $f'(x)<0$，只要证

$$\ln(1+x) - \ln x < \frac{1}{x}.$$

设 $g(x) = \ln x$，$x>0$ 时，$g(x)$ 在 $[x, x+1]$ 上连续可导，必存在一点 $\xi \in (x, x+1)$，使得

$$\ln(1+x) - \ln x = \frac{1}{\xi} < \frac{1}{x}.$$

从而证明 $\ln(1+x) - \ln x - \frac{1}{x} < 0$，$f'(x)<0$，$f(x)$ 单调减.

10. 分析 由隐函数求导，令 $y'=0$，与函数方程联立，求解驻点坐标.

解 对函数方程两边关于 x 求导，有

$$6y^2y' - 4yy' + 2y + 2xy' - 2x = 0.$$

解得 $y' = \frac{2x-2y}{6y^2-4y+2x}$. 令 $y'=0$，得 $x=y$. 代入原函数方程，有

$$2x^3 - x^2 - 1 = 0.$$

解得 $x=1$. 从而 $y=1$. 再求 y''：

$$12y(y')^2 + 6y^2y'' - 4(y')^2 - 4yy'' + 2y' + 2y' + 2xy'' - 2 = 0.$$

将 $x=1, y=1, y'=0$ 代入，有

$$y''\Big|_{\substack{x=1\\y=1}} = \frac{1}{2} > 0,$$

知 $x=1$ 为 $y=y(x)$ 的极小值点，且 $y(1)=1$.

11. 分析 求 $f(x) = e^{|x-3|}$ 最值，只要求 $g(x) = (x-3)^2$ 最值.

解 要使 $f(x) = e^{|x-3|}$ 最大、最小，只要 $g(x) = (x-3)^2$ 最大、最小. 令

$g'(x)=0$,得 $x=3$. 由 $g(3)=0, g(5)=4, g(-5)=64$,从而知 $|x-3|$ 的最大值为 8,最小值为 0,因此,$f(x)$ 的最大值为 $f(-5)=\mathrm{e}^8$,最小值为 $f(3)=1$.

12. 解 (1) ① 函数 $y=\dfrac{x}{1+x^2}$ 的定义域为 $(-\infty,+\infty)$.

② 由 $y(-x)=\dfrac{-x}{1+(-x)^2}=\dfrac{-x}{1+x^2}=-y(x)$ 可知,函数 $y=\dfrac{x}{1+x^2}$ 是个奇函数,它的图形是关于原点对称的,因此只讨论 $x\geqslant 0$ 的部分.

③ 由 $\lim\limits_{x\to\infty}y=\lim\limits_{x\to\infty}\dfrac{x}{1+x^2}=0$ 可知,$y=0$ 是图形的水平渐近线.

④ 由 $y'=\dfrac{1+x^2-x\cdot 2x}{(1+x^2)^2}=\dfrac{1-x^2}{(1+x^2)^2}$,令 $y'=0$,解得 $x=\pm 1$;又由

$$\begin{aligned} y''&=\frac{-2x(1+x^2)^2-(1-x^2)2(1+x^2)\cdot 2x}{(1+x^2)^4} \\ &=\frac{2x(x^2-3)}{(1+x^2)^3}, \end{aligned}$$

令 $y''=0$,解得 $x=0,\pm\sqrt{3}$.

⑤ 列表讨论函数的增减性、凹凸性、极值和拐点:

x	0	$(0,1)$	1	$(1,\sqrt{3})$	$\sqrt{3}$	$(\sqrt{3},+\infty)$
y'	+	+	0	−	−	−
y''	0	−	−	−	0	+
y	0	↗	$\dfrac{1}{2}$	↘	$\dfrac{\sqrt{3}}{4}$	↘
$y=f(x)$	拐点	凸	极大值	凸	拐点	凹

⑥ 取辅助点 $\left(\dfrac{1}{2},\dfrac{2}{5}\right)$, $\left(3,\dfrac{3}{10}\right)$,并作图(见图 3.1).

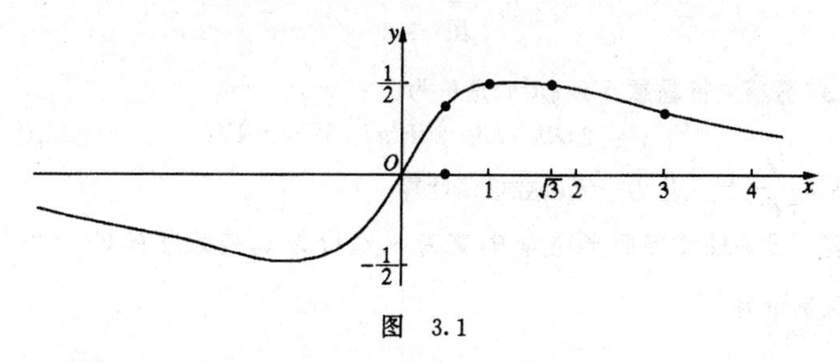

图 3.1

(2) ① 函数 $y=\dfrac{x^2}{\sqrt{x+1}}$ 的定义域为 $x\in(-1,+\infty)$.

② 由于 $y(x)\neq y(-x)$,可知它是一个非奇非偶函数.

③ 由于 $\lim\limits_{x\to-1+0}\dfrac{x^2}{\sqrt{x+1}}=+\infty$,故 $x=-1$ 是一条垂直渐近线.

④ 一阶导数:$f'(x)=\dfrac{x(3x+4)}{2(x+1)^{3/2}}$,

二阶导数:$f''(x)=\dfrac{3x^2+8x+8}{4(x+1)^{5/2}}$.

在 $x=0$ 时,$f'(x)=0$,$f'(x)$在经过 $x=0$ 点时,符号由负到正,故 $f(0)=0$ 是极小值.由于 $x\in(-1,+\infty)$时,$f''(x)>0$,故在 $x\in(-1,+\infty)$时,$f(x)$是凹的.

⑤ 列出表格:

x	$(-1,0)$	0	$(0,+\infty)$
y'	$-$	0	$+$
y''	$+$	$+$	$+$
y	↘	0	↗
$y=f(x)$	凹	极小值	凹

⑥ 作图(见图 3.2).

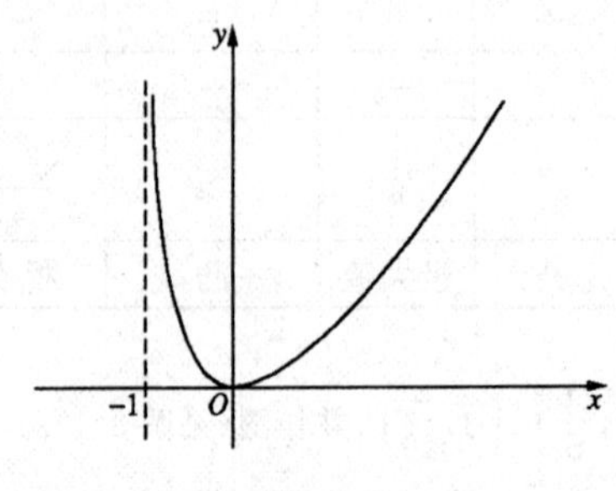

图 3.2

13. 分析 依题意,$V=\pi R^2h$,造价为

$$y=2\pi Rh\cdot b+2\pi R^2a,\quad V=\pi R^2h.$$

解出 $h=\dfrac{V}{\pi R^2}$,代入化为一元函数极值计算.

解 设圆柱体底面半径为 R,高为 h,造价为 y,依题意有 $V=\pi R^2h$,$h=\dfrac{V}{\pi R^2}$,又造价为

$$y=2\pi R^2\cdot a+2\pi Rhb=2\pi R^2a+\frac{2Vb}{R},$$

令

$$y'=4\pi aR-\frac{2Vb}{R^2}=0,$$

得 $R^*=\sqrt[3]{\dfrac{Vb}{2\pi a}}$. 又 $y''=4\pi a+\dfrac{4Vb}{R^3}>0$,知 R^* 为最小值点. 此时,有 $h^*=\sqrt[3]{\dfrac{4a^2V}{\pi b^2}}$,即有 $\dfrac{2R^*}{h^*}=\dfrac{b}{a}$,即底面直径与高的比例为 $b:a$ 时,造价最省.

14. 分析 本题为分段函数求极值问题,关键是确定价格函数 $P(x)$,分 $0<x\leqslant 30$,$30<x\leqslant 75$,$75<x$ 三种情况构造. 在购机票问题上旅行社利润函数为 $L(x)=xP-15000$.

解 (1) 依题意,若设参团人数为 x,则当 $0\leqslant x\leqslant 30$ 时,价格 $P=900$;当 $30<x\leqslant 75$ 时,$P=900-(x-30)10$;当 $x>75$ 时,$P=450$. 于是价格函数为

$$P=\begin{cases}900, & 0<x\leqslant 30,\\ 900-(x-30)\cdot 10, & 30<x\leqslant 75.\end{cases}$$

(2) 收售飞机票款获利润函数为

$$\begin{aligned}L(x)&=Px-15000\\ &=\begin{cases}900x-15000, & 0<x\leqslant 30,\\ 1200x-10x^2-15000, & 30<x\leqslant 75,\end{cases}\end{aligned}$$

且有

$$L'(x)=\begin{cases}900, & 0<x<30,\\ 1200-20x, & 30<x<75.\end{cases}$$

令 $L'=0$ 得 $x=60$,$L'(x)$ 不存在点为 $x=30$. 又 $L(0)=-15000$,$L(60)=21000$,$L(30)=12000$,$L(75)=18750$,知当参团人数为 60 时,可获最大利润,为 $L(60)=21000$ 元.

15. 分析 (1) 对平均成本 $\dfrac{C(x)}{x}$ 求最值.

(2) 由利润函数 $L=R-C$ 构造目标函数,再求最值.

解 (1) 由 $\left(\dfrac{C(x)}{x}\right)'=-\dfrac{250000}{x^2}+\dfrac{1}{4}=0$,得 $x=1000$. 又 $\left(\dfrac{C(x)}{x}\right)''=\dfrac{500000}{x^3}>0$,知 $x=1000$ 为最小值点,即要使平均单位成本最小,应生产 1000 件.

(2) 依题意 $R=500\cdot x$,于是利润函数为

$$L=500x-250000-200x-\frac{1}{4}x^2.$$

由

$$L'(x)=-\frac{1}{2}x+300=0,$$

得 $x=600$. 又 $L''(x)=-\dfrac{1}{2}<0$,知当产量为 600 件时,利润最大.

习 题 4.1

1. 答案是: 0;C.

分析 由原函数概念，$f(x)=2'=0$，从而 $\int 0\mathrm{d}x=C$.

2. 答案是：$\dfrac{x}{3x^2-1}$.

分析 因为$\frac{1}{6}\ln(3x^2-1)+C$ 是 $f(x)$的所有原函数，所以有

$$\left[\frac{1}{6}\ln(3x^2-1)+C\right]'=f(x),$$

即
$$f(x)=\frac{1}{6}\cdot\frac{6x}{3x^2-1}=\frac{x}{3x^2-1}.$$

3. 答案是：$-(x+1)\mathrm{e}^{-x}+\frac{1}{2}C_1x^2+C_2x+C_3$.

分析 依题设 $f''(x)=(x-2)\mathrm{e}^{-x}$，于是

$$\begin{aligned}f'(x)&=\int(x-2)\mathrm{e}^{-x}\mathrm{d}x=-(x-2)\mathrm{e}^{-x}+\int\mathrm{e}^{-x}\mathrm{d}x\\&=(1-x)\mathrm{e}^{-x}+C_1,\end{aligned}$$

$$\begin{aligned}f(x)&=\int[(1-x)\mathrm{e}^{-x}+C_1]\mathrm{d}x=(x-1)\mathrm{e}^{-x}-\int\mathrm{e}^{-x}\mathrm{d}x+C_1x\\&=x\mathrm{e}^{-x}+C_1x+C_2,\end{aligned}$$

$$\begin{aligned}f(x)\mathrm{d}x&=\mathrm{d}\int f(x)\mathrm{d}x=\mathrm{d}\int(x\mathrm{e}^{-x}+C_1x+C_2)\mathrm{d}x\\&=\mathrm{d}\left[-(x+1)\mathrm{e}^{-x}+\frac{1}{2}C_1x^2+C_2x+C_3\right].\end{aligned}$$

4. 答案是：$C\sec x$ 或$\dfrac{C}{\cos x}$.

分析 依题设 $F(x)=\dfrac{F'(x)}{\tan x}$，即$\dfrac{F'(x)}{F(x)}=\tan x$，两边积分得

$$\ln F(x)=-\ln\cos x+\ln C,\quad 即\quad F(x)=\frac{C}{\cos x}=C\sec x.$$

5. 答案是：$2x^2-x+C$.

分析 本题不便直接积分找 $f(x)$，先求 $f'(x)$. 为此，先求导，有 $f'(x^3)=4x^3-1$，知 $f'(x)=4x-1$，于是

$$f(x)=\int(4x-1)\mathrm{d}x=2x^2-x+C.$$

6. 解 设曲线为 $y=f(x)$. 由于

$$f(x)=\int k\mathrm{d}x=kx+C,$$

所以
$$f(x)=kx+C,$$

故曲线方程为 $y=kx+C$.

7. 解 设该函数为 $y=f(x)$. 由于

$$y' = x + 2,$$

所以 $$y = f(x) = \int (x + 2)\mathrm{d}x = \frac{1}{2}x^2 + 2x + C.$$

考虑到当 $x=2$ 时，$y=5$，因此

$$\frac{1}{2} \times 2^2 + 2 \times 2 + C = 5.$$

得到 $C=-1$，故所求函数为

$$y = \frac{1}{2}x^2 + 2x - 1.$$

8. 解 设曲线为 $y=f(x)$，由于

$$f(x) = \int 2x\mathrm{d}x = x^2 + C,$$

并考虑到当 $x=1$ 时，$f(x)=-2$，得到 $-2=1+C$，即 $C=-3$，因此所求曲线为

$$f(x) = x^2 - 3.$$

9. 分析 利用导数的物理背景转化为函数导数式，再求解.

解 设 t 时刻运动路程为 $s(t)$，依题意

$$s''(t) = \mathrm{e}^{-t}, \quad s(0) = 0, \quad s'(0) = 0.$$

连续积分可得，$s'(t)=-\mathrm{e}^{-t}+C_1$，$s(t)=\mathrm{e}^{-t}+C_1t+C_2$，且由

$$s(0) = 1 + C_2 = 0, \quad s'(0) = -1 + C_1 = 0$$

得 $C_1=1$，$C_2=-1$. 故 $s(t)=\mathrm{e}^{-t}+t-1$，且 $s(5)=\mathrm{e}^{-5}+4$.

10. 分析 先求出 $R(x)$，再求 $P=\dfrac{R(x)}{x}$.

解 依题设 $R(x)=\int(50-3x)\mathrm{d}x=50x-\dfrac{3}{2}x^2+C$. 又由 $R(0)=0$，知 $C=0$. 故收入函数为

$$R(x) = 50x - \frac{3}{2}x^2,$$

平均收入函数为

$$P = \frac{R(x)}{x} = 50 - \frac{3}{2}x.$$

11. 解 (1) $\int\sqrt{x}\,(x-3)\mathrm{d}x=\int(x^{\frac{3}{2}}-3\sqrt{x}\,)\mathrm{d}x$

$$=\frac{x^{\frac{3}{2}+1}}{1+\frac{3}{2}}-\frac{3}{1+\frac{1}{2}}x^{\frac{1}{2}+1}+C=\frac{2}{5}x^{\frac{5}{2}}-2x^{\frac{3}{2}}+C.$$

(2) $\int\dfrac{x^2}{x^2+1}\mathrm{d}x=\int\dfrac{x^2+1-1}{x^2+1}\mathrm{d}x=\int\left(1-\dfrac{1}{x^2+1}\right)\mathrm{d}x$

$=x-\arctan x+C.$

(3) $\int\frac{(t+1)^3}{t^2}\mathrm{d}t=\int\frac{t^3+3t^2+3t+1}{t^2}\mathrm{d}t=\int\left(t+3+\frac{3}{t}+\frac{1}{t^2}\right)\mathrm{d}t$

$$=\frac{1}{2}t^2+3t+3\ln|t|-\frac{1}{t}+C.$$

(4) $\int\frac{x^2+\sqrt{x^3}+3}{\sqrt{x}}\mathrm{d}x=\int(x^{\frac{3}{2}}+x+3x^{-\frac{1}{2}})\mathrm{d}x$

$$=\frac{1}{1+\frac{3}{2}}x^{\frac{3}{2}+1}+\frac{1}{2}x^2+\frac{3}{1-\frac{1}{2}}x^{-\frac{1}{2}+1}+C$$

$$=\frac{2}{5}x^{\frac{5}{2}}+\frac{1}{2}x^2+6x^{\frac{1}{2}}+C.$$

(5) $\int\sin^2\frac{u}{2}\mathrm{d}u=\int\frac{1-\cos u}{2}\mathrm{d}u=\int\left(\frac{1}{2}-\frac{\cos u}{2}\right)\mathrm{d}u=\frac{1}{2}u-\frac{\sin u}{2}+C.$

(6) $\int\cot^2x\mathrm{d}x=\int(\csc^2x-1)\mathrm{d}x=-\cot x-x+C.$

(7) $\int\sqrt{x\sqrt{x\sqrt{x}}}=\int[x(x^{\frac{3}{2}})^{\frac{1}{2}}]^{\frac{1}{2}}\mathrm{d}x=\int(x^{\frac{7}{4}})^{\frac{1}{2}}\mathrm{d}x=\int x^{\frac{7}{8}}\mathrm{d}x$

$$=\frac{8}{15}x^{\frac{15}{8}}+C.$$

(8) $\int\frac{\mathrm{e}^{2t}-1}{\mathrm{e}^t-1}\mathrm{d}t=\int\frac{(\mathrm{e}^t+1)(\mathrm{e}^t-1)}{\mathrm{e}^t-1}\mathrm{d}t=\int(\mathrm{e}^t+1)\mathrm{d}t=\mathrm{e}^t+t+C.$

(9) $\int\frac{\cos 2x}{\cos x+\sin x}\mathrm{d}x=\int\frac{(\cos x+\sin x)(\cos x-\sin x)}{\cos x+\sin x}\mathrm{d}x$

$$=\int(\cos x-\sin x)\mathrm{d}x=\sin x+\cos x+C.$$

(10) $\int\frac{\mathrm{d}x}{x^2(1+x^2)}=\int\frac{x^2+1-x^2}{x^2(x^2+1)}\mathrm{d}x=\int\left(\frac{1}{x^2}-\frac{1}{1+x^2}\right)\mathrm{d}x$

$$=-x^{-1}-\arctan x+C.$$

习 题 4.2

1. 答案是：$x+\frac{1}{2}\ln x+C.$

分析 由于 $f(x)=x+\sqrt{x}$，所以

$$f'(x)=1+\frac{1}{2\sqrt{x}}.$$

考虑到 $f'(x^2)=1+\frac{1}{2x}$，故

$$\int f'(x)\mathrm{d}x=\int\left(1+\frac{1}{2x}\right)\mathrm{d}x=x+\frac{1}{2}\ln x+C.$$

2. 答案是：$\frac{1}{2}\sin(2x^2+1)+C.$

分析 $\int\frac{xf(\sqrt{2x^2+1})}{\sqrt{2x^2+1}}\mathrm{d}x=\frac{1}{4}\int\frac{f(\sqrt{2x^2+1})}{\sqrt{2x^2+1}}\mathrm{d}(2x^2+1)$

$$=\frac{1}{2}\int f(\sqrt{2x^2+1})\mathrm{d}(\sqrt{2x^2+1})$$

$$=\frac{1}{2}\sin(\sqrt{2x^2+1})^2+C$$

$$=\frac{1}{2}\sin(2x^2+1)+C.$$

3. 答案是：$-\sin xf(\cos x)+C$.

分析 $\int\sin^2xf'(\cos x)\mathrm{d}x-\int\cos xf(\cos x)\mathrm{d}x$

$$=\int[\sin^2xf'(\cos x)-\cos xf(\cos x)]\mathrm{d}x$$

$$=-\int[\cos xf(\cos x)-\sin^2xf'(\cos x)]\mathrm{d}x$$

$$=-\int\mathrm{d}\sin xf(\cos x)=-\sin xf(\cos x)+C.$$

4. 答案是：$x+\frac{1}{3}x^3+1$.

分析 设 $t=\mathrm{e}^t$,则 $f'(t)=1+t^2$. 考虑到

$$f(t)=\int f'(t)\mathrm{d}t=\int(1+t^2)\mathrm{d}t=t+\frac{1}{3}t^3+C,$$

由已知 $f(0)=1$,得到 $C=1$. 因此 $f(x)=x+\frac{1}{3}x^3+1$.

5. 答案是：$\frac{\mathrm{e}\cdot\mathrm{e}^{-\mathrm{e}^x}-2}{\mathrm{e}\cdot\mathrm{e}^{-\mathrm{e}^x}+2}+C$.

分析 若取 $u=\ln 2x$,则有

$$\int f(u)\mathrm{d}u=\frac{2-\mathrm{e}^u}{2+\mathrm{e}^u}+C.$$

再将 $u=1-\mathrm{e}^x$ 代入,有 $\int f(1-\mathrm{e}^x)\mathrm{d}(1-\mathrm{e}^x)=\frac{2-\mathrm{e}^{1-\mathrm{e}^x}}{2+\mathrm{e}^{1-\mathrm{e}^x}}+C$,也即

$$\int\mathrm{e}^xf(1-\mathrm{e}^x)\mathrm{d}x=\frac{\mathrm{e}\cdot\mathrm{e}^{-\mathrm{e}^x}-2}{\mathrm{e}\cdot\mathrm{e}^{-\mathrm{e}^x}+2}+C.$$

6. 答案是：$\frac{2}{5}x^{\frac{5}{2}}+\frac{2}{3}x^{\frac{3}{2}}-\frac{2}{5}(x+1)^{\frac{5}{2}}+\frac{2}{3}(x+1)^{\frac{3}{2}}+C$.

分析 先将分母有理化,再分项积分,有

$$\int\frac{\sqrt{x(x+1)}}{\sqrt{x}+\sqrt{x+1}}\mathrm{d}x$$

$$=\int\frac{x\sqrt{x+1}-\sqrt{x}(x+1)}{x-(x+1)}\mathrm{d}x$$

$$=\int(x^{\frac{3}{2}}+x^{\frac{1}{2}})\mathrm{d}x-\int[(x+1)^{\frac{3}{2}}-(x+1)^{\frac{1}{2}}]\mathrm{d}(x+1)$$

$$=\frac{2}{5}x^{\frac{5}{2}}+\frac{2}{3}x^{\frac{3}{2}}-\frac{2}{5}(x+1)^{\frac{5}{2}}+\frac{2}{3}(x+1)^{\frac{3}{2}}+C.$$

7. 答案是：$\frac{1}{x}\mathrm{e}^x+C$.

分析 由于分项$\int\frac{\mathrm{e}^x}{x}\mathrm{d}x$，$\int\frac{\mathrm{e}^x}{x^2}\mathrm{d}x$均不能单独积分出结果，因此可考虑保留一个，做另一个积分，最终相消得出结果.

由于$\int\frac{\mathrm{e}^x}{x^2}\mathrm{d}x=-\frac{1}{x}\mathrm{e}^x+\int\frac{\mathrm{e}^x}{x}\mathrm{d}x$，于是

$$\int\mathrm{e}^x\,\frac{x-1}{x^2}\mathrm{d}x=\int\frac{\mathrm{e}^x}{x}\mathrm{d}x-\int\frac{\mathrm{e}^x}{x^2}\mathrm{d}x=\int\frac{\mathrm{e}^x}{x}\mathrm{d}x+\frac{1}{x}\mathrm{e}^x-\int\frac{\mathrm{e}^x}{x}\mathrm{d}x$$

$$=\frac{1}{x}\mathrm{e}^x+C.$$

8. 答案是：$\begin{cases}\cos x+C, & x\geqslant 0,\\ \frac{1}{2}x^2+1+C, & x<0.\end{cases}$

分析 本题为分段函数积分，关键是分段点处原函数连续，从而确定分段积分出现的两个常数的关系. 于是，

当$x>0$时，$\int f(x)\mathrm{d}x=\int-\sin x\mathrm{d}x=\cos x+C_1$；

当$x<0$时，$\int f(x)\mathrm{d}x=\int x\mathrm{d}x=\frac{1}{2}x^2+C_2$；

在$x=0$处，应有$\cos 0+C_1=\frac{1}{2}\cdot 0^2+C_2$，得$C_2=1+C_1$，从而得

$$\int f(x)\mathrm{d}x=\begin{cases}\cos x+C, & x\geqslant 0,\\ \frac{1}{2}x^2+1+C, & x<0.\end{cases}$$

9. 解 (1) $\int\frac{\mathrm{d}x}{\sin^2(2x)}=\frac{1}{2}\int\frac{1}{\sin^2(2x)}\mathrm{d}(2x)=\frac{1}{2}[-\cot(2x)]+C$

$$=-\frac{1}{2}\cot(2x)+C.$$

(2) $\int(x-1)\mathrm{e}^{x^2-2x}\mathrm{d}x=\frac{1}{2}\int\mathrm{e}^{x^2-2x}\mathrm{d}(x^2-2x)=\frac{1}{2}\mathrm{e}^{x^2-2x}+C.$

(3) $\int x^x(1+\ln x)\mathrm{d}x=\int\mathrm{e}^{x\ln x}(1+\ln x)\mathrm{d}x=\int\mathrm{e}^{x\ln x}\mathrm{d}(x\ln x)$

$$=\mathrm{e}^{x\ln x}+C=x^x+C.$$

(4) 令$\sin x=u$，$\mathrm{d}x=\frac{\mathrm{d}u}{\cos x}$，则

$$\int\sin^2x\cos^5x\mathrm{d}x=\int\sin^2x\cos^4x\cos x\mathrm{d}x$$

$$= \int [\sin x(1-\sin^2 x)]^2 \cos x \mathrm{d}x$$

$$= \int [u(1-u^2)]^2 \cos x \frac{\mathrm{d}u}{\cos x} = \int (-u^3+u)^2 \mathrm{d}u$$

$$= \int (u^2 - 2u^4 + u^6)\mathrm{d}u = \frac{1}{3}u^3 - \frac{2}{5}u^5 + \frac{1}{7}u^7 + C$$

$$= \frac{1}{3}\sin^3 x - \frac{2}{5}\sin^5 x + \frac{1}{7}\sin^7 x + C.$$

(5) $\int \frac{\mathrm{d}x}{\cos^4 x} = \int \sec^4 x \mathrm{d}x = \int \sec^2 x \mathrm{d}\tan x = \int (\tan^2 x + 1)\mathrm{d}\tan x$

$$= \frac{1}{3}\tan^3 x + \tan x + C.$$

(6) $\int \frac{x^2-1}{(x+1)^{10}}\mathrm{d}x = \int \frac{x-1}{(x+1)^9}\mathrm{d}x = \int \frac{x+1-2}{(x+1)^9}\mathrm{d}x$

$$= \int \frac{\mathrm{d}x}{(x+1)^8} - \int \frac{2}{(x+1)^9}\mathrm{d}x$$

$$= -\frac{1}{7(x+1)^7} + \frac{1}{4(x+1)^8} + C.$$

(7) $\int \frac{x+x^3}{1+x^4}\mathrm{d}x = \int \frac{x}{1+x^4}\mathrm{d}x + \int \frac{x^3}{1+x^4}\mathrm{d}x$

$$= \frac{1}{2}\int \frac{\mathrm{d}x^2}{1+(x^2)^2} + \frac{1}{4}\int \frac{\mathrm{d}(x^4+1)}{1+x^4}$$

$$= \frac{1}{2}\arctan x^2 + \frac{1}{4}\ln(1+x^4) + C.$$

(8) $\int \frac{x^2+\cos x}{x^3+3\sin x}\mathrm{d}x = \frac{1}{3}\int \frac{3x^2+3\cos x}{x^3+3\sin x}\mathrm{d}x$

$$= \frac{1}{3}\int \frac{1}{x^3+3\sin x}\mathrm{d}(x^3+3\sin x)$$

$$= \frac{1}{3}\ln|x^3+3\sin x| + C.$$

(9) $\int \frac{\mathrm{d}x}{\sqrt{1+\sqrt{x}}} \xlongequal{令 t=\sqrt{x}} \int \frac{2t}{\sqrt{1+t}}\mathrm{d}t = 2\int \frac{t+1-1}{\sqrt{1+t}}\mathrm{d}t$

$$= 2\int [(1+t)^{\frac{1}{2}} - (1+t)^{-\frac{1}{2}}]\mathrm{d}(1+t)$$

$$= \frac{4}{3}(1+t)^{\frac{3}{2}} - 4(1+t)^{\frac{1}{2}} + C$$

$$= \frac{4}{3}(1+t)^{\frac{1}{2}}(1+t-3) + C$$

$$= \frac{4}{3}\sqrt{1+\sqrt{x}}(\sqrt{x}-2) + C.$$

(10) $\int \frac{2x+3}{\sqrt{4x^2-4x+5}}\mathrm{d}x = \int \frac{2x-1+4}{\sqrt{(2x-1)^2+4}}\mathrm{d}x.$

令 $t=2x-1, \mathrm{d}t=2\mathrm{d}x$,则

$$\int\frac{2x+3}{\sqrt{4x^2-4x+5}}\mathrm{d}x=\int\frac{t+4}{\sqrt{t^2+4}}\frac{1}{2}\mathrm{d}t$$

$$=\frac{1}{2}\int\frac{t\mathrm{d}t}{\sqrt{t^2+4}}+\frac{1}{2}\int\frac{4}{\sqrt{t^2+4}}\mathrm{d}t$$

$$=\frac{1}{4}\int\frac{\mathrm{d}(t^2+4)}{\sqrt{t^2+4}}+2\int\frac{\mathrm{d}t}{\sqrt{t^2+4}}$$

$$=\frac{1}{2}\sqrt{t^2+4}+2\ln|t+\sqrt{t^2+4}|+C$$

$$=\frac{1}{2}\sqrt{4x^2-4x+5}$$

$$+2\ln|2x-1+\sqrt{4x^2-4x+5}|+C.$$

10. 解 (1) 令 $x=t^2-1$, $\mathrm{d}x=2t\mathrm{d}t$ $\sqrt{x+1}=t$,则

$$\int x\sqrt{x+1}\mathrm{d}x=\int(t^2-1)\cdot t\cdot 2t\cdot\mathrm{d}t$$

$$=2\int(t^4-t^2)\mathrm{d}t=\frac{2}{5}t^5-\frac{2}{3}t^3+C$$

$$=\frac{2}{5}(x+1)^{\frac{5}{2}}-\frac{2}{3}(x+1)^{\frac{3}{2}}+C.$$

(2) **解法 1** 令 $x=\frac{1}{2}(t^4-3)$,则

$$\mathrm{d}x=2t^3\mathrm{d}t,\quad \sqrt[4]{2x+3}=t,$$

所以

$$\int x\sqrt[4]{2x+3}\mathrm{d}x=\int\frac{1}{2}(t^4-3)\cdot t\cdot 2t^3\mathrm{d}t$$

$$=\int(t^8-3t^4)\mathrm{d}t=\frac{1}{9}t^9-\frac{3}{5}t^5+C$$

$$=\frac{1}{9}(2x+3)^{\frac{9}{4}}-\frac{3}{5}(2x+3)^{\frac{5}{4}}+C.$$

解法 2 令 $u=2x+3, \mathrm{d}x=\frac{\mathrm{d}u}{2}, x=\frac{1}{2}(u-3)$,则

$$\int x\sqrt[4]{2x+3}\mathrm{d}x=\int\frac{1}{2}(u-3)u^{\frac{1}{4}}\cdot\frac{1}{2}\mathrm{d}u$$

$$=\int\frac{1}{4}(u^{\frac{5}{4}}-3u^{\frac{1}{4}})\mathrm{d}u=\frac{1}{9}u^{\frac{9}{4}}-\frac{3}{5}u^{\frac{5}{4}}+C$$

$$=\frac{1}{9}(2x+3)^{\frac{9}{4}}-\frac{3}{5}(2x+3)^{\frac{5}{4}}+C.$$

(3) 令 $x=t^6, t=\sqrt[6]{x}$,则 $\mathrm{d}x=6t^5\mathrm{d}t$,所以

$$\int \frac{\mathrm{d}x}{\sqrt{x}+\sqrt[3]{x^2}}=\int \frac{6t^5\mathrm{d}t}{t^3+t^4}=6\int \frac{t^2\mathrm{d}t}{1+t}=6\int\left(t-1+\frac{1}{1+t}\right)\mathrm{d}t$$

$$=6\left(\frac{1}{2}t^2-t+\ln|1+t|\right)+C$$

$$=6\left(\frac{1}{2}\sqrt[3]{x}-\sqrt[6]{x}+\ln|\sqrt[6]{x}+1|\right)+C$$

$$=3\sqrt[3]{x}-6\sqrt[6]{x}+6\ln|\sqrt[6]{x}+1|+C.$$

(4) 令 $x=\tan t$,则 $\mathrm{d}x=\sec^2 t\mathrm{d}t$,所以

$$\int \frac{\mathrm{d}x}{(1+x^2)^2}=\int \frac{\sec^2 t}{(1+\tan^2 t)^2}\mathrm{d}t=\int \frac{\sec^2 t}{\sec^4 t}\mathrm{d}t$$

$$=\int \frac{\mathrm{d}t}{\sec^2 t}=\int \cos^2 t\mathrm{d}t=\int \frac{1+\cos 2t}{2}\mathrm{d}t$$

$$=\int \frac{1+\cos 2t}{2}\cdot\frac{\mathrm{d}2t}{2}=\frac{1}{4}\int(1+\cos 2t)\mathrm{d}2t$$

$$=\frac{1}{4}[2t+\sin 2t]+C=\frac{1}{2}t+\frac{1}{4}\sin 2t+C.$$

因为 $x=\frac{x}{1}=\tan t$, $t=\arctan x$,所以

$$\sin t=\frac{x}{\sqrt{1+x^2}},\quad \cos t=\frac{1}{\sqrt{1+x^2}},$$

$$\sin 2t=2\frac{x}{\sqrt{1+x^2}}\cdot\frac{1}{\sqrt{1+x^2}}=\frac{2x}{1+x^2},$$

所以 $$\text{原式}=\frac{1}{2}\arctan x+\frac{x}{2(1+x^2)}+C.$$

(5) 令 $x=a\tan t$,则 $\mathrm{d}x=a\cdot\sec^2 t\mathrm{d}t$,所以

$$\int \frac{\mathrm{d}x}{(a^2+x^2)^{\frac{3}{2}}}=\int \frac{a\cdot\sec^2 t\mathrm{d}t}{(a^2+a^2\tan^2 t)^{\frac{3}{2}}}=\int \frac{\sec^2 t}{a^2(1+\tan^2 t)^{\frac{3}{2}}}\mathrm{d}t$$

$$=\frac{1}{a^2}\int \frac{\mathrm{d}t}{\sec t}=\frac{1}{a^2}\int \cos t\mathrm{d}t=\frac{1}{a^2}\sin t+C.$$

因为 $x=\frac{x}{1}=a\cdot\tan t$,所以 $\sin t=\frac{x}{\sqrt{a^2+x^2}}$. 所以

$$\text{原式}=\frac{x}{a^2\sqrt{a^2+x^2}}+C.$$

(6) 令 $x=\sin t$,则 $\mathrm{d}x=\cos t\cdot\mathrm{d}t$,所以

$$\int \frac{x^2}{\sqrt{1-x^2}}\mathrm{d}x=\int \frac{\sin^2 t\cdot\mathrm{d}t\cdot\cos t}{\sqrt{1-\sin^2 t}}=\int \sin^2 t\mathrm{d}t$$

$$=\frac{1}{2}\int(1-\cos 2t)\mathrm{d}t=\frac{1}{2}t-\frac{1}{4}\sin 2t+C$$

$$= \frac{1}{2}(\arcsin x - x\sqrt{1-x^2}) + C.$$

(7) 令 $x=\frac{2}{3}\sec t$，则 $dx=\frac{2}{3}\sec t\cdot\tan t\cdot dt$，所以

$$\int\frac{dx}{\sqrt{9x^2-4}} = \int\frac{\frac{2}{3}\sec t\tan t}{2\tan t}dt = \frac{1}{3}\int\sec t\cdot dt = \frac{1}{3}\int\frac{dt}{\cos t}$$

$$= \frac{1}{3}\ln|\sec t + \tan t| + C.$$

因为 $x=\frac{2}{3}\sec t$，$\sec t=\frac{3}{2}x$，$\tan t=\frac{\sqrt{9x^2-4}}{2}$，所以

$$\int\frac{dx}{\sqrt{9x^2-4}} = \frac{1}{3}\ln\left|\frac{3}{2}x + \frac{1}{2}\sqrt{9x^2+4}\right| + C.$$

(8) 因为

$$\int\frac{dx}{\sqrt{9x^2-6x+7}} = \int\frac{dx}{\sqrt{(3x-1)^2+6}},$$

又令 $3x-1=\sqrt{6}\tan t$，则 $dx=\frac{\sqrt{6}}{3}\sec^2 t dt$，所以

$$\text{原式} = \int\frac{dx}{\sqrt{(3x-1)^2+6}} = \int\frac{\frac{\sqrt{6}}{3}\sec^2 t dt}{\sqrt{6}\sqrt{\tan^2+1}} = \frac{1}{3}\int\frac{\sec^2 t dt}{\sec t}$$

$$= \frac{1}{3}\int\frac{1}{\cos t}dt = \frac{1}{3}\ln|\sec t + \tan t| + C.$$

因为 $3x-1=\sqrt{6}\tan t$，所以 $\tan t=\frac{3x-1}{\sqrt{6}}$，且

$$\sec t = \sqrt{1+\tan^2 t} = \frac{\sqrt{6}}{6}\sqrt{9x^2-6x+7}.$$

因此

$$\text{原式} = \frac{1}{3}\ln\left|\frac{\sqrt{6}}{6}\sqrt{9x^2-6x+7} + \frac{\sqrt{6}}{6}(3x-1)\right| + C_1$$

$$= \frac{1}{3}\ln|\sqrt{9x^2-6x+7} + 3x - 1| + C.$$

11. 解 (1) $\int\arctan x dx = x\arctan x - \int x d\arctan x$

$$= x\arctan x - \int\frac{xdx}{1+x^2}$$

$$= x\arctan x - \frac{1}{2}\int\frac{d(1+x^2)}{1+x^2}$$

$$= x\arctan x - \frac{1}{2}\ln(1+x^2) + C.$$

(2) $\int\frac{\ln x}{x^2}dx=\int\ln x d\left(-\frac{1}{x}\right)=-\frac{1}{x}\ln x+\int\frac{1}{x}d\ln x$

$$=-\frac{1}{x}\ln x+\int\frac{1}{x^2}dx=-\frac{1}{x}\ln x-\frac{1}{x}+C$$

$$=-\frac{1}{x}(\ln x+1)+C.$$

(3) $\int x^2e^{-x}dx=-\int x^2de^{-x}=-x^2e^{-x}+\int e^{-x}dx^2$

$$=-x^2e^{-x}+2\int xe^{-x}dx=-x^2e^{-x}-2\int xde^{-x}$$

$$=-x^2e^{-x}-2xe^{-x}+2\int e^{-x}dx$$

$$=-x^2e^{-x}-2xe^{-x}-2e^{-x}+C$$

$$=-(x^2+2x+2)e^{-x}+C.$$

(4) $\int x^3(\ln x)^2dx=\int(\ln x)^2d\,\frac{x^4}{4}=\frac{x^4}{4}(\ln x)^2-\int\frac{x^4}{4}d(\ln x)^2$

$$=\frac{x^4}{4}(\ln x)^2-\frac{1}{2}\int x^4(\ln x)\cdot\frac{1}{x}dx$$

$$=\frac{x^4}{4}(\ln x)^2-\frac{1}{2}\int(\ln x)d\,\frac{x^4}{4}$$

$$=\frac{x^4}{4}(\ln x)^2-\frac{1}{8}x^4\ln x+\frac{1}{2}\int\frac{x^4}{4}d\ln x$$

$$=\frac{x^4}{4}(\ln x)^2-\frac{1}{8}x^4\ln x+\frac{1}{8}\int x^3dx$$

$$=\frac{x^4}{4}(\ln x)^2-\frac{1}{8}x^4\ln x+\frac{1}{32}x^4+C$$

$$=\frac{1}{4}x^4\left((\ln x)^2-\frac{1}{2}\ln x+\frac{1}{8}\right)+C.$$

(5) $\int e^{\sqrt{x}}dx=\int e^{\sqrt{x}}\cdot\frac{de^{\sqrt{x}}}{\frac{e^{\sqrt{x}}}{2\sqrt{x}}}=\int 2\sqrt{x}\,de^{\sqrt{x}}$

$$=2\sqrt{x}\,e^{\sqrt{x}}-2\int e^{\sqrt{x}}d\sqrt{x}$$

$$=2\sqrt{x}\,e^{\sqrt{x}}-2e^{\sqrt{x}}+C$$

$$=2(\sqrt{x}-1)e^{\sqrt{x}}+C.$$

(6) $\int\frac{\ln\ln x}{x}dx=\int\ln\ln x d\ln x=\ln x\cdot\ln\ln x-\int\ln x d\ln\ln x$

$$=\ln x\cdot\ln\ln x-\int\ln x\cdot\frac{1}{\ln x}d\ln x$$

$$=\ln x\cdot\ln\ln x-\ln x+C=\ln x(\ln\ln x-1)+C.$$

12. 解　(1) 设 $u=x^2e^x,dv=\frac{dx}{(x+2)^2}$,则

$$du = xe^x(x+2)dx,\quad v = -\frac{1}{x+2}.$$

$\int v du$ 看起来也很复杂,但 $\int v du$ 能够化简,化简后的积分较易.所以

$$\begin{aligned}\int \frac{x^2e^x}{(x+2)^2}dx &= -\frac{x^2e^x}{x+2} + \int \frac{xe^x(x+2)}{x+2}dx \\ &= -\frac{x^2e^x}{x+2} + \int xe^x dx \\ &= -\frac{x^2e^x}{x+2} + xe^x - \int e^x dx \\ &= -\frac{x^2e^x}{x+2} + xe^x - e^x + C \\ &= \frac{x-2}{x+2}e^x + C.\end{aligned}$$

(2) 设 $t=\sqrt{e^x-2}$, $e^x=t^2+2$, $x=\ln(t^2+2)$,则 $dx=\frac{2t}{t^2+2}dt$,所以

$$\begin{aligned}\int \frac{xe^x}{\sqrt{e^x-2}}dx &= \int \frac{\ln(t^2+2)\cdot(t^2+2)}{t}\cdot\frac{2t}{t^2+2}dt \\ &= 2\int \ln(t^2+2)dt \\ &= 2\left[t\ln(t^2+2) - \int t\frac{2t}{t^2+2}dt\right] \\ &= 2t\ln(t^2+2) - 4\int\frac{t^2}{t^2+2}dt,\end{aligned}$$

其中

$$\begin{aligned}\int\frac{t^2}{t^2+2}dt &= \int\left(1-\frac{2}{t^2+2}\right)dt = t - \sqrt{2}\int\frac{1}{(t/\sqrt{2})^2+1}d\left(\frac{t}{\sqrt{2}}\right) \\ &= t - \sqrt{2}\arctan\frac{t}{\sqrt{2}} + C_1.\end{aligned}$$

于是

$$\begin{aligned}\int\frac{xe^x}{\sqrt{e^x-2}}dx &= 2t\ln(t^2+2) - 4t + 4\sqrt{2}\arctan\frac{t}{\sqrt{2}} + C \\ &= 2x\sqrt{e^x-2} - 4\sqrt{e^x-2} \\ &\quad + 4\sqrt{2}\arctan\sqrt{\frac{e^x-2}{2}} + C \\ &= 2(x-2)\sqrt{e^x-2} + 4\sqrt{2}\arctan\sqrt{\frac{e^x-2}{2}} + C \\ &\qquad (C=-C_1).\end{aligned}$$

习 题 4.3

1. 答案是：$\frac{1}{\ln 2}$.

分析 本题不能直接用定积分定义计算，可作适当整理. 由于

$$\frac{1}{n+1}\sum_{k=1}^{n}2^{k/n}\leqslant\sum_{k=1}^{n}\frac{2^{k/n}}{n+\frac{1}{k}}\leqslant\frac{1}{n}\sum_{k=1}^{n}2^{k/n},$$

考虑到

$$\lim_{n\to\infty}\frac{1}{n}\sum_{k=1}^{n}2^{k/n}=\int_0^1 2^x\mathrm{d}x=\frac{1}{\ln 2},$$

$$\lim_{n\to\infty}\frac{1}{n+1}\sum_{k=1}^{n}2^{k/n}=\lim_{n\to\infty}\frac{n}{n+1}\frac{1}{n}\sum_{k=1}^{n}2^{k/n}=\frac{1}{\ln 2},$$

由两边夹定理得到

$$\lim_{n\to\infty}\sum_{k=1}^{n}\frac{2^{k/n}}{n+\frac{1}{k}}=\frac{1}{\ln 2}.$$

2. 答案是：0.

分析 若由积分中值定理，$\int_0^1\ln(1+x^n)\mathrm{d}x=\ln(1+\xi^n)$，$0<\xi<1$，推出极限为零，是错误的，因为积分中值 ξ 取值范围应是[0,1]，难以对极限定值. 本题可以改为适当放大缩小，即当 $x\geqslant 0$ 时，$0\leqslant\ln(1+x^n)\leqslant x^n$，从而有

$$0\leqslant\int_0^1\ln(1+x^n)\mathrm{d}x\leqslant\int_0^1 x^n\mathrm{d}x=\frac{1}{n+1}.$$

由两边夹定理，得到 $\lim\limits_{n\to\infty}\int_0^1\ln(1+x^n)\mathrm{d}x=0$.

3. 答案是：$\frac{1}{2}\ln 3$.

分析 函数 $f(x)=\frac{1}{x}$ 在区间[1,3]上的平均值为

$$\frac{1}{3-1}\int_1^3\frac{1}{x}\mathrm{d}x=\frac{1}{2}\ln x\Big|_1^3=\frac{1}{2}\ln 3.$$

4. 解 由于

$$y=\sqrt{16-x^2}+1\quad(-4\leqslant x\leqslant 0)$$

是以原点为圆心、以 4 为半径的上半圆周之左半部分向上平移 1 个单位所得之曲线，故所求定积分的值等于 $\frac{1}{4}\times$圆面积与矩形 $ABCO$ 的面积之和(见图 4.1)，即

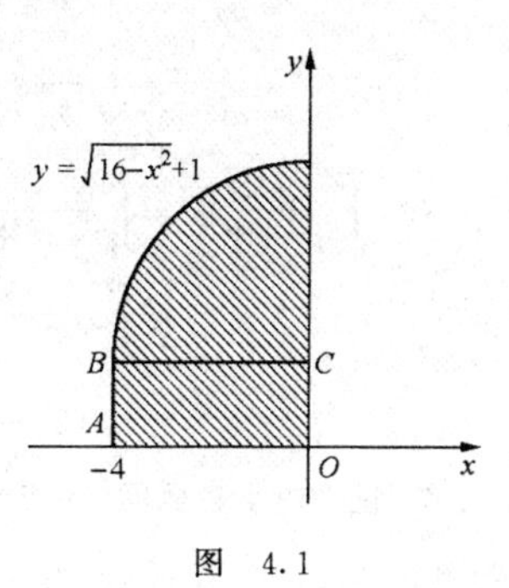

图 4.1

$$\int_{-4}^{0}(\sqrt{16-x^2}+1)\mathrm{d}x$$

$$= \frac{1}{4} \cdot \pi \cdot 4^2 + 4 \times 1$$

$$= 4(\pi + 1).$$

5. 解 可见积分中被积函数均是连续函数.再注意积分变量的变动区间是积分下限 a 与积分上限 b 所确定的区间$[a,b]$.

(1) 当 $0 \leqslant x \leqslant 1$ 时,有

$$x^2 \leqslant x, \quad e^{x^2} \leqslant e^x, \quad e^{x^2} \not\equiv e^x,$$

所以

$$\int_0^1 e^{x^2} dx < \int_0^1 e^x dx.$$

(2) 当 $0 \leqslant x \leqslant \pi/2$ 时,有

$$0 \leqslant \sin x \leqslant 1, \quad \sin^6 x \leqslant \sin^3 x (\not\equiv),$$

所以

$$\int_0^{\frac{\pi}{2}} \sin^6 x dx < \int_0^{\frac{\pi}{2}} \sin^3 x dx.$$

6. 解 (1) $\int_2^6 (x^2 - 1) dx = \left(\frac{1}{3} x^3 - x \right) \Big|_2^6 = \frac{1}{3} \times 6^3 - 6 - \frac{8}{3} + 2 = \frac{196}{3}.$

(2) $$\int_{-1}^1 (x^3 - 3x^2) dx = \left(\frac{1}{4} x^4 - \frac{3}{3} x^3 \right) \Big|_{-1}^1$$

$$= \frac{1}{4} \times 1^4 - 1 - \left(\frac{1}{4} \times 1 + \frac{3}{3} \times 1 \right) = -2.$$

(3) $\int_1^{27} \frac{dx}{\sqrt[3]{x}} = \frac{3}{2} x^{\frac{2}{3}} \Big|_1^{27} = \frac{3}{2} (27)^{\frac{2}{3}} - \frac{3}{2} (1)^{\frac{2}{3}} = 12.$

(4) $\int_{-2}^3 (x-1)^3 dx = \int_{-2}^3 (x-1)^3 d(x-1) = \frac{1}{4} (x-1)^4 \Big|_{-2}^3 = -16.25.$

(5) $$\int_0^a (\sqrt{a} - \sqrt{x})^2 dx = \int_0^a (a - 2\sqrt{ax} + x) dx$$

$$= \int_0^a a dx - \int_0^a 2\sqrt{ax} dx + \int_0^a x dx$$

$$= ax \Big|_0^a - 2\sqrt{a} \left(\frac{2}{3} x^{\frac{3}{2}} \right) \Big|_0^a + \frac{x^2}{2} \Big|_0^a$$

$$= a^2 - \frac{4}{3} \sqrt{a} \cdot a^{\frac{3}{2}} + \frac{a^2}{2} = \frac{1}{6} a^2.$$

(6) $$\int_0^5 \frac{x^3}{x^2+1} dx = \int_0^5 \frac{x^3 + x - x}{x^2 + 1} dx = \int_0^5 \left(1 - \frac{x}{x^2+1} \right) dx$$

$$= \int_0^5 x dx - \int_0^5 \frac{x}{1+x^2} dx = \frac{1}{2} x^2 \Big|_0^5 - \frac{1}{2} \ln(1+x^2) \Big|_0^5$$

$$= \frac{1}{2} (25 - \ln 26).$$

7. 证 由于在区间$[10,20]$内 $0 < x+1 < x^4$,于是有

$$x^4 < x^4 + x + 1 < 2x^4.$$

考虑到 $x^2>0$,得到

$$\frac{1}{x^2}=\frac{x^2}{x^4}>\frac{x^2}{x^4+x+1}>\frac{x^2}{2x^4}=\frac{1}{2x^2}.$$

根据定积分的不等式性质以及

$$\int_{10}^{20}\frac{1}{x^2}\mathrm{d}x=-x^{-1}\Big|_{10}^{20}=\frac{1}{10}-\frac{1}{20}=\frac{1}{20},$$

有
$$\frac{1}{2}\int_{10}^{20}\frac{1}{x^2}\mathrm{d}x<\int_{10}^{20}\frac{x^2}{x^4+x+1}\mathrm{d}x<\int_{10}^{20}\frac{1}{x^2}\mathrm{d}x,$$

即
$$\frac{1}{40}<\int_{10}^{20}\frac{x^2}{x^4+x+1}\mathrm{d}x<\frac{1}{20}.$$

习　题　4.4

1. 答案是:$\dfrac{2x\sin x^2}{1+x^4}$.

分析　连续作变上限积分函数求导,有

$$F'(x)=\int_0^{x^2}\frac{\sin t}{1+t^2}\mathrm{d}t,\quad F''(x)=\frac{2x\sin x^2}{1+x^4}.$$

2. 答案是:$3+Cx^2$ (C 为任意常数).

分析　本题为由变上限积分函数确定原函数.由 $x\neq0$ 时,有

$$\int_0^1 g(ux)\mathrm{d}u\xlongequal{\text{令 } ux=t}\frac{1}{x}\int_0^x g(t)\mathrm{d}t=\frac{1}{3}g(x)+2,$$

即
$$\int_0^x g(t)\mathrm{d}t=\frac{1}{3}xg(x)+2x.$$

两边求导,有
$$g(x)=\frac{1}{3}g(x)+\frac{x}{3}g'(x)+2,$$

整理得
$$\frac{g'(x)}{2g(x)-6}=\frac{1}{x}.$$

两边积分,有
$$\ln|g(x)-3|=\ln x^2+\ln C.$$

当 $x=0$ 时,$g(0)=\dfrac{1}{3}g(0)+2$,$g(0)=3$.所以 $g(x)=3+Cx^2$ (C 为任意常数).

3. 答案是:$C\mathrm{e}^{-x}$.

分析　与变量 x 无关,即对 x 的导数为零.由

$$\int_0^1[f(x)+xf(xt)]\mathrm{d}t\xlongequal{\text{令 } xt=u}f(x)+\int_0^x f(u)\mathrm{d}u,$$

依题意
$$\frac{\mathrm{d}}{\mathrm{d}x}\left\{\int_0^1[f(x)+xf(xt)]\mathrm{d}t\right\}=f'(x)+f(x)\equiv0,$$

整理得
$$\frac{f'(x)}{f(x)}=-1.$$
积分得 $\ln f(x)=-x+\ln C$，即 $f(x)=Ce^{-x}$.

4. 答案是：$e^{-a}[F(x+a)-F(1+a)]$.

分析 依题意，$F(x)$是函数 $f(x)=\frac{e^x}{x}$的原函数，只要将$\frac{e^t}{t+a}$化为$\frac{e^x}{x}$的形式，即可用$F(x)$表示. 于是
$$\int_1^x \frac{e^t}{t+a}dt \xlongequal{令 t+a=u} e^{-a}\int_{1+a}^{x+a}\frac{e^u}{u}du = e^{-a}F(u)\Big|_{1+a}^{x+a}$$
$$= e^{-a}[F(x+a)-F(1+a)].$$

5. 答案是：$\frac{1}{2}\ln^2 x+C$.

分析 化简 $f\left(\frac{1}{x}\right)$，再看与 $f(x)$关系. 由换元法有
$$f\left(\frac{1}{x}\right)=\int_1^{\frac{1}{x}}\frac{\ln t}{1+t}dt \xlongequal{令 t=\frac{1}{u}} \int_1^x \frac{-\ln u}{1+\frac{1}{u}}\left(-\frac{du}{u^2}\right)$$
$$=\int_1^x \frac{\ln u}{u(u+1)}du=\int_1^x\frac{\ln u}{u}du-\int_1^x\frac{\ln u}{1+u}du,$$
从而知 $f(x)+f\left(\frac{1}{x}\right)=\int_1^x\frac{\ln u}{u}du=\frac{1}{2}\ln^2 x+C$.

6. 答案是：0.

分析 记 $g(x)=f(x)-f(-x)$，则
$$g(-x)=f(-x)-f(x)=-g(x),$$
知 $g(x)$为奇函数. 由对称性知，原积分$=0$.

7. 答案是：0.

分析 $g(x)$为偶函数，则 $g'(x)$为奇函数. 又 $f(x)$为奇函数，故 $f[g'(x)]$仍为奇函数，从而由对称性，原积分为零.

8. 解 (1)
$$y'_x=\frac{dy}{dx}=\frac{d}{dx}\int_{\cos^2 x}^{2x^3}\frac{1}{\sqrt{1+t^2}}dt$$
$$=\frac{d}{dx}\left(\int_0^{2x^3}\frac{dt}{\sqrt{1+t^2}}\right)+\frac{d}{dx}\left(-\int_0^{\cos^2 x}\frac{1}{\sqrt{1+t^2}}dt\right)$$
$$=\frac{1}{\sqrt{1+4x^6}}(2x^3)'-\frac{1}{\sqrt{1+\cos^4 x}}(\cos^2 x)'$$
$$=\frac{6x^2}{\sqrt{1+4x^6}}+\frac{\sin 2x}{\sqrt{1+\cos^4 x}}.$$

(2) 由方程式

$$\int_0^y e^{t^2}dt+\int_0^{\sin x}\cos^2 t dt=0$$

确定 y 是 x 的隐函数. 由隐函数求导法及变限积分求导法,对方程求导得

$$e^{y^2}\frac{dy}{dx}+(\cos^2\sin x)\cos x=0.$$

解出 $$\frac{dy}{dx}=-e^{-y^2}\cos x\cdot\cos^2\sin x,$$

于是 $$dy=-e^{-y^2}\cos x\cdot\cos^2\sin x dx.$$

9. (1) $\lim\limits_{x\to0}\dfrac{\int_0^x\cos t^2dt}{x}=\lim\limits_{x\to0}\dfrac{\left(\int_0^x\cos t^2dt\right)'}{x'}=\lim\limits_{x\to0}\cos x^2=1.$

(2) $\lim\limits_{x\to0}\dfrac{\int_0^x e^{-t^2}dt-x}{\sin x-x}=\lim\limits_{x\to0}\dfrac{e^{-x^2}-1}{\cos x-1}=\lim\limits_{x\to0}\dfrac{-2xe^{-x^2}}{-\sin x}=2.$

10. (1) $\displaystyle\int_0^1\frac{xdx}{x^2+1}=\frac{1}{2}\int_0^1\frac{1}{x^2+1}d(x^2+1)$

$\displaystyle=\frac{1}{2}\ln(x^2+1)\Big|_0^1=\frac{1}{2}\ln2.$

(2) $\displaystyle\int_{-1}^1\frac{xdx}{(x^2+1)^2}=\int_{-1}^1(x^2+1)^{-2}\cdot\frac{1}{2}d(x^2+1)$

$\displaystyle=-\frac{1}{2}\left(\frac{1}{x^2+1}\right)\Big|_{-1}^1=0.$

(3) $\displaystyle\int_1^2\frac{e^{\frac{1}{x}}}{x^2}dx=\int_1^2-e^{\frac{1}{x}}d\left(\frac{1}{x}\right)=(-e^{\frac{1}{x}})\Big|_1^2=-(e^{\frac{1}{2}}-e)=e-\sqrt{e}.$

(4) $\displaystyle\int_0^\pi\cos^2\frac{x}{2}dx=\int_0^\pi\frac{1+\cos x}{2}dx=\frac{1}{2}(x+\sin x)\Big|_0^\pi=\frac{\pi}{2}.$

(5) $\displaystyle\int_{-1}^2|2x|dx=\int_{-1}^0(-2x)dx+\int_0^2 2xdx=-2\int_{-1}^0 xdx+2\int_0^2 xdx$

$\displaystyle=-2\times\frac{1}{2}x^2\Big|_{-1}^0+2\times\frac{1}{2}x^2\Big|_0^2=-x^2\Big|_{-1}^0+x^2\Big|_0^2$

$=0+1+4-0=5.$

(6) $\displaystyle\int_0^{2\pi}|\sin x|dx=\int_0^\pi\sin xdx+\int_\pi^{2\pi}(-\sin x)dx=\int_0^\pi\sin xdx-\int_\pi^{2\pi}\sin xdx$

$\displaystyle=-\cos x\Big|_0^\pi+\cos x\Big|_\pi^{2\pi}=1+1+1+1=4.$

(7) 令 $\sqrt{t}=u$,则

$$du=\frac{1}{2}t^{-\frac{1}{2}}dt,\quad dt=2\sqrt{t}\,du=2udu.$$

当 $t=4$ 时,$u=2$;当 $t=0$ 时,$u=0$,于是

$$\int_0^4 \frac{dt}{1+\sqrt{t}} = \int_0^2 \frac{2udu}{1+u} = \int_0^2 \frac{2u+2-2}{1+u}$$

$$= (2u - 2\ln|u+1|)\Big|_0^2 = 4 - 2\ln 3.$$

(8) 令 $m=\sqrt{u-1}$,则

$$dm = \frac{du}{2\sqrt{u-1}}, \quad du = 2\sqrt{u-1}dm = 2mdm.$$

当 $u=5$ 时,$m=2$;当 $u=1$ 时,$m=0$,于是

$$\int_1^5 \frac{\sqrt{u-1}}{u}du = \int_0^2 \frac{m\times 2m}{m^2+1}dm = \int_0^2 \frac{2m^2+2-2}{m^2+1}dm$$

$$= \int_0^2\left(2-\frac{2}{m^2+1}\right)dm = 2(m - \arctan m)\Big|_0^2$$

$$= 2(2-\arctan 2).$$

(9) 令 $x=2\sin t$,则

$$dx = 2\cos t dt, \quad \sqrt{4-x^2} = 2\cos t.$$

当 $x=1$ 时,$t=\frac{\pi}{6}$;当 $x=0$ 时,$t=0$,于是

$$\int_0^1 \sqrt{4-x^2}dx = \int_0^{\frac{\pi}{6}} 2\cos t \cdot 2\cos t dt = 4\int_0^{\frac{\pi}{6}} \cos^2 t dt$$

$$= 4\int_0^{\frac{\pi}{6}} \frac{1+\cos 2t}{2}dt = 2\left(t+\frac{1}{2}\sin 2t\right)\Big|_0^{\frac{\pi}{6}}$$

$$= \frac{\pi}{3} + \frac{\sqrt{3}}{2}.$$

(10) 令 $x=\tan t$,则

$$dx = \sec^2 t dt, \quad (1+x^2)^{-\frac{3}{2}} = (\sec t)^{-\frac{3}{2}}.$$

当 $x=1$ 时,$t=\frac{\pi}{4}$;当 $x=0$ 时,$t=0$,于是

$$\int_0^1 (1+x^2)^{-\frac{3}{2}}dx = \int_0^{\frac{\pi}{4}} (\sec t)^{-3}\sec^2 t dt = \int_0^{\frac{\pi}{4}} \cos t dt$$

$$= \sin t\Big|_0^{\frac{\pi}{4}} = \frac{\sqrt{2}}{2}.$$

11. (1) $\int_0^1 xe^{-x}dx = \int_0^1 -xde^{-x} = (-xe^{-x})\Big|_0^1 - \int_1^0 e^{-x}d(-x)$

$$= \frac{-1}{e} - (e^{-x})\Big|_0^1 = -e^{-1} - (e^{-1}-1)$$

$$=-2e^{-1}+1=1-\frac{2}{e}.$$

(2) $\int_1^e (\ln x)^3 dx = x(\ln x)^3\Big|_1^e - \int_1^e x\cdot 3(\ln x)^2\cdot\frac{1}{x}dx$

$$=e-3\int_1^e(\ln x)^2dx=e-3\left[x(\ln x)^2\Big|_1^e-\int_1^e 2\ln x dx\right]$$

$$=e-3e+6\int_1^e\ln x dx=-2e+6(x\ln x-x)\Big|_1^e$$

$$=-2e+6[(e-e)-(0-1)]=6-2e.$$

(3) 因为

$$\int_0^{\frac{\pi}{2}} e^x\sin x dx=\int_0^{\frac{\pi}{2}} -e^x d\cos x=-(e^x\cos x)\Big|_0^{\frac{\pi}{2}}+\int_0^{\frac{\pi}{2}}\cos x e^x dx$$

$$=(0+1)+\int_0^{\frac{\pi}{2}} e^x d\sin x$$

$$=1+(e^x\sin x)\Big|_0^{\frac{\pi}{2}}-\int_0^{\frac{\pi}{2}}\sin x e^x dx$$

$$=1+e^{\frac{\pi}{2}}-\int_0^{\frac{\pi}{2}} e^x\sin x dx,$$

所以 $2\int_0^{\frac{\pi}{2}} e^x \sin d x=1+e^{\frac{\pi}{2}}$. 所以

$$\int_0^{\frac{\pi}{2}} e^x\sin x dx=\frac{1}{2}+\frac{1}{2}e^{\frac{\pi}{2}}.$$

(4) $\int_{\frac{1}{e}}^e |\ln x| dx = \int_1^e \ln x dx - \int_{\frac{1}{e}}^1 \ln x dx$

$$=x\ln x\Big|_1^e-\int_1^e x d\ln x-\left[x\ln x\Big|_{\frac{1}{e}}^1-\int_{\frac{1}{e}}^1 x d\ln x\right]$$

$$=e-0-(e-1)-\left(0+\frac{1}{e}-1+\frac{1}{e}\right)$$

$$=2-\frac{2}{e}.$$

12. 分析 通过换元积分 $u=1-x$ 可证.

证 左边 $\xlongequal{令\ u=1-x} -\int_1^0(1-u)^m u^n du=\int_0^1(1-x)^m x^n dx=$ 右边,

等式成立.

13. 证 根据定积分对于区间的可加性,有

$$\int_a^{a+T} f(x)dx=\int_a^0 f(x)dx+\int_0^T f(x)dx+\int_T^{a+T} f(x)dx.$$

令 $x-T=u$,计算上式右端的第三项,考虑到当 $x=T$ 时,$u=0$;当 $x=a+T$ 时,

$u=a$,并且由于 $f(x)$ 是一个以 T 为周期的周期函数,有 $f(x-T)=f(x)$,便得

$$\int_T^{a+T} f(x)\mathrm{d}x=\int_0^a f(u-T)\mathrm{d}(u-T)=\int_0^a f(u)\mathrm{d}u$$

$$=\int_0^a f(x)\mathrm{d}x=-\int_a^0 f(x)\mathrm{d}x.$$

因此
$$\int_a^{a+T} f(x)\mathrm{d}x=\int_0^T f(x)\mathrm{d}x.$$

14. 分析 用分部积分法证明.

证 左边$=\int_a^b f(x)\mathrm{d}(x-b)=(x-b)f(x)\Big|_a^b-\int_a^b f'(x)(x-b)\mathrm{d}x$

$$=-\frac{1}{2}\int_a^b f'(x)\mathrm{d}(x-b)^2$$

$$=-\frac{1}{2}(x-b)^2 f'(x)\Big|_a^b+\frac{1}{2}\int_a^b f''(x)(x-b)^2\mathrm{d}x$$

$$=\frac{1}{2}\int_a^b f''(x)(x-b)^2\mathrm{d}x=\text{右边},$$

等式成立.

习 题 4.5

1. 答案是:2.

分析 所求面积为

$$S=\int_0^1\frac{1}{\sqrt{x}}\mathrm{d}x=\lim_{\varepsilon\to0+0}2\sqrt{x}\Big|_\varepsilon^1=\lim_{\varepsilon\to0+0}(2-2\sqrt{\varepsilon})=2.$$

2. 答案是:3.

分析 由

$$\int_{-\infty}^0 \mathrm{e}^{ax}\mathrm{d}x=\frac{1}{a}\mathrm{e}^{ax}\Big|_{-\infty}^0=\lim_{c\to-\infty}\frac{1}{a}(1-\mathrm{e}^{ac})=\frac{1}{3}$$

可得 $a>0$,且 $a=3$.

3. 答案是:0.

分析 本题难以直接积分定值,可通过变换,找出与原积分关系,再求值.于是,设 $x=\dfrac{1}{t}$,有

$$\int_0^{+\infty}\frac{\ln x}{1+x^2}\mathrm{d}x=\int_{+\infty}^0\frac{\ln\frac{1}{t}}{1+\left(\frac{1}{t}\right)^2}\left(-\frac{\mathrm{d}t}{t^2}\right)=-\int_0^{+\infty}\frac{\ln t}{1+t^2}\mathrm{d}t,$$

即 $2\cdot\int_0^{+\infty}\frac{\ln x}{1+x^2}\mathrm{d}x=0$,也即 $\int_0^{+\infty}\frac{\ln x}{1+x^2}\mathrm{d}x=0$.

4. 分析 注意到(2,0)不在曲线上,另设切点.

解 设切点(x_0,x_0^3),则过切点的切线方程为

$$y=3x_0^2(x-x_0)+x_0^3=3x_0^2x-2x_0^3.$$

又切线过点(2,0),有 $6x_0^2-2x_0^3=0$,得 $x_0=0,x_0=3$,从而得切线为 $y=0,y=27x-54$,因此所求面积为

$$S=\int_0^{27}\left(\frac{y+54}{27}-\sqrt[3]{y}\right)\mathrm{d}y=\frac{27}{4}.$$

5. 分析 如图 4.2 所示,先构造 $S(t)$,再对 $S(t)$求极值.

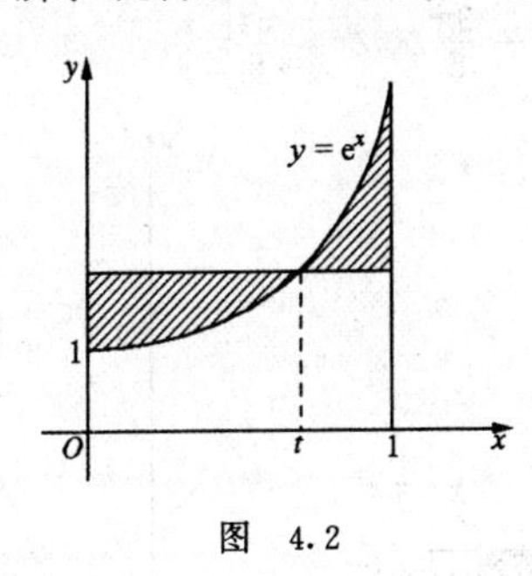

图 4.2

解 如图 4.2,则有

$$S(t)=\int_0^t(\mathrm{e}^t-\mathrm{e}^x)\mathrm{d}x+\int_t^1(\mathrm{e}^x-\mathrm{e}^t)\mathrm{d}x.$$

令 $S'(t)=\mathrm{e}^t t+\mathrm{e}^t-\mathrm{e}^t-\mathrm{e}^t-\mathrm{e}^t(1-t)+\mathrm{e}^t=\mathrm{e}^t(2t-1)=0$,得 $t^*=\frac{1}{2}$. 又 $t>\frac{1}{2}$时,$S'(t)>0$;$t<\frac{1}{2}$时,$S'(t)<0$. 所以 $t^*=\frac{1}{2}$为极小值点即最小值点,且最小值为

$$S\left(\frac{1}{2}\right)=\int_0^{\frac{1}{2}}(\mathrm{e}^{\frac{1}{2}}-\mathrm{e}^x)\mathrm{d}x+\int_{\frac{1}{2}}^1(\mathrm{e}^x-\mathrm{e}^{\frac{1}{2}})\mathrm{d}x=\mathrm{e}+1-2\mathrm{e}^{\frac{1}{2}}.$$

最大值在端点取到. 由 $S(1)=1,S(0)=\mathrm{e}-2$,知最大值为 $S(1)=1$.

6. 解 曲线 $y=\frac{1}{2}x^2$ 与 $x=4y^2$ 所围成图形如图 4.3 中的斜线部分. 求解方程组$\begin{cases}y=\frac{1}{2}x^2,\\x=4y^2,\end{cases}$得两曲线交点坐标为(0,0)和$\left(1,\frac{1}{2}\right)$.

曲线 $y=\frac{1}{2}x^2$ 和 $y=\frac{1}{2}\sqrt{x}$ 绕 x 轴旋转而围成的旋转体体积分别为

$$V_1=\int_0^1\pi\left(\frac{1}{2}x^2\right)^2\mathrm{d}x=\pi\frac{1}{20}x^5\Big|_0^1=\frac{1}{20}\pi,$$

$$V_2=\int_0^1\pi\left(\frac{1}{2}\sqrt{x}\right)^2\mathrm{d}x=\pi\frac{1}{8}x^2\Big|_0^1=\frac{1}{8}\pi,$$

因此,所求体积应为 V_2-V_1,即

$$V=V_2-V_1=\frac{1}{8}\pi-\frac{1}{20}\pi=\frac{3}{40}\pi.$$

7. 解 曲线 $y=x^3$ 与 $x=2,y=0$ 所围成的图形如图 4.4 中斜线部分,因此

$$V_x=\pi\int_0^2(x^3)^2\mathrm{d}x=\pi\left(\frac{1}{7}x^7\right)\Big|_0^2=\frac{128}{7}\pi,$$

$$V_y=\pi\int_0^8[2^2-(\sqrt[3]{y})^2]\mathrm{d}y=\pi\left(4y-\frac{3}{5}y^{\frac{5}{3}}\right)\Big|_0^8$$

$$=32\pi-\frac{3\pi}{5}\times 2^5=\frac{64}{5}\pi.$$

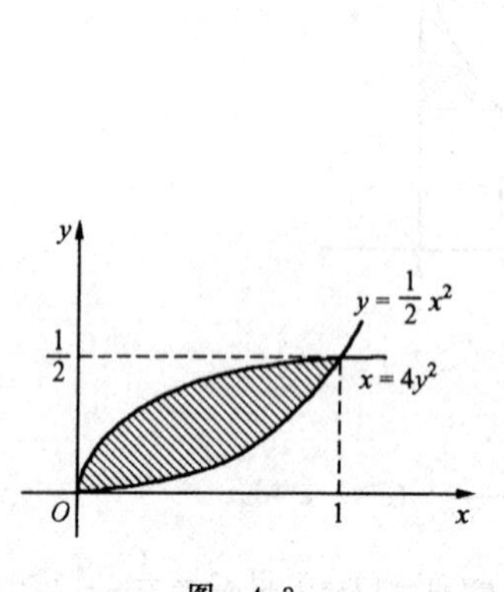

图 4.3

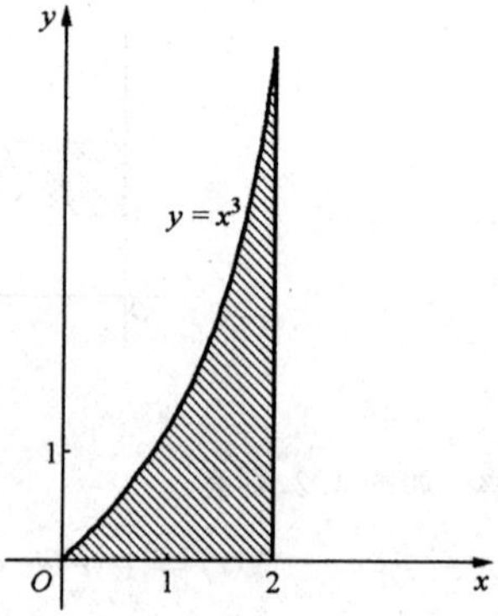

图 4.4

8. 解 (1) $\int_0^{+\infty}\mathrm{e}^{-x}\mathrm{d}x=\lim\limits_{b\to\infty}\int_0^b\mathrm{e}^{-x}\mathrm{d}x=\lim\limits_{b\to+\infty}(-\mathrm{e}^{-x})\Big|_0^b=\lim\limits_{b\to+\infty}(\mathrm{e}^{-x})\Big|_b^0$

$$=\lim_{b\to+\infty}(1-\mathrm{e}^{-b})=1-\lim_{b\to+\infty}\frac{1}{\mathrm{e}^b}=1.$$

(2) 由于

$$\int_1^{+\infty}\frac{\mathrm{d}x}{\sqrt{x}}=\lim_{b\to+\infty}\int_1^b x^{\frac{1}{2}}\mathrm{d}x=\lim_{b\to+\infty}(2x^{\frac{1}{2}})\Big|_1^b$$

$$=\lim_{b\to+\infty}(2\sqrt{b}-2)=+\infty,$$

所以 $\int_1^{+\infty}\frac{\mathrm{d}x}{\sqrt{x}}$ 发散.

(3) $\int_0^{+\infty}x\mathrm{e}^{-x}\mathrm{d}x=\lim\limits_{b\to+\infty}\int_0^b-x\mathrm{d}(\mathrm{e}^{-x})=\lim\limits_{x\to+\infty}\left[(-x\mathrm{e}^{-x})\Big|_0^b+\int_0^b\mathrm{e}^{-x}\mathrm{d}x\right]$

$$=\lim_{b\to+\infty}\left[(x\mathrm{e}^{-x})\Big|_b^0+(-\mathrm{e}^{-x})\Big|_0^b\right]$$

$$=\lim_{b\to+\infty}\left[\frac{-b}{e^b}+(1-e^{-b})\right]$$

$$=-\lim_{b\to+\infty}\frac{b}{e^b}-\lim_{b\to+\infty}\frac{1}{e^b}+1=1-\lim_{b\to+\infty}\frac{1}{e^b}-0=1.$$

(4) $\displaystyle\int_0^{+\infty}\frac{x}{(1+x)^3}dx=\int_0^{+\infty}\left(\frac{1}{(1+x)^2}-\frac{1}{(1+x)^3}\right)dx$

$$=\lim_{b\to+\infty}\int_0^b\left[\frac{1}{(1+x)^2}-\frac{1}{(1+x)^3}\right]dx$$

$$=\lim_{b\to+\infty}\left[1-\frac{1}{1+b}+\frac{1}{2}\left(\frac{1}{(1+b)^2}-1\right)\right]=\frac{1}{2}.$$

(5) 因为

$$\int_0^{+\infty}e^{-x}\sin x dx=-e^{-x}\cos x\Big|_0^{+\infty}-\int_0^{+\infty}e^{-x}\cos x dx=1-\int_0^{+\infty}e^{-x}d\sin x$$

$$=1-\left[e^{-x}\sin x\Big|_0^{+\infty}+\int_0^{+\infty}e^{-x}\sin x dx\right]$$

$$=1-\int_0^{+\infty}e^{-x}\sin x dx,$$

所以 $2\displaystyle\int_0^{+\infty}e^{-x}\sin x dx=1$，即

$$\int_0^{+\infty}e^{-x}\sin x dx=\frac{1}{2}.$$

(6) $\displaystyle\int_1^{+\infty}\frac{\arctan x}{x^2}dx=\int_1^{+\infty}\arctan x\, d\left(-\frac{1}{x}\right)$

$$=-\frac{1}{x}\arctan x\Big|_1^{+\infty}+\int_1^{+\infty}\frac{1}{x(1+x^2)}dx$$

$$=\frac{\pi}{4}+\int_1^{+\infty}\left(\frac{1}{x}-\frac{x}{1+x^2}\right)dx$$

$$=\frac{\pi}{4}+\left[\ln x-\frac{1}{2}\ln(1+x^2)\right]\Big|_1^{+\infty}$$

$$=\frac{\pi}{4}+\lim_{b\to+\infty}\left[\ln\frac{b}{\sqrt{1+b^2}}+\frac{1}{2}\ln 2\right]$$

$$=\frac{\pi}{4}+\frac{1}{2}\ln 2.$$

9. 证 由于

$$\int_{-\infty}^{+\infty}\frac{1}{\sqrt{2\pi}}e^{-\frac{x^2}{2}}dx=\int_{-\infty}^{0}\frac{1}{\sqrt{2\pi}}e^{-\frac{x^2}{2}}dx+\int_0^{+\infty}\frac{1}{\sqrt{2\pi}}e^{-\frac{x^2}{2}}dx,$$

而令 $x=-t$，计算上式右端的第一项，得到

$$\int_{-\infty}^{0}\frac{1}{\sqrt{2\pi}}e^{-\frac{x^2}{2}}dx=\int_{+\infty}^{0}\frac{1}{\sqrt{2\pi}}e^{-\frac{(-t)^2}{2}}d(-t)=-\int_{+\infty}^{0}\frac{1}{\sqrt{2\pi}}e^{-\frac{t^2}{2}}dt$$

$$=\int_0^{+\infty}\frac{1}{\sqrt{2\pi}}e^{-\frac{t^2}{2}}dt=\int_0^{+\infty}\frac{1}{\sqrt{2\pi}}e^{-\frac{x^2}{2}}dx,$$

因此

$$\int_{-\infty}^{+\infty}\frac{1}{\sqrt{2\pi}}e^{-\frac{x^2}{2}}dx=2\int_0^{+\infty}\frac{1}{\sqrt{2\pi}}e^{-\frac{x^2}{2}}dx.$$

由题设$\int_{-\infty}^{+\infty}\frac{1}{\sqrt{2\pi}}e^{-\frac{x^2}{2}}dx=1$，便得到

$$\int_0^{+\infty}\frac{1}{\sqrt{2\pi}}e^{-\frac{x^2}{2}}dx=\frac{1}{2}.$$

另一方面，令$\frac{x-\mu}{\sigma}=u$，则

$$\int_\mu^{+\infty}\frac{1}{\sqrt{2\pi}\sigma}e^{-\frac{(x-\mu)^2}{2\sigma^2}}dx=\int_\mu^{+\infty}\frac{1}{\sqrt{2\pi}}e^{-\frac{1}{2}\left(\frac{x-\mu}{\sigma}\right)^2}d\,\frac{x-\mu}{\sigma}$$

$$=\int_0^{+\infty}\frac{1}{\sqrt{2\pi}}e^{-\frac{u^2}{2}}du.$$

由上面的讨论得到

$$\int_\mu^{+\infty}\frac{1}{\sqrt{2\pi}\sigma}e^{-\frac{(x-\mu)^2}{2\sigma^2}}dx=\frac{1}{2}.$$

习　题　5.1

1. 答案是：$|1-y|\leqslant 1$ 且 $x-y>0$.

分析　由于$\arcsin(1-y)$的定义域为$|1-y|\leqslant 1$，而$\ln(x-y)$的定义域为$x-y>0$，因此二元函数$z=\arcsin(1-y)+\ln(x-y)$的定义域为

$$|1-y|\leqslant 1\ \text{且}\ x-y>0.$$

2. 答案是：$\frac{x}{e^{x+2y}(\ln 2+y)}$.

分析　根据复合结构特点配置，有

$$f(x-y,\ln x)=\frac{x-y}{e^{x-y}}\cdot\frac{1}{(\ln 2+\ln x)}\cdot\frac{1}{e^{2\ln x}},$$

从而

$$f(x,y)=\frac{x}{e^{x+2y}(\ln 2+y)}.$$

3. 答案是：xy.

分析　令$u=x+y,v=x-y$，则有

$$f(u,v)=u\cdot v,$$

因此

$$f(x,y)=xy.$$

4. 答案是：$\{(x,y)\mid x+y>0$ 且 $x-y>0\}$.

分析 初等函数的连续区域即为其定义域，故 $x+y>0$ 且 $x-y>0$.

5. 解 (1) 首先在平面直角坐标系中作出区域 D(见图 5.1).

可见区域 D 上的点的横坐标的变化范围为区间$[1,2]$. 对于区间$[1,2]$上的任何 x 值，区域 D 上以这 x 值为横坐标的点的纵坐标都介于 x 与 $2x$ 之间. 故表示区域 D 的联立不等式为

$$\begin{cases}1\leqslant x\leqslant 2,\\ x\leqslant y\leqslant 2x.\end{cases}$$

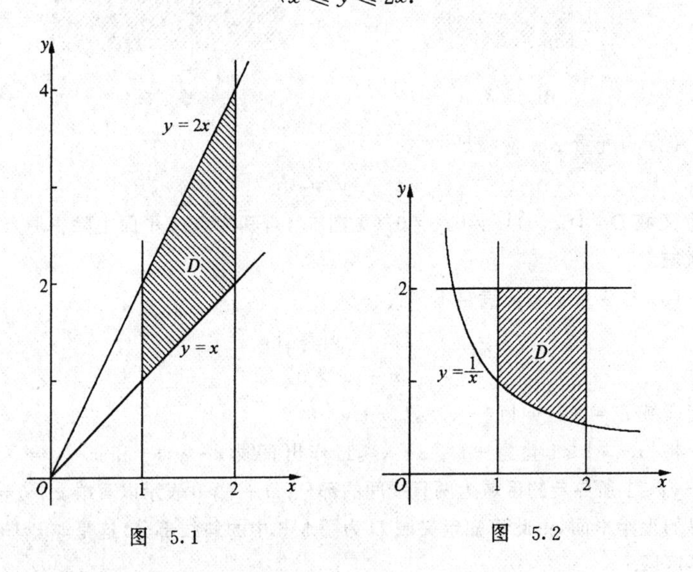

图 5.1 图 5.2

(2) 首先在平面直角坐标系中作出区域 D(见图 5.2).

可见区域 D 上的点的横坐标的变化范围为区间$[1,2]$. 对于区间$[1,2]$上的任何 x 值，区域 D 上以这 x 值为横坐标的点的纵坐标都介于$\dfrac{1}{x}$与 2 之间. 故表示区域 D 的联立不等式为

$$\begin{cases}1\leqslant x\leqslant 2,\\ \dfrac{1}{x}\leqslant y\leqslant 2.\end{cases}$$

6. 解 (1) 自变量 x,y 应满足

$$\begin{cases}x\geqslant 0,\\ -\infty<y<+\infty,\end{cases}$$

故定义域 $D=\{(x,y)\mid x\geqslant 0,-\infty<y<+\infty\}$(见图 5.3)，其为包括 y 轴的右半

平面,是一个闭区域.

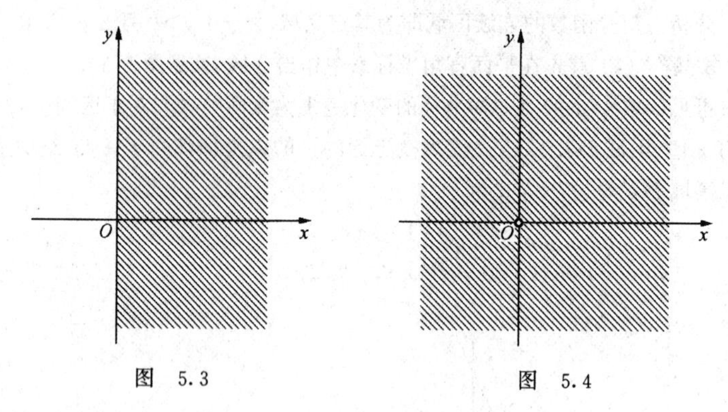

图 5.3　　　　图 5.4

(2) 自变量 x,y 应满足

$$x^2+y^2\neq 0,$$

故定义域 $D=\{(x,y)\,|\,x\neq 0, y\neq 0\}$(见图 5.4),其为 Oxy 平面上除去原点以外的区域.

(3) 自变量 x,y 应满足不等式

$$\begin{cases}|x-y|\leqslant 1,\\ x+y>0,\end{cases}$$

故定义域 $D=\{(x,y)\,|\,|x-y|\leqslant 1, x+y>0\}$.

将 $|x-y|\leqslant 1$ 化为 $-1\leqslant x-y\leqslant 1$,作出直线 $x-y=1$ 和 $x-y=-1$,则 $|x-y|\leqslant 1$ 所界定的区域为两直线间的部分. $x+y>0$ 表示以直线 $x+y=0$ 为边界的上半平面,由此可知定义域 D 为图 5.5 中的斜线部分. 这是非开非闭的无界区域.

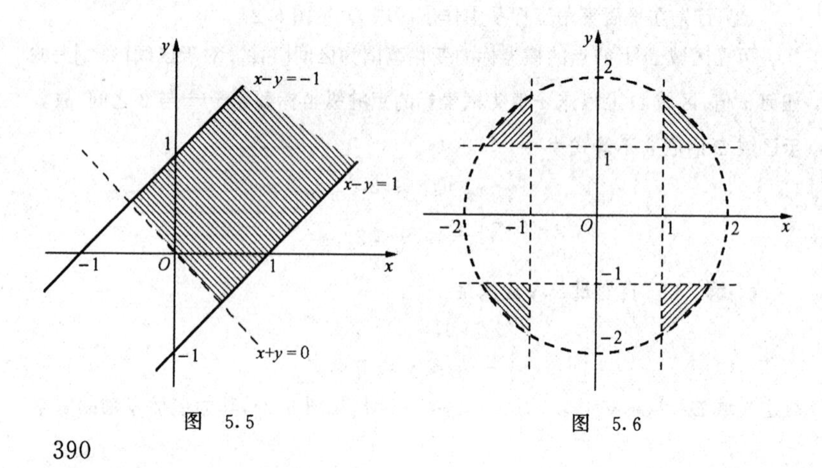

图 5.5　　　　图 5.6

(4) 自变量 x,y 应满足不等式

$$\begin{cases}4-x^2-y^2>0,\\ x^2-1>0,\\ |y|-1>0,\end{cases}$$

化简后,可得函数定义域

$$D=\{(x,y)\,|\,x^2+y^2<4,|x|>1,|y|>1\}.$$

由此可画出 D 的图形(见图 5.6). 这是有界的开区域,且 D 的各部分互不连通.

7. 解 由于函数 $z=\dfrac{x^2-y^2}{x-y}$ 的定义域为

$$D=\{(x,y)\,|\,x\neq y\},$$

而函数 $z=x+y$ 的定义域是整个的 Oxy 坐标平面,故两个函数是不相同的.

习 题 5.2

1. 答案是:0;1.

分析 由偏导数概念,先代值,再求导,即由 $f(x,0)=0$,知 $f'_x(1,0)=0$;又由 $f(1,y)=y$,知 $f'_y(1,0)=1$.

2. 答案是:$2x\dfrac{y-1}{y+1}$;$\dfrac{2x^2}{(y+1)^2}$.

分析 先找出 $f(x,y)$ 表达式,再求导. 令 $x+y=u$,$\dfrac{x}{y}=v$,联立方程 $\begin{cases}x+y=u\\ x=vy\end{cases}$,解得 $x=\dfrac{uv}{v+1}$,$y=\dfrac{u}{v+1}$. 代入有 $f(u,v)=\left(\dfrac{uv}{v+1}\right)^2-\left(\dfrac{u}{v+1}\right)^2$,从而有 $f(x,y)=x^2\dfrac{y-1}{y+1}$,因此

$$f'_x(x,y)=2x\frac{y-1}{y+1},\quad f'_y(x,y)=\frac{2x^2}{(y+1)^2}.$$

3. 答案是:$2x\sec^2(x^2-y^2)$;$2(x-y\cos x)\sec^2(x^2-y^2)$.

分析 求导先明确变量关系,求 $\dfrac{\partial z}{\partial x}$ 时,应该清楚函数 $z=z(x,y)$ 有两个自变量,于是

$$\frac{\partial z}{\partial x}=\sec^2(x^2-y^2)\cdot 2x.$$

而求 $\dfrac{\mathrm{d}z}{\mathrm{d}x}$ 时,应该清楚 z 仅有一个自变量,y 是中间变量,且 $y=\sin x$,因此

$$\frac{\mathrm{d}z}{\mathrm{d}x}=\sec^2(x^2-y^2)\cdot\left(2x-2y\frac{\mathrm{d}y}{\mathrm{d}x}\right)=\sec^2(x^2-y^2)(2x-2y\cos x).$$

4. 答案是:0.

分析 注意函数结构,有

$$\frac{\partial z}{\partial x}=f'\left(\ln x+\frac{1}{y}\right)\cdot\frac{1}{x},\quad \frac{\partial z}{\partial y}=f'\left(\ln x+\frac{1}{y}\right)\left(-\frac{1}{y^2}\right),$$

因此

$$x\frac{\partial z}{\partial x}+y^2\frac{\partial z}{\partial y}=f'\left(\ln x+\frac{1}{y}\right)-f'\left(\ln x+\frac{1}{y}\right)=0.$$

评注 在求偏导数时,要具体分析函数结构和变量关系,本题 $z=f(u)$,$u=\ln x+\frac{1}{y}$,$f(u)$在对 u 求导时,应记为 $f'(u)$,不可记作 $f'_x(u)$,$f'_y(u)$.

5. 答案是:$2\mathrm{d}x+\mathrm{d}y$.

分析 方程两边微分,有

$$xy\mathrm{d}z+xz\mathrm{d}y+yz\mathrm{d}x+\frac{x\mathrm{d}x+y\mathrm{d}y+z\mathrm{d}z}{x^2+y^2+z^2}=0.$$

将 $x=0,y=-1,z=1$ 代入,有 $-\mathrm{d}x+\frac{\mathrm{d}z-\mathrm{d}y}{2}=0$,即有 $\mathrm{d}z=2\mathrm{d}x+\mathrm{d}y$.

6. 解 (1) 解法 1

$$\begin{aligned}\frac{\partial z}{\partial x}&=(xy)'_x\sqrt{R^2-x^2-y^2}+(xy)(\sqrt{R^2-x^2-y^2})'_x\\&=y\sqrt{R^2-x^2-y^2}+xy\frac{(-x)}{\sqrt{R^2-x^2-y^2}}\\&=\frac{y(R^2-2x^2-y^2)}{\sqrt{R^2-x^2-y^2}}.\end{aligned}$$

由 x,y 在函数中的对称性得

$$\frac{\partial z}{\partial y}=\frac{x(R^2-x^2-2y^2)}{\sqrt{R^2-x^2-y^2}}.$$

解法 2

$$\begin{aligned}\frac{\partial z}{\partial x}&=y(x\cdot\sqrt{R^2-x^2-y^2})'_x\\&=y\left(\sqrt{R^2-x^2-y^2}+x\cdot\frac{-2x}{2\sqrt{R^2-x^2-y}}\right)\\&=y\left(\frac{R^2-2x^2-y^2-x^2}{\sqrt{R^2-x^2-y^2}}\right)=\frac{y(R^2-2x^2-y^2)}{\sqrt{R^2-x^2-y^2}},\end{aligned}$$

由 x,y 在函数中的对称性得

$$\frac{\partial z}{\partial y}=\frac{x(R^2-x^2-2y^2)}{\sqrt{R^2-x^2-y^2}}.$$

(2) $$\frac{\partial z}{\partial x}=\frac{\sqrt{x^2+y^2}-x\frac{x}{\sqrt{x^2+y^2}}}{x^2+y^2}=\frac{y^2}{(x^2+y^2)^{\frac{3}{2}}},$$

$$\frac{\partial z}{\partial y}=x\left[-\frac{1}{2}(x^2+y^2)^{-\frac{3}{2}}\cdot 2y\right]=-\frac{xy}{(x^2+y^2)^{\frac{3}{2}}}.$$

(3) $\dfrac{\partial z}{\partial x}=\mathrm{e}^{\sin x}\cdot\cos x\cdot\cos y$，$\dfrac{\partial z}{\partial y}=\mathrm{e}^{\sin x}(-\sin y)=-\mathrm{e}^{\sin x}\cdot\sin y$.

(4) $\dfrac{\partial u}{\partial x}=\mathrm{e}^{x^2y^3z^5}\cdot 2xy^3z^5=2xy^3z^5\mathrm{e}^{x^2y^3z^5}$，

$\dfrac{\partial u}{\partial y}=\mathrm{e}^{x^2y^3z^5}\cdot 3x^2y^2z^5=3x^2y^2z^5\mathrm{e}^{x^2y^3z^5}$，

$\dfrac{\partial u}{\partial z}=\mathrm{e}^{x^2y^3z^5}\cdot 5x^2y^3z^4=5x^2y^3z^4\mathrm{e}^{x^2y^3z^5}$.

7. 解 (1) $\dfrac{\partial z}{\partial x}=\ln(x+y)+x\cdot\dfrac{1}{x+y}=\ln(x+y)+\dfrac{x}{x+y}$，

$\dfrac{\partial z}{\partial y}=\dfrac{x}{x+y}$，

$\dfrac{\partial^2 z}{\partial x^2}=\dfrac{1}{x+y}+\dfrac{(x+y)-x}{(x+y)^2}=\dfrac{x+2y}{(x+y)^2}$，

$\dfrac{\partial^2 z}{\partial y^2}=-\dfrac{x}{(x+y)^2}$，

$\dfrac{\partial^2 z}{\partial x\partial y}=\dfrac{1}{x+y}+\dfrac{-x}{(x+y)^2}=\dfrac{y}{(x+y)^2}$.

(2) $\dfrac{\partial u}{\partial x}=yz\mathrm{e}^{xyz}$，

$$\begin{aligned}\frac{\partial^2 u}{\partial x\partial y}&=(yz)'_y\mathrm{e}^{xyz}+(yz)(\mathrm{e}^{xyz})'_y=z\mathrm{e}^{xyz}+yz\cdot\mathrm{e}^{xyz}\cdot xz\\&=z(1+xyz)\mathrm{e}^{xyz},\end{aligned}$$

$$\begin{aligned}\frac{\partial^3 u}{\partial x\partial y\partial z}&=(1+xyz)\mathrm{e}^{xyz}+xyz\cdot\mathrm{e}^{xyz}+\mathrm{e}^{xyz}\cdot xy\cdot z(1+xyz)\\&=[1+xyz+xyz+xyz(1+xyz)]\mathrm{e}^{xyz}\\&=(1+3xyz+x^2y^2z^2)\mathrm{e}^{xyz}.\end{aligned}$$

8. 解 (1) 解法 1 因为

$$\frac{\partial z}{\partial x}=2x\mathrm{e}^{x^2+y^2},\quad \frac{\partial z}{\partial y}=2y\mathrm{e}^{x^2+y^2},$$

所以

$$\begin{aligned}\mathrm{d}z&=\frac{\partial z}{\partial x}\mathrm{d}x+\frac{\partial z}{\partial y}\mathrm{d}y=2x\mathrm{e}^{x^2+y^2}\mathrm{d}x+2y\mathrm{e}^{x^2+y^2}\\&=2\mathrm{e}^{x^2+y^2}(x\mathrm{d}x+y\mathrm{d}y).\end{aligned}$$

解法 2

$$\mathrm{d}z=\mathrm{d}\mathrm{e}^{x^2+y^2}=\mathrm{e}^{x^2+y^2}\mathrm{d}(x^2+y^2)=2\mathrm{e}^{x^2+y^2}(x\mathrm{d}x+y\mathrm{d}y).$$

(2) 解法 1 因为

$$\frac{\partial z}{\partial x}=\frac{y}{1+x^2y^2},\quad \frac{\partial z}{\partial y}=\frac{x}{1+x^2y^2},$$

所以 $$dz=\frac{\partial z}{\partial x}dx+\frac{\partial z}{\partial y}dy=\frac{1}{1+x^2y^2}(ydx+xdy).$$

解法 2

$$dz=d(\arctan xy)=\frac{1}{1+x^2y^2}dxy=\frac{1}{1+x^2y^2}(ydx+xdy).$$

9. 分析 隐函数在定点求偏导,可以在方程两边分别对 x,y 求偏导,不必整理,在此基础上对其中一个再求混合偏导,然后代值,最后化简整理出结果.

解 方程两边分别对 x 求偏导:

$$yz+xyz'_x-\frac{z'_x}{z}=0. \tag{1}$$

两边对 y 求偏导: $$xz+xyz'_y-\frac{1}{y}-\frac{1}{z}z'_y=0. \tag{2}$$

再对(1)式两边对 y 求偏导:

$$z+yz'_y+xz'_x+xyz''_{xy}-\frac{1}{z^2}(z''_{xy}z-z'_xz'_y)=0. \tag{3}$$

将 $x=0,y=1$ 代入原方程,得 $z=e^2$. 将 $x=0,y=1,z=e^2$ 代入(1)式,得 $z'_x(0,1)=e^4$. 将 $x=0,y=1,z=e^2$ 代入(2)式,得 $z'_y(0,1)=-e^2$. 将 $x=0,y=1$, $z=e^2$ 及 $z'_x(0,1),z'_y(0,1)$代入(3)式,得

$$z''_{xy}(0,1)=z''_{yx}(0,1)=-e^4.$$

评注 由此题可见,在定点求偏导或高阶偏导时,可先求偏导,不整理,再代值,最后整理,可以大大简化运算.一般隐函数求偏导,在求一阶偏导时,有两种方法,一种是公式法,即由 $F(x,y,z)=0$,直接计算$\frac{\partial z}{\partial x},\frac{\partial z}{\partial y}$,整个运算过程中 x,y,z 均看作自变量,相互独立;另一种,两边直接对 x 或 y 求偏导,得到关于$\frac{\partial z}{\partial x}$或$\frac{\partial z}{\partial y}$的方程后,再解方程,求出$\frac{\partial z}{\partial x}$或$\frac{\partial z}{\partial y}$.后者 z 是 x,y 的函数,x,y 是自变量.在求二阶偏导时,只能在一阶偏导基础上计算,此时 z 是 x,y 的函数,不可丢掉 z 对 x,y 的偏导数项.

10. 分析 直接计算出$\frac{\partial z}{\partial x},\frac{\partial z}{\partial y}$代入验证.

证 由于 $$\frac{\partial z}{\partial x}=-\frac{yf'(x^2-y^2)\cdot 2x}{f^2(x^2-y^2)},$$

$$\frac{\partial z}{\partial y}=\frac{f(x^2-y^2)+yf'(x^2-y^2)2y}{f^2(x^2-y^2)},$$

于是

$$\frac{1}{x}\cdot\frac{\partial z}{\partial x}+\frac{1}{y}\cdot\frac{\partial z}{\partial y}=-\frac{2yf'(x^2-y^2)}{f^2(x^2-y^2)}+\frac{2yf'(x^2-y^2)}{f^2(x^2-y^2)}$$

$$+\frac{f(x^2-y^2)}{yf^2(x^2-y^2)}$$

$$=\frac{y}{y^2f(x^2-y^2)}=\frac{z}{y^2},$$

即等式成立.

11. 解 设 $F(x,y,z)=\cos^2x+\cos^2y+\cos^2z-1$,则

$$\frac{\partial F}{\partial x}=2\cos x(-\sin x)=-\sin 2x,$$

$$\frac{\partial F}{\partial y}=-\sin 2y,\quad \frac{\partial F}{\partial z}=-\sin 2z,$$

所以
$$\frac{\partial z}{\partial x}=-\frac{\frac{\partial F}{\partial x}}{\frac{\partial F}{\partial z}}=-\frac{-\sin 2x}{-\sin 2z}=-\frac{\sin 2x}{\sin 2z},\quad \frac{\partial z}{\partial y}=-\frac{\sin 2y}{\sin 2z}.$$

故
$$\mathrm{d}z=\frac{\partial z}{\partial x}\mathrm{d}x+\frac{\partial z}{\partial y}\mathrm{d}y=-\frac{\sin 2x}{\sin 2z}\mathrm{d}x-\frac{\sin 2y}{\sin 2z}\mathrm{d}y$$
$$=-\frac{1}{\sin 2z}(\sin 2x\mathrm{d}x+\sin 2y\mathrm{d}y).$$

12. 解 将方程组中每个方程的两端对 x 求导,得

$$\begin{cases}1=u'_x+v'_x,\\0=2uu'_x+2vv'_x.\end{cases}$$

由此解出

$$u'_x=\frac{v}{v-u},\quad v'_x=\frac{u}{u-v}\quad (u\neq v).$$

同理,每个方程的两端对 y 求导,得

$$\begin{cases}0=u'_y+v'_y,\\1=2uu'_y+2vv'_y.\end{cases}$$

由此解出

$$u'_y=\frac{1}{2(u-v)},\quad v'_y=\frac{1}{2(v-u)}\quad (u\neq v).$$

将 $x=0,y=u=\frac{1}{2},v=-\frac{1}{2}$ 代入偏导数的表达式得

$$u'_x=\frac{1}{2},\quad v'_x=\frac{1}{2},\quad u'_y=\frac{1}{2},\quad v'_y=-\frac{1}{2}.$$

习 题 5.3

1. 答案是:$a>0$;$a<0$.

分析 由

$$\frac{\partial z}{\partial x}=3ay-3x^2,\quad \frac{\partial^2 z}{\partial x^2}=-6x,\quad \frac{\partial^2 z}{\partial x\partial y}=3a,$$

$$\frac{\partial z}{\partial y}=3ax-3y^2,\quad \frac{\partial^2 z}{\partial y^2}=-6y$$

知(a,a)为驻点,且

$$B^2-AC=\left[\left(\frac{\partial^2 z}{\partial x\partial y}\right)^2-\frac{\partial^2 z}{\partial x^2}\cdot\frac{\partial^2 z}{\partial y^2}\right]\Bigg|_{(a,a)}=-27a^2.$$

当$a>0$时,$B^2-AC<0$,且$\frac{\partial^2 z}{\partial x^2}<0$,知$(a,a)$为极大值点;当$a<0$时,$B^2-AC<0$且$\frac{\partial^2 z}{\partial x^2}>0$,知$(a,a)$为极小值点;当$a=0$时,$z=-x^3-y^3$,$(a,a)$是非极值点.

2. 解 因为函数$f(x,y)$在全平面上可微,所以极值点必是驻点.由

$$\begin{cases}f'_x=3x^2+6x-9=0,\\ f'_y=-3y^2+6y=0\end{cases}$$

得四个驻点:$(-3,0)$,$(-3,2)$,$(1,0)$,$(1,2)$.又

$$f''_{xx}=6x+6,\quad f''_{xy}=0,\quad f''_{yy}=-6y+6.$$

在点$(-3,0)$处,$A=-12,B=0,C=6,B^2-AC>0$,所以$(-3,0)$不是极值点.

在点$(-3,2)$处,$A=-12<0,B=0,C=-6,B^2-AC<0$,所以$(-3,2)$是极大点.

在点$(1,0)$处,$A=12>0,B=0,C=6,B^2-AC<0$,所以$(1,0)$是极小点.

在点$(1,2)$处,$A=12>0,B=0,C=-6,B^2-AC>0$,所以$(1,2)$不是极值点.

综上所述,所给函数有极大点$(-3,2)$及极小点$(1,0)$.

3. 解 (1) $z=x^2-xy+y^2+9x-6y+20$,由

$$f'_x(x,y)=2x-y+9=0,$$
$$f'_y(x,y)=-x+2y-6=0$$

得驻点$(-4,1)$.再由

$$f''_{xx}(x,y)=2,\quad f''_{xy}(x,y)=-1,\quad f''_{yy}(x,y)=2$$

得在$(-4,1)$处$B^2-AC=(-1)^2-2\times 2=-3<0$且$f''_{xx}(-4,1)=2>0$,所以在点$(-4,1)$处函数有极小值,为$f(-4,1)=-1$.

(2) $z=4(x-y)-x^2-y^2$,由

$$f'_x(x,y)=4-2x=0,$$
$$f'_y(x,y)=-4-2y=0$$

得驻点$(2,-2)$.再由

$$f''_{xx}(x,y)=-2,\quad f''_{xy}(x,y)=0,\quad f''_{yy}(x,y)=-2$$

得在$(2,-2)$处$B^2-AC=0-(-2)(-2)=-4<0$且$f''_{xx}(2,-2)=-2<0$,所以在点$(2,-2)$处函数有极大值,为$f(2,-2)=8$.

4. 解 设水池的长为x,宽与深均为y,底面单位面积造价为R,容积为V,则

$$V=xy^2.$$

又由题意,x,y应满足条件

$$Rxy+1.2R(2xy+2y^2)=a.$$

作拉格朗日函数

$$F(x,y)=xy^2+\lambda[Rxy+1.2R(2xy+2y^2)-a],$$

得方程组

$$\begin{cases}\dfrac{\partial F}{\partial x}=y^2+3.4\lambda Ry=0,\\ \dfrac{\partial F}{\partial y}=2xy+3.4\lambda Rx+4.8\lambda Ry=0,\\ Rxy+2.4R(xy+y^2)-a=0.\end{cases}$$

因x,y均为正数,由上面方程组解得

$$x=\frac{4}{17}\sqrt{\frac{5a}{R}},\quad y=\frac{1}{6}\sqrt{\frac{5a}{R}}.$$

由题意V应有最大值,故当水池长为$\frac{4}{17}\sqrt{\frac{5a}{R}}$,宽和深均为$\frac{1}{6}\sqrt{\frac{5a}{R}}$时容积最大.

5. 分析 如图5.7,在条件$\alpha+\beta+\gamma=2\pi$下,求圆内接三角形$\triangle ABC$面积最大.

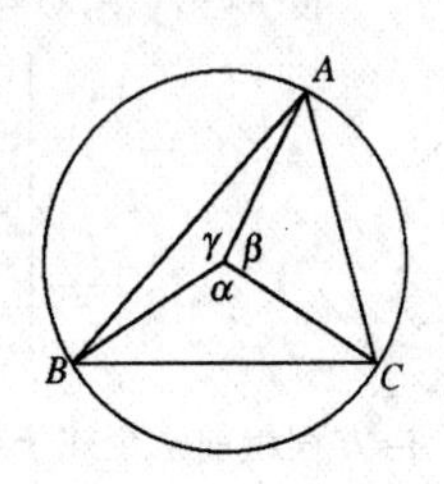

图 5.7

解 如图5.7,$\triangle ABC$为圆内接三角形,三边对应圆心角为α,β,γ,且$\alpha+\beta+\gamma=2\pi$,$0\leqslant\alpha,\beta,\gamma$,于是$\triangle ABC$面积为

$$\begin{aligned}S&=\frac{R^2}{2}(\sin\alpha+\sin\beta+\sin\gamma)\\&=\frac{R^2}{2}[\sin\alpha+\sin\beta+\sin(2\pi-\alpha-\beta)]\\&=\frac{R^2}{2}[\sin\alpha+\sin\beta-\sin(\alpha+\beta)].\end{aligned}$$

由$\begin{cases}S'_\alpha=\dfrac{R^2}{2}[\cos\alpha-\cos(\alpha+\beta)]=0,\\ S'_\beta=\dfrac{R^2}{2}[\cos\beta-\cos(\alpha+\beta)]=0\end{cases}$ 解得$\alpha=\beta$或$\alpha=2\pi-\beta$,进而求得$\alpha=\beta=$

$\frac{2\pi}{3}$,其他结果不合题意.

依题意,S 存在最大值,且驻点惟一,故当 $\alpha=\beta=\frac{2\pi}{3}$,且 $\gamma=2\pi-2\times\frac{2}{3}\pi=\frac{2\pi}{3}$时,$S$ 最大,即当$\triangle ABC$ 为正内接三角形时,面积最大.

6. 解 设半球的球心在原点、并且内接长方体的棱分别与各坐标轴平行(见图 5.8),长方体上的 P 点坐标为(x,y,z),于是,长方体的长、宽、高分别为 $2x,2y$ 及 z. 问题化成在 $x^2+y^2+z^2=a^2$ 的条件下,求体积函数

$$V=V(x,y,z)=2x\cdot 2y\cdot z=4xyz$$

的最大值.

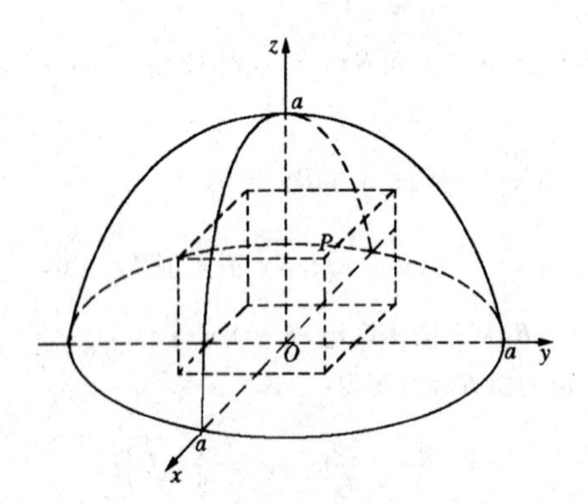

图 5.8

设 $F(x,y,z,\lambda)=4xyz-\lambda(x^2+y^2+z^2-a^2)$. 令

$$\begin{cases} F'_x=4yz-2x\lambda=0,\\ F'_y=4xz-2y\lambda=0,\\ F'_z=4yx-2z\lambda=0,\\ F'_\lambda=-(x^2+y^2+z^2-a^2)=0. \end{cases}$$

由方程组前三个式子得到:$\frac{yz}{x}=\frac{xz}{y}=\frac{xy}{z}=\frac{\lambda}{2}$,即 $x=y=z=\frac{\lambda}{2}$. 代入方程组最后一个式子得到

$$\lambda=\pm\frac{2}{\sqrt{3}}a\quad(\text{这里只能取}+\text{号}).$$

因此,驻点为$\left(\frac{a}{\sqrt{3}},\frac{a}{\sqrt{3}},\frac{a}{\sqrt{3}}\right)$. 这时长方体的长、宽、高分别为$\frac{2a}{\sqrt{3}}$,$\frac{2a}{\sqrt{3}}$,$\frac{a}{\sqrt{3}}$.

由问题本身可以看出，在一定条件下，此内接长方体只在半球内取得最大值，并且所求得的驻点是惟一的，所以当长、宽、高分别为$\frac{2a}{\sqrt{3}}$，$\frac{2a}{\sqrt{3}}$，$\frac{a}{\sqrt{3}}$时，内接长方体体积最大值为$\frac{4\sqrt{3}}{9}a^3$.

7. 分析　本题是求生产利润最大的极值问题.

(1) 中有原料 12000 kg 并不要求用完，因此先作为无条件极值求解，若最优解产量对应消耗原料超过 12000 kg，则改为在约束 $2000(x+y)=12000$ 条件下条件极值问题.

(2) 类似地由(1)结果判断若最优解所需原料不足 9000 kg，仍为无条件极限，不必再求的. 否则为在原料限定条件的条件极值问题.

解　(1) 先考虑无条件极值问题. 由题意，令

$$\begin{cases} L'_x = -2x+6=0, \\ L'_y = -8y+16=0, \end{cases} \quad 得 \quad \begin{cases} x=3, \\ y=2. \end{cases}$$

这时，$3\times2000+2\times2000=10000<12000$，即原料在使用限额内. 又 $L''_{xx}=-2<0$，$L''_{yy}=-8$，$L''_{xy}=0$，$L''^2_{xy}-L''_{xx}L''_{yy}<0$，(3,2)为极大值点，即为最大值点. 于是，甲乙两种产品分别为 3 千只和 2 千只时利润最大. 最大利润为 $L(3,2)=10$ 单位.

(2) 当原料量为 9000 kg 时，应用原料数已超出，应考虑在约束 $2x+2y=9$ 下，求 $L(x,y)$的最大值.

设 $F=-x^2-4y^2+6x+16y-15+\lambda(4.5-x-y)$，令

$$\begin{cases} F'_x = -2x+6-\lambda=0, \\ F'_y = -8y+16-\lambda=0, \\ F'_\lambda = 4.5-x-y=0, \end{cases} \quad 得 \quad \begin{cases} x=2.6, \\ y=1.9. \end{cases}$$

这时 $L(2.6,1.9)=9.8$，依题意存在最大值且驻点惟一，故为最大值，可知在原料为 9000 kg 时，甲乙两种产品各生产 2600 只和 1900 只时利润最大，最大利润为 9.8 单位.

习　题　5.4

1. 答案是：$\frac{1}{4}$.

分析　依题意 $f(x,y)=\sin^2x\cos^2y$ 在正方形区域

$$D=\{(x,y)\mid 0\leqslant x\leqslant\pi, 0\leqslant y\leqslant\pi\}$$

的平均值为

$$\frac{1}{\pi^2}\iint_D f(x,y)\mathrm{d}x\mathrm{d}y=\frac{1}{\pi^2}\int_0^\pi \mathrm{d}x\int_0^\pi \sin^2x\cos^2y\mathrm{d}y$$

$$=\frac{1}{\pi^2}\int_0^\pi \sin^2x\mathrm{d}x\cdot\int_0^\pi \cos^2y\mathrm{d}y$$

$$=\frac{1}{\pi^2}\left(2\cdot\frac{1}{2}\cdot\frac{\pi}{2}\right)\left(2\cdot\frac{1}{2}\cdot\frac{\pi}{2}\right)=\frac{1}{4}.$$

2. 答案是：$\frac{1}{2}(1-\mathrm{e}^{-1})$.

分析 因 e^{-y^2} 的原函数不是初等函数，不能直接计算，应改变积分次序：

$$\int_0^1 \mathrm{d}x\int_x^1 \mathrm{e}^{-y^2}\mathrm{d}y=\int_0^1 \mathrm{d}y\int_0^y \mathrm{e}^{-y^2}\mathrm{d}x=\int_0^1 \mathrm{e}^{-y^2}\cdot x\Big|_0^y \mathrm{d}y=\int_0^1 y\mathrm{e}^{-y^2}\mathrm{d}y$$

$$=\int_0^1 \frac{-1}{2}\mathrm{e}^{-y^2}\mathrm{d}(-y^2)=-\frac{1}{2}\mathrm{e}^{-y^2}\Big|_0^1$$

$$=\frac{1}{2}(1-\mathrm{e}^{-1}).$$

3. 答案是：$2\frac{1}{2}$.

分析 积分区域为矩形域，且被积函数可写成 $f(x)\cdot g(y)$ 的形式，故

$$\int_0^3 \mathrm{d}x\int_{\frac{\pi}{2}}^\pi |x-2|\cdot\sin y\mathrm{d}y$$

$$=\int_0^3 |x-2|\mathrm{d}x\cdot\int_{\frac{\pi}{2}}^\pi \sin y\mathrm{d}y$$

$$=\left[\int_0^2(2-x)\mathrm{d}x+\int_2^3(x-2)\mathrm{d}x\right]\cdot(-\cos y)\Big|_{\frac{\pi}{2}}^\pi$$

$$=\left[\left(2x-\frac{1}{2}x^2\right)\Big|_0^2+\left(\frac{1}{2}x^2-2x\right)\Big|_2^3\right]\cdot 1$$

$$=2\frac{1}{2}.$$

4. 解 (1)

$$\iint_D \frac{y}{(1+x^2+y^2)^{\frac{3}{2}}}\mathrm{d}\sigma=\int_0^1\left[\int_0^1 \frac{y}{(1+x^2+y^2)^{\frac{3}{2}}}\mathrm{d}y\right]\mathrm{d}x$$

$$=\int_0^1\left[\int_0^1 \frac{y}{(1+x^2+y^2)^{\frac{2}{3}}}\,\frac{\mathrm{d}(1+x^2+y^2)}{2y}\right]\mathrm{d}x$$

$$=\int_0^1\left[\frac{1}{2}\cdot(-2)\frac{1}{\sqrt{1+x^2+y^2}}\Big|_0^1\right]\mathrm{d}x$$

$$=-\int_0^1\left[\frac{1}{\sqrt{x^2+2}}-\frac{1}{\sqrt{x^2+1}}\right]\mathrm{d}x$$

$$=-\left[\ln(\sqrt{x^2+2}+x)-\ln(\sqrt{x^2+1}+x)\right]\Big|_0^1$$

$$=-\left[\ln(\sqrt{3}+1)-\ln(\sqrt{2}+1)-\ln\sqrt{2}+\ln 1\right]$$

$$=\ln(\sqrt{2}+1)-\ln(\sqrt{3}+1)+\ln\sqrt{2}$$

$$=\ln\frac{(\sqrt{2}+1)\sqrt{2}}{\sqrt{3}+1}=\ln\frac{2+\sqrt{2}}{1+\sqrt{3}}.$$

(2) 先画出积分区域 D 的图形如图 5.9.

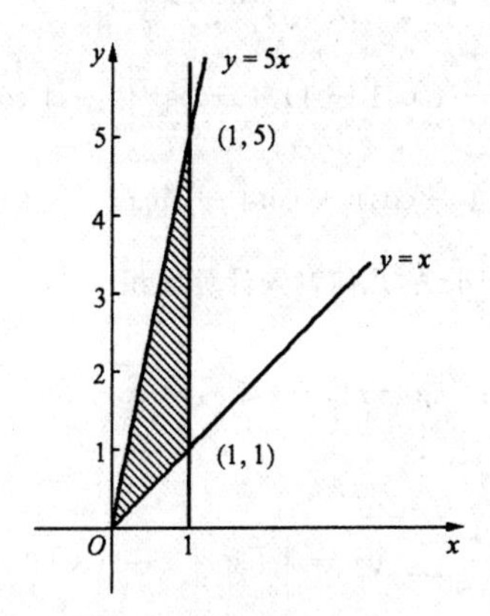

图 5.9

若先对 y 积分后对 x 积分，有 $a=0,b=1,y_1=x,y_2=5x$，得到

$$\iint_D (x+6y)\mathrm{d}\sigma=\int_0^1\left[\int_x^{5x}(x+6y)\mathrm{d}y\right]\mathrm{d}x=\int_0^1\left[(xy+3y^2)\Big|_x^{5x}\right]\mathrm{d}x$$

$$=\int_0^1(5x^2+75x^2-x^2-3x^2)\mathrm{d}x=\int_0^1 76x^2\mathrm{d}x$$

$$=\frac{76}{3}x^3\Big|_0^1=25\frac{1}{3}.$$

(3) $$\iint_D(4-x-y)\mathrm{d}\sigma=\int_{-1}^1\mathrm{d}x\int_{1-\sqrt{1-x^2}}^{1+\sqrt{1-x^2}}(4-x-y)\mathrm{d}y$$

$$=\int_{-1}^1\left[\left(4y-xy-\frac{1}{2}y^2\right)\Big|_{1-\sqrt{1-x^2}}^{1+\sqrt{1-x^2}}\right]\mathrm{d}x$$

$$=2\int_{-1}^1(3\sqrt{1-x^2}-x\sqrt{1-x^2})\mathrm{d}x$$

$$=12\int_0^1\sqrt{1-x^2}\mathrm{d}x-2\int_{-1}^1 x\sqrt{1-x^2}\mathrm{d}x$$

$$=12\cdot\frac{\pi}{4}-2\times 0=3\pi.$$

(4) 先画出积分区域的图形，如图 5.10.

若先对 y 积分后对 x 积分，有 $a=0,b=1,y_1=x^2,y_2=x$，于是

$$\iint\limits_D\frac{\sin x}{x}\mathrm{d}x\mathrm{d}y=\int_0^1\left[\int_{x^2}^x\frac{\sin x}{x}\mathrm{d}y\right]\mathrm{d}x=\int_0^1\frac{\sin x}{x}(x-x^2)\mathrm{d}x$$

$$=\int_0^1(\sin x-x\sin x)\mathrm{d}x=\int_0^1\sin x\mathrm{d}x-\int_0^1 x\sin x\mathrm{d}x$$

$$=-\cos x\Big|_0^1+\int_0^1 x\mathrm{d}\cos x$$

$$=-(\cos 1-1)+x\cos x\Big|_0^1-\int_0^1\cos x\mathrm{d}x$$

$$=1-\cos 1+\cos 1-\sin x\Big|_0^1=1-\sin 1.$$

5. 分析 即利用 $\iint\limits_D\mathrm{d}\sigma$ 的几何背景计算面积.

解 $S=\iint\limits_D\mathrm{d}x\mathrm{d}y,D:\{(x,y)\,|\,x+y\leqslant 3,\sqrt{x}+\sqrt{y}\geqslant\sqrt{3}\}$，如图 5.11，从而有

$$S=\int_0^3\mathrm{d}x\int_{(\sqrt{3}-\sqrt{x})^2}^{3-x}\mathrm{d}y=\int_0^3[3-x-(\sqrt{3}-\sqrt{x})^2]\mathrm{d}x$$

$$=\int_0^3(2\sqrt{3x}-2x)\mathrm{d}x=\left(\frac{4\sqrt{3}}{3}x^{\frac{3}{2}}-x^2\right)\Big|_0^3=3.$$

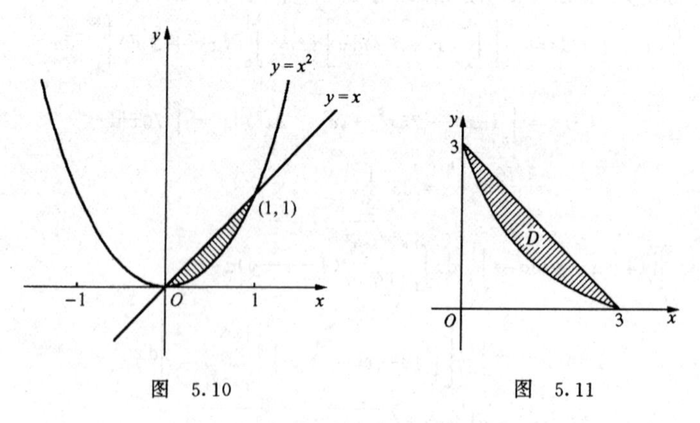

图 5.10　　图 5.11

6. 解 如图 5.12 所示，此空间体在 Oxy 平面上的投影区域 D(见图 5.13)

可由不等式 $0\leqslant x\leqslant 1, 0\leqslant y\leqslant 1-x$ 所确定，因此空间体的体积为

$$V=\iint_D (1+x+y)\mathrm{d}\sigma=\int_0^1\mathrm{d}x\int_0^{1-x}(1+x+y)\mathrm{d}y$$

$$=\int_0^1\left(y+xy+\frac{1}{2}y^2\right)\Big|_0^{1-x}\mathrm{d}y$$

$$=\int_0^1\left[1-x+x(1-x)+\frac{1}{2}(1-x)^2\right]\mathrm{d}x$$

$$=\int_0^1\left(\frac{3}{2}-\frac{1}{2}x^2-x\right)\mathrm{d}x$$

$$=\left(\frac{3}{2}x-\frac{1}{6}x^3-\frac{1}{2}x^2\right)\Big|_0^1=\frac{5}{6}.$$

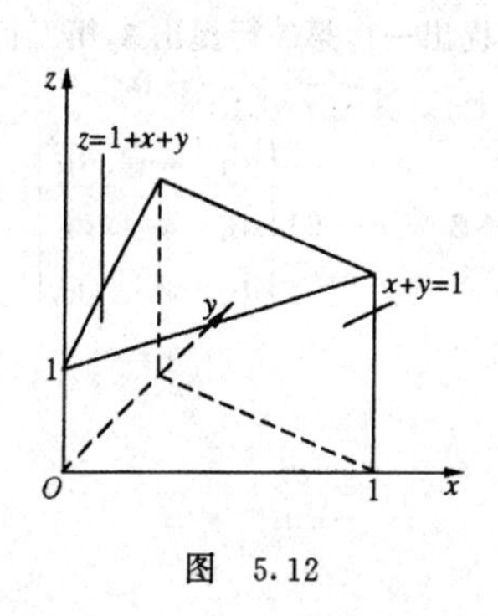

图　5.12

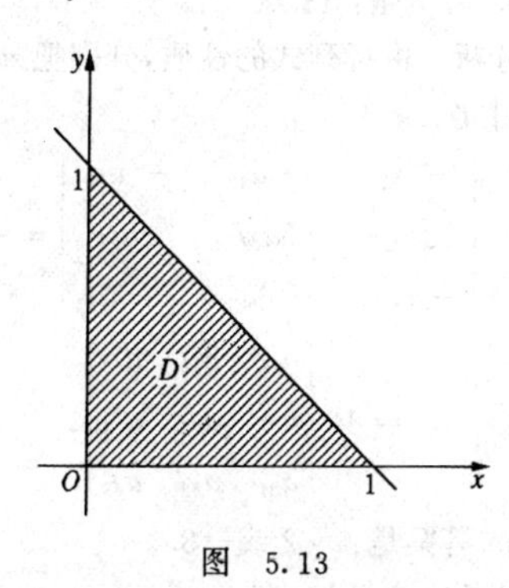

图　5.13

第二部分　线性代数

习　题　1.1

1. 答案是：28.

分析　a_{12}的代数余子式及其值是

$$A_{12}=(-1)^{1+2}\begin{vmatrix}5&3&2\\3&1&2\\2&1&8\end{vmatrix}\xlongequal[-3③+①]{-③+②}-\begin{vmatrix}-1&0&-22\\1&0&-6\\2&1&8\end{vmatrix}$$

$$=-(-1)^{3+2}\begin{vmatrix}-1&-22\\1&-6\end{vmatrix}=28.$$

2. 答案是：5.

分析　a_{12}的代数余子式及其值是

$$A_{12}=(-1)^{1+2}\begin{vmatrix}1 & 3\\ 2 & 1\end{vmatrix}=-(1-6)=5.$$

3. 答案是：2.

分析 由于

$$A_{23}=(-1)^{2+3}\begin{vmatrix}1 & 3\\ 1 & 1\end{vmatrix}=-(-2)=2.$$

4. 答案是：2.

分析 由于 x 的一次项的系数为 A_{23}，于是有

$$A_{23}=(-1)^{2+3}\begin{vmatrix}-1 & 1\\ 1 & 1\end{vmatrix}=-(-1-1)=2.$$

5. 答案是：18.

分析 由行列式的性质，分别把第一行提出-1，第二行提出 3，第三行提出-6，因此

$$\begin{vmatrix}-a_{11} & -a_{12} & -a_{13}\\ 3a_{21} & 3a_{22} & 3a_{23}\\ -6a_{31} & -6a_{32} & -6a_{33}\end{vmatrix}=-1\times 3\times(-6)\begin{vmatrix}a_{11} & a_{12} & a_{31}\\ a_{21} & a_{22} & a_{32}\\ a_{31} & a_{32} & a_{33}\end{vmatrix}$$

$$=18\begin{vmatrix}a_{11} & a_{12} & a_{13}\\ a_{21} & a_{22} & a_{23}\\ a_{31} & a_{32} & a_{33}\end{vmatrix}.$$

6. 答案是：-2 或-8.

分析 由已知，有

$$\begin{vmatrix}x & 4 & 0\\ 2 & -1 & 0\\ 3 & 5 & x+2\end{vmatrix}=(x+2)(-1)^{3+3}\begin{vmatrix}x & 4\\ 2 & -1\end{vmatrix}$$

$$=(x+2)(-x-8).$$

令$(x+2)(-x-8)=0$，有

$$x_1=-2 \quad 或 \quad x_2=-8.$$

7. 解 (1) 行列式中 $a_{12},a_{24},a_{31},a_{43}$都是非零元素 1，并且这四个元素分别来自不同行不同列，其乘积恰好是行列式的一个非零项. 因 $N(2413)=3$，该项前面应冠以负号，所以该项为-1. 由于其他项至少含有一个零元素，其积均为零. 因此

$$\begin{vmatrix}0 & 1 & 0 & 0\\ 0 & 0 & 0 & 1\\ 1 & 0 & 0 & 0\\ 0 & 0 & 1 & 0\end{vmatrix}=-1.$$

(2) 由于行列式第一行只有一个非零元素 a_{11}，取定 a_{11} 后，第二行若取 a_{22}，则第三列不能取 a_{23}，否则有两个元素取自第二行，第三列只能取 a_{43}，那么第四列只好取 a_{34} 了，这样 $a_{11}a_{22}a_{34}a_{43}$ 构成行列式的一项. 另外，第二行若取 a_{23}，则第二列不能再取 a_{22}，只能取 a_{32}，那么第四列只有取 a_{44}，这样 $a_{11}a_{23}a_{32}a_{44}$ 也构成行列式的一项. 考虑到其他项至少含有一个零元素，故均为零. 因此

$$\begin{vmatrix} a_{11} & 0 & 0 & 0 \\ 0 & a_{22} & a_{23} & 0 \\ 0 & a_{32} & 0 & a_{34} \\ 0 & 0 & a_{43} & a_{44} \end{vmatrix}$$

$$= (-1)^{N(1243)} a_{11}a_{22}a_{34}a_{43} + (-1)^{N(1324)} a_{11}a_{23}a_{32}a_{44}$$

$$= -a_{11}a_{22}a_{34}a_{43} - a_{11}a_{23}a_{32}a_{44}.$$

8. 解 由于四阶行列式

$$D = \begin{vmatrix} x & 0 & 3 & 0 \\ 0 & 0 & 0 & 2 \\ 0 & x & 0 & 0 \\ 4 & 0 & 0 & 0 \end{vmatrix}$$

中只有一个非零项，因此

$$D = -3 \cdot 2 \cdot x \cdot 4 = -24x,$$

故有 $-24x=1$，所以 $x=-\dfrac{1}{24}$.

9. 解 将行列式 D 按第一列展开，我们有

$$D = 1 \cdot \begin{vmatrix} k & 0 & 1 \\ 0 & k & 1 \\ 0 & 1 & k \end{vmatrix} - 1 \cdot \begin{vmatrix} 0 & 1 & 0 \\ 0 & k & 1 \\ 0 & 1 & k \end{vmatrix}$$

$$= k^3 - k = k(k^2-1),$$

因此，当 $k \neq 0$ 且 $k \neq \pm 1$ 时，$D \neq 0$.

10. 解 (1)

$$D = \begin{vmatrix} 2 & -5 & 3 & 1 \\ 1 & 3 & -1 & 3 \\ 0 & 1 & 1 & -5 \\ -1 & -4 & 2 & -3 \end{vmatrix} \xlongequal[\text{②}+\text{④}]{-2\text{②}+\text{①}} \begin{vmatrix} 0 & -11 & 5 & -5 \\ 1 & 3 & -1 & 3 \\ 0 & 1 & 1 & -5 \\ 0 & -1 & 1 & 0 \end{vmatrix},$$

按第一列展开，有

$$D = -1 \cdot \begin{vmatrix} -11 & 5 & -5 \\ 1 & 1 & -5 \\ -1 & 1 & 0 \end{vmatrix} \xlongequal[\text{②}+\text{③}]{11\text{②}+\text{①}} - \begin{vmatrix} 0 & 16 & -60 \\ 1 & 1 & -5 \\ 0 & 2 & -5 \end{vmatrix}$$

$$=\begin{vmatrix} 16 & -60 \\ 2 & -5 \end{vmatrix}=40.$$

(2)

$$D=\begin{vmatrix} 1 & 2 & 0 & -1 \\ -1 & 4 & -1 & 5 \\ 2 & 3 & 3 & 1 \\ 3 & 1 & 0 & -2 \end{vmatrix} \xlongequal{3②+③} \begin{vmatrix} 1 & 2 & 0 & -1 \\ -1 & 4 & -1 & 5 \\ -1 & 15 & 0 & 16 \\ 3 & 1 & 0 & -2 \end{vmatrix}.$$

按第三列展开,有

$$D=(-1)^{2+3}\cdot(-1)\cdot\begin{vmatrix} 1 & 2 & -1 \\ -1 & 15 & 16 \\ 3 & 1 & -2 \end{vmatrix}$$

$$\xlongequal[①+③]{-2①+②} \begin{vmatrix} 1 & 0 & 0 \\ -1 & 17 & 15 \\ 3 & -5 & 1 \end{vmatrix} = \begin{vmatrix} 17 & 15 \\ -5 & 1 \end{vmatrix}$$

$$=17+75=92.$$

(3) 从第二列开始,各列加到第一列,于是

$$\begin{vmatrix} a & b & b & \cdots & b \\ b & a & b & \cdots & b \\ b & b & a & \cdots & b \\ \vdots & \vdots & \vdots & & \vdots \\ b & b & b & \cdots & a \end{vmatrix} = \begin{vmatrix} a+(n-1)b & b & b & \cdots & b \\ a+(n-1)b & a & b & \cdots & b \\ a+(n-1)b & b & a & \cdots & b \\ \vdots & \vdots & \vdots & & \vdots \\ a+(n-1)b & b & b & \cdots & a \end{vmatrix}$$

$$=[a+(n-1)b]\begin{vmatrix} 1 & b & b & \cdots & b \\ 1 & a & b & \cdots & b \\ 1 & b & a & \cdots & b \\ \vdots & \vdots & \vdots & & \vdots \\ 1 & b & b & \cdots & a \end{vmatrix}$$

$$\xlongequal[(i=2,3,\cdots,n)]{-①+ⓘ} \begin{vmatrix} 1 & b & b & \cdots & b \\ 0 & a-b & 0 & \cdots & 0 \\ 0 & 0 & a-b & \cdots & 0 \\ \vdots & \vdots & \vdots & & \vdots \\ 0 & 0 & 0 & \cdots & a-b \end{vmatrix}$$

$$=[a+(n-1)b]\cdot(a-b)^{n-1}.$$

(4) 按第一列展开

$$\begin{vmatrix} a & b & 0 & \cdots & 0 & 0 \\ 0 & a & b & \cdots & 0 & 0 \\ 0 & 0 & a & \cdots & 0 & 0 \\ \vdots & \vdots & \vdots & & \vdots & \vdots \\ b & 0 & 0 & \cdots & 0 & a \end{vmatrix}$$

$$= a\begin{vmatrix} a & b & \cdots & 0 & 0 \\ 0 & a & \cdots & 0 & 0 \\ \vdots & \vdots & & \vdots & \vdots \\ 0 & 0 & \cdots & a & b \\ 0 & 0 & \cdots & 0 & a \end{vmatrix} + (-1)^{n+1}b\begin{vmatrix} b & 0 & \cdots & 0 & 0 \\ a & b & \cdots & 0 & 0 \\ \vdots & \vdots & & \vdots & \vdots \\ 0 & 0 & \cdots & b & 0 \\ 0 & 0 & \cdots & 0 & b \end{vmatrix}$$

$$= a \cdot a^{n-1} + (-1)^{n+1}b \cdot b^{n-1}$$

$$= a^n + (-1)^{n+1}b^n.$$

(5) 当 $n=1$ 时,有

$$D_1 = a_1 - b_1;$$

当 $n=2$ 时,有

$$\begin{aligned} D_2 &= \begin{vmatrix} a_1 - b_1 & a_1 - b_2 \\ a_2 - b_1 & a_2 - b_2 \end{vmatrix} \\ &= (a_1 - b_1)(a_2 - b_2) - (a_1 - b_2)(a_2 - b_1) \\ &= a_1b_1 + a_2b_2 - a_2b_1 - a_1b_2 \\ &= (a_1 - a_2)(b_1 - b_2); \end{aligned}$$

当 $n>2$ 时,有

$$D_n = \begin{vmatrix} a_1 - b_1 & a_1 - b_2 & \cdots & a_1 - b_n \\ a_2 - b_1 & a_2 - b_2 & \cdots & a_2 - b_n \\ \vdots & \vdots & & \vdots \\ a_n - b_1 & a_n - b_2 & \cdots & a_n - b_n \end{vmatrix}$$

$$\xlongequal[(j=2,3,\cdots,n)]{-①+ⓙ} \begin{vmatrix} a_1 - b_1 & b_1 - b_2 & \cdots & b_1 - b_n \\ a_2 - b_1 & b_1 - b_2 & \cdots & b_1 - b_n \\ \vdots & \vdots & & \vdots \\ a_n - b_1 & b_1 - b_2 & \cdots & b_1 - b_n \end{vmatrix}$$

$$= (b_1 - b_2)\cdots(b_1 - b_n)\begin{vmatrix} a_1 - b_1 & 1 & \cdots & 1 \\ a_2 - b_1 & 1 & \cdots & 1 \\ \vdots & \vdots & & \vdots \\ a_n - b_1 & 1 & \cdots & 1 \end{vmatrix} = 0.$$

因此

$$D_n = \begin{cases} a_1 - b_1, & n = 1, \\ (a_1 - a_2)(b_1 - b_2), & n = 2, \\ 0, & n > 2. \end{cases}$$

(6) 方法同第(3)题. 令 $a=0, b=x$, 得到

$$D = (n-1)x(-x)^{n-1} = (-1)^{n-1}(n-1)x^n.$$

11. 证

$$\begin{vmatrix} a^2 & (a+1)^2 & (a+2)^2 & (a+3)^2 \\ b^2 & (b+1)^2 & (b+2)^2 & (b+3)^2 \\ c^2 & (c+1)^2 & (c+2)^2 & (c+3)^2 \\ d^2 & (d+1)^2 & (d+2)^2 & (d+3)^2 \end{vmatrix}$$

$$\xlongequal[\substack{-①+② \\ -②+③ \\ -②+④}]{} \begin{vmatrix} a^2 & 2a+1 & 4a+4 & 6a+9 \\ b^2 & 2b+1 & 4b+4 & 6b+9 \\ c^2 & 2c+1 & 4c+4 & 6c+9 \\ d^2 & 2d+1 & 4d+4 & 6d+9 \end{vmatrix}$$

$$\xlongequal[\substack{-2②+③ \\ -3②+④}]{} \begin{vmatrix} a^2 & 2a+1 & 2 & 6 \\ b^2 & 2b+1 & 2 & 6 \\ c^2 & 2c+1 & 2 & 6 \\ d^2 & 2d+1 & 2 & 6 \end{vmatrix} = 0.$$

12. 证 用数学归纳法.

当 $n=2$ 时, 有

$$D_2 = \begin{vmatrix} a+b & ab \\ 1 & a+b \end{vmatrix} = a^2 + ab + b^2,$$

命题成立. 假设对 $n-1$ 命题成立, 即

$$D_{n-1} = a^{n-1} + a^{n-2}b + \cdots + ab^{n-2} + b^{n-1},$$

下面证明对 n 命题成立:

$$D_n = \begin{vmatrix} a+b & ab & 0 & \cdots & 0 & 0 \\ 1 & a+b & ab & \cdots & 0 & 0 \\ 0 & 1 & a+b & \cdots & 0 & 0 \\ \vdots & \vdots & \vdots & & \vdots & \vdots \\ 0 & 0 & 0 & \cdots & 1 & a+b \end{vmatrix}$$

$$
=\begin{vmatrix} a & ab & 0 & \cdots & 0 & 0 \\ 1 & a+b & ab & \cdots & 0 & 0 \\ 0 & 1 & a+b & \cdots & 0 & 0 \\ \vdots & \vdots & \vdots & & \vdots & \vdots \\ 0 & 0 & 0 & \cdots & 1 & a+b \end{vmatrix}
+\begin{vmatrix} b & ab & 0 & \cdots & 0 & 0 \\ 0 & a+b & ab & \cdots & 0 & 0 \\ 0 & 1 & a+b & \cdots & 0 & 0 \\ \vdots & \vdots & \vdots & & \vdots & \vdots \\ 0 & 0 & 0 & \cdots & 1 & a+b \end{vmatrix},
$$

将第一个行列式的第一列$\times(-b)$加于第二列,新的第二列$\times(-b)$加于第三列,…,新的第$n-1$列$\times(-b)$加于第n列,于是有

$$
\begin{aligned}
D_n &= \begin{vmatrix} a & 0 & 0 & \cdots & 0 \\ 1 & a & 0 & \cdots & 0 \\ 0 & 1 & a & \cdots & 0 \\ \vdots & \vdots & \vdots & & \vdots \\ 0 & 0 & 0 & \cdots & a \end{vmatrix} + b \begin{vmatrix} a+b & ab & 0 & \cdots & 0 \\ 1 & a+b & ab & \cdots & 0 \\ 0 & 1 & a+b & \cdots & 0 \\ \vdots & \vdots & \vdots & & \vdots \\ 0 & 0 & 0 & \cdots & a+b \end{vmatrix} \\
&= a^n + bD_{n-1} \\
&= a^n + b(a^{n-1} + a^{n-2}b + \cdots + ab^{n-2} + b^{n-1}) \\
&= a^n + a^{n-1}b + a^{n-2}b^2 + \cdots + ab^{n-1} + b^n.
\end{aligned}
$$

习 题 1.2

1. 解 (1) 该方程组的系数行列式为

$$
D = \begin{vmatrix} 2 & 5 & -3 \\ 3 & 6 & -2 \\ 2 & 4 & -3 \end{vmatrix} = 5 \neq 0,
$$

因此方程组有惟一解.考虑到

$$
D_1 = \begin{vmatrix} 3 & 5 & -3 \\ 1 & 6 & -2 \\ 4 & 4 & -3 \end{vmatrix} = 5,
$$

$$
D_2 = \begin{vmatrix} 2 & 3 & -3 \\ 3 & 1 & -2 \\ 2 & 4 & -3 \end{vmatrix} = -5,
$$

$$D_3 = \begin{vmatrix} 2 & 5 & 3 \\ 3 & 6 & 1 \\ 2 & 4 & 4 \end{vmatrix} = -10,$$

根据克莱姆法则,可得

$$x_1 = \frac{D_1}{D} = \frac{5}{5} = 1, \quad x_2 = \frac{D_2}{D} = \frac{-5}{5} = -1,$$

$$x_3 = \frac{D_3}{D} = \frac{-10}{5} = -2.$$

于是线性方程组的解为

$$\begin{cases} x_1 = 1, \\ x_2 = -1, \\ x_3 = -2. \end{cases}$$

(2) 该方程组的系数行列式为

$$D = \begin{vmatrix} 1 & 2 & 3 & 4 \\ 3 & -1 & -1 & 0 \\ 1 & 0 & 1 & 2 \\ 1 & 2 & 0 & -5 \end{vmatrix} = 24 \neq 0,$$

因此方程组有惟一解. 考虑到

$$D_1 = \begin{vmatrix} 1 & 2 & 3 & 4 \\ 1 & -1 & -1 & 0 \\ -1 & 0 & 1 & 2 \\ 10 & 2 & 0 & -5 \end{vmatrix} = 24,$$

$$D_2 = \begin{vmatrix} 1 & 1 & 3 & 4 \\ 3 & 1 & -1 & 0 \\ 1 & -1 & 1 & 2 \\ 1 & 10 & 0 & -5 \end{vmatrix} = 48,$$

$$D_3 = \begin{vmatrix} 1 & 2 & 1 & 4 \\ 3 & -1 & 1 & 0 \\ 1 & 0 & -1 & 2 \\ 1 & 2 & 10 & -5 \end{vmatrix} = 0,$$

$$D_4 = \begin{vmatrix} 1 & 2 & 3 & 1 \\ 3 & -1 & -1 & 1 \\ 1 & 0 & 1 & -1 \\ 1 & 2 & 0 & 10 \end{vmatrix} = -24,$$

根据克莱姆法则有

$$x_1=\frac{D_1}{D}=\frac{24}{24}=1,\quad x_2=\frac{D_2}{D}=\frac{48}{24}=2,$$

$$x_3=\frac{D_3}{D}=\frac{0}{24}=0,\quad x_4=\frac{D_4}{D}=\frac{-24}{24}=-1.$$

于是方程组的解为

$$\begin{cases}x_1=1,\\ x_2=2,\\ x_3=0,\\ x_4=-1.\end{cases}$$

2. 解 设三次多项式 $f(x)=ax^3+bx^2+cx+d$,根据已知条件有

$$\begin{aligned}&f(0)=d=0,\\ &f(1)=a+b+c=-1,\\ &f(2)=8a+4b+2c=4,\\ &f(-1)=-a+b-c=1,\end{aligned}$$

于是,我们得到三元线性方程组

$$\begin{cases}a+b+c=-1,\\ 8a+4b+2c=4,\\ -a+b-c=1.\end{cases}$$

该方程组的系数行列式为

$$D=\begin{vmatrix}1&1&1\\8&4&2\\-1&1&-1\end{vmatrix}=12\neq 0,$$

因此它有惟一解.考虑到

$$D_1=\begin{vmatrix}-1&1&1\\4&4&2\\1&1&-1\end{vmatrix}=12,$$

$$D_2=\begin{vmatrix}1&-1&1\\8&4&2\\-1&1&-1\end{vmatrix}=0,$$

$$D_3=\begin{vmatrix}1&1&-1\\8&4&4\\-1&1&1\end{vmatrix}=-24,$$

根据克莱姆法则,可得 $a=1,b=0,c=-2$.于是三次多项式

$$f(x)=x^3-2x.$$

3. 解 (1) 因为该方程组的系数行列式为

$$D=\begin{vmatrix}2 & 0 & 1\\ 3 & 2 & 1\\ 1 & 2 & -1\end{vmatrix}=-4\neq 0,$$

所以方程组只有零解.

(2) 因为该方程组的系数行列式为

$$D=\begin{vmatrix}1 & -1 & 1 & -2\\ 2 & 0 & -1 & 4\\ 3 & 2 & 1 & 0\\ 6 & 1 & 1 & 2\end{vmatrix}=0,$$

所以方程组有非零解.

4. 解 由推论可知,齐次线性方程组有非零解的充要条件是其系数行列式等于零.因为

$$\begin{vmatrix}\lambda+3 & 14 & 2\\ -2 & \lambda-8 & -1\\ -2 & -3 & \lambda-2\end{vmatrix}\xlongequal[-2③+①]{}\begin{vmatrix}\lambda-1 & 14 & 2\\ 0 & \lambda-8 & -1\\ 2-2\lambda & -3 & \lambda-2\end{vmatrix}$$

$$\xlongequal{2①+③}\begin{vmatrix}\lambda-1 & 14 & 2\\ 0 & \lambda-8 & -1\\ 0 & 25 & \lambda+2\end{vmatrix}$$

$$=(\lambda-1)\begin{vmatrix}\lambda-8 & -1\\ 25 & \lambda+2\end{vmatrix}$$

$$=(\lambda-1)(\lambda-3)^2=0,$$

所以当 $\lambda=1$ 或 $\lambda=3$ 时,方程组有非零解.

习 题 2.1

1. 答案是: $\boldsymbol{A},\boldsymbol{B}$ 为同阶方阵.

分析 设 $\boldsymbol{A}=(a_{ij})_{m\times n}$, $\boldsymbol{B}=(b)_{k\times l}$.

若要满足可相加,要求 $\boldsymbol{A}$ 的行、列数与 $\boldsymbol{B}$ 的行、列数分别相同,即

$$m=k,\quad n=l;$$

若要满足可相乘,要求 $\boldsymbol{A}$ 的列数与 $\boldsymbol{B}$ 的行数相同,即 $n=k$.

因此,两矩阵 $\boldsymbol{A}$ 与 $\boldsymbol{B}$ 既可相加又可相乘的充要条件是 $m=k=n=l$,即 $\boldsymbol{A},\boldsymbol{B}$ 为同阶方阵.

2. 答案是: $s\times s$; $n\times n$.

分析 由于$\boldsymbol{C}=(c_{ij})_{s\times n}$,并且$\boldsymbol{AC}=\boldsymbol{CB}$.

(1) 根据矩阵相等条件,为满足$\boldsymbol{AC}=\boldsymbol{CB}$,要求$\boldsymbol{A}$的行数等于$\boldsymbol{C}$的行数$s$,$\boldsymbol{B}$的列数等于$\boldsymbol{C}$的列数$n$;

(2) 根据矩阵乘法运算条件,为满足$\boldsymbol{AC}$有意义,要求$\boldsymbol{A}$的列数等于$\boldsymbol{C}$的行数s,于是$\boldsymbol{A}=(a_{ij})_{s\times s}$;

(3) 根据矩阵乘法运算条件,为满足$\boldsymbol{CB}$有意义,要求$\boldsymbol{B}$的行数等于$\boldsymbol{C}$的列数n,于是$\boldsymbol{B}=(b_{ij})_{n\times n}$.

3. 答案是:对角矩阵.

分析 由于$\boldsymbol{A}$是上三角形矩阵,又是下三角形矩阵,因此

$$a_{ij}=0 \quad (\text{任意的 } i\neq j \text{ 成立}).$$

可见它是一个对角阵.

4. 解 由已知有

$$x\boldsymbol{A}+y\boldsymbol{B}-z\boldsymbol{C}=x\begin{bmatrix}5&3\\0&1\end{bmatrix}+y\begin{bmatrix}1&0\\3&3\end{bmatrix}-z\begin{bmatrix}1&1\\-1&-1\end{bmatrix}$$

$$=\begin{bmatrix}5x+y-z&3x-z\\3y+z&x+3y+z\end{bmatrix}=\begin{bmatrix}1&0\\0&1\end{bmatrix},$$

于是

$$\begin{cases}5x+y-z=1,\\3x-z=0,\\3y+z=0,\\x+3y+z=1,\end{cases}$$

即
$$\begin{cases}x=-y,\\5x+y-z=1,\\x+3y+z=1.\end{cases}$$

解之得$x=1,y=-1,z=3$.

5. 解 (1) $\boldsymbol{AB}=(1,2,3)\begin{bmatrix}2\\0\\1\end{bmatrix}=(5)$,

$$\boldsymbol{BA}=\begin{bmatrix}2\\0\\1\end{bmatrix}(1,2,3)=\begin{bmatrix}2&4&6\\0&0&0\\1&2&3\end{bmatrix},$$

可见$\boldsymbol{AB}\neq\boldsymbol{BA}$.

(2) $\boldsymbol{A}^{\mathrm{T}}\boldsymbol{B}^{\mathrm{T}}=\begin{bmatrix}1\\2\\3\end{bmatrix}(2,0,1)=\begin{bmatrix}2&0&1\\4&0&2\\6&0&3\end{bmatrix}$,

$$(\boldsymbol{AB})^{\mathrm{T}}=\boldsymbol{B}^{\mathrm{T}}\boldsymbol{A}^{\mathrm{T}}=(2,0,1)\begin{bmatrix}1\\2\\3\end{bmatrix}=(5),$$

可见

$$(\boldsymbol{AB})^{\mathrm{T}}=\boldsymbol{B}^{\mathrm{T}}\boldsymbol{A}^{\mathrm{T}}\neq\boldsymbol{A}^{\mathrm{T}}\boldsymbol{B}^{\mathrm{T}}.$$

6. 解 由 $\boldsymbol{AX}+\boldsymbol{I}=\boldsymbol{A}^2+\boldsymbol{X}$ 有

$$(\boldsymbol{A}-\boldsymbol{I})\boldsymbol{X}=\boldsymbol{A}^2-\boldsymbol{I},$$

而

$$\boldsymbol{A}-\boldsymbol{I}=\begin{bmatrix}1&0&1\\0&2&0\\1&0&1\end{bmatrix}-\begin{bmatrix}1&0&0\\0&1&0\\0&0&1\end{bmatrix}=\begin{bmatrix}0&0&1\\0&1&0\\1&0&0\end{bmatrix},$$

$$\boldsymbol{A}^2-\boldsymbol{I}=\begin{bmatrix}1&0&1\\0&2&0\\1&0&1\end{bmatrix}\begin{bmatrix}1&0&1\\0&2&0\\1&0&1\end{bmatrix}-\begin{bmatrix}1&0&0\\0&1&0\\0&0&1\end{bmatrix}$$

$$=\begin{bmatrix}2&0&2\\0&4&0\\2&0&2\end{bmatrix}-\begin{bmatrix}1&0&0\\0&1&0\\0&0&1\end{bmatrix}=\begin{bmatrix}1&0&2\\0&3&0\\2&0&1\end{bmatrix},$$

故若设 $\boldsymbol{X}=\begin{bmatrix}x_{11}&x_{12}&x_{13}\\x_{21}&x_{22}&x_{23}\\x_{31}&x_{32}&x_{33}\end{bmatrix}$,则有

$$\begin{bmatrix}0&0&1\\0&1&0\\1&0&0\end{bmatrix}\begin{bmatrix}x_{11}&x_{12}&x_{13}\\x_{21}&x_{22}&x_{23}\\x_{31}&x_{32}&x_{33}\end{bmatrix}=\begin{bmatrix}1&0&2\\0&3&0\\2&0&1\end{bmatrix},$$

即

$$\begin{bmatrix}x_{31}&x_{32}&x_{33}\\x_{21}&x_{22}&x_{23}\\x_{11}&x_{12}&x_{13}\end{bmatrix}=\begin{bmatrix}1&0&2\\0&3&0\\2&0&1\end{bmatrix},$$

于是有

$$x_{11}=2,\quad x_{12}=0,\quad x_{13}=1,$$
$$x_{21}=0,\quad x_{22}=3,\quad x_{23}=0,$$
$$x_{31}=1,\quad x_{32}=0,\quad x_{33}=2,$$

所以可得 $\boldsymbol{X}=\begin{bmatrix}2&0&1\\0&3&0\\1&0&2\end{bmatrix}$.

7. 解 由题设知

$$(x+1,2y,z-1)\begin{bmatrix}1 & 0 & 3\\1 & 1 & 2\\0 & 1 & 1\end{bmatrix}$$

$$=(x+1+2y,2y+z-1,3x+3+4y+z-1)$$

$$=(0,-1,2),$$

于是根据矩阵相等的定义有

$$\begin{cases}x+2y\quad +1=0,\\ \quad 2y+z-1=-1,\\ 3x+4y+z+2=2,\end{cases}$$

即

$$\begin{cases}x+2y\quad =-1,\\ \quad 2y+z=0,\\ 3x+4y+z=0.\end{cases}$$

解之得 $x=\frac{1}{2}$, $y=-\frac{3}{4}$, $z=\frac{3}{2}$.

8. 证 $\boldsymbol{A}^2=\begin{bmatrix}1 & 2\\1 & 0\end{bmatrix}\begin{bmatrix}1 & 2\\1 & 0\end{bmatrix}=\begin{bmatrix}3 & 2\\1 & 2\end{bmatrix}$,

$$\boldsymbol{AB}=\begin{bmatrix}1 & 2\\1 & 0\end{bmatrix}\begin{bmatrix}3 & 1\\0 & 2\end{bmatrix}=\begin{bmatrix}3 & 5\\3 & 1\end{bmatrix},$$

$$\boldsymbol{A}^2-\boldsymbol{AB}+\boldsymbol{C}=\begin{bmatrix}3 & 2\\1 & 2\end{bmatrix}-\begin{bmatrix}3 & 5\\3 & 1\end{bmatrix}+\begin{bmatrix}1 & 3\\2 & 0\end{bmatrix}=\begin{bmatrix}1 & 0\\0 & 1\end{bmatrix}=\boldsymbol{I}.$$

9. 证 $\boldsymbol{A}^{\mathrm{T}}\boldsymbol{B}^{\mathrm{T}}=(\boldsymbol{BA})^{\mathrm{T}}=(\boldsymbol{AB})^{\mathrm{T}}=\boldsymbol{B}^{\mathrm{T}}\boldsymbol{A}^{\mathrm{T}}$,即 $\boldsymbol{A}^{\mathrm{T}}$ 与 $\boldsymbol{B}^{\mathrm{T}}$ 可交换.

习 题 2.2

1. 解 设

$$\boldsymbol{A}_1=\begin{bmatrix}2 & 0\\0 & 2\end{bmatrix}=2\boldsymbol{I}_2,\quad \boldsymbol{A}_2=\begin{bmatrix}1 & 3\\2 & 4\end{bmatrix},$$

$$\boldsymbol{A}_3=\begin{bmatrix}0 & 0\\0 & 0\end{bmatrix}=\boldsymbol{O},\quad \boldsymbol{A}_4=\begin{bmatrix}-1 & 0\\0 & -1\end{bmatrix}=-\boldsymbol{I}_2,$$

$$\boldsymbol{B}_1=\begin{bmatrix}1 & 2\\2 & 0\end{bmatrix},\quad \boldsymbol{B}_2=\begin{bmatrix}0 & 0\\0 & 0\end{bmatrix}=\boldsymbol{O},$$

$$\boldsymbol{B}_3=\begin{bmatrix}6 & 3\\0 & -2\end{bmatrix},\quad \boldsymbol{B}_4=\begin{bmatrix}1 & 0\\0 & 1\end{bmatrix}=\boldsymbol{I}_2,$$

则

$$\boldsymbol{A}=\begin{bmatrix}\boldsymbol{A}_1 & \boldsymbol{A}_2\\\boldsymbol{A}_3 & \boldsymbol{A}_4\end{bmatrix}=\begin{bmatrix}2\boldsymbol{I}_2 & \boldsymbol{A}_2\\\boldsymbol{O} & -\boldsymbol{I}_2\end{bmatrix},$$

$$\boldsymbol{B}=\begin{bmatrix}\boldsymbol{B}_1 & \boldsymbol{B}_2\\\boldsymbol{B}_3 & \boldsymbol{B}_4\end{bmatrix}=\begin{bmatrix}\boldsymbol{B}_1 & \boldsymbol{O}\\\boldsymbol{B}_3 & \boldsymbol{I}_2\end{bmatrix},$$

因此

$$\boldsymbol{A}+\boldsymbol{B}=\begin{bmatrix}2\boldsymbol{I}_2 & \boldsymbol{A}_2\\ \boldsymbol{O} & -\boldsymbol{I}_2\end{bmatrix}+\begin{bmatrix}\boldsymbol{B}_1 & \boldsymbol{O}\\ \boldsymbol{B}_3 & \boldsymbol{I}_2\end{bmatrix}$$

$$=\begin{bmatrix}2\boldsymbol{I}_2+\boldsymbol{B}_1 & \boldsymbol{A}_2+\boldsymbol{O}\\ \boldsymbol{O}+\boldsymbol{B}_3 & -\boldsymbol{I}_2+\boldsymbol{I}_2\end{bmatrix}=\begin{bmatrix}2\boldsymbol{I}_2+\boldsymbol{B}_1 & \boldsymbol{A}_2\\ \boldsymbol{B}_3 & \boldsymbol{O}\end{bmatrix}.$$

考虑到

$$2\boldsymbol{I}_2+\boldsymbol{B}_1=\begin{bmatrix}2 & 0\\ 0 & 2\end{bmatrix}+\begin{bmatrix}1 & 2\\ 2 & 0\end{bmatrix}=\begin{bmatrix}3 & 2\\ 2 & 2\end{bmatrix},$$

所以

$$\boldsymbol{A}+\boldsymbol{B}=\left[\begin{array}{cc:cc}3 & 2 & 1 & 3\\ 2 & 2 & 2 & 4\\ \hdashline 6 & 3 & 0 & 0\\ 0 & -2 & 0 & 0\end{array}\right],$$

$$6\boldsymbol{A}=\begin{bmatrix}6\boldsymbol{A}_1 & 6\boldsymbol{A}_2\\ 6\boldsymbol{A}_3 & 6\boldsymbol{A}_4\end{bmatrix}=\begin{bmatrix}12\boldsymbol{I}_2 & 6\boldsymbol{A}_2\\ \boldsymbol{O} & -6\boldsymbol{I}_2\end{bmatrix}$$

$$=\left[\begin{array}{cc:cc}1 & 0 & 6 & 18\\ 0 & 12 & 12 & 24\\ \hdashline 0 & 0 & -6 & 0\\ 0 & 0 & 0 & -6\end{array}\right].$$

2. 解 设

$$\boldsymbol{A}_1=\begin{bmatrix}1 & -1\\ 0 & 1\end{bmatrix},\quad \boldsymbol{A}_2=\begin{bmatrix}-2 & 4\\ 2 & -3\end{bmatrix},$$

$$\boldsymbol{A}_3=(0,0)=\boldsymbol{O},\quad \boldsymbol{A}_4=(5,3),$$

则

$$\boldsymbol{A}=\begin{bmatrix}\boldsymbol{A}_1 & \boldsymbol{A}_2\\ \boldsymbol{A}_3 & \boldsymbol{A}_4\end{bmatrix}=\begin{bmatrix}\boldsymbol{A}_1 & \boldsymbol{A}_2\\ \boldsymbol{O} & \boldsymbol{A}_4\end{bmatrix},$$

因此

$$\boldsymbol{A}^{\mathrm{T}}=\begin{bmatrix}\boldsymbol{A}_1^{\mathrm{T}} & \boldsymbol{O}^{\mathrm{T}}\\ \boldsymbol{A}_2^{\mathrm{T}} & \boldsymbol{A}_4^{\mathrm{T}}\end{bmatrix}=\left[\begin{array}{cc:c}1 & 0 & 0\\ -1 & 1 & 0\\ \hdashline -2 & 2 & 5\\ 4 & -3 & 3\end{array}\right].$$

3. 解 (1) 设

$$\boldsymbol{A}_1=\begin{bmatrix}1 & 2\\ 3 & 4\end{bmatrix},\quad \boldsymbol{A}_2=\begin{bmatrix}1 & 0\\ 0 & 1\end{bmatrix}=\boldsymbol{I}_2,$$

$$\boldsymbol{A}_3=\begin{bmatrix}0 & 0\\ 0 & 0\end{bmatrix}=\boldsymbol{O},\quad \boldsymbol{A}_4=\begin{bmatrix}5 & 6\\ 7 & 8\end{bmatrix},$$

$$\boldsymbol{B}_1=\begin{bmatrix}4&1\\0&0\end{bmatrix},\quad \boldsymbol{B}_2=\begin{bmatrix}0&0\\0&0\end{bmatrix}=\boldsymbol{O},$$

则

$$\boldsymbol{A}=\begin{bmatrix}\boldsymbol{A}_1&\boldsymbol{A}_2\\\boldsymbol{A}_3&\boldsymbol{A}_4\end{bmatrix}=\begin{bmatrix}\boldsymbol{A}_1&\boldsymbol{I}_2\\\boldsymbol{O}&\boldsymbol{A}_4\end{bmatrix},\quad \boldsymbol{B}=\begin{bmatrix}\boldsymbol{B}_1\\\boldsymbol{B}_2\end{bmatrix}=\begin{bmatrix}\boldsymbol{B}_1\\\boldsymbol{O}\end{bmatrix},$$

因此

$$\boldsymbol{AB}=\begin{bmatrix}\boldsymbol{A}_1&\boldsymbol{I}_2\\\boldsymbol{O}&\boldsymbol{A}_4\end{bmatrix}\begin{bmatrix}\boldsymbol{B}_1\\\boldsymbol{O}\end{bmatrix}=\begin{bmatrix}\boldsymbol{A}_1\boldsymbol{B}_1\\\boldsymbol{O}\end{bmatrix}.$$

由于

$$\boldsymbol{A}_1\boldsymbol{B}_1=\begin{bmatrix}1&2\\3&4\end{bmatrix}\begin{bmatrix}4&1\\0&0\end{bmatrix}=\begin{bmatrix}4&1\\12&3\end{bmatrix},$$

所以

$$\boldsymbol{AB}=\begin{bmatrix}4&1\\12&3\\\hdashline 0&0\\0&0\end{bmatrix}.$$

(2) 设

$$\boldsymbol{A}_1=\begin{bmatrix}1&2\\3&4\end{bmatrix},\quad \boldsymbol{A}_2=\begin{bmatrix}1&3&2\\2&1&3\\3&2&1\end{bmatrix},\quad \boldsymbol{B}_1=\begin{bmatrix}1\\0\end{bmatrix},\quad \boldsymbol{B}_2=\begin{bmatrix}0&1\\1&0\\1&1\end{bmatrix},$$

$$\boldsymbol{O}_{2\times3}=\begin{bmatrix}0&0&0\\0&0&0\end{bmatrix},\quad \boldsymbol{O}_{3\times2}=\begin{bmatrix}0&0\\0&0\\0&0\end{bmatrix},$$

$$\boldsymbol{O}_{3\times1}=\begin{bmatrix}0\\0\\0\end{bmatrix},\quad -\boldsymbol{I}_2=\begin{bmatrix}-1&0\\0&-1\end{bmatrix},$$

则

$$\boldsymbol{A}=\begin{bmatrix}\boldsymbol{A}_1&\boldsymbol{O}_{2\times3}\\\boldsymbol{O}_{3\times2}&\boldsymbol{A}_2\end{bmatrix},\quad \boldsymbol{B}=\begin{bmatrix}\boldsymbol{B}_1&-\boldsymbol{I}_2\\\boldsymbol{O}_{3\times1}&\boldsymbol{B}_2\end{bmatrix}.$$

由于

$$\boldsymbol{AB}=\begin{bmatrix}\boldsymbol{A}_1&\boldsymbol{O}_{2\times3}\\\boldsymbol{O}_{3\times2}&\boldsymbol{A}_2\end{bmatrix}\begin{bmatrix}\boldsymbol{B}_1&-\boldsymbol{I}_2\\\boldsymbol{O}_{3\times1}&\boldsymbol{B}_2\end{bmatrix}=\begin{bmatrix}\boldsymbol{A}_1\boldsymbol{B}_1&-\boldsymbol{A}_1\\\boldsymbol{O}_{3\times1}&\boldsymbol{A}_2\boldsymbol{B}_2\end{bmatrix},$$

考虑到

$$\boldsymbol{A}_1\boldsymbol{B}_1=\begin{bmatrix}1&2\\3&4\end{bmatrix}\begin{bmatrix}1\\0\end{bmatrix}=\begin{bmatrix}1\\3\end{bmatrix},$$

$$\boldsymbol{A}_2\boldsymbol{B}_2=\begin{bmatrix}1&3&2\\2&1&3\\3&2&1\end{bmatrix}\begin{bmatrix}0&1\\1&0\\1&1\end{bmatrix}=\begin{bmatrix}5&3\\4&5\\3&4\end{bmatrix},$$

因此

$$\boldsymbol{AB}=\left[\begin{array}{c:cc}1 & -1 & -2\\ 3 & -3 & -4\\ \hdashline 0 & 5 & 3\\ 0 & 4 & 5\\ 0 & 3 & 4\end{array}\right].$$

4. 解 $2\boldsymbol{A}-\boldsymbol{B}^{\mathrm{T}}=\begin{bmatrix}2\boldsymbol{E} & 2\boldsymbol{A}_{12}\\ 2\boldsymbol{A}_{21} & \boldsymbol{O}\end{bmatrix}-\begin{bmatrix}\boldsymbol{B}_{11}^{\mathrm{T}} & \boldsymbol{B}_{21}^{\mathrm{T}}\\ 2\boldsymbol{E} & \boldsymbol{O}^{\mathrm{T}}\end{bmatrix}$

$$=\begin{bmatrix}2\boldsymbol{E}-\boldsymbol{B}_{11}^{\mathrm{T}} & 2\boldsymbol{A}_{12}-\boldsymbol{B}_{21}^{\mathrm{T}}\\ 2\boldsymbol{A}_{21}-2\boldsymbol{E} & \boldsymbol{O}-\boldsymbol{O}^{\mathrm{T}}\end{bmatrix},$$

而

$$2\boldsymbol{E}-\boldsymbol{B}_{11}^{\mathrm{T}}=\begin{bmatrix}2 & 0\\ 0 & 2\end{bmatrix}-\begin{bmatrix}2 & -1\\ -1 & 2\end{bmatrix}=\begin{bmatrix}0 & 1\\ 1 & 0\end{bmatrix},$$

$$2\boldsymbol{A}_{12}-\boldsymbol{B}_{21}^{\mathrm{T}}=\begin{bmatrix}6\\ -2\end{bmatrix}-\begin{bmatrix}4\\ -2\end{bmatrix}=\begin{bmatrix}2\\ 0\end{bmatrix},$$

$$2\boldsymbol{A}_{21}-2\boldsymbol{E}=\begin{bmatrix}4 & -2\\ 6 & 4\end{bmatrix}-\begin{bmatrix}2 & 0\\ 0 & 2\end{bmatrix}=\begin{bmatrix}2 & -2\\ 6 & 2\end{bmatrix},$$

$$\boldsymbol{O}-\boldsymbol{O}^{\mathrm{T}}=\begin{bmatrix}0\\ 0\end{bmatrix}-\begin{bmatrix}0\\ 0\end{bmatrix}=\begin{bmatrix}0\\ 0\end{bmatrix},$$

所以

$$2\boldsymbol{A}-\boldsymbol{B}^{\mathrm{T}}=\left[\begin{array}{cc:c}0 & 1 & 2\\ 1 & 0 & 0\\ \hdashline 2 & -2 & 0\\ 6 & 2 & 0\end{array}\right].$$

因为 $\boldsymbol{B}^{\mathrm{T}}\boldsymbol{A}^{\mathrm{T}}=(\boldsymbol{AB})^{\mathrm{T}}$，而

$$\boldsymbol{AB}=\begin{bmatrix}\boldsymbol{E} & \boldsymbol{A}_{12}\\ \boldsymbol{A}_{21} & \boldsymbol{O}\end{bmatrix}\begin{bmatrix}\boldsymbol{B}_{11} & 2\boldsymbol{E}\\ \boldsymbol{B}_{21} & \boldsymbol{O}\end{bmatrix}=\begin{bmatrix}\boldsymbol{B}_{11}+\boldsymbol{A}_{12}\boldsymbol{B}_{21} & 2\boldsymbol{E}\\ \boldsymbol{A}_{21}\boldsymbol{B}_{11} & 2\boldsymbol{A}_{21}\end{bmatrix},$$

又

$$\boldsymbol{B}_{11}+\boldsymbol{A}_{12}\boldsymbol{B}_{21}=\begin{bmatrix}2 & -1\\ -1 & 2\end{bmatrix}+\begin{bmatrix}3\\ -1\end{bmatrix}(4,-2)$$

$$=\begin{bmatrix}14 & -7\\ -5 & 4\end{bmatrix},$$

$$\boldsymbol{A}_{21}\boldsymbol{B}_{11}=\begin{bmatrix}2 & -1\\ 3 & 2\end{bmatrix}\begin{bmatrix}2 & -1\\ -1 & 2\end{bmatrix}=\begin{bmatrix}5 & -4\\ 4 & 1\end{bmatrix},$$

因此 $$AB=\left[\begin{array}{cc:cc}14&-7&2&0\\-5&4&0&2\\ \hdashline 5&-4&4&-2\\4&1&6&4\end{array}\right].$$

于是 $$B^{\mathrm{T}}A^{\mathrm{T}}=(AB)^{\mathrm{T}}=\left[\begin{array}{cc:cc}14&-5&5&4\\-7&4&-4&1\\ \hdashline 2&0&4&6\\0&2&-2&4\end{array}\right].$$

5. 解 设

$$A_1=\begin{bmatrix}1&0\\0&1\end{bmatrix}=I_2,\quad A_2=\begin{bmatrix}0&0\\0&0\end{bmatrix}=O,$$

$$A_3=\begin{bmatrix}-1&2\\1&1\end{bmatrix},\quad A_4=\begin{bmatrix}1&0\\0&1\end{bmatrix}=I_2,$$

$$B_1=\begin{bmatrix}1&0\\-1&2\end{bmatrix},\quad B_2=\begin{bmatrix}3&2\\1&0\end{bmatrix},$$

$$B_3=\begin{bmatrix}1&0\\-1&-1\end{bmatrix},\quad B_4=\begin{bmatrix}4&1\\2&0\end{bmatrix},$$

$$C_1=\begin{bmatrix}2&0\\1&2\end{bmatrix},\quad C_2=\begin{bmatrix}0&0\\0&0\end{bmatrix}=O,$$

$$C_3=\begin{bmatrix}0&0\\0&0\end{bmatrix}=O,\quad C_4=\begin{bmatrix}3&1\\0&3\end{bmatrix},$$

则

$$A=\begin{bmatrix}A_1&A_2\\A_3&A_4\end{bmatrix}=\begin{bmatrix}I_2&O\\A_3&I_2\end{bmatrix},$$

$$B=\begin{bmatrix}B_1&B_2\\B_3&B_4\end{bmatrix},\quad C=\begin{bmatrix}C_1&O\\O&C_4\end{bmatrix}.$$

于是

$$AB=\begin{bmatrix}I_2&O\\A_3&I_2\end{bmatrix}\begin{bmatrix}B_1&B_2\\B_3&B_4\end{bmatrix}=\begin{bmatrix}B_1&B_2\\A_3B_1+B_3&A_3B_2+B_4\end{bmatrix},$$

$$C^2=\begin{bmatrix}C_1&O\\O&C_4\end{bmatrix}^2=\begin{bmatrix}C_1&O\\O&C_4\end{bmatrix}\begin{bmatrix}C_1&O\\O&C_4\end{bmatrix}=\begin{bmatrix}C_1^2&O\\O&C_4^2\end{bmatrix},$$

$$A^{\mathrm{T}}=\begin{bmatrix}A_1^{\mathrm{T}}&A_3^{\mathrm{T}}\\A_2^{\mathrm{T}}&A_4^{\mathrm{T}}\end{bmatrix},\quad B^{\mathrm{T}}=\begin{bmatrix}B_1^{\mathrm{T}}&B_3^{\mathrm{T}}\\B_2^{\mathrm{T}}&B_4^{\mathrm{T}}\end{bmatrix},$$

$$\boldsymbol{B}^{\mathrm{T}}\boldsymbol{C}=\begin{bmatrix}\boldsymbol{B}_1^{\mathrm{T}} & \boldsymbol{B}_3^{\mathrm{T}}\\ \boldsymbol{B}_2^{\mathrm{T}} & \boldsymbol{B}_4^{\mathrm{T}}\end{bmatrix}\begin{bmatrix}\boldsymbol{C}_1 & \boldsymbol{O}\\ \boldsymbol{O} & \boldsymbol{C}_4\end{bmatrix}=\begin{bmatrix}\boldsymbol{B}_1^{\mathrm{T}}\boldsymbol{C}_1 & \boldsymbol{B}_3^{\mathrm{T}}\boldsymbol{C}_4\\ \boldsymbol{B}_2^{\mathrm{T}}\boldsymbol{C}_1 & \boldsymbol{B}_4^{\mathrm{T}}\boldsymbol{C}_4\end{bmatrix}.$$

由于

$$\boldsymbol{A}_3\boldsymbol{B}_1+\boldsymbol{B}_3=\begin{bmatrix}-1 & 2\\ 1 & 1\end{bmatrix}\begin{bmatrix}1 & 0\\ -1 & 2\end{bmatrix}+\begin{bmatrix}1 & 0\\ -1 & -1\end{bmatrix}=\begin{bmatrix}-2 & 4\\ -1 & 1\end{bmatrix},$$

$$\boldsymbol{A}_3\boldsymbol{B}_2+\boldsymbol{B}_4=\begin{bmatrix}-1 & 2\\ 1 & 1\end{bmatrix}\begin{bmatrix}3 & 2\\ 1 & 0\end{bmatrix}+\begin{bmatrix}4 & 1\\ 2 & 0\end{bmatrix}=\begin{bmatrix}3 & -1\\ 6 & 2\end{bmatrix},$$

$$\boldsymbol{C}_1^2=\begin{bmatrix}2 & 0\\ 1 & 2\end{bmatrix}\begin{bmatrix}2 & 0\\ 1 & 2\end{bmatrix}=\begin{bmatrix}4 & 0\\ 4 & 4\end{bmatrix},$$

$$\boldsymbol{C}_4^2=\begin{bmatrix}3 & 1\\ 0 & 3\end{bmatrix}\begin{bmatrix}3 & 1\\ 0 & 3\end{bmatrix}=\begin{bmatrix}9 & 6\\ 0 & 9\end{bmatrix},$$

$$\boldsymbol{A}_1^{\mathrm{T}}=\boldsymbol{I}_2,\quad \boldsymbol{A}_2^{\mathrm{T}}=\boldsymbol{O},\quad \boldsymbol{A}_3^{\mathrm{T}}=\begin{bmatrix}-1 & 1\\ 2 & 1\end{bmatrix},\quad \boldsymbol{A}_4^{\mathrm{T}}=\boldsymbol{I}_2,$$

$$\boldsymbol{B}_1^{\mathrm{T}}=\begin{bmatrix}1 & -1\\ 0 & 2\end{bmatrix},\quad \boldsymbol{B}_2^{\mathrm{T}}=\begin{bmatrix}3 & 1\\ 2 & 0\end{bmatrix},$$

$$\boldsymbol{B}_3^{\mathrm{T}}=\begin{bmatrix}1 & -1\\ 0 & -1\end{bmatrix},\quad \boldsymbol{B}_4^{\mathrm{T}}=\begin{bmatrix}4 & 2\\ 1 & 0\end{bmatrix},$$

$$\boldsymbol{B}_1^{\mathrm{T}}\boldsymbol{C}_1=\begin{bmatrix}1 & -1\\ 0 & 2\end{bmatrix}\begin{bmatrix}2 & 0\\ 1 & 2\end{bmatrix}=\begin{bmatrix}1 & -2\\ 2 & 4\end{bmatrix},$$

$$\boldsymbol{B}_2^{\mathrm{T}}\boldsymbol{C}_1=\begin{bmatrix}3 & 1\\ 2 & 0\end{bmatrix}\begin{bmatrix}2 & 0\\ 1 & 2\end{bmatrix}=\begin{bmatrix}7 & 2\\ 4 & 0\end{bmatrix},$$

$$\boldsymbol{B}_3^{\mathrm{T}}\boldsymbol{C}_4=\begin{bmatrix}1 & -1\\ 0 & -1\end{bmatrix}\begin{bmatrix}3 & 1\\ 0 & 3\end{bmatrix}=\begin{bmatrix}3 & -2\\ 0 & -3\end{bmatrix},$$

$$\boldsymbol{B}_4^{\mathrm{T}}\boldsymbol{C}_4=\begin{bmatrix}4 & 2\\ 1 & 0\end{bmatrix}\begin{bmatrix}3 & 1\\ 0 & 3\end{bmatrix}=\begin{bmatrix}12 & 10\\ 3 & 1\end{bmatrix},$$

所以

$$\boldsymbol{AB}=\left[\begin{array}{cc:cc}1 & 0 & 3 & 2\\ -1 & 2 & 0 & 1\\ \hdashline -2 & 4 & 3 & -1\\ -1 & 1 & 6 & 2\end{array}\right],$$

$$\boldsymbol{C}^2=\left[\begin{array}{cc:cc}4 & 0 & 0 & 0\\ 4 & 4 & 0 & 0\\ \hdashline 0 & 0 & 9 & 6\\ 0 & 0 & 0 & 9\end{array}\right],$$

$$
\boldsymbol{A}^{\mathrm{T}}=\left[\begin{array}{cc:cc}1 & 0 & -1 & 1 \\ 0 & 1 & 2 & 1 \\ \hdashline 0 & 0 & 1 & 0 \\ 0 & 0 & 0 & 1\end{array}\right],
$$

$$
\boldsymbol{B}^{\mathrm{T}}\boldsymbol{C}=\left[\begin{array}{cc:cc}1 & -2 & 3 & -2 \\ 2 & 4 & 0 & -3 \\ \hdashline 7 & 2 & 12 & 10 \\ 4 & 0 & 3 & 1\end{array}\right].
$$

6. 解 $\boldsymbol{A}$ 为三阶矩阵，那么 $\boldsymbol{A}_1,\boldsymbol{A}_2,\boldsymbol{A}_3$ 为列向量，即分别为 $\boldsymbol{A}$ 的第一、第二、第三列.

根据行列式的性质，有

$$
\begin{aligned}
|\boldsymbol{A}_2-2\boldsymbol{A}_3,\boldsymbol{A}_2-3\boldsymbol{A}_1,\boldsymbol{A}_1| &= -|\boldsymbol{A}_1,\boldsymbol{A}_2-3\boldsymbol{A}_1,\boldsymbol{A}_2-2\boldsymbol{A}_3| \\
&= -|\boldsymbol{A}_1,\boldsymbol{A}_2,\boldsymbol{A}_2-2\boldsymbol{A}_3| = -|\boldsymbol{A}_1,\boldsymbol{A}_2,-2\boldsymbol{A}_3| \\
&= -(-2)|\boldsymbol{A}| = -2.
\end{aligned}
$$

习 题 2.3

1. 答案是：充分必要.

分析 由

$$
\boldsymbol{A}\boldsymbol{A}^{*}=\det\boldsymbol{A}\cdot\boldsymbol{I} \tag{1}
$$

两边取行列式得

$$
\det\boldsymbol{A}\det\boldsymbol{A}^{*}=\det\boldsymbol{A}^{n}. \tag{2}
$$

必要性 若 $\det\boldsymbol{A}^{*}=0$，则 $\det\boldsymbol{A}=0$；否则，若 $\det\boldsymbol{A}\neq 0$，则由(2)式知

$$
\det\boldsymbol{A}^{*}=\det\boldsymbol{A}^{n-1}\neq 0,
$$

矛盾. 所以 $\det\boldsymbol{A}=0$.

充分性 若 $\det\boldsymbol{A}=0$，则 $\det\boldsymbol{A}^{*}=0$；否则，若 $\det\boldsymbol{A}^{*}\neq 0$，则 $\boldsymbol{A}^{*}$ 可逆. (1)式两边右乘以 $(\boldsymbol{A}^{*})^{-1}$，得

$$
\boldsymbol{A}=\det\boldsymbol{A}\cdot\boldsymbol{I}(\boldsymbol{A}^{*})^{-1}=0(\boldsymbol{A}^{*})^{-1}=\boldsymbol{O}_{n\times n},
$$

而为零矩阵的 $\boldsymbol{A}$ 的伴随矩阵仍是零矩阵，所以 $\boldsymbol{A}^{*}=\boldsymbol{O}$. 于是 $\det\boldsymbol{A}^{*}=0$，与假设 $\det\boldsymbol{A}^{*}\neq 0$ 矛盾.

故 $\det\boldsymbol{A}=0$ 是 $\det\boldsymbol{A}^{*}=0$ 的充分必要条件.

2. 答案是：

$$
\boldsymbol{A}^{-1}=\begin{bmatrix}0 & 1 & 0 & 0 \\ 1 & 0 & 0 & 0 \\ 0 & 0 & 2 & -1 \\ 0 & 0 & -1 & 1\end{bmatrix}.
$$

分析 将矩阵 $\boldsymbol{A}$ 分成 4 块,得

$$\boldsymbol{A}=\left[\begin{array}{cc:cc}0&1&0&0\\1&0&0&0\\ \hdashline 0&0&1&1\\0&0&1&2\end{array}\right]=\begin{bmatrix}\boldsymbol{A}_1&\boldsymbol{O}\\\boldsymbol{O}&\boldsymbol{A}_2\end{bmatrix}.$$

由于

$$\boldsymbol{A}_1^{-1}=\boldsymbol{A}_1=\begin{bmatrix}0&1\\1&0\end{bmatrix},\quad \boldsymbol{A}_2^{-1}=\begin{bmatrix}2&-1\\-1&1\end{bmatrix},$$

因此

$$\boldsymbol{A}^{-1}=\begin{bmatrix}\boldsymbol{A}_1^{-1}&\boldsymbol{O}\\\boldsymbol{O}&\boldsymbol{A}_2^{-1}\end{bmatrix}=\begin{bmatrix}0&1&0&0\\1&0&0&0\\0&0&2&-1\\0&0&-1&1\end{bmatrix}.$$

3. 答案是:$\begin{bmatrix}\boldsymbol{A}^{-1}&\boldsymbol{O}\\\boldsymbol{O}&\boldsymbol{B}^{-1}\end{bmatrix}$.

分析 设 $\boldsymbol{C}$ 的逆矩阵为

$$\boldsymbol{X}=\begin{bmatrix}\boldsymbol{X}_{11}&\boldsymbol{X}_{12}\\\boldsymbol{X}_{21}&\boldsymbol{X}_{22}\end{bmatrix},$$

那么

$$\begin{bmatrix}\boldsymbol{A}&\boldsymbol{O}\\\boldsymbol{O}&\boldsymbol{B}\end{bmatrix}\begin{bmatrix}\boldsymbol{X}_{11}&\boldsymbol{X}_{12}\\\boldsymbol{X}_{21}&\boldsymbol{X}_{22}\end{bmatrix}=\begin{bmatrix}\boldsymbol{I}_n&\boldsymbol{O}\\\boldsymbol{O}&\boldsymbol{I}_m\end{bmatrix},$$

即

$$\begin{bmatrix}\boldsymbol{A}\boldsymbol{X}_{11}&\boldsymbol{A}\boldsymbol{X}_{12}\\\boldsymbol{B}\boldsymbol{X}_{21}&\boldsymbol{B}\boldsymbol{X}_{22}\end{bmatrix}=\begin{bmatrix}\boldsymbol{I}_n&\boldsymbol{O}\\\boldsymbol{O}&\boldsymbol{I}_m\end{bmatrix}.$$

此时对应的矩阵块应相等,即有

$$\boldsymbol{A}\boldsymbol{X}_{11}=\boldsymbol{I}_n,\quad \boldsymbol{A}\boldsymbol{X}_{12}=\boldsymbol{O},$$

$$\boldsymbol{B}\boldsymbol{X}_{21}=\boldsymbol{O},\quad \boldsymbol{B}\boldsymbol{X}_{22}=\boldsymbol{I}_m.$$

由此推出

$$\boldsymbol{X}_{11}=\boldsymbol{A}^{-1},\quad \boldsymbol{X}_{12}=\boldsymbol{O},\quad \boldsymbol{X}_{21}=\boldsymbol{O},\quad \boldsymbol{X}_{22}=\boldsymbol{B}^{-1}.$$

于是

$$\boldsymbol{C}^{-1}=\begin{bmatrix}\boldsymbol{A}^{-1}&\boldsymbol{O}\\\boldsymbol{O}&\boldsymbol{B}^{-1}\end{bmatrix}.$$

4. 答案是:充分必要.

分析 由定理 2.3 及推论可知.

5. 答案是:2.

分析 由于 $\det(\boldsymbol{A}\boldsymbol{A}^{-1})=\det \boldsymbol{I}=1$,并且

$$\det(\boldsymbol{A}\boldsymbol{A}^{-1})=\det \boldsymbol{A}\det \boldsymbol{A}^{-1},$$

因此 $$\det A^{-1}=\frac{1}{\det A}=2.$$

6. 答案是：2^5.

分析 由 $A^*=\det(A)A^{-1}=2A^{-1}$，$\det A^{-1}=\frac{1}{2}$有

$$\det(2A^*)=2^3\det A^*=2^3 2^3\det A^{-1}=2^6\times\frac{1}{2}=2^5.$$

7. 答案是：B^*A^*.

分析 由于$(AB)(AB)^*=\det(AB)I$，而

$$\begin{aligned}(AB)(B^*A^*)&=A(BB^*)A^*=A(\det BI)A^*\\&=\det A\det BI=\det(AB)I,\end{aligned}$$

故有 $$(AB)(AB)^*=(AB)(B^*A^*).$$

用$(AB)^{-1}$左乘上式，得到

$$(AB)^*=B^*A^*.$$

8. 解 由已知条件有 $X=\frac{1}{3}(2A-B)$，即

$$\begin{aligned}X&=\frac{1}{3}\left[2\begin{bmatrix}0&1&5&3\\2&1&0&7\end{bmatrix}-\begin{bmatrix}6&-2&-2&1\\1&0&3&5\end{bmatrix}\right]\\&=\frac{1}{3}\left[\begin{bmatrix}0&2&10&6\\4&2&0&14\end{bmatrix}-\begin{bmatrix}6&-2&-2&1\\1&0&3&5\end{bmatrix}\right]\\&=\frac{1}{3}\begin{bmatrix}-6&4&12&5\\3&2&-3&9\end{bmatrix}\\&=\begin{bmatrix}-2&\frac{4}{3}&4&\frac{5}{3}\\1&\frac{2}{3}&-1&3\end{bmatrix}.\end{aligned}$$

9. 解 (1) $$(1\quad 0\quad 3\quad 5)\begin{bmatrix}2\\-1\\0\\4\end{bmatrix}=(1\times2+0\times(-1)+3\times0+5\times4)=(22).$$

(2) $$\begin{bmatrix}2\\-1\\0\\4\end{bmatrix}(1\quad 0\quad 3\quad 5)=\begin{bmatrix}2\times1&2\times0&2\times3&2\times5\\-1\times1&-1\times0&-1\times3&-1\times5\\0\times1&0\times0&0\times3&0\times5\\4\times1&4\times0&4\times3&4\times5\end{bmatrix}$$

$$=\begin{bmatrix}2 & 0 & 6 & 10\\ -1 & 0 & -3 & -5\\ 0 & 0 & 0 & 0\\ 4 & 0 & 12 & 20\end{bmatrix}.$$

10. 解 考虑到

$$\begin{bmatrix}a & b\\ c & d\end{bmatrix}=\begin{bmatrix}2 & 1\\ b & -c\end{bmatrix}\begin{bmatrix}0 & 1\\ 1 & 0\end{bmatrix}=\begin{bmatrix}1 & 2\\ -c & b\end{bmatrix},$$

于是可得 $a=1,b=2,c=0,d=2$.

11. 证 考虑到

$$\boldsymbol{A}^2=\begin{bmatrix}1 & 2\\ 1 & 0\end{bmatrix}\begin{bmatrix}1 & 2\\ 1 & 0\end{bmatrix}=\begin{bmatrix}3 & 2\\ 1 & 2\end{bmatrix},$$

$$\boldsymbol{AB}=\begin{bmatrix}1 & 2\\ 1 & 0\end{bmatrix}\begin{bmatrix}3 & 1\\ 0 & 2\end{bmatrix}=\begin{bmatrix}3 & 5\\ 3 & 1\end{bmatrix},$$

于是

$$\boldsymbol{A}^2-\boldsymbol{AB}+\boldsymbol{C}=\begin{bmatrix}3 & 2\\ 1 & 2\end{bmatrix}-\begin{bmatrix}3 & 5\\ 3 & 1\end{bmatrix}+\begin{bmatrix}1 & 3\\ 2 & 0\end{bmatrix}$$

$$=\begin{bmatrix}1 & 0\\ 0 & 1\end{bmatrix}=\boldsymbol{I}.$$

12. 解法 1 用伴随矩阵. 由于

$$\det\boldsymbol{A}=\begin{vmatrix}1 & 1 & 1\\ 1 & 2 & 1\\ 1 & 1 & 3\end{vmatrix}=2\neq 0,$$

$$A_{11}=5,\quad A_{12}=-2,\quad A_{13}=-1,$$
$$A_{21}=-2,\quad A_{22}=2,\quad A_{23}=0,$$
$$A_{31}=-1,\quad A_{32}=0,\quad A_{33}=1,$$

因此

$$\boldsymbol{A}^{-1}=\frac{1}{2}\begin{bmatrix}5 & -2 & -1\\ -2 & 2 & 0\\ -1 & 0 & 1\end{bmatrix}=\begin{bmatrix}\frac{5}{2} & -1 & -\frac{1}{2}\\ -1 & 1 & 0\\ -\frac{1}{2} & 0 & \frac{1}{2}\end{bmatrix}.$$

解法 2 用初等行变换. 由于

$$[A \vdots I]=\begin{bmatrix}1&1&1&\vdots&1&0&0\\1&2&1&\vdots&0&1&0\\1&1&3&\vdots&0&0&1\end{bmatrix}$$

$$\xrightarrow[-1①+④]{-1①+②}\begin{bmatrix}1&1&1&\vdots&1&0&0\\0&1&0&\vdots&-1&1&0\\0&0&2&\vdots&-1&0&1\end{bmatrix}$$

$$\xrightarrow[\frac{1}{2}③]{-1②+①}\begin{bmatrix}1&0&1&\vdots&2&-1&0\\0&1&0&\vdots&-1&1&0\\0&0&1&\vdots&-\frac{1}{2}&0&\frac{1}{2}\end{bmatrix}$$

$$\xrightarrow{-1③+①}\begin{bmatrix}1&0&0&\vdots&\frac{5}{2}&-1&-\frac{1}{2}\\0&1&0&\vdots&-1&1&0\\0&0&1&\vdots&-\frac{1}{2}&0&\frac{1}{2}\end{bmatrix},$$

于是得出

$$A^{-1}=\begin{bmatrix}\frac{5}{2}&-1&-\frac{1}{2}\\-1&1&0\\-\frac{1}{2}&0&\frac{1}{2}\end{bmatrix}.$$

13. 解法 1 用伴随矩阵法求 A^{-1}. 因为

$$\det A=\begin{vmatrix}1&-1&1\\1&1&0\\2&1&1\end{vmatrix}=1\neq 0,$$

$$A_{11}=1,\quad A_{12}=-1,\quad A_{13}=-1,$$
$$A_{21}=2,\quad A_{22}=-1,\quad A_{23}=-3,$$
$$A_{31}=-1,\quad A_{32}=1,\quad A_{33}=2,$$

所以

$$A^{-1}=\begin{bmatrix}1&2&-1\\-1&-1&1\\-1&-3&2\end{bmatrix}.$$

那么

$$X=\begin{bmatrix}1&2&-3\\2&0&4\\0&-1&5\end{bmatrix}\begin{bmatrix}1&2&-1\\-1&-1&1\\-1&-3&2\end{bmatrix}$$

$$=\begin{bmatrix} 2 & 9 & -5 \\ -2 & -8 & 6 \\ -4 & -14 & 9 \end{bmatrix}.$$

解法 2 用初等列变换. 根据

$$\begin{bmatrix} A \\ \cdots \\ B \end{bmatrix} \xrightarrow{\text{一系列初等列变换}} \begin{bmatrix} I \\ \cdots \\ BA^{-1} \end{bmatrix},$$

于是

$$\begin{bmatrix} A \\ \cdots \\ B \end{bmatrix} = \begin{bmatrix} 1 & -1 & 1 \\ 1 & 1 & 0 \\ 2 & 1 & 1 \\ \hdashline 1 & 2 & -3 \\ 2 & 0 & 4 \\ 0 & -1 & 5 \end{bmatrix} \xrightarrow[-1①+③]{①+②} \begin{bmatrix} 1 & 0 & 0 \\ 1 & 2 & -1 \\ 2 & 3 & -1 \\ \hdashline 1 & 3 & -4 \\ 2 & 2 & 2 \\ 0 & -1 & 5 \end{bmatrix}$$

$$\xrightarrow[2③]{③+①} \begin{bmatrix} 1 & 0 & 0 \\ 0 & 2 & -2 \\ 1 & 3 & -2 \\ \hdashline -3 & 3 & -8 \\ 4 & 2 & 4 \\ 5 & -1 & 10 \end{bmatrix} \xrightarrow{③+②} \begin{bmatrix} 1 & 0 & 0 \\ 0 & 2 & 0 \\ 1 & 3 & 1 \\ \hdashline -3 & 3 & -5 \\ 4 & 2 & 6 \\ 5 & -1 & 9 \end{bmatrix}$$

$$\xrightarrow{-1③+①} \begin{bmatrix} 1 & 0 & 0 \\ 0 & 2 & 0 \\ 0 & 3 & 1 \\ \hdashline 2 & 3 & -5 \\ -2 & 2 & 6 \\ -4 & -1 & 9 \end{bmatrix} \xrightarrow{-3③+②} \begin{bmatrix} 1 & 0 & 0 \\ 0 & 2 & 0 \\ 0 & 0 & 1 \\ \hdashline 2 & 18 & -5 \\ -2 & -16 & 6 \\ -4 & -28 & 9 \end{bmatrix}$$

$$\xrightarrow{\frac{1}{2}②} \begin{bmatrix} 1 & 0 & 0 \\ 0 & 1 & 0 \\ 0 & 0 & 1 \\ \hdashline 2 & 9 & -5 \\ -2 & -8 & 6 \\ -4 & -14 & 9 \end{bmatrix}$$

$$= \begin{bmatrix} I \\ \cdots \\ BA^{-1} \end{bmatrix}.$$

由此可得

$$X=\begin{bmatrix}2&9&-5\\-2&-8&6\\-4&-14&9\end{bmatrix}.$$

14. 解 (1) 由于

$$A=\begin{bmatrix}1&2&3&2\\1&4&5&3\\0&2&2&1\end{bmatrix}\xrightarrow{-1①+②}\begin{bmatrix}1&2&3&4\\0&2&2&1\\0&2&2&1\end{bmatrix}$$

$$\xrightarrow{-②+③}\begin{bmatrix}1&2&3&4\\0&2&2&1\\0&0&0&0\end{bmatrix},$$

所以 $r(A)=2$.

(2) $$B=\begin{bmatrix}2&4&1&0\\1&0&3&2\\-1&5&-3&1\\0&1&0&2\end{bmatrix}\xrightarrow{①\leftrightarrow②}\begin{bmatrix}1&0&3&2\\2&4&1&0\\-1&5&-3&1\\0&1&0&2\end{bmatrix}$$

$$\xrightarrow[①+③]{-2①+②}\begin{bmatrix}1&0&3&2\\0&4&-5&-4\\0&5&0&3\\0&1&0&2\end{bmatrix}\xrightarrow{②\leftrightarrow④}\begin{bmatrix}1&0&3&2\\0&1&0&2\\0&5&0&3\\0&4&-5&-4\end{bmatrix}$$

$$\xrightarrow[-4②+④]{-5②+③}\begin{bmatrix}1&0&3&2\\0&1&0&2\\0&0&0&-7\\0&0&-5&-12\end{bmatrix}\xrightarrow{③\leftrightarrow④}\begin{bmatrix}1&0&3&2\\0&1&0&2\\0&0&-5&-12\\0&0&0&-7\end{bmatrix},$$

所以 $r(B)=4$.

(3) $$C=\begin{bmatrix}1&-3&-1&1&1\\3&-9&4&-1&4\\1&-3&-8&5&0\end{bmatrix}\xrightarrow[-①+③]{-3①+②}\begin{bmatrix}1&-3&-1&1&1\\0&0&7&-4&1\\0&0&-7&4&-1\end{bmatrix}$$

$$\xrightarrow{②+③}\begin{bmatrix}1&-3&-1&1&1\\0&0&7&-4&1\\0&0&0&0&0\end{bmatrix},$$

所以 $r(C)=2$.

15. 解 $$A=\begin{bmatrix}1&0&-1&4\\2&-1&k&8\\1&1&-7&k\end{bmatrix}\xrightarrow[-1①+③]{-2①+②}\begin{bmatrix}1&0&-1&4\\0&-1&k+2&0\\0&1&-6&k-4\end{bmatrix}$$

$$\xrightarrow{②+③}\begin{bmatrix}1 & 0 & -1 & 4\\0 & -1 & k+2 & 0\\0 & 0 & k-4 & k-4\end{bmatrix}.$$

若 $\mathrm{r}(\boldsymbol{A})=2$,则必有一行元素全为零,第一、二行已不全为零,因此第三行必全为零,所以可得 $k=4$.

16. 解 首先对 $\boldsymbol{A},\boldsymbol{B}$ 进行分块,我们有

$$\boldsymbol{A}=\begin{bmatrix}\boldsymbol{A}_{11} & \boldsymbol{A}_{12}\\\boldsymbol{A}_{21} & \boldsymbol{A}_{22}\end{bmatrix},$$

其中

$$\boldsymbol{A}_{11}=\begin{bmatrix}a & 0\\0 & a\end{bmatrix}=a\boldsymbol{I},\quad \boldsymbol{A}_{12}=\begin{bmatrix}0 & 0\\0 & 0\end{bmatrix}=\boldsymbol{O},$$

$$\boldsymbol{A}_{21}=\begin{bmatrix}1 & 0\\0 & 1\end{bmatrix}=\boldsymbol{I},\quad \boldsymbol{A}_{22}=\begin{bmatrix}b & 0\\0 & b\end{bmatrix}=b\boldsymbol{I};$$

$$\boldsymbol{B}=\begin{bmatrix}\boldsymbol{B}_{11} & \boldsymbol{B}_{12}\\\boldsymbol{B}_{21} & \boldsymbol{B}_{22}\end{bmatrix},$$

其中

$$\boldsymbol{B}_{11}=\begin{bmatrix}1 & 0\\0 & 1\end{bmatrix}=\boldsymbol{I},\quad \boldsymbol{B}_{12}=\begin{bmatrix}c & 0\\0 & c\end{bmatrix}=c\boldsymbol{I},$$

$$\boldsymbol{B}_{21}=\begin{bmatrix}0 & 0\\0 & 0\end{bmatrix}=\boldsymbol{O},\quad \boldsymbol{B}_{22}=\begin{bmatrix}d & 0\\0 & d\end{bmatrix}=d\boldsymbol{I}.$$

于是

$$\begin{aligned}\boldsymbol{AB}&=\begin{bmatrix}\boldsymbol{A}_{11} & \boldsymbol{A}_{12}\\\boldsymbol{A}_{21} & \boldsymbol{A}_{22}\end{bmatrix}\begin{bmatrix}\boldsymbol{B}_{11} & \boldsymbol{B}_{12}\\\boldsymbol{B}_{21} & \boldsymbol{B}_{22}\end{bmatrix}\\&=\begin{bmatrix}a\boldsymbol{I} & \boldsymbol{O}\\\boldsymbol{I} & b\boldsymbol{I}\end{bmatrix}\begin{bmatrix}\boldsymbol{I} & c\boldsymbol{I}\\\boldsymbol{O} & d\boldsymbol{I}\end{bmatrix}=\begin{bmatrix}a\boldsymbol{I} & ac\boldsymbol{I}\\\boldsymbol{I} & c\boldsymbol{I}+bd\boldsymbol{I}\end{bmatrix}\\&=\begin{bmatrix}a & 0 & ac & 0\\0 & a & 0 & ac\\1 & 0 & c+bd & 0\\0 & 1 & 0 & c+bd\end{bmatrix}.\end{aligned}$$

习 题 3.1

1. 答案是:$-\dfrac{1}{6}$.

分析 对方程组的增广矩阵施以初等行变换:

$$\widetilde{\boldsymbol{A}}=\left[\begin{array}{cccc:c}1 & -1 & 0 & 0 & a\\0 & 1 & -1 & 0 & 2a\\0 & 0 & 1 & -1 & 3a\\-1 & 0 & 0 & 1 & 1\end{array}\right]$$

$$\rightarrow \left[\begin{array}{cccc:c} 1 & -1 & 0 & 0 & a \\ 0 & 1 & -1 & 0 & 2a \\ 0 & 0 & 1 & -1 & 3a \\ 0 & 0 & 0 & 0 & 6a+1 \end{array}\right].$$

线性方程组有解的充分必要条件是 $\mathrm{r}(\boldsymbol{A})=\mathrm{r}(\widetilde{\boldsymbol{A}})$. 由 $\mathrm{r}(\boldsymbol{A})=3$, 故必有 $6a+1=0$, 得 $a=-\dfrac{1}{6}$.

2. 答案是：0.

分析 线性方程组的增广矩阵为

$$\widetilde{\boldsymbol{A}}=\left[\begin{array}{ccc:c} 1 & -2 & 3 & -1 \\ 0 & 2 & -1 & 2 \\ 0 & 0 & \lambda(\lambda-1) & (\lambda-1)(\lambda+2) \end{array}\right].$$

当 $\lambda=0$ 时，有

$$\widetilde{\boldsymbol{A}}=\left[\begin{array}{ccc:c} 1 & -2 & 3 & -1 \\ 0 & 2 & -1 & 2 \\ 0 & 0 & 0 & -2 \end{array}\right],$$

因此 $\mathrm{r}(\boldsymbol{A})=2$, $\mathrm{r}(\widetilde{\boldsymbol{A}})=3$, 方程组无解.

3. 解 (1) 对方程组的增广矩阵施以初等行变换：

$$\widetilde{\boldsymbol{A}}=\left[\begin{array}{ccc:c} 1 & 1 & -2 & -3 \\ 5 & -2 & 7 & 22 \\ 2 & -5 & 4 & 4 \end{array}\right] \rightarrow \left[\begin{array}{ccc:c} 1 & 1 & -2 & -3 \\ 0 & -7 & 17 & 37 \\ 0 & -7 & 8 & 10 \end{array}\right]$$

$$\rightarrow \left[\begin{array}{ccc:c} 1 & 1 & -2 & -3 \\ 0 & 7 & -17 & -37 \\ 0 & 0 & -9 & -27 \end{array}\right] \rightarrow \left[\begin{array}{ccc:c} 1 & 1 & 0 & 3 \\ 0 & 7 & 0 & 14 \\ 0 & 0 & 1 & 3 \end{array}\right]$$

$$\rightarrow \left[\begin{array}{ccc:c} 1 & 0 & 0 & 1 \\ 0 & 1 & 0 & 2 \\ 0 & 0 & 1 & 3 \end{array}\right].$$

由此可得方程组的惟一解 $x_1=1, x_2=2, x_3=3$.

(2) 对方程组的增广矩阵施以初等行变换：

$$\widetilde{\boldsymbol{A}}=\left[\begin{array}{ccc:c} 3 & 2 & 1 & 1 \\ 5 & 3 & 4 & 27 \\ 2 & 1 & 3 & 6 \end{array}\right] \xrightarrow{③\times(-1)+①} \left[\begin{array}{ccc:c} 1 & 1 & -2 & -5 \\ 5 & 3 & 4 & 27 \\ 2 & 1 & 3 & 6 \end{array}\right]$$

$$\xrightarrow[①\times(-2)+③]{①\times(-5)+②} \left[\begin{array}{ccc:c} 1 & 1 & -2 & -5 \\ 0 & -2 & 14 & 52 \\ 0 & -1 & 7 & 16 \end{array}\right]$$

$$\xrightarrow{②\times\left(\frac{1}{2}\right)+③}\left[\begin{array}{ccc:c}1 & 1 & -2 & -5\\0 & -2 & 14 & 52\\0 & 0 & 0 & -10\end{array}\right].$$

显然，$r(\boldsymbol{A})=2$，$r(\widetilde{\boldsymbol{A}})=3$，因此，方程组无解.

(3) 对方程组的增广矩阵施以初等行变换：

$$\widetilde{\boldsymbol{A}}=\left[\begin{array}{cccc:c}1 & 2 & -1 & -2 & 0\\2 & -1 & -1 & 1 & 1\\3 & 1 & -2 & -1 & 1\end{array}\right]\to\left[\begin{array}{cccc:c}1 & 2 & -1 & -2 & 0\\0 & -5 & 1 & 5 & 1\\0 & -5 & 1 & 5 & 1\end{array}\right]$$

$$\to\left[\begin{array}{cccc:c}1 & 2 & -1 & -2 & 0\\0 & 1 & -1/5 & -1 & -1/5\\0 & 0 & 0 & 0 & 0\end{array}\right]$$

$$\to\left[\begin{array}{cccc:c}1 & 0 & -3/5 & 0 & 2/5\\0 & 1 & -1/5 & -1 & -1/5\\0 & 0 & 0 & 0 & 0\end{array}\right].$$

由此可得 $r(\boldsymbol{A})=r(\widetilde{\boldsymbol{A}})=2<4$，且原方程组与

$$\begin{cases}x_1=\dfrac{2}{5}+\dfrac{3}{5}x_3,\\x_2=-\dfrac{1}{5}+\dfrac{1}{5}x_3+x_4\end{cases}$$

同解. 令自由未知量 $x_3=c_1$，$x_4=c_2$，原方程组的一般解为

$$\begin{cases}x_1=\dfrac{2}{5}+\dfrac{3}{5}c_1,\\x_2=-\dfrac{1}{5}+\dfrac{1}{5}c_1+c_2,\\x_3=c_1,\\x_4=c_2\end{cases}\quad(c_1,c_2\text{ 为任意常数}).$$

(4) 因 $m=4<5=n$，所以方程组有无穷多个解. 对方程组的增广矩阵施以初等行变换：

$$\boldsymbol{A}=\begin{bmatrix}1 & 3 & -2 & 2 & -1\\0 & 0 & 1 & 2 & -1\\2 & 6 & -4 & 5 & 7\\1 & 3 & -4 & 0 & 19\end{bmatrix}$$

$$\xrightarrow[①\times(-1)+④]{①\times(-2)+③}\begin{bmatrix}1 & 3 & -2 & 2 & -1\\0 & 0 & 1 & 2 & -1\\0 & 0 & 0 & 1 & 9\\0 & 0 & -2 & -2 & 20\end{bmatrix}$$

$$\xrightarrow[\text{②}\times 2+\text{④}]{\text{②}\times 2+\text{①}}\begin{bmatrix}1 & 3 & 0 & 6 & -3\\0 & 0 & 1 & 2 & -1\\0 & 0 & 0 & 1 & 9\\0 & 0 & 0 & 2 & 18\end{bmatrix}$$

$$\xrightarrow[\substack{\text{③}\times(-2)+\text{②}\\ \text{③}\times(-2)+\text{④}}]{\text{③}\times(-6)+\text{①}}\begin{bmatrix}1 & 3 & 0 & 0 & -57\\0 & 0 & 1 & 0 & -19\\0 & 0 & 0 & 1 & 9\\0 & 0 & 0 & 0 & 0\end{bmatrix}.$$

于是原方程组的同解方程组为

$$\begin{cases}x_1=-3x_2+57x_5,\\x_3=19x_5,\\x_4=-9x_5\end{cases}\qquad(x_2,x_5\text{ 是自由未知量}).$$

取 $x_2=c_1,x_5=c_2$，则

$$\begin{cases}x_1=-3c_1+57c_2,\\x_2=c_1,\\x_3=19c_2,\\x_4=-9c_2,\\x_5=c_2\end{cases}\qquad(c_1,c_2\text{ 为任意常数})$$

为方程组的通解.

4. 解 对方程组的系数矩阵施以初等行变换，化为阶梯形矩阵：

$$\boldsymbol{A}=\begin{bmatrix}1 & q & 1\\1 & 2q & 1\\p & 1 & 1\end{bmatrix}\to\begin{bmatrix}1 & q & 1\\0 & q & 0\\0 & 1-pq & 1-p\end{bmatrix}$$

$$\to\begin{bmatrix}1 & q & 1\\0 & q & 0\\0 & 1 & 1-p\end{bmatrix}\to\begin{bmatrix}1 & q & 1\\0 & 1 & 1-p\\0 & 0 & q(p-1)\end{bmatrix}.$$

由上面的最后一个矩阵可知：

(1) 当 $p\neq 1$ 且 $q\neq 0$ 时，$\mathrm{r}(\boldsymbol{A})=3$. 这时，原方程组仅有零解：

$$x_1=x_2=x_3=0.$$

(2) 当 $p=1$ 时，对系数矩阵继续施以初等行变换：

$$\boldsymbol{A}\to\begin{bmatrix}1 & q & 1\\0 & 1 & 0\\0 & 0 & 0\end{bmatrix}\to\begin{bmatrix}1 & 0 & 1\\0 & 1 & 0\\0 & 0 & 0\end{bmatrix}.$$

由此可得，当 $p=1,q$ 为任意数时，方程组有无穷多组解. 原方程组的全部解为

$$\begin{cases} x_1 = -c_1, \\ x_2 = 0, \qquad (c_1\text{ 为任意常数}). \\ x_3 = c_1 \end{cases}$$

(3) 当 $q=0$ 时,系数矩阵化为

$$A \to \begin{bmatrix} 1 & 0 & 1 \\ 0 & 1 & 1-p \\ 0 & 0 & 0 \end{bmatrix}.$$

由此可得,当 $q=0$,p 为任意数时,方程组有无穷多组解.原方程组的全部解为

$$\begin{cases} x_1 = -c_2, \\ x_2 = (p-1)c_2, \quad (c_2\text{ 为任意常数}). \\ x_3 = c_2 \end{cases}$$

习 题 3.2

1. 答案是:2.

分析 由于 $\boldsymbol{\beta}-\boldsymbol{\alpha}_1=(2,0,2)$,因此 $2\boldsymbol{\alpha}_2=(2,0,2)=\boldsymbol{\beta}-\boldsymbol{\alpha}_1$. 故

$$\boldsymbol{\beta}=\boldsymbol{\alpha}_1+2\boldsymbol{\alpha}_2.$$

2. 答案是:$\boldsymbol{\alpha}=\boldsymbol{\alpha}_1+\boldsymbol{\alpha}_2-\boldsymbol{\alpha}_3$.

分析 设有数 k_1,k_2,k_3 使得

$$\boldsymbol{\alpha} = k_1\boldsymbol{\alpha}_1 + k_2\boldsymbol{\alpha}_2 + k_3\boldsymbol{\alpha}_3,$$

由此可得线性方程组

$$\begin{cases} k_1+k_2 = 2, \\ k_1 + k_3 = 0, \\ k_2 + k_3 = 0. \end{cases}$$

解得 $k_1=1,k_2=1,k_3=-1$,所以 $\boldsymbol{\alpha}=\boldsymbol{\alpha}_1+\boldsymbol{\alpha}_2-\boldsymbol{\alpha}_3$.

3. 答案是:1.

分析 由向量组 $\boldsymbol{\alpha}_1,\boldsymbol{\alpha}_2,\boldsymbol{\alpha}_3$ 线性相关,故

$$\begin{vmatrix} 1 & 1 & 1 \\ 1 & 2 & 1 \\ 1 & 1 & t \end{vmatrix} = t-1=0.$$

所以 $t=1$.

4. 答案是:无关.

分析 设有一组数 k_1,k_2,k_3 使得

$$k_1\boldsymbol{\alpha}_1 + k_2(\boldsymbol{\alpha}_1+\boldsymbol{\alpha}_2) + k_3(\boldsymbol{\alpha}_1+\boldsymbol{\alpha}_2+\boldsymbol{\alpha}_3) = \mathbf{0},$$

即

$$(k_1+k_2+k_3)\alpha_1+(k_2+k_3)\alpha_2+k_3\alpha_3=\mathbf{0}.$$

由于 $\alpha_1,\alpha_2,\alpha_3$ 线性无关,有

$$\begin{cases} k_1+k_2+k_3=0, \\ \qquad k_2+k_3=0, \\ \qquad\qquad k_3=0. \end{cases}$$

解得 $k_1=k_2=k_3=0$. 因此 $\alpha_1,\alpha_1+\alpha_2,\alpha_1+\alpha_2+\alpha_3$ 也是线性无关.

5. 答案是:相关.

分析 由定理 3.9 可知"部分相关,整体必相关".

6. 答案是:$t\neq-3$.

分析 行列式

$$\begin{vmatrix} 1 & 4 & 3 \\ 2 & t & -1 \\ -2 & 3 & 1 \end{vmatrix}=7t+21.$$

由此可知,当 $7t+21\neq0$,即 $t\neq-3$ 时,向量组 $\alpha_1,\alpha_2,\alpha_3$ 线性无关.

7. 解 由向量加法和数乘运算法则有

$$\begin{bmatrix} 4 \\ 3 \\ -1 \\ 11 \end{bmatrix}=k\begin{bmatrix} 1 \\ 2 \\ -1 \\ 5 \end{bmatrix}+\begin{bmatrix} 2 \\ -1 \\ 1 \\ 1 \end{bmatrix}=\begin{bmatrix} k+2 \\ 2k-1 \\ -k+1 \\ 5k+1 \end{bmatrix},$$

于是得 $k+2=4,2k-1=3,-k+1=-1,5k+1=11$. 解得 $k=2$.

8. 解法 1 由已知条件(1)+(2)得 $2\alpha_1=\beta_1+\beta_2$,所以

$$\alpha=\frac{1}{2}\beta_1+\frac{1}{2}\beta_2.$$

类似地,可得 $2\alpha_2=\beta_2+\beta_3$, $2\alpha_3=\beta_1+\beta_3$. 于是

$$\begin{cases} \alpha_1=\dfrac{1}{2}\beta_1+\dfrac{1}{2}\beta_2, \\ \alpha_2=\dfrac{1}{2}\beta_2+\dfrac{1}{2}\beta_3, \\ \alpha_3=\dfrac{1}{2}\beta_1+\dfrac{1}{2}\beta_3. \end{cases}$$

解法 2 不妨设问题中所有向量均为行向量,则已知表达式可写成矩阵形式:

$$\begin{bmatrix} \beta_1 \\ \beta_2 \\ \beta_3 \end{bmatrix}=\begin{bmatrix} 1 & -1 & 1 \\ 1 & 1 & -1 \\ -1 & 1 & 1 \end{bmatrix}\begin{bmatrix} \alpha_1 \\ \alpha_2 \\ \alpha_3 \end{bmatrix}.$$

设 $A=\begin{bmatrix}1&-1&1\\1&1&-1\\-1&1&1\end{bmatrix}$，不难验证矩阵 A 可逆，且

$$A^{-1}=\begin{bmatrix}\frac{1}{2}&\frac{1}{2}&0\\0&\frac{1}{2}&\frac{1}{2}\\\frac{1}{2}&0&\frac{1}{2}\end{bmatrix},$$

所以
$$\begin{bmatrix}\alpha_1\\\alpha_2\\\alpha_3\end{bmatrix}=A^{-1}\begin{bmatrix}\beta_1\\\beta_2\\\beta_3\end{bmatrix}=\begin{bmatrix}\frac{1}{2}&\frac{1}{2}&0\\0&\frac{1}{2}&\frac{1}{2}\\\frac{1}{2}&0&\frac{1}{2}\end{bmatrix}\begin{bmatrix}\beta_1\\\beta_2\\\beta_3\end{bmatrix},$$

即
$$\begin{cases}\alpha_1=\frac{1}{2}\beta_1+\frac{1}{2}\beta_2,\\\alpha_2=\frac{1}{2}\beta_2+\frac{1}{2}\beta_3,\\\alpha_3=\frac{1}{2}\beta_1+\frac{1}{2}\beta_3.\end{cases}$$

9. 解 (1) 记 $A=(\alpha_1^T,\alpha_2^T,\alpha_3^T)$，则

$$|A|=\begin{vmatrix}1&1&1\\1&2&3\\1&3&t\end{vmatrix}=t-5.$$

因此，当 $|A|=0$，即 $t=5$ 时，向量组 $\alpha_1,\alpha_2,\alpha_3$ 线性相关；当 $|A|\neq 0$，即 $t\neq 5$ 时，向量组 $\alpha_1,\alpha_2,\alpha_3$ 线性无关.

(2) 由于 4 个三维向量必线性相关，因此 t 为任意值，向量组 $\alpha_1,\alpha_2,\alpha_3,\alpha_4$ 线性相关.

10. 解 设有数 k_1,k_2,k_3 使得

$$k_1\alpha_1+k_2\alpha_2+k_3\alpha_3=\mathbf{0},$$

由此得齐次线性方程组

$$\begin{cases}k_1-k_2+2k_3=0,\\-k_2+3k_3=0,\\-k_1+2k_2-5k_3=0,\\2k_1-4k_2+10k_3=0.\end{cases}$$

对方程组的系数矩阵施以初等行变换，化为阶梯形矩阵：

$$A=\begin{bmatrix}1 & -1 & 2\\ 0 & -1 & 3\\ -1 & 2 & -5\\ 2 & -4 & 10\end{bmatrix}\to\begin{bmatrix}1 & -1 & 2\\ 0 & -1 & 3\\ 0 & 1 & -3\\ 0 & -2 & 6\end{bmatrix}\to\begin{bmatrix}1 & -1 & 2\\ 0 & -1 & 3\\ 0 & 0 & 0\\ 0 & 0 & 0\end{bmatrix}.$$

由于 $\mathrm{r}(\boldsymbol{A})=2<3$，所以方程组有非零解 k_1,k_2,k_3. 因此向量组 $\boldsymbol{\alpha}_1,\boldsymbol{\alpha}_2,\boldsymbol{\alpha}_3$ 线性相关.

11. 证 设有数 k_1,k_2,k_3 使得

$$k_1\boldsymbol{\beta}_1+k_2\boldsymbol{\beta}_2+k_3\boldsymbol{\beta}_3=\boldsymbol{0}.$$

由已知条件 $\boldsymbol{\beta}_1,\boldsymbol{\beta}_2,\boldsymbol{\beta}_3$ 可由向量 $\boldsymbol{\alpha}_1,\boldsymbol{\alpha}_2,\boldsymbol{\alpha}_3$ 线性表示，把已知表达式代入上式，得

$$(k_1+2k_3)\boldsymbol{\alpha}_1-(k_1-k_2+k_3)\boldsymbol{\alpha}_2+(2k_1-k_2+3k_3)\boldsymbol{\alpha}_3=\boldsymbol{0}.$$

由于 $\boldsymbol{\alpha}_1,\boldsymbol{\alpha}_2,\boldsymbol{\alpha}_3$ 线性无关，故必有

$$\begin{cases}k_1+2k_3=0,\\ k_1-k_2+k_3=0,\\ 2k_1-k_2+3k_3=0.\end{cases}$$

而此方程组的系数行列式

$$\begin{vmatrix}1 & 0 & 2\\ 1 & -1 & 1\\ 2 & -1 & 3\end{vmatrix}=0,$$

故方程组必有非零解，因此向量组 $\boldsymbol{\beta}_1,\boldsymbol{\beta}_2,\boldsymbol{\beta}_3$ 线性相关.

12. 解 设有数 $k_1,k_2,\cdots,k_s$ 使得

$$k_1\boldsymbol{\beta}_1+k_2\boldsymbol{\beta}_2+\cdots+k_s\boldsymbol{\beta}_s=\boldsymbol{0}.$$

将 $\boldsymbol{\beta}_i(i=1,2,\cdots,s)$ 用 $\boldsymbol{\alpha}_1,\boldsymbol{\alpha}_2,\cdots,\boldsymbol{\alpha}_s$ 线性表示的表达式代入上式，有

$$(k_1+k_s)\boldsymbol{\alpha}_1+(k_1+k_2)\boldsymbol{\alpha}_2+\cdots+(k_{s-1}+k_s)\boldsymbol{\alpha}_s=\boldsymbol{0}.$$

由于 $\boldsymbol{\alpha}_1,\boldsymbol{\alpha}_2,\cdots,\boldsymbol{\alpha}_s$ 线性无关，所以

$$\begin{cases}k_1+k_s=0,\\ k_1+k_2=0,\\ \cdots\cdots\cdots\cdots\\ k_{s-1}+k_s=0,\end{cases}$$

此方程组的系数行列式为

$$D=\begin{vmatrix}1 & 0 & 0 & \cdots & 0 & 1\\ 1 & 1 & 0 & \cdots & 0 & 0\\ 0 & 1 & 1 & \cdots & 0 & 0\\ \vdots & \vdots & \vdots & & \vdots & \vdots\\ 0 & 0 & 0 & \cdots & 1 & 1\end{vmatrix}=1+(-1)^{s+1}.$$

显然，当 s 为奇数时，$D=2\neq0$，此时向量组 $\boldsymbol{\beta}_1,\boldsymbol{\beta}_2,\cdots,\boldsymbol{\beta}_s$ 线性无关；当 s 为偶数时，$D=0$，此时向量组 $\boldsymbol{\beta}_1,\boldsymbol{\beta}_2,\cdots,\boldsymbol{\beta}_s$ 线性相关.

习　题　3.3

1. 答案是：2.

分析　矩阵 $\boldsymbol{A}$ 经过一系列初等变换，化为

$$\boldsymbol{A}\to\begin{bmatrix}1&0&0&0&0\\0&1&0&0&0\\0&0&0&0&0\\0&0&0&0&0\end{bmatrix}=\boldsymbol{B},$$

因此 $\mathrm{r}(\boldsymbol{A})=\mathrm{r}(\boldsymbol{B})=2$.

2. 答案是：3.

分析　由于

$$\begin{bmatrix}1&2&3\\1&1&1\\0&1&3\\0&0&1\\1&-1&-7\end{bmatrix}\to\begin{bmatrix}1&0&0\\0&1&0\\0&0&1\\0&0&0\\0&0&0\end{bmatrix},$$

因此，向量组的秩是 3.

3. 答案是：$\boldsymbol{\alpha}_1,\boldsymbol{\alpha}_2$.

分析　设矩阵 $\boldsymbol{A}=(\boldsymbol{\alpha}_1^{\mathrm{T}},\boldsymbol{\alpha}_2^{\mathrm{T}},\boldsymbol{\alpha}_3^{\mathrm{T}})$，则

$$\boldsymbol{A}=\begin{bmatrix}1&1&0\\1&1&0\\1&0&1\end{bmatrix}\to\begin{bmatrix}1&1&0\\0&0&0\\0&-1&1\end{bmatrix}\to\begin{bmatrix}1&1&0\\0&-1&1\\0&0&0\end{bmatrix}$$

$$\to\begin{bmatrix}1&0&1\\0&1&-1\\0&0&0\end{bmatrix}.$$

由此可知，$\boldsymbol{\alpha}_1,\boldsymbol{\alpha}_2$ 是向量组的一个极大无关组.

注意　此题答案不是惟一的. 不难看出，$\boldsymbol{\alpha}_1,\boldsymbol{\alpha}_3$ 或 $\boldsymbol{\alpha}_2,\boldsymbol{\alpha}_3$ 也是向量组的极大无关组.

4. 答案是：1.

分析　设矩阵 $\boldsymbol{A}=(\boldsymbol{\alpha}_1^{\mathrm{T}},\boldsymbol{\alpha}_2^{\mathrm{T}},\boldsymbol{\alpha}_3^{\mathrm{T}})$，并对 $\boldsymbol{A}$ 施以初等行变换：

$$\boldsymbol{A}=\begin{bmatrix}1&0&0\\-2&t-1&0\\3&2&3\end{bmatrix}\to\begin{bmatrix}1&0&0\\0&t-1&0\\0&2&3\end{bmatrix}\to\begin{bmatrix}1&0&0\\0&2&3\\0&t-1&0\end{bmatrix}.$$

由于 $\alpha_1,\alpha_2,\alpha_3$ 的秩等于矩阵 A 的秩，故由 $r(A)=2$ 可得 $t=1$.

5. 答案是：$(-1,1,0)^T$.

分析 由原方程组可知，若选取 x_2 为自由未知量，则

$$\begin{cases}x_1=-x_2,\\ x_3=0.\end{cases}$$

令 $x_2=1$，得基础解系 $V=(-1,1,0)^T$.

6. 解 设矩阵 $A=(\alpha_1,\alpha_2,\alpha_3,\alpha_4)$，则向量组 $\alpha_1,\alpha_2,\alpha_3,\alpha_4$ 的秩等于矩阵 A 的秩. 对 A 施以初等行变换：

$$A=\begin{bmatrix}1&2&a&1\\2&-3&1&0\\4&1&a&b\end{bmatrix}\to\begin{bmatrix}1&2&1&1\\0&-7&1-2a&-2\\0&-7&-3a&b-4\end{bmatrix}$$

$$\to\begin{bmatrix}1&2&1&1\\0&-7&1-2a&-2\\0&0&-1-a&b-2\end{bmatrix}.$$

要使 $r(A)=2$，只需 $-1-a=0,b-2=0$. 所以 $a=-1,b=2$ 时，$r(A)=2$，向量组 $\alpha_1,\alpha_2,\alpha_3,\alpha_4$ 的秩也等于 2.

7. 解 (1) 设矩阵 $A=(\alpha_1^T,\alpha_2^T,\alpha_3^T,\alpha_4^T)$，并对 A 施以初等行变换：

$$A=\begin{bmatrix}2&3&2&4\\1&1&0&2\\0&1&2&0\end{bmatrix}\to\begin{bmatrix}1&1&0&2\\0&1&2&0\\0&1&2&0\end{bmatrix}$$

$$\to\begin{bmatrix}1&1&0&2\\0&1&2&0\\0&0&0&0\end{bmatrix}\to\begin{bmatrix}1&0&-2&2\\0&1&2&0\\0&0&0&0\end{bmatrix}.$$

由最后一个矩阵可知，原向量组的一个极大无关组为 α_1,α_2，且

$$\alpha_3=-2\alpha_1+2\alpha_2,\quad \alpha_4=2\alpha_1.$$

(2) 设矩阵 $A=(\alpha_1,\alpha_2,\alpha_3,\alpha_4)$，并对 A 施以初等行变换：

$$A=\begin{bmatrix}2&3&1&4\\1&-1&3&-3\\3&2&4&1\\-1&0&-2&1\end{bmatrix}\to\begin{bmatrix}1&-1&3&-3\\0&5&-5&10\\0&5&-5&10\\0&-1&1&-2\end{bmatrix}$$

$$\to\begin{bmatrix}1&0&2&-1\\0&1&-1&2\\0&0&0&0\\0&0&0&0\end{bmatrix}.$$

由最后一个矩阵可知,原向量组的一个极大无关组为α_1,α_2,且

$$\alpha_3 = 2\alpha_1 - \alpha_2, \quad \alpha_4 = -\alpha_1 + 2\alpha_2.$$

注意 由于一个向量组的极大无关组不一定是惟一的,因而读者可得到其他结果.然而,同一向量组的各极大无关组一定可相互线性表示,且含有向量的个数相同.

8. 解 (1) 对方程组的系数矩阵施以初等行变换:

$$A=\begin{bmatrix}1&1&0&0&1\\1&1&-1&0&0\\0&0&1&1&1\end{bmatrix}\to\begin{bmatrix}1&1&0&0&1\\0&0&-1&0&-1\\0&0&1&1&1\end{bmatrix}$$

$$\to\begin{bmatrix}1&1&0&0&1\\0&0&1&0&1\\0&0&0&1&0\end{bmatrix}.$$

由最后一个矩阵可知,$r(A)=3$.方程组的基础解系中应含 2 个向量,取x_2,x_5为自由未知量,原方程组与下面的方程组同解:

$$\begin{cases}x_1=-x_2-x_5,\\x_3=-x_5,\\x_4=0.\end{cases}$$

令自由未知量$\begin{bmatrix}x_2\\x_5\end{bmatrix}$分别取$\begin{bmatrix}1\\0\end{bmatrix},\begin{bmatrix}0\\1\end{bmatrix}$,得方程组的基础解系为

$$V_1=(-1,1,0,0,0)^{\mathrm T},\quad V_2=(-1,0,-1,0,1)^{\mathrm T}.$$

(2) 对方程组的系数矩阵施以初等行变换:

$$A=\begin{bmatrix}2&-4&5&3\\3&-6&4&2\\4&-8&17&11\end{bmatrix}\to\begin{bmatrix}-1&2&1&1\\3&-6&4&2\\4&-8&17&11\end{bmatrix}$$

$$\to\begin{bmatrix}1&-2&-1&-1\\0&0&7&5\\0&0&21&15\end{bmatrix}\to\begin{bmatrix}1&-2&0&-2/7\\0&0&1&5/7\\0&0&0&0\end{bmatrix}.$$

由最后一个矩阵可知,$r(A)=2$.取x_2,x_4为自由未知量,原方程组与下面的方程组同解:

$$\begin{cases}x_1=2x_2+\dfrac{2}{7}x_4,\\[2mm]x_3=-\dfrac{5}{7}x_4.\end{cases}$$

令自由未知量$\begin{bmatrix}x_2\\x_4\end{bmatrix}$分别取$\begin{bmatrix}1\\0\end{bmatrix},\begin{bmatrix}0\\7\end{bmatrix}$,得原方程组的基础解系:

$$V_1=(2,1,0,0)^{\mathrm{T}},\quad V_2=(2,0,-5,7)^{\mathrm{T}}.$$

9. 证 因为 r(Ⅰ)=r(Ⅱ)=2,所以向量组 α_1,α_2 线性无关.而向量组 $\alpha_1,\alpha_2,\alpha_3$ 线性相关,于是 α_3 必可由 α_1,α_2 惟一地线性表示,并设

$$\alpha_3=l_1\alpha_1+l_2\alpha_2\quad(l_1,l_2\text{ 为常数}).$$

设有数 k_1,k_2,k_3 使得

$$k_1\alpha_1+k_2\alpha_2+k_3(\alpha_3-\alpha_4)=\mathbf{0},$$

即

$$(k_1+k_3l_1)\alpha_1+(k_2+k_3l_2)\alpha_2-k_3\alpha_4=\mathbf{0}.$$

由已知,向量组(Ⅲ)的秩为 3,故 $\alpha_1,\alpha_2,\alpha_4$ 线性无关.于是,有

$$\begin{cases}k_1+l_1k_3=0,\\k_2+l_2k_3=0,\\k_3=0.\end{cases}$$

解得 $k_1=k_2=k_3=0$,且解是惟一的.故向量组 $\alpha_1,\alpha_2,\alpha_3-\alpha_4$ 线性无关,其秩等于 3.

习 题 3.4

1. 答案是:2.

分析 由于

$$\widetilde{A}=\begin{bmatrix}1&1&1&1&3\\1&3&2&4&6\\2&0&1&-1&3\end{bmatrix}\rightarrow\begin{bmatrix}1&1&1&1&3\\0&2&1&3&3\\0&-2&-1&-3&-3\end{bmatrix}$$

$$\rightarrow\begin{bmatrix}1&1&1&1&3\\0&2&1&3&3\\0&0&0&0&0\end{bmatrix},$$

因此 $\mathrm{r}(\boldsymbol{A})=\mathrm{r}(\widetilde{\boldsymbol{A}})=2$.而 $n=4$,因此一般解的自由未知量的个数是 $n-r=2$.

2. 答案是:-1.

分析 若要齐次方程组有非零解,则要求

$$\det\boldsymbol{A}=\begin{vmatrix}1&-1\\1&\lambda\end{vmatrix}=0,$$

即 $\lambda+1=0$,于是 $\lambda=-1$.

3. 答案是:$\boldsymbol{AX}=\boldsymbol{b}$.

分析 由线性方程组解的结构定理,可知 $\boldsymbol{X}_1-\boldsymbol{X}_2$ 是方程组

$$\boldsymbol{AX}=\boldsymbol{b}$$

的一个解.

4. 答案是:

$$\begin{bmatrix} x_1 \\ x_2 \\ x_3 \\ x_4 \end{bmatrix} = c_1 \begin{bmatrix} -2 \\ 0 \\ 1 \\ 0 \end{bmatrix} + c_2 \begin{bmatrix} -1 \\ 2 \\ 0 \\ 1 \end{bmatrix},$$

其中 c_1, c_2 为任意常数;或

$$\begin{cases} x_1 = -2x_3 - x_4, \\ x_2 = 2x_4, \end{cases}$$

其中 x_3, x_4 为自由未知量.

分析 由于

$$\boldsymbol{A} = \begin{bmatrix} 1 & -1 & 2 & 3 \\ 0 & 1 & 0 & -2 \\ 0 & 0 & 0 & 0 \end{bmatrix} \to \begin{bmatrix} 1 & 0 & 2 & 1 \\ 0 & 1 & 0 & -2 \\ 0 & 0 & 0 & 0 \end{bmatrix},$$

因此其一般解为

$$\boldsymbol{X} = \begin{bmatrix} x_1 \\ x_2 \\ x_3 \\ x_4 \end{bmatrix} = c_1 \begin{bmatrix} -2 \\ 0 \\ 1 \\ 0 \end{bmatrix} + c_2 \begin{bmatrix} -1 \\ 2 \\ 0 \\ 1 \end{bmatrix},$$

其中 c_1, c_2 为任意常数.

5. 解 (1) 对方程组的系数矩阵施以初等行变换:

$$\boldsymbol{A} = \begin{bmatrix} 1 & 1 & 0 & 0 & 1 \\ 1 & 1 & -1 & 0 & 0 \\ 0 & 0 & 1 & 1 & 1 \end{bmatrix} \to \begin{bmatrix} 1 & 1 & 0 & 0 & 1 \\ 0 & 0 & -1 & 0 & -1 \\ 0 & 0 & 1 & 1 & 1 \end{bmatrix}$$

$$\to \begin{bmatrix} 1 & 1 & 0 & 0 & 1 \\ 0 & 0 & 1 & 0 & 1 \\ 0 & 0 & 0 & 1 & 0 \end{bmatrix}.$$

可见, $\mathrm{r}(\boldsymbol{A}) = 3$. 方程组的基础解系中应含 2 个向量,取 x_2, x_5 为自由未知量,原方程组与下面的方程组同解:

$$\begin{cases} x_1 = -x_2 - x_5, \\ x_3 = -x_5, \\ x_4 = 0. \end{cases}$$

令自由未知量 $\begin{bmatrix} x_2 \\ x_5 \end{bmatrix}$ 分别取 $\begin{bmatrix} 1 \\ 0 \end{bmatrix}, \begin{bmatrix} 0 \\ 1 \end{bmatrix}$,得方程组的基础解系为

$$\boldsymbol{V}_1 = (-1, 1, 0, 0, 0)^{\mathrm{T}}, \quad \boldsymbol{V}_2 = (-1, 0, -1, 0, 1)^{\mathrm{T}}.$$

于是方程组的全部解为

$$X = c_1 V_1 + c_2 V_2,$$

其中 c_1, c_2 为任意常数.

(2) 对方程组的系数矩阵施以初等行变换:

$$\boldsymbol{A}=\begin{bmatrix} 1 & -3 & 1 & -2 & -1 \\ -3 & 9 & -3 & 6 & 3 \\ 2 & -6 & 2 & -4 & -2 \\ 5 & -15 & 5 & -10 & -5 \end{bmatrix} \xrightarrow[-5①+④]{\substack{3①+②\\ -2①+③}} \begin{bmatrix} 1 & -3 & 1 & -2 & -1 \\ 0 & 0 & 0 & 0 & 0 \\ 0 & 0 & 0 & 0 & 0 \\ 0 & 0 & 0 & 0 & 0 \end{bmatrix}.$$

可见 $\mathrm{r}(\boldsymbol{A})=1, n=5$. 为此令 $(x_2,x_3,x_4,x_5)^{\mathrm{T}}$ 分别取值为

$$(1,0,0,0)^{\mathrm{T}},\quad (0,1,0,0)^{\mathrm{T}},\quad (0,0,1,0)^{\mathrm{T}},\quad (0,0,0,1)^{\mathrm{T}},$$

便得到齐次方程组的一个基础解系:

$$\boldsymbol{V}_1 = (3,1,0,0,0)^{\mathrm{T}},\quad \boldsymbol{V}_2 = (-1,0,1,0,0)^{\mathrm{T}},$$
$$\boldsymbol{V}_3 = (2,0,0,1,0)^{\mathrm{T}},\quad \boldsymbol{V}_4 = (1,0,0,0,1)^{\mathrm{T}}.$$

于是方程组的全部解为

$$\boldsymbol{X} = c_1\boldsymbol{V}_1 + c_2\boldsymbol{V}_2 + c_3\boldsymbol{V}_3 + c_4\boldsymbol{V}_4,$$

其中 c_1, c_2, c_3, c_4 为任意常数.

(3) 对增广矩阵 $\widetilde{\boldsymbol{A}}$ 进行一系列的初等行变换:

$$\widetilde{\boldsymbol{A}}=\left[\begin{array}{ccc:c} 1 & 1 & -1 & 3 \\ 2 & 1 & -3 & 1 \\ 1 & -2 & 1 & -2 \\ 3 & 1 & -5 & -1 \end{array}\right] \xrightarrow{\substack{①\times(-2)+②\\ ①\times(-1)+③\\ ①\times(-3)+④}} \left[\begin{array}{ccc:c} 1 & 1 & -1 & 3 \\ 0 & -1 & -1 & -5 \\ 0 & -3 & 2 & -5 \\ 0 & -2 & -2 & -10 \end{array}\right]$$

$$\xrightarrow{②\times(-1)} \left[\begin{array}{ccc:c} 1 & 1 & -1 & 3 \\ 0 & 1 & 1 & 5 \\ 0 & -3 & 2 & -5 \\ 0 & -2 & -2 & -10 \end{array}\right] \xrightarrow{\substack{②\times 3+③\\ ②\times 2+④}} \left[\begin{array}{ccc:c} 1 & 1 & -1 & 3 \\ 0 & 1 & 1 & 5 \\ 0 & 0 & 5 & 10 \\ 0 & 0 & 0 & 0 \end{array}\right]$$

$$\xrightarrow{③\times\frac{1}{5}} \left[\begin{array}{ccc:c} 1 & 1 & -1 & 3 \\ 0 & 1 & 1 & 5 \\ 0 & 0 & 1 & 2 \\ 0 & 0 & 0 & 0 \end{array}\right] \xrightarrow{\substack{③\times(-1)+②\\ ③\quad\quad\quad +①}} \left[\begin{array}{ccc:c} 1 & 1 & 0 & 5 \\ 0 & 1 & 0 & 3 \\ 0 & 0 & 1 & 2 \\ 0 & 0 & 0 & 0 \end{array}\right]$$

$$\xrightarrow{②\times(-1)+①}\left[\begin{array}{ccc:c}1&0&0&2\\0&1&0&3\\0&0&1&2\\ \hdashline 0&0&0&0\end{array}\right].$$

易见 $r(\widetilde{A})=r(A)=3=n$,所以原方程有惟一解为

$$X=\begin{bmatrix}x_1\\x_2\\x_3\end{bmatrix}=\begin{bmatrix}2\\3\\2\end{bmatrix}.$$

(4) 对增广矩阵 $\widetilde{A}$ 进行一系列的初等行变换:

$$\widetilde{A}=\left[\begin{array}{cccc:c}2&-4&5&3&7\\3&-6&4&2&7\\4&-8&17&11&21\end{array}\right]$$

$$\xrightarrow{\frac{1}{2}①}\left[\begin{array}{cccc:c}1&-2&\frac{5}{2}&\frac{3}{2}&\frac{7}{2}\\3&-6&4&2&7\\4&-8&17&11&21\end{array}\right]$$

$$\xrightarrow[-4①+③]{-3①+②}\left[\begin{array}{cccc:c}1&-2&\frac{5}{2}&\frac{3}{2}&\frac{7}{2}\\0&0&-\frac{7}{2}&-\frac{5}{2}&-\frac{7}{2}\\0&0&7&5&7\end{array}\right]$$

$$\xrightarrow{2②+③}\left[\begin{array}{cccc:c}1&-2&\frac{5}{2}&\frac{3}{2}&\frac{7}{2}\\0&0&-\frac{7}{2}&-\frac{5}{2}&-\frac{7}{2}\\0&0&0&0&0\end{array}\right]$$

$$\xrightarrow{-\frac{2}{7}②}\left[\begin{array}{cccc:c}1&-2&\frac{5}{2}&\frac{3}{2}&\frac{7}{2}\\0&0&1&\frac{5}{7}&1\\0&0&0&0&0\end{array}\right]$$

$$\xrightarrow{-\frac{5}{2}②+①}\left[\begin{array}{cccc:c}1&-2&0&-\frac{2}{7}&1\\0&0&1&\frac{5}{7}&1\\0&0&0&0&0\end{array}\right].$$

易见 $r(\widetilde{A})=r(A)=2<n=4$，所以原方程组有无穷多个解. 由最后一个矩阵得到原方程组的同解方程组为

$$\begin{cases} x_1 = 2x_2 + \dfrac{2}{7}x_4 + 1, \\ x_3 = -\dfrac{5}{7}x_4 + 1, \end{cases}$$

可以改写为

$$\begin{cases} x_1 = 2x_2 + \dfrac{2}{7}x_4 + 1, \\ x_2 = \ x_2 + 0\ x_4 + 0, \\ x_3 = 0x_2 - \dfrac{5}{7}x_4 + 1, \\ x_4 = 0x_2 + \quad x_4 + 0, \end{cases}$$

即

$$\begin{bmatrix} x_1 \\ x_2 \\ x_3 \\ x_4 \end{bmatrix} = \begin{bmatrix} 2 \\ 1 \\ 0 \\ 0 \end{bmatrix} x_2 + \begin{bmatrix} \dfrac{2}{7} \\ 0 \\ -\dfrac{5}{7} \\ 1 \end{bmatrix} x_4 + \begin{bmatrix} 1 \\ 0 \\ 1 \\ 0 \end{bmatrix}.$$

所以原方程组的全部解为

$$\begin{bmatrix} x_1 \\ x_2 \\ x_3 \\ x_4 \end{bmatrix} = \begin{bmatrix} 1 \\ 0 \\ 1 \\ 0 \end{bmatrix} + c_1 \begin{bmatrix} 2 \\ 1 \\ 0 \\ 0 \end{bmatrix} + c_2 \begin{bmatrix} \dfrac{2}{7} \\ 0 \\ -\dfrac{5}{7} \\ 1 \end{bmatrix},$$

其中 c_1, c_2 为任意常数.

6. 解 对方程组的增广矩阵施以初等行变换：

$$\widetilde{A} = \left[\begin{array}{ccc:c} \lambda & 1 & 1 & \lambda - 3 \\ 1 & \lambda & 1 & -2 \\ 1 & 1 & \lambda & -2 \end{array}\right]$$

$$\to \left[\begin{array}{ccc:c} 1 & 1 & \lambda & -2 \\ 0 & \lambda - 1 & 1 - \lambda & 0 \\ 0 & 1 - \lambda & 1 - \lambda^2 & 3(\lambda - 1) \end{array}\right]$$

$$\to \left[\begin{array}{ccc:c} 1 & 1 & \lambda & -2 \\ 0 & \lambda-1 & 1-\lambda & 0 \\ 0 & 0 & -(\lambda+2)(\lambda-1) & 3(\lambda-1) \end{array}\right].$$

由最后一个矩阵有

(1) 当 $\lambda \neq -2$,且 $\lambda \neq 1$ 时, $r(\boldsymbol{A})=r(\widetilde{\boldsymbol{A}})=3$,原方程组有惟一解.

(2) 当 $\lambda=-2$ 时, $r(\boldsymbol{A})=2$, $r(\widetilde{\boldsymbol{A}})=3$,原方程组无解.

(3) 当 $\lambda=1$ 时,上面最后一个矩阵化为

$$\left[\begin{array}{ccc:c} 1 & 1 & 1 & -2 \\ 0 & 0 & 0 & 0 \\ 0 & 0 & 0 & 0 \end{array}\right],$$

于是 $r(\boldsymbol{A})=r(\widetilde{\boldsymbol{A}})=1$,方程组有无穷多解,其同解方程组为

$$x_1 + x_2 + x_3 = -2.$$

取自由未知量 $x_2=x_3=0$,得原方程组的一个特解 $\boldsymbol{U}=(-2,0,0)^{\mathrm{T}}$. 原方程组的导出组与方程组

$$x_1 + x_2 + x_3 = 0$$

同解. 取自由未知量 $\begin{bmatrix} x_2 \\ x_3 \end{bmatrix}$ 分别为 $\begin{bmatrix} 1 \\ 0 \end{bmatrix}$, $\begin{bmatrix} 0 \\ 1 \end{bmatrix}$,得导出组的基础解系为

$$\boldsymbol{V}_1 = (-1,1,0)^{\mathrm{T}}, \quad \boldsymbol{V}_2 = (-1,0,1)^{\mathrm{T}}.$$

所以原方程组的全部解为

$$\begin{aligned} \boldsymbol{X} &= \boldsymbol{U} + c_1\boldsymbol{V}_1 + c_2\boldsymbol{V}_2 \\ &= \begin{bmatrix} -2 \\ 0 \\ 0 \end{bmatrix} + c_1 \begin{bmatrix} -1 \\ 1 \\ 0 \end{bmatrix} + c_2 \begin{bmatrix} -1 \\ 0 \\ 1 \end{bmatrix} \quad (c_1, c_2 \text{ 为任意常数}). \end{aligned}$$

7. 解 对方程组的增广矩阵施以初等行变换:

$$\widetilde{\boldsymbol{A}} = \left[\begin{array}{cccc:c} 1 & 1 & 1 & 1 & 0 \\ 0 & 1 & 2 & 2 & 1 \\ 0 & -1 & a-3 & -2 & b \\ 3 & 2 & 1 & a & 1 \end{array}\right]$$

$$\to \left[\begin{array}{cccc:c} 1 & 1 & 1 & 1 & 0 \\ 0 & 1 & 2 & 2 & 1 \\ 0 & -1 & a-3 & -2 & b \\ 0 & -1 & -2 & a-3 & -1 \end{array}\right]$$

$$\to \left[\begin{array}{cccc:c} 1 & 1 & 1 & 1 & 0 \\ 0 & 1 & 2 & 2 & 1 \\ 0 & 0 & a-1 & 0 & b+1 \\ 0 & 0 & 0 & a-1 & 0 \end{array}\right]. \tag{1}$$

由最后一个矩阵(1)可知：

(1) 当 $a\neq 1$ 时，$r(\boldsymbol{A})=r(\widetilde{\boldsymbol{A}})=4$，方程组有惟一解.

(2) 当 $a=1, b\neq -1$ 时，矩阵(1)化为

$$\widetilde{\boldsymbol{A}}\to\left[\begin{array}{cccc:c}1&1&1&1&0\\0&1&2&2&1\\0&0&0&0&b+1\\0&0&0&0&0\end{array}\right],$$

于是 $r(\boldsymbol{A})=2$，$r(\widetilde{\boldsymbol{A}})=3$，方程组无解.

(3) 当 $a=1, b=-1$ 时，$r(\boldsymbol{A})=r(\widetilde{\boldsymbol{A}})=2<4$，方程组有无穷多解. 矩阵(1)可化为

$$\widetilde{\boldsymbol{A}}\to\left[\begin{array}{cccc:c}1&1&1&1&0\\0&1&2&2&1\\0&0&0&0&0\\0&0&0&0&0\end{array}\right]\to\left[\begin{array}{cccc:c}1&0&-1&-1&-1\\0&1&2&2&1\\0&0&0&0&0\\0&0&0&0&0\end{array}\right],$$

原方程组与方程组

$$\begin{cases}x_1=-1+x_3+x_4,\\x_2=1-2x_3-2x_4\end{cases}$$

同解. 令自由未知量 $x_3=x_4=0$，得原方程组的一个特解 $\boldsymbol{U}=(-1,1,0,0)^{\mathrm{T}}$.

原方程组的导出组与方程组

$$\begin{cases}x_1=x_3+x_4,\\x_2=-2x_3-2x_4\end{cases}$$

同解. 分别取自由未知量 $\begin{bmatrix}x_3\\x_4\end{bmatrix}$ 为 $\begin{bmatrix}1\\0\end{bmatrix}$，$\begin{bmatrix}0\\1\end{bmatrix}$，得导出组的基础解系：

$$\boldsymbol{V}_1=(1,-2,1,0)^{\mathrm{T}},\quad \boldsymbol{V}_2=(1,-2,0,1)^{\mathrm{T}}.$$

原方程组的全部解为

$$\boldsymbol{X}=\begin{bmatrix}-1\\1\\0\\0\end{bmatrix}+c_1\begin{bmatrix}1\\-2\\1\\0\end{bmatrix}+c_2\begin{bmatrix}1\\-2\\0\\1\end{bmatrix}\quad(c_1,c_2\text{ 为任意常数}).$$

第三部分　概 率 统 计

习　题　1.1

1. 答案是：对立.

分析 根据对立事件的定义.

2. 答案是：$1-p$.

分析 由于

$$P(AB)=P(\overline{A}\,\overline{B})=P(\overline{A+B})=1-P(A+B)$$
$$=1-P(A)-P(B)+P(AB),$$

因此 $$P(B)=1-P(A)=1-p.$$

3. 答案是：0.3.

分析 根据事件的关系与运算，我们有

$$P(\overline{A}\,\overline{B})=P(\overline{A+B})=1-P(A+B)=1-P(A)-P(B)=0.3.$$

4. 答案是：0.07.

分析 这是一个古典概型问题. 设 $A=\{$恰有两件次品$\}$，因此，样本空间中样本点总数 $n=C_{100}^{10}$. 而 A 所包含的样本点的个数 $m=C_5^2\cdot C_{95}^8$，所以

$$P(A)=\frac{m}{n}=\frac{C_5^2C_{95}^8}{C_{100}^{10}}=0.07.$$

5. 答案是：0.54.

分析 因为 $A\overline{B}=A-B=A-AB$，而 $A\supset AB$，所以

$$P(A\overline{B})=P(A)-P(AB),$$

于是 $$P(A\overline{B})=0.9-0.36=0.54.$$

6. 解 设将两封信编号为 A,B，用 $(A,B,0)$ 表示"1 号信箱投入信 A，2 号信箱投入信 B，3 号信箱未投入信"，用 $(AB,0,0)$ 表示"1 号信箱投入信 A 与信 B，2 号和 3 号信箱都未投入信"，其他类似，则此试验的样本空间为

$$\Omega=\{(AB,0,0),(A,B,0),(A,0,B),(B,A,0),(0,AB,0),$$
$$(0,A,B),(B,0,A),(0,B,A),(0,0,AB)\}.$$

又设 $C=\{$第一个信箱是空的$\}$，$D=\{$两封信不在同一信箱中$\}$，则由上可得

$$P(C)=\frac{4}{9},\quad P(D)=\frac{6}{9}=\frac{2}{3}.$$

7. 解 设 $A=\{$两数乘积为正数$\}$，则

$$P(A)=\frac{C_4^2+C_3^2}{C_7^2}=\frac{3}{7}.$$

8. 解 设 $A=\{$6 桶油漆中恰好有 3 桶白漆，2 桶红漆，1 桶黄漆$\}$，则

$$P(A)=\frac{C_8^3C_4^2C_3^1}{C_{15}^6}=0.201.$$

9. 解 设 $A=\{$最后 3 个分到球的小朋友中恰有 1 个得到红球$\}$.

解法 1 根据题意，试验的样本空间共有 10! 个样本点，事件 A 包含 $C_3^1\cdot$

$C_3^1 \cdot C_7^2 \cdot (2!) \cdot 7!$ 个样本点,因此

$$P(A)=\frac{C_3^1C_3^1C_7^2(2!)7!}{10!}=\frac{C_3^1C_7^2}{C_{10}^3}.$$

解法 2(简化样本空间) 事实上,这个问题相当于一个从 10 个球中任取 3 个球分给最后 3 个小朋友,而 3 个球中恰有 1 个红球 2 个绿球的试验,因此

$$P(A)=\frac{C_3^1C_7^2}{C_{10}^3}.$$

10. 答案是:出现"70,75,80"可能性大,约为 82%.

分析 这是一个古典概型问题.设 $A=\{$出现"70,75,80"$\}$,由题意,有

$$n=C_{20}^{10},\quad m=C_{10}^5C_{10}^5+2C_{10}^4C_{10}^6,$$

则

$$P(A)=\frac{m}{n}=\frac{151704}{184756}.$$

11. 证 由于 $B\subset\overline{A}$,因此 A 与 B 互斥,即 $AB=\varnothing$.所以

$$\overline{A}+\overline{B}=\overline{AB}=\overline{\varnothing}=U.$$

习 题 1.2

1. 答案是:0.7.

分析 根据概率的加法公式与乘法公式,我们有

$$\begin{aligned}P(A+B)&=P(A)+P(B)-P(AB)\\&=P(A)+P(B)-P(A)P(B|A)\\&=0.5+0.6-0.5\times0.8=0.7.\end{aligned}$$

2. 答案是:$\frac{a-b}{1-b}$.

分析 由于 A,B 相互独立,$P(AB)=P(A)P(B)$,因此

$$\begin{aligned}P(A+B)&=P(A)+P(B)-P(A)P(B)\\&=P(A)+P(B)[1-P(A)].\end{aligned}$$

考虑到 $P(A+B)=a,P(A)=b$,解得

$$P(B)=\frac{P(A+B)-P(A)}{1-P(A)}=\frac{a-b}{1-b}.$$

3. 答案是:$\frac{3}{4}$;$\frac{1}{2}$.

分析 由条件概率的计算公式有

$$P(A|B)=\frac{P(AB)}{P(B)}=\frac{1/4}{1/3}=\frac{3}{4};$$

$$P(B|A)=\frac{P(AB)}{P(A)}=\frac{1/4}{1/2}=\frac{1}{2}.$$

4. 答案是：0.75.

分析 设 A,B,C 分别表示甲命中、乙命中、目标被命中的事件，于是有

$$C = A + B.$$

根据加法公式，我们有

$$\begin{aligned} P(C) &= P(A+B) = P(A) + P(B) - P(AB) \\ &= P(A) + P(B) - P(A)P(B) \\ &= 0.6 + 0.5 - 0.6 \times 0.5 = 0.8. \end{aligned}$$

考虑到 $AC=A$，因此

$$P(C)\cdot P(A|C)=P(AC)=P(A),$$

故

$$P(A|C)=\frac{P(A)}{P(C)}=\frac{0.6}{0.8}=0.75.$$

5. 答案是：$1-(1-p)^n$ 或 $\sum\limits_{k=1}^{n} C_n^k p^k (1-p)^{n-k}$.

分析 这是一个二项概型问题，因此

$$P_n(\mu \geqslant 1) = \sum_{k=1}^{n} C_n^k p^k (1-p)^{n-k},$$

或者

$$\begin{aligned} P_n(\mu \geqslant 1) &= 1 - P_n(\mu < 1) = 1 - P_n(\mu = 0) \\ &= 1 - (1-p)^n. \end{aligned}$$

6. 答案是：0.82.

分析 由于

$$P(\overline{A}B) = P(\overline{A})P(B|\overline{A}) = 0.12,$$

考虑到

$$P(\overline{A}B) = P(B) - P(AB), \quad P(AB) = 0.48,$$

于是

$$P(A+B) = P(A) + P(B) - P(AB) = 0.82.$$

7. 答案是：$\frac{1}{18}$.

分析 因为 $A_1+A_2+A_3=\Omega$ 且 A_1,A_2,A_3 两两互不相容，所以

$$P(A_3) = 0.4,$$

$$P(A_1|B) = \frac{P(A_1)P(B|A_1)}{\sum\limits_{i=1}^{3} P(A_i)P(B|A_i)} = \frac{1}{18}.$$

8. 答案是：0.2.

分析 这是一个抓阄问题. 第一次取到红球的概率为 $\frac{3}{15}=0.2$，所以第 5 次取到红球的概率也是 0.2.

9. 解 设 $A_i=\{$两个球中有 i 个黑球$\}(i=0,1,2)$，$B=\{$其中有一个是黑球$\}$，本题所求为 $P(A_2|B)$.

因为 $B=A_1+A_2$，A_1 与 A_2 互不相容，所以

$$P(B)=P(A_1)+P(A_2)=\frac{C_3^1C_7^1}{C_{10}^2}+\frac{C_3^2}{C_{10}^2}=\frac{8}{15},$$

或 $$P(B)=1-P(\overline{B})=1-P(A_0)=1-\frac{C_1^2}{C_{10}^2}=\frac{8}{15}.$$

又因为 $A_2B=A_2$，所以

$$P(A_2B)=P(A_2)=\frac{C_3^2}{C_{10}^2}=\frac{1}{15},$$

$$P(A_2|B)=\frac{P(A_2B)}{P(B)}=\frac{1}{8}.$$

10. 解 设 $A=\{$甲获胜$\}$，$B=\{$乙获胜$\}$，$C=\{$丙获胜$\}$. 由于

$$A=A+\overline{A}\,\overline{B}\,\overline{C}A+\overline{A}\,\overline{B}\,\overline{C}\,\overline{A}\,\overline{B}\,\overline{C}A+\cdots,$$

而事件 $A,\overline{A}\,\overline{B}\,\overline{C}A,\overline{A}\,\overline{B}\,\overline{C}\,\overline{A}\,\overline{B}\,\overline{C}\,A,\cdots$ 两两互不相容，且 A,B,C 相互独立，因此

$$P(A)=\frac{1}{2}+\left(\frac{1}{2}\right)^4+\left(\frac{1}{2}\right)^7+\left(\frac{1}{2}\right)^{10}+\cdots=\frac{4}{7}.$$

同理可得

$$\begin{aligned}P(B)&=P(\overline{A}B+\overline{A}\,\overline{B}\,\overline{C}\,\overline{A}B+\cdots)\\&=P(\overline{A}B)+P(\overline{A}\,\overline{B}\,\overline{C}\,\overline{A}B)+\cdots\\&=\left(\frac{1}{2}\right)^2+\left(\frac{1}{2}\right)^5+\left(\frac{1}{2}\right)^8+\cdots\\&=\frac{2}{7},\end{aligned}$$

$$\begin{aligned}P(C)&=P(\overline{A}\,\overline{B}C+\overline{A}\,\overline{B}\,\overline{C}\,\overline{A}\,\overline{B}C+\cdots)\\&=\left(\frac{1}{2}\right)^3+\left(\frac{1}{2}\right)^6+\left(\frac{1}{2}\right)^9+\cdots\\&=\frac{1}{7}.\end{aligned}$$

11. 解 设 $A_i=\{$取到的是第 i 号盒$\}(i=1,2,3)$，$B=\{$取到的球是黑色球$\}$.

(1) 由于 A_1,A_2,A_3 构成一个完备事件组，因此

$$\begin{aligned}P(B)&=\sum_{i=1}^{3}P(A_i)P(B|A_i)\\&=\frac{1}{3}\times\frac{14}{20}+\frac{1}{3}\times\frac{5}{30}+\frac{8}{50}=0.342.\end{aligned}$$

(2) $P(A_1|B)=\frac{P(A_1)P(B|A_1)}{P(B)}=\frac{\frac{1}{3}\times\frac{14}{20}}{0.342}=0.682.$

12. 解 设 $A_i=\{$取到第 i 型笔杆$\}(i=1,2,3)$，$B_i=\{$取到第 i 型笔帽$\}(i=1,2,3)$，本题要求的是 $P(A_1B_1+A_2B_2+A_3B_3)$.

由于 A_1B_1,A_2B_2,A_3B_3 两两互不相容，且 A_i 与 $B_i(i=1,2,3)$ 相互独立，因此

$$\begin{aligned}&P(A_1B_1+A_2B_2+A_3B_3)\\&\quad=P(A_1)P(B_1)+P(A_2)P(B_2)+P(A_3)P(B_3)\\&\quad=\frac{4}{15}\times\frac{5}{20}+\frac{5}{15}\times\frac{7}{20}+\frac{6}{15}\times\frac{8}{20}=0.343.\end{aligned}$$

13. 解 设 $A_0=\{$三机均未到达目的地$\}=\{$长机未到达目的地$\}$，$A_1=\{$只有长机到达目的地$\}$，$A_2=\{$长机同一架僚机到达目的地$\}$，$A_3=\{$三机都到达目的地$\}$，$B=\{$目标被炸毁$\}$.

考虑到

$$\begin{aligned}P(A_0)&=0.2,\\P(A_1)&=0.8\times0.2\times0.2=0.032,\\P(A_2)&=C_2^1\times0.8^2\times0.2=0.256,\\P(A_3)&=0.8^3=0.512,\end{aligned}$$

且 A_0,A_1,A_2,A_3 构成一完备事件组，又由于

$$\begin{aligned}&P(B|A_0)=0,\\&P(B|A_1)=0.3,\\&P(B|A_2)=1-P(\overline{B}|A_2)=1-0.7\times0.7=0.51,\\&P(B|A_3)=1-P(\overline{B}|A_3)=1-0.7^3=0.657,\end{aligned}$$

因此
$$P(B)=\sum_{i=0}^{3}P(A_i)P(B|A_i)=0.477.$$

14. 解 设 $A_i=\{$三个元件中有 i 个损坏$\}(i=0,1,2,3)$，$B=\{$仪器发生故障$\}$. 考虑到

$$\begin{aligned}P(A_0)&=0.9^3=0.729,\\P(A_1)&=C_3^1\times0.1\times0.9^2=0.243,\\P(A_2)&=C_3^2\times0.1^2\times0.9=0.027,\\P(A_3)&=0.1^3=0.001,\end{aligned}$$

且 A_0,A_1,A_2,A_3 构成一个完备事件组，又由于

$$\begin{aligned}&P(B|A_0)=0,\quad P(B|A_1)=0.25,\\&P(B|A_2)=0.6,\quad P(B|A_3)=0.95,\end{aligned}$$

因此 $$P(B)=\sum_{i=0}^{3}P(A_i)P(B|A_i)=0.078.$$

15. 证 由于 $0<P(B)<1$，因此

$$P(A|B)=\frac{P(AB)}{P(B)},\quad P(A|\overline{B})=\frac{P(A\overline{B})}{P(\overline{B})}.$$

又因为已知 $P(A|B)=P(A|\overline{B})$，所以

$$\frac{P(AB)}{P(B)}=\frac{P(A\overline{B})}{P(\overline{B})}. \tag{1}$$

又因为 AB 与 $A\overline{B}$ 互不相容，且 $AB+A\overline{B}=A$，所以

$$P(A)=P(AB)+P(A\overline{B}),$$
$$P(A\overline{B})=P(A)-P(AB). \tag{2}$$

将(2)代入(1)式得

$$P(AB)[1-P(B)]=[P(A)-P(AB)]P(B),$$

化简得 $$P(AB)=P(A)P(B).$$

所以事件 A 与 B 独立.

16. 这是一个条件概率的问题. 设 $A=\{$发车时有 10 个乘客上车$\}$，$B=\{$中途有 3 个人下车$\}$，则

$$P(B|A)=C_{10}^{3}(0.3)^3(0.7)^7.$$

17. 解法 1 设 $C=\{$取到白球$\}$，$A_i=\{$从第 i 个箱中取到白球$\}(i=1,2)$，于是，我们有

$B_0=\{$取到黑黑$\}=\overline{A}_1\overline{A}_2$，且

$$P(B_0)=(2/10)\times(16/20)=4/25;$$

$B_1=\{$取到白黑$\}=A_1\overline{A}_2$，且

$$P(B_1)=(8/10)\times(16/20)=16/25;$$

$B_2=\{$取到黑白$\}=\overline{A}_1A_2$，且

$$P(B_2)=(2/10)\times(4/20)=1/25;$$

$B_3=\{$取到白白$\}=A_1A_2$，且

$$P(B_3)=(8/10)\times(4/20)=4/25.$$

又因为

$$P(C|B_0)=0,\quad P(C|B_1)=1/2,$$
$$P(C|B_2)=1/2,\quad P(C|B_3)=1,$$

所以 $$P(C)=0\times(4/25)+(1/2)\times(16/25)+(1/2)\times(1/25)+1\times(4/25)=1/2.$$

解法 2 设 $A_i=\{$已取出的球来自第 i 个箱$\}(i=1,2)$，则

$$P(A_i)=1/2\quad(i=1,2);$$

又设 $B=\{$取到白球$\}$，则

$$P(B|A_1)=8/10,\quad P(B|A_2)=4/20.$$

于是有
$$\begin{aligned}P(B)&=P(A_1)P(B|A_1)+P(A_2)P(B|A_2)\\&=(1/2)\times(8/10)+(1/2)\times(4/20)=1/2.\end{aligned}$$

习 题 1.3

1. 答案是：$\frac{1}{10}$.

分析 由 $\sum\limits_i P\{X=x_i\}=1$，即 $c+2c+3c+4c=10c=1$，因此 $c=\frac{1}{10}$.

2. 答案是：$\frac{81}{10000}$.

分析 由于 $X\sim B\left(5,\frac{1}{10}\right)$. 所以

$$P\{X=3\}=\mathrm{C}_5^3\left(\frac{1}{10}\right)^3\left(\frac{9}{10}\right)^2=\frac{81}{10\,000}.$$

3. 答案是：$\frac{1}{81}$.

分析 设 4 次试验中 A 出现的次数为 X. 根据二项分布的定义及公式

$$P\{X=k\}=\mathrm{C}_n^k p^k(1-p)^{n-k}\quad(k=1,2,\cdots),$$

于是
$$P\{X=4\}=\mathrm{C}_4^4\left(\frac{1}{3}\right)^4=\frac{1}{81}.$$

4. 答案是：$\frac{3}{16}$.

分析 由于是大批产品，因此从中抽取若干个后，不影响它的一级品率为 $\frac{1}{2}$. 我们仍按上题计算之，有

$$\begin{aligned}P\{X\geqslant 4\}&=P\{X=4\}+P\{X=5\}\\&=\mathrm{C}_5^4\left(\frac{1}{2}\right)^5+\mathrm{C}_5^5\left(\frac{1}{2}\right)^5=\frac{3}{16}.\end{aligned}$$

5. 答案是：$P\{X=k\}=\left(\frac{4}{5}\right)\left(\frac{1}{5}\right)^{k-1}\quad(k=1,2,3,\cdots)$.

分析 设测试次数为 X，则 X 的可能值为 $1,2,3,\cdots$.

当 $X=k$ 时，相当于前 $k-1$ 次测到的都是次品，而第 k 次测到的是正品. 根据独立情况下的乘法公式，故

$$P\{X=k\}=\left(\frac{1}{5}\right)^{k-1}\cdot\left(\frac{4}{5}\right).$$

6. 答案是：3.

分析 根据概率密度函数 $p(x)$ 的性质，有

$$\int_0^1 Cx^2\mathrm{d}x=\frac{1}{3}Cx^3\Big|_0^1=\frac{1}{3}C=1,$$

故 $C=3$.

7. 答案是：$\frac{4}{\pi}$.

分析 由于

$$\int_0^1 \frac{C\mathrm{d}x}{1+x^2}=C\arctan x\Big|_0^1=C(\arctan 1-\arctan 0)=C\cdot\frac{\pi}{4}=1,$$

所以 $C=\frac{4}{\pi}$.

8. 答案是：$\frac{1}{4}(x_2-1)$.

分析 由于 $X\sim U(1,5)$,所以其概率密度为

$$p(x)=\begin{cases}\frac{1}{4}, & 1\leqslant x\leqslant 5,\\ 0, & \text{其他}.\end{cases}$$

故
$$P\{x_1\leqslant X\leqslant x_2\}=\int_1^{x_2}\frac{1}{4}\mathrm{d}x=\frac{1}{4}(x_2-1).$$

9. 答案是：0.3413.

分析 由于 $X\sim N(0,1)$,因此

$$\begin{aligned}P\{-1<X<0\}&=\Phi(0)-\Phi(-1)=\Phi(0)+\Phi(1)-1\\&=0.5+0.8413-1=0.3413.\end{aligned}$$

10. 答案是：0.9974.

分析

$$\begin{aligned}P\{|X-\mu|\leqslant 3\sigma\}&=P\{-3\sigma\leqslant X-\mu\leqslant 3\sigma\}\\&=P\left\{-3\leqslant\frac{X-\mu}{\sigma}\leqslant 3\right\}\\&=\Phi(3)-\Phi(-3)=2\Phi(3)-1\\&=2\times 0.9987-1=0.9974.\end{aligned}$$

11. 答案是：0.5328；0.957；3.

分析
$$\begin{aligned}P\{2<X\leqslant 5\}&=P\left\{\frac{2-3}{2}<\frac{X-3}{2}\leqslant\frac{5-3}{2}\right\}\\&=\Phi(1)-\Phi(-0.5)=\Phi(1)+\Phi(0.5)-1\\&=0.8413+0.6915-1=0.5328;\end{aligned}$$

$$\begin{aligned}P\{-2<X\leqslant 7\}&=P\left\{\frac{-2-3}{2}<\frac{X-3}{2}\leqslant\frac{7-3}{2}\right\}\\&=\Phi(2)-\Phi(-2.5)=0.9772-1+0.9798\\&=0.957.\end{aligned}$$

由于

$$P\{X>c\}=1-P\{X\leqslant c\}\xlongequal{\text{由题设}}P\{X\leqslant c\},$$

故
$$2P\{X\leqslant c\}=1,\quad P\{X\leqslant c\}=\frac{1}{2},$$

$$P\left\{\frac{X-3}{2}\leqslant\frac{c-3}{2}\right\}=\Phi\left(\frac{c-3}{2}\right)=\frac{1}{2}.$$

查表得 $\frac{c-3}{2}=0$，即 $c=3$.

12. 答案是：31.25.

分析

$$P\{120<X\leqslant 200\}=P\left\{\frac{120-160}{\sigma}<\frac{X-160}{\sigma}<\frac{200-160}{\sigma}\right\}$$

$$=\Phi\left(\frac{40}{\sigma}\right)-\Phi\left(-\frac{40}{\sigma}\right)=2\Phi\left(\frac{40}{\sigma}\right)-1=0.8,$$

即

$$\Phi\left(\frac{40}{\sigma}\right)=0.9.$$

查表得 $\frac{40}{\sigma}=1.28$,即 $\sigma=31.25$.

13. 解 (1) 由题意可知,X 的正概率点为 0,1,2,并且

$$P\{X=k\}=\frac{C_2^kC_3^{3-k}}{C_5^3}\quad(k=0,1,2),$$

或者可用分布列表示为

X	0	1	2
$P\{X=x_i\}$	0.1	0.6	0.3

(2) 由分布函数的定义有

$$F(x)=P\{X\leqslant x\}=\begin{cases}0, & x<0,\\ 0.1, & 0\leqslant x<1,\\ 0.7, & 1\leqslant x<2,\\ 1, & x\geqslant 2,\end{cases}$$

其图形为

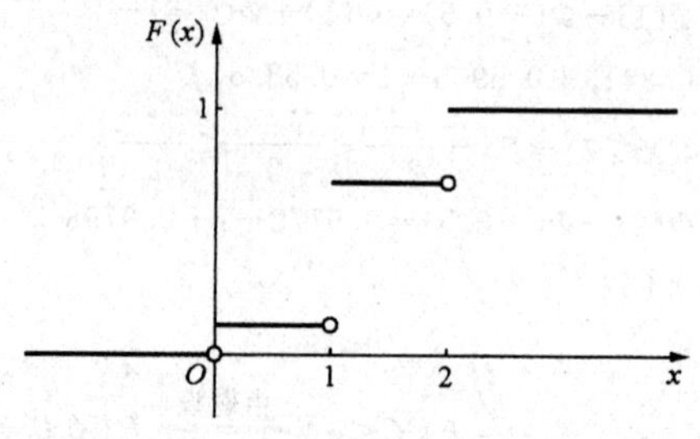

(3) $P\{0<X\leqslant 2\}=F(2)-F(0)=1-0.1=0.9$.

14. 解 由独立情况下的乘法公式,得到

$$P\{X=k\}=\left(\frac{3}{8}\right)^{k-1}\cdot\frac{5}{8}\quad(k=1,2,\cdots),$$

因此

$$\begin{aligned}P\{1<X\leqslant 3\}&=P\{X=2\}+P\{X=3\}\\&=\left(\frac{3}{8}\right)^{1}\frac{5}{8}+\left(\frac{3}{8}\right)^{2}\frac{5}{8}=\frac{165}{512}.\end{aligned}$$

15. 解 (1) 由于

$$\int_{-\infty}^{+\infty}p(x)\mathrm{d}x=\int_{-\infty}^{0}C\mathrm{e}^{x}\mathrm{d}x+\int_{0}^{2}\frac{1}{4}\mathrm{d}x=C+\frac{1}{2}=1,$$

因此 $C=\dfrac{1}{2}$.

(2) X 的分布函数

$$\begin{aligned}F(x)&=P\{X\leqslant x\}\\&=\begin{cases}\int_{-\infty}^{x}\frac{1}{2}\mathrm{e}^{t}\mathrm{d}t, & x<0,\\ \int_{-\infty}^{0}\frac{1}{2}\mathrm{e}^{t}\mathrm{d}t+\int_{0}^{x}\frac{1}{4}\mathrm{d}t, & 0\leqslant x<2,\\ \int_{-\infty}^{0}\frac{1}{2}\mathrm{e}^{t}\mathrm{d}t+\int_{0}^{2}\frac{1}{4}\mathrm{d}t+\int_{0}^{x}0\mathrm{d}t, & x\geqslant 2\end{cases}\\&=\begin{cases}\frac{1}{2}\mathrm{e}^{x}, & x<0,\\ \frac{1}{2}+\frac{1}{4}x, & 0\leqslant x<2,\\ 1, & x\geqslant 2.\end{cases}\end{aligned}$$

(3) $P\{X\leqslant 1\}=F(1)-F(-\infty)=0.75$;

$P\{1<X<2\}=P\{1<X\leqslant 2\}=F(2)-F(1)=0.25$.

也可以用概率密度计算

$$P\{X\leqslant 1\}=\int_{-\infty}^{1}p(x)\mathrm{d}x=\int_{-\infty}^{0}\frac{1}{2}\mathrm{e}^{x}\mathrm{d}x+\int_{0}^{1}\frac{1}{4}\mathrm{d}x=0.75;$$

$$P\{1<X<2\}=\int_{1}^{2}p(x)\mathrm{d}x=\int_{1}^{2}\frac{1}{4}\mathrm{d}x=0.25.$$

16. 解 (1) 根据连续型随机变量的分布函数在$(-\infty,+\infty)$内连续,因此

$$\lim_{x\to 2-0}F(x)=\lim_{x\to 2+0}F(x)=F(2)=1.$$

又由于 $\lim\limits_{x\to 2-0}F(x)=\lim\limits_{x\to 2-0}Ax^{3}=8A$, 故 $A=\dfrac{1}{8}$.

(2) $P\{0<X<1\}=P\{0<X\leqslant 1\}=F(1)-F(0)=0.125$,

$P\{1.5<X\leqslant 2\}=F(2)-F(1.5)=0.578$,

$P\{2\leqslant X<3\}=P\{2<X\leqslant 3\}=F(3)-F(2)=0$.

(3) $p(x)=F''(x)=\begin{cases}\dfrac{3}{8}x^2, & 0<x<2,\\ 0, & 其他.\end{cases}$

17. 解 (1) 考虑到

$$P\{Y_1=0\}=P\{X=-1\}+P\{X=1\}$$
$$=\frac{1}{3}+\frac{1}{3}=\frac{2}{3},$$

并且

$$P\{Y_1=-1\}=P\{X=0\}=\frac{1}{12},$$

$$P\{Y_1=3\}=P\{X=-2\}=\frac{1}{4}.$$

因此 Y_1 的分布为

Y_1	-1	0	3
$P\{Y_1=y_i\}$	$\frac{1}{12}$	$\frac{2}{3}$	$\frac{1}{4}$

(2) 由于 Y_2 的正概率点与 X 的一一对应,因此 Y_2 的分布为

Y_2	$\frac{5}{2}$	3	$\frac{7}{2}$	4
$P\{Y_2=y_j\}$	$\frac{1}{3}$	$\frac{1}{12}$	$\frac{1}{3}$	$\frac{1}{4}$

18. 解 首先看一下在 X 的正概率点处,Y_1,Y_2 取值情况

X	0	$\frac{\pi}{2}$	π	$\frac{3\pi}{2}$	2π
$Y_1=\sin X_i$	0	1	0	-1	0
$Y_2=2\cos X_i$	2	0	-2	0	2
$P\{X=x_i\}$	0.1	0.3	0.2	0.3	0.1

因此,我们有

(1) Y_1 的分布为

Y_1	-1	0	1
$P\{Y_1=y_i\}$	0.3	0.4	0.3

(2) Y_2 的分布为

Y_2	-2	0	2
$P\{Y_2=y_j\}$	0.2	0.6	0.2

19. 解 用定义法. 由于

$$\alpha = e^{-1}, \quad \beta = 1,$$

因此当 $e^{-1}<y<1$ 时,有

$$F_2(y) = P\{Y \leqslant y\} = P\{e^{-X} \leqslant y\} = P\{X \geqslant -\ln y\}$$

$$= \int_{-\ln y}^{1} 2x\mathrm{d}x = 1 - (\ln y)^2.$$

得到
$$F_2(y) = \begin{cases} 0, & y \leqslant e^{-1}, \\ 1-(\ln y)^2, & e^{-1} < y < 1, \\ 1, & y \geqslant 1. \end{cases}$$

因此
$$p_2(y) = \begin{cases} -\dfrac{2\ln y}{y}, & e^{-1} < y < 1, \\ 0, & \text{其他}. \end{cases}$$

注意 本题也可以使用公式法求出.

20. 解 用公式法. 由于

$$\alpha = 0, \quad \beta = +\infty,$$

并且 $y=f(x)=2x^3$,反函数为

$$x = \sqrt[3]{\frac{y}{2}}, \quad x'_y = \frac{1}{3\sqrt[3]{2y^2}},$$

因此,我们有

$$p_2(y) = \begin{cases} \dfrac{2\sqrt[3]{2}}{3\pi(y\sqrt[3]{y} + \sqrt[3]{4y^2})}, & y > 0, \\ 0, & y \leqslant 0. \end{cases}$$

习 题 1.4

1. 解 (1) 由题意可知 X 的所有可能取值为 1,2,3,4; Y 的所有可能取值为 0,1,2.

考虑到当 4 件产品中只有 1 件一等品时,二等品至少要有 2 件,因此

$$P\{X=1,Y=0\} = P\{X=1,Y=1\} = 0,$$

而
$$P\{X=1,Y=2\} = \frac{C_5^1C_2^2C_1^1}{C_8^4} = \frac{1}{14}.$$

又由于当4件产品中有2件一等品时，至少要有1件二等品，因此

$$P\{X=2,Y=0\}=0,$$

而
$$P\{X=2,Y=1\}=\frac{C_5^2C_2^1C_1^1}{C_8^4}=\frac{2}{7},$$

$$P\{X=2,Y=2\}=\frac{C_5^2C_2^2}{C_8^4}=\frac{1}{7}.$$

又由于当4件产品中有3件一等品时，最多有1件二等品；当4件产品全为一等品时，二等品件数只能为0.因此

$$P\{X=3,Y=2\}=0,$$

而
$$P\{X=3,Y=0\}=\frac{C_5^3C_1^1}{C_8^4}=\frac{1}{7},$$

$$P\{X=3,Y=1\}=\frac{C_5^3C_2^1}{C_8^4}=\frac{2}{7};$$

$$P\{X=4,Y=1\}=P\{X=4,Y=2\}=0,$$

而
$$P\{X=4,Y=0\}=\frac{C_5^4}{C_8^4}=\frac{1}{14}.$$

故(X,Y)的联合分布如下：

X \ Y	0	1	2
1	0	0	$\frac{1}{14}$
2	0	$\frac{2}{7}$	$\frac{1}{7}$
3	$\frac{1}{7}$	$\frac{2}{7}$	0
4	$\frac{1}{14}$	0	0

(2) 将上表中各行上的值分别相加，就得到关于X的边缘分布.将上表中各列上的值分别相加，就得到关于Y的边缘分布.

X的分布为

X	1	2	3	4
$P\{X=x_i\}$	$\frac{1}{14}$	$\frac{3}{7}$	$\frac{3}{7}$	$\frac{1}{14}$

Y的分布为

Y	0	1	2
$P\{Y=y_i\}$	$\frac{3}{14}$	$\frac{4}{7}$	$\frac{3}{14}$

(3) 由于

$$p_{1\cdot}=P\{X=1\}=\frac{1}{14},\quad p_{\cdot 1}=P\{Y=0\}=\frac{3}{14},\quad p_{11}=0,$$

有 $p_{1\cdot}p_{\cdot 1}\neq p_{11}$,所以 X,Y 不独立.

2. 解 (1) 由于连续型随机向量(X,Y)的联合概率密度 $p(x,y)$满足

$$\int_{-\infty}^{+\infty}\int_{-\infty}^{+\infty}p(x,y)\mathrm{d}x\mathrm{d}y=1,$$

于是

$$\int_0^1\mathrm{d}x\int_0^2(x^2+kxy)\mathrm{d}y=\int_0^1(2x^2+2kx)\mathrm{d}x=\frac{2}{3}+k=1,$$

解得 $k=\frac{1}{3}$.

(2) 由于 $p_1(x)=\int_{-\infty}^{+\infty}p(x,y)\mathrm{d}y$, 所以当 $x<0$ 或 $x>1$ 时,由于 $p(x,y)=0$,得 $p_1(x)=0$;当 $0\leqslant x\leqslant 1$ 时,有

$$p_1(x)=\int_0^2\left(x^2+\frac{1}{3}xy\right)\mathrm{d}y=2x^2+\frac{2}{3}x.$$

故关于 X 的边缘概率密度为

$$p_1(x)=\begin{cases}2x^2+\frac{2}{3}x, & 0\leqslant x\leqslant 1,\\ 0, & \text{其他}.\end{cases}$$

类似地,关于 Y 的边缘概率密度

$$p_2(y)=\int_{-\infty}^{+\infty}p(x,y)\mathrm{d}x=\begin{cases}0, & y<0\text{ 或 }y>2,\\ \int_0^1\left(x^2+\frac{1}{3}xy\right)\mathrm{d}x, & 0\leqslant y\leqslant 2\end{cases}=\begin{cases}\frac{1}{3}+\frac{1}{6}y, & 0\leqslant y\leqslant 2,\\ 0, & \text{其他}.\end{cases}$$

(3) $P\{X+Y>1\}=\iint\limits_D p(x,y)\mathrm{d}x\mathrm{d}y$,其中 $D=\{(x,y)\mid x+y>1\}$,D 的图形如图 1.1 所示.

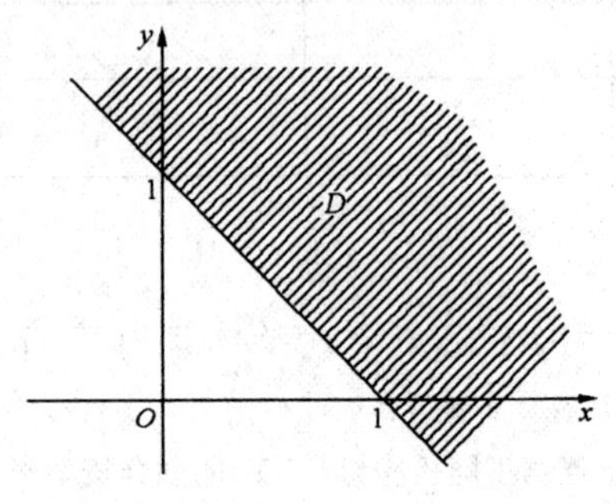

图 1.1

考虑到当 $x<0$ 或 $x>1$ 或 $y<0$ 或 $y>2$ 时，$p(x,y)=0$,因此

$$P\{X+Y>1\}=\int_0^1 \mathrm{d}x\int_{1-x}^2\left(x^2+\frac{1}{3}xy\right)\mathrm{d}y=\frac{65}{72}.$$

(4) 由于 $p_1(x)\cdot p_2(y)\neq p(x,y)$,故 X 与 Y 不独立.

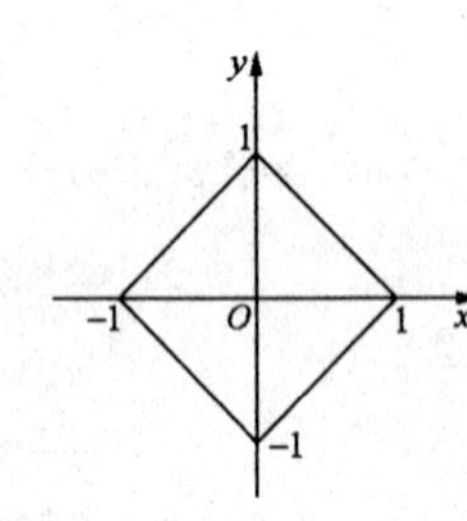

图 1.2

3. 解 区域 D 实际上是以 $(-1,0)$,$(0,1)$,$(1,0)$,$(0,-1)$为顶点的正方形区域(见图 1.2),其边长为$\sqrt{2}$,面积 $S_D=2$,因此(X,Y)的联合概率密度是

$$p(x,y)=\begin{cases}\dfrac{1}{2}, & (x,y)\in D,\\ 0, & (x,y)\notin D.\end{cases}$$

于是关于 X 的边缘概率密度为

$$p_X(x)=\int_{-\infty}^{+\infty}p(x,y)\mathrm{d}y=\begin{cases}\displaystyle\int_{-1-x}^{x+1}\frac{1}{2}\mathrm{d}y, & -1\leqslant x\leqslant 0,\\ \displaystyle\int_{x-1}^{1-x}\frac{1}{2}\mathrm{d}y, & 0<x\leqslant 1,\\ 0, & \text{其他},\end{cases}$$

即

$$p_X(x)=\begin{cases}1+x, & -1\leqslant x\leqslant 0,\\ 1-x, & 0<x\leqslant 1,\\ 0, & \text{其他}.\end{cases}$$

4. 解 (1) (X,Y)的联合分布为

X \ Y	0	1	2	3	4	$p_{i\cdot}$
0	$\frac{1}{12}$	0	0	0	0	$\frac{1}{12}$
1	0	$\frac{5}{24}$	0	0	$\frac{7}{24}$	$\frac{1}{2}$

(续表)

X \ Y	0	1	2	3	4	$p_{i\cdot}$
2	0	0	$\frac{1}{8}$	$\frac{1}{24}$	0	$\frac{1}{6}$
3	0	0	$\frac{1}{6}$	$\frac{1}{12}$	0	$\frac{1}{4}$
$p_{\cdot j}$	$\frac{1}{12}$	$\frac{5}{24}$	$\frac{7}{24}$	$\frac{1}{8}$	$\frac{7}{24}$	

(2) 关于 X,Y 的边缘分布 $p_{i\cdot}$ 及 $p_{\cdot j}$如上表最后一列及最后一行所示.

(3) $P\{X\leqslant 1\}=p_{1\cdot}+p_{2\cdot}=\frac{7}{12}$,

$$P\{X=Y\}=\sum_{k=0}^{3}P\{X=k,Y=k\}=p_{11}+p_{22}+p_{33}+p_{44}=\frac{1}{2},$$

$$\begin{aligned}P\{X\leqslant Y\}&=\sum_{j\geqslant i}^{5}\sum_{i=1}^{4}p_{ij}\\&=p_{11}+p_{22}+\cdots+p_{15}+p_{22}+\cdots+p_{25}+p_{33}\\&\quad+p_{34}+p_{35}+p_{44}+p_{45}=\frac{5}{6}.\end{aligned}$$

5. **解** (1) 由于

$$\begin{aligned}\int_{-\infty}^{+\infty}\int_{-\infty}^{+\infty}p(x,y)\mathrm{d}x\mathrm{d}y&=\int_{-\infty}^{+\infty}\frac{A}{1+x^2}\mathrm{d}x\int_{-\infty}^{+\infty}\frac{1}{1+y^2}\mathrm{d}y\\&=A\left(\arctan x\Big|_{-\infty}^{+\infty}\right)\left(\arctan y\Big|_{-\infty}^{+\infty}\right)\\&=A\pi^2=1,\end{aligned}$$

因此 $A=\frac{1}{\pi^2}$.

(2) $$\begin{aligned}P\{(X,Y)\in D\}&=\iint_D p(x,y)\mathrm{d}x\mathrm{d}y\\&=\int_0^1\mathrm{d}x\int_0^x\frac{1}{\pi^x(1+x^2)(1+y^2)}\mathrm{d}y\\&=\frac{1}{32}.\end{aligned}$$

6. **解** (1) 由于 $\int_{-\infty}^{+\infty}\int_{-\infty}^{+\infty}p(x,y)\mathrm{d}\sigma=1$,即

$$\int_0^1\mathrm{d}x\int_0^x C(x+y)\mathrm{d}y=1,$$

可导出 $C=2$.

(2) 当 $x<0$ 或 $x>1$ 时，$p_1(x)=0$；当 $0\leqslant x\leqslant 1$ 时，

$$p_1(x)=\int_{-\infty}^{+\infty}p(x,y)\mathrm{d}y=\int_0^x 2(x+y)\mathrm{d}y=3x^2.$$

因此
$$p_1(x)=\begin{cases}3x^2, & 0\leqslant x\leqslant 1,\\ 0, & \text{其他},\end{cases}$$

同理
$$p_2(y)=\begin{cases}1+2y-3y^2, & 0\leqslant y\leqslant 1,\\ 0, & \text{其他}.\end{cases}$$

(3) 由于 $p_1(x)\cdot p_2(y)\neq p(x,y)$，故 X 与 Y 不独立.

(4) $P\{X+Y\leqslant 1\}=\iint\limits_{\substack{x+y\leqslant 1\\ 0\leqslant y\leqslant x\leqslant 1}}2(x+y)\mathrm{d}\sigma=\int_0^{\frac{1}{2}}\mathrm{d}y\int_y^{1-y}2(x+y)\mathrm{d}x=\frac{1}{3}.$

习 题 1.5

1. 答案是：1.

分析 因为 $X\sim p(\lambda)$，所以

$$\mathrm{E}(X)=\mathrm{D}(X)=\lambda.$$

因此
$$\mathrm{D}(X)/\mathrm{E}(X)=1.$$

2. 答案是：15.

分析 由于 $X\sim B(n,p)$，所以

$$\mathrm{E}(X)=np=6,\quad \mathrm{D}(X)=np(1-p)=3.6.$$

故
$$6(1-p)=3.6,\quad p=0.4,\quad n=15.$$

3. 答案是：4.

分析 由于

$$\mathrm{E}(Y)=\mathrm{E}(3X-2)=3\mathrm{E}(X)-2,\text{且 }\mathrm{E}(X)=2.$$

故
$$\mathrm{E}(Y)=3\times 2-2=4.$$

4. 答案是：$\frac{1}{3}$.

分析 由于

$$\mathrm{E}(X)=\frac{a+b}{2}=\frac{2}{2}=1,\quad \mathrm{D}(X)=\frac{(b-a)^2}{12}=\frac{2^2}{12}=\frac{1}{3},$$

因此
$$\mathrm{D}(X)/[\mathrm{E}(X)]^2=1/3.$$

5. 答案是：4/3.

分析 由题设可知 X 的概率密度为

$$p(x)=\begin{cases}\mathrm{e}^{-x}, & x>0,\\ 0, & x\leqslant 0,\end{cases}$$

因此

$$
\begin{aligned}
\mathrm{E}(X+\mathrm{e}^{-2X}) &= \mathrm{E}(X)+\mathrm{E}(\mathrm{e}^{-2X}) \\
&= 1+\int_0^{+\infty}\mathrm{e}^{-2x}\cdot\mathrm{e}^{-x}\mathrm{d}x = 1+\int_0^{+\infty}\mathrm{e}^{-3x}\mathrm{d}x \\
&= 1-\frac{1}{3}\mathrm{e}^{-3x}\Big|_0^{+\infty} = 1-\frac{1}{3}(-1)=\frac{4}{3}.
\end{aligned}
$$

6. 答案是：2；2.

分析 由于 $P\{X=1\}=P\{X=2\}$，因此有

$$
\lambda\mathrm{e}^{-\lambda}=\frac{\lambda^2}{2!}\mathrm{e}^{-\lambda},\quad 2\lambda=\lambda^2,\quad \lambda^2-2\lambda=\lambda(\lambda-2)=0.
$$

即 $\lambda_1=0$（舍去），$\lambda_2=2$. 又由于 $X\sim P(\lambda)$，故

$$
\mathrm{E}(X)=\mathrm{D}(X)=\lambda=2.
$$

7. 答案是：λ.

分析 由方差的定义.

8. 答案是：1；$\frac{1}{2}$.

分析 由于

$$
p(x)=\frac{1}{\sqrt{\pi}}\mathrm{e}^{-x^2+2x-1}=\frac{1}{\frac{1}{\sqrt{2}}\sqrt{2\pi}}\mathrm{e}^{-\frac{(x-1)^2}{2\left(\frac{1}{\sqrt{2}}\right)^2}},
$$

因此 $X\sim N\left(1,\left(\frac{\sqrt{2}}{2}\right)^2\right)$. 故 $\mathrm{E}(X)=1$，$\mathrm{D}(X)=\frac{1}{2}$.

9. 解

$$
\mathrm{E}(X)=1\times\frac{7}{30}+2\times\frac{7}{120}+3\times\frac{1}{120}=0.375,
$$

$$
\mathrm{E}(X^2)=1\times\frac{7}{30}+4\times\frac{7}{120}+9\times\frac{1}{120}=\frac{13}{24},
$$

$$
\mathrm{D}(X)=\mathrm{E}(X^2)-[\mathrm{E}(X)]^2=0.4.
$$

10. 解 考虑到 X 的概率密度为

$$
p(x)=F'(x)=\begin{cases}\dfrac{24}{x^4}, & x\geqslant 2,\\ 0, & x<2,\end{cases}
$$

于是，我们有

$$
\mathrm{E}(X)=\int_{-\infty}^{+\infty}xp(x)\mathrm{d}x=\int_2^{+\infty}\frac{24}{x^3}\mathrm{d}x=3,
$$

$$
\mathrm{E}(X^2)=\int_{-\infty}^{+\infty}x^2p(x)\mathrm{d}x=\int_2^{+\infty}\frac{24}{x^2}\mathrm{d}x=12,
$$

$$D(X) = E(X^2) - [E(X)]^2 = 12 - 9 = 3.$$

11. 解 由

$$\int_{-\infty}^{+\infty} p(x)dx = \int_{-\frac{\pi}{2}}^{\frac{\pi}{2}} k\cos x dx = 2k = 1$$

得到 $k=\frac{1}{2}$,因此

$$E(X) = \int_{-\infty}^{+\infty} xp(x)dx = \int_{-\frac{\pi}{2}}^{\frac{\pi}{2}} \frac{1}{2}x\cos x dx = 0,$$

$$E(X^2) = \int_{-\infty}^{+\infty} x^2p(x)dx = \int_{-\frac{\pi}{2}}^{\frac{\pi}{2}} \frac{1}{2}x^2\cos x dx = \frac{\pi^2}{4} - 2,$$

故 $$D(X) = \frac{\pi^2}{4} - 2.$$

12. 解 根据表示性定理,我们有

$$E(Y) = \int_{-\infty}^{+\infty} e^{-x}p(x)dx = \int_0^1 e^{-x} \cdot 2(1-x)dx = 0.736,$$

$$E(Y^2) = \int_{-\infty}^{+\infty} (e^{-x})^2p(x)dx = \int_0^1 e^{-2x}2(1-x)dx = 0.5677,$$

故 $$D(X) = E(Y^2) - [E(Y)]^2 = 0.026.$$

13. 解 (1) $E(3X+2Y)=3E(X)+2E(Y)=3\times2+2\times3=12.$

(2) $D(X-Y)=D(X)+D(Y)-2\sigma_{XY}$

$$=D(X)+D(Y)-2\rho\sqrt{D(X)}\sqrt{D(Y)},$$

考虑到

$$D(X) = E(X^2) - [E(X)]^2 = 20 - 4 = 16,$$

$$D(Y) = E(Y^2) - [E(Y)]^2 = 34 - 9 = 25,$$

因此 $$D(X-Y) = 16 + 25 - 2\times0.5\times4\times5 = 21.$$

14. 解 已知 X 在[0,60]上服从均匀分布,其概率密度为

$$p(x) = \begin{cases} \frac{1}{60}, & 0 \leqslant x \leqslant 60, \\ 0, & \text{其他}. \end{cases}$$

设 Y 是乘客等候地铁的时间(单位: 分),则

$$Y = g(X) = \begin{cases} 5 - X, & 0 < X \leqslant 5, \\ 25 - X, & 5 < X \leqslant 25, \\ 55 - X, & 25 < X \leqslant 55, \\ 60 - X + 5, & 55 < X \leqslant 60. \end{cases}$$

因此

$$\begin{aligned}
\mathrm{E}(Y) &= \mathrm{E}[g(X)] = \int_{-\infty}^{+\infty} g(x)\cdot p(x)\mathrm{d}x = \frac{1}{60}\int_0^{60} g(x)\mathrm{d}x \\
&= \frac{1}{60}\Big[\int_0^5 (5-x)\mathrm{d}x + \int_5^{25}(25-x)\mathrm{d}x \\
&\quad + \int_{25}^{55}(55-x)\mathrm{d}x + \int_{55}^{60}(65-x)\mathrm{d}x\Big] \\
&= \frac{1}{60}(12.5+200+450+37.5) = 11.67.
\end{aligned}$$

15. 解 D 是以原点为圆心,1 为半径的圆,其面积等于 π,故 (X,Y) 的联合概率密度为

$$p(x,y) = \begin{cases} \dfrac{1}{\pi}, & x^2+y^2 \leqslant 1, \\ 0, & \text{其他}, \end{cases}$$

于是

$$\begin{aligned}
\mathrm{E}(X) &= \int_{-\infty}^{+\infty}\int_{-\infty}^{+\infty} x p(x,y)\mathrm{d}x\mathrm{d}y = \frac{1}{\pi}\iint\limits_{x^2+y^2\leqslant 1} x\mathrm{d}x\mathrm{d}y \\
&= \frac{1}{\pi}\int_0^{2\pi}\int_0^1 r\cos\theta\cdot r\mathrm{d}r\mathrm{d}\theta = \frac{1}{\pi}\int_0^{2\pi}\cos\theta\,\mathrm{d}\theta\cdot\int_0^1 r^2\mathrm{d}r \\
&= 0.
\end{aligned}$$

同样地,$\mathrm{E}(Y)=0$. 而

$$\begin{aligned}
\sigma_{XY} &= \int_{-\infty}^{+\infty}\int_{-\infty}^{+\infty}[x-\mathrm{E}(X)]\cdot[y-\mathrm{E}(Y)]p(x,y)\mathrm{d}x\mathrm{d}y \\
&= \frac{1}{\pi}\iint\limits_{x^2+y^2\leqslant 1} xy\mathrm{d}x\mathrm{d}y = \frac{1}{\pi}\int_0^{2\pi}\int_0^1 r^2\sin\theta\cos\theta\cdot r\mathrm{d}r\mathrm{d}\theta \\
&= \frac{1}{\pi}\int_0^{2\pi}\sin\theta\cos\theta\,\mathrm{d}\theta\cdot\int_0^1 r^3\mathrm{d}r = 0,
\end{aligned}$$

由此得 $\rho_{XY}=0$.

下面讨论独立性. 当 $|x|\leqslant 1$ 时,

$$p_X(x) = \int_{-\sqrt{1-x^2}}^{\sqrt{1-x^2}} \frac{1}{\pi}\mathrm{d}y = \frac{2}{\pi}\sqrt{1-x^2};$$

当 $|y|\leqslant 1$ 时,

$$p_Y(y) = \int_{-\sqrt{1-y^2}}^{\sqrt{1-y^2}} \frac{1}{\pi}\mathrm{d}x = \frac{2}{\pi}\sqrt{1-y^2}.$$

显然

$$p_X(x)\cdot p_Y(y) \neq p(x,y),$$

故 X 和 Y 不是相互独立的. 这说明 $\rho_{XY}=0$ 不是 X,Y 相互独立的充分条件.

16. 解法 1 利用表示性定理

$$\mathrm{E}[f(X,Y)]=\int_{-\infty}^{+\infty}\int_{-\infty}^{+\infty}f(x,y)p(x,y)\mathrm{d}\sigma,$$

有
$$\mathrm{E}(X)=\int_{-\infty}^{+\infty}\int_{-\infty}^{+\infty}xp(x,y)\mathrm{d}\sigma=\frac{\pi}{2}.$$

同理 $\mathrm{E}(Y)=\frac{\pi}{2}$. 而

$$\mathrm{D}(X)=\int_{-\infty}^{+\infty}\int_{-\infty}^{+\infty}[x-\mathrm{E}(X)]^2p(x,y)\mathrm{d}\sigma=\frac{\pi^2}{4}-2.$$

同理 $\mathrm{D}(Y)=\frac{\pi^2}{4}-2$. 因此

$$\mathrm{E}(\xi)=\left(\frac{\pi}{2},\frac{\pi}{2}\right),\quad \mathrm{D}(\xi)=\left(\frac{\pi^2}{4}-2,\frac{\pi^2}{4}-2\right),$$

$$\sigma_{XY}=\int_{-\infty}^{+\infty}\int_{-\infty}^{+\infty}[x-\mathrm{E}(X)][y-\mathrm{E}(Y)]p(x,y)\mathrm{d}\sigma=0.$$

由此得

$$\rho_{XY}=\frac{\sigma_{XY}}{\sqrt{\mathrm{D}(X)}\sqrt{\mathrm{D}(Y)}}=0.$$

解法 2 因为 $p(x,y)=p_1(x)\cdot p_2(y)$, 其中

$$p_1(x)=\begin{cases}\frac{1}{2}\sin x, & 0\leqslant x\leqslant\pi,\\ 0, & \text{其他},\end{cases}$$

$$p_2(y)=\begin{cases}\frac{1}{2}\sin y, & 0\leqslant y\leqslant\pi,\\ 0, & \text{其他},\end{cases}$$

所以, X 与 Y 相互独立. 因此 $\rho_{XY}=0$. 又因为

$$\mathrm{E}(X)=\int_{-\infty}^{+\infty}xp_1(x)\mathrm{d}x=\frac{\pi}{2},$$

$$\mathrm{E}(X^2)=\int_{-\infty}^{+\infty}x^2p_1(x)\mathrm{d}x=\frac{\pi^2}{2}-2.$$

所以
$$\mathrm{D}(X)=\mathrm{E}(X^2)-[\mathrm{E}(X)]^2=\frac{\pi^2}{2}-2-\frac{\pi^2}{4}=\frac{\pi^2}{4}-2.$$

同理有

$$\mathrm{E}(Y)=\frac{\pi}{2},\quad \mathrm{E}(Y^2)=\frac{\pi^2}{2}-2,$$

$$\mathrm{D}(Y)=\mathrm{E}(Y^2)-[\mathrm{E}(Y)]^2=\frac{\pi^2}{4}-2.$$

因此
$$\mathrm{E}(\xi)=\left(\frac{\pi}{2},\frac{\pi}{2}\right),\quad \mathrm{D}(\xi)=\left(\frac{\pi^2}{4}-2,\frac{\pi^2}{4}-2\right).$$

习 题 2.1

1. 解 由定理 2.1 可知

$$\bar{x} \sim N(0,4^{-2}), \quad 4\bar{x} \sim N(0,1),$$

于是有

$$P\{\bar{x} \geqslant \lambda\} = P\{4\bar{x} \geqslant 4\lambda\} = 1 - \Phi(4\lambda) = 0.01,$$

即

$$\Phi(4\lambda) = 0.99.$$

查正态分布分位数表(附表 1)可得 $4\lambda \approx 2.33$，$\lambda \approx 0.58$.

2. 解 由 χ^2 分布定义可知 $X^2 \sim \chi^2(1)$，于是有

$$P\{2X^2 \geqslant \lambda\} = P\left\{X^2 \geqslant \frac{\lambda}{2}\right\} = 0.05.$$

查 χ^2 分布分位数表(附表 3)可得

$$\frac{\lambda}{2} = \chi^2_{0.05}(1) = 3.84,$$

即 $\lambda = 7.68$.

3. 解 由定理 5.3 与例 2 可知

$$t = \frac{\bar{x}}{S}\sqrt{10} \sim t(9),$$

$$Y = t^2 = \frac{10\bar{x}^2}{S^2} \sim F(1,9).$$

查 F 分布临界值表(附表 4)可得

$$\lambda = F_{0.01}(1,9) = 10.56.$$

4. 解 由定理 2.1 可知

$$\bar{x} \sim N(10,0.5),$$

于是

$$\begin{aligned} P\{\bar{x} \geqslant 11\} &= 1 - P\{\bar{x} \leqslant 11\} \\ &= 1 - P\left\{\frac{\bar{x} - 10}{\sqrt{0.5}} \leqslant \frac{1}{\sqrt{0.5}}\right\} \\ &= 1 - \Phi(1.41) = 0.079. \end{aligned}$$

5. 解 由定理 2.1 可知

$$\frac{\bar{x} - 1}{0.2}\sqrt{n} \sim N(0,1),$$

于是

$$\begin{aligned} 0.95 \leqslant P\{0.9 \leqslant \bar{x} \leqslant 1.1\} &= P\left\{\left|\frac{\bar{x} - 1}{0.2}\sqrt{n}\right| \leqslant \frac{0.1}{0.2}\sqrt{n}\right\} \\ &= 2\Phi(0.5\sqrt{n}) - 1, \end{aligned}$$

即 $$\Phi(0.5\sqrt{n}) \geqslant 0.975,$$

$$0.5\sqrt{n} \geqslant 1.96, \quad n \geqslant 15.3664.$$

因此样本容量 n 最少应取为 16.

6. 解 考虑到事件$\{W\leqslant\lambda\}$是事件$\{W>\lambda\}$的对立事件,于是有

$$P\{W \geqslant \lambda\} = P\{W > \lambda\} = 1 - P\{W \leqslant \lambda\} = 1 - 0.05 = 0.95.$$

查 χ^2 分布分位数表(附表 3),可得

$$\lambda = \chi^2_{0.95}(5) = 1.145.$$

7. 解 由定理 5.2 可知

$$W = \frac{(n-1)S^2}{\sigma^2} \sim \chi^2(n-1),$$

于是

$$P\left\{\frac{(n-1)S^2}{\sigma^2} \leqslant 15\right\} = P\{W \leqslant 15\} \geqslant 0.95,$$

即 $$P\{W \geqslant 15\} \leqslant 0.05.$$

查 χ^2 分布分位数表(附表 3),有 $\chi^2_{0.05}(8)=15.51$. 因此 $n-1\geqslant 8$,即 $n\geqslant 9$,也即其样本容量 n 的最小值为 9.

习 题 2.2

1. 答案是:[4.804,5.196].

分析 这是一个已知方差,估计均值问题. 由于 $1-\alpha=0.95$,查 $\Phi(\lambda)=1-\frac{\alpha}{2}=0.975$ 得到 $\lambda=1.96$,因此,置信区间为

$$\left[5 - 1.96\frac{1}{\sqrt{100}},\ 5 + 1.96\frac{1}{\sqrt{100}}\right],$$

即[4.804,5.196].

2. 答案是:[4.412,5.588].

分析 这是一个已知方差,估计均值问题. 由于 $1-\alpha=0.95$,查 $\Phi(\lambda)=1-\frac{\alpha}{2}=0.975$ 得到 $\lambda=1.96$,因此,置信区间为

$$\left[5 - 1.96\frac{0.9}{\sqrt{9}},\ 5 + 1.96\frac{0.9}{\sqrt{9}}\right],$$

即[4.412,5.588].

3. 答案是:16.

分析 这是一个已知方差,估计均值问题. 由于 $\dfrac{\overline{x}-a}{0.2/\sqrt{n}}\sim N(0,1)$及

$$P\{|\overline{x}-a|<0.1\}=P\left\{\left|\frac{\overline{x}-a}{0.2/\sqrt{n}}\right|<\frac{0.1}{0.2/\sqrt{n}}\right\}\geqslant 0.95,$$

查 $\Phi(x)=1-\frac{\alpha}{2}=0.975$，得到 $x=1.96$，即

$$\frac{\sqrt{n}}{2}=1.96,$$

解得 $n=4\times 1.96^2$. 故 n 的最小值应不小于自然数 16.

4. 答案是：$\frac{1}{\overline{x}}$.

分析 由于 $X\sim\Gamma(1,\lambda)$，因此 $\mathrm{E}(X)=\frac{1}{\lambda}$. 根据矩法，有

$$\mathrm{E}(X)=\overline{x}, \quad 即 \quad \frac{1}{\lambda}=\overline{x},$$

得到

$$\hat{\lambda}=\frac{1}{\overline{x}}.$$

5. 答案是：$\frac{1}{n}\sum_{i=1}^{n}(x_i-10)^2$.

分析 由于 $X\sim N(10,\sigma^2)$，根据矩法，有

$$\mathrm{D}(X)=\widetilde{S}^2,$$

即

$$\sigma^2=\widetilde{S}^2=\frac{1}{n}\sum_{i=1}^{n}(x_i-\overline{x})^2,$$

得到

$$\hat{\sigma}^2=\frac{1}{n}\sum_{i=1}^{n}(x_i-10)^2.$$

6. 答案是：$\frac{1}{2(n-1)}$.

分析 1 由于

$$\begin{aligned}\sigma^2&=\mathrm{E}\left[C\sum_{i=1}^{n-1}(x_{i+1}-x_i)^2\right]=C\sum_{i=1}^{n-1}\mathrm{E}(x_{i+1}^2-2x_{i+1}x_i+x_i^2)\\&=C\sum_{i=1}^{n-1}[\mathrm{E}(x_{i+1}^2)-2\mathrm{E}(x_{i+1}x_i)+\mathrm{E}(x_i^2)]\\&=C\sum_{i=1}^{n-1}2\{\mathrm{E}(X^2)-[\mathrm{E}(X)]^2\}=2C(n-1)\sigma^2,\end{aligned}$$

因此

$$C=\frac{1}{2(n-1)}.$$

分析 2 令 $Y=x_{i+1}-x_i$，则 $Y\sim N(0,2\sigma^2)$. 由于

$$\begin{aligned}\mathrm{E}\left(C\sum_{i=1}^{n-1}Y^2\right)&=C\sum_{i=1}^{n-1}\mathrm{E}(Y^2)=C(n-1)\{\mathrm{D}(Y)+[\mathrm{E}(Y)]^2\}\\&=C(n-1)2\sigma^2=\sigma^2,\end{aligned}$$

因此 $$C=\frac{1}{2(n-1)}.$$

7. 答案是：无偏.

分析 由估计量的无偏性定义,可知：

“若 $E(\hat{\theta})=\theta$,则称 $\hat{\theta}$ 是 θ 的一个无偏估计量”.

8. 答案是：无偏.

分析 根据估计量的有效性定义,对于 $\hat{\theta}_1$ 和 $\hat{\theta}_2$ 进行有效性比较时,首先要求它们都具有无偏性.

9. 答案是：$S^2=\frac{1}{n-1}\sum_{i=1}^{n}(x_i-\bar{x})^2$.

分析 由于

$$E(S^2)=D(X),$$

因此常用 S^2 对 $D(X)$进行估计.

10. 答案是：最大似然法.

11. 解 (1) 由于 μ 与 σ^2 分别是总体 X 的一阶原点矩(期望)与二阶中心矩(方差),因此它们的矩估计值分别是样本一阶原点矩与二阶中心矩的值,即

$$\hat{\mu}=\bar{x}=\frac{1}{10}\sum_{i=1}^{10}x_i=3140,$$

$$\hat{\sigma}^2=\frac{1}{10}\sum_{i=1}^{10}(x_i-\bar{x})^2=178320.$$

(2) 由于样本方差 S^2 是总体方差 σ^2 的无偏估计量,因此 σ^2 的无偏估计值可以取为 S^2 的值,即

$$\hat{\sigma}^2=S^2=\frac{1}{9}\sum_{i=1}^{10}(x_i-\bar{x})^2=198133.$$

12. 解 (1) 似然函数

$$L(x_1,x_2,\cdots,x_n;\theta)=\begin{cases}\prod_{i=1}^{n}e^{-(x_i-\theta)}, & x_i\geqslant\theta;\ i=1,2,\cdots,n,\\ 0, & \text{其他}\end{cases}$$

$$=\begin{cases}e^{-\sum_{i=1}^{n}(x_i-\theta)}, & \min_{1\leqslant i\leqslant n}x_i\geqslant\theta;\ i=1,2,\cdots,n,\\ 0, & \text{其他}.\end{cases}$$

由于该函数在 $\theta=\min\{x_1,x_2,\cdots,x_n\}$处间断,因此不能用求导数的方法确定极值点. 但是我们注意到一方面当 θ 越大时,函数 $e^{-\sum_{i=1}^{n}(x_i-\theta)}$越大;另一方面,当 $\theta>\min\{x_1,\cdots,x_n\}$时,似然函数 L 等于 0,显然不是最大值. 因此当 $\theta=$

$\min\{x_1,\cdots,x_n\}$时似然函数 L 达到最大值,即 θ 的极大似然估计量为

$$\hat{\theta}=\min\{x_1,x_2,\cdots,x_n\}.$$

(2) 为求 θ 的矩估计量,应首先确定出 θ 与总体矩的关系:

$$\begin{aligned}\mathrm{E}(X)&=\int_{\theta}^{+\infty} x\mathrm{e}^{-(x-\theta)}\mathrm{d}x\\&=\int_{\theta}^{+\infty}(x-\theta)\mathrm{e}^{-(x-\theta)}\mathrm{d}x+\int_{\theta}^{+\infty}\theta\mathrm{e}^{-(x-\theta)}\mathrm{d}x\\&=1+\theta,\end{aligned}$$

即
$$\theta=\mathrm{E}(X)-1,$$

因此 θ 的矩估计量为 $\hat{\theta}=\overline{x}-1$,它不同于极大似然估计量.

13. 解 这是一个已知方差 σ^2,估计均值 μ 的问题.选择样本函数为

$$u=\frac{\overline{x}-\mu}{\sqrt{\frac{\sigma_0^2}{n}}}\sim N(0,1).$$

由于 $1-\alpha=0.95$,故 λ 满足 $P\{|u|\geqslant\lambda\}=0.05$.而 $u\sim N(0,1)$,查正态分布分位数表(附表 1)知 $\lambda=1.96$.再计算

$$\overline{x}=14.98,\quad \frac{\sigma}{\sqrt{n}}\lambda=\sqrt{\frac{0.05}{5}}\times 1.96=0.196,$$

因此所求的置信区间是

$$\left[\overline{x}-\frac{\sigma}{\sqrt{n}}\lambda,\overline{x}+\frac{\sigma}{\sqrt{n}}\lambda\right]=[14.784,15.176].$$

14. 解 (1) 这是一个已知方差,估计均值的问题.选择样本函数为

$$u=\frac{\overline{x}-\mu}{\sqrt{\frac{\sigma_0^2}{n}}}\sim N(0,1),$$

由于 $1-\alpha=0.95$,查正态分布分位数表(附表 1)可知 $\lambda=1.96$.计算得

$$\frac{\sigma}{\sqrt{n}}\times\lambda=\frac{2.8}{\sqrt{10}}\times 1.96=1.735,$$

因此所求的置信区间是

$$\left[\overline{x}-\frac{\sigma}{\sqrt{n}}\lambda,\overline{x}+\frac{\sigma}{\sqrt{n}}\lambda\right]=[1498.265,1501.735].$$

(2) 置信区间的长度 l 是其区间上、下限的差,即

$$l=\frac{2\sigma}{\sqrt{n}}\lambda.$$

解不等式

$$\frac{2\sigma}{\sqrt{n}}\lambda = \frac{2 \times 2.8}{\sqrt{n}} \times 1.96 < 1,$$

得
$$n > (2 \times 2.8 \times 1.96)^2 = 120.47,$$

即样本容量 n 至少应取 121.

(3) 置信区间如果是 $[\overline{x}-1, \overline{x}+1]$，则其长度 l 为 2，于是有等式

$$\frac{2\sigma}{\sqrt{n}}\lambda = 2, \quad \lambda = \frac{\sqrt{n}}{\sigma} = \frac{10}{2.8} = 3.57,$$

$$P\{|u| < \lambda\} = P\{|u| < 3.57\} = 2\Phi(3.57) - 1 = 0.9996.$$

故所求的置信度是 0.9996.

15. 解 (1) 这是一个已知期望 $\mu=2.7$，估计方差 σ^2 的问题. 由 $1-\alpha=0.90$，查 12 个自由度的 χ^2 分布表(附表 3)，可得

$$\lambda_1 = 5.23, \quad \lambda_2 = 21.03,$$

再计算
$$\sum_{i=1}^{12}(x_i - \mu)^2 = \sum_{i=1}^{12}x_i^2 - 12\mu^2 = 2.44,$$

所求的置信区间是

$$\left[\frac{1}{\lambda_2}\sum_{i=1}^{12}(x_i - \mu)^2, \frac{1}{\lambda_1}\sum_{i=1}^{12}(x_i - \mu)^2\right] = \left[\frac{2.44}{21.03}, \frac{2.44}{5.23}\right] = [0.12, 0.47].$$

(2) 这是一个总体期望 μ 未知，估计方差 σ^2 的问题. 由 $1-\alpha=0.90$，查 11 个自由度的 χ^2 分布表(附表 3)，可得

$$\lambda_1 = 4.58, \quad \lambda_2 = 19.68,$$

再计算

$$\sum_{i=1}^{12}(x_i - \overline{x})^2 = \sum_{i=1}^{12}x_i^2 - n\overline{x}^2 = 4.05,$$

所求的置信区间为

$$\left[\frac{1}{\lambda_2}\sum_{i=1}^{12}(x_i - \overline{x})^2, \frac{1}{\lambda_1}\sum_{i=1}^{12}(x_i - \overline{x})^2\right] = \left[\frac{4.05}{19.68}, \frac{4.05}{4.58}\right] = [0.21, 0.88].$$

习　题　2.3

1. 答案是：$\mu=\mu_0$.

分析 由于$U=\dfrac{\bar{x}-\mu_0}{\sqrt{\dfrac{\sigma_0^2}{n}}}$,其中$\mu_0$为已知数,它的分布是未知的,而

$$u=\frac{\bar{x}-\mu}{\sqrt{\dfrac{\sigma_0^2}{n}}}\sim N(0,1),$$

因此当$\mu=\mu_0$时,$U=u\sim N(0,1)$.

2. 答案是:$U=\dfrac{\bar{x}-35}{\sqrt{\dfrac{1.69}{n}}}$.

分析 这是一个已知方差$\sigma^2=1.69$,检验均值$\mu=35$问题,因此选择统计量为

$$U=\frac{\bar{x}-\mu_0}{\sqrt{\dfrac{\sigma_0^2}{n}}}.$$

3. 答案是:χ^2.

分析 这是一个未知μ,检验方差(或标准差)问题,因此选择统计量

$$W=\frac{(n-1)S^2}{\sigma_0^2}.$$

在H_0成立的条件下,它与$w=\dfrac{(n-1)S^2}{\sigma^2}\sim\chi^2(n-1)$是相等的,因此采用$\chi^2$检验法.

4. 答案是:$T=\dfrac{\bar{x}-\mu_0}{\sqrt{\dfrac{S^2}{n}}}$.

分析 这是一个未知σ^2,检验均值问题,因此选择统计量为

$$T=\frac{\bar{x}-\mu_0}{\sqrt{\dfrac{S^2}{n}}}.$$

当H_0: $\mu=\mu_0$成立时,它与$t=\dfrac{\bar{x}-\mu}{\sqrt{\dfrac{S^2}{n}}}\sim t(n-1)$相等.

5. 答案是:$T=\dfrac{\bar{x}}{Q}\sqrt{n(n-1)}$.

分析 由题设$S^2=\dfrac{1}{n-1}\sum\limits_{i=1}^{n}(x_i-\bar{x})^2=\dfrac{1}{n-1}Q^2$,代入公式得

$$T=\frac{\bar{x}-\mu_0}{S/\sqrt{n}}\xlongequal{\mu_0=0}\frac{\bar{x}}{S/\sqrt{n}}=\frac{\bar{x}}{Q}\sqrt{n(n-1)}.$$

6. 解 提出假设 H_0：$\mu=\mu_0=5.2$，H_1：$\mu\neq 5.2$. 选取统计量

$$U=\frac{\overline{x}-5.2}{0.4}\sqrt{15},$$

当 $\mu=5.2$ 时，$U\sim N(0,1)$.

由于 $\alpha=0.05$，查标准正态分布表(附表 1)知 $\lambda=1.96$，即 $P\{|u|\geqslant 1.96\}=0.05$，因此拒绝域 $R=\{|u|\geqslant 1.96\}$.

计算统计量 U 的值：

$$U=\frac{\overline{x}-5.2}{0.4}\sqrt{15}=\frac{5.4-5.2}{0.4}\sqrt{15}=1.94\notin R.$$

由于 $U\notin R$，因此不能拒绝 H_0，可以认为现在生产的纤维，其平均长度没有显著变化，仍为 5.2 mm.

7. 解 (1) 由于这是一个未知方差估计均值问题，我们选择样本函数为

$$t=\frac{\overline{x}-\mu}{\sqrt{\frac{S^2}{n}}}\sim t(n-1).$$

由 $1-\alpha=0.95$，查 t 分布分位数表(附表 2)，可知 $\lambda=2.306$. 所求的置信区间是

$$\left[\overline{x}-\frac{S}{\sqrt{n}}\lambda,\overline{x}+\frac{S}{\sqrt{n}}\lambda\right]$$

$$=\left[30-\frac{0.9}{\sqrt{9}}\times 2.306,30+\frac{0.9}{\sqrt{9}}\times 2.306\right]$$

$$=[29.31,30.69].$$

(2) 提出假设 H_0：$\mu=\mu_0=31.5$. 选取统计量

$$T=\frac{\overline{x}-31.5}{S}\sqrt{9}.$$

当 $\mu=31.5$ 时，$T\sim t(8)$.

对于 $\alpha=0.05$，查 t 分布分位数表(附表 2)，可知

$$\lambda=2.306.$$

因此拒绝域为 $R=\{|t|\geqslant 2.306\}$.

计算统计量 T 的值：

$$T=\frac{30-31.5}{0.9}\sqrt{9}=-5,$$

$$|T|=5>2.306.$$

由于 $T\in R$，因此拒绝 H_0，即不能据此样本认为 9 月份平均气温是 31.5℃.

(3) 对于同一 α 而言，在显著水平 α 下拒绝 H_0：$\mu=\mu_0$ 与 μ_0 在置信度是 $1-\alpha$ 的 μ 的置信区间之外是一致的.

8. 解 提出假设 H_0: $\mu=\mu_0=72$. 选取统计量

$$T=\frac{\overline{x}-72}{S}\sqrt{10}.$$

在 $\mu=72$ 时, $T\sim t(9)$. 查 t 分布分位数表(附表 2), 可知 $\lambda=2.262$. 因此拒绝域为

$$R=\{|t|\geqslant 2.262\}.$$

计算 $\overline{x}=67.2$, $S^2=6.34^2$, 因此有

$$|T|=\left|\frac{67.2-72}{6.34}\sqrt{10}\right|=2.39>2.262.$$

由于 $T\in R$, 因此拒绝 H_0, 认为患者脉搏与正常人脉搏有显著差异.

9. 解 提出假设 H_0: $\mu\leqslant\mu_0=0.5‰$. 选取统计量

$$T=\frac{\overline{x}-0.0005}{S}\sqrt{5}.$$

当 $\mu=0.0005$ 时, $T\sim t(4)$. 查 t 分布分位数表(附表 2), 可知

$$\lambda=2.132,$$

即
$$P\{t\geqslant\lambda\}=0.05,\quad P\{|t|\geqslant\lambda\}=0.10.$$

因此拒绝域为 $R=\{t>2.132\}$.

计算统计量 T 的值:

$$\overline{x}=0.0005184,\quad S^2=0.0000182^2,$$

因此有
$$T=\frac{0.0005184-0.0005}{0.0000182}\sqrt{5}=2.26>2.132.$$

由于 $T\in R$, 因此拒绝 H_0, 即可据此抽样结果认为排放的废水中该有害物质含量已超过了规定标准.

附　　表

附表 1　正态分布分位数表

$$\frac{1}{\sqrt{2\pi}}\int_{-\infty}^{u_p} e^{-u^2/2}du = p$$

p	0.045	0.04	0.035	0.03	0.025	0.02	0.015	0.01	0.005	0.00	p
0.95	2.575829	2.326348	2.170090	2.053749	1.959964	1.880794	1.811911	1.750686	1.695398	1.644854	0.95
0.90	1.598193	1.554774	1.514102	1.475791	1.439531	1.405072	1.372204	1.340755	1.310579	1.281552	0.90
0.85	1.253565	1.226528	1.200359	1.174987	1.150349	1.126391	1.103063	1.080319	1.058122	1.036433	0.85
0.80	1.015222	0.994458	0.974114	0.954165	0.934589	0.915365	0.896473	0.877896	0.859617	0.841621	0.80
0.75	0.823894	0.806421	0.789192	0.772193	0.755415	0.738847	0.722479	0.706303	0.690309	0.674490	0.75
0.70	0.658838	0.643345	0.628006	0.612813	0.597760	0.582841	0.568051	0.553385	0.538836	0.524401	0.70
0.65	0.510073	0.495850	0.481727	0.467699	0.453762	0.439913	0.426148	0.412463	0.398855	0.385320	0.65
0.60	0.371856	0.358459	0.345125	0.331853	0.318639	0.305481	0.292375	0.279319	0.266311	0.253347	0.60
0.55	0.240426	0.227545	0.214702	0.201893	0.189113	0.176374	0.163658	0.150969	0.138304	0.125661	0.55
0.50	0.113039	0.100434	0.087845	0.075270	0.062707	0.050154	0.037608	0.025069	0.012533	0	0.50
p	0.991	0.992	0.993	0.994	0.995	0.996	0.997	0.998	0.999	1.000	p
u_p	2.36562	2.40892	2.45726	2.51214	2.57583	2.65207	2.74778	2.87816	3.09023	∞	u_p

附表 2　t 分布分位数表

$$P\{t(n)\leqslant t_p(n)\}=p$$

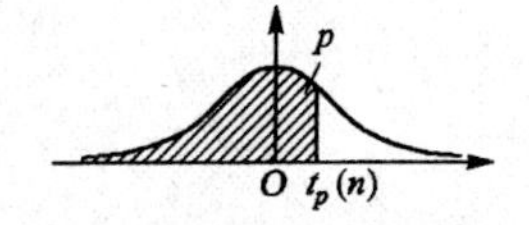

n \ p	0.55	0.60	0.65	0.70	0.75	0.80
1	0.158	0.325	0.510	0.727	1.000	1.376
2	0.142	0.289	0.445	0.617	0.816	1.061
3	0.137	0.277	0.424	0.584	0.765	0.978
4	0.134	0.271	0.414	0.569	0.741	0.941
5	0.132	0.267	0.408	0.559	0.727	0.920
6	0.131	0.265	0.404	0.553	0.718	0.906
7	0.130	0.263	0.402	0.549	0.711	0.896
8	0.130	0.262	0.399	0.546	0.706	0.889
9	0.129	0.261	0.398	0.543	0.703	0.883
10	0.129	0.260	0.397	0.542	0.700	0.879
11	0.129	0.260	0.396	0.540	0.697	0.876
12	0.128	0.259	0.395	0.539	0.695	0.873
13	0.128	0.259	0.394	0.538	0.694	0.870
14	0.128	0.258	0.393	0.537	0.692	0.868
15	0.128	0.258	0.393	0.536	0.691	0.866
16	0.128	0.258	0.392	0.535	0.690	0.865
17	0.128	0.257	0.392	0.534	0.689	0.863
18	0.127	0.257	0.392	0.534	0.688	0.862
19	0.127	0.257	0.391	0.533	0.688	0.861
20	0.127	0.257	0.391	0.533	0.687	0.860
21	0.127	0.257	0.391	0.532	0.686	0.859
22	0.127	0.256	0.390	0.532	0.686	0.858
23	0.127	0.256	0.390	0.532	0.685	0.858
24	0.127	0.256	0.390	0.531	0.685	0.857
25	0.127	0.256	0.390	0.531	0.684	0.856
26	0.127	0.256	0.390	0.531	0.684	0.856
27	0.127	0.256	0.389	0.531	0.684	0.855
28	0.127	0.256	0.389	0.530	0.683	0.855
29	0.127	0.256	0.389	0.530	0.683	0.854
30	0.127	0.256	0.389	0.530	0.683	0.854
40	0.126	0.255	0.388	0.529	0.681	0.851
60	0.126	0.254	0.387	0.527	0.679	0.848
120	0.126	0.254	0.386	0.526	0.677	0.845
∞	0.126	0.253	0.385	0.524	0.674	0.842

续表 2

n \ p	0.85	0.90	0.95	0.975	0.99	0.995	0.9995
1	1.963	3.078	6.314	12.706	31.821	63.657	636.619
2	1.386	1.886	2.920	4.303	6.965	9.925	31.598
3	1.250	1.638	2.353	3.182	4.541	5.841	12.924
4	1.190	1.533	2.132	2.776	3.747	4.604	8.610
5	1.156	1.476	2.015	2.571	3.365	4.032	6.859
6	1.134	1.440	1.943	2.447	3.143	3.707	5.959
7	1.119	1.415	1.895	2.365	2.998	3.499	5.405
8	1.108	1.397	1.860	2.306	2.896	3.355	5.041
9	1.100	1.383	1.833	2.262	2.821	3.250	4.781
10	1.093	1.372	1.812	2.228	2.764	3.169	4.587
11	1.088	1.363	1.796	2.201	2.718	3.106	4.437
12	1.083	1.356	1.782	2.179	2.681	3.055	4.318
13	1.079	1.350	1.771	2.160	2.650	3.012	4.221
14	1.076	1.345	1.761	2.145	2.624	2.977	4.140
15	1.074	1.341	1.753	2.131	2.602	2.947	4.073
16	1.071	1.337	1.746	2.120	2.583	2.921	4.015
17	1.069	1.333	1.740	2.110	2.567	2.898	3.965
18	1.067	1.330	1.734	2.101	2.552	2.878	3.922
19	1.066	1.328	1.729	2.093	2.539	2.861	3.883
20	1.064	1.325	1.725	2.086	2.523	2.845	3.850
21	1.063	1.323	1.721	2.080	2.518	2.831	3.819
22	1.061	1.321	1.717	2.074	2.508	2.819	3.792
23	1.060	1.319	1.714	2.069	2.500	2.807	3.767
24	1.059	1.318	1.711	2.064	2.492	2.797	3.745
25	1.058	1.316	1.708	2.060	2.485	2.787	3.725
26	1.058	1.315	1.706	2.056	2.479	2.779	3.707
27	1.057	1.314	1.703	2.052	2.473	2.771	3.690
28	1.056	1.313	1.701	2.048	2.467	2.763	3.674
29	1.055	1.311	1.699	2.045	2.462	2.756	3.659
30	1.055	1.310	1.697	2.042	2.457	2.750	3.646
40	1.050	1.303	1.684	2.021	2.423	2.704	3.551
60	1.046	1.296	1.671	2.000	2.390	2.660	3.460
120	1.041	1.289	1.658	1.980	2.358	2.617	3.373
∞	1.036	1.282	1.645	1.960	2.326	2.576	3.291

附表 3　χ^2 分布分位数表

$$P\{\chi^2(n)\leqslant\chi_p^2(n)\}=p$$

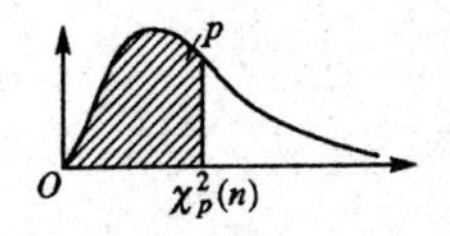

n \ p	0.005	0.01	0.025	0.05	0.10	0.20
1	0.0000	0.0002	0.0010	0.0039	0.0158	0.0642
2	0.0100	0.0201	0.0506	0.103	0.211	0.446
3	0.072	0.115	0.216	0.352	0.584	1.005
4	0.207	0.297	0.484	0.711	1.064	1.649
5	0.412	0.554	0.831	1.145	1.610	2.343
6	0.676	0.872	1.237	1.635	2.204	3.070
7	0.989	1.239	1.690	2.167	2.883	3.822
8	1.344	1.646	2.180	2.733	3.490	4.594
9	1.735	2.088	2.700	3.325	4.168	5.380
10	2.156	2.558	3.247	3.940	4.865	6.179
11	2.603	3.053	3.816	4.575	5.578	6.989
12	3.074	3.571	4.404	5.226	6.304	7.807
13	3.565	4.107	5.009	5.892	7.042	8.634
14	4.075	4.660	5.629	6.571	7.790	9.467
15	4.601	5.229	6.262	7.261	8.547	10.307
16	5.142	5.812	6.908	7.962	9.312	11.152
17	5.697	6.408	7.564	8.672	10.085	12.002
18	6.265	7.015	8.231	9.390	10.865	12.857
19	6.844	7.633	8.907	10.117	11.651	13.716
20	7.434	8.260	9.591	10.851	12.443	14.578
21	8.034	8.897	10.283	11.591	13.240	15.445
22	8.643	9.542	10.982	12.338	14.041	16.314
23	9.260	10.196	11.689	13.091	14.848	17.187
24	9.886	10.856	12.401	13.848	15.659	18.062
25	10.520	11.524	13.120	14.611	16.473	18.940
26	11.160	12.198	13.844	15.379	17.292	19.820
27	11.808	12.879	14.573	16.151	18.114	20.703
28	12.461	13.565	15.308	16.928	18.939	21.588
29	13.121	14.256	16.047	17.708	19.768	22.475
30	13.787	14.953	16.791	18.493	20.599	23.364

续表 3

n \ p	0.80	0.90	0.95	0.975	0.99	0.995	0.999
1	1.642	2.706	3.841	5.024	6.635	7.879	10.828
2	3.219	4.605	5.991	7.378	9.210	10.597	13.816
3	4.642	6.251	7.815	9.348	11.345	12.838	16.266
4	5.989	7.779	9.488	11.143	12.277	14.860	18.467
5	7.289	9.236	11.070	12.833	15.068	16.750	20.515
6	8.558	10.645	12.592	14.449	16.812	18.548	22.458
7	9.803	12.017	14.067	16.013	18.475	20.278	24.322
8	11.030	13.362	15.507	17.535	20.090	21.955	26.125
9	12.242	14.684	16.919	19.023	21.666	23.589	27.877
10	13.442	15.987	18.307	20.483	23.209	25.188	29.588
11	14.631	17.275	19.675	21.920	24.725	26.757	31.264
12	15.812	18.549	21.026	23.337	26.217	28.299	32.909
13	16.985	19.812	22.362	24.736	27.688	29.819	34.528
14	18.151	21.064	23.685	26.119	29.141	31.319	36.123
15	19.311	22.307	24.996	27.488	30.578	32.801	37.697
16	20.465	23.542	26.296	28.845	32.000	34.267	39.252
17	21.615	24.769	27.587	30.191	33.409	35.718	40.790
18	22.760	25.989	28.869	31.526	34.805	37.156	42.312
19	23.900	27.204	30.144	32.852	36.191	38.582	43.820
20	25.038	28.412	31.410	34.170	37.566	39.997	45.315
21	29.171	29.615	32.671	35.479	38.932	41.401	46.797
22	27.301	30.813	33.924	36.781	40.289	42.796	48.268
23	28.429	32.007	35.172	38.076	41.638	44.181	49.728
24	29.553	33.196	36.415	39.364	42.980	45.559	51.179
25	30.675	34.382	37.652	40.646	44.314	46.928	52.618
26	31.795	35.563	38.885	41.923	45.642	48.290	54.052
27	32.912	36.741	40.113	43.194	46.963	49.645	55.476
28	34.027	37.916	41.337	44.461	48.278	50.993	56.893
29	35.139	39.087	42.557	45.722	49.588	52.336	58.301
30	36.250	40.256	43.773	46.979	50.892	53.672	59.703

附表 4　F 分布临界值表($\alpha=0.05$)

n_2 \ n_1	1	2	3	4	5	6	7	8	12	24	∞
1	161.4	199.5	215.7	224.6	230.2	234.0	236.8	238.9	243.9	249.1	254.3
2	18.5	19.0	19.2	19.2	19.3	19.3	19.4	19.4	19.4	19.5	19.5
3	10.1	9.55	9.28	9.12	9.01	8.94	8.89	8.85	8.74	8.64	8.53
4	7.71	6.94	6.59	6.39	6.26	6.16	6.09	6.04	5.91	5.77	5.63
5	6.61	5.79	5.41	5.19	5.05	4.95	4.88	4.82	4.68	4.53	4.36
6	5.99	5.14	4.76	4.53	4.39	4.28	4.21	4.15	4.00	3.84	3.67
7	5.59	4.74	4.35	4.12	3.97	3.87	3.79	3.73	3.57	3.41	3.23
8	5.32	4.46	4.07	3.84	3.69	3.58	3.50	3.44	3.28	3.12	2.93
9	5.12	4.26	3.86	3.63	3.48	3.37	3.29	3.23	3.07	2.90	2.71
10	4.96	4.10	3.71	3.48	3.33	3.22	3.14	3.07	2.91	2.74	2.54
11	4.84	3.98	3.59	3.36	3.20	3.09	3.01	2.95	2.79	2.61	2.40
12	4.75	3.89	3.49	3.26	3.11	3.00	2.91	2.85	2.69	2.51	2.30
13	4.67	3.81	3.41	3.18	3.03	2.92	2.83	2.77	2.60	2.42	2.21
14	4.60	3.74	3.34	3.11	2.96	2.85	2.76	2.70	2.53	2.35	2.13
15	4.54	3.68	3.29	3.06	2.90	2.79	2.71	2.64	2.48	2.29	2.07
16	4.49	3.63	3.24	3.01	2.85	2.74	2.66	2.59	2.42	2.24	2.01
17	4.45	3.59	3.20	2.96	2.81	2.70	2.61	2.55	2.38	2.19	1.96
18	4.41	3.55	3.16	2.93	2.77	2.66	2.58	2.51	2.34	2.15	1.92

续表 4

n_2 \ λ \ n_1	1	2	3	4	5	6	7	8	12	24	∞
19	4.38	3.52	3.13	2.90	2.74	2.63	2.54	2.48	2.31	2.11	1.88
20	4.35	3.49	3.10	2.87	2.71	2.60	2.51	2.45	2.28	2.08	1.84
21	4.32	3.47	3.07	2.84	2.68	2.57	2.49	2.42	2.25	2.05	1.81
22	4.30	3.44	3.05	2.82	2.66	2.55	2.46	2.40	2.23	2.03	1.78
23	4.28	3.42	3.03	2.80	2.64	2.53	2.44	2.37	2.20	2.01	1.76
24	4.26	3.40	3.01	2.78	2.62	2.51	2.42	2.36	2.18	1.98	1.73
25	4.24	3.39	2.99	2.76	2.60	2.49	2.40	2.34	2.16	1.96	1.71
26	4.23	3.37	2.98	2.74	2.59	2.47	2.39	2.32	2.15	1.95	1.69
27	4.21	3.35	2.96	2.73	2.57	2.46	2.37	2.31	2.13	1.93	1.67
28	4.20	3.34	2.95	2.71	2.56	2.45	2.36	2.29	2.12	1.91	1.65
29	4.18	3.33	2.93	2.70	2.55	2.43	2.35	2.28	2.10	1.90	1.64
30	4.17	3.32	2.92	2.69	2.53	2.42	2.33	2.27	2.09	1.89	1.62
40	4.08	3.23	2.84	2.61	2.45	2.34	2.25	2.18	2.00	1.79	1.51
60	4.00	3.15	2.76	2.53	2.37	2.25	2.17	2.10	1.92	1.70	1.39
120	3.92	3.07	2.68	2.45	2.29	2.17	2.09	2.02	1.83	1.61	1.25
∞	3.84	3.00	2.60	2.37	2.21	2.10	2.01	1.94	1.75	1.52	1.00

[注] 表中 n_1 是第一自由度(分子的自由度); n_2 是第二自由度(分母的自由度); λ 是临界值, $P\{F>\lambda\}=\alpha=0.05$.

附表 5　F 分布临界值表（$\alpha=0.025$）

n_2 \ n_1 (λ)	1	2	3	4	5	6	7	8	12	24	∞
1	648.8	799.5	864.2	899.6	921.8	937.1	948.2	956.7	976.7	997.2	1018.3
2	38.51	39.00	39.17	39.25	39.30	39.33	39.36	39.37	39.41	39.46	39.5
3	17.44	16.04	15.44	15.10	14.88	14.73	14.62	14.54	14.34	14.12	13.9
4	12.22	10.65	9.98	9.60	9.36	9.20	9.07	8.98	8.75	8.51	8.26
5	10.01	8.43	7.76	7.39	7.15	6.98	6.85	6.76	6.52	6.28	6.02
6	8.81	7.26	6.60	6.23	5.99	5.82	5.70	5.60	5.37	5.12	4.85
7	8.07	6.54	5.89	5.52	5.29	5.12	4.99	4.90	4.67	4.42	4.14
8	7.57	6.06	5.42	5.05	4.82	4.65	4.53	4.43	4.20	3.95	3.67
9	7.21	5.71	5.08	4.72	4.48	4.32	4.20	4.10	3.87	3.61	3.33
10	6.94	5.46	4.83	4.47	4.24	4.07	3.95	3.85	3.62	3.37	3.08
11	6.72	5.26	4.63	4.28	4.04	3.88	3.76	3.66	3.43	3.17	2.88
12	6.55	5.10	4.47	4.12	3.89	3.73	3.61	3.51	3.28	3.02	2.73
13	6.41	4.97	4.35	4.00	3.77	3.60	3.48	3.39	3.15	2.89	2.60
14	6.30	4.86	4.24	3.89	3.66	3.50	3.38	3.29	3.05	2.79	2.49
15	6.20	4.77	4.15	3.80	3.58	3.41	3.29	3.20	2.96	2.70	2.40
16	6.12	4.69	4.08	3.73	3.50	3.34	3.22	3.12	2.89	2.63	2.32
17	6.04	4.62	4.01	3.66	3.44	3.28	3.16	3.06	2.82	2.56	2.25
18	5.98	4.56	3.95	3.61	3.38	3.22	3.10	3.01	2.77	2.50	2.19

续表 5

n_2 \ λ \ n_1	1	2	3	4	5	6	7	8	12	24	∞
19	5.92	4.51	3.90	3.56	3.33	3.17	3.05	2.96	2.72	2.45	2.13
20	5.87	4.46	3.86	3.51	3.29	3.13	3.01	2.91	2.68	2.41	2.09
21	5.83	4.42	3.82	3.48	3.25	3.09	2.97	2.87	2.64	2.37	2.04
22	5.79	4.38	3.78	3.44	3.22	3.05	2.93	2.84	2.60	2.33	2.00
23	5.75	4.35	3.75	3.41	3.18	3.02	2.90	2.81	2.57	2.30	1.97
24	5.72	4.32	3.72	3.38	3.15	2.99	2.87	2.78	2.54	2.27	1.94
25	5.69	4.29	3.69	3.35	3.13	2.97	2.85	2.75	2.51	2.24	1.91
26	5.66	4.27	3.67	3.33	3.10	2.94	2.82	2.73	2.49	2.22	1.88
27	5.63	4.24	3.65	3.31	3.08	2.92	2.80	2.71	2.47	2.19	1.85
28	5.61	4.22	3.63	3.29	3.06	2.90	2.78	2.69	2.45	2.17	1.83
29	5.59	4.20	3.61	3.27	3.04	2.88	2.76	2.67	2.43	2.15	1.81
30	5.57	4.18	3.59	3.25	3.03	2.87	2.75	2.65	2.41	2.14	1.79
40	5.42	4.05	3.46	3.13	2.90	2.74	2.62	2.53	2.29	2.01	1.64
60	5.29	3.93	3.34	3.01	2.79	2.63	2.51	2.41	2.17	1.88	1.48
120	5.15	3.80	3.23	2.89	2.67	2.52	2.39	2.30	2.05	1.76	1.31
∞	5.02	3.69	3.12	2.79	2.57	2.41	2.29	2.19	1.94	1.64	1.00

［注］ 表中 n_1 是第一自由度(分子的自由度)；n_2 是第二自由度(分母的自由度)；λ 是临界值，$P\{F>\lambda\}=\alpha=0.025$.

附表 6　F 分布临界值表($\alpha=0.01$)

n_2 \ λ \ n_1	1	2	3	4	5	6	7	8	12	24	∞
1	4052	4999	5403	5625	5764	5859	5928	5982	6106	6234	6366
2	98.5	99.0	99.2	99.2	99.3	99.3	99.4	99.4	99.4	99.5	99.5
3	34.1	30.8	29.5	28.7	28.2	27.9	27.7	27.5	27.1	26.6	26.1
4	21.2	18.0	16.7	16.0	15.5	15.2	15.0	14.8	14.4	13.9	13.5
5	16.3	13.3	12.1	11.4	11.0	10.7	10.5	10.3	9.89	9.47	9.02
6	13.7	10.9	9.78	9.15	8.75	8.47	8.26	8.10	7.72	7.31	6.88
7	12.2	9.55	8.45	7.85	7.46	7.19	6.99	6.84	6.47	6.07	5.65
8	11.3	8.65	7.59	7.01	6.63	6.37	6.18	6.03	5.67	5.28	4.86
9	10.6	8.02	6.99	6.42	6.06	5.80	5.61	5.47	5.11	4.73	4.31
10	10.0	7.56	6.55	5.99	5.64	5.39	5.20	5.06	4.71	4.33	3.91
11	9.65	7.21	6.22	5.67	5.32	5.07	4.89	4.74	4.40	4.02	3.60
12	9.33	6.93	5.95	5.41	5.06	4.82	4.64	4.50	4.16	3.78	3.36
13	9.07	6.70	5.74	5.21	4.86	4.62	4.44	4.30	3.96	3.59	3.17
14	8.86	6.51	5.56	5.04	4.69	4.46	4.28	4.14	3.80	3.43	3.00
15	8.68	6.36	5.42	4.89	4.56	4.32	4.14	4.00	3.67	3.20	2.87
16	8.53	6.23	5.29	4.77	4.44	4.20	4.03	3.89	3.55	3.18	2.75
17	8.40	6.11	5.18	4.67	4.34	4.10	3.93	3.79	3.46	3.08	2.65
18	8.29	6.01	5.09	4.58	4.25	4.01	3.84	3.71	3.37	3.00	2.57

续表 6

n_2 \ λ \ n_1	1	2	3	4	5	6	7	8	12	24	∞
19	8.18	5.93	5.01	4.50	4.17	3.94	3.77	3.63	3.30	2.92	2.49
20	8.10	5.85	4.94	4.43	4.10	3.87	3.70	3.56	3.23	2.86	2.42
21	8.02	5.78	4.87	4.37	4.04	3.81	3.64	3.51	3.17	2.80	2.36
22	7.95	5.72	4.82	4.31	3.99	3.76	3.59	3.45	3.12	2.75	2.31
23	7.88	5.66	4.76	4.26	3.94	3.71	3.54	3.41	3.07	2.70	2.26
24	7.82	5.61	4.72	4.22	3.90	3.67	3.50	3.36	3.03	2.66	2.21
25	7.77	5.57	4.68	4.18	3.85	3.63	3.46	3.32	2.99	2.62	2.17
26	7.72	5.53	4.64	4.14	3.82	3.59	3.42	3.29	2.96	2.58	2.13
27	7.68	5.49	4.60	4.11	3.78	3.56	3.39	3.26	2.93	2.55	2.10
28	7.64	5.45	4.57	4.07	3.75	3.53	3.36	3.23	2.90	2.52	2.06
29	7.60	5.42	4.54	4.04	3.73	3.50	3.33	3.20	2.87	2.49	2.03
30	7.56	5.39	4.51	4.02	3.70	3.47	3.30	3.17	2.84	2.47	2.01
40	7.31	5.18	4.31	3.83	3.51	3.29	3.12	2.99	2.66	2.29	1.80
60	7.08	4.98	4.13	3.65	3.34	3.12	2.95	2.82	2.50	2.12	1.60
120	6.85	4.79	3.95	3.48	3.17	2.96	2.79	2.66	2.34	1.95	1.38
∞	6.63	4.61	3.78	3.32	3.02	2.80	2.64	2.51	2.18	1.79	1.00

［注］ 表中 n_1 是第一自由度(分子的自由度)；n_2 是第二自由度(分母的自由度)；λ 是临界值，$P\{F>\lambda\}=\alpha=0.01$.